KOMMENTARE ÜBER
J. PHILIPPE RUSHTONS
RASSE, EVOLUTION UND VERHALTEN

„(Es ist eine) aufrührerische These ..., daß getrennte Rassen von Menschen verschiedene Reproduktionsstrategien entwickelten, um mit verschiedenen Umwelten zurechtzukommen, und daß diese Strategien zu physischen Unterschieden in der Gehirngröße und damit bei der Intelligenz führten. Die Menschen, die sich in der warmen, aber hochgradig unberechenbaren Umwelt Afrikas entwickelt haben, machten sich eine Strategie der hohen Reproduktion zu eigen, während diejenigen Menschen, die in die lebensfeindliche Kälte Europas und Nordasiens einwanderten, weniger Kinder bekommen, diese aber sorgsamer aufzuziehen."
– Malcolm W. Browne, *New York Times Book Review*

„Rushton ist ein seriöser Wissenschaftler, der seriöse Daten gesammelt hat. Hierfür sei nur ein Beispiel angeführt: die Gehirngröße. Durch zahlreiche moderne Studien, die auch auf Magnetresonanztomographie beruhen, wird die empirische Realität bestätigt, daß – unter Berücksichtigung der Körpergröße – tatsächlich eine signifikante und substantielle Beziehung zwischen der Gehirngröße und der gemessenen Intelligenz existiert, und daß die Rassen verschiedene Verteilungen bei der Gehirngröße aufweisen."
– Charles Murray, im Nachwort von *The Bell Curve*

„(Rushton, Anm. d. Ü.) nimmt weltweit auf Hunderte von Studien Bezug, die ein durchgängiges Schema der menschlichen Rassenunterschiede nachweisen, und zwar bei Merkmalen wie Intelligenz, Gehirngröße, Größe der Genitalien, Stärke des Sexualtriebes, Reproduktionspotenz, Fleiß, Geselligkeit und Befolgung von Regeln. Bei jeder dieser Variablen läßt sich die gleiche Reihenfolge feststellen: Asiaten, Weiße, Schwarze."
– Mark Snyderman, *National Review*

„Rushtons *Rasse, Evolution und Verhalten*, das Rassenunterschiede beim IQ und der Schädelkapazität untersucht, ist ein Versuch, diese Unterschiede unter den Bedingungen der Evolution der Überlebensstrategien zu verstehen ... Möglicherweise wird es letzten Endes einen seriösen Beitrag durch die So-

zialwissenschaften geben, die traditionellerweise zu einer Schall-und-Rauch-Behandlung des Themas IQ neigen; zur Zeit aber ist Rushtons Bezugssystem im Prinzip das einzige Angebot auf dem Markt."
– Henry Harpending, *Evolutionary Anthropology*

„Der bemerkenswerte Widerstand gegen die Rassenwissenschaft in der heutigen Zeit hat zu Vergleichen mit der Inquisition Roms während der Renaissance geführt ... Die Astronomie und die Naturwissenschaften hatten vor einigen Jahrhunderten ihren Kopernikus, Kepler und Galileo; ihretwegen steht es heute um die Gesellschaften und das Wohlergehen der Menschheit besser. Auf eine direkte, analoge Art und Weise haben Psychologie und Sozialwissenschaften heute ihren Darwin, Galton und Rushton."
– Glayde Whitney, *Contemporary Psychology*

„Dieses brillante Buch ist die beeindruckendste theoriebasierte Untersuchung ... über die psychologischen und Verhaltensunterschiede zwischen den großen Rassegruppen, der ich in der weltweiten Literatur über dieses Thema begegnet bin. Rushton hat Beweismaterial gesammelt, das es von nun an unmöglich machen sollte, Evolutionsprinzipien und biologische Variablen beim Studium der rassischen Unterschiede im Verhalten zu umgehen. Diese wichtige Aussage seiner Arbeit zu meiden, hieße wissenschaftliche Kohärenz insgesamt abzulehnen."
– Arthur R. Jensen, University of California, Berkeley

„Professor Rushton ist für die ungewöhnliche Kombination von wissenschaftlicher Strenge und Originalität in seiner Arbeit allgemein bekannt und respektiert ... Wenige von denen, die sich bemühen, die Probleme im Zusammenhang mit dem Thema Rasse zu verstehen, können es sich leisten, diese Fundgrube an gut integrierter Information zu mißachten, die Anlaß zu einer bemerkenswerten Synthese gibt."
– Hans J. Eysenck, University of London

„Die einzige zulässige Erklärung der Rassenunterschiede beim Verhalten, welche im öffentlichen Diskurs erlaubt ist, ist die rein umweltbedingte ... Professor Rushton verdient unsere Dankbarkeit dafür, daß er die Courage hat, zu erklären, daß ‚dieser Kaiser keine Kleider hat', und daß man eine befriedigendere Erklärung suchen muß ... Rushton hat überdies einer weiteren tragenden Säule dieses Überbaus den Boden unter den Füßen weggezogen. Ob seine spezielle Theorie den Angriff der empirischen Tests überleben wird, bleibt abzuwarten. Sie ist, um es in Poppers Sprache zu sagen, eine kühne Hypothese, die genug Stoff zum Nachdenken liefert."
– Thomas J. Bouchard, Jr., University of Minnesota

„In *Rasse, Evolution und Verhalten* liefert Rushton eine brillante Synthese einer riesigen Sammlung von biologischen, verhaltensspezifischen und sozialen Daten in bezug auf die menschliche Evolutionsentwicklung. Rushton ist sich

der heutigen Empfindlichkeiten auf diesem Gebiet voll bewußt, und er trägt die unzähligen Details seiner Thesen mit großer Sorgfalt und Taktgefühl vor. Sollte sich seine These als tragfähig erweisen, wird Rushton einen großen wissenschaftlichen Fortschritt beim Verständnis der Entwicklung unserer menschlichen Spezies erreicht haben."
– Barry R. Gross, York College, CUNY

„Aus meiner Sicht hat diese Theorie jene Einfachheit und Erklärungskraft, die die Wahrheit andeuten. Es ist nur gut, daß dieses Buch viele Menschen alleine aufgrund seiner Dokumentation der Rassenunterschiede interessieren wird, ganz abgesehen von ihrer Erklärung. In einer Gesellschaft, in der alle Rassenunterschiede bei den Leistungen als ‚Rassismus' interpretiert werden, ist es äußerst wichtig, sich alternativer Optionen bewußt zu sein. Rushton schreibt als Wissenschaftler, der die Dinge beschreibt, wie sie sind, ohne vorzuschreiben, wie sie sein sollten; intelligente Konzepte sind ohne Daten wie die von Rushton unmöglich."
– Michael Levin, City College, CUNY

„Die Daten sind für die Nichteingeweihten überraschend ... So wie es nur wenige Bücher getan haben, konfrontiert uns *Rasse, Evolution und Verhalten* mit jenem Dilemma, die einer demokratischen Gesellschaft durch individuelle und Gruppenunterschiede bei menschlichen Schlüsseleigenschaften entstehen."
– Linda Gottfredson, *Politics and the Life Sciences*

„Wenn es irgendeine Gerechtigkeit gibt, müßte er einen Nobelpreis erhalten."
– Richard Lynn, *Spectator*

„Ohne Zweifel ist *Rasse, Evolution und Verhalten* das beste breitangelegte Buch in der differentiellen Psychologie seit Jensens (1981) *Straight Talk About Mental Tests*."
– Christopher Brand, *Personality and Individual Differences*

„Sowohl Lynn (1997) als auch Rushton (1997) bestehen darauf, daß die Rassenunterschiede bei der durchschnittlich gemessenen Größe von Schädeln und Gehirnen (wobei Ostasiaten die größten haben, gefolgt von Weißen und dann Schwarzen) ihre genetische Hypothese untermauern. Sie verlassen sich auf die berechneten durchschnittlichen Resultate der vielen anthropometrischen Studien, die von Rushton in seinem Buch *Rasse, Evolution und Verhalten* dargestellt wurden ... es gibt tatsächlich einen kleinen, allgemeinen Trend in die von den Autoren beschriebene Richtung."

– Ulric Neisser, Vorsitzender der American Psychological Association Task Force on Intelligence, *American Psychologist*

„Ein aufrichtig vortragener Versuch, das Konzept der Rasse als eine primär beschreibende Kategorie zu rehabilitieren."
– Steve Blinkhorn, *Nature*

„Rasse ist wieder im öffentlichen Blickpunkt, und wieder einmal müssen biologische Anthropologen die Probleme mit der rassischen Systematik und damit zusammenhängende Mißbräuche der Evolutionstheorie thematisieren. Rushtons Buch konzentriert sich auf die rassische Variation von einer evolutionären Perspektive her. Seine Grundtheorie ist, daß sich die Rassenunterschiede im Verhalten durch Analysen der Überlebensstrategien erklären lassen, insbesondere die Unterschiede zwischen r- und K-selektierten Evolutionsstrategien."
– John H. Relethford, *American Journal of Physical Anthropology*

Den allgemeinen Eindrücken kann man nie trauen. Unglücklicherweise werden sie, wenn sie schon lange bestehen, zu fixen Lebensregeln und beanspruchen das normative Recht, nicht hinterfragt zu werden. Konsequenterweise kultivieren diejenigen, die eine eigene Forschung nicht gewohnt sind, einen Haß und einen Horror vor Statistiken. Sie halten die Idee nicht aus, ihre heiligen Vorstellungen der kaltblütigen Verifikation auszusetzen. Aber es ist der Triumph des Wissenschaftlers, sich über einen solchen Aberglauben zu erheben und Tests zu entwickeln, durch die der Wert von Meinungen überprüft werden kann und sich in einem Ausmaß als Herr seiner selbst zu fühlen, daß alles das als verächtlich verworfen wird, das sich als unwahr herausstellt.
– *Sir Francis Galton*

J. Philippe Rushton

Rasse, Evolution und Verhalten

Eine Theorie der Entwicklungsgeschichte

ARES VERLAG
GRAZ

Titel der amerikanischen Originalausgabe:
J. Philippe Rushton: Race, Evolution, and Behavior: A Life History Perspective
© Copyright der dritten Auflage 2000: J. Philippe Rushton. All rights reserved.
Published by the Charles Darwin Research Institute Port Huron, MI

Erste und zweite Auflage veröffentlicht von Transaction Publishers, New Brunswick, NJ

Aus dem amerikanischen Englisch übersetzt von Rainer Walter
Mit einem Vorwort für die deutsche Ausgabe von Dr. Volkmar Weiss

Bibliografische Information Der Deutschen Bibliothek
Die Deutsche Bibliothek verzeichnet diese Publikation in der Deutschen Nationalbibliografie; detaillierte bibliografische Daten sind im Internet unter http://dnb.ddb.de abrufbar.

Hinweis: Dieses Buch wurde auf chlorfrei gebleichtem Papier gedruckt. Die zum Schutz vor Verschmutzung verwendete Einschweißfolie ist aus Polyethylen chlor- und schwefelfrei hergestellt. Diese umweltfreundliche Folie verhält sich grundwasserneutral, ist voll recyclingfähig und verbrennt in Müllverbrennungsanlagen völlig ungiftig.

ISBN 3-902475-08-0
Alle Recht der Verbreitung, auch durch Film, Funk und Fernsehen, fotomechanische Wiedergabe, Tonträger jeder Art, auszugsweisen Nachdruck oder Einspeicherung und Rückgewinnung in Datenverarbeitungsanlagen aller Art, sind vorbehalten.
© Copyright der deutschen Ausgabe: ARES VERLAG, Graz 2005
Printed in Austria
Umschlaggestaltung: Thomas Hofer, Werbeagentur | Digitalstudio Rypka GmbH, 8020 Graz
Umschlagfoto: Bildagentur Mauritius GmbH
Layout: Ecotext-Verlag, Mag. G. Schneeweiß-Arnoldstein, Wien
Gesamtherstellung: Druckerei Theiss GmbH, A-9431 St. Stefan

INHALTSVERZEICHNIS

Vorwort Volkmar Weiss	9
Vorwort zur deutschen Erstausgabe	13
Vorwort zur ersten Auflage	31
Hinweise des Übersetzers	35
Danksagungen	37
1. Die Sozialwissenschaften modernisieren	39
2. Die Charaktereigenschaften	57
3. Die Verhaltensgenetik	87
4. Die Theorie der genetischen Ähnlichkeit	115
5. Rasse und Rassismus in der Geschichte	141
6. Rasse, Gehirngröße und Intelligenz	165
7. Reifegeschwindigkeit, Persönlichkeit und Sozialorganisation	203
8. Sexuelle Potenz, Hormone und AIDS	223
9. Gene plus Umwelt	243
10. Die Theorie der Entwicklungsgeschichte	259
11. Out of Africa	279
12. Einwände und Erwiderungen	299
13. Schlußfolgerungen und Diskussion	325
Nachwort zur 3. Auflage: Muß eine Rassentheorie rassistisch sein?	345
Glossar	371
Literatur	379
Verzeichnis der Abbildungen und Tabellen	411
Sachregister	415

VORWORT

Warum ist das Erscheinen eines Buches über „Rasse, Evolution und Verhalten" ein geistiges Ereignis? Warum wird es die Gemüter erregen? Neulich erlebte ich in einem Eisenbahnabteil, wie eine Mutter einige Mühe hatte, ein kleines Kind davon abzubringen, einen Mann mit schwarzer Hautfarbe ständig anzustarren. Offensichtlich war das Kind zum erstenmal in seinem Leben einem Vertreter einer anderen Großrasse begegnet. Auch ich war im Vorschulalter, als in meinem Heimatdorf mehrere Chinesen in das Haus mit Gastwirtschaft einkehrten, in dem wir wohnten, und es hat sich tief in mein Gedächtnis eingeprägt. Die äußeren Unterschiede zwischen den Großrassen sind so augenscheinlich, daß sie jeder Mensch wahrnehmen kann, solange er nicht darauf aus ist, seinen gesunden Menschenverstand auszuschalten.

Fast 50 Jahre später nahm ich in Berlin an einer Jahresversammlung der „Gesellschaft für Anthropologie" teil (die Gesellschaft hält es für klug, den Zusatz „Deutsche" in ihrer Bezeichnung zu vermeiden), die allen Ernstes über eine Vorlage zu entscheiden hatte, in der gefordert wurde, die Verwendung des Begriffs „Rasse" vollständig, weil angeblich unwissenschaftlich, zu meiden und nur noch von „Populationen" zu sprechen. Wer diesen Vorschlägen gefolgt ist, wird inzwischen festgestellt haben, daß die Fakten und Probleme, die mit „Rassen" in Zusammenhang gebracht werden, nicht durch die Tabuisierung des Begriffes „Rasse" aus der Welt geschafft, sondern nur auf die „Populationen" übertragen worden sind.

Die Tatsache, daß die Menschenrassen körperliche und geistige Unterschiede aufweisen, die im Verlaufe der Evolution entstanden sind und eine Funktion haben, müßte so selbstverständlich sein, daß die wissenschaftliche Forschung nach der Größenordnung dieser Unterschiede und ihrer evolutionären Entstehung und Bedeutung – und genau das ist die Fragestellung von Rushtons Buch – keinerlei Aufregung verursachen dürfte. Warum setzt sich aber jeder, der ein solches Buch mit dem Begriff „Rasse" im Titel schreibt, ja auch nur ein Vorwort dafür schreibt, der Gefahr aus, von nun an als „Rassist" gebrandmarkt zu werden?

Im Britischen Museum in London habe ich einmal versucht, bei geführten Besuchergruppen die Nationalität nur nach dem Aussehen zu bestimmen. Sie werden wie ich bei ähnlicher Gelegenheit rasch feststellen, daß Sie Südeuropäer noch von Nordeuropäern unterscheiden können, aber Deutsche nicht von Tschechen, Slowenen und Niederländern, Italiener nicht von Spaniern. Wieviele Rassen es noch unterhalb der drei Großrassen gibt und ob es überhaupt noch eine sinnvolle Untergliederung unterhalb der Großrassen gibt, darüber streiten sich die Gelehrten, und die Beschränkung auf den Fachbegriff „Populationen" für die Untergliederungen unterhalb der Großrassen ist deshalb ein vernünftiger Kompromiß. Rushton beschränkt sich in dem hier vorliegenden Buch auf die Großrassen (Schwarze, Weiße und Asiaten), deren Existenz unstreitig ist. Er ist sich aber im klaren darüber, daß man auch feinere Untergliederungen betrachten könnte. Das bleibt künftiger Forschung vorbehalten.

Denn es vergeht kein Tag, an dem die genetische Forschung, jetzt, nach der vollständigen Entzifferung des genetischen Kodes, nicht neue genetische Unterschiede zwischen den Rassen und ihren Populationen findet. Zwar sind alle Gene allen menschlichen Rassen gemeinsam, jedoch gibt es von Mensch zu Mensch feine Unterschiede in der Abfolge des genetischen Alphabets, die bei den Populationen, Völkern und Rassen mit unterschiedlichen Häufigkeiten auftreten. Wenn auch alle Menschen gleich sind, so sind die Vertreter einundderselben Rasse gleicher. Von den Massenmedien wird derzeit jede Meldung, daß Mensch und Schimpanse und die Großrassen der Menschen untereinander zu etwa 99 Prozent in ihrem genetischen Kode übereinstimmen – tatsächlich oder nur beim gegenwärtigen Wissensstand – sofort aufgegriffen. Ein Unterschied von 1 Prozent bedeutet aber schon eine Abweichung an ungefähr 15.000 Stellen des genetischen Alphabets, und diese Abweichungen bei 15.000 genetischen Polymorphismen scheinen in ihren Auswirkungen nicht unwesentlich zu sein.

Die politische Sprengkraft der genetischen Ungleichheit beruht auf ihren Beziehungen zur sozialen Ungleichheit der Menschen, vor der wir nicht die Augen verschließen können. In den USA und in vielen anderen Ländern werden die verschiedenen sozialen Positionen von den Vertretern der drei Großrassen nicht mit denselben Häufigkeiten eingenommen, sondern mit unterschiedlichen. Die Rassenzugehörigkeit wird damit zwangsläufig zu einer Positionsbestimmung in politischen Auseinandersetzungen, wenn dabei auch die Zuordnung der Einzelpersonen oft eine nur mehr oder weniger wahrscheinliche ist. Wer kämpft, versucht seine Mitbewerber und Gegner zu klassifizieren, Freund und Feind rasch zu unterscheiden. Aus ansonsten nur mehr oder weniger wahrscheinlichen Zuordnungen werden absolute Unterschiede. Im Krieg tragen Soldaten deshalb Uniformen. Als es vor wenigen Monaten in der Elfenbeinküste zu Unruhen und Bürgerkrieg kam, waren Uniformen für einen Teil der Opfer überflüssig. In diesem Falle gerieten alle Weißen in Lebensgefahr. In Gegenwart und Geschichte läßt sich für derartige Verfolgungen und Diskriminierungen von Angehörigen anderer Rassen und Völker leider eine fast endlose Zahl von Beispielen anführen.

Wer im Frieden den Mitmenschen nicht als Einzelperson wahrnimmt, die sich z. B. für eine Arbeitsstelle bewirbt und nicht nach den Leistungen dieser Person fragt, sondern nur die Hautfarbe, die Rasse, wahrnimmt und dann eventuell entscheidet, daß eine Person mit dieser Hautfarbe für diese Stelle niemals in Frage kommt, der ist ein Rassist. Das gilt als eine üble Eigenschaft und ein sehr übles Verhalten.

Derartige Situationen und Verhaltensweisen lassen sich, so erfreulich das vielleicht auch wäre, nicht dadurch aus der Welt schaffen, daß man die völlige Gleichheit aller Menschen deklariert, die Forschungen über biologische Ungleichheit nach Kräften behindert und jede Wissenschaft und Wissenschafter, die sich mit meßbaren Unterschieden zwischen den Rassen befassen, als unwissenschaftlich brandmarken möchte. Das Buch „Rasse, Evolution und Verhalten" gehört wie „The Bell Curve" (und sein deutsches Pendant „Die IQ-Falle"), wie „IQ and the Wealth of Nations" und die Bücher von Arthur Jensen und Chris Brand über Allgemeine Intelligenz zu einer Gruppe von Büchern, die dieses Bestreben nach Tabuisierung wissenschaftlicher Themen über die genetische Ungleichheit der Menschen durchbrechen.

Mangels genauerer Zahlen ist am Anfang jede Unterscheidung Mittelwertstatistik und Mittelwertvergleich. Asiaten sind intelligenter als Schwarze, Schwarze größer als Asiaten usw. Derartige Sätze verdecken aber die Tatsache, daß es sich um überlagernde Verteilungen handelt. Es gibt ebenso hochintelligente Schwarze wie hochintelligente Asiaten und Weiße. Nur die Häufigkeiten, die Prozentanteile der Hochintelligenten und Wenigintelligenten, sind bei den einzelnen Rassen verschieden und damit auch ihre Mittelwerte – und das fast bei allen betrachteten Merkmalen. Wenn die Forschung weiter voranschreitet, wird sie in den nächsten Jahrzehnten die Mittelwertsangaben durch die dahinterstehenden Gen-Häufigkeiten ersetzen. Solange wir aber solche Zahlen noch nicht haben, ist Rushtons Buch ein legitimer Anfang, derartige Unterschiede wissenschaftlich zu betrachten und wissenschaftlich zu diskutieren, und er sollte als solcher verstanden werden und als nichts anderes. Nicht jede Hypothese, nicht jede Feststellung wird der genaueren Prüfung standhalten. Das eben ist Wissenschaft. Zahlreiche der von Rushton gefundenen Zusammenhänge und evolutionären Erklärungen, insbesondere zwischen der Ausprägung der primären Geschlechtsmerkmale und Verhaltensweisen, sind aber so offensichtlich wie die Hautfarben selbst, so daß man schon heute sagen kann, daß Rushtons Buch in der Wissenschaftsgeschichte für immer einen geachteten Platz einnehmen wird. Rushton stellt nicht nur die Unterschiede fest, sondern ist bestrebt, ihre Entstehung aus der Entwicklungsgeschichte abzuleiten; das ist das Wichtige an diesem Buch, was mit Schwung und Überzeugungskraft dargelegt wird.

Im deutschen Sprachraum ist jede Veröffentlichung über „Rasse" noch mit einer besonderen Hypothek belastet, so daß es noch einiger zusätzlicher Anmerkungen bedarf. Neben dem Rassenbegriff der Physischen Anthropologie – von dem Rushton ausgeht – gab es bis in die Mitte des 20. Jahrhunderts in vielen Sprachen (auch im Englischen, Französischen und Spanischen) einen Rassebegriff und ein Rasseverständnis, bei dem ein ganzes Volk als „Rasse" bezeichnet wurde. Wenn z. B. der Breslauer Professor Julius Wolf in seinem Buch „Der Geburtenrückgang" (Jena: Gustav Fischer 1912, S. 225) schreibt: „Die Geburtenentwicklung Österreichs zeigt trotz der ganz andersartigen Rassenzusammensetzung seiner Bevölkerung, trotz der außerordentlichen Mannigfaltigkeit seiner Stämme ... ein mit der preußischen Entwicklung fast übereinstimmendes Bild", dann wird dieser Satz nur verständlich, wenn man weiß, daß der Verfasser einen anderen Rassebegriff verwendet als Rushton. Viele „Antirassisten" von heute haben aber nicht die geringste Ahnung von der Vieldeutigkeit des Begriffes „Rasse" in älteren Texten. Es ist auch keineswegs so, daß einem wissenschaftlichen Begriff „Rasse", wie ihn heute die meisten Anthropologen und Rushton verwenden, ein unwissenschaftlicher, volkstümlicher oder politisch gebrauchter Begriff von „Rasse" gegenüberstünde, bei dem mit Rasse ein Volk, eine Volksgruppe, eine Sprachengemeinschaft oder eine Kulturgemeinschaft gemeint ist. Nein, es ließen sich zahlreiche wissenschaftliche Texte anführen, in denen der Begriff „Rasse" zweideutig zu verstehen ist oder in einem anderen Sinne, als ihn Rushton gebraucht. Auch die in den USA in den Statistiken der Gegenwart oft auftauchende Bezeichnung „Latinos" oder „Hispanics" (neben Schwarzen, Weißen und Asiaten) ist keine Rassenbezeichnung.

Sowohl Rasse als auch Volk sind Abstammungsgemeinschaften, aber mit unterschiedlicher Nähe; die des Volkes und der Population dabei in der Regel mit einer engeren als die der Rasse. Da aber über diese Abstufungen der Abstammungsnähe in der Öffentlichkeit kaum Klarheit herrscht und in der Politik schon gar nicht oder mit Absicht nicht, bringt das für ein Buch mit dem Begriff „Rasse" im Titel noch einen besonderen Zündstoff. Wenn man anstatt von „Rasse" nur noch von „Ethnos" oder ethnischen Gemeinschaften spricht, wie das von der UNESCO 1952 vorgeschlagen worden ist, schafft man damit die Unterschiede und die Probleme genauso wenig aus der Welt wie mit dem Populationsbegriff. Großrasse, Rasse, Volk bzw. ethnische Gemeinschaft, Population, Clan, Dorf, Sippe und Familie – das sind neben ihren speziellen Inhalten stets und auch Bezeichnungen für Abstammungsgemeinschaften, hier in der Reihenfolge abnehmender genetischer Ähnlichkeit, abnehmender Blutsverwandtschaft geordnet. In derartigen Gemeinschaften unterliegen nicht nur die Einzelpersonen der natürlichen Selektion, und diese Effekte addieren sich im Laufe von Generation zu Generation, schaffen und verstärken vorhandene Unterschiede oder ebnen sie ein (wie derzeit in Brasilien); vor allem im Konfliktfall unterliegen die Gemeinschaften auch als Ganzes der Selektion als Gruppe, im schlimmsten Fall der Vertreibung und Ausrottung. Für die Opfer macht es keinen großen Unterschied, ob sie Opfer „rassischer Verfolgung" oder „nur" von „ethnischer Säuberung" geworden sind.

Rushtons Buch ist jedoch kein politisches Buch, das irgendeiner Gruppe bzw. Rasse zum Vor- oder Nachteil gereichen will. Es ist ein wissenschaftliches Buch, ein ehrliches Buch, das als solches gelesen, verstanden und diskutiert werden will.

Volkmar Weiss
Leipzig, März 2005

VORWORT ZUR DEUTSCHEN ERSTAUSGABE [2005]

Ich freue mich sehr, daß Rainer Walter soviel Zeit darauf verwendet hat, diese deutsche Übersetzung von *Race, Evolution and Behavior* für den Ares Verlag vorzubereiten.

Es ist möglicherweise wenig bekannt, daß derartige Übersetzungen vom Herausgeber der fremdsprachigen Ausgabe initiiert werden und nicht vom ursprünglichen Autor oder dem Verleger des Autors. Ich weiß es daher sehr zu schätzen, daß „Rainer W." (so seine Unterschrift in unserer E-Mail-Korrespondenz), Hans Becker von Sothen und Wolfgang Dvorak-Stocker (Verlagslektor bzw. Geschäftsführer des Ares Verlags in Graz/Österreich) meine Arbeit als so relevant einschätzten, daß diese schwierige Aufgabe in Angriff genommen wurde.

Rainer Walter ging ein Jahr lang gewissenhaft vor. Viele Teile des Buches sind von einem fachspezifischen Vokabular geprägt und für einen Übersetzer nicht leicht zu übertragen. Es sind überdies eine Vielzahl an Tabellen und Abbildungen enthalten, die zusätzliche Schwierigkeiten bereiten. Ich erfuhr durch die Korrespondenz, wie viel Aufmerksamkeit Rainer für Details aufbrachte, wobei er mehrere kleine Fehler entdeckte, die weder die Herausgeber der englischsprachigen Ausgaben noch ich vorher bemerkt hatten. All das bestärkt mich in dem Vertrauen, daß die hier vorgelegte Übersetzung meine Gedanken korrekt wiedergibt.

Ich hoffte immer, daß mein Buch vielleicht eines Tages auf Deutsch erscheinen würde, denn seit dem Jahr 1861, als Ernst Haeckel die erste Übersetzung von Charles Darwins (1859) *Die Entstehung der Arten* unternahm, war die Evolutionsforschung in der deutschsprachigen Welt immer gut entwickelt. Sogar in den Nachwirkungen des Zweiten Weltkrieges hielten der große Verhaltensforscher Konrad Lorenz (der im Jahr 1973 den Nobelpreis gewann) und Irenäus Eibl-Eibesfeldt Österreich und Deutschland auf dem laufenden. Weder der ideologische Mißbrauch der Hitler-Zeit noch die von Stalins Lysenkoismus¹ oder die gegenwärtige Zwangsjacke der politischen Korrektheit haben die Auslöschung der Evolutionsforschung in Europa bewirkt.

Ich hatte kürzlich die Ehre, nach Berlin zum 2004er-Jahrestreffen der Human Behavior and Evolution Society (HBES) zu reisen, das vom 21. bis 25. Juli an der Freien Universität Berlin abgehalten wurde, und dann nach Gent zur International Society for Human Ethology (ISHE), deren Treffen vom 27. bis 30. Juli stattfand. In Berlin präsentierte ich eine Studie über 234 Säugetierspezies, in der ich feststellte, daß die Gehirngröße eng mit der Lebenserwartung und anderen Lebenszyklus-Variablen zusammenhängt, und in Gent präsentierte ich eine Studie über 322 Zwillingspaare, in der ich feststellte, daß die menschliche Vorliebe für Ähnlichkeit bei Ehepaaren und Freunden eine erbliche Neigung ist. Das Berliner Treffen war das erste Ereignis, das die HBES in den 16 Jahren, seit sie an der University of Michigan gegründet wurde, außerhalb der englischsprachigen Welt abhielt, und erst das zweite, das außerhalb Nordamerikas abgehalten wurde, wobei das erste das Londoner Treffen des Jahres 2001 war. Diese geographischen Erweiterungen spiegeln die wachsende intellektuelle Tiefe und Breite evolutionärer Ideen in der Europäischen Union wider. Diese Reisen lieferten mir auch eine willkommene Gelegenheit, meinen Übersetzer und Verleger in Wien zu treffen.

Ich hoffe, daß diese deutsche Übersetzung auf andere trifft, die die objektive Analyse der menschlichen Natur aus evolutionärer Perspektive voranbringen und dabei sowohl die Skylla der Intoleranz als auch die Charybdis der politischen Korrektheit vermeiden.² Auch wenn manche Leute meine Schlußfolgerungen kontrovers finden mögen – ja sogar unwillkommen –, hoffe ich, daß andere vielleicht etwas von der gleichen Schönheit und Einheit sehen wie ich, wenn ich die menschliche Verschiedenheit auf diese Weise untersuche. Es ist eine reduktionistische Sichtweise, wenn die Sozialwissenschaften auf einer Individualpsychologie aufbauen, weil die Psychologie wiederum auf der Biologie aufbaut, welche wiederum auf der Genetik aufbaut, und alle letztlich in evolutionären Prozessen wurzeln. Ich bin bemüht, der Vision zu folgen, die E. O. Wilson in seinem großartigen Buch *Sociobiology: The New Synthesis* (1975) entwickelt hat, und natürlich derjenigen, die vor ihm Charles Darwin inspirierte. Unglücklicherweise teilen sehr wenige Wissenschafter (besonders Sozialwissenschafter) diese Sichtweise – ganz gleich, ob in Nordamerika oder in Europa.

Es gibt allerdings hoffnungsvolle Anzeichen dafür, daß der eiserne Griff der politischen Korrektheit schwächer werden könnte. Das „Human Geno-

---

1 Anm. d. Ü.: Der „Lysenkoismus" geht auf den sowjetischen Agrarbiologen Trofim Lys(s)enko (1898–1976) zurück, der biologische Theorien zu entwickeln versuchte, die mit dem Marxismus-Leninismus in Übereinstimmung standen. Insbesondere vertrat er – in Anlehnung an Lamarck – den Standpunkt, daß erworbene Eigenschaften vererbt werden würden. Lysenko hatte gute Kontakte zu Stalin und dominierte in dieser Zeit die russischen biologischen Wissenschaften.
2 Anm. d. Ü.: Die Skylla (lat: Scylla) ist ein sechsköpfiges Ungeheuer aus der griechischen Mythologie, das gegenüber der Charybdis, einem Meeresstrudel oder Meeresungeheuer, hauste und die Vorbeifahrenden fraß.

me Project" in Verbindung mit Entdeckungen der modernen Neurowissenschaften hat geholfen, das wissenschaftliche Interesse an individuellen und Gruppendifferenzen zu erneuern. Neben meinem eigenen sind in letzter Zeit auch andere Bücher über diese zuvor tabuisierte Themen erschienen, so etwa Richard Lynns' und Tatu Vanhanens' *IQ and the Wealth of Nations* (2002); Frank Mieles' *Intelligence, Race, and Genetics: Conversations With Arthur R. Jensen* (2002); Helmuth Nyborgs Festschrift für Jensen: *The Scientific Study of General Intelligence* (2003), Frank Salters *On Genetic Interests: Family, Ethny and Humanity in an Age of Mass Migration* (2003), und erst vor kurzem Vincent Sarichs und Frank Mieles *Race: The Reality of Human Differences* (2004).

Der Ares Verlag bat mich freundlicherweise auch, kurz den Stand der Forschung zu skizzieren, die seit der dritten Auflage (2000) von *Race, Evolution and Behavior* durchgeführt wurde. Der Rest dieses Vorworts faßt daher meine beiden Vorträge zusammen, gemeinsam mit weiteren Forschungsaktivitäten, die ich in Südafrika durchführte, und Informationen aus den oben erwähnten Büchern, von denen ich glaube, daß sie unser Wissen über die Verschiedenheit der Menschheit bedeutend voranbringen.

Die Theorie der genetischen Ähnlichkeit

Das Verlangen, sich zu identifizieren und mit seiner eigenen Art zusammenzusein, ist eine bedeutende Komponente der menschlichen Natur; daher agiert die ethnische Identität als eine starke Kraft in den Belangen des Menschen. Die Gruppenmitglieder haben „Blutbande" und „Artbewußtsein", die sie als „besonders" und unterscheidbar von Gruppenfremden kennzeichnen. Daher wird der Patriotismus fast immer als Tugend angesehen und als Ausdehnung der Familienloyalität beschrieben. Der Patriotismus wird in Begriffen der Verwandtschaft propagiert. Nationen sind das „Mutterland" oder das „Vaterland", und Gewerkschaften und Kirchen bezeichnen ihre Mitglieder als „Brüder" und „Schwestern". Das erklärt auch, warum ethnische Bezeichnungen so leicht zu „Kampfbegriffen" werden. In der längsten Zeit unserer Evolutionsgeschichte war die Kultur nicht von der genetischen Ähnlichkeit getrennt, sondern baute auf ihr auf.

Ich entwickelte die Theorie der genetischen Ähnlichkeit im Jahre 1984, um die Vorliebe der Menschen für jene anderen zu erklären, die ihnen selbst ähnlich sind (siehe Kapitel 4). Die Ähnlichkeit, ob wirklich oder angenommen, ist eine der wirksamsten Variablen in der gesamten Sozialpsychologie und beeinflußt die zwischenpersönlichen Prozesse von der gegenseitigen Anziehung, die für die Gruppenbildung notwendig ist, und der Überzeugung bis zum Vorurteil. Die Vorliebe der Menschen für Ähnlichkeit wird üblicherweise kulturellen und kognitiven Faktoren zugeschrieben: Hierunter fällt etwa eine bestimmte Art und Weise der Sozialisation oder die Bestätigung der eigenen Einschätzungen über die Welt. Wie meine Untersuchungen aber erkennen lassen, ist die Neigung, bei Ehepartnern und Freunden eine Ähnlichkeit zu bevorzugen, erblich. In der 1986 erschienenen Ausgabe von *Politics and the Life Sciences* beschrieb ich die Implikationen für ein wissenschaftliches Verständnis der Ethnizität.

Es ist irgendwie unbehaglich, auf diesen 1986 publizierten Artikel in *Politics and the Life Sciences* zurückzuschauen, in dem ich prophezeite, daß die Rolle der genetischen Ähnlichkeit in der Geopolitik sowohl in den USA als auch der UdSSR zunehmen würde. Da beide Supermächte über große ethnische Minderheiten mit höheren Geburtenraten als die Mehrheitsbevölkerung verfügten, schien es klar zu sein, daß die Mehrheitsbevölkerungen zunehmend weniger in der Lage sein würden, ihre Positionen zu behaupten. Ein Grund, warum die Sowjetunion im Jahr 1979 in Afghanistan einmarschierte, bestand darin, den muslimischen Fundamentalismus in ihren angrenzenden Sowjetrepubliken zu unterdrücken. Die moslemischen Minderheiten in dem, was damals die UdSSR war, hatten die höchsten Geburtenraten und hatten die dominierenden Russen in vielen Gebieten verdrängt. Heute, fast 20 Jahre später, sind die südlichen Republiken unabhängige Staaten, der Bürgerkrieg reißt andere auseinander, die UdSSR existiert nicht mehr und der militante Islam wird als Bedrohung für den Westen angesehen. Obwohl ich nicht der einzige war, der diese Prophezeiungen über die UdSSR machte, erstaunte es viele rein politische Analysten und sogar viele Demographen, wie schnell die UdSSR und die osteuropäischen Nationen des alten sowjetischen Blocks entlang ethnischer Linien aufbrachen. Aber ich ziehe wenig Trost aus der Bestätigung dieser Vorhersagen. In Europa und Nordamerika kann aufgrund der gegensätzlichen Geburts- und Einwanderungsraten von Weißen und Nichtweißen mit Machtverschiebungen und Unruhen gerechnet werden.

Ging meine Anwendung der Theorie der genetischen Ähnlichkeit, um die ethnischen Beziehungen zu erklären, möglicherweise zu weit? Nicht so nach Pierre van den Berghe, Soziologieprofessor an der Universität von Washington und Autor des 1981 erschienenen Buches *The Ethnic Phenomenon*. Er war der erste, der William Hamiltons (1964) Theorie der Verwandtenselektion von der Familie auf die Ethnie ausdehnte, indem er die Hypothese aufstellte, daß der ethnische Nepotismus eine verdünnte Form des Familiennepotismus sei. Doch van den Berghe glaubte, daß ethnische Gruppen eher kulturelle Marker der Gruppenzugehörigkeit als genetisch-basierte körperliche Marker verwenden würden, wie den sprachlichen Wortlaut und Kleiderstile. Später, in einem Kommentar über eine große Besprechung meiner Arbeit über die Theorie der genetischen Ähnlichkeit, die ich in der 1989 erschienenen Ausgabe von *Behavioral and Brain Sciences* veröffentlichte, revidierte van den Berghe (1989) seinen Standpunkt und stimmte zu, daß die Ethnizität etwas hatte, das er eine „ursprüngliche Dimension" nannte, und daß gemeinsame Merkmale von hoher Erblichkeit eine verläßlichere Methode für die Identifizierung von Volksangehörigen liefern würden als beeinflußbare, kulturelle Merkmale, obgleich diese auch als eher plastische „Plaketten" der Gruppenzugehörigkeit dienen könnten.

Erst kürzlich extrapolierte Frank Salter, ein Politikwissenschafter am Max Planck Institut in München, die Theorie der genetischen Ähnlichkeit und die

Logik der Gesamtfitneß [„inclusive fitness"], um die zwischenethnischen Beziehungen zu erklären. In seinem 2002 erschienen Buch *On Genetic Interests* sprach er sich dafür aus, alle gemeinsamen Gene in Betracht zu ziehen. Ein Appendix zu Salters Buch vom Anthropologen Henry Harpending, einem Mitglied der Akademie der Wissenschaften der USA, berechnete die genetischen Distanzen zwischen den verschiedenen ethnischen und rassischen Gruppen und entdeckte einen durchschnittlichen Verwandtschaftskoeffizienten, der höher als der von Cousins ersten Grades ist – etwa so hoch wie der zwischen Halbgeschwistern, Neffen und Nichten, Onkeln und Tanten oder Großeltern und Enkelkindern. Statt nur eine schwache Beziehung von familiennepotischer Natur zu sein, ist der ethnische Nepotismus folglich fast ein Stellvertreter für den Familiennepotismus. Und da wir weit mehr Mit-Volksangehörige als Verwandte haben, stellt die aggregierte Masse der Gene, die wir mit unseren Volksangehörigen teilen, diejenigen in den Schatten, die wir mit unserer erweiterten Familie teilen.

Salter kam zu folgenden Ergebnissen:
- die ethnische Bindung ist anwendbar, weil sie Menschen bei der Verteidigung geteilter Interessen vereint;
- der ethnisch basierte Wettbewerb um Territorium und Fortbestand ist unvermeidbar;
- das Herunterspielen der Ethnizität durch den Multikulturalismus könnte den Wettbewerbsvorteil bestimmter Gruppen um die Dominanz verändern, aber es kann nicht die ethnische Identität aus unserer Natur als soziale Wesen eliminieren.

Salter zog dann mögliche Schlußfolgerungen für die Politik für Bereiche des Innergruppen-Zusammenhalts und des Zwischen-Gruppen-Konflikts inklusive Einwanderung, Staatsbürgerschaft, „affirmative action", Multikulturalismus und der Ressourcenzuteilung innerhalb und zwischen den Staaten.

In zwei weiteren Büchern stellte Salter (2002, 2004) eine breite Palette von Belegen über den ethnischen Nepotismus zusammen. Er und seine Kollegen stellten fest, daß ethnische Bande zentral sind für derart unterschiedliche Phänomene wie ethnische Mafias, Netzwerke von Minderheiten-Zwischenhändlern, heroische Freiheitskämpfer, Wohlfahrtsstaat, großzügige Entwicklungshilfe und Wohltätigkeit in all ihren selbstloseren Formen. Eine Studie behandelte z. B. Straßenbettler in Moskau. Einige waren Russen, so wie die überwiegende Mehrheit der Passanten. Andere Bettler waren in der charakteristischen Tracht Moldawiens gekleidet, einer kleinen früheren Sowjetrepublik, ethnisch und sprachlich mit Rumänien verwandt. Einige der Bettler schließlich waren dunkelhäutigere Roma, deren Erscheinung und Sprache Zeugnis von ihrer Abstammung vom indischen Subkontinent ablegen. Ohne ihr Wissen wurden die Bettler von einem Forscher-Team beobachtet. Die Forscher zählten jedes Mal, wenn ein Passant Geld spendete. Bald konnte man ein Präferenzmuster erkennen. Die russischen Passanten zogen es vor, ihren russischen Landsleuten zu spenden und an zweiter Stelle den ihnen nahestehenden osteuropäischen Moldawiern. Die asiatischen Roma waren so unbeliebt, daß sie auf eine große Vielfalt an Taktiken zurückgreifen mußten,

17

um ein spärliches Wechselgeld zu erbetteln, das von Singen und Tanzen über das Bedrängen von Spendeunwilligen bis hin zum Aussenden von jungen Kindern zum Betteln reichte.

Es war für mich ermutigend zu sehen, daß Gelehrte wie Pierre van den Berghe, Frank Salter und Henry Harpending zustimmten, daß gen-basierte Verwandtschaftskoeffizienten auf ethnische und nationale Präferenzen angewandt werden können, da viele andere Soziobiologen dies nicht tun wollten (siehe Kapitel 4). Infolge des Zweiten Weltkrieges haben wenige Politikwissenschafter und Historiker den Zwischen-Gruppen-Konflikt aus einer Darwinschen Sichtweise betrachtet. Teilweise aus der Bemühung heraus, als mit von der Partie zu gelten, wenn es um die Verdammung des Rassismus geht, haben Evolutionsbiologen die theoretische Möglichkeit einer biologischen Untermauerung der ethnischen, nationalen und rassischen Bevorzugung minimiert. Das hat auch William Hamilton selber (1987, S. 426) so kommentiert, wobei er gleichzeitig anmerkte, warum die Verwandtschaftsbevorzugung sogar bei Tieren nicht bereitwilliger akzeptiert wird: „... in zivilisierten Kulturen ist der Nepotismus eine Peinlichkeit geworden."

Bei dem Treffen der ISHE des Jahres 2004 in Gent präsentierte ich die Ergebnisse einer Zwillingsstudie, die zeigen, daß die menschliche Vorliebe für Ähnlichkeit bei anderen eine erbliche Neigung ist. Die Studie stellte fest, daß sich bei der Persönlichkeit und den sozialen Einstellungen 174 MZ-Zwillingspaare (das sind monozygote [eineiige] Zwillinge) gegenseitig mehr ähnelten ($r = 0{,}55$),[3] als es 148 DZ-Zwillingspaare taten (dizygote [zweieiige] Zwillinge) ($r = 0{,}33$), als es 322 Ehepaare taten ($r = 0{,}32$) oder 563 Paare von besten Freunden ($r = 0{,}22$). Was wichtig ist: Jeder MZ-Zwilling wählte einen Ehepartner und besten Freund, der ihm selbst mehr ähnlich war, als es diejenigen der DZ-Zwillinge waren. Insgesamt stellte ich fest, daß die Vorliebe der Zwillinge für Ähnlichkeit zwischen 10 und 30 Prozent auf die Gene der Zwillinge zurückzuführen sei, 10 Prozent auf die geteilte Umwelt der Zwillinge und über 60 Prozent auf die einzigartige (nicht-geteilte) Umwelt des Zwillings. Außerdem war die Partnerähnlichkeit bei den mehr erblichen Items stärker. Es scheint also, daß die Menschen genetisch darauf programmiert sind, ihre eigene Art zu bevorzugen.

Wenn man vom Ausmaß der DZ-Zwillingskorrelationen urteilt, ähneln sich Ehepartner und Freunde gegenseitig etwa soviel wie Geschwister und Halbgeschwister, was höher ist als eine frühere Schätzung der Ähnlichkeit zwischen Cousins und Halb-Cousins, die auf Studien der selektiven Partnerwahl bei Tieren basierte. Diese Zwillingsstudie wird in der Fachzeitschrift *Psychological Science* erscheinen (Rushton & Bons, im Druck). Sie bestätigt eindrucksvoll die Wirkung der genetischen Ähnlichkeitserkennung beim Menschen. Die Menschen neigen genetisch dazu, als Sozialpartner jene auszuwählen, die ihnen selber auf der genetischen Ebene ähneln.

---

3 Anm. d. Ü.: Bzgl. r bzw. den statistischen Werten der Korrelationskoeffizienten vgl. im Glossar die Ausführungen zum Begriff „Korrelation".

Die Rasse: Die Realität der menschlichen Unterschiede

Gegenwärtig ist es unter westlichen Intellektuellen eine modische Ansicht, daß es keine „Rassen" gibt. Natürlich genießen die meisten Laien diese Meinung mit Vorsicht. Trotzdem liefern manche Wissenschafter und die meisten der Mainstream-Medien ein Dauerbombardement an Propaganda für die Ansicht, daß Rasse nur eine „Illusion" sei. Schließlich gehen diese Erklärungen so weit zu sagen, daß die Menschen 98 Prozent ihrer Gene mit den Schimpansen teilten und es daher keine wesentlichen Unterschiede zwischen den Menschengruppen geben könne. Sie ignorieren dabei geflissentlich die Tatsache, daß die Messungen der genetischen Distanz davon abhängen, welches Meßinstrument verwendet wird, und daß eines, das im einen Fall nützlich sein kann, im anderen irreführend sein kann. Das Medien-Mantra unterschlägt auch die Tatsache, daß jedes Individuum nur 50 Prozent seiner Gene auf seine Nachkommen überträgt (wobei die anderen 50 Prozent vom Partner kommen), was die Frage aufwirft, wie man zu 98 Prozent den Schimpansen gleichen kann, aber nur zu 50 Prozent seinen Kindern? Diese 98 Prozent-Zahl ist eindeutig schief. Bei dieser Messung teilen die Menschen auch 90 Prozent ihrer Gene mit Mäusen, weshalb Mäuse hervorragende Versuchstiere abgeben. Die Menschen teilen auch 50 Prozent ihrer Gene mit der Ananas! Auf der physikalischen Ebene teilen die Menschen 100 Prozent ihrer Moleküle mit den Monden, die den Planeten Saturn umkreisen! Ginge es nicht um die Macht des vorherrschenden, unanfechtbaren politischen Dogmas, wäre es fast unvorstellbar, daß solche Zahlen hochgerechnet wurden, um die Existenz von wichtigen menschlichen Unterschieden zu leugnen.

In ihrem Buch *Race: The Reality of Human Differences* haben Vincent Sarich, Entwickler der molekularen Evolutionsuhr von der Universität von Kalifornien in Berkeley, und der Wissenschaftsjournalist Frank Miele, ein leitender Redakteur beim Magazin *Skeptic*, dokumentiert, wie das Übergewicht der wissenschaftlichen Erkenntnis tatsächlich auf der Seite derer ist, die meinen, daß Rassen sehr wohl existieren würden. Sie zeigen, daß die Rassen bei den meisten Dimensionsebenen „unscharfe Zusammensetzungen" mit starker Überlappung sind. Aber wenn diese unterschiedlichen Dimensionen addiert werden, können sie verläßlich in identifizierbare Gruppen geordnet werden – genauso wie bei Hundezüchtungen. Wenn man eine ausreichende Anzahl an genetischen Kennzeichen verwendet – Schädelmessungen, die Kunst und Literatur antiker Zivilisationen oder selbst die IQ-Werte von drei- und vierjährigen Kindern – zeigen sich dieselben rassischen Basisgruppen. Auch sind Rassenunterschiede nicht nur von rein akademischem Interesse. In *Race* liefern die Autoren einen Überblick über die aufkommende praktisch angewandte Wissenschaft der Rasse in der Medizin, wo die Gruppenunterschiede den Unterschied zwischen Leben und Tod bedeuten können.

Als überzeugte Darwinisten schreiben Sarich und Miele: „Einfach gesagt, hängt die Frage der Rasse von der Akzeptanz der Tatsache ab, daß die Gen-Variation bei Merkmalen, die die Leistung und schließlich das Überleben beeinflussen, der Treibstoff für den Evolutionsprozeß ist." Als sie die veröffentlichten Messungen von 2.500 menschlichen Schädeln aus 29 verschiedenen rassischen Gruppen untersuchten und sie mit denen von 347 Schimpansenschädeln aus den zwei verschiedenen Schimpansenspezies verglichen (dem gemeinen Schimpansen und dem Bonobo [Zwergschimpansen]), stellten sie fest, daß die Unterschiede zwischen den Menschenrassen (natürlich alles Mitglieder derselben Spezies) *größer* als die Unterschiede zwischen den Schimpansen von den zwei *unterschiedlichen* Spezies sind. Insgesamt zogen sie den Schluß, daß die menschlichen Subspezies (Rassen) sich untereinander stärker unterscheiden, als es die von jeder anderen Säugetierspezies tun, vielleicht mit der Ausnahme der Hunde – und Hunde sind durch die jüngere und starke menschliche Selektion stark modifiziert worden.

Sarichs und Mieles Buch liest sich wie eine juristische Darstellung, in dem sie Beleg auf Beleg vorstellen, um die Existenz der Rassen zu dokumentieren und die bekanntesten Argumente zu widerlegen, daß Rasse ein „soziales Konstrukt" sei. In Reaktion auf die Behauptung, daß „Rasse eine Idee der Moderne ist und frühere Gesellschaften die Menschen nicht nach ihren körperlichen Unterschieden eingeteilt hatten", präsentiert ein Kapitel die Hinweise – sowohl literarischer als auch künstlerischer Art –, daß die antiken Kulturen Ägyptens, Griechenlands, Roms, Indiens und Chinas und die islamische Kultur von 700 bis 1400 n. Chr. die Menschen, auf die sie stießen, in breite rassische Gruppen klassifizierten, basierend auf den gleichen Merkmalsgruppen – Hautfarbe, Haarform und Kopfform – die angeblich von Europäern „konstruiert" wurden, als sie die „Rasse" erfanden, um den Kolonialismus und die weiße Vorherrschaft zu rechtfertigen.

Die weltweite Intelligenzverteilung

In ihrem brillant durchdachten, wegweisenden Buch *IQ and the Wealth of Nations* untersuchten Richard Lynn und Tatu Vanhanen (2002) die IQ-Werte und ökonomischen Indikatoren aus 185 Staaten und belegten, daß die Intelligenzniveaus die nationalen Unterschiede im Reichtum erklären. Sie berechneten, daß die nationalen Durchschnitts-IQs stark – mehr als 0,7 – mit dem Bruttoinlandsprodukt (BIP) pro Kopf korrelierten. Das zweitwichtigste war die Frage, ob die Staaten Markt- oder Planwirtschaften haben. Erst an dritter Stelle folgte der Faktor natürliche Rohstoffe, wie etwa Erdöl.

Es tauchte ein markantes Faktum auf: Der nationale Durchschnitts-IQ der Welt ist nur 90. Weniger als ein Fünftel der Staaten auf der Welt haben IQs, die nahe oder gleich dem europäischen Durchschnitt von 100 sind. Fast die Hälfte hat IQs von 90 oder weniger. Das stellt ein ernstes Problem dar, wenn die Schlußfolgerung des Buches richtig ist, daß ein IQ von 90 die Schwelle für eine technologische Wirtschaft darstellt.

Lynn und Vanhanen besprechen die Alternativtheorien, die in den letzten 250 Jahren vorgebracht wurden, um zu erklären, warum manche Länder reich sind und andere arm. Diese beinhalten:
• Klimatheorien (gemäßigte Zonen werden für das Beste gehalten);

- geographische Theorien (eine Ost-West-Achse wird für das Beste gehalten);
- Modernisierungstheorien (Urbanisierung und Arbeitsteilung werden für gut erachtet);
- Dependenztheorien (Ausbeutung und eine Peripheriestellung in der Weltwirtschaft von armen Staaten werden für schlecht erachtet);
- neoliberale Theorien (Marktwirtschaften werden für gut erachtet);
- psychologische Theorien (kulturelle Werte wie Sparsamkeit, die protestantische Ethik und eine Leistungsmotivation werden für gut erachtet).

Einige dieser Faktoren spielen ohne Zweifel eine Rolle. Aber es stellt sich heraus, daß der IQ das größte Gewicht hat.

Staaten, deren Bewohner höhere durchschnittliche IQ-Niveaus haben, haben auch hohe Bildungsleistungen und eine große Zahl an Personen, die beachtliche Beiträge zum staatlichen Leben leisten. Auf der Kehrseite haben Staaten mit niedrigen Intelligenzniveaus auch niedrige Bildungsniveaus und wenige Personen, die beachtliche Beiträge leisten. Stattdessen führt eine niedrigere Durchschnittsintelligenz zu unerwünschten sozialen Ergebnissen, wie Kriminalität, Arbeitslosigkeit, Sozialhilfeempfängern und alleinerziehenden Müttern, was eine immer größer werdende Bürde für die Gesellschaft bildet.

Richard Lynn schrieb in der Londoner *Times* (10. November 2003): „Unsere Kritiker würden sagen, daß wir Ursache und Wirkung verwechseln und daß die IQs in reichen Staaten wegen der besseren Gesundheit, Bildung usw. höher sind. Aber wir glauben nicht, daß das wahrscheinlich ist: Die Intelligenz ist der größte Einzelfaktor hinter dem staatlichen Reichtum. Es entsteht dann eine positive Rückkopplung, wobei die Vorteile des resultierenden Wohlstandes extra IQ-Punkte addiert."

Lynn und Vanhanen belegen, daß die weitverbreitete, aber selten explizit erklärte Annahme von Ökonomen und Politikwissenschaftern, nämlich daß alle Völker und Staaten denselben Durchschnitts-IQ haben, völlig falsch ist. Ihr Beweismaterial dokumentiert beträchtliche nationale Unterschiede bei der Durchschnittsintelligenz. Die höchsten Durchschnitts-IQs findet man unter den Staaten Nordostasiens (durchschnittlicher IQ = 104), gefolgt von den europäischen Staaten (durchschnittlicher IQ = 100) und den hauptsächlich weißen Populationen Nordamerikas, Australiens und Neuseelands (durchschnittlicher IQ = 100). Als nächstes kommen die Staaten Süd- und Südwestasiens, des Nahen Ostens und der Türkei bis hin nach Indien und Malaysia (durchschnittlicher IQ = 87), die Staaten Südostasiens und der Pazifischen Inseln (durchschnittlicher IQ = 86) sowie Lateinamerikas und der Karibik (durchschnittlicher IQ = 85). Am niedrigsten ist der der Staaten Afrikas (durchschnittlicher IQ = 70).

Lynn und Vanhanen stellen auch fest, daß einige Staaten höhere oder niedrigere Pro-Kopf-Einkommen haben, als ihre nationalen IQ-Durchschnitte es voraussagen würden. In diesen Fällen geben dann die anderen Faktoren den Ausschlag, nämlich ob man eine Markt- oder Planwirtschaft hat oder auf einem See von Erdöl sitzt.

Einige der Staaten mit einem höheren Pro-Kopf Einkommen, als von ihren Durchschnitts-IQs her zu erwarten wäre, sind: Australien, Barbados, Belgien, Dänemark, Frankreich, Irland, Katar, Österreich, Schweiz, Singapur, Südafrika und die Vereinigten Staaten. Abgesehen von Katar, Südafrika und Barbados sind das alles technologisch hochentwickelte Marktwirtschaften. Das außergewöhnlich hohe Pro-Kopf-Einkommen von Katar stammt von Ölexporten, die tatsächlich von Firmen und Menschen aus europäischen und nordamerikanischen Staaten organisiert und kontrolliert werden. Südafrikas wesentlich höher als erwartetes Pro-Kopf-Einkommen stammt von der hohen Leistung der Industrien, die von der europäischstämmigen Minderheit des Landes gegründet und gemanagt werden. In ähnlicher Weise leitet sich der überdurchschnittliche Wohlstand von Barbados von seiner gut etablierten Tourismusindustrie und seinem Bankenwesen ab, die im Besitz von amerikanischen und europäischen Ländern sind und von ihnen kontrolliert und verwaltet werden.

Einige der Staaten mit niedrigeren Pro-Kopf Einkommen, als von ihren Durchschnitts-IQs vorhergesagt werden würde, sind: Bulgarien, China, Irak, Philippinen, Polen, Rumänien, Rußland, Südkorea, Thailand, Ungarn und Uruguay. Die meisten von diesen sind gegenwärtige oder frühere sozialistische Staaten. Der Irak hat an der Niederlage im Golfkrieg und einem Jahrzehnt der UNO-Wirtschaftssanktionen gelitten. Auf den Philippinen drückte das große Ausmaß an ethnischen Konflikten das Wachstum.

Lynn und Vanhanen liefern eine detaillierte Untersuchung darüber, wie gut die IQ-Theorie gegen ihre Mitbewerber abschneidet. Zwei deutliche Ausnahmen zu der Annahme, daß ein tropisches Klima dem Wohlstand abträglich ist, sind z. B. Singapur und Hongkong, die in der tropischen Zone liegen, aber reich sind. Umgekehrt sind Lesotho und Swasiland klimatisch gemäßigt, liegen etwas südlich des Wendekreises des Steinbocks, sind aber arm. Diese Unterschiede können aber in Hinblick auf die Intelligenztheorie erklärt werden. Die Bewohner von Singapur und Hongkong gehören zu der ethnischen Gruppe mit den höchsten Durchschnitts-IQs; die Bewohner von Lesotho und Swasiland gehören zu der ethnischen Gruppe mit den niedrigsten.

Die Modernisierungstheorien, denen zufolge sich alle Ökonomien von der Subsistenz-Landwirtschaft weiter in Richtung auf verschiedene Stadien der Urbanisierung und Industrialisierung entwickeln würden, haben für Westeuropa und den pazifischen Raum funktioniert, aber sind bei den vier übrigen Ländergruppen gescheitert (Südasien, den Pazifischen Inseln, Lateinamerika und dem subsaharischen Afrika). *IQ and the Wealth of Nations* meint, daß die Modernisierungstheorien Westeuropa und das Pazifische Rim charakterisieren, weil diese Länder merklich die gleichen oder etwas höhere IQs als in den Vereinigten Staaten haben. Aber sie funktionierten nicht für die anderen vier Ländergruppen, weil deren Durchschnitts-IQs unter der technologischen Schwelle liegen.

Aber warum lagen die Völker Ostasiens mit ihren hohen IQs bis zur zweiten Hälfte des 20. Jahrhunderts hinter den europäischen Völkern? Nun, Chinas Wissenschaft und Technologie waren im allgemeinen 2000 Jahre lang, nämlich von etwa 500 v. Chr. bis etwa 1500 n. Chr., weiter fortgeschritten als die europäische. Aber im 15. Jahrhundert kam die chinesische Erfindungsgabe zu einem Ende, und seit damals wurden praktisch alle wichtigen Fortschritte von Europäern gemacht, zuerst in Europa und dann in den USA. Die Erklärung könnte sein, daß die Europäer die Marktwirtschaft entwickelten, während China und Japan aufgrund autoritärer Bürokratie und Zentralplanung stagnierten.

Der Umstand, daß sich Japan bis zum späten 19. Jahrhundert wirtschaftlich nicht entwickelt hat, wird größtenteils auf eine regulierte Wirtschaft und eine Isolation vom Rest der Welt zurückgeführt. In den Jahren 1867–68 fand eine Revolution statt, und die neuen Machthaber begannen, Japan zu modernisieren, indem sie westliche Bildung und Technologie übernahmen und die Wirtschaft liberalisierten sowie die Staatsmonopole in Privatunternehmen überführten. Ein Gutteil des japanischen Wirtschaftserfolgs im 20. Jahrhundert wurde geschaffen, indem Erfindungen des Westens übernommen und verbessert wurden und diese wettbewerbsfähiger auf den Weltmärkten verkauft wurden. Dabei baute Japan seine Motorrad-, Automobil-, Schiffsbau- und Elektronikindustrie auf. Obwohl manchmal behauptet wird, daß die Japaner selber keine bedeutenden wissenschaftlichen oder technologischen Innovationen gemacht hätten, unterschätzt das ihre technologischen Leistungen, wie etwa: den Faserkugelschreiber (1960), „Geschoß"-Züge, die 210 km/h fahren und damit wesentlich schneller sind als alle westlichen Züge (1964), Laser-Radar (1966), Quarzuhren (1967), VHS-Videosysteme (1976), Flachbildfernseher, die flüssige Kristallanzeigen verwenden (1979), DVDs (1980), CD-ROM- (read only memory-) Disketten (1985), digitale Tonbänder (1987) sowie digitale Netzwerke, um Signale durch Koaxialkabel und Glasfaserleiter zu senden (1988).

Am entgegengesetzten Pol von China und Japan beim nationalen IQ finden sich die afrikanischen Staaten. Das könnte erklären, warum sie eine so große Anomalie für die Modernisierungstheorie darstellen. Die niedrige Rate des Wirtschaftswachstums der afrikanischen Staaten in Folge ihrer Unabhängigkeit von der Kolonialherrschaft in den 1960ern ist eines der Hauptprobleme der Wirtschaftsentwicklung. Für die 41 Länder des subsaharischen Afrikas, für die Daten verfügbar sind, war in den Jahren 1976–1998 das durchschnittliche Wirtschaftswachstum pro Kopf (BSP) wesentlich niedriger als im Rest der Welt. Viele der afrikanischen Länder mußten tatsächlich eine negative Wachstumsrate pro Kopf hinnehmen. Die Ökonomen haben alle möglichen Faktoren quantifiziert, wie etwa das Klima, die ethnische Verschiedenheit, die Geographie, das Mißmanagement, die Arbeitslosigkeit und Ähnliches, und haben die Situation mit anderen Gebieten auf der Welt, besonders in Asien, verglichen. Sie zogen den Schluß, daß diese Faktoren keine vollständige Erklärung liefern und daß es ein „fehlendes Element" gebe, wie etwa das niedrige Niveau an „Sozialkapital", d. h. die weitverbreitete Korruption und den Vertrauensmangel in Geschäftsbeziehungen, schlechte Straßen und Bahnlinien, unzuverlässige Telefon- und Stromversorgung und die weite Verbreitung von tropischen Krankheiten wie etwa Malaria.

IQ and the Wealth of Nations identifiziert den IQ als das fehlende Glied. Einige Elemente des „Sozialkapitals" sind in Wirklichkeit Manifestationen einer niedrigen durchschnittlichen Intelligenz. Schlechte Telefonverbindungen und Stromversorgung, niedrige landwirtschaftliche Erträge und die schlechte Beratung durch Regierungsgremien reflektieren die niedrigen Durchschnitts-IQs. Bei einem Durchschnitts-IQ von 70 kann man von den Populationen Afrikas nicht erwarten, daß sie mit den wirtschaftlichen Wachstumsraten, die woanders in der Welt erreicht werden, gleichziehen können.

Am Schluß blicken Lynn und Vanhanen in die Zukunft. Sie prophezeien, daß zukünftiges Wachstum am wahrscheinlichsten in jenen Ländern stattfinden wird, die hohe nationale IQ-Werte haben, aber gegenwärtig schlechte Wirtschaftssysteme. Gute Tips sind die Länder des früheren kommunistischen Blocks, namentlich Rußland, Polen, Bulgarien, Rumänien sowie die Volksrepubliken China und Vietnam.

Türkische und marokkanische Einwanderer in die Niederlande

Einige der Untersuchungen, auf die sich Lynn und Vanhanen bei ihren Einschätzungen der marokkanischen und türkischen IQ-Werte stützten, waren in den Niederlanden von Jan te Nijenhuis und seinen Kollegen durchgeführt worden, die die holländische Mehrheitsbevölkerung mit Einwanderern aus der Dritten Welt verglichen, die heute 6 Prozent der holländischen Bevölkerung darstellen. Etwa 40 Prozent kamen von den Westindischen Inseln,[4] waren mehrheitlich afrikanischer, subsaharischer Herkunft und hatten Holländisch als Muttersprache.

In einer Studie verglichen te Nijenhuis und van der Flier (1997) die Testergebnisse aller Job-Anwärter der ersten Einwanderergeneration für die Holländische Eisenbahn zwischen 1988 und 1992 mit denen einer repräsentativen Stichprobe von holländischen Anwärtern. Die holländische Version des „General Aptitude Test Battery" (GATB) zeigte, daß die IQ-Werte aller Immigranten im Durchschnitt um etwa 20 Punkte niedriger lagen (mehr als eine Standardabweichung) als die der holländischen Mehrheit. Da sich die Test-Items für alle Gruppen gleich „verhielten", wurden die Tests für gleichermaßen gültig befunden (ausgenommen der offensichtliche Fall von holländischen Sprach-Subtests für diejenigen, deren Muttersprache nicht Holländisch war). In einem anderen Bericht absolvierte dieselbe Stichprobe Sicherheitstests (die Fähigkeit, sich zu konzentrieren und die Fähigkeit der Sinnes/Bewegungs-Koordination), die wichtige Prognosewerte bilden für Kriterien im Zusammenhang mit Unfällen für diese Stichprobe von Lokführern,

---

4 Anm. d. Ü.: Als „Westindische Inseln" werden Inselgruppen der Karibik wie Jamaika, Kuba, Puerto Rico etc. bezeichnet.

Zugverkehrsreglern, Busfahrern und Bahnstationsassistenten. Die Werte waren durchwegs für die Immigrantengruppen niedriger als für die holländische Gruppe. Andere Studien stellten überdies fest, daß Immigrantenkinder dazu neigten, in der Schule schlecht abzuschneiden, und zwar um etwa eine Standardabweichung schlechter. Die Arbeitslosenrate bei Erwachsenen betrug 20 Prozent bei den Immigranten versus 7 Prozent bei der Gesamtbevölkerung.

In einer nachfolgenden Untersuchung bestätigten te Nijenhuis, Tolboom, Resing und Bleichrodt (2004) den großen IQ-Unterschied zwischen marokkanischen und türkischen Immigranten und den Holländern. Sie werteten den „Revised Amsterdam Intelligence Test for Children" (RAKIT) aus, der aus 12 Subtests bestand. Die Untersuchung verglich 604 holländische Kinder, die die national repräsentative Normstichprobe darstellten, mit 559 Immigrantenkindern, die sorgfältig ausgewählt worden waren, um für alle Immigrantenkinder in den Niederlanden allgemein repräsentativ zu sein. Im Test wurde nur ein kleiner Betrag an Sprachbefangenheit festgestellt, und er zeigte eine hohe Prognosegültigkeit für die meisten Schulfächer.

Als sie alle holländischen Untersuchungen zusammenfaßten und dabei die Daten von Zehntausenden von Einwanderern verwendeten, zogen te Nijenhuis, de Jong, Evers und van der Flier (2004) den Schluß, daß sich die kognitiven Unterschiede zwischen den marokkanischen und türkischen Einwanderern und der Mehrheitsbevölkerung von der ersten (IQ = 81) zur zweiten Generation (IQ = 88) um 7 IQ-Punkte verringert hatten. Überraschenderweise wurden ähnliche Verbesserungen für die Schulleistung *nicht* gefunden, obwohl sie für die Beschäftigung *sehr wohl* gefunden worden waren. Es ist wichtig anzumerken, daß sogar der gestiegene IQ-Wert von 88 etwa 80 Prozent der türkischen und marokkanischen Immigranten unter den holländischen Bevölkerungsdurchschnitt (IQ = 100) plaziert. Ein überraschender Gegensatz ist die Schätzung der Autoren eines IQs von 105 für chinesische und vietnamesische Immigranten in den Niederlanden. Da viele andere westeuropäische Staaten Einwanderer aus Dritte-Welt-Ländern haben, könnten diese holländischen Befunde verallgemeinerbar sein.

Der afrikanische IQ = 70

Es ist interessant anzumerken, daß niemand Lynn und Vanhanens *IQ and the Wealth of Nations* dafür kritisiert hat, daß sie zeigen, daß Ostasiaten höhere IQ-Werte als Weiße haben. Noch haben sie besonders kommentiert, was Lynn der *The Times* (10. November 2003) über das IQ-Potential Chinas, um eine Supermacht werden zu können, sagte. „Das Pro-Kopf-Einkommen in China ist niedrig – etwa 2.400 Pfund pro Jahr – wegen der Ineffizienz des kommunistischen Systems. Jetzt, nach Einführung einer Marktwirtschaft durch China, ist die Wachstumsrate sehr hoch, etwa 10 Prozent pro Jahr, verglichen mit etwa 2 Prozent in Europa. Von China kann man erwarten, daß es in etwa

50 Jahren mit Europa und den USA Gleichstand erreicht und die neue wirtschaftliche und militärische Supermacht wird."

Wogegen Kritiker hingegen – sehr stark – protestierten, ist die Meldung eines sehr niedrigen Durchschnitts-IQs von etwa 70 für Afrikaner. Die Kritiker behaupteten, daß Testverfahren mit Verzerrungen verwendet worden sein mußten, obwohl Dutzende von unabhängigen Untersuchungen die Ergebnisse aus Ost-, West-, Zentral- und Südafrika bestätigt haben. Zum Beispiel berichtete eine Untersuchung, die für die Weltbank durchgeführt wurde, daß eine Zufallsstichprobe von 1.639 Erwachsenen im westafrikanischen Land Ghana einen durchschnittlichen IQ von 60 erbrachte.

Der durchschnittliche afrikanische IQ von 70 ist tatsächlich extrem niedrig, der niedrigste, der in vergleichbaren Gebieten gefunden wurde. Das hat viele dazu gebracht, den Befund zu verwerfen. Ich weiß aber, daß diese Zahl kein Zufallstreffer ist, weil ich in den letzten sechs Jahren afrikanische IQ-Daten von Hunderten von Studenten der prestigeträchtigen University of the Witwatersrand in Johannesburg, Südafrika, gesammelt habe (siehe z. B.: Rushton, Skuy & Fridjohn, 2003). Der durchschnittliche IQ für diese afrikanischen Studenten war 84. Angenommen, daß sie auf 15 Punkte über den allgemeinen Durchschnitt kommen, wie das bei Universitätsstudenten jeder rassischen oder nationalen Gruppe typischerweise der Fall ist, dann ist ein durchschnittlicher afrikanischer IQ von 70 exakt das, was zu erwarten ist.

Im Oktober des Jahres 1998 besuchte ich Südafrika, um ein gemeinschaftliches 6-Jahres-Forschungsprogramm zum Testen afrikanischer Universitätsstudenten zu beginnen. Ich fühlte, daß ich selbst feststellen mußte, ob ein solch niedriger IQ zutrifft. So wie die Kritiker wunderte ich mich auch, wie gut all die früheren Daten gesammelt worden waren. Man könnte auf vielerlei Weise Fehler hineinbringen. Wenn man nicht genug aufpassen würde bei der Vorgabe der Instruktionen, bei der Sicherstellung der Motivation, bei der Verwendung eines ruhigen Raumes zum Testen oder bei der Gewährung von ausreichend Zeit, damit die Tests ausgefüllt werden können, dann hätten die IQ-Werte für die Afrikaner hinabgedrückt werden können.

An der University of the Witwatersrand in Johannesburg traf ich mich mit akademischen Kollegen aus dem Fachbereich Erziehungswissenschaften, um die Datensammlung für die erste Studie zu beaufsichtigen. Wir verwendeten einen großen, ruhigen, gut beleuchteten und gut belüfteten Prüfungsraum, in dem die Tische weit genug auseinanderstanden, um Abschreiben oder Engegefühl zu vermeiden. Als ich die Gänge entlang ging und die eifrig arbeitenden Studenten beobachtete, war deutlich zu sehen, daß sie gut motiviert waren.

In diesem ersten Test zahlten wir jedem der 350 afrikanischen, weißen, ostindischen und gemischtrassigen Studenten 10 US-Dollar, damit sie den Ravens Progressiven Matrizentest ausfüllten (und ihre ethnische Abstammung selber angeben). Der Ravens Matrizentest ist von allen kulturreduzierten Tests der bekannteste, am meisten untersuchte und am meisten verbreitete. Er besteht aus 60 schematischen Puzzles, in denen jeweils ein Teil fehlt, den der Prüfling aus mehreren Antwortmöglichkeiten zu erkennen versucht, und er ist eine exzellente Messung der nonverbalen Komponente von *g*, dem generellen Faktor der Intelligenz. Der Test wird als eine gute Messung der Fähigkeit, „klar zu denken", beschrieben. Es wurde kein Zeitlimit für den Test gesetzt und allen Prüflingen wurde gestattet, ihn zu Ende zu bringen.

Ich hatte mich auf die Suche nach den bestarbeitenden Afrikanern mit den höchsten IQs, die ich finden konnte, begeben. Universitätsstudenten schienen dafür ideal zu sein, da sie nur zur Universität zugelassen wurden (zumindest zu der Zeit), nachdem sie die Mittelschule abgeschlossen hatten. Sie waren offensichtlich gebildet und waren es gewohnt, schriftliche Tests zu machen – tatsächlich waren sie so gut bewandert dabei, daß sie eine der Spitzenuniversitäten auf dem afrikanischen Kontinent besuchen konnten.

Die Annahme schien wahrscheinlich, daß die Universitätsstudenten in Südafrika zumindest 15 IQ-Punkte über dem Durchschnitt der Allgemeinbevölkerung lagen, so wie sie das auch woanders auf der Welt der Fall ist. Sie waren eine in hohem Maße ausgewählte Population. So konnte man Lynns und Vanhanens Befunde gut überprüfen. Wenn sie mit dem afrikanischen IQ von 70 Recht hätten, würden diese Universitätsstudenten auf einen IQ von 85 kommen.

Die Analysen belegten auch das Fehlen von Verzerrungen (bias) in den Tests, da die afrikanischen Studenten die meisten Fragen richtig beantworteten, also konnten sie offensichtlich die erforderlichen Arbeitsgänge durchführen. Außerdem „verhielten" sich die Items bei den Afrikanern genauso wie bei den Nicht-Afrikanern, d. h. die Items, die von den Afrikanern als schwierig empfunden wurden, waren die gleichen, die die Nicht-Afrikaner als schwierig empfanden.

Eine Art, den niedrigen afrikanischen IQ zu interpretieren, ist der Bezug auf den Begriff des *geistigen Alters*. Bezogen auf ihr Benehmen und gesamtes Verhalten sind die Afrikaner nicht „retardiert" in dem Sinne, in dem der Begriff in der klinischen Psychologie verwendet wird, sondern sie sind eher Kindern gleich [„child-like"]. Ein IQ von 70 entspricht einem mentalen Alter von 11,2 Jahren. Daher reicht die Bandbreite des mentalen Alters in Afrika von 7 bis 16 Jahren mit einem Durchschnitt von 11 Jahren. Elfjährige sind nicht retardiert. Sie können Autos fahren, Häuser bauen, auf den Feldern arbeiten und sogar in Fabriken arbeiten, wenn sie richtig unterwiesen werden. Sie können auch Krieg führen. Also haben die Afrikaner, die aus der Volksschule herausfallen, ein Niveau des abstrakten Denkens von etwa 7jährigen; diejenigen, die in die Mittelschule kommen, eines von 11jährigen; und diejenigen Universitätsstudenten, die wir testeten, befinden sich an der Spitze mit einem abstrakten Denkvermögen, das etwa 16- bis 17jährigen entspricht. Im Gegensatz dazu haben erwachsene Weiße mentale Alter, die von 11- bis 24jährigen reichen, mit einem durchschnittlichen mentalen Alter von 16- bis 18jährigen. Die Afroamerikaner, die im Durchschnitt 25 Prozent europäische Abstammung haben, haben einen IQ von 85, was einem mentalen Alter von fast 14 Jahren entspricht, mit einer Bandbreite von 11 bis 16 Jahren.

Die Entwicklung der Gehirngröße und die Langlebigkeit

In diesem Buch verwende ich die r/K-Theorie der Entwicklungsgeschichte, um die zahlreichen festgestellten Unterschiede zwischen Afrikanern, Europäern und Ostasiaten zu erklären (siehe Kapitel 10). Evolutionsbiologen wie etwa E. O. Wilson (1975) entwickelten die r/K-Theorie, um die Fortpflanzungsstrategien von verschiedenen Spezies zu erklären: r-Strategen (z. B. Fische) haben viele Nachkommen und investieren wenig oder gar keine Elternpflege in diese, während K-Strategen (z. B. Elefanten) wenige Nachkommen haben und viel an Elternpflege und anderen Ressourcen in jedes von ihnen investieren. Viele der Nachkommen von r-Strategen sterben jung, aber da es so viele von ihnen gibt, erreichen genug den Reifezustand, um das genetische Überleben ihrer Eltern sicherzustellen. Obwohl die K-Strategen weniger Nachkommen produzieren, haben sie einen größeren Anteil, der überlebt und sich fortpflanzt.

In jüngster Zeit haben sich die Kritiker auf die Anwendung der r/K-Theorie auf Säugetierspezies gerichtet, wobei behauptet wird, daß die Beziehung zwischen den verschiedenen Eigenschaften einfach zu schwach sei. Die meisten Forscher haben sich jedoch nur auf ein oder zwei Anpassungen zu einem gegebenem Zeitpunkt bei nur ein oder zwei Spezies konzentriert, statt auf eine ganze Folge an Merkmalen, die über Jahrmillionen bei vielen Organismen koevolierten oder sogar über die ganzen fünf Millionen Jahre der menschlichen Evolution.

Bei dem 2004er HBES-Treffen in Berlin präsentierte ich einen Test der r/K-Theorie der Entwicklungsgeschichte. Ich argumentierte, daß ein aussagekräftiger Test für ihre Gültigkeit darin bestünde, die Beziehungen zwischen vielfältigen Merkmalen bei 234 Säugetierspezies zu untersuchen. Wenn die verschiedenen Merkmale alle gemeinsam korrelierten, würde dies das Konzept unterstützen. Ich untersuchte viele verschiedene Tierspezies, die ich Eisenbergs umfangreicher Datensammlung *The Mammalian Radiations* (1981) entnahm und erweiterte sie durch die Verwendung einer Internet-Recherche von Freiland- und Zoobeispielen.

Die ausgewählten Tiere variierten körperlich und im Verhalten. Das untere Ende des Größenkontinuums beinhaltete den Madagaskar Igel (Körperlänge = 185 mm; Körpergewicht = 225 Gramm; Gehirngewicht = 2 Gramm; und Lebenserwartung = 11 Jahre). Am oberen Ende stand der Afrikanische Elefant (Körperlänge = 5.000 mm; Körpermasse = 2.766.000 Gramm; Gehirngewicht = 4.480 Gramm; und Lebenserwartung = 80 Jahre). Es stellte sich heraus, daß alle Variablen auf einer einzigen r/K-Achse luden, die den generellen Faktor darstellte. Die Ladungen auf dem Faktor waren alle in die Richtung, die von der Theorie vorhergesagt wurde und waren signifikant: Lebenserwartung (0,91), Gehirngewicht (0,85), Schwangerschaftsdauer (0,86), Geburtsgewicht (0,62), Wurfgröße (– 0,54), Alter bei der ersten Paarung (0,73), Dauer der Stillzeit (0,67), Körpergewicht (0,61) und Körperlänge (0,63). Sogar erweiterte statistische Verfahren, wie die Kontrolle für das Körpergewicht und die Körperlänge, veränderten nicht das Gesamtbild.

Diese Untersuchung wird in der Fachzeitschrift *Intelligence* erscheinen (Rushton, im Druck).

Literatur

Darwin, C. (1859): *The origin of species.* London: Murray [deutsch: *Die Entstehung der Arten durch natürliche Zuchtwahl*, Stuttgart, 1860].

Eisenberg, J. F. (1981): *The mammalian radiations: An analysis of trends in evolution, adaptation, and behavior.* Chicago: University of Chicago Press.

Hamilton, W. D. (1964): The genetical evolution of social behavior: I and II. *Journal of Theoretical Biology, 7*, 1–52.

Hamilton, W. D. (1987): Discriminating nepotism: Expectable, common, overlooked. In D. J. C. Fletcher & C. D. Michener (Hrsg.): Kin recognition in animals (Kapitel 13, S. 417–437). New York: Wiley.

Lynn, R. & Vanhanen, T. (2002): *IQ and the wealth of nations.* Westport, CT: Praeger.

Rushton, J. P. (1986): Gene-culture coevolution and genetic similarity theory: Implications for ideology, ethnic nepotism, and geopolitics. *Politics and the Life Sciences, 4*, 144–148.

Rushton, J. P. (1989): Genetic similarity, human altruism, and group selection. *Behavioral and Brain Sciences, 12*, 503–559.

Rushton, J. P. (im Druck): Placing intelligence into an evolutionary framework, or How *g* fits into the *r-K* matrix of life history traits. *Intelligence.*

Rushton, J. P. (2004, 27–30. Juli): *A twin study of best friends.* International Society for Human Ethology. Gent, Belgien.

Rushton, J. P. & Bons, T. A. (2004, 21.–25. Juli): *A test of r-K life history theory across 234 mammalian species.* Human Behavior and Evolution Society, Berlin, Deutschland.

Rushton, J. P. & Bons, T. A. (im Druck): Mate choice and friendship in twins: evidence for genetic similarity. *Psychological Science.*

Rushton, J. P. & Rushton, E. W. (2003): Brain size, IQ, and racial-group differences: Evidence from musculo-skeletal traits. *Intelligence, 31*, 139–155.

Rushton, J. P. & Rushton, E. W. (im Druck): Progressive changes in brain size and hominoid musculo-skeletal traits. *International Journal of Anthropology.*

Rushton, J. P., Skuy, M. & Fridjohn, P. (2003):[5] Performance on Raven's Advanced Progressive Matrices by African engineering students. *Intelligence, 31*, 123–137.

Salter, F. K. (2002): *Risky transactions: Trust, kinship and ethnicity.* London: Berghawi

Salter, F. K. (2003): *On genetic interests: Family, ethny and humanity in an age of mass migration.* Frankfurt, Deutschland: Peter Lang.

Salter, F. K. (Hrsg.) (2004): *Welfare, ethnicity, and altruism: New findings and evolutionary theory.* New York: Frank Cass.

Sarich, V., und Miele, F. (2004): *Race: The reality of human differences.* Boulder, CO: Westview Press.

---

5 Anm. d. Ü.: Dieser Aufsatz kann auch im Internet auf der Universitäts-Homepage von J. Philippe Rushton unter der Adresse www.ssc.uwo.ca/psychology/faculty/rushton_pubs.htm nachgelesen werden. Zu dieser Adresse gelangt man zur Zeit auch über www.charlesdarwinresearch.org.

te Nijenhuis, J., & van der Flier, H. (1997): Comparability of GATB scores for immigrants and majority group members: Some Dutch findings. *Journal of Applied Psychology, 82,* 675–687.

te Nijenhuis, J., Tolboom, E., Resing, W. C. M., & Bleichrodt, N. (2004): Does cultural background influence the intellectual performance of children from immigrant groups? Validity of the RAKIT intelligence test for immigrant children. *European Journal of Psychological Assessment, 20,* 10–26.

te Nijenhuis, J., de Jong, M.-J., Evers, A., & van der Flier, H. (2004): Are cognitive differences between immigrant and majority groups diminishing? *European Journal of Personality, 18,* 405–434.

van den Berghe, P. L. (1981): *The ethnic phenomenon.* London: Elsevier.

van den Berghe, P. L. (1989): Heritable phenotypes and ethnicity. *Behavioral and Brain Sciences, 12,* 544–545.

Wilson, E. O. (1975): *Sociobiology: The new synthesis.* Cambridge, MA: Harvard University Press.

VORWORT ZUR ERSTEN AUFLAGE [1995]

Über mehrere der letzten Jahre hinweg arbeitete ich die internationale Literatur über die Rassenunterschiede durch, sammelte neue Daten und entdeckte ein deutliches Muster. Im Hinblick auf mehr als 60 Variable bilden Menschen ostasiatischer Herkunft (Mongolide, Asiaten [Ostasiaten]) und Menschen afrikanischer Herkunft (Negride, Schwarze [Afrikaner]) die gegensätzlichen Enden des Spektrums. Menschen europäischer Herkunft (Europide, Weiße [Europäer]) fallen dazwischen. Dabei gibt es eine große Variabilität innerhalb jeder der breitgefächerten Gruppierungen (betreffend der Terminologie siehe das Glossar). Dieses rassische Grundmuster zeigt sich bei Maßen der Gehirngröße und Intelligenz, des Fortpflanzungsverhaltens, der Geschlechtshormone, der Quote der Zwillingsgeburten, der Geschwindigkeit der körperlichen Reifung, der Persönlichkeit, Familienstabilität, Gesetzeskonformität und sozialen Organisation.

Um dieses Muster erklären zu können, legte ich eine gen-basierte Entstehungstheorie vor, die den Biologen als die „r/K-Skala der Reproduktionsstrategie" bekannt ist. An einem Ende dieser Skala stehen die r-Strategien, die hohe Reproduktionsraten betonen, und am anderen Ende stehen die K-Strategien, die hohe Elterninvestitionen hervorheben. Diese Skala wird im allgemeinen dazu verwendet, die Entwicklungsgeschichten von sehr ungleichen Spezies zu vergleichen, aber ich benutzte sie, um die immens kleineren Variationen innerhalb der Spezies Mensch zu beschreiben. Um zu betonen, daß alle Menschen in bezug zu anderen Tieren K-selektiert sind, wurde diese Annahme als „differentielle K-Theorie" bezeichnet (Rushton, 1984, 1985a). Ich stellte die Hypothese auf, daß mongolide Menschen stärker K-selektiert als Europide sind, die wiederum stärker K-selektiert als Negride sind.

Ich verglich auch die r/K-Skala mit der Evolution des Menschen. Die molekulargenetischen Hinweise legen nahe, daß sich die modernen Menschen irgendwann nach der Zeit vor 200.000 Jahren entwickelten, wobei eine afrikanisch/nicht-afrikanische Spaltung etwa vor 110.000 Jahren stattfand und eine mongolid/europide Spaltung vor etwa 41.000 Jahren. Die evolutionären Selektionszwänge sind in der heißen afrikanischen Savanne, wo sich die Negriden entwickelten, deutlich von der der kalten arktischen Umwelt, wo sich die Mongoliden entwickelten, unterschieden. Daher war es vorauszusehen, daß diese geographischen Rassen bei zahlreichen Eigenschaften genetische Unterschiede aufweisen würden. Die afrikanischen Populationen, die als erstes entstanden, sind am wenigsten K-selektiert, und die Mongoliden, die als letzte entstanden, sind am meisten *K*-selektiert; die Europiden fallen dazwischen. Eine solche Anordnung erklärt, wie und warum sich die Variablen so gruppieren.

Es ist milde ausgedrückt provokant, jede dieser Großrassen als eigene menschliche Unterart zu betrachten, deren facettenreiche Verhaltensmuster auf eine Durchschnittsposition auf einer gen-basierten Skala der Reproduktionsstrategie reduziert werden. Aber die Frage, die ich mir wiederholt stellte, war diese: Inwieweit passen die Fakten zur Theorie? Leider wollten nur wenige sehr genau hinsehen. Meine These, die tatsächlich heikle Punkte ansprach, wurde als „ungeheuerlich" [engl.: „monstrous"] denunziert. Ich soll eine der anstößigsten Theorien der letzten 60 Jahre über die menschliche Evolution geschaffen haben.

Ich war nicht immer der Überzeugung, daß die Rassenunterschiede in einer tiefliegenden Struktur wurzeln. Vor 15 Jahren, als etablierter sozialer Lerntheoretiker, hätte ich gesagt, daß sämtliche existierende Unterschiede primär eine Umweltursache haben (Rushton, 1980). Ich wurde jedoch durch die Daten und die Befunde aus zahlreichen Quellen davon überzeugt, daß die Rassen sich tatsächlich auch genetisch bei den Mechanismen, die ihrem Verhalten zugrunde liegen, unterscheiden.

Als meine Sichtweisen der Öffentlichkeit bekannt geworden sind, fand in Kanada eine große Kontroverse statt. Als Folge einer Darstellung der Theorie bei der American Association for the Advancement of Science im Jahr 1989 forderte der Premier von Ontario meine Entlassung; es folgten eine polizeiliche Untersuchung durch die Provinzpolizei von Ontario, eine Medienkampagne der Gegenseite, Störungen an der Universität und eine bis heute nicht abgeschlossene Untersuchung durch die Ontario Human Rights Commission.

Dieser Sturm der Entrüstung führte in der Folge zu zahllosen Anfechtungen und Erwiderungen in einem derartigen Ausmaß, daß die Angelegenheit zeitweise mein ganzes Leben beherrschte. Die Arbeit an anderen Themen schien im Vergleich hierzu eher oberflächlicher Natur zu sein. Ich wurde mir der grundsätzlichen Implikationen bewußt, die durch das Thema der Rasse hervorgerufen werden. Durch seine Auswirkung auf verschiedene Gebiete der Verhaltenswissenschaften konnte man sich vorstellen, daß die Forschung über das Thema die Darwinsche Revolution vervollständigen würde.

Die vorherrschenden sozialwissenschaftlichen Paradigmen weichen rasch den genetisch/kulturellen Koevolutionsperspektiven. Obwohl genetische, Entwicklungs- und psychobiologische Daten in noch immer wachsendem Ausmaß gesammelt werden, gibt es wenige umfassende Theorien. Die gen-basierten Evolutionsmodelle, die hier vorgelegt werden, um den Ethnozentrismus und die rassischen Gruppenunterschiede zu erklären, mögen einen Katalysator für das Verständnis der individuellen Unterschiede und der menschlichen Natur liefern.

Es ist in der differentiellen Psychologie eine bekannte Wahrheit, daß die Abweichungen innerhalb von Gruppen größer sind, als jene zwischen ihnen, und es gibt eine enorme Überlappung bei den rassischen Verteilungen. Das kann man durch einige unveröffentlichte Daten von mir zeigen, die das Alter junger Männer, in dem sie ihren ersten Geschlechtsverkehr hatten, dokumentieren. Verglichen mit den Weißen geben Asiaten einen deutlich späteren und Schwarze einen deutlich früheren Zeitpunkt an. Natürlich heißt das nicht, daß alle Asiaten beim ersten Geschlechtsverkehr älter als alle Schwarzen sind.

Das Alter beim ersten Geschlechtsverkehr (in Prozent)

Rasse	Unter 17	Über 17
Asiaten	24	76
Weiße	37	63
Schwarze	64	36

Die Rassenunterschiede sind bei jeder Einzeldimension, die besprochen wird, nicht groß. Normalerweise reichen sie von 4 bis 34 Perzentilpunkte. Obwohl häufig gering, existieren die durchschnittlichen Unterschiede tatsächlich, und das in einer hartnäckigen und konsistenten Art. Aber es ist offensichtlich, daß es problematisch ist, von einem verhältnismäßigen Unterschied oder einem Gruppendurchschnitt auf einzelne Individuen verallgemeinern zu wollen. Man muß feststellen, daß auf dem Niveau des Individuums wohl fast alle eine Mischung von r- und K-Merkmalen haben werden.

Auch muß auf die unbestreitbare Tatsache hingewiesen werden, daß auf diesem Gebiet wesentlich mehr Forschung erforderlich ist. Die objektive Überprüfung von Hypothesen über Rassenunterschiede im Verhalten wurde über die letzten 60 Jahre hinweg stark vernachlässigt, und das Wissen ist nicht so fortgeschritten wie es sein sollte. Viele der hier vorgebrachten Daten und theoretischen Erklärungen bedürfen einer starken Verbesserung. So ungeschliffen auch einige der Zeugnisse sein mögen, es ist offensichtlich, daß substantielle Rassenunterschiede existieren, und daß ihr Muster nicht adäquat erklärt werden kann – ausgenommen aus einer evolutionären Perspektive.

Obwohl die These dieses Buches die ist, daß die genetische Variation wesentlich zu den Unterschieden zwischen den Menschengruppen beiträgt, ist es offensichtlich, daß die Umweltfaktoren dies genauso tun. Bei den gegenwärtig verfügbaren Indizien würde ich meinen, daß die Beiträge der Umwelt und der Genetik in etwa gleich sind. Mitbedacht werden sollte, daß die genetischen Auswirkungen genauso wie Umweltauswirkungen notwendigerweise durch neuroendokrine und psychosoziale Mechanismen herbeigeführt werden. Diese bieten zahlreiche Möglichkeiten für Eingriffe und für Hilfestellungen.

HINWEISE DES ÜBERSETZERS BZW. DER REDAKTION

Grundsätzlich sind alle Kursivstellungen, Klammern, Anführungszeichen u. ä. in der vorliegenden deutschen Ausgabe dieses Buches genauso gesetzt wie im englischsprachigen Original.

Die Anmerkungen und Ergänzungen in *eckigen Klammern* sind aber zumeist Anmerkungen des Übersetzers. Die Kennzeichnung: „Anm. d. Ü." wird in den meisten, vor allem in fraglichen Fällen, extra angemerkt. Dabei handelt es sich z. B. um kurze Ergänzungen oder um die inhaltliche Erklärung von Fachbegriffen u. ä. Das Glossar am Ende des Buches wurde von mir etwas ausgedehnt, genauso wie die Verweise darauf. Diese erscheinen im Buch unmittelbar nach dem jeweiligen Suchbegriff in folgender Form: [Glossar!]

Alle gesetzten Fußnoten stammen vom Übersetzer.

Ich habe diese inhaltlichen Ergänzungen auf ein Minimum reduziert, hielt aber im Einzelfall kurze Erklärungen für das Textverständnis für unumgänglich. Ich hoffe, daß sie dem Leser nützlich sind und trage für deren Richtigkeit natürlich als Übersetzer alleine die Verantwortung.

Englischsprachige Fachausdrücke oder Organisationsbezeichnungen sind in manchen Fällen in der Originalbezeichnung belassen und von mir dann mit Anführungszeichen versehen worden. Wenn man im Text auf das Zeichen [K!] stößt, steht dies für „Korrektur" und bedeutet, daß sich im englischsprachigen Original an dieser Stelle ein unbedeutender Rechenfehler, Rundungsfehler, Flüchtigkeitsfehler o. ä. befunden hat, der für die deutsche Ausgabe – natürlich in Absprache mit Prof. Philippe Rushton – behoben wurde.

Jene Literaturangaben, die im englischsprachigen Original noch im Druck waren, aber seither erschienen sind, sind von mir – wieder in Absprache mit dem Autor – ergänzt worden.

Die ersten Absätze jedes Kapitels fassen teilweise den nachfolgenden Inhalt des Kapitels zusammen – Fachausdrücke werden dann erst im späteren Textfluß erklärt.

Redaktionelle Entscheidungen, die vom Original abweichen, sind die Hervorhebungen im Text, die Streichung des im Original vorhandenen Nachwortes der zweiten Auflage [1997] sowie die Hinzufügung einer Überschrift für das hier als Nachwort abgedruckte Vorwort der dritten Auflage [2000].

DANKSAGUNGEN

Diese Arbeit steht in der Tradition der „Londoner Schule", die von Sir Francis Galton begründet worden ist. Sie durchlief bis heute einen langen Reifeprozeß. Obwohl ich an der Universität von London ausgebildet wurde und am Birkbeck College einen „Bachelor of Science" (1970) in Psychologie sowie an der London School of Economics and Political Science einen Doktor (1973) in Sozialpsychologie erworben habe, war ich mir damals nicht darüber im klaren, wie stark mein Denken von dem einzigartigen Amalgam aus Evolutionsbiologie, Verhaltensgenetik, Psychometrie und Neurowissenschaften beeinflußt gewesen war. Bis in das Jahr 1980 hinein bewegte sich mein primäres Forschungsinteresse innerhalb der sozialen Lerntheorie. Aber die Diskussion über die Genetik der Intelligenz und über die biologische Basis des Verhaltens, die damals stattfand, regte zu grundsätzlichen Fragestellungen an, die möglicherweise woanders nicht entstanden wären.

Der eigentliche Anlaß dieser Arbeit war ein Buchbeitrag gewesen, den ich während eines Semesters (1981) am Institute of Human Development an der Universität von Kalifornien in Berkeley als Gast von Paul Mussen verfaßt hatte. In diesem Beitrag weitete ich mein soziales Lernparadigma aus, um auch die Soziobiologie umfassen zu können (Rushton, 1984). Die Bemühungen setzte ich während eines Forschungsurlaubs (1982–1983) bei Hans Eysenck am Institut für Psychiatrie der Universität von London fort.

Das Stipendium einer Forschungsprofessur der sozialwissenschaftlichen Fakultät der University of Western Ontario ermöglichte mir eine einjährige Pause von den Lehrverpflichtungen (1987–1988). Ähnlich verhielt es sich mit einem Forschungsstipendium der John Simon Guggenheim-Memorial-Stiftung (1988–1989) und einem weiteren Forschungsaufenthalt, der von der University of Western Ontario (1989–1990) finanziert wurde.

Meine Arbeit fand anfangs durch den Social Sciences and Humanities Research Council of Canada Unterstützung. Während der Jahre 1988 bis 1989 wurde sie durch ein Forschungsstipendium der John Simon Guggenheim-Stiftung gefördert. In den letzten Jahren wurde sie von dem „Pioneer Fund" (USA) getragen. Ich bin Harry Weyher, dem Präsidenten des „Pioneer Fund", für seine unerschütterliche Unterstützung zu tiefem Dank verpflichtet.

Zwei Kollegen von der University of Western Ontario stellten über viele Jahre hinweg eine großartige Hilfe dar: der Psychologe Douglas Jackson erweiterte mein Wissen über Psychometrie, und der Zoologe Davison Ankney inspirierte mein Denken über Evolutionsprozesse. Ihre Weisheit geht weit über die zentralen Gebiete des hier benötigten Expertenwissens hinaus.

Exzellente Anregungen aus der Ferne lieferten Arthur Jensen von der University of California in Berkeley und Richard Lynn von der University of Ulster. Beide machten mich mit einem Strom von wichtigen Aspekten vertraut und berieten mich regelmäßig bei schwierigen Fragen. Ihre Forschungserkenntnisse bilden einen wichtigen Bestandteil dieses Buches.

Ich bin jenen sehr verpflichtet, die spezifische Anregungen für die ersten Entwürfe des Buches lieferten: Davison Ankney, Hans Eysenck, Desmond ffolliett [sic!], Jeffrey Gray, Barry Gross, Richard Herrnstein, Douglas Jackson, Arthur Jensen, Sandi Johnson, Michael Levin, Richard Lynn, Edward Miller, Travis Osborne und Harry Weyher. Andere haben es vorgezogen, anonym zu bleiben. Da meine Ratgeber und Förderer möglicherweise nicht alles, was ich hier zu Papier gebracht habe, gutheißen, können sie auch nicht für die Fehler des Buches verantwortlich gemacht werden. Hierfür trage ich alleine die Verantwortung.

Schließlich bin ich meiner Familie zu mehr Dank verpflichtet, als ich es auszudrücken vermag. Ohne ihre Unterstützung wäre dieses Buch möglicherweise niemals abgeschlossen worden.

1
DIE SOZIALWISSENSCHAFTEN MODERNISIEREN

Die Bevorzugung der eigenen ethnischen Gruppe könnte aus einer Ausweitung des sich verstärkenden familiären und sozialen Zusammenhalts entstanden sein (Kap. 4). Da die Menschen diejenigen, die ihnen selber genetisch ähnlich sind, bevorzugt behandeln, um ihre eigenen Gene effektiver zu verbreiten, könnte die Xenophobie eine Schattenseite des menschlichen Altruismus darstellen.

Die Neigung, die eigene Gruppe zu verteidigen, diese als etwas Besonderes zu betrachten, und sich gleichzeitig der Gesetze der Evolutionsbiologie nicht bewußt zu sein, macht die wissenschaftliche Untersuchung der Ethnizität und der Rassenunterschiede problematisch. Theorien und Fakten, die in der Rasseforschung gewonnen werden, könnten in die politische Programmatik von völkischen Nationalisten einfließen. Auf der anderen Seite kann bei antirassistischen Strömungen immer wieder beobachtet werden, daß sie rassische Unterschiede zu leugnen bestrebt sind und Forschungserkenntnisse unterdrücken. Forschungsvorhaben, die mit der menschlichen Rasse zu tun haben, können, je nach Standpunkt, bedrohliche Konsequenzen haben. Es wimmelt von ideologischen Minenfeldern in einer Art und Weise, wie das in anderen Forschungsbereichen nicht der Fall ist.

Damit ein wissenschaftlicher Fortschritt erzielt werden kann, ist es notwendig, jenseits von „rassistischen" und „antirassistischen" Ideologien zu stehen. Stellen Sie sich vor, es landete eine Gruppe außerirdischer Wissenschaftler mit dem Ziel, Menschen zu untersuchen, auf der Erde. Selbstverständlich würden sie rasch erkennen, daß die Menschen, wie viele andere Arten auch, eine beträchtliche geographische Variation in der Morphologie aufweisen.

Es könnten sofort drei größere geographische Populationen oder „Rassen" identifiziert werden. Man würde eine Untersuchung starten, um zu erfahren, wie viele andere existieren. Es würden Fragen über die Entstehung der Körpertypen gestellt werden. Überdies würde untersucht, ob diese mit Variablen des Lebenszyklus [Glossar!], einschließlich der Reproduktionstaktiken, kovariieren. Wenn diese Wissenschaftler über eine solide Kenntnis der Evolutionsbiologie verfügen, würden sie auch untersuchen, ob sich die Populationen bezüglich des Verhaltens unterscheiden – zum Beispiel im Hinblick auf Parameter wie elterliche Fürsorge und gesellschaftliche Organisation. Falls dem so sein sollte, würde mit Sicherheit die Frage aufgeworfen werden, wie diese Differenzen möglicherweise entstanden sein könnten. Ein derartiger Ansatz hat sich speziell seit der Synthese der Soziobiologie durch E. O. Wilson (1975) für Populationsbiologen beim Studium anderer Tiere als sehr fruchtbar erwiesen. Wenn wir an einem ähnlichen Erkenntnisgewinn wie diese „Außerirdischen" interessiert sind, dann sollten wir bei unserer Forschung am *Homo sapiens* ähnliche Vorgehensweisen anwenden.

Manche würden es lieber sehen, wenn Mutter Natur alle Menschen genetisch gleich gestaltet hätte. Eine Zusammenarbeit wäre leichter, und wir könnten ein einziges Gesellschaftsmodell entwerfen, das für alle passend wäre. Aber wir sind nicht alle gleich. Sogar Kinder innerhalb einer Familie unterscheiden sich erheblich voneinander, sowohl genetisch als auch in bezug auf das Verhalten (Plomin & Daniels, 1987). Wenn wir überprüfen, wie breitgefächert die Unterschiede zwischen Brüdern und Schwestern sein können, die das gleiche Essen und dieselben Fernsehprogramme konsumieren, in dieselben Schulen gehen und dieselben Eltern haben: um wieviel größer sind wohl die Unterschiede zu anderen Menschen, speziell zu denjenigen, die in weit entfernten Regionen leben und normalerweise als „Rassen" bezeichnet werden?

Der Streit „Gene versus Umwelt"

Eine der großen Weltanschauungen der Sozialwissenschaften geht davon aus, daß ökonomische und andere Umweltkräfte einen dominierenden Einfluß auf das Verhalten des Individuums haben. Auch die modernen Sozialwissenschaftler dachten egalitär, als sie die Idee vertraten, daß alle Babys grundsätzlich mit den gleichen Begabungen geboren würden. Aus dieser Sicht folgt zwangsläufig, daß Ungleichheiten im Hinblick auf Reichtum und Armut, Erfolg und Mißerfolg, Fröhlichkeit und Traurigkeit sowie Krankheit und Gesundheit Produkte von Umweltfaktoren sind.

John B. Watson (1878–1958), der Begründer des Behaviorismus, formulierte das, was dann zur orthodoxen sozialwissenschaftlichen Konvention werden sollte (1924: 104):

> „Geben Sie mir ein Dutzend gesunder Säuglinge in guter Verfassung und meine eigene spezielle Welt, um sie dort aufzuziehen, und ich werde ihnen garantieren, daß ich einen von ihnen nach dem Zufallsprinzip auswähle und ihn darauf trainiere, ein Spezialist zu werden, von einer Art, die alleine ich bestimme – ein Mediziner, ein Rechtsanwalt, ein Künstler, ein Handelskaufmann, ja sogar ein Bettler und ein Dieb; ungeachtet seiner Talente, Schwächen, Neigungen, Fähigkeiten, Begabungen und der Rasse seiner Ahnen. Ich gehe über meine Fakten hinaus und gebe es auch zu; aber das tun auch die Befürworter des Gegenteils – und das schon seit vielen tausenden Jahren. Wenn dieses Experiment gemacht wird, beachten Sie bitte, daß es mir erlaubt sein muß, die Art und Weise, in der die Kinder aufgezogen werden, und die Umwelt, in der sie leben müssen, zu bestimmen."

Eine wohlwollende Milieutheorie entwickelte eine Fülle von Strategien, um zu Hause, am Arbeitsplatz, in den Massenmedien und im System der Strafjustiz intervenieren zu können. Da die Menschen versuchten, ihre Mängel zu korrigieren und zur Selbstverwirklichung zu kommen, florierten Psychotherapie und Selbsthilfesysteme. Die Sozialarbeiter bekämpften die schädlichen Auswirkungen der Armut, der Arbeitslosigkeit und anderer Faktoren.

Die Milieutheorie, die sich mit politischen Lehren überschnitt, bemühte sich, die menschlichen Angelegenheiten grundlegend zu verändern. Es begann ein ernsthafter Gesellschaftsumbau von den marktwirtschaftlichen Demokratien bis hin zu den totalitären Kollektiven. Die Marxisten gingen am weitesten, als sie predigten, daß das öffentliche Eigentum an Produktionsmitteln die notwendige Voraussetzung für eine harmonische Gesellschaft darstellen würde.

Besonders infolge des Zweiten Weltkriegs (1939–1945) und des Abscheus gegenüber der Rassenpolitik Hitlers führte der Egalitarismus zu einer fast vollständigen Eliminierung des Darwinschen Denkens unter westlichen Sozialwissenschaftlern (Degler, 1991). Das Dogma von der biologischen Gleichheit wurde unter Kommunisten in der Sowjetunion und anderswo auf die Spitze getrieben (Clark, 1984). Überall auf der Welt riefen Linke „Nicht in unseren Genen" und behaupteten lautstark, daß soziale Ungleichheiten gänzlich auf repressive Umwelten zurückzuführen seien (Lewontin, Rose & Kamin, 1984; Lewontin, 1991).

Der Streit Gene versus Umwelt verläuft zwischen denjenigen, die de facto einen extremen, hundertprozentigen Milieustandpunkt vertreten, und denjenigen, die eine moderate, etwa 50:50-Position vertreten.

Kein Verhaltensgenetiker glaubt an einen hundertprozentigen genetischen Determinismus, da es offensichtlich ist, daß das Wachstum des Körpers und die geistige Entwicklung gute Ernährung, frische Luft und Bewegung erfordern, und daß Kinder und Heranwachsende am besten lernen, wenn sie Zugang zu bewährten Rollenmodellen haben. Das Schlüsselwort heißt „genetischer Einfluß" (nicht Determinismus), da genetische Effekte zwangsläufig durch neuroendokrine und psychosoziale Systeme herbeigeführt werden, die einen unabhängigen Einfluß auf das phänotypische Verhalten haben.

Die brennende Frage lautet: Wie wichtig ist der genetische Beitrag zur menschlichen Natur und der Unterschiede, die durch sie herbeigeführt werden? Während Lippenbekenntnisse abgelegt werden, daß der Mensch sowohl Produkt der Gene als auch der Umwelt sei, agieren viele Sozialwissenschaftler und Philosophen so, als ob der menschliche Geist ein unbeschriebenes Blatt ist und jede Person ausschließlich ein Produkt ihrer Geschichte und wirtschaftlicher Umstände wäre.

Während der 80er Jahre des letzten Jahrhunderts stieg die Akzeptanz gegenüber der Verhaltensgenetik und evolutionären Theorien. Als wissenschaftliche Durchbrüche für Schlagzeilen sorgten, fügten sich auch die schärfsten Opponenten. In *Science* und in anderen anerkannten Fachzeitschriften erschienen längere Besprechungen der Literatur über Zwillingsforschung und Adoptionen. Dies führte zu der weithin akzeptierten Schlußfolgerung, daß „genetische Faktoren einen deutlichen und durchdringenden Einfluß auf Verhaltensunterschiede ausüben" (Bouchard, Lykken, McGue, Segal, & Tellegen, 1990: 223).

Entdeckungen in der medizinischen Genetik kündigten an, was dann mit der Gentherapie eine mögliche Lösung für eine Vielfalt an klassischen psychischen Störungen wie Angststörungen, Depressionen und Schizophrenie werden sollte. Das Vorhaben, das gesamte menschliche Genom zu entschlüsseln, wurde gestartet – ein viele Milliarden Dollar teures internationales Unterfangen. Obwohl ewige Neinsager wie z. B. *Science for the People* erbitterte Gegner der Entwicklungen blieben (Lewontin, 1991), änderte sich das Klima deutlich.

Die 1980er Jahre charakterisierte auch ein erneuertes Interesse an der Rassenentwicklung des Menschen, wobei Afrika als Garten Eden identifiziert wurde. In den 70er Jahren des letzten Jahrhunderts beschäftigten die beeindruckenden Fossilienfunde des *Homo habilis* und des *Homo erectus* in Ostafrika und die 3,7 Millionen Jahre alten Fußstapfen und Knochen von „Lucy" und ihren Zeitgenossen, der Australopithecinen, die Phantasie der Öffentlichkeit. Aufgrund von Gen-Analysen lebender Menschengruppen in den 1980er Jahren stellte man sich „Eva" als eine langarmige, muskulöse, dunkelhäutige Frau mit dicken Knochen vor, die vor etwa 200.000 Jahren die ostafrikanische Savanne bewohnte. Sie erschien auf dem Titelbild von *Newsweek* (11. Januar 1988) und trug zur Diskussion über die Entstehung der Ursprünge des Menschen bei.

Die Rassenunterschiede im Verhalten waren in diesen Studien – obwohl sie eine notwendige Begleiterscheinung dieser revolutionären Standpunkte bilden – nicht enthalten; sie stellten für Gelehrte eine Verlegenheit dar und wurden von ihnen ausgelassen.

Beim Thema Rasse hatte sich ein selbstgerechter Konformismus durchgesetzt. Ein Zeichen der Zeit war Sandra Scarrs Präsidentschaftsrede vor der Gesellschaft für Verhaltensgenetik im Jahre 1986. Sie stellte in einer Rede mit dem Titel „Ein dreifaches Hoch auf die Verhaltensgenetik" fest: „Der Krieg ist weitgehend vorbei. Der Mainstream der Psychologie zollt uns Tribut, und wir laufen Gefahr, von einer Flut der Akzeptanz geschluckt zu werden." (Scarr, 1987: 228) Während sie einerseits akzeptierte, daß den sozialen Klassenunterschieden im IQ die Genetik zugrunde liegt, lehnte sie andererseits eine genetische Erklärung für die Rassenunterschiede ab, da die Rassebarrieren weniger durchlässig seien. Scarr (1987) interpretierte ihre eigene Arbeit dahingehend, daß sie eine Umweltursache für rassische Variation zeige.

Im vorliegenden Buch werden neue Wahrheiten über rassische Gruppenunterschiede vorgetragen. Der Ausgangspunkt für die Diskussion ist das abgestufte Schema der rassischen Charakteristika, das in Tabelle 1.1. dargestellt wird. Asiaten und Weiße haben die größten Gehirne. Dabei spielt es keine Rolle, ob der Index durch Wiegen bei der Autopsie, äußerer Schädelgröße oder innerem Schädelvolumen gebildet wird. Sie haben gleichzeitig die langsamste Entwicklung der Zähne, gemessen am Durchbruch der zweiten Backenzähne, und sie produzieren die wenigsten Geschlechtszellen, gemessen an der Häufigkeit von Zwillingsgeburten und der Größe der Hoden. Schwarze bekommen zum Beispiel mehr als 16 dizygote Zwillinge pro 1.000 Lebendgeburten, während die Zahl für Weiße bei 8 und für Asiaten bei weniger als 4 liegt.

Die meisten psychologischen Arbeiten über die menschlichen Rassen konzentrierten sich auf die Unterschiede zwischen Schwarzen und Weißen in den USA, wo Weiße überproportional mehr erreichen als Schwarze. Seit der klassischen Monographie von Arthur Jensen (1969) ist ein Streit darüber entbrannt, ob die Ursachen dieser Ungleichheit nicht nur in Umweltfaktoren, sondern auch in genetischen Faktoren liegen könnten (Eysenck & Kamin, 1981; Loehlin, Lindzey & Spuhler, 1975). Heute zeigen großangelegte Umfragen, daß eine Vielzahl der Experten glaubt, daß Jensen Recht hatte, als er einen Teil der rassischen Varianz auf genetische Unterschiede zurückführte (Snyderman & Rothman, 1987, 1988).

Richard Lynn (1982, 1991c) weitete den Diskurs über Intelligenz aus, indem er Daten der ganzen Welt sammelte, die deutlich machten, daß Asiaten bessere Testergebnisse als Weiße erzielten. Andere beschrieben psychologische, auf Reifegeschwindigkeit abzielende und andere Verhaltensunterschiede zwischen den Rassen (Eysenck, 1971; Jensen, 1973; R. Lynn, 1987). Die wissenschaftliche Diskussion wurde überdies durch Forschungsergebnisse über das Aktivitätslevel und das Temperament (Freedman, 1979) erweitert, über Verbrechen (J. Q. Wilson & Herrnstein, 1985), Persönlichkeit (P. E. Vernon, 1982), Familienstrukturen (Moynihan, 1965), Gesundheit und Langlebigkeit (Polednak, 1989).

Das vorliegende Buch thematisiert diese und andere Variablen im Detail. Es beinhaltet umfangreiche Belege aus (a) Stichproben von Mongoliden (ein Drittel der Weltbevölkerung), aus (b) Stichproben von Negriden außerhalb der USA (die meisten Schwarzen leben im postkolonialen Afrika) und – zusätzlich zu den geistigen Fähigkeiten – aus (c) vielfältigen Charakteristika. Ich ziehe den Schluß, daß die rassischen Gruppenunterschiede bezüglich der Intelligenz weltweit zu beobachten sind; in Afrika und Asien genauso wie in Europa und Nordamerika, und daß sie von Unterschieden in der Hirngröße begleitet werden, der Geschwindigkeit der Zahnentwicklung, der Geschlechtsmerkmale und zahlreichen anderen Variablen.

Tabelle 1.1. Die relative Rangfolge der Rassen
in bezug auf verschiedene Variablen

Variable	Asiaten	Weiße	Schwarze
Gehirngröße:			
Autopsiedaten (entsprechend in cm³)	1.351	1.356	1.223
Inneres Schädelvolumen (cm³)	1.415	1.362	1.268
Äußere Schädelmessungen (cm³)	1.356	1.329	1.294
Kortex-Neuronen (in Mill.)	13.767	13.665	13.185

Intelligenz:			
IQ-Testergebnisse	106	100	85
Reaktionszeit	schneller	durchschnittlich	langsamer
Kulturleistungen	höher	höher	niedriger
Reifegeschwindigkeit:			
Schwangerschaftsdauer	?	durchschnittlich	kürzer
Skelettentwicklung	später	durchschnittlich	früher
Entwicklung der Motorik	später	durchschnittlich	früher
Zahnentwicklung	später	durchschnittlich	früher
Erster Geschlechtsverkehr	später	durchschnittlich	früher
Erste Schwangerschaft	später	durchschnittlich	früher
Lebenserwartung	höher	durchschnittlich	niedriger
Persönlichkeit:			
Aktivitätsniveau	niedriger	durchschnittlich	höher
Aggressivität	niedriger	durchschnittlich	höher
Vorsicht	höher	durchschnittlich	niedriger
Dominanz	niedriger	durchschnittlich	höher
Spontaneität	niedriger	durchschnittlich	höher
Selbsteinschätzung	niedriger	durchschnittlich	höher
Geselligkeit	niedriger	durchschnittlich	höher
Sozialleben:			
Familienstabilität	höher	durchschnittlich	niedriger
Gesetzestreue	höher	durchschnittlich	niedriger
Mentale Gesundheit	höher	durchschnittlich	niedriger
Verwaltungsfähigkeit	höher	höher	niedriger
Reproduktionsleistung:			
Dizygote Zwillinge (pro 1.000 Geburten)	4	8	16
Hormonniveau	niedriger	durchschnittlich	höher
Größe der Geschlechtsmerkmale	kleiner	durchschnittlich	größer
Sekundäre Geschlechtsmerkmale	kleiner	durchschnittlich	größer
Häufigkeit von Geschlechtsverkehr	niedriger	durchschnittlich	höher
Freizügige Einstellungen	niedriger	durchschnittlich	höher
Sexuell übertragbare Krankheiten	niedriger	durchschnittlich	höher

Die zentrale theoretische Frage lautet: Warum stehen bei derart vielen Eigenschaften weiße Bevölkerungsgruppen so regelmäßig *zwischen* negriden und mongoliden Populationen? Nicht nur die IQ-Ergebnisse erfordern eine Erklärung. Ein Netzwerk an Hinweisen, so wie das in Tabelle 1.1. gezeigte, erhöht eher die Chance, eine aussagekräftige Theorie zu entdecken, als das

Einzelfaktoren tun, die aus dem Set herausgenommen werden. Es ist kein Umweltfaktor bekannt, der eine umgekehrte Relation zwischen der Hirngröße, der Reifungsgeschwindigkeit und der Fortpflanzungsfähigkeit erzeugt, oder der dazu führte, daß so viele verschiedene Variablen in einer solch umfassenden Art und Weise miteinander korrelieren. Aber es gibt einen genetischen Faktor, nämlich die Evolution.

Die Erklärung, die für das rassische Muster vorgeschlagen wird, wurzelt in der Theorie der Entwicklungsgeschichte. Eine Entwicklungsgeschichte ist ein genetisch ausgerichtetes Muster von Charakteristika, die sich entwickelten, um Energie an das Überleben, an Wachstum und Fortpflanzung zu verteilen. Das Alter korreliert z. B. beim Erscheinen der ersten Backenzähne bei 21 Primatenarten mit jeweils 0,89; 0,85; 0,93; 0,82; 0,86 und 0,85 mit dem Körpergewicht, der Länge der Schwangerschaft, dem Zeitpunkt des Abstillens, dem Geburtenintervall, der sexuellen Reife und der Lebenserwartung. Die höchste Korrelation [Glossar!] ist mit 0,98 die mit der Hirngröße (B. H. Smith, 1989).

Theorien, die sich mit großen Gehirnen und einem langen Leben beschäftigen, sind besonders wichtig, weil die Menschen die Primaten mit den größten Hirnen und der größten Lebenserwartung sind. Auf einer Evolutionsskala, auf der elterliche Fürsorge und soziale Organisation einerseits und Eiproduktion und Fortpflanzungspotenz andererseits gegenübersteht, steht der Mensch am äußersten Ende. Diese wechselseitigen Einbußen können entlang eines Kontinuums der r/K-Reproduktionsstrategien dargestellt werden (E. O. Wilson, 1975).

An einem Ende stehen die großen Affen für die K-Strategie, die alle fünf oder sechs Jahre ein Kind bekommen und viel elterliche Fürsorge aufwenden. Am anderen Ende stehen die Austern für die r-Strategie, die 500 Millionen Eier pro Jahr produzieren, aber keine elterliche Fürsorge aufwenden. Ein weiblicher Mausmaki, der ein r-Stratege unter den Primaten ist, bekommt seinen ersten Nachwuchs im Alter von 9 Monaten und hat eine Lebenserwartung von 15 Jahren. Ein Mausmaki kann heranreifen, Nachwuchs haben und sterben, bevor der Gorilla als K-Stratege seinen ersten Nachwuchs hat.

Diese artenübergreifende Skala könnte auf die immens kleinere Variation zwischen Menschengruppen angewandt werden. Obwohl alle menschlichen Wesen am K-differenzierten Ende des Kontinuums stehen, könnten einige stärker K-selektiert sein als andere; ein Vorschlag, der als „differentielle K-Theorie" eingebracht wurde (Rushton, 1984, 1985a, 1988b). Verglichen mit weißen haben schwarze Frauen im Durchschnitt eine kürzere Ovulationsperiode und produzieren mehr Eier pro Eisprung, zusätzlich zu all den anderen Charakteristika in Tabelle 1.1. Wie bereits erwähnt, liegt die Rate der dizygoten Zwillinge, ein direkter Index für die Eiproduktion, unter Mongoliden bei weniger als 4 pro 1.000 Geburten, unter Europiden bei 8 pro 1.000 und unter Negriden bei 16 oder mehr pro 1.000 Geburten. Umgekehrt haben mongolide Populationen im Durchschnitt die größten Hirne, die höchsten IQ-Werte und die komplexesten Sozialstrukturen.

In historischer Frühzeit begannen sich frühe Formen der drei Großrassen auszudifferenzieren, wobei Mongolide sich zuletzt und Negride als erste entwickelten. Wie ich im Vorwort erwähnte, entstanden die Afrikaner aus der Ahnenreihe *Homo* vor ca. 200.000 Jahren mit einer Afrikaner/Nicht-Afrikaner-Spaltung, die sich vor ca. 110.000 Jahren ereignete und einer Europiden/Mongoliden-Spaltung vor ca. 41.000 Jahren (Stringer & Andrews, 1988). Da Bonner (1980) nachgewiesen hatte, daß Tiere, die in der Erdgeschichte später erschienen, gewöhnlich größere Gehirne und eine höhere Kultur hatten als diejenigen, die früher erschienen, extrapolierte ich auf die Aufeinanderfolge des Menschen (Rushton, 1992b). Weil die Gruppen, die aus Afrika in das kältere Klima von Eurasien auswanderten, auf schwieriger zu meisternde Umwelten stießen, inklusive der letzten Eiszeit, die erst vor 12.000 Jahren endete, wurden sie auf Intelligenz, vorausschauende Planung, sexuelle und persönliche Einschränkung und eine *K*-Elternstrategie stärker selektiert. Die sibirische Kälte, die asiatische Populationen aushalten mußten, war die strengste und übte die schärfste Selektion aus.

Wenige Sozialwissenschafter jedoch waren willens, die Belege zu prüfen oder in die wissenschaftliche Debatte einzusteigen. Charles Leslie, ein beratender Herausgeber von *Social Science and Medicine,* versinnbildlichte den Widerstand. Empört, daß die Zeitschrift meine Arbeit darüber publizierte, wie die Rassenunterschiede in der Sexualität zu der globalen AIDS-Epidemie beigetragen haben, nutzte Leslie (1990: 896) seine Eröffnungsrede auf der 11. Internationalen Konferenz über Sozialwissenschaften und Medizin, um die Entscheidung des Herausgebers zu verdammen, meine Arbeit zu publizieren. Die Rechtfertigung seiner Verurteilung ist für den Zustand eines Großteils der sozialwissenschaftlichen Forschung bezeichnend:

> „Die meisten einflußreichen Arbeiten in den Sozialwissenschaften und die meisten unserer gegenseitigen Kritiken sind ideologisch begründet. Nicht-Sozialwissenschaftler nehmen im allgemeinen das Faktum wahr, daß die Sozialwissenschaften größtenteils ideologisch sind, und daß sie in diesem Jahrhundert – verglichen mit dem großen Ausmaß ihrer Publikationen – einen sehr kleinen Beitrag an wissenschaftlicher Erkenntnis produzierten. Unser Anspruch, wissenschaftlich zu sein, ist einer der bedeutendsten intellektuellen Skandale der akademischen Welt, obgleich die meisten von uns mit unserer Schande bequem leben ... Im Großen und Ganzen glauben wir an Pluralismus und Demokratie, und unsere Sozialwissenschaft ist dazu bestimmt, Pluralismus und Demokratie zu fördern."

Diese Auffassung der Sozialwissenschaft wurde auch von Caporael und Brewer (1991:1) vertreten, welche eine spezielle Ausgabe vom *Journal of Social Issues*, einer Publikation der Amerikanischen Gesellschaft für Psychologie, herausgaben, um die Evolutionstheorie von Leuten wie mir für diejenigen „zurückzuerobern", die „sozial verantwortlicher" seien. Die Herausgeber behaupteten: „Biologische Erklärungen für das Sozialverhalten des Menschen tendieren dazu, ideologisch und politisch reaktionär zu sein."

Ein Autor (Fairchild, 1991: 112) ging noch weiter:

> „Wenn die Ideologie untrennbar an die Wissensgesellschaft gebunden ist, dann beinhalten alle sozialwissenschaftlichen Texte – inklusive diesem – gewisse ideologische Verzerrungen oder politische Programme ... Diese Verzerrungen werden in der Regel

nicht genannt. Die ideologischen Vorannahmen des Autors sind folgende: (a) Die Idee von angeborenen ‚rassischen' Unterschieden ist falsch; statt dessen ist ‚Rasse' eine Stellvertreterin für eine Heerschar an schon lange bestehenden historischen und milieubedingten Variablen. (b) Die Sozialwissenschaft hat den Auftrag, ihre Theorien und Methoden anzuwenden, um menschliches Leid und Ungleichheit zu lindern."

Heute ist die Evolutionspsychologie durch die Fokussierung von Rassenunterschieden zum politisch inkorrektesten Thema auf der ganzen Welt geworden. Bei keinem anderen Thema offenbaren sich die überholten Paradigmen und obsoleten Modelle der sozialwissenschaftlichen Orthodoxie so eindeutig. Und bei keinem anderen Thema verbindet sich der intellektuelle Kampf mit dem politischen und verzerrt so deutlich die grundlegenden wissenschaftlichen Werte. Obwohl niemand leugnet, daß manche ethnische Gruppen in überproportionalem Maße bei Reichtum, Bildung, Gesundheit und Verbrechen vertreten sind, stellen alternative Erklärungen der Unterschiede einen ideologischen Krieg dar. Letzten Endes geht es in dem Kampf um nichts weniger als darum, wie man sich die menschliche Natur vorzustellen hat.

Die künftige Revolution

In den nächsten zehn Jahren werden Wissenschafter auf der ganzen Welt in das „Human Genome Project" Milliarden von Dollar investieren. In diesem Prozeß werden sie alle 100.000 Gene des Menschen entziffern, gewisse vererbte Krankheiten kurieren (wie die Zystofibrose bei Nordeuropäern, das Tay Sachs-Syndrom bei europäischen Juden, die Beta-Thalassämie bei Personen des östlichen Mittelmeerraumes und die Sichelzellenanämie bei Menschen westafrikanischer Abstammung) und uns mehr über uns selber erzählen, als viele von uns zu erfahren vorbereitet sind. Zu diesem Wissen wird dazugehören, warum manche ethnische und rassische Gruppen in verschiedenen Aktivitätsfeldern überproportional vertreten sind.

So wie Frauenärzte dafür eingetreten sind, daß es zu einer Mißachtung von Frauenproblemen und ihrer Behandlung führt, wenn man sich Frauen gleich wie Männer denkt (z.B. Prämenstruationssymptome, Menopause und Hormonersatztherapie), so sind schwarze Ärzte nun in Sorge darüber geraten, daß man die Probleme von Schwarzen ignorieren könnte, wenn man Schwarze genauso behandelt wie Weiße. Zum Beispiel sind 30 Prozent derjenigen Personen, die ein Nierenversagen haben und sich einer Dialyse unterziehen, Schwarze; Schätzungen aber legen nahe, daß weniger als 10 Prozent der Organspender Schwarze sind. Schwarzen ergeht es besser mit Organen, die von Schwarzen gespendet wurden.

Ein anderes Beispiel ist, daß Gene zur schwarzen Hypertonie beitragen [= erhöhter Blutdruck, Anm. d. Ü.]. Schwarze Männer bekommen einen schnelleren Herzschlag, wenn sie leichte Bewegung machen, obwohl der Ruhepuls von schwarzen und weißen Männern zuvor keine signifikanten Unterschiede zeigt. Schwarze Männer sind für Prostatakrebs anfälliger als weiße Männer, die wiederum anfälliger als asiatische Männer sind. Hierfür ausschlaggebend ist das Testosteron (Polednak, 1989).

Auch beim Risiko, an AIDS zu erkranken, existieren Rassenunterschiede, wobei Schwarze das größte Ansteckungsrisiko haben und Asiaten das geringste (Kap. 8). In den Vereinigten Staaten stellen die Schwarzen, die 12 Prozent der Gesamtbevölkerung ausmachen, 30 Prozent der AIDS-Infizierten. Unter den Frauen sind 53 Prozent, bei den Kindern 55 Prozent der AIDS-Infizierten schwarzer Hautfarbe.

Rasse ist auch ein kritischer Faktor im Hinblick auf den Erfolg vieler Medikamente. Zum Beispiel reagieren Asiaten empfindlicher als die anderen beiden Großrassen auf die Medikamente, die zur Behandlung von Angststörungen, Depressionen und Schizophrenie verwendet werden und brauchen niedrigere Dosierungen; sie laufen außerdem eher Gefahr, mit Nebenwirkungen bei niedrigeren Dosierungen konfrontiert zu werden (Levy, 1993). Ein anderes oft zitiertes Beispiel ist, daß Asiaten empfindlicher auf die negativen Auswirkungen des Alkohols reagieren, speziell auf deutliche Gesichtsrötung, Zittern und Herzjagen. Levy (1993: 143) fordert deshalb, daß die ethnische Zugehörigkeit bei der Rezeptauswahl und den medizinischen Verschreibungen für einzelne Patienten berücksichtigt werden sollte.

An die Ethnie gebundene Disparitäten existieren in jedem Feld. Um bei den Asiaten und Schwarzen in den Vereinigten Staaten zu bleiben: Es kann mittlerweile als öffentlich anerkanntes Faktum angesehen werden, daß es bei den einen eine überproportional hohe Zahl gibt, die sich für eine Universitätsausbildung qualifiziert, und daß es bei den anderen eine überproportional hohe Zahl gibt, die sich für erfolgreiche Karrieren im Spitzensport qualifiziert haben. Bei zahlreichen anderen wichtigen Kriterien, wie wirtschaftliche Situation, Verbrechen, Analphabetismus, Armut und Arbeitslosigkeit, ist die eine oder die andere Gruppe überproportional vertreten. Diese unproportionalen Verteilungen sind stabil; sie haben in Amerika, Großbritannien und Kanada energischen Versuchen widerstanden, sie zu eliminieren.

Im Hinblick auf die IQ-Unterschiede in den Vereinigten Staaten waren deren mögliche Ursachen der Inhalt einer Umfrage unter 661 Wissenschaftern aus relevanten Disziplinen (Snyderman & Rothman, 1987, 1988). 94 Prozent der Befragten meinten mit Blick auf die Unterschiede innerhalb der weißen Bevölkerung, daß diese eine signifikante genetische Komponente hätten, mit einer durchschnittlichen Schätzung des genetischen Beitrags von 60 Prozent. Eine Mehrheit (52 Prozent) derjenigen, die auf die Frage antworteten, meinte, daß ein Teil der Schwarz-Weiß-Differenz genetisch bedingt sei, verglichen mit nur 17 Prozent, die glaubten, sie sei komplett milieubedingt. Das Argument für eine genetische Bedingtheit wird bei sozioökonomischen Statusdifferenzen noch stärker empfunden.

Der Ursprung der modernen Menschen ist eines der größten ungelösten Probleme der Evolution. Die Rassenunterschiede zu erklären, könnte Aufschluß darüber geben, was während der frühen Evolutionsgeschichte des Menschen passierte. Dies könnte auch ein allgemeines Modell menschlichen Handelns zur Verfügung stellen. Gruppen sind nichts anderes als Ansammlungen von Individuen, und letzten Endes muß auf der Ebene des Individuums eine Erklärung gesucht werden. Eine gen-basierte Fortpflanzungsstrategie liefert eine bessere Erklärung für das Verhalten, als ausschließlich soziologische Faktoren. Es ist die These dieses Buches, daß die Gesetze der Evolution und der Soziobiologie auf das Studium der Rassenunterschiede beim *Homo sapiens* angewandt werden sollten. Lumsden und Wilson (1983: 171) haben das Ziel vorgegeben:

> „Nichtsdestoweniger ist ein leitendes Prinzip der gemeinsamen Anstrengungen wieder aufgetaucht, das einst Comte, Spencer und andere Visionäre des 19. Jahrhunderts inspirierte, bevor sie durch ihre zu frühe Geburt und am Sozialdarwinismus scheiterten: daß nämlich alle Natur- und Sozialwissenschaften ein nahtloses Ganzes bilden, so daß die Chemie mit der Physik, die Biologie mit der Chemie, die Psychologie mit der Biologie und die Soziologie mit der Psychologie verbunden werden können – quer über alle Forschungsdomänen hinweg durch die Möglichkcit eines zusammenhängenden Netzes der Theorie und Verifikation. In den frühen Jahren war dies ein schöner Traum ... Die Brücke zwischen Biologie und Psychologie ist noch etwas wie ein Glaubensgrundsatz, der sich im Prozeß der Einlösung durch die Neurobiologie und die Neurowissenschaften befindet. Verbindungen darüber hinaus, zu den Sozialwissenschaften, widersetzen sich jedoch so energisch wie eh und je. Der neueste Bösewicht in diesem Bereich ist die Soziobiologie, die kampfbereite Speerspitze des naturwissenschaftlichen Fortschritts."

Sir Francis Galton

Die Arbeit, die in diesem Buch präsentiert werden soll, ist Teil einer historischen Tradition, die einmal als die „Galton-Schule" und einmal als die „London-Schule" der Psychologie bekannt ist. Die Tradition wurde durch Sir Francis Galton (1822–1911), dem Cousin von Charles Darwin (1809–1882) begonnen und unter anderem durch Karl Pearson, Charles Spearman, Cyril Burt, Hans Eysenck, Richard Lynn und Arthur Jensen fortgesetzt. In der zeitgenössischen Forschung wird diese historische Tradition zu oft verkannt.

Galton ist der Begründer der wissenschaftlichen Forschung über individuelle Unterschiede. Sein Artikel „Erbliche Talente und Eigenschaften" aus dem Jahre 1865 wurde 14 Jahre, bevor Wundt die Psychologie „begründete", veröffentlicht – zu einer Zeit, als Freud gerade neun Jahre alt war. Der Artikel war ein Vorläufer von *Genie und Vererbung* (1869) und behandelte Vererbbarkeit, Verteilung und Messung von individuellen Unterschieden bei „Eifer und Fleiß" wie auch in der Intelligenz, und erschien sechs Jahre nach *Die Entstehung der Arten durch natürliche Zuchtwahl* (Darwin, 1859) und sechs Jahre vor *Die Abstammung des Menschen* (Darwin, 1871). Der Artikel lieferte frühe Belege, daß individuelle Unterschiede in der Intelligenz erblich wären und war der erste, der sich dafür aussprach, Zwillinge als Nachweis zu verwenden.

Galton war es, der den ersten Versuch unternahm, die Rassenfrage in psychologischen und statistischen Fachausdrücken zu formulieren. Die anthropologische Arbeit Galtons (1853), die die Stämme Südwestafrikas erforschte, weckte sein Interesse an menschlichen Unterschieden. Für Galton existierte die Mathematik bei Afrikanern nicht, weil sie ihre Finger zum Zählen verwendeten (Kap. 5). Er berichtete, daß es die Ovaherero „zutiefst verwundern" würde, zu realisieren, daß wenn ein Schaf zwei Tabakstangen kostet, zwei Schafe vier kosten würden. Galton (1869: 337) verglich auch ein leicht aufgewühltes, impulsives Temperament bei Afrikanern mit einer Selbstzufriedenheit bei Chinesen. Aufgrund der Veröffentlichung von Darwins (1859) *Die Entstehung der Arten durch natürliche Zuchtwahl* verwendete Galton die statistischen Fortschritte von Quetelet (1796–1874), betreffend der Abweichung vom Durchschnitt und der Normalverteilung, um die natürliche Selektion zu erklären.

Es schien Galton (1869), daß die intellektuelle Fähigkeit normal verteilt sein könnte. Er untersuchte Noten von verschiedenen Prüfungen und bemerkte, daß regelmäßig mittlere Werte häufiger als sehr hohe oder sehr niedrige Werte vorkamen. Er verwendete 14 Kategorien für den menschlichen Intellekt, sieben auf jeder Seite des Durchschnittswertes, wobei er Groß- und Kleinbuchstaben verwendete (Abbildung 1.1). Er folgerte, daß 1 Person aus ca. 79.000 Personen in die höchste Kategorie *G* fallen würde und notwendigerweise die gleiche Zahl in die niedrigere Kategorie *g* der Schwachsinnigen; 1 aus 4.300 in Kategorie *F* und in *f*, aber 1 von nur 4 in jede der durchschnittlichen Kategorien *A* und *a*. Um einige wenige Personen einzurechnen, die von solch außerordentlichem Intellekt waren, daß sie für eine statistische Behandlung zu wenige waren, bestimmte er eine Kategorie als *X* und ihr Gegenüber als *x*.

Galton stellte die Hypothese auf, daß die Verteilung des Intellekts in allen ethnischen Kategorien die gleiche sei, aber daß der Durchschnitt sich unterscheide. Abbildung 1.1 veranschaulicht, daß seiner Meinung nach die Afrikaner auf einen geringeren Mittelwert kamen als die Europäer, allerdings mit einem großen Überlappungsbereich. Galtons Schätzungen erwiesen sich als bemerkenswert ähnlich mit denjenigen, die 100 Jahre später durch genormte Tests an schwarzen und weißen Amerikanern erzielt wurden (Jensen, 1973: 212–13; siehe auch Abbildung 2.5 und 6.3).

Galton schätzte auch die Bandbreite des Intellekts, der in anderen Populationen, auch bei Hunden und anderen intelligenten Tieren, zur Verfügung stand, und ging von Überlappungen aus. Solchermaßen wurde die Klasse *G* dieser Tiere in Hinblick auf das Gedächtnis und den Verstand gegenüber dem *g* der Menschheit als überlegen betrachtet. Galton war beeindruckt von der Anzahl berühmter Persönlichkeiten unter den Griechen in Attika im 6. Jhdt. v. Chr. (Perikles, Thukydides, Sokrates, Xenophon, Platon, Euripides u. a. m.). Er glaubte, daß der Anteil derartiger Persönlichkeiten in den höchsten Klassen wesentlich größer war als im England zu seiner Zeit.

Galton war nicht nur der erste, der die Verwendung von Zwillingsstudien befürwortete, um die Einflüsse von Vererbung und Umwelt entwirren zu helfen, sondern führte auch Zuchtversuche mit Pflanzen und Tieren durch, wobei er spätere Arbeiten in der Verhaltensgenetik vorwegnahm. Galton (1883, 1889) untersuchte auch die Temperamente, wie z. B. in seinem Artikel „Gute und schlechte Gemütsart in englischen Familien", er bahnte den Weg für Arbeiten über die Wahl der Ehepartner und die wechselseitigen Beziehungen von Intelligenz, Temperament und Körperbau. Er legte nahe, daß sozial erwünschte Charakterzüge aufgrund der Wahl des Ehepartners aufeinander trafen (Kap. 4).

Abb. 1.1: Galtons (1869) Klassifizierung der englischen und afrikanischen Intelligenz

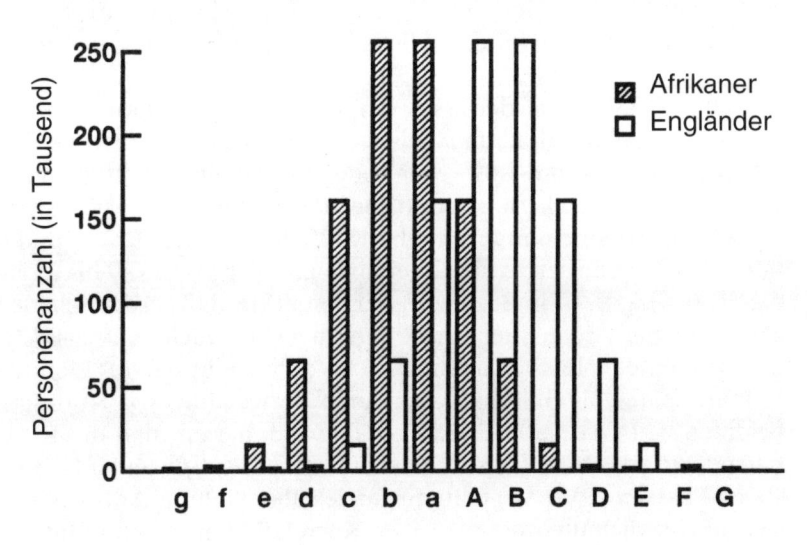

Die Buchstaben unter der x-Achse sind die Intelligenzgrade nach Galton von A und a, über und unter dem Durchschnitt, bis G und g, berühmt und beschränkt. Die linksseitigen Säulen stellen die Anzahl der Afrikaner dar, die rechtsseitigen die Anzahl der Engländer. Die Übersicht basiert auf Schätzungen Galtons (1869, S. 30, 327–328).

Galton war nicht einseitig auf die Vererbung fixiert. Er führte Befragungen durch, um andere Einflüsse von Bedeutung beurteilen zu können und kam zu dem Ergebnis, daß hingebungsvolle, intellektuelle Mütter und die Stellung als Erstgeborene/r wichtige Indikatoren seien (Galton, 1874). Weniger bekannt ist, daß er sich (1879, 1883) für mentale Vorstellungen interessierte und das Wort „Assoziationstest" erfand, wobei er Stimuluswörter nutzte und statistische Informationen über ihre unbewußten Assoziationen sammelte. Diese Erkenntnisse erschienen in *Brain* (1879); zu den Lesern dieser Ausgabe kann fast sicher Freud gerechnet werden, auch wenn er sich nie auf Galtons Artikel bezog und Galton nie eine Bedeutung zuschrieb, als er die Existenz von unbewußten geistigen Prozessen in die Diskussion einbrachte (Forrest, 1974).

Die nachhaltigsten Verdienste von Galton sind statistischer Natur. Er war unter den ersten, die die Normalverteilung, Abweichungswerte und Perzentile für psychologische Tatbestände verwendeten. Er erfand die Methoden der Regression und Korrelation (1888a, 1889). Er hatte Einfluß bei der Gründung der Zeitschrift *Biometrika* (1901), die daran beteiligt war, die psychometrische Tradition zu begründen, indem sie zur Verbreitung von statistischen Techniken für die Untersuchung der biologischen Variation, inklusive psychologischer Charakteristika, beitrug. In seinem anthropometrischen Laboratorium leistete Galton (1883, 1889) Pionierarbeit für viele Meßtechniken, inklusive derer für die Kopfgröße. Während der 1880er und 1890er Jahre wurden mehr als 17.000 Individuen aller Altersklassen und Lebenswege getestet. Besucher konnten sich für einen kleinen Unkostenbeitrag den verschiedenen Vermessungen unterziehen und sich darüber einen Bericht geben lassen.

Galton (1888b) war der erste, der über eine quantitative Beziehung zwischen Schädelkapazität und geistigen Fähigkeiten berichtete. Seine Forschungsobjekte waren 1.095 Cambridge-Studenten, geteilt in solche, die exzellente Leistungen hatten und solche, die das nicht hatten. Galton berechnete das Kopfvolumen, indem er die Kopflänge mit der Breite und der Tiefe multiplizierte und setzte die Ergebnisse mit dem Alter (19 bis 25 Jahre) und den Noten (A, B, C) in Beziehung. Er bemerkte, daß (1) das Schädelvolumen auch noch nach dem Alter von 19 Jahren weiter wuchs, und daß (2) Männer, die exzellente Noten bekamen, ein 2 bis 5 Prozent größeres Gehirn hatten.

Jahre später, als Galtons Daten durch Verwendung von Korrelationskoeffizienten neu bearbeitet wurden, stellte sich heraus, daß die Relation zwischen Kopfgröße und Universitätsnoten zwischen 0,06 und 0,11 lag (Pearson, 1906). Pearson (1924: 94) teilte folgendes über Galtons Antwort mit: „Er war sehr unglücklich über die niedrigen Korrelationen zwischen Intelligenz und Kopfgröße, die ich errechnete, und hätte gegen mich die ‚vorderen Sitzbänke' angeführt (die Personen in den vorderen Sitzbänken bei Empfängen der königlichen Gesellschaft, von denen Galton meinte, daß sie große Köpfe hätten); es war einer der wenigen Fälle, die ich bemerkte, in denen es schien, daß Eindrücke auf ihn einen größeren Einfluß hatten als Messungen." Wie in Kapitel 2 besprochen, zeigen Messungen des Gehirnvolumens mit Hilfe von Magnetresonanztomographen die deutlich größeren Korrelationen, die Galton voraussagte.

Als Galton 1911 starb, vermachte sein Testament Karl Pearson einen Lehrstuhl für Eugenik (später Genetik) an der Universität von London. Pearson, der spätere Biograph (1914–1930) Galtons, erfand die Produkt-Moment-Korrelation und die Chi-Quadrat-goodness-of-fit-Statistik und half, die großartige Erfolgsgeschichte der Biometrie zu beginnen, die R.A. Fisher (Erfinder der Varianzanalyse) und Sewall Wright (Erfinder der Pfadanalyse) umfaßte; beide sind, gemeinsam mit J. B. S. Haldane, am besten bekannt für die „moderne Synthese" von Darwinscher Evolution und Mendelscher Genetik. Wenige Sozialwissenschafter sind sich bewußt, daß die Statistik, die sie verwenden, dazu ins Leben gerufen wurde, um die Vererbung der genetischen Varianz abzuschätzen.

Ein Konkurrent von Pearsons Institut für Eugenik war das Institut für Psychologie der Universität von London, unter der Leitung von Charles Spearman, einem weiteren Galtonisten. Spearman erfand die Rangkorrelationen, die Faktoranalyse, entdeckte den g-Faktor bei Intelligenztests und untersuchte die Wechselwirkung von Intelligenz und Persönlichkeit, wobei er – genauso wie Galton zuvor – sah, daß sozial wünschenswerte Eigenschaften, wie Ehrlichkeit und Intelligenz, oft Hand in Hand gingen (Spearman, 1927). Der Nachfolger von Spearman war Sir Cyril Burt und zwei der bekanntesten Schüler von Burt, Raymond Cattell (1982) und Hans Eysenck (1981), haben dieses einzigartige Amalgam aus Evolutionsbiologie, Verhaltensgenetik, Psychometrie und Neurowissenschaft bis zum heutigen Tag verkündet.

Auch Arthur Jensen (1969) steht in der Tradition Galtons. Es ist wenig bekannt, daß sich Jensens frühe Arbeit mit Persönlichkeitsfaktoren bei Bildungsleistungen beschäftigte. Nachdem er seinen Doktorgrad an der Universität von Columbia gemacht hatte, übersiedelte er nach London, um mit Eysenck postgraduelle Forschungen durchzuführen und lernte den g-Faktor bei Intelligenztests kennen und ging den Implikationen nach. Es wurden derartig viele Psychologen durch das evolutionstheoretische Denken beeinflußt, das aus der Soziobiologie entstand, daß die Galtonsche Identität möglicherweise in einer Sache verlorengeht, die hoffentlich ein aufkommendes Paradigma ist (Buss, 1984; Rushton, 1984).

Die Gegenrevolution

Es ist vielleicht wichtig darüber nachzudenken, warum die Galtonsche Tradition nicht eine größere Wertschätzung erfährt. Viele der frühesten Psychologen, inklusive Freud, Dewey, James, McDougall und Thorndike, begrüßten den Darwinismus mit Enthusiasmus, genauso wie das andere Gesellschaftstheoretiker, inklusive Karl Marx und Herbert Spencer, taten. In dieser Zeit wurde auch die Bewegung der Eugenik weithin unterstützt, von sozialistischen Reformern genauso wie von rechten Traditionalisten (Clark, 1984; Kevles, 1985). Letzten Endes führte jedoch die Mischung aus politischer Ideologie und Humanbiologie zu Galtons Unbeliebtheit.

Mitte der 1930er Jahre hatte die politische Rechte die Vorherrschaft dabei gewonnen, die Evolutionstheorie für sich zu reklamieren, um ihre Argumente zu stützen, während die politische Linke zur Meinung kam, daß das Konzept des „Überlebens der Stärkeren" mit der Idee der Gleichheit inkompatibel sei. Einflußreiche Ideologen wie der Anthropologe Franz Boas (1912, 1940) und seine Schülerin Margaret Mead kämpften gegen die Vorstellung von biologischen Universalien. Boas (1912) berichtete, daß sich die Kopfgestalt von Tausenden von Immigranten, die nach New York City kamen, mit der Zeitspanne, die sie in den Vereinigten Staaten zugebracht hatten, veränderten. In *Coming of Age in Samoa* [dt.: *Kindheit und Jugend in Samoa*] (Mead, 1928) wird behauptet, in der Adoleszenz ein „negatives Beispiel" für eine Zeit des emotionalen Stresses zu entdecken. Dessen Schlußfolgerung fügte sich in auffälliger Weise in die zunehmende antibiologische Orthodoxie (Caton, 1990; Degler, 1991; Freeman, 1984).

Der Widerstand gegen die Nationalsozialisten spielte eine wichtige Rolle, Galtons Wirkung zu reduzieren. Von den 1930er Jahren an wagte kaum jemand außerhalb Deutschlands und der Achsenmächte aus Furcht vor dem

Anschein, der Autor würde die Sache der Nationalsozialisten unterstützen oder entschuldigen, zu unterstellen, daß Gruppen von Individuen in irgendeiner genetischen Hinsicht anders als irgendeine andere Gruppe seien. Denjenigen, die an die Gleichheit der Menschen glaubten, stand es frei, zu schreiben was sie wollten, ohne Furcht vor Widerspruch. In den folgenden Jahrzehnten machten sie ausgiebig Gebrauch von dieser Möglichkeit.

Politisch angefacht auch durch die europäische Dekolonisierung und durch die US-Bürgerrechtsbewegung, war die Vorstellung von einem genetisch basierten Kern in der Natur des Menschen, durch den sich Individuen und soziale Gruppen unterscheiden könnten, ständig reduziert worden.

Unter den Emigranten, die vor der Verfolgung durch die Nationalsozialisten flohen und in den 1930er und 1940er Jahren nach Großbritannien und die Vereinigten Staaten kamen, gab es viele, die einen starken Einfluß auf den Zeitgeist in den Sozialwissenschaften ausübten und dabei halfen, eine orthodoxe Lehre des Egalitarismus und der Milieutheorie zu kreieren (Degler, 1991). Wie Degler uns in Erinnerung ruft, ist es jedoch die Trennung der Biologie vom menschlichen Verhalten von der Warte einer längeren historischen Perspektive aus, die einer Erklärung bedarf. Von Natur aus sind evolutionstheoretische Forschungen über das Wesen des Menschen der Mainstream. Die radikale Umwelttheorie und der Kulturdeterminismus sind die anomalen Umstände, die einer Rechtfertigung bedürfen.

Das Distal-Proximal-Kontinuum

1975 publizierte E.O. Wilson: *Sociobiology: The New Synthesis*. Das war ein grundlegendes, umfangreiches Werk, eine monumentale Abhandlung tierischen Verhaltens und der Evolutionstheorie. Darin definierte Wilson die neue Wissenschaft als „das systematische Studium der biologischen Grundlagen allen sozialen Verhaltens" (S. 4) und bezeichnete den Altruismus als das „zentrale theoretische Problem der Soziobiologie" (S. 3). Wie konnte sich der Altruismus, der per Definition die persönliche Fitneß reduziert, möglicherweise doch durch die natürliche Selektion entwickeln?

An den Wurzeln der neuen Synthese stand die Modernisierung des bekannten Aphorismus von Samuel Butler, daß ein Huhn nur das Mittel eines Eis ist, um ein weiteres Ei zu machen; sprich: „der Organismus ist nur das Mittel der DNA, um mehr DNA zu machen" (E. O. Wilson, 1975: 3). Das stellte einen konzeptionellen Vorteil gegenüber Darwins Idee des Überlebens der „stärksten" Individuen dar, weil es jetzt die DNA ist, die „fit" ist und nicht das Individuum. Aus dieser Sicht ist ein einzelner Organismus nur ein Vehikel, ein Teil einer komplizierten Vorrichtung, die das Überleben und die Fortpflanzung der Gene sicherstellt, und das mit einer möglichst geringen biochemischen Änderung. Folglich ist das Gen eine passende Analyseeinheit, um die natürliche Selektion und eine Vielfalt von Verhaltensmustern zu verstehen. Es werden alle Möglichkeiten angenommen werden, durch die ein Genpool in einer Gruppe von Individuen effektiver an die nächste Generation übertragen werden kann (Hamilton, 1964). Hier, so wird nahegelegt, liegen die Ursprünge von mütterlichem Verhalten, Sterilität in Würfen von Arbeiterameisen, Aggression, Kooperation und selbstaufopferndem Altruismus. Alle diese Phänomene sind Strategien, durch die Gene leichter übertragen werden können. Richard Dawkins (1976) fing diese Idee sehr gut in dem Titel seines Buches ein: *The Selfish Gene* [dt.: *Das egoistische Gen*, 1978].

Obwohl zahlreiche Fragen in der Kontroverse über die Soziobiologie betroffen sind, sind viele das Ergebnis einer Verwechslung von ultimaten und proximalen Erklärungsebenen. Das Diagramm in Abbildung 1.2 könnte informativ sein.

Abb. 1.2: Die Distal-Proximal-Dimension und die Erklärungsebenen im Sozialverhalten

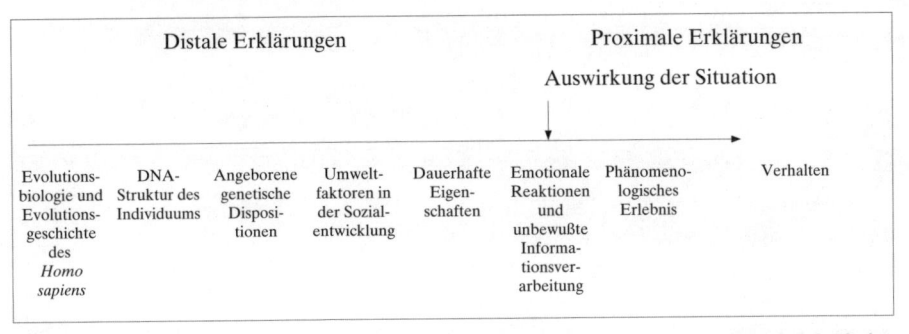

Distale Erklärungen					Proximale Erklärungen		
					Auswirkung der Situation		
Evolutionsbiologie und Evolutionsgeschichte des *Homo sapiens*	DNA-Struktur des Individuums	Angeborene genetische Dispositionen	Umweltfaktoren in der Sozialentwicklung	Dauerhafte Eigenschaften	Emotionale Reaktionen und unbewußte Informationsverarbeitung	Phänomenologisches Erlebnis	Verhalten

Solange sich die Erklärungen vom Distalen/Ultimaten auf das Proximale beziehen, folgt keine Kontroverse, was aber beim Gegenteil nicht immer der Fall ist. Übernommen aus Rushton (1984, S. 3, Abb. 1). Copyright 1984 bei Plenum Press. Abgedruckt mit Erlaubnis von Plenum Press.

Wenn sich die Erklärungen von proximalen zu distaleren Ebenen hin bewegen, kommen Widerspruch und Unsicherheit auf. So mißtrauen manche Phänomenologen, Situationisten und Kognitivisten, die ihre Aufmerksamkeit auf Prozesse kurz vor dem Verhalten konzentrieren, der Einsicht, daß diese Prozesse selber teilweise durch früheres Lernen festgelegt sind. Umgekehrt akzeptieren Lerntheoretiker oftmals nur ungern die Sichtweise, daß die früheren Lernerfahrungen eines Menschen teilweise eine Funktion von angeborenen Eigenschaften sind. Sogar Verhaltensgenetiker ignorieren oft den breiteren Kontext der Evolutionsgeschichte des Tieres, von dem sie versuchen, ausgewählte Eigenschaften heraus zu züchten.

Ein Streit folgt weniger leicht, wenn sich die Erklärungen vom Distaleren auf das Proximalere beziehen. Die Evolutionsbiologen empfinden bezeichnenderweise die Vererblichkeit von Eigenschaften nicht als problematisch und die meisten Charaktertheoretiker akzeptieren, daß die Verhaltensdispositionen durch späteres Lernen verändert werden. Ebenso glauben Lerntheoretiker, daß die Produkte der frühen Erfahrung mit späteren Situationen interagieren, um emotionale Erregung und kognitive Verarbeitung zu erzeugen, die sich wiederum auf das Erscheinungsbild der Person unmittelbar vor seinem oder ihrem Verhalten auswirken.

Vorsicht bei langfristigen Erklärungen könnte zum Teil von der Sorge vor einem extremen Reduktionismus herrühren; zum Beispiel daß die Phänomenologie komplett auf das Lernen reduzierbar wäre, oder das Lernen nur unbedeutend gegenüber der Genetik sei. Unglücklicherweise entsteht ein anderer Grund für den Disput aus einem Mangel an Wissen. Die meisten Forscher scheinen einer ausschließlichen Richtung ergeben zu sein. Es ist selten, daß Theoretiker des kognitiven sozialen Lernens viel über Evolution oder Genetik wissen, daß humanistische Phänomenologen die Psychometrie verstehen oder daß Charaktertheoretiker dem Behaviorismus nachforschen. Die psychoanalytischen und radikalen behavioristischen Schismen kreieren sogar ihre eigenen Fachzeitschriften und Schulen.

2
DIE CHARAKTER-EIGENSCHAFTEN

Der Glaube an einen unverrückbaren Kern der menschlichen Natur, um den herum sich dann Individuen und Gruppen entsprechend unterscheiden, wurde während der 1960er und 1970er Jahre weitgehend untergraben. Hierfür gab es im wesentlichen drei Erklärungen. Erstens wurde die Voraussagekraft von Eigenschaftstheorien der Persönlichkeit als schwach beurteilt. Zweitens wurde der Einfluß der sozialen Lerntheorie als stark erachtet. Drittens betonten sozial Engagierte die Formbarkeit des Menschen, um eine ungerechte Gesellschaft zu ändern.

Die wichtigste empirische Begründung, die für die Ablehnung des Konzepts der Eigenschaftszüge oder Dispositionen gegeben wurde, lautet, daß verschiedene Indizes derselben Eigenschaft im Durchschnitt nur mit 0,20 bis 0,30 miteinander korrelieren; diese Zahl ist zu gering, um das Konzept der Charaktereigenschaften als besonders sinnvoll erscheinen zu lassen. Größere Besprechungen der Literatur durch den Vertreter der Eigenschaftstheorie Philip E. Vernon (1964) und den Lerntheoretiker Walter Mischel (1968) ergaben, daß die repräsentative Korrelation für die situationsunabhängige (Verhaltens-) Konsistenz bei 0,30 lag. Wie Eysenck (1970) und viele andere zeigten, ist diese Schlußfolgerung falsch.

Die altruistische Persönlichkeit

Die wichtigste und größte Untersuchung des Problems Allgemeinheit versus Spezifität des Verhaltens betraf den Altruismus. Das ist die klassische „Charaktererziehungs-Studie", die Hartshorne und May in den 1920er Jahren durchführten und in drei Büchern veröffentlichten (Hartshorne & May, 1928; Hartshorne, May, & Maller, 1929; Hartshorne, May, & Shuttleworth, 1930). Diese Forscher gaben 11.000 Volks- und Mittelschülern ungefähr 33 verschiedene Verhaltenstests über Altruismus (bezeichnet als die „Service"-Tests), über Selbstbeherrschung und Ehrlichkeit zu Hause, in der Schulklasse, in der Kirche, beim Spielen und im sportlichen Kontext. Gleichzeitig wurden mit den Lehrern und Klassenkollegen Rangfolgen der Reputation der Kinder erarbeitet. Alles in allem sammelte man mehr als 170.000 Beobachtungen. Die Werte bei den unterschiedlichen Tests wurden korreliert, um herauszufinden, ob das Verhalten nur situationsspezifisch oder konsistent und von der Situation unabhängig ist.

Diese Untersuchung wird noch heute als Meilenstein angesehen und wurde von späteren Arbeiten nicht übertroffen. Sie wird in einigen Details besprochen werden, weil es die größte Untersuchung ist, die jemals über diese Frage angestellt wurde, weil sie die meisten der interessanteren Fragestellungen aufwirft, und weil viele Forscher sie völlig falsch interpretierten. In Tabelle 2.1. werden die verschiedenen Tests aufgezählt, die an die Kinder ausgegeben wurden.

Tabelle 2.1: Einige der Maße, die in der Untersuchung „Die Studien über das Wesen des Charakters" verwendet wurden

Tests	Art und Wert der Aufgaben
Service Tests [= Altruismus-Tests]	
Ich oder die Klasse-Test	Ob der Schüler an einem Wettbewerb teilnimmt, damit er/sie selber oder die Klasse einen Nutzen hat.
Geldwahl-Test	Ob der Schüler das Geld seiner Schulklasse für sich selber oder für Wohltätigkeitszwecke ausgibt.
Lernübungen	Ob der Schüler lernte, wenn Lernerfolge dazu führten, daß das Rote Kreuz Geld erhielt.
Schulsachen-Test	Anzahl der Gegenstände, die von einer dem Kind gegebenen Federmappe für wohltätige Zwecke gespendet werden.
Briefumschläge-Test	Anzahl der Witze, Bilder etc., die für kranke Kinder in einem bereitgestellten Umschlag gesammelt werden.
Ehrlichkeits-Tests	
Schummelmethoden	Ob ein Schüler bei einer Klausur schummelte, indem er/sie vom Nachbarn die Antworten abschrieb.
Kopiertechnik	Ob ein Schüler bei einer Klausur schummelte, indem er/sie die Antworten abänderte, nachdem seine/ihre Arbeit ohne sein/ihr Wissen kopiert wurde.
Unwahrscheinliche Leistungen	Ob ein Schüler schummelte, wie es ein unwahrscheinlich hohes Leistungsniveau bei einer Aufgabe zeigt.
Technik des Doppeltestens	Ob die Werte eines Schülers bei einem unbeaufsichtigten Test (z. B. Anzahl der Liegestützen) steigen, wenn ein neuerlicher Test beaufsichtigt wird.
Stehlen	Ob Schüler Geld aus einer Schachtel stahlen.
Lügen	Ob Schüler zugaben, bei einer der Aufgaben geschummelt zu haben.

Tests der Selbstbeherrschung		
	Geschichtsresistenz-Tests	Die Zeit, in der Schüler unbeirrt fortfahren, den Höhepunkt einer spannenden Geschichte zu lesen, wenn die Wörter ineinanderfließen.
	Rätsel-Tests	Die aufgewandte Zeit, in der mit schwierigen Rätseln unbeirrt weitergemacht wird.
	Bonbon-Test	Die Anzahl der nichtgegessenen Bonbons in einem „Der Versuchung widerstehen"-Paradigma.
	Kitzel-Test	Die Fähigkeit, eine „steinerne Miene" zu behalten, während man mit einer Feder gekitzelt wird.
	Gestank-Test	Die Fähigkeit, eine „steinerne Miene" zu behalten, während einem ein schlechter Geruch unter die Nase gehalten wird.
	Schlechter Geschmack-Test	Die Fähigkeit, eine „steinerne Miene" zu behalten, während man unverarbeiteten Lebertran kostet.
Die Kenntnis der Moralregeln		
	Ursache/Wirkungs-Test	Zustimmung zu Aussagen wie: „Gute Noten sind hauptsächliche eine Glückssache."
	Anerkennungstest	Zustimmung zu Aussagen wie: „Aufsätze aus einem Buch abzuschreiben, aber einige Wörter zu verändern", heißt Schummeln.
	Sozialethisches Vokabular	Die besten Wortdefinitionen zu finden, die moralische Tugenden bezeichnen (z. B. Tapferkeit, Böswilligkeit).
	Test des Weitblicks	Die Schüler arbeiten die Folgen von Verstößen aus wie: „Johannes zerstörte versehentlich eine Straßenlampe mit einem Schneeball."
	Wahrscheinlichkeitstest	Die Schüler reihten die Wahrscheinlichkeit der diversen Folgen, die ein Verhalten wie „Johannes ging über die Straße, ohne links und rechts zu schauen" nach sich zogen.
Reputations-Ratings		
	Vermerken von Hilfeleistungen	Die Lehrer vermerkten 6 Monate lang Hilfestellungen der Schüler.
	Der „Rate einmal wer"-Test	Die Kinder notierten die Namen von Klassenkameraden, auf die sehr kurze Beschreibungen paßten (z. B. Hier gibt es jemanden, der zu jüngeren Kindern nett ist …).
	Checkliste	Die Lehrer schätzten jedes Kind anhand von Adjektiven, wie lieb, rücksichtsvoll und geizig, ein.

Anmerkung: Aus Rushton, Brainerd & Pressley: 1983, S. 22, Tabelle 1. Copyright 1983 bei der American Psychological Association. Abgedruckt mit Erlaubnis der American Psychological Association.

Zuerst zeigten die Ergebnisse, die auf den Altruismus-Messungen basierten, daß jeder Verhaltenstest des Altruismus durchschnittlich nur mit 0,20 mit jedem anderen Test [des Altruismus] korrelierte. Aber als die fünf Verhaltensmessungen zu einer Testbatterie aggregiert wurden, korrelierten sie mit 0,61 deutlich höher mit den Messungen der altruistischen Reputation der Kinder bei ihren Lehrern und Klassenkollegen [Anm. d. Ü.: vgl. zu „Korrelationen" bzw „r" im Glossar das Stichwort „Korrelation"!]. Außerdem stimmten die Wahrnehmungen der Lehrer mit den Wahrnehmungen der Mitschüler im

Hinblick auf den Altruismus der Schüler stark miteinander überein ($r = 0{,}80$). Diese letzteren Resultate lassen auf ein beträchtliches Maß an Regelmäßigkeit im altruistischen Verhalten schließen. Hartshorne et al. (1929: 107) urteilten im Hinblick auf diese Resultate:

> „Die Korrelation zwischen dem Gesamt-‚Service'wert und dem Gesamtreputationswert beträgt 0,61 ... Obwohl das niedrig erscheint, sollte man bedenken, daß die Korrelationen zwischen Testwerten und Intelligenz-Ratings selten höher als 0,50 werden."

Ähnliche Ergebnisse erzielte man bei den Messungen der Ehrlichkeit und der Selbstbeherrschung. Jeder Verhaltenstest korrelierte durchschnittlich nur mit 0,20 mit jedem anderen Test. Wenn die Messungen zu Testbatterien aggregiert wurden, entdeckte man viel stärkere Beziehungen, sowohl mit anderen kombinierten Verhaltensmessungen, mit den Reihungen der Kinder durch die Lehrer oder mit den Werten der Moralkenntnis der Kinder. Oft waren diese Korrelationen in der Größenordnung von 0,50 bis 0,60. Zum Beispiel korrelierte die Testbatterie, mit der das Schummeln durch Abschreiben gemessen wurde, mit 0,52 mit einer anderen Testbatterie, die sonstige Arten des Schummelns in der Schule maß. Insofern werden beide Ansichten einer Situationsspezifität und einer Situationsbeständigkeit gestützt, je nachdem, ob der Schwerpunkt auf der Beziehung zwischen individuellen Messungen oder auf der Beziehung zwischen Durchschnittsgruppen von Verhaltensweisen liegt. Welche dieser zwei Schlußfolgerungen ist zutreffender?

Hartshorne und seine Kollegen konzentrierten sich auf die kleinen Korrelationen von 0,20 und 0,30. Folglich sprachen sie sich (1928: 411) für eine Sichtweise der Spezifität aus:

> „Weder Falschheit noch ihr Gegenteil ‚Ehrlichkeit' sind einheitliche Charaktereigenschaften, sondern eher spezifische Funktionen von Lebenssituationen. Die meisten Kinder werden in bestimmten Situationen betrügen und in anderen nicht. Lügen, Schwindeln und Stehlen, so wie sie in den angewandten Testsituationen in diesen Studien gemessen wurden, hängen nur sehr lose miteinander zusammen."

Ihre Schlußfolgerungen und Daten sind später häufig zitiert worden, um die Situationsspezifität zu untermauern. Zum Beispiel sprach sich Mischel (1968) in seiner einflußreichen Besprechung für die Spezifität aus – mit der Begründung, daß der Kontext wichtig sei und Menschen verschiedene Methoden verwendeten, um mit verschiedenen Situationen umzugehen.

Unglücklicherweise hatten Hartshorne und May (1928–30), P. E. Vernon (1964), Mischel (1968) und viele andere, inklusive der Person des Verfassers (Rushton, 1976), die Ergebnisse stark überinterpretiert, als sie meinten, daß nicht genug situationsunabhängige Regelmäßigkeit existiere, um das Konzept der Persönlichkeitseigenschaften sehr hilfreich erscheinen zu lassen. Das erwies sich aber als falsch. Bei der Konzentration auf die Korrelationen von 0,20 und 0,30 zwischen zwei beliebigen Messungen entsteht ein irreführender Eindruck. Man erhält ein genaueres Bild, wenn man die Vorhersagbarkeit überprüft, die von einer Vielzahl von Messungen erreicht wird. Das kommt daher, weil sich die Zufälligkeit in jeder beliebigen Messung (Fehler und Varianz) über zahlreiche Messungen hinweg ausgleicht und eine klarere Sicht auf das spezifische „wahre" Verhalten einer Person ergibt. Die Korrelationen von 0,50 und 0,60, die auf aggregierten Messungen beruhen, untermauern die Ansicht, daß es eine situationsunabhängige Konsistenz im altruistischen und ehrlichen Verhalten gibt.

In den Daten von Hartshorne und May finden sich weitere Beweise für diese Schlußfolgerung. Die Analyse der Beziehung zwischen der Altruismus-Testreihe und den Testbatterien, die die Ehrlichkeit betreffen, der Selbstkontrolle, der Beharrlichkeit und dem Wissen um die moralischen Normen, deuten auf einen Faktor des allgemeinen moralischen Charakters hin (siehe z. B. Hartshorne et al., 1930: 230, Tabelle 32). Einer der ersten, die dies bemerkten, war Maller (1934). Durch Verwendung von Spearmans Tetraden-Differenztechnik isolierte Maller einen allgemeinen Faktor in den Korrelationen der Tests der Ehrlichkeit, des Altruismus, der Selbstbeherrschung und der Beharrlichkeit. Später analysierte Burton (1963) noch einmal die Daten von Hartshorne und May und fand einen allgemeinen Faktor, der 35–40 Prozent der gemeinsamen Varianz erklärte.

Da man es nicht in Betracht gezogen hatte, den Durchschnitt einer ganzen Anzahl von Verhaltensbeispielen zu ermitteln, um die Konsistenz erkennen zu können, führte das zu der weitverbreiteten Ansicht, daß moralisches Verhalten fast ausschließlich situationsabhängig ist – worauf unter anderem Eysenck (1970) wiederholt hingewiesen hatte.

Das wiederum führte dazu, daß Studierende, die etwas über die moralische Entwicklung lernten, die Forschung ablehnten, die darauf zielte, die Ursprünge der allgemeinen moralischen „Wesenszüge" zu entdecken. Ausgehend von den aggregierten Korrelationsdaten stellt die Tatsache, daß moralische Eigenschaftszüge tatsächlich existieren und sich außerdem früh im Leben zu entwickeln scheinen, eine beträchtliche Herausforderung für die Entwicklungsforschung dar.

Der Grundsatz der Aggregation

Das Argument, das für die Existenz von moralischen Eigenschaften vorgebracht wird, trifft natürlich auch auf andere Persönlichkeitseigenschaften zu und auf die Methoden, diese zu erfassen. Wenn man sich auf die Korrelationen zwischen nur zwei Items[1] oder Situationen beschränkt, kann das zu bedeutenden Interpretationsfehlern führen. Die genauere Beurteilung erhält man, wenn man den *Grundsatz der Aggregation* verwendet und den Durchschnitt von einer ganzen Anzahl an Messungen berechnet. Wie erwähnt, rührt dies von dem Umstand her, daß sich der Zufall in jeder Messung (der Fehler und die spezifische Varianz) über zahlreiche Messungen hinweg ausmittelt und dann ein klareren Blick auf die zugrundeliegenden Beziehungen erlaubt.

---

1 Anm. d. Ü.: Ein „Item" ist eine einzelne Frage oder eine einzelne Aufgabe bzw. Fragestellung in einem Test. Der Begriff wurde, da Terminus technicus, zumeist nicht übersetzt.

Die vielleicht bekannteste Veranschaulichung des Aggregationseffekts ist die Regel bei Leistungs- und Persönlichkeitstests, daß die Verläßlichkeit eines Meßinstruments mit der Anzahl der Items steigt. Zum Beispiel korrelieren einzelne Items beim Stanford/Binet-IQ-Test nur mit ca. 0,15; Subtests, die auf vier oder fünf Items aufbauen, korrelieren mit etwa 0,30 oder 0,40, doch die aggregierte Item-Reihe, die die Handlungsskala abbildet, korreliert mit ca. 0,80 mit der Item-Reihe, die die sprachliche Skala abbildet.

Eine der frühesten Veranschaulichungen des Grundsatzes der Aggregation ist der sogenannte Subjektausgleich in der Astronomie. Im Jahr 1795 entließ Maskelyne, der Leiter des Greenwich-Observatoriums, einen ansonsten fähigen Assistenten, weil dieser die Übertritte von Sternen über eine senkrechte Fadenkreuzlinie im Teleskop ungefähr eine halbe Sekunde „zu spät" bemerkte. Maskelyne meinte aufgrund seiner eigenen Schätzungen seinem Assistenten Fehler nachweisen zu können. Er verglich dessen Messungen mit den seinigen, von denen er natürlich annahm, daß sie korrekt seien. Einige Jahrzehnte später stieß der deutsche Astronom Bessel auf eine Darstellung dieser Ereignisse in einem Bericht des Greenwich-Observatoriums, was ihn dazu brachte, daß er mehrere Astronomen miteinander verglich. Er kam zu dem Ergebnis, daß nie zwei den exakt gleichen Durchgangszeitpunkt [eines Sternes] angaben. Natürlich lag die einzige vernünftige Schätzung für einen Sternenübertritt über die Fadenkreuzlinie bei einem ungefähren Durchschnitt von mehreren Beobachtungen und nicht bei einer einzelnen Beobachtung.

Die Forscher der psychometrischen Schule argumentierten seit langem für die Aggregation. Eine frühe Arbeit von Spearman (1910: 273–74) über den richtigen Umgang mit Korrelationskoeffizienten beinhaltet die folgenden Betrachtungen:

> „Die vorliegende Arbeit versucht den oftmals dargestellten Zufall (Meßfehler) zu beseitigen, und folgt dabei dem Vorgehen von allen Wissenschaften, einem Vorgehen, das als eine unentbehrliche Vorbedingung erscheint, um zu Naturgesetzen zu kommen. Diese Beseitigung des Zufalls dient demselben Zweck und ist dem normalen Prozeß des ‚Mittelwertberechnens' oder des ‚Kurvenglättens' ganz ähnlich.
>
> Die Methode ist folgende: Messen Sie jedes Individuum wiederholte Male im Hinblick auf jedes Charakteristikum, damit sie miteinander verglichen werden können."

In Abb. 2.1 wird das Prinzip der Aggregation auf einen Aggressions-Fragebogen hin angewandt, bei der die Stabilitätskoeffizienten mit der Funktion der einberechneten Item-Anzahl steigen.

Wenn das Ziel darin besteht, Aggression vorherzusagen, haben aggregierte Schätzungen natürlich einen höheren Nutzen. Ähnliche Resultate ergeben sich bei Gruppendifferenzen. Der Prozentsatz der Varianz [s. Glossar!] bei den Aggressionsdaten, der durch die Geschlechtsunterschiede erklärt wird, steigt von 1 über 3 bis 8 Prozent, wenn die Fragebogen-Items von 1 über 5 auf 23 steigen.

Vergleichbare Resultate bekommt man, wenn das Alter und die sozioökonomischen Statusdifferenzen untersucht werden. Wenn das Alter, das Geschlecht und der sozioökonomische Status kombiniert werden, steigt das multiple R von einem Durchschnitt von 0,18 für einzelne Items auf 0,39 für alle 23 Items.

Abb. 2.1: Die Beziehung zwischen der Anzahl der Aggressionsfragen und der Vorhersagbarkeit von weiteren aggressiven Ereignissen

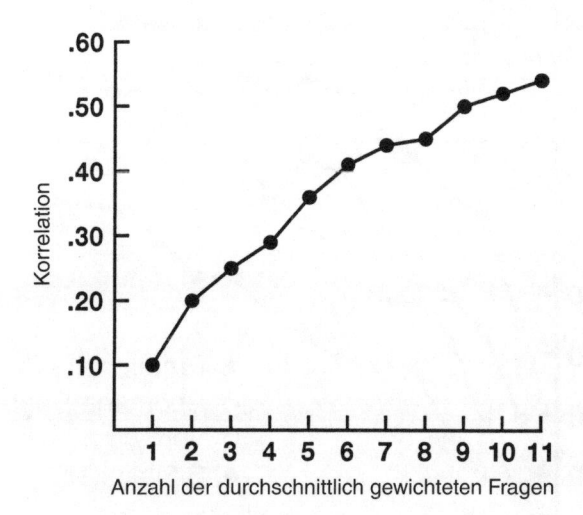

Wenn die Anzahl der Items, die miteinander korreliert werden, von 1 über 7 bis 11 steigt, steigen die entsprechenden Vorhersagbarkeiten von 0,10 über 0,44 bis 0,54. Aus Rushton & Erdle: 1987, S. 88, Abb. 1. Copyright 1987 bei der British Psychological Society. Abgedruckt mit Erlaubnis der British Psychological Society.

Die Verhaltenskonsistenz

Leider ist Spearmans Ratschlag in manchen Bereichen der Psychologie selten beachtet worden. Psychologen, die sich für die Verhaltensentwicklung interessierten, beurteilten oftmals Hypothesen, indem sie nur eine einzelne Messung verwendeten. Daher überrascht es nicht, daß die Beziehungen bei diesen Konstrukten schwach waren. Wenn Mehrfachmessungen von jedem Konstrukt verwendet werden, werden die Beziehungen substantieller.

In einer Serie von Studien, die dabei half, die Persönlichkeitsforschung von einer gesellschaftlichen Lerntheorie zu einer Eigenschaftsperspektive zurückzubringen, ließ Epstein (1977, 1979, 1980) Studenten tägliche Checklisten über ihre Gefühle und über die Situationen ausfüllen, in denen sie sich gerade befanden. Er entdeckte, daß quer durch zahlreiche Arten von Daten hindurch die Stabilitätskoeffizienten von durchschnittlich 0,27 für die Regelmäßigkeit von Tag zu Tag auf durchschnittlich 0,73 für die Regelmäßigkeit von Woche zu Woche anstiegen. Die Abb. 2.2 zeigt, wie die Stabilitätskoeffizienten für die aggregierten Kategorien mit der Zeit ansteigen.

Abb. 2.2: Die Stabilität der Individuenunterschiede als eine Funktion der Meßtageanzahl

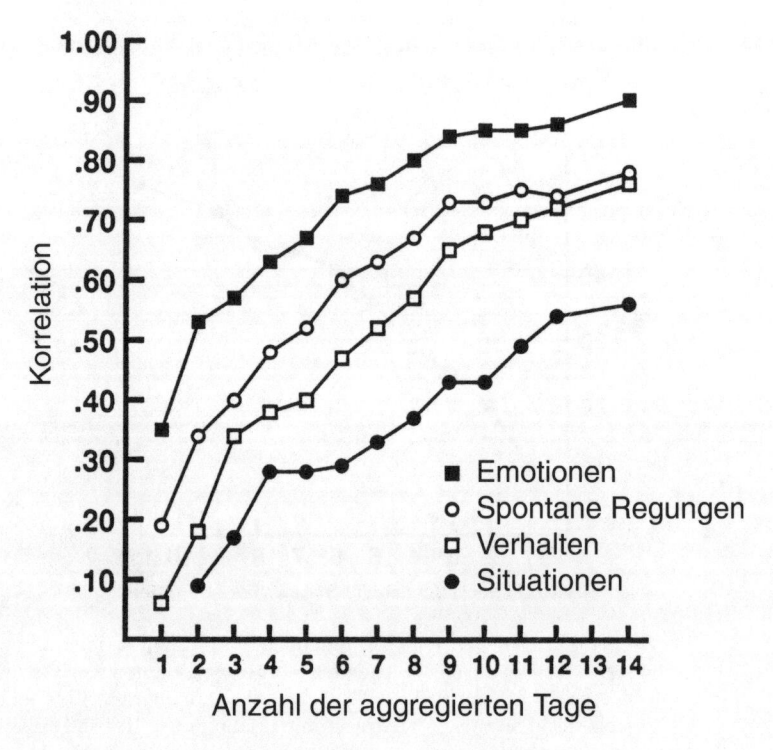

Je mehr Tage mit Messungen aggregiert werden, desto vorhersagbarer werden die Menschen; übernommen aus Epstein: 1977, S. 88, Abb. 1.

Die täglichen Schwankungen zwischen glücklichen oder unglücklichen Stimmungslagen münden folglich, wenn sie über längere Zeiträume gemessen werden, in typische Stimmungsdispositionen. Ebenso lagen die aggregierten Korrelationen für Sozialkontakte, aufgezeichnete Herzrhythmen und berichtete somatische und psychosomatische Symptome für ein 14tägiges Aggregat bei über 0,90. Auch legt die mit der Zeit wachsende Stabilität der „Situationen" nahe, daß die Umstände, in denen sich die Menschen befinden, die Entscheidungen reflektieren, die sie aufgrund ihrer Persönlichkeit getroffen hatten.

Der jahrzehntelange Streit über die Konsistenz der Persönlichkeit und die Existenz von persönlichkeitsbedingten Wesenszügen hat sich nunmehr erledigt. Möglicherweise war dieser Streit überflüssig. Hinterher ist man häufig immer klüger, und viele bedeutende Forscher wurden durch die niedrigen Korrelationen zwischen einzelnen Verhaltens-Items lange genug dazu verführt, den Wert des Eigenschaftskonzeptes zu bezweifeln (Rushton, Brainerd & Pressley, 1983; Epstein & O'Brien, 1985).

Ratings durch Beurteiler

Eine traditionell wichtige Quelle von Daten waren die Urteile und Ratings[2] über Personen, die von ihren Lehrern und Peers abgegeben wurden. In den letzten Jahren wurden die Ratings von Beurteilern häufig mit der Begründung verleumdet, sie seien kaum mehr als „falsche Konstruktionen des Betrachters". Diese um sich greifende Ansicht führte zu einer Ernüchterung über den Nutzen von Ratings. Die wichtigste empirische Begründung, die zitiert wird, um Rating-Methoden abzulehnen, besteht darin, daß die Ratings von Betrachtern nur durchschnittlich mit 0,20 bis 0,30 miteinander korrelieren. Jedoch ist es fraglich, ob die Korrelationen zwischen zwei Punktrichtern konstant und repräsentativ sind. Aber die Gültigkeit von Urteilen steigt, wenn die Zahl der Beurteiler größer wird.

Galton (1908) lieferte dafür eine frühe Veranschaulichung von einer Rindervorführung, wo 800 Besucher das Gewicht eines Ochsen abschätzten. Er bemerkte, daß die individuellen Schätzungen derart verteilt waren, daß 50 Prozent zwischen plus oder minus drei Prozent des Mittelwertes fielen, der selber innerhalb eines Prozent des wirklichen Wertes lag. Galton verglich diese Ergebnisse mit den abgegebenen Stimmen in einer Demokratie, in der die vox populi – mit der Einschränkung, daß sich die Wähler bei dem Thema auskannten – richtig war. Kurze Zeit später ließ K. Gordon Personen eine Reihe von Objekten nach dem Gewicht ordnen. Als die Zahl der Personen, die eine Einschätzung abgab, von 1 über 5 bis 50 stieg, stiegen die dementsprechenden Gültigkeiten von 0,41 über 0,68 bis 0,94.

Im täglichen Leben werden ähnliche Durchschnittstechniken bei subjektiven Entscheidungen verwendet. Zum Beispiel wird die Verläßlichkeit von Entscheidungen darüber, wem Preise für Kochen, Handwerk, Weinproduktion, Schönheit usw. verliehen werden sollen, dadurch erhöht, daß aus den Entscheidungen von zahlreichen Beurteilern ein Mittelwert errechnet wird. Dieses Vorgehen ist auch bei bestimmten Sportwettkämpfen Routine, bei denen die Beurteilungsmaßstäbe teilweise subjektiv sind (z.B. Wasserspringen, Geräteturnen). Wenn die zu beurteilenden Qualitätsgrade eng beieinanderliegen, besteht das einzige faire Vorgehen darin, viele Beurteilungen einzuholen.

Die Längsschnittsstabilität

Wenn die Zeitdimension ins Spiel kommt, wird die Frage der situationsunabhängigen Konsistenz zu einer Frage der längsschnittlichen Stabilität. Bis zu welchem Ausmaß – sowohl im Hinblick auf die Zeit als auch auf die Situation – wird das Verhalten einer Person von dauerhaften Person-Eigenschaften geprägt? Wenn Studien die individuellen Differenzen messen, indem sie viele

---

2 Anm. d. Ü.: Ein Rating ist ein Verfahren zur Evaluierung von Sachverhalten oder auch Personen, die mit Hilfe einer Beurteilungsskala [z. B. von 1 bis 5 reichend] vorgenommen wird.

verschiedene Messungen aggregieren, stößt man normalerweise auf eine längsschnittliche Stabilität. Aber wenn man Einzelmessungen oder andere weniger verläßliche Techniken verwendet, zeigt sich die diese Stabilität weniger stark.

Die Intelligenz ist – über einen längeren Zeitraum hinweg gesehen – die Person-Eigenschaft mit der höchsten Stabilität. Die Einstufung eines Individuums während der Jugend- und Erwachsenenjahre relativ zu seiner oder ihrer Alterskohorte, zeigt typische Korrelationen von 0,62 bis 0,94 über 7 bis 40 Jahren (Brody, 1992). Die Korrelationen tendieren dazu zu sinken, wenn die Zeitspanne zwischen den Administrationen eines Tests steigt. Die Korrelationen können aber durch weitere Aggregation gesteigert werden. Zum Beispiel korrelieren der kombinierte Wert von Tests, die im Alter von 10, 11 und 12 ausgegeben wurden, mit dem kombinierten Wert von Tests, die im Alter von 17 und 19 ausgegeben wurden, mit 0,96 (Pinneau, 1961). Dieses letztere Ergebnis legt nahe, daß es anfänglich keinerlei Veränderung bei den Werten eines Individuums im Vergleich zu seinen/ihren Alterskohorten in den Mittelschuljahren gab.

Die Intelligenz in der frühen Kindheit ist jedoch entweder etwas instabiler oder etwas weniger leicht zu messen. Die Korrelationen zwischen einer Zusammensetzung von Tests, die im Alter von 12 und 24 Monaten absolviert wurde, sagen eine Zusammenfassung von Tests im Alter von 17 und 18 Jahren mit ca. 0,50 voraus (Pinneau, 1961). Neuere Techniken, die auf der Habituationsfähigkeit und der Wiedererkennungsfähigkeit des Säuglings aufbauen (die Reaktion des Säuglings auf einen neuen oder einen bekannten Stimulus), und die im ersten Lebensjahr angewandt werden, sagen einen späteren IQ im Alter von 1 und 8 Jahren mit einem gewichteten (für Stichprobengröße) Durchschnitt zwischen 0,36 und 0,45 voraus (McCall & Carriger, 1993).

Die Stabilität der Persönlichkeit wurde in mehreren 30-Jahr-Longitudinalstudien gezeigt. Um diese zusammenzufassen, zitieren Costa und McCrae (1994: 21) William James (1890/1981), der meinte, daß wenn einmal das Erwachsenenalter erreicht sei, die Persönlichkeit „wie Gips hält".

Die Beständigkeit der Persönlichkeit in früherem Alter wies Jack Block (1971, 1981) in einer Arbeit nach, die strikt an dem Grundsatz der Aggregation festhielt. Zuerst erhob man in den 1930er Jahren die Daten von etwa 170 Personen, als diese in ihren frühen Teenager-Jahren waren. Man sammelte weitere Daten, als die Personen in ihren späten Teenager-Jahren, in ihren mittleren 30er und ihren mittleren 40er Jahren waren. Die auf diese Weise gesammelten Archivdaten waren enorm breitgestreut und oftmals in einer Form, die eine direkte Auswertung nicht zuließ.

Block ordnete die Daten, indem er Klinikpsychologen damit beauftragte, die individuellen Dossiers zu untersuchen und die Persönlichkeit des Individuums mit Hilfe des Q-Sort-Verfahrens einzuschätzen; hiermit ist eine Reihe von beschreibenden Einschätzungen wie z. B. „ist ängstlich" gemeint, welche nach Stößen sortiert werden kann, die anzeigen, wie repräsentativ die Beurteilung für das Individuum ist. Um die Unabhängigkeit sicherzustellen, wurde das Material für jede Person gewissenhaft nach der Altersgruppe getrennt, und jeder Psychologe reihte das Material für eine Person nur für einen Lebenszeitpunkt. Man bemerkte, daß die Beurteilungen durch die verschiedenen Einordner (normalerweise drei für jedes Dossier) in einen signifikantem Ausmaß miteinander übereinstimmten, und es wurde der Durchschnitt berechnet, um zu einer allgemeinen Beschreibung der Person in diesem Alter zu kommen.

Block (1971, 1981) entdeckte eine Persönlichkeitsstabilität über die getesteten Alter hinweg. Sogar die einfachen Korrelationen zwischen den Q-sortierten Items über den 30jährigen Zeitraum zwischen Jugendalter und den mittleren 40ern hinweg erbrachten Beweise für eine Stabilität. Die Korrelationen, die auf eine Stabilität hinwiesen, betrugen beispielsweise für die männliche Stichprobe: 0,58 für: „schätzt intellektuelle und kognitive Angelegenheiten hoch", 0,46 für: „ist selbstzerstörerisch" und 0,44 für: „hat wechselnde Stimmungen". Für die weibliche Stichprobe 0,44 für: „ist eine interessante, fesselnde Person", 0,41 für: „reagiert auf ästhetische Eindrücke" und 0,36 für: „ist fröhlich". Als die ganze Bandbreite von Variablen für jedes Individuum über die 30 Jahre hinweg korreliert wurde, betrug die durchschnittliche Korrelation 0,31. Als man Typologien bildete, wurden die Beziehungen noch substantieller.

Mit Hilfe von Selbstberichten statt den Urteilen anderer analysierte Conley (1984) Test- und Re-Testdaten von 10 bis 40 Jahren für Haupt-Dimensionen der Persönlichkeit wie z. B. Extravertiertheit, Neurotizismus und Impulsivität. Die Korrelationen in den unterschiedlichen Studien reichten von 0,26 bis 0,84 für Zeitspannen von 10 bis 40 Jahren mit einem Durchschnitt von ca. 0,45 für die Zeitspanne von 40 Jahren. Insgesamt waren die Persönlichkeitseigenschaften über die Zeit hinweg nur etwas weniger beständig als die Messungen der Intelligenz (in dieser Studie: 0,67).

Die Längsschnittstabilität wurde durch Anwendung verschiedener Verfahren kreuzvalidiert. Insofern nämlich, als eine Methode verwendet wurde, um die Persönlichkeit zum Zeitpunkt 1 zu beurteilen (z. B. Ratings durch andere Personen) und eine völlig unterschiedliche Methode zum Zeitpunkt 2 (z. B. Verhaltensbeobachtungen). Olweus (1979) berichtete z. B. von Korrelationen von 0,81 über eine einjährige Zeitspanne zwischen den Lehrerbeurteilungen von aggressivem Verhalten der Kinder und der Häufigkeit der gezählten Beobachtungen von tatsächlich aggressivem Verhalten. Conley (1985) verzeichnete Korrelationen von etwa 0,35 zwischen den Ratings durch den Bekannten einer Person kurz vor der gemeinsamen Hochzeit und den Selbstbeschreibungen etwa 20 Jahre später.

In einer 22 Jahre umfassenden Studie über die Entwicklung der Aggression stieß Eron (1987) auf die Tatsache, daß Kinder, die im Alter von 8 Jahren durch ihre Altersgenossen als aggressiv beurteilt wurden, 10 Jahre später von einer anderen Gruppe von Altersgenossen auch als aggressiv beurteilt wurden und im Alter von 19 Jahren mit einer dreifach höheren Wahrscheinlichkeit im Vorstrafenregister auftauchten als diejenigen, die nicht als aggressiv eingestuft wurden. Im Alter von 30 Jahren wiesen diese Kinder mit einer grö-

ßeren Wahrscheinlichkeit bestimmte Kennzeichen asozialen Verhaltens auf
– hierunter fielen strafrechtliche Verurteilungen, Verkehrsregelverletzungen, Kinder- und Partnermißbrauch sowie körperliche Aggression außerhalb der Familie. Überdies fand man heraus, daß die Beständigkeit der Aggression von den Großeltern zu den Kindern und Enkelkindern über drei Generationen hinweg existiert. Die Stabilität von aggressivem Verhalten über 22 Jahre hinweg beträgt 0,50 für Männer und 0,35 für Frauen.

Auch waren in den Daten der 22-Jahres-Studie frühe Beurteilungen von prosozialem Verhalten mit späterem prosozialem Verhalten positiv korreliert und mit späterem antisozialem Verhalten negativ korreliert. Kinder, die im Alter von 8 Jahren als an zwischenmenschlichen Beziehungen interessiert beurteilt worden waren, hatten höhere Berufs- und Bildungsziele, genauso wie niedrigere Aggression, mehr sozialen Erfolg und eine gute geistige Verfassung erreicht, wohingegen Aggression im Alter von 8 Jahren sozialen Mißerfolg, Psychosen, Aggression und einen niedrigen Bildungs- und Berufserfolg vorhersagte. In all diesen Analysen wurde die soziale Klassenzugehörigkeit konstant gehalten. Die Daten von Eron (1987) deuten darauf hin, daß Aggression und prosoziales Verhalten an den beiden Enden eines Kontinuums liegen (siehe Abb. 2.3).

Abb. 2.3.: Durchschnittliche Anzahl strafrechtlicher Verurteilungen mit 30 Jahren als eine Funktion von aggressivem und altruistischem Verhalten mit 8 Jahren

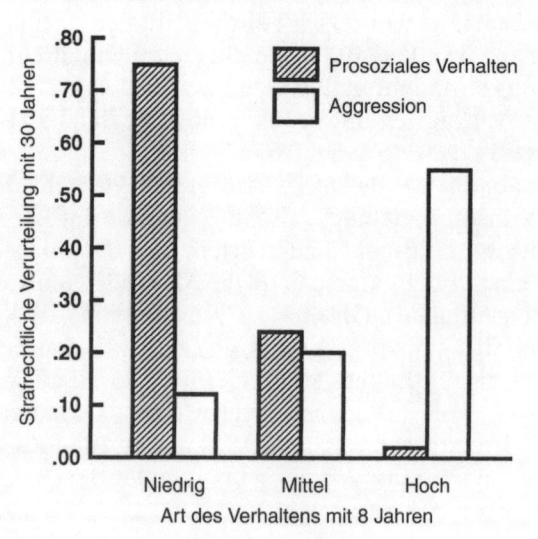

Sowohl Jungen als auch Mädchen, die im Alter von 8 Jahren von ihren Altersgenossen als „aggressiv" beurteilt worden waren, haben mit einer dreimal so hohen Wahrscheinlichkeit im Alter von 30 eine Vorstrafe, als jene, die nicht als „aggressiv" beurteilt worden waren. Umgekehrt waren diejenigen, deren prosoziales Verhalten im Alter von 8 als hoch eingeschätzt wurde, als Erwachsene weniger kriminell als diejenigen, deren prosoziales Verhalten als niedrig eingeschätzt wurde. Aus Eron: 1987, S. 440, Abb. 2. Copyright 1987 bei der American Psychological Association. Abgedruckt mit Erlaubnis der American Psychological Association.

Die allgemeine Schlußfolgerung ist die, daß es nur mehr zu wenigen Veränderungen in den Hauptdimensionen der Persönlichkeit kommt, wenn Menschen einmal 30 Jahre alt geworden sind. McCrae und Costa (1990; Costa & McCrae, 1992) überprüften nochmals sechs Längsschnittsstudien, die zwischen 1978 und 1992 publiziert wurden, inklusive zweier eigener. Die sechs Studien beinhalteten völlig unterschiedliche Stichproben und Vorgehensweisen, kamen aber zu den gleichen Schlußfolgerungen. Die grundlegenden Verhaltenstendenzen stabilisierten sich normalerweise irgendwo zwischen 21 und 30 Jahren. Wiederholte Testmessungen sowohl für Selbstbeschreibungen als auch für Beurteilungen von anderen liegen normalerweise bei etwa 0,70. Außerdem stabilisiert sich alles, was von diesen Dimensionen berührt wird, in gleicher Weise, wie z. B. die Selbsteinschätzung, Fertigkeiten, Interessen und Coping-Strategien.

Das Verhalten vorhersagen

Obwohl ein großer Aufwand im Hinblick auf die Verbesserung von schriftlichen Tests und anderen Techniken zur Messung von Einstellungen, Persönlichkeit und Intelligenz betrieben worden war, wurde der Adäquatheit der Messungen in bezug auf das Verhalten in diesem Zusammenhang relativ wenig Aufmerksamkeit entgegengebracht. Während die Personen-Komponente der Person/Verhaltens-Beziehung oft durch Tests mit vielen Fragen gemessen worden war, umfaßte das Verhalten, das vorhergesagt werden soll, nur einen einzigen Meßvorgang.

Fishbein und Ajzen (1974) schlugen vor, daß Kriterien mit Mehrfachmessungen für die Verhaltenskomponente angewandt werden sollen. Indem sie eine Vielzahl an Eigenschaftsskalen und eine Skala des religiösen Verhaltens mit mehreren Fragen verwendeten, um religiöse Einstellungen zu messen, entdeckten sie, daß die Eigenschaften mit Mehrfachmeßkriterien zusammenhängen, aber keine konsistente Beziehung zu Einzelkriterien hatten. Während die verschiedenen Eigenschaftsskalen mit Einzelverhaltensweisen eine durchschnittliche Korrelation von 0,14 bis 0,19 aufwiesen, zeigten ihre Korrelationen mit aggregierten Verhaltensweisen eine Spannbreite von 0,70 bis 0,90. In einer mit der von Fishbein und Ajzen vergleichbaren Arbeit führte Jaccard (1974) eine Untersuchung durch, um herauszufinden, ob die Dominanzskala des „California Psychological Inventory" und der „Personality Research Form" das selbst zugeschriebene Dominanzverhalten besser auf dem aggregierten Niveau als auf dem Einzelfragenniveau vorhersagen würden. Die Resultate stimmten mit den Erwartungen für die Aggregation überein. Während beide Persönlichkeitsskalen eine durchschnittliche Korrelation von 0,20 mit dem Einzelverhalten aufwiesen, waren die aggregierten Korrelationen 0,58 und 0,64.

Vergleichbare Beobachtungen machte Eaton (1983), der das Aktivitätsniveau bei Drei- und Vierjährigen gemessen hatte, indem er Einzel- versus Mehrfachbewegungsmesser, die er an den Handgelenken der Kinder befestigte, als Meßkriterien verwendete und die Beurteilungen der Lehrer und Eltern über das Aktivitätsniveau des Kindes als Vorhersagekriterium verwendete. Die Urteile auf der Basis der Einzelbewegungsmesser sagten die Aktivitätsniveaus relativ schwach voraus (0,33), während diejenigen Urteile, die mittels vieler Bewegungsmesser aggregiert werden konnten, vergleichsweise gut waren (0,69).

Ein Problem mit experimentellen Studien

Der Fehler, abhängige Variablen in experimentellen Situationen nicht zu aggregieren, kann unter Umständen zu falschen Schlüssen über die relative Veränderbarkeit des Verhaltens führen. Zum Beispiel gilt es mit Blick auf die gesellschaftliche Entwicklung als gut abgesichert, daß das Lernen durch Beobachtung von Vorbildern einen starken Einfluß auf das Sozialverhalten hat (Bandura, 1969, 1986). Diese Erkenntnisse lösten auf Regierungsebene Besorgnis über mögliche ungewollte Lerneffekte durch das Fernsehen aus. Was die intellektuelle Entwicklung betrifft, ist es ebenso bekannt, daß Interventionsprogramme, die mit dem Ziel der Intelligenzerhöhung bei Kindern gestaltet werden, wobei manche Lernen durch Beobachtung beinhalten, nur einen bescheidenen Erfolg erzielten (Brody, 1992; Locurto, 1991).

Man erklärte den offensichtlichen Unterschied in der relativen Formbarkeit der sozialen und intellektuellen Entwicklung auf vielfältige Art und Weise. Eine vorherrschende Erklärung ist, daß die intellektuelle Entwicklung von Variablen gesteuert wird, die „strukturell" und daher dem Lernen nur wenig zugänglich sind, während die soziale Entwicklung durch Variablen gesteuert wird, die „motivational" und daher dem Lernen mehr zugänglich sind. Wie dem im einzelnen auch sei: Eine Analyse der abhängigen Variablen, die in den zwei Untersuchungstypen verwendet wurden, legt eine Interpretation nahe, die auf dem Aggregationsgrundsatz basiert.

In empirischen Studien zum Modellernen wird normalerweise eine einzelne abhängige Variable für die Messung des Verhaltens verwendet: so z. B. die Anzahl der Schläge, die im Falle von Aggression einer Sandsackpuppe verabreicht werden (Bandura, 1969), oder die Zahl der Gutscheine, die einem Wohltätigkeitsverein für altruistisches Verhalten gespendet werden (Rushton, 1980). In intellektuellen Trainingsstudien werden aber für gewöhnlich aus vielen Items bestehende abhängige Variablen wie etwa standardisierte Intelligenztests verwendet.

In dieser ganzen Diskussion wurde betont, daß die niedrige Verläßlichkeit von nichtaggregierten Messungen die starken zugrundeliegenden Beziehungen zwischen den Variablen verdecken kann. Im Fall von Lernstudien kann es im Prinzip den gegenseitigen Effekt haben. Es ist immer leichter, eine Änderung in einer Eigenschaft als eine Lernkonsequenz erscheinen zu lassen, wenn man eine einzelne, weniger stabile Messung der Eigenschaft durchführt, als wenn man stabilere Mehrfachmessungen durchführt. Diese Tatsache erklärt möglicherweise, warum Studien zum sozialen Lernen des Altruismus generell erfolgreicher waren als Trainingsstudien der intellektuellen Entwicklung.

Tests der geistigen Fähigkeit

Die Intelligenz ist seit Galton (1869) die am besten untersuchte Variable interindividueller Differenzen gewesen. Im Jahr 1879 etablierte Wilhelm Wundt (1832–1920) das erste Psychologielaboratorium in Leipzig. Er verwendete zahlreiche ähnliche Meßmethoden wie Galton, obgleich er sich für jene Verstandesstruktur interessierte, die allen Menschen gemeinsam ist. James McKeen Cattell (1860–1944), ein Amerikaner, der mit Wundt studierte, wollte die individuellen Unterschiede erforschen, aber es gelang ihm nicht, Wundt dafür zu interessieren. Daher übersiedelte Cattell nach Erlangung seines Doktortitels nach London, um bei Galton ein Postdoktorat zu absolvieren; er wurde schließlich der erste Psychologieprofessor der Welt (an der Universität von Pennsylvania) und später Vorstand des Psychologie-Instituts an der Columbia Universität. Er war einer der Gründer der American Psychological Association; und er war es, der im Jahre 1890 als Beschreibung für die Serien von Sinnesaufgaben und Reaktionszeitaufgaben, die zu jener Zeit aufkamen, den Begriff *mental test* prägte.

Das Hauptergebnis der Galton/Cattell-Versuche war negativ. Eine Studie eines bei Cattell selber graduierten Studenten zeigte, daß die verschiedenen Denktests weder untereinander noch mit den akademischen Noten korrelierten (Wissler, 1901). Auch wenn man zahlreiche Mängel in dieser Studie nennen kann, inklusive des Auslassens des Aggregierens (Jensen, 1980a): sie signalisierte das Ende des Galtonschen Ansatzes für mehrere Jahrzehnte. Stattdessen entwickelte sich die Intelligenzmessung in eine völlig andere Richtung.

Im Jahre 1904 wollte das französische Bildungsministerium lernschwache Schüler identifizieren, die Hilfe brauchten. Alfred Binet (1857–1911) und Théophile Simon (1873–1961) wurden beauftragt, einen Test zu entwerfen, der lernschwache Schüler herausfiltern sollte. Sie argumentierten, daß ein guter Test schwieriger werdende Fragen beinhalten sollte, die ältere Kinder leichter als jüngere Kinder beantworten könnten. Der Test sollte höhere Denkfunktionen abfragen, wie etwa das Verständnis und die Vorstellungskraft.

Im Jahre 1908 entwickelte Binet mit einer erhöhten Anzahl von Testfragen eine zweite Version seiner Skala. Man fand heraus, daß im Durchschnitt ein dreijähriges Kind zur Nase, zu den Augen oder zum Mund zeigen konnte; daß es Sätze wiederholen kann, die sechs Silben haben, und daß es seinen Nachnamen zu sagen in der Lage ist. Im Alter von vier kennt es sein Geschlecht, kann bestimmte Objekte benennen, die ihm gezeigt werden, wie etwa ein Schlüssel, ein Messer oder eine Münze, und kann angeben, welche von zwei Linien länger ist, wenn die eine 5, die andere 6 cm lang ist. Im Alter von fünf kann das Kind den schwereren von zwei Würfeln angeben, wenn der eine 3 g und der andere 12 g wiegt; es kann mit Füllfeder und Tinte ein Quadrat abzeichnen, und es kann vier Münzen abzählen. Im Alter von sechs kann es rechts von links unterscheiden, wenn auf die rechte Hand und das linke Ohr gedeutet wird; es kann Sätze mit 16 Silben wiederholen, und es kann Vormittag von Nachmittag unterscheiden. Im Alter von sieben kennt es die Anzahl der Finger einer Hand oder beider Hände, ohne sie zu zählen; es kann mit Füllfeder und Tinte einen Diamanten abzeichnen, und es kann Bilder beschreiben, die es gesehen hat.

Der Test funktionierte. Er identifizierte die Zurückgebliebenen und korrelierte mit erwarteten Indikatoren für Intelligenz, wie etwa Schulnoten, Lehrer- und Mitschülerbeurteilungen und der Leichtigkeit des Lernens. Der Test wurde bald in Amerika eingeführt. Im Jahr 1910 bemerkte Henry H. Goddard, daß die Skalen in seiner Schule für geistesschwache Kinder in Vineland, US-Bundesstaat New Jersey, ein hohes Maß an Vorhersagegenauigkeit besaßen. Im Jahr 1916 adaptierten Louis Terman und seine Kollegen an der Stanford Universität den Test für amerikanische Schulkinder und etablierten Werte für Durchschnittsleistungen. Der ursprüngliche Binet/Simon-Test wurde so zum Stanford/Binet-Test. Die Version von 1916 wurde in den Jahren 1937, 1960, 1972 und 1986 modifiziert und die Werte für Durchschnittsleistungen wurden aktualisiert. Er wurde zum Standard, an dem alle späteren Intelligenztests gemessen wurden.

Im Jahr 1917 traten die Vereinigten Staaten in den Ersten Weltkrieg ein. Robert Yerkes in Harvard, damals Präsident der American Psychological Association, organisierte die Psychologen mit dem Ziel, die Kriegsanstrengungen voranzubringen. Die führenden amerikanischen Psychometriker, inklusive Henry Goddard und Louis Terman, begannen Tests für Gruppen zu entwickeln, um Rekruten auswählen zu können. Es wurden zwei Gruppentests erdacht, Alpha und Beta. Der Alpha-Test war ein verbaler Test, der für lesekundige Menschen entworfen wurde und der Fragen aus Bereichen wie rechnerisches Denken, Zahlenreihen Zahlenreihen vervollständigen und Analogien beinhaltete – Kategorien, die jenen ähnlich sind, die sich im Stanford/Binet und vielen heutigen Intelligenztests finden. Der Beta-Test, der für die Anwendung an leseunkundigen Rekruten vorgesehen war, beinhaltete ähnliche Fragen, aber ausschließlich in Form von Bildern. Alles in allem absolvierten fast zwei Millionen Armeerekruten einen der beiden Tests.

Vergleiche, die auf diesen Daten beruhten, wurden als Buch (Yoakum & Yerkes, 1920) und als offizieller Report mit 890 Seiten Umfang veröffentlicht (Yerkes, 1921). Für den Vergleich von Schwarzen und Weißen waren bei den Schwarzen alle inbegriffen, die irgendeinen körperlichen Hinweis auf negride Vorfahren zeigten, sprich: alle Mischlinge. Auch waren alle in den Vereinigten Staaten geboren und hatten Englisch als Muttersprache. Von denjenigen, die ein hinreichend gutes Ergebnis erzielten, um zur Armee zugelassen zu werden, erreichte eine überproportionale Anzahl an Schwarzen Werte von C- bis D- – sprich: niedriger Durchschnitt bis niedrig –, während eine überproportionale Anzahl an Weißen Werte von C+ bis A+ – sprich: „Durchschnitt" bis „ausgezeichnet" – erreichte.

Erwähnenswerte Unterschiede zeigten sich zwischen den verschiedenen Bundesstaaten, wobei die weitgehend urbanisierten Nordstaaten höhere Werte als der mehr ländliche Süden erzielten; ein Unterschied, der auf die besseren Bildungseinrichtungen im Norden zurückgeführt wurde. So wie die Weißen waren auch die Schwarzen im Norden besser. Es wurde ein spezieller Vergleich zwischen den Rassen in fünf Nordstaaten und vier Südstaaten durchgeführt. Obwohl die Schwarzen im Norden noch immer nicht so hohe Werte wie die Weißen erzielten, waren ihre Werte nach einem ähnlicheren Muster verteilt.

Die Resultate dieser Untersuchung lösten die erste öffentliche Kontroverse über Intelligenztests aus. Insgesamt lag das durchschnittliche geistige Alter aller Armeerekruten bei 13, was bedeutete, daß der durchschnittliche 13jährige die Tests bestehen könnte, aber nicht der durchschnittliche 12jährige. Die Daten zeigten auch, daß Einwanderergruppen im Durchschnitt schlechter abschnitten als autochthone Amerikaner, und daß Einwanderer aus Süd- und Osteuropa schlechter als jene aus Nord- und Westeuropa abschnitten. Carl Brigham (1923), ein Psychologieprofessor in Princeton, der in seinem Buch *A Study of American Intelligence* Einwanderungskontrollen befürwortete, um den amerikanischen Genpool vor einer Verschlechterung zu bewahren, maß diesen Daten eine hohe Bedeutung zu. Yerkes schrieb das Vorwort zu Brighams Buch.

Die Kontroverse über die Testergebnisse initiierte eine moderne Version des Erbe-Umwelt-Streites. Natürlich waren die Testergebnisse nicht zu 100 Prozent durch angeborene Fähigkeiten determiniert. Es stellte sich die Frage, ob Umweltfaktoren alleine das Verteilungsmuster erklären könnten. Auf der milieuorientierten Seite begann man, Vorurteile und Probleme, die den Tests inhärent waren, zu identifizieren. Manche Fragen waren z. B. von hochspezifischem kulturellem Wissen abhängig; ein Fehler, der sich insbesondere für Neueinwanderer und jene, die nicht über das normale Maß an Bildung verfügten, nachteilig auswirkte. Außerdem waren die Testbedingungen nicht standardisiert; manche mußten die Tests unter beengten und lauten Verhältnissen absolvieren. Auf der genetisch orientierten Seite wurden Adoptions- und Zwillingsstudien angestoßen, um systematisch die relative Bedeutung von Vererbung und Umwelt auf die Intelligenz zu erforschen.

Dutzende Verlage schossen aus dem Boden, um die Bedürfnisse der Industrie und der Kliniken, aber auch der Bildungseinrichtungen zu befriedigen. Man produzierte Messungen für spezielle Begabungen und die Persönlichkeit, genauso wie für die allgemeine Intelligenz. Im Jahr 1926 entstand der „Scholastic Aptitude Test" (SAT) für die Zulassung zum College. Im Jahre 1939 veröffentlichte David Wechsler das, was zum „Wechsler Adult Intelligence Scale" (WAIS) werden sollte [dt.: Hamburg-Wechsler-Intelligenztest für Erwachsene]. Dieser Test ist der am meisten verwendete, mit Einzelpersonen durchgeführte Intelligenztest für Erwachsene; im Jahr 1949 veröffentlichte er den „Wechsler Intelligence Scale for Children" (WISC) [dt.: Hamburg-Wechsler-Intelligenztest für Kinder]. Die professionalisierte Testindustrie entwickelte neue ausgeklügelte Methoden, um die Reliabilität und Validität von Tests zu kontrollieren. Die Einführung von maschinellen Auswertungstechniken vereinfachte die Forschung und Entwicklung enorm.

Abb. 2.4: Typische Items eines Intelligenztests

1. *Ziffernfolge vorwärts.*[3]   Wiederholen Sie eine Serie von drei bis neun Ziffern, nachdem Sie sie mit einer Geschwindigkeit von einer Ziffer pro Sekunde vorgesprochen hörten.
2. *Ziffernfolge rückwärts.*   Wiederholen Sie drei bis neun Ziffern rückwärts, d. h. in der umgekehrten Reihenfolge des Vorsagens.
3. *Bilderanordnung.*   Ordnen Sie eine planlose Aufeinanderfolge von Cartoon-Bildern in eine Reihe, die eine logische Geschichte ergibt.
4. *Wortanalogien.*   Vervollständigen Sie die Analogie: Katze ist zu Kätzchen wie Hund zu:
    Biest   Bellen   Hündchen   Jagd
5. *Logisches Denken.*   In einem Wettrennen rennt der Hund schneller als das Pferd, welches langsamer als die Kuh ist, und das Schwein rennt schneller als der Hund. Wer kommt als letzter ins Ziel?
6. *Zahlenreihen.*   Schreiben Sie die Zahl, die am logischsten die Reihe fortsetzt: 35, 28, 21, 14, ___.
7. *Matrizenaufgaben.*   Geben Sie diejenige Alternative an, die am logischsten in den leeren Platz gehört.

Die unterschiedlichsten Items wurden verfügbar, und es entwickelte sich eine große methodische Literatur über die Merkmale von guten Items (Jensen, 1980a). Die Tests können einzeln vorgegebenen Gruppen oder an viele Personen als Gruppentestung gleichzeitig verteilt werden. Um die Auswertung bei Tests einfacher zu gestalten, muß jede Person die richtige Antwort aus mehreren angebotenen Alternativen auswählen. Die Abb. 2.4 zeigt klassische Fragetypen sowohl aus Einzel- als auch aus Gruppentests (siehe Jensen, 1980a, für eine vollständige Palette). Idealerweise sollte die Lösung der Fragen nicht zu lange dauern, da die Zeit beschränkt ist und viele Fragen gestellt

---

[3] Anm. d. Ü.: Auch als „Gedächtnisspanne vorwärts" bzw. (siehe 2., „Ziffernfolge rückwärts") als „Gedächtnisspanne rückwärts" bezeichnet.

werden müssen. Auch müssen die Fragen so konzipiert sein, daß nur eine einzige Antwort richtig ist. Die Fragen sollten keine speziellen Kenntnisse wie etwa „Wie weit ist es von San Francisco nach Los Angeles?" beinhalten. Die gestellten Aufgaben sollten nur Elemente beinhalten, die allen gleich bekannt oder unbekannt sind. Eine Ausnahme bildet die Evaluierung des Wortschatzes, der notwendig ist, wenn eine Person aufgefordert werden könnte, die Bedeutung von Wörtern zu erklären, die von geläufigen Wörtern, wie *Sommer* und *fremd,* bis hin zu weniger gebräuchlichen Wörtern, wie *umreißen* [im engl. Orig.: *adumbrate*] und *Kakophonie* [im engl. Orig.: *cacophony*], reichen. Ein Grund für die Annahme, daß Fragen wie jene in Abb. 2.4. die Intelligenz abfragen, ist die Beobachtung, daß Kinder mit dem Älterwerden im absoluten Sinne intelligenter werden. Der durchschnittliche Zehnjährige ist klüger als der durchschnittliche Vierjährige und kann mehr Testfragen beantworten. Folglich ist das geistige Alter ein Index für die geistige Entwicklung. Im Verhältnis zum chronologischen Alter gibt es einen Hinweis auf den Grad, nach dem ein Kind fortgeschritten oder zurückgeblieben ist. Das war das ursprüngliche Konzept, auf dem die Messung von Intelligenz basierte. Tatsächlich lautet die Gleichung für den IQ oder den Intelligenzquotienten:

$$IQ = \frac{MA}{CA} \times 100$$

MA steht hier für das „mentale Alter" und CA für das „chronologische Alter". Die 100 wurde eingeführt, um die Dezimalstellen umgehen zu können.

Die Gleichung für den IQ wird nicht mehr verwendet. Da die Testergebnisse für große Massen von repräsentativen Menschen mehr oder weniger normal verteilt sind (Abb. 2.5), können die Werte von fast jedem System in eine Normalverteilung umgerechnet werden. Der Einfachheit halber wurde der durchschnittliche IQ bei 100 mit einer Standardabweichung [Glossar!] von 15 festgesetzt.

Abb. 2.5: Die Normalverteilung

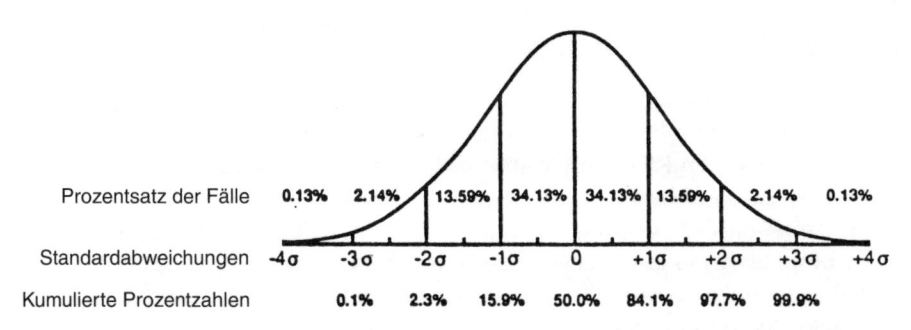

Prozentsatz der Fälle	0.13%	2.14%	13.59%	34.13%	34.13%	13.59%	2.14%	0.13%
Standardabweichungen	-4σ	-3σ	-2σ	-1σ	0	$+1\sigma$	$+2\sigma$	$+3\sigma$	$+4\sigma$
Kumulierte Prozentzahlen		0.1%	2.3%	15.9%	50.0%	84.1%	97.7%	99.9%	

Die Bereiche (in Prozentzahlen) unter der Glockenkurve und der Basislinie der Kurve werden in Standardabweichungen und kumulierte Prozentzahlen eingeteilt.

Spearmans *g*

Spearman (1927) entdeckte, daß in jedem Test und jeder größeren Sammlung von diversen Tests der kognitiven Fähigkeiten ein genereller Faktor der geistigen Fähigkeit (veranschaulicht als *g*) existiert und dies unabhängig von dem speziellen Informationsgehalt, der Sinnesmodalität oder der Art den Antwortformats des Testes. Er postulierte, daß der *g*-Faktor die Ursache für individuelle Unterschiede im Abschneiden widerspiegelt.

Der Grad, mit dem verschiedene Tests mit *g* korreliert oder „*g*-haltig" sind, kann durch die Faktorenanalyse, ein statistisches Verfahren zum Gruppieren von Items, bestimmt werden. Die Unterschiede darin, wie *g*-geladen Items sind, sind jedoch aus oberflächlichen Merkmalen des Items nicht prognostizierbar. Nicht in der Durchführung einer Faktorenanalyse, sondern im Grad der kognitiven Anforderung des Items liegt der beste Hinweis auf seine *g*-Haltigkeit. Zum Beispiel hat die Ziffernspanne rückwärts (Item 2, Abb. 2.4 [K!]) eine höhere *g*-Haltigkeit als die Ziffernspanne vorwärts (Item 1). Andere stark *g*-haltige Tests sind Wortanalogien (Item 4), Serienfolgen (Item 6) und Matrizenaufgaben (Item 7). Einige der letzteren Items (Nr. 7), inklusive zweidimensionaler figuralen Analogien mit Veränderungen sowohl in der Horizontalen als auch in der Vertikalen wurden in einen besonders *g*-gesättigten Test kombiniert, in den Ravens Progressiven Matrizen-Test nach Lionel Penrose, dem britischen Genetiker, und John Raven, einem britischen Psychologen und Schüler von Spearman (Penrose & Raven, 1936). Er wurde der am besten bekannte und am meisten untersuchte aller „kulturreduzierter" Tests (Raven & Court, 1989).

Die meisten der konventionellen Tests der mentalen Fähigkeit sind stark *g*-geladen, auch wenn sie für gewöhnlich zusätzlich zu *g* eine Mischung aus anderen Faktoren messen, wie etwa verbale, räumliche und Merkfähigkeiten, genauso wie erworbenes Wissen schulischer Natur (Brody, 1992). Testergebnisse, aus denen der *g*-Faktor rechnerisch entfernt wurde, haben praktisch keine Voraussagekraft für die schulischen Leistungen. Daher ist es der *g*-Faktor, der den „aktiven Inhaltsstoff" darstellt. Die Voraussagegültigkeit von *g* gilt auch für den Erfolg in fast allen Berufstypen. Die Berufe unterscheiden sich in ihrer Komplexität und ihren *g*-Anforderungen, genauso wie das Tests tun. Wenn also die Komplexität eines Berufes steigt, sagt die Intelligenz den Erfolg darin um so besser voraus (z. B. Manager und Akademiker 0,42 bis 0,87, Verkäufer und Kfz-Reparateure 0,27 bis 0,37; siehe Hunter, 1986, Tabelle 1; Hunter & Hunter, 1984).

Gottfredson (1986, 1987) faßte die Meta-Analysen von Jahrzehnten der Forschung über Personalauswahl zusammen und zeigte folgendes:

- Intelligenztests sagen Erfolg im Lernen und im Beruf in allen Tätigkeitsfeldern vorher.
- Der Berufserfolg korreliert mit dem Testerfolg in höheren, komplexeren Berufen stärker als in niedrigeren.
- Die Beziehung der getesteten Intelligenz mit dem Berufserfolg ist linear, was bedeutet, daß es keine Schwelle gibt, über der höhere Intelli-

genzniveaus nicht mit höheren Durchschnittsniveaus des Berufserfolges verbunden wären.
- Es ist fast ausschließlich der *g*-Faktor in psychometrischen Tests, der die Gültigkeit der Prognose des Berufserfolges erklärt.
- Bei Arbeitern mit durchschnittlich höheren Erfahrungsniveaus bleibt der Voraussagewert der Intelligenztests weitgehend der gleiche, wenngleich der Voraussagewert der Erfahrung nachläßt.[4]
- Die Intelligenztests sagen den Berufserfolg vorher, auch wenn man die Unterschiede in der Berufskenntnis berücksichtigt.
- Die Intelligenztests prognostizieren den Berufserfolg für Schwarze gleich gut wie für Weiße, gleichgültig, ob der Erfolg objektiv oder subjektiv gemessen wurde.

Die Entscheidungsgeschwindigkeit

Überzeugende Beweise für den durchdringenden Charakter von *g* kommen von neuen Arbeiten über die Hirneffizienz im Hinblick auf das Fällen von Entscheidungen. Die Galton/Cattell-Aufgabentypen, die zu Beginn des Jahrhunderts der Sache nicht gewachsen erschienen, stehen wiederum ganz vorne. Die Aufgaben sind einfach und sprechen sehr elementare kognitive Prozesse an, in denen kein oder wenig intellektueller Inhalt steckt. Alle Personen können die Aufgaben leicht lösen, wobei die einzige Quelle für verläßliche individuelle Differenzen die Geschwindigkeit ist (gemessen in Millisekunden), mit der die Person antwortet. Es zeigte sich, daß diese Unterschiede stark mit der Intelligenz korreliert sind, wie sie durch traditionelle IQ-Tests gemessen wird (Brody 1992).

Die Abb. 2.6. zeigt einen Gerätetyp für die Reaktionszeit, der von Jensen (1993) beschrieben wurde. Auf der Konsole befinden sich Abdeckungen, die entweder ein, zwei, vier oder acht Kombinationen von Lichtpunkten sichtbar machen. In der Aufgabe der „einfachen Reaktionszeit" (dargestellt in A) ist ein einzelnes Licht sichtbar; wenn es aufleuchtet, bewegt die Person die Hand, um es abzuschalten. Diese Reaktion dauert normalerweise etwa eine halbe Sekunde. In der komplizierteren Aufgabe der „Wahl-Reaktionszeit" (dargestellt in B) sind alle Lichtpunkte sichtbar, und wenn einer von ihnen aufleuchtet, muß die Person „auswählen", welchen sie abschaltet. Die Reaktionszeit dauert etwas länger. In der Aufgabe des „Außenpunktes" (dargestellt in C), einer noch komplexeren Version, leuchten drei Lichter auf, von denen zwei eng nebeneinander sind und eines etwas weiter entfernt ist. Die Person muß beurteilen, welches das Licht ist, das weiter entfernt steht und muß es ausschalten. Das ist schwerer als die einfacheren Aufgaben der Reaktionszeit und dauert normalerweise in etwa doppelt so lang, aber im Durchschnitt immer noch weniger als eine Sekunde. Dabei meint die Reaktionszeit

---

4   Anm. d. Ü.: Das heißt, daß bei erfahrenen Arbeitern die Intelligenz für ihre Einstufung in bezug auf ihren Berufserfolg und ihre Karrierechancen sehr wohl eine Rolle spielt, die Bedeutung ihrer Berufserfahrung aber abnimmt.

Abb. 2.6: Eine Personen-Antwortkonsole für Untersuchungen zur Entscheidungsfindung bei Einfach-Wahl-Aufgaben

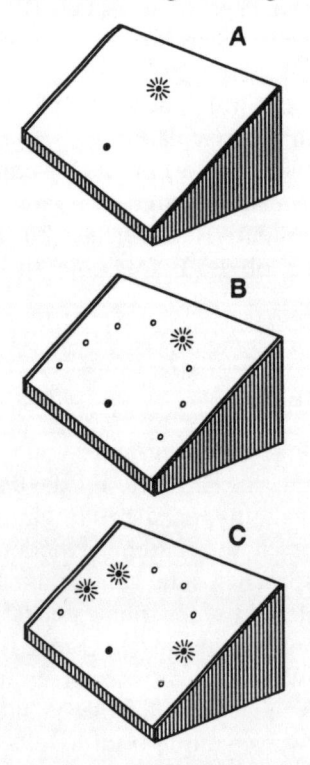

Die Konsole A ist für die einfache Reaktionszeit, B ist für die Wahlreaktionszeit, und C ist für die Außenpunkt-Reaktionszeit. Der schwarze Punkt in der unteren Mitte jeder Schalttafel ist der Startknopf. Die offenen Kreise, 15 cm vom Startknopf weg, sind grün beleuchtete Druckknöpfe. Bei den Bedingungen A und B leuchtet bei jedem Versuch nur ein grüner Druckknopf auf. Bei C leuchten bei jedem Versuch drei Druckknöpfe gleichzeitig auf – mit ungleichen Distanzen zwischen ihnen –, wobei der von den zwei anderen am weitesten entfernte der Außenpunkt ist, den die Person berühren muß (siehe Jensen: 1993, S. 53, Abb. 1). Copyright 1993 bei Ablex Publishing Corporation. Abgedruckt mit Erlaubnis von Ablex Publishing Corporation.

jene Zeit, die es dauert, um den Startknopf loszulassen, nachdem eines der Lichter aufleuchtet.

Eine andere Aufgabe der Geschwindigkeit der Informationsverarbeitung, die mit g korreliert, ist als „Inspektionszeit" bekannt. Das ist die Zeit, die ein Seh- oder ein Hörstimulus gezeigt werden muß, bevor eine Person eine einfache Unterscheidung machen kann, wie etwa welche von zwei Linien die längere ist, wenn die eine Linie doppelt so lang ist wie die andere. Die Inspektionszeit beträgt typischerweise weniger als eine Zehntelsekunde. Nichtsdestoweniger korreliert sie mit dem g-Faktor, der aus Intelligenztests gewonnen wird, zwischen 0,30 und 0,50, für eine sehr weite Altersspannbreite, von der Kindheit bis ins hohe Alter, wobei Leute mit niedrigeren Intelligenzniveaus längere Zeitintervalle benötigen (Kranzler & Jensen, 1989).

Es ist interessant zu fragen, warum diese Reaktionszeit- und elementar-kognitiven Aufgaben mit den Intelligenzmessungen korrelieren, wenn dies die früheren Galton/Cattell-Messungen nicht taten? Eine Antwort beinhaltet den Grundsatz der Aggregation. In der Aufgabe zur Reaktionszeit, die Abb. 2.6 zeigt, hat man auf jedem Komplexitätsniveau der 1, 2, 4 oder 8 Lichtpunkte 15 Versuche. Außerdem sind die Aufgaben zur Informationsverarbeitung mit Mehrfachversuchen selber oftmals in Aggregationen kombiniert und erhöhen solchermaßen die Korrelationen mit IQ-Tests, die viele Fragen umfassen, noch weiter. In Wisslers (1901) kritisch zu sehender Überblicksarbeit wurden einfache Reaktionszeiten mit akademischen Noten (nicht IQ-Tests) kombiniert und außerdem für eine begrenzte Personenanzahl konzipiert.

Intelligenz und Gehirngröße

In den letzten 4 Millionen Jahren fand ein dreifacher Anstieg im Hinblick auf die relative Größe des menschlichen Gehirns statt. Es ist berechtigt, von der Hypothese auszugehen, daß sich größere Gehirne entwickelten, um die Intelligenz zu steigern. Passingham (1982) berichtete über Hinweise für diese Hypothese, indem er eine Lernaufgabe zur visuellen Unterscheidung heranzog, um die Geschwindigkeit zu messen, mit der Kinder und andere Säugetiere Gesetze wie etwa „Ergreife jedes Mal dasselbe Objekt, um Essen zu bekommen" begreifen. Intelligentere Kinder, gemessen mit standardisierten IQ-Tests, lernen schneller als die weniger intelligenten, und Säugetiere mit größeren Hirnen lernen schneller als die mit kleineren Hirnen (d. h. Schimpanse > Rhesusaffe > Klammeraffe > Totenkopfäffchen > Krallenaffe > Katze > Wüstenspringmaus > Ratte = Eichhörnchen [K!]).

Georges Cuvier (1769–1832) war vielleicht der erste, der ausdrücklich daran dachte, daß quer über die Spezies die Hirngröße proportional zur Körpergröße die Determinante für die Intelligenz wäre. Galton (1888b) war der erste, der diese Beziehung für die Menschen quantifizierte. Er berichtete, daß Studenten der Cambridge Universität, die Bestnoten erhielten, im Durchschnitt ein 2 1/2 bis 5 Prozent größeres Schädelvolumen hatten (Länge x Breite x Höhe des Kopfes) als die anderen. Kurze Zeit später überprüfte K. Pearson (1906) erneut diese Beziehung, indem er den neu entwickelten Korrelationskoeffizienten verwendete. Er bemerkte eine kleine, positive Korrelation. Dies ist die allgemeine Beobachtung geblieben, wobei die Korrelationen normalerweise von 0,10 bis 0,30 reichen (Jensen & Sinha, 1993; Wickett, Vernon & Lee, 1994; Van Valen, 1974).

Die Tabelle 2.2 faßt die Ergebnisse aus 32 Untersuchungen der Beziehung zwischen Kopfgröße und Intelligenz in normalen Stichproben zusammen. Klinische Fälle wurden ausgeschlossen. Die repräsentativste oder durchschnittliche Korrelation berichtete man von jenen Studien, die mehrere Korrelationen vorsahen (z. B. mit dem Alter und dem Geschlecht oder unter Berücksichtigung der Körpergröße). Die Korrekturen für die Körpergröße sind üblicherweise nicht miteinbezogen worden, weil viele Studien diese Statistik nicht vermerkten, obwohl sie gelegentlich verwendet wurden, um die Alterseffekte zu kontrollieren. Doppeleintragungen wurden eliminiert, besonders jene, die aus dem „Collaborative Perinatal Project" stammen (Broman, Nichols, Shaughnessy, & Kennedy, 1987). Ebenso sind in Tabelle 2.2 typologische Studien nicht enthalten, die zeigen, daß geistig behinderte Kinder kleinere Köpfe haben als Kinder mit normaler Intelligenz (Broman et al., erden, während hochbegabte und exzellente Kinder größere haben (Fisch, Bilek, Horrobin & Chang, 1976; Terman, 1926/1959: 152).

Tabelle 2.2: Intelligenz und Hirngröße

Quelle	Stichprobe	Schädel-messung	Test	r
A. Kinder und Jugendliche bei externer Schädelmessung				
Pearson (1906)	4.386 britische Kinder (2 198 Jungen, 2.188 Mädchen) im Alter von 3 bis 20; genormt auf 12 Jahre	Länge	Einschätzung der Lehrer	0,11
Murdock & Sullivan (1923)	595 amerikanische Kinder im Alter von 6 bis 17; standardisiert nach Alter und Geschlecht	Umfang	IQ-Tests	0,22
Estabrooks (1928)	251 amerikanische Kinder von nordeuropäischer Abstammung (102 Jungen, 149 Mädchen) im Alter von 6 Jahren	Fassungs-vermögen	Binet	0,19
Porteus (1937)	200 weiße australische Kinder	Umfang	Maze-Test nach Porteus	0,20
Klein et al. (1972)	170 guatemaltekische Indianerkinder zwischen 3 und 6 Jahren	Umfang	Wissenstests mit nach Alter/ Geschlecht getrennten Normen	0,28
W. A. Weinberg et al. (1974)	334 weiße amerikanische Jungen zwischen 8 und 9 Jahren	Umfang	WISC	0,35
Broman et al. (1987)	18.907 schwarze amerikanische Jungen und Mädchen im Alter von 7 Jahren	Umfang	WISC	0,19
Broman et al. (1987)	17.241 weiße amerikanische Jungen und Mädchen im Alter von 7 Jahren	Umfang	WISC	0,24
R. Lynn (1990a)	310 irische Jungen und Mädchen im Alter von 9 und 10 Jahren	Umfang	PMAT	0,18
R. Lynn (1990a)	205 irische Kinder im Alter von 9 Jahren	Umfang	Matrizen	0,26
R. Lynn (1990a)	91 englische Kinder im Alter von 9 Jahren	Umfang	Matrizen	0,26
Osborne (1992)	224 weiße amerikanische Kinder (106 Jungen, 118 Mädchen) im Alter von 13 bis 17 Jahren; Kontrollen für Größe und Gewicht	Fassungs-vermögen	Basic	0,29
Osborne (1992)	252 schwarze amerikanische Kinder (84 Jungen, 168 Mädchen) im Alter von 13 bis 17 Jahren; Kontrollen für Größe und Gewicht	Fassungs-vermögen	Basic	0,28
Summe von A	Anzahl der Studien:	*13*		
	Bandbreite von r:	*0,11– 0,35*		
	Durchschnitt von r:	*0,23*		

Quelle	Stichprobe	Schädel-messung	Test	r
B. Erwachsene bei externer Schädelmessung				
Pearson (1906)	1.011 männliche britische Universitätsstudenten	Länge	Noten	0,11
Pearl (1906)	935 männliche bayrische Soldaten	Umfang	Ratings der Offiziere	0,14
Reid & Mulligan (1923)	449 männliche schottische Medizinstudenten	Fassungs-vermögen	Noten	0,08
Sommerville (1924)	105 männliche weiße amerikanische Universitätsstudenten	Fassungs-vermögen	Thorndike	0,08
Wrzosek (1931; zitiert nach Henneberg et al., 1985)	160 männliche polnische Medizinstudenten	Fassungs-vermögen	Polnischsprachiger Baleys IQ-Test	0,14
Schreider (1968)	80 Otomi-Indianer aus Mexiko unbekannten Geschlechts	Umfang	Form Board	0,39
Schreider (1968)	158 französische Bauern unbekannten Geschlechts	Umfang	Matrizen	0,23
Passingham (1979)	415 englische Dorfbewohner (212 Männer, 203 Frauen) im Alter von 18 bis 75	Fassungs-vermögen	WAIS	0,13
Susanne (1979)	2.071 männliche belgische Wehrpflichtige	Umfang	Matrizen	0,19
Henneberg et al. (1985)	302 polnische Medizinstudenten (151 Männer, 151 Frauen) im Alter von 18 bis 30	Fassungs-vermögen	Polnischsprachiger Baleys IQ-Test	0,14
Bogaert & Rushton (1989)	216 männliche kanadische und weibliche Universitätsstudenten, korrigiert nach Geschlecht	Umfang	MAB	0,14
Rushton (1992c)	73 männliche asiatische und kanadische sowie weibliche Universitätsstudenten	Umfang	MAB	0,14
Rushton (1992c)	211 männliche weiße kanadische und weibliche Universitätsstudenten	Umfang	MAB	0,21
Reed & Jensen (1993)	211 männliche weiße amerikanische College-Studenten	Fassungs-vermögen	Verschiedene	0,03
Wickett et al. (1994)	40 weiße kanadische Universitätsstudentinnen	Umfang	MAB	0,11
Summe von B	Anzahl der Studien:	15		
	Bandbreite von r:	0,03–0,39		
	Durchschnitt von r:	0,15		

81

Quelle	Stichprobe	Schädel-messung	Test	r
C. Erwachsene bei Magnetresonanztomographie				
Willerman et al. (1991)	40 weiße amerikanische Universitätsstudenten (20 Männer, 20 Frauen); korrigiert nach Geschlecht, Körpergröße und der ausgedehnten IQ-Bandbreite	MRI	WAIS	0,35
Andreasen et al. (1993)	67 weiße amerikanische Erwachsene (37 Männer, 30 Frauen) mit einem Durchschnittsalter von 38	MRI	WAIS	0,38
Raz et al. (1993)	29 weiße amerikanische Erwachsene (17 Männer, 12 Frauen) im Alter von 18 bis 78	MRI	CFIT	0,43
Wickett et al. (1994)	39 weiße kanadische Frauen im Alter von 20 bis 30 Jahren	MRI	MAB	0,40
Summe von C	Anzahl der Studien:	4		
	Bandbreite von r:	0,35–0,43		
	Durchschnitt von r:	0,39		

Anmerkung. CFIT = Culture Free Intelligence Test (dt.: kulturunabhängiger Intelligenztest); MAB = Multidimensional Apitude Battery; MRI = Magnetic Resonance Imaging (dt.: Magnetresonanztomographie); PMAT = Primary Mental Abilities Test; WAIS = Wechsler Adult Intelligence Scale (dt.: Hamburg-Wechsler-Intelligenztest für Erwachsene); WISC = Wechsler Intelligence Scale for Children (dt.: Hamburg-Wechsler-Intelligenztest für Kinder).

Die 32 Studien sind in drei Kategorien eingeteilt. In Kategorie A sind die Resultate von 13 Studien dargestellt, in denen externe Kopfmessungen von insgesamt 43.166 Kindern und Jugendlichen gemacht und diese mit der Intelligenz, geschätzt durch Ratings, Schulnoten und standardisierte Tests, korreliert wurden. Die Korrelationen reichten von 0,11 bis 0,35 mit einem ungewichteten Mittelwert von 0,23 (wenn er nach der Stichprobengröße gewichtet wird, ist er 0,21). Die Beziehung fand sich bei Jungen und Mädchen, bei Weißen aus Australien, Europa und den Vereinigten Staaten, bei Schwarzen aus den Vereinigten Staaten und bei Amerindianern[5] aus Guatemala.

Die Kategorie B stellt die Resultate von 15 Studien dar, in denen externe Kopfmessungen von insgesamt 6 437 Erwachsenen verwendet wurden und die Intelligenz durch Ratings, Universitätsnoten und standardisierte Tests geschätzt wurde. Die Korrelationen reichten von 0,03 bis 0,39 mit einem ungewichteten Mittelwert von 0,15 (wenn er nach der Stichprobengröße gewichtet wird, ist er ebenfalls 0,15). Die Stichproben umfaßten beide Geschlechter, Weiße aus Europa, Kanada und den Vereinigten Staaten und Amerindianer und Asiaten aus Nordamerika.

Die Korrelationen in Kategorie A und B sind niedrig. Dies deshalb, weil die Messung der Kopfgröße durch ein Maßband und die Ignorierung der

---

5 Anm. d. Ü.: Als „Amerindianer" werden diejenigen Völker bezeichnet, die vor der europäischen Kolonisation in Amerika heimisch waren.

Schädeldicke keine perfekte Meßmethode für die Hirngröße sind – und auch, weil Intelligenztests keine perfekte Meßmethode für die Intelligenz sind. Es ist möglich, die Korrelationen für einige dieser Ungenauigkeiten zu korrigieren. In seiner Besprechung schätzte van Valen (1974), daß die wahre Korrelation zwischen der Schädelgröße und der Intelligenz etwa 0,30 beträgt. Dies wurde von R. Lynn (1990a) in drei Studien an 9- und 10jährigen aus Schulen in Nordirland und England bestätigt, die den Kopfumfang mittels Maßband und die Intelligenz mittels standardisierter Tests maßen. Vor der Korrektur für die Abschwächung, die auf den Meßfehler zurückgeht, lagen R. Lynns Korrelationen zwischen 0,18 und 0,26; nach der Korrektur reichten sie von 0,21 bis 0,30.

Die in Tabelle 2.2 dargestellten Kopfgröße/IQ-Korrelationen wurden für jede der drei Rassen einzeln dargestellt. In einer kanadischen Studie entdeckte ich eine Korrelation von $r = 0,14$ in einer Stichprobe von 73 asiatischen Universitätsstudenten im ersten Jahr und $r = 0,21$ in einer Stichprobe von 211 Nicht-Asiaten; beide Stichproben wurden in einführenden Psychologiekursen rekrutiert (Rushton, 1992c). Sowohl bei weißen als auch bei schwarzen US-Teenagern entdeckte Osborne (1992) Korrelationen von 0,28 und 0,29. In dem „Collaborative Perinatal Project" entdeckten Broman et al. (1987) eine Korrelation von 0,24 für 17.000 weiße 7jährige und 0,19 für 19.000 schwarze 7jährige.

In einer Nachfolgeanalyse dieser Daten zeigten Jensen und Johnson (1994), daß die Korrelation von 0,20 für Kopfgröße/IQ *innerhalb* von Familien existiert. Diejenigen Geschwister mit dem größeren Kopfumfang neigten dazu, das intelligentere Geschwister zu sein, und zeigten sowohl in der schwarzen als auch in der weißen Stichprobe im Durchschnitt ein höheres Maß an Intelligenz.

Die Kategorie C stellt die Resultate von 4 Studien an 175 Erwachsenen dar, in denen die Hirngröße durch die Magnetresonanztomographie (MRT) geschätzt wurde, die ein dreidimensionales Modell des lebenden Hirns abbildet. Jede dieser Studien verwendete standardisierte Tests, um den IQ zu messen. Die Korrelationen reichten von 0,35 bis 0,43 mit einem ungewichteten Mittelwert von 0,39 (wenn er nach der Stichprobengröße gewichtet wird, ist er ebenfalls 0,39). Diese Bestätigungen der Beobachtungen Galtons (1888b) durch neue Technologien machen es unbestreitbar, daß die Hirngröße mit der Intelligenz zusammenhängt.

Das US-weite „Collaborative Perinatal Project" (Broman et al., 1987) ist es wert, im Detail betrachtet zu werden. Kinder sind von der Konzeption bis zum Alter von 7 Jahren beobachtet worden, wobei der Kopfumfang bei der Geburt, mit 4 Monaten, 1 Jahr, 4 und 7 Jahren gemessen wurde und den Kindern mit 8 Monaten der Entwicklungstest nach Bayley, mit 4 Jahren der Stanford/Binet und mit 7 Jahren der Wechsler vergeben wurde. Bei den weißen Kindern korrelierte der Kopfumfang bei der Geburt mit 0,47 mit dem Kopfumfang mit 7 Jahren und bei den schwarzen Kindern war die Korrelation 0,39. Bei beiden Rassen zusammen korrelierten die Bayley-Testwerte mit 8 Monaten mit etwa 0,25 mit den Werten des Wechsler-Testes mit 7 Jahren.

Der Binet-IQ im Alter von 4 Jahren korrelierte mit 0,62 mit dem Wechsler im Alter von 7.

Die Tabelle 2.3 faßt Daten zusammen, die ich aus zahlreichen Tabellen aus Broman et al. (1987) entnahm, nachdem ich die 2 Prozent mit schwereren Nervenstörungen ausgeschlossen hatte, ausgenommen dort, wo ich es vermerkt habe. Die Korrelationen zwischen den Kopfumfangmessungen prognostizierten sowohl für die schwarzen als auch für die weißen Kinder in allen Altern die Werte für die Intelligenz. Wie man sieht, ist der Schädelumfang der weißen Kinder in jeder der Alterskategorien mit einem Durchschnitt von 0,36 cm oder annähernd 0,2 Standardabweichungen größer als der von schwarzen Kindern. Die größere Schädelgröße von weißen Kindern ist nicht die Folge einer größeren Körpergröße, weil schwarze Kinder sowohl im Alter von 4 als auch 7 Jahren größer als weiße Kinder sind (Broman et al., 1987, Tabellen 7–8, 8–19).

Obwohl es in Tabelle 2.3 nicht aufscheint, bevorzugten alle drei Intelligenztests die weißen Kinder, während die Messung der motorischen Fähigkeit die schwarzen Kinder bevorzugte. Diese Themen werde ich in den Kapiteln 6 und 7 aufgreifen.

Tabelle 2.3: Die Korrelationen zwischen dem Kopfumfang in verschiedenen Altern und dem IQ mit 7 Jahren

Alter	Weiße				Schwarze			
	Stichprobengröße	Kopfumfang (cm)	SD	r	Stichprobengröße	Kopfumfang (cm)	SD	r
Geburt	16.877	34,0	1,5	0,13*	18.883	33,4	1,7	0,12*
4 Monate[a]	15.905	40,9	1,4	0,19*	17.793	40,4	1,6	0,16*
1 Jahr	14.724	45,8	1,5	0,20*	16.786	45,6	1,5	0,15*
4 Jahre	12.454	50,1	1,5	0,21*	14.630	49,9	1,6	0,16*
7 Jahre	16.949	51,5	1,5	0,24*	18.644	51,2	1,6	0,18*

Anmerkung: Die Daten wurden berechnet aus Broman, Nichols, Shaughnessy & Kennedy: 1987; S. 104, Tabelle 6–10; S. 220, Tabelle 9–28; S. 226, Tabelle 9–34; S. 223, Tabelle 9–41; S. 247, Tabelle 9–54.
[a] Beinhaltet bis zu 2 Prozent an Kindern mit einem Schaden im Zentralnervensystem.
* $p < 0,00001$.

Schließlich wird die Beziehung zwischen der Hirngröße und der Intelligenz durch die Parallelen zum Alter unterstützt. Die Hirngröße und der IQ steigen während der Kindheit und der Jugend an und verringern sich danach langsam und schließlich schneller.

Die Tabelle 2.3 zeigt den Alterstrend im Kopfumfang sowohl für schwarze als auch für weiße Kinder. Bei der Autopsie, von der Geburt an und durch die Kindheit hindurch, hängt der Schädelumfang mit dem Hirngewicht zwischen 0,80 und 0,98 zusammen (Brandt, 1978; Bray et al., 1969; Cooke, Lucas, Yudkin & Pryse-Davies, 1977).

In Summe ist der Durchschnitt für die 29 Kopfgröße/IQ Korrelationen (Kategorie A und B in Tabelle 2.2) 0,20 (gewichtet $r = 0,18$). Auch wenn diese Korrelation nicht groß ist und 4 Prozent der Varianz [Glossar!] erklärt, durchdringt sie zahlreiche Stichproben. In manchen Studien verringerte die Korrektur für die Größe und das Gewicht die Beziehung, während sie in anderen Studien die Korrelation erhöhte (Wickett et al., 1994). Die Korrektur für die Ungenauigkeit erhöht die Korrelation auf etwa 0,30. Betrachtet man die vier Studien der Magnetresonanztomographie, beträgt die Korrelation mit der Intelligenz $r = 0,40$. Das ist gegenwärtig die beste Einschätzung der Beziehung zwischen der Hirngröße und der Intelligenz.

3
DIE VERHALTENSGENETIK

Aus evolutionärer Perspektive stellen individuelle Unterschiede jene genetischen Alternativkombinationen und Anpassungen dar, die durch den Mechanismus der natürlichen Selektion miteinander konkurrieren. Es hat sich mittlerweile ein Berg von Daten angesammelt, der zeigt, daß die Gene die Entwicklung des komplexen Sozialverhaltens in eine bestimmte Richtung beeinflussen. Dies gilt auch für politische Einstellungen sowie für die Wahl der Ehe- und anderer Sozialpartner. Turkheimer und Gottesman (1991) haben vorgeschlagen, daß es an der Zeit sei, $H^2 \neq 0$ als „erstes Gesetz der Verhaltensgenetik" aufzustellen[1] und den Standpunkt zu vertreten, daß $H^2 = 0$ nicht länger eine interessante Nullhypothese sei.

Methoden

Die Grundannahme verhaltensgenetischer Untersuchungen lautet, daß die phänotypische [Glossar!] Varianz bei Messungen in Umweltkomponenten (U) und genetische Komponenten (G) geteilt werden kann, die sich auf eine additive Art und Weise verbinden. Ein nichtadditiver Terminus für die Wechselwirkung (G × U) berücksichtigt die Kombinationen von genetischen und Umwelteffekten. Dieser Zusammenhang kann symbolisch wie folgt ausgedrückt werden:

Phänotypische Varianz = G + U + (G × U).

Der Prozentsatz der phänotypischen Varianz, der auf den genetischen Einfluß zurückführbar ist, wird oft als der Erblichkeitskoeffizient bezeichnet und kann als H^2 dargestellt werden. Alle Methoden für die Schätzung des genetischen Einflusses umfassen die Messung von Familiengruppen und von nichtverwandten Personen sowie den Vergleich der resultierenden Korrelationen mit jenen, die von einer genetischen Hypothese erwartet werden. Adoptionsstudien und Zwillingsvergleiche sind die am häufigsten verwendeten Methoden. In Zwillingsstudien geht man davon aus, daß monozygote (MZ) oder eineiige Zwillinge 100 Prozent ihrer Gene miteinander teilen und dizygote (DZ) oder zweieiige Zwillinge im Durchschnitt 50 Prozent ihrer Gene miteinander teilen. Wenn die Korrelation zwischen den Werten für eine Eigen-

---

[1] Anm. d. Ü.: H^2 bedeutet die Erblichkeit, auch Heritabilität genannt. Für Details siehe das Glossar unter „Erblichkeit".

schaft für monozygote Zwillinge größer ist als für dizygote, kann die Differenz auf genetische Ursprünge zurückgeführt werden, wenn angenommen werden kann, daß die Umwelten von jedem Zwillingstyp ungefähr gleich sind. Auch wenn Kritiker behaupten, daß die Zwillingsmethode für die Schätzung der Erblichkeit nicht zulässig sei, zeigen detaillierte empirische Arbeiten, daß die Kritiken von beschränkter Bedeutung sind. In Fällen, in denen die Eltern und die Zwillinge die Zwillingsverwandtschaft falsch einschätzten, wurde der Grad der Zwillingsähnlichkeit bei vielen Eigenschaften durch die tatsächliche Zwillingsverwandtschaft (bestimmt durch Blut- und Fingerabdrucksanalysen) z. B. besser vorausgesagt, als durch die soziale Zuschreibung. Wenn die Messungen der Unterschiede, die in der Behandlung von Zwillingen existieren, mit Persönlichkeits- und anderen Werten korreliert werden, ergeben sich überdies keine Beweise dafür, daß die Unterschiede in der Behandlung irgendwelche Auswirkungen haben (Plomin, DeFries, & McClearn, 1990).

Einer der weniger gewürdigten Aspekte von Zwillingsstudien ist die Information, die sie über Umwelteffekte zur Verfügung stellen. Wenn die Rohdaten die Varianzen und Kovarianzen zwischen Geschwisterpaaren und innerhalb von Geschwisterpaaren (between-pair siblings) darstellen, dann reflektieren die Quadrate der Mittelwerte zwischen Geschwisterpaaren (within-pair siblings) sowohl die Geschwisterähnlichkeiten als auch die Geschwisterunterschiede, während die Quadrate der Mittelwerte innerhalb von Geschwisterpaaren nur die Geschwisterunterschiede reflektieren. Die genetischen Modelle werden an diese Mittelwertquadraten angepaßt. Die gesamte phänotypische Varianz kann auf folgende drei Quellen aufgeteilt werden:

V(G) = additive, genetische Auswirkungen;
V(GU) = geteilte [„common"] Umwelteinflüsse, die beide Geschwister gleichermaßen betreffen;
V(SU) = ungeteilte, spezifische Umwelteinflüsse, die jedes Geschwister individuell betreffen.

Das letzte ist ein Residualterm, der sich aus vielen Quellen speist, inklusive dem Meßfehler und bestimmter Formen der Wechselwirkung zwischen Genotyp und Umwelt. Folglich teilt sich die gesamte phänotypische Varianz in V(G) + V(GU) + V(SU).

In vielen Studien besteht die verwendete Statistik aus Korrelationen, inklusive Regressionen, und einer speziellen Form der Korrelation, der Intraklassen (R) Korrelation (Plomin et al., 1990). Die Erblichkeiten können geschätzt werden, indem man diese Korrelationen vergleicht bzw. die Differenz zwischen monozygoten und dizygoten Zwillingsähnlichkeiten verdoppelt, d. h. $H^2 = 2\,(RMZ - RDZ)$. Die Ähnlichkeitskorrelation unter Geschwistern zu verdoppeln, ergibt eine weitere Schätzung (oder die Korrelation unter Halbgeschwistern mit vier zu multiplizieren). Eine andere Schätzung der Erblichkeit erhält man, wenn man die Korrelation zwischen dem „Mittel-Eltern"-Wert (der Durchschnitt der beiden Eltern) und dem „Mittel-Kind"-Wert (der Durchschnitt aller Kinder) herstellt. Diese Methoden müssen jedoch von der Annahme ausgehen, daß es keine nichtgenetische Ursache für die Ähnlichkeit zwischen den Nachkommen und den Eltern gibt. In dem Ausmaß, in dem es welche gibt, können die Erblichkeiten überschätzt werden.

Die Umwelteinflüsse können auch aus Innerhalb-der-Familie-Daten geschätzt werden. In Zwillingsstudien können die Auswirkungen einer geteilten Umwelt (GU) geschätzt werden, indem die monozygote Zwillingskorrelation von der doppelten dizygoten Zwillingskorrelation subtrahiert wird, d. h.: GU = 2RDZ - RMZ. Jedwede spezifische Umwelteinflüsse (SU) oder nichtgeteilte Umwelteinflüsse, inklusive dem Meßfehler, können durch eine Subtraktion geschätzt werden, d. h. $SU = 1 - H^2 - GU$, was mit 1 - RMZ übereinstimmen sollte, wenn bestimmten Grundvoraussetzungen der Zwillingsmethode entsprochen wird. Da monozygote Zwillinge genetisch identisch sind, stellt RMZ in sich selbst eine Obergrenzenschätzung von H^2 (wenn GU = 0) dar, und 1 - RMZ stellt eine Schätzung des Umwelteinflusses dar, d. h. des Anteils der individuellen Unterschiede in einer Population, die durch genetische Faktoren nicht erklärt wird.

Adoptionsstudien stellen die menschliche Entsprechung für die „Cross-fostering-Designs" dar, die in Tierexperimenten zur Anwendung kommen, und erlauben Schätzungen der genetischen und der Umwelteinflüsse unter einer unterschiedlichen, aber überlappenden Reihe von Annahmen im Vergleich zu denen der Zwillingsmethode. Man geht z. B. von der Annahme aus, daß es eine Zufallsauswahl gibt, aber natürlich könnten Kinder, die zur Adoption freigegeben werden, nicht einer Zufallsstichprobe der Bevölkerung entsprechen, und die Haushalte, in denen sie adoptiert werden, liegen üblicherweise über dem Durchschnitt. Nichtsdestoweniger ist die Logik von Adoptionsstudien einfach. Jede Ähnlichkeit zwischen den biologischen Eltern und ihren zur Adoption freigegebenen Kindern wird auf den genetischen Einfluß zurückzuführen sein, weil es keine gemeinsamen Umweltfaktoren gibt. Jede Ähnlichkeit zwischen den adoptierten Kindern und ihren Adoptiveltern wird auf den Umwelteinfluß zurückzuführen sein, weil es keine gemeinsamen genetischen Einflüsse gibt.

Besonders dramatisch sind jene Studien, die die Zwillings- und Adoptionsmethoden kombinieren, wie in der bekannten „Minnesota Study of Twins Reared Apart" [dt.: Minnesota-Studie über getrennt aufgezogene Zwillinge] (Bouchard et al., 1990). Dabei sind mono- und dizygote Zwillinge in früher Kindheit getrennt aufgezogen worden [MZA und DZA: für engl.: monozygotic/dizygotic twins reared apart; Anm. d. Ü.]; diese Technik wird noch aussagekräftiger, wenn sie mit einer entsprechenden Gruppe von MZ- und DZ-Zwillingen kombiniert wird, die gemeinsam aufgezogen wurden (MZT, DZT). In Ergänzung zu der Minnesota-Studie gibt es die schwedische Adoptions-/Zwillingsstudie des Alterns, die 351 Zwillingspaare mittleren Alters untersucht, die getrennt aufgezogen wurden – inklusive 407 entsprechenden Kontrollpaaren (Pedersen et al., 1991) – und eine finnische Untersuchung von 165 getrennt aufgezogenen Zwillingspaaren (Langinvainio, Koskenvuo, Kaprio & Sistonen, 1984).

Die Emergenz von Eigenschaften

Im Falle von getrennt aufgewachsenen monozygoten Zwillingen stellt deren Korrelation direkt die Erblichkeit dar; die Unterschiede stellen den Umwelteinfluß und den Meßfehler dar. Die Tabelle 3.1 präsentiert eine Gegenüberstellung von Daten von den monozygoten, getrennt aufgewachsenen Zwillingen (MZA) aus der Minnesota-Studie, mit einer Gruppe von gemeinsam aufgewachsenen, monozygoten Zwillingen (MZT) für anthropometrische, psychophysiologische, intellektuelle, Persönlichkeits- und gesellschaftlich bedeutende Variablen (aus Bouchard et al., 1990). Die übereinstimmenden Resultate zeigen beträchtliche genetische Auswirkungen auf alle in Frage kommenden Eigenschaften und schwache oder nichtexistierende Auswirkungen für die gemeinsame Umwelt.

Tabelle 3.1: Ähnlichkeitskorrelationen für getrennt und gemeinsam aufgewachsene, monozygote Zwillinge

Variablen	Getrennt aufgewachsen		Gemeinsam aufgewachsen	
	r	Anzahl der Paare	r	Anzahl der Paare
Anthropometrisch:				
Fingerabdrucks-Rillenzählung	0,97	54	0,96	274
Größe	0,86	56	0,93	274
Gewicht	0,73	56	0,83	274
Psychophysiologisch:				
Alpha-Hirnwelle	0,80	35	0,81	42
Systolischer Blutdruck	0,64	56	0,70	34
Herzschlag	0,49	49	0,54	160
Intelligenz:				
WAIS Gesamt-IQ-Wert	0,69	48	0,88	40
WAIS verbaler IQ	0,64	48	0,88	40
WAIS Handlungs-IQ	0,71	48	0,79	40
Raven, Mill-Hill zusammengesetzt	0,78	42	0,76	37
Reaktionsgeschwindigkeit	0,56	40	0,73	50
g-Faktor	0,78	43	–	–
Durchschnitt von 15 Hawaii-Reihen-Tests	0,45	45	–	–
Durchschnitt von 13 CAB-Tests	0,48	41	–	–
Persönlichkeit:				
Durchschnitt von 11 MPQ-Tests	0,50	44	0,49	217
Durchschnitt von 18 CPI-Tests	0,48	38	0,49	99

	Getrennt aufgewachsen		Gemeinsam aufgewachsen	
Variablen	r	Anzahl der Paare	r	Anzahl der Paare
Soziale Einstellungen:				
Durchschnitt von 23 SCII-Tests	0,39	52	0,48	116
Durchschnitt von 34 JVII-Tests	0,43	45	–	–
Durchschnitt von 17 MOII-Tests	0,40	40	0,49	376
Durchschnitt von 2 Religiösitätstests	0,49	31	0,51	458
Durchschnitt von 14 nichtreligiösen, sozialen Einstellungs-Items	0,34	42	0,28	421
MPQ-Traditionalismustest	0,53	44	0,50	217

Anmerkung: Übernommen aus: Bouchard, Lykken, McGue, Segal & Tellegen (1990, S.226, Tabelle 4). Copyright 1990 bei der American Association for the Advancement of Science. Abgedruckt mit Erlaubnis der American Association for the Advancement of Science. CAB = Comprehensive Ability Battery; CPI = California Personality Inventory; JVIS = Jackson Vocational Interest Survey; MOII = Minnesota Occupational Interest Inventory; MPQ = Multidmensional Personality Questionaire; SCII = Strong Campell Interest Inventory; WAIS = Wechsler Adult Intelligence Scale [dt.: Hamburg-Wechsler-Intelligenztest für Erwachsene].

Die Ergebnisse der Tabelle 3.1 beweisen eine bemerkenswerte Ähnlichkeit zwischen MZA-Zwillingen. Sie entsprechen oftmals fast denen für MZT-Zwillinge und implizieren insofern, daß das gemeinsame Aufwachsen die familiäre Ähnlichkeit im Erwachsenenalter nur leicht erhöht. Die MZ-Zwillingskorrelationen stellen einen erheblichen Teil der verlässlichen Varianz bei jeder Eigenschaft dar und bestätigen die hohen, involvierten Erblichkeiten. Die MZA-Zwillingskorrelationen hingen nicht damit zusammen, wieviel Kontakt die Zwillinge als Erwachsene hatten (Bouchard et al., 1990).

Bemerkenswerte Ähnlichkeiten in bezug auf den idiosynkratischen Lebensstil und die persönlichen Vorlieben wurden unter monozygoten Paaren, aber nicht unter dizygoten Paaren festgestellt. Die Leben der „Jim-Zwillinge" z. B., die als Säuglinge in unterschiedliche Arbeiterfamilien in Ohio adoptiert wurden, wurden durch eine Aufeinanderfolge von ähnlichen Namen charakterisiert. Beide hatten in der Kindheit Haustiere namens Toy. Beide heirateten und ließen sich von Frauen namens Linda scheiden und hatten eine zweite Ehe mit Frauen namens Betty. Sie nannten ihre Söhne James Allen und James Alan.

Lykken, McGue, Tellegen und Bouchard (1992) beschreiben weitere Beispiele aus der Minnesota Studie. Ein Paar lehnte es entschieden ab, irgendwelche Meinungen über kontroverse Themen zu formulieren. Diese Angewohnheit hatten sie bereits lange bevor sie von ihrer gegenseitigen Existenz erfuhren. Ein anderes Paar war durch hilflose Kicherei charakterisiert, obwohl sie ihre jeweiligen Adoptiveltern als zurückhaltend und ernst im Benehmen beschrieben; keiner der beiden hatte jemanden gekannt, der dermaßen ungehindert lachte, bis beide schließlich auf ihren jeweiligen Zwilling trafen.

Es gab zwei, die sich mit Hunden befaßten; der eine führte sie vor, und der andere gab ihnen Unterricht im Gehorsam.
Lykken et al. (1992: 1565–66) fuhren fort:

> „Es gab zwei Hobby-Büchsenmacher in der Gruppe von Zwillingen; zwei Frauen, die gewohnheitsmäßig sieben Ringe trugen; zwei Männer, die eine (korrekte) Diagnose einer defekten Wagenhalterung an Bouchards Auto erstellten; zwei, die wie besessen Dinge abzählten; zwei, die fünfmal verheiratet waren; zwei Captains der freiwilligen Feuerwehrabteilung; zwei Modedesigner; zwei, die kurze Liebesbriefe für ihre Frauen im Haus hinterließen ... in allen Fällen ein MZA-Paar."

Lykken et al. (1992) schlugen vor, daß diese persönlichen Eigenheiten emergente [Glossar!] Eigenschaften aufgrund einer zufälligen genetischen Konstellation seien und daher nicht in der Familie liegen könnten. Weil monozygote Zwillinge alle ihre Gene miteinander teilen und daher auch alle ihre Genkonstellationen, können sie bei ungewöhnlichen Eigenschaften unerwartet übereinstimmend sein, obwohl sie in jüngster Kindheit getrennt wurden und getrennt aufgewachsen waren. Diese emergenten Eigenschaften könnten statistische Raritäten erklären, wie etwa bedeutende Führungsqualitäten und Genius oder einfach nur eine untypische Verkaufsfähigkeit, Erfolg in der Elternschaft, zwischenmenschliche Attraktivität, unternehmerische Fähigkeit, psychotherapeutische Wirksamkeit und andere wichtige individuelle Unterschiede.

Die Standardannahme der Verhaltensgenetik ist, daß Eigenschaften in der Familie liegen und daß Verwandtschaftspaare sich in Relation zu ihrer genetischen Ähnlichkeit ähnlich sind. Dennoch gibt es Beweise für Eigenschaften, für die die MZ-Korrelation hoch ist, was auf eine genetische Basis hindeutet, wenn die DZ-Korrelation und die Korrelation für andere Verwandte ersten Grades bedeutungslos sind. Wenn MZ-Zwillinge deutlich mehr als zweimal so ähnlich sind wie DZ-Zwillinge und andere Verwandte ersten Grades, deutet das auf eine nonadditive oder strukturelle genetische Festlegung hin.

Die Erblichkeit des Verhaltens

Es mag überraschend sein, von der Bandbreite der Eigenschaften zu erfahren, von denen Studien zeigten, daß sie genetisch beeinflußt sind. Daher werden in den nächsten Kapiteln die Erblichkeiten der individuellen Unterschiede in bezug auf zahlreiche Dimensionen besprochen.

Anthropometrische und physiologische Eigenschaften

Die Größe, das Gewicht und andere physische Merkmale stellen eine Vergleichsmöglichkeit gegenüber den Verhaltensdaten dar. Sie sind, nicht überraschend, normalerweise in hohem Maße erblich und deren Erblichkeit klärt 50 bis 90 Prozent der Varianz auf. Diese Resultate bekommt man aus Untersuchungen von Zwillingen genauso wie von Adoptivkindern (z. B. Tabelle 3.1). Die Gene erklären auch einen großen Teil der Varianz bei physiologischen Vorgängen, wie etwa Atmungsgeschwindigkeit, Blutdruck, Schwitzaktivität, Pulsschlag und Gehirnaktivität gemessen mit dem EEG.

Die Fettleibigkeit wurde in einer Stichprobe von 540 42jährigen dänischen Adoptivkindern untersucht, die so ausgewählt wurden, daß die Alters- und Geschlechtsverteilung in jeder der vier Gewichtskategorien – dünn, mittel, übergewichtig und fettleibig – die gleiche war (Stunkard et al., 1986). Es wurden die biologischen und Adoptiveltern kontaktiert und ihr gegenwärtiges Gewicht gemessen. Das Gewicht der Adoptivkinder wurde auf der Basis von dem ihrer biologischen Eltern prognostiziert, aber in keiner Weise von dem ihrer Adoptiveltern, bei denen sie aufgewachsen waren. Die Relation zwischen den biologischen Eltern und den Adoptivkindern war über die ganze Bandbreite des Körperfettanteils – von sehr dünn bis zu sehr dick – vorhanden. Also spielen genetische Einflüsse eine wichtige Rolle bei der Festlegung der menschlichen Dickleibigkeit, wogegen die Familienumgebung alleine keinen sichtbaren Einfluß hat. Letzteres Resultat weicht von populären Sichtweisen ab. Spätere Hinweise belegen eine signifikante genetische Vererbung der Fettleibigkeit sowohl in schwarzen als auch in weißen Familien (Ness, Laskarzewski & Price, 1991).

Das Testosteron ist ein Hormon, das viele biologisch-verhaltensmäßige Variablen sowohl bei Männern als auch bei Frauen beeinflußt. Seine Erblichkeit wurde bei 75 Paaren von MZ-Zwillingen und 88 Paaren von DZ-Zwillingen durch Meikle, Bishop, Stringham & West (1987) untersucht. Sie entdeckten, daß die Gene 25 bis 76 Prozent des Plasmainhalts für das Testosteron, das Estradiol, Östron, 3 alpha-audiostanediol Glucuronid, freies Testosteron, luteinisierendes Hormon, folikelstimulierendes Hormon und andere Faktoren, die den Testosteronmetabolismus betreffen, regulieren.

Das Aktivitätsniveau

Zahlreiche Forscher stellten fest, daß das Aktivitätsniveau von jüngster Kindheit an erblich ist (Matheny, 1983). In einer Untersuchung wurde die Aktivität bei 54 monozygoten und 39 dizygoten Zwillingen im Alter von 3 bis 12 Jahren durch Verhaltensweisen wie „steht auf und setzt sich", während „er fernsieht" und „während den Mahlzeiten" eingeschätzt (Willerman, 1973). Die Korrelation für monozygote Zwillinge war 0,88 und für dizygote Zwillinge war sie 0,59, was eine Erblichkeit von 58 Prozent^2 ergibt. Eine Untersuchung von 181 monozygoten und 84 dizygoten Zwillingen im Alter von 1 bis 5 Jahren stellte mittels Eltern-Ratings Korrelationen von 0,78 für einen Faktor der Begeisterungsfähigkeit für monozygote und 0,54 für dizygote Zwillinge fest, was eine Erblichkeit von 48 Prozent ergibt (Cohen, Dibble & Grawe, 1977). Die Daten aus einer schwedischen Stichprobe im Alter von 59 Jahren,

---

2 Anm. d. Ü.: Auf die Zahl von 58 Prozent kommt man, wenn man von der Korrelation für monozygote Zwillinge (hier: 0,88) die Korrelation für dizygote Zwillinge (in dem Fall: 0,59) abzieht, was 0,29 ergibt und diese Zahl mit 2 multipliziert, was dann 0,58 ergibt. Vgl. hierzu die weiter oben angeführte Formel: $H^2 = 2\,(RMZ - RDZ)$. Ebenso ist bei den anderen Beispielen zu verfahren.

die 424 gemeinsam aufgewachsene und 315 getrennt aufgewachsene Zwillinge beinhaltete, belegten eine Erblichkeit für das Aktivitätsniveau in dieser älteren Stichprobe von 25 Prozent (Plomin, Pedersen, McClearn, Nesselroade & Bergeman, 1988).

Altruismus und Aggression

Über Altruismus und Aggression sind zahlreiche Zwillingsstudien durchgeführt worden. Loehlin und Nichols (1976) führten Cluster-Analysen der Selbstbeurteilungen durch, die von 850 erwachsenen Paaren über verschiedene Eigenschaften gemacht wurden. In den mit „freundlich", „streitsüchtig" und „Familienstreit" bezeichneten Clustern waren sich die monozygoten Zwillinge etwa doppelt so ähnlich wie die dizygoten Zwillinge mit Erblichkeiten von 20 bis 42 Prozent sind. Matthews, Batson, Horn und Rosenman (1981) analysierten die Antworten von erwachsenen Zwillingen im Selbstbericht des Einfühlungsvermögens und schätzten eine Erblichkeit von 72 Prozent. In der Minnesota-Studie der getrennt aufgewachsenen Zwillinge, zusammengefaßt in Tabelle 3.1, betragen die Korrelationen für 44 getrennt aufgewachsene, monozygote Zwillingspaare 0,46 für die Aggression und 0,53 für den Traditionalismus. Hierunter wird die Messung für die Befolgung von Regeln und Autorität verstanden (Tellegen et al., 1988).

In einer Studie von 573 gemeinsam aufgewachsenen mono- und dizygoten erwachsenen Zwillingspaaren füllten alle Zwillinge getrennt Fragebögen aus, die altruistische und aggressive Dispositionen maßen. Die Fragebögen beinhalteten einen 20 Item Selbstbericht-Altruismustest, einen 33 Fragen umfassenden Empathietest, einen 16 Fragen umfassenden Erziehungstest und viele Fragen, die dazu dienten, aggressive Veranlagungen zu messen. Wie in Tabelle 3.2 ersichtlich wird, wurden 50 Prozent der Varianz bei jedem Test mit genetischen Wirkungen in Verbindung gebracht, praktisch 0 Prozent mit der geteilten Umwelt der Zwillinge und die übrigen 50 Prozent mit der spezifischen Umwelt jedes Zwillings. Als die Schätzungen für die Meßungenauigkeit korrigiert wurden, stieg der genetische Beitrag auf 60 Prozent an (Rushton, Fulker, Neale, Nias & Eysenck, 1986).

Tabelle 3.2: Die Varianzanteile der Gene und der Umwelt zu Altruismus- und Aggressionsbefragungen bei 573 erwachsenen Zwillingspaaren

Eigenschaft	Additive, genetische Varianz	Geteilte Umweltvarianz	Spezifische Umweltvarianz
Altruismus	51 % (60 %)	2 % (2 %)	47 % (38 %)
Einfühlungsvermögen	51 % (65 %)	0 % (0 %)	49 % (35 %)
Erziehungsmethoden	43 % (60 %)	1 % (1 %)	56 % (39 %)
Aggressivität	39 % (54 %)	0 % (0 %)	61 % (46 %)
Durchsetzungsvermögen	53 % (69 %)	0 % (0 %)	47 % (31 %)

Anmerkung. Übernommen aus: Rushton, Fulker, Neale, Nias & Eysenck: 1986, S. 1195, Tabelle 4. Copyright 1986 bei der American Psychological Association. Abgedruckt mit Erlaubnis der American Psychological Association. Die Schätzungen in Klammern sind für die Meßungenauigkeit korrigiert.

Im Alter von 14 Monaten wurde das Empathiefähigkeit bei 200 Zwillingspaaren durch die Antwort des Kindes auf eine vorgetäuschte Verletzung durch den Experimentator und die Mutter eingeschätzt (Emde et al., 1992). Die Ratings basierten auf der Stärke der ausgedrückten Sorge im Gesicht des Kindes, dem Maß der emotionalen Erregung, welche im Körper des Kindes zum Ausdruck kam, sowie der prosozialen Intervention des Kindes (z. B. durch die Tröstung des Opfers oder dem Opfer ein Spielzeug bringen). Etwa 36 Prozent der Varianz wurde als genetisch eingeschätzt.

Einstellungen

Obwohl soziale, politische und religiöse Einstellungen oft für umweltbedingt gehalten werden, fand eine Zwillingsstudie von Eaves und Eysenck (1974) heraus, daß Radikalismus/Konservatismus eine Erblichkeit von 54 Prozent hatten, daß unsentimentales (tough-minded) Denken eine Erblichkeit von 54 Prozent hatte und die Neigung, extreme Standpunkte zu artikulieren, eine Erblichkeit von 37 Prozent hatte. In einer Besprechung von dieser und zweier anderer britischer Studien über Konservatismus stellten Eaves und Young (1981) bei 894 Paaren eineiiger Zwillinge eine Durchschnittskorrelation von 0,67 und bei 523 Paaren dizygoter Zwillinge eine Durchschnittskorrelation von 0,52 fest, was eine durchschnittliche Erblichkeit von 30 Prozent ergibt.

In einer internationalen Studie vermerkten 3.810 australische, gemeinsam aufgewachsene Zwillingspaare ihre Antworten auf 50 Konservatismus-Items, wie etwa Todesstrafe, Scheidung und Jazz (Martin et al., 1986). Die Erblichkeiten reichten von 8 bis 51 Prozent (siehe Tabelle 4.3, im nächsten Kapitel). Insgesamt kam man auf Korrelationen von 0,63 bzw. 0,46 für monozygote beziehungsweise dizygote Zwillinge, was eine Erblichkeit von 34 Prozent ergibt. Die Korrektur für die selektive Partnerwahl [s. Glossar!], die bei politischen Einstellungen vorkommt, steigerte die Gesamterblichkeit auf etwa 50 Prozent. Auch Martin et al. (1986) bestätigten die Ergebnisse von Eaves und Eysenck (1974) über die Erblichkeit von Radikalismus und unsentimentalem Denken.

Religiöse Einstellungen weisen ebenfalls einen genetischen Einfluß auf. Auch wenn Loehlin und Nichols (1976) in ihrer Studie von 850 Zwillingen in der Mittelschule keine genetischen Einflüsse beim Glauben an Gott oder im Hinblick auf das Engagement bei organisierten, religiösen Aktivitäten fanden, wurde, wenn man die Religiositäts-Items mit anderen Items aggregierte, wie etwa gegenwärtige religiöse Präferenz, ein genetischer Beitrag von etwa 20 Prozent beobachtbar (Loehlin & Nichols, 1976, Tabelle 4–3, Cluster 15). Durch Anwendung einer umfassenderen Bemessungsreihe, inklusive fünf gut etablierter Tests der religiösen Einstellungen, Interessen und Werte, schätzte die Minnesota-Studie den genetischen Beitrag zu der Varianz in ihren Meßinstrumenten auf etwa 50 Prozent (Tabelle 3.1; auch Waller, Kojetin, Bouchard, Lykken & Tellegen, 1990).

Kriminalität

Die früheste Zwillingsstudie über Kriminalität wurde im Jahre 1929 in Deutschland von Johannes Lange veröffentlicht. Im Jahr 1931 ins Englische übersetzt, berichtete *Crime as Destiny* [dt.: *Verbrechen als Schicksal*] über die Karrieren einer Reihe von kriminellen Zwillingen, manche von ihnen monozygote, andere dizygote, kurz nachdem der Unterschied zwischen den zwei Arten allgemein akzeptiert worden war. Lange verglich die Übereinstimmungsraten für 13 monozygote und 17 dizygote Zwillingspaare, in denen zumindest eine Person für ein kriminelles Delikt verurteilt wurde. 10 der 13 monozygoten Paare (77 Prozent) stimmten überein, wohingegen nur 2 von 17 dizygoten Paare (12 Prozent) übereinstimmten. Eine Zusammenfassung der Studie von Lange (1931) und von der Literatur bis in die 1960er Jahre hinein, wurde von Eysenck und Gudjonsson (1989) zur Verfügung gestellt. Die Übereinstimmungsrate für 135 monozygote Zwillinge betrug 67 und für 135 dizygote Zwillinge 30 Prozent.

Unter späteren Studien gibt es eine Untersuchung der gesamten Population von 3.586 männlichen Zwillingspaaren, die auf den dänischen Inseln von 1881 bis 1910 geboren wurden und nur ernsthafte Straftaten betrachtete. Für diese nichtselektierte Gruppe betragen die mono- und dizygoten Zwillingsähnlichkeiten 42 versus 21 Prozent für Verbrechen gegen Personen und 40 Prozent versus 16 Prozent bei Verbrechen gegen das Eigentum anderer (Christiansen, 1977). Drei kleine Studien, die in Japan durchgeführt wurden, zeigten ähnliche Übereinstimmungsraten mit denen im Westen (siehe Eysenck & Gudjonsson, 1989: 97–99).

Die Übereinstimmungsverhältnisse, die auf offiziellen Statistiken fußen, werden von Studien, die auf Selbstberichte zurückgehen, bestätigt. Indem er per Post Fragebögen an 265 erwachsene Zwillingspaare sandte, nahm Rowe (1986) die achten bis zwölften Klassen in fast allen Schulbezirken in Ohio mit in die Stichprobe auf. Die Ergebnisse zeigten, daß monozygote Zwillinge ungefähr doppelt so ähnlich in ihrem kriminellen Verhalten waren wie dizygote Zwillinge mit einer Erblichkeit von etwa 50 Prozent.

Mit der Zwillingsforschung konvergieren die Ergebnisse aus zahlreichen amerikanischen, dänischen und schwedischen Adoptionsstudien. Kinder, die im Säuglingsalter adoptiert wurden, wiesen ein größeres Risiko auf, kriminell zu werden, wenn ihre biologischen Eltern in dieser Hinsicht vorbelastet waren, als wenn ihre Adoptiveltern in dieser Hinsicht vorbelastet waren. In der dänischen Studie, basierend auf 14.427 Adoptivkindern, waren z. B. von 2.492 adoptierten Söhnen, die weder kriminelle Adoptiveltern noch kriminelle biologische Eltern hatten, 14 Prozent zumindest durch eine strafrechtliche Verurteilung belastet. Von 204 adoptierten Söhnen, deren Adoptiveltern (nicht aber biologische Eltern) kriminell waren, wurden 15 Prozent zumindest einmal verurteilt. Wenn die biologischen (nicht aber die Adoptiveltern) Eltern kriminell waren, hatten 20 Prozent (von 1.226) der adoptierten Söhne kriminelle Strafregister; wenn sowohl die biologischen als auch die Adoptiveltern kriminell waren, waren 25 Prozent (von 143) der adoptierten Söhne kriminell. Zusätzlich entdeckte man, daß getrennt aufgewachsene Geschwister 20 Prozent Übereinstimmung zeigten, und daß Halbgeschwister 13 Prozent Übereinstimmung zeigten, während Paare nichtverwandter Kinder, die gemeinsam in derselben Adoptivfamilie aufwuchsen, 9 Prozent Übereinstimmung aufwiesen (Mednick, Gabrielli, & Hutchings, 1984).

Dominanz

Zahlreiche Studien, die eine Vielfalt an Erhebungsmethoden verwendeten, stellten fest, daß individuelle Differenzen bei der zwischenmenschlichen Dominanz zum größten Teil angeboren sind (z. B. Gottesman, 1963, 1966; Loehlin & Nichols, 1976). In einer Längsschnittsstudie auf der Basis von 42 Zwillingspaaren fanden Dworkin, Burke, Maher und Gottesman (1976) heraus, daß individuelle Differenzen in der Dominanz, wie sie durch den „California Psychological Inventory" eingeschätzt werden, über eine 12jährige Zeitperiode stabil blieben, genauso wie die Erblichkeitsschätzung. In einer Besprechung der Literatur berichteten Carey, Goldsmith, Tellegen und Gottesman (1978), daß die Dominanz von allen Eigenschaften mit einem gewichteten durchschnittlichen Erblichkeitskoeffizienten von 56 Prozent über zahlreiche Stichproben hinweg eine von jenen Eigenschaften ist, die am verläßlichsten als erblich befunden wird. In der Minnesota-Studie (Tabelle 3.1) ist das bei 44 Paaren von getrennt aufgewachsenen, monozygoten Zwillingen auch die Korrelation für die soziale Potenz (ein Führer, der das Zentrum der Aufmerksamkeit sein will).

Emotionalität

Die größte Erblichkeitsstudie über emotionale Reaktivität oder die Erregungsgeschwindigkeit bei Angst und Ärger führten Floderus-Myrhed, Pedersen und Rasmuson (1980) durch. Sie legten 12.898 jugendlichen Zwillingspaaren des schwedischen Zwillingsregisters den Eysenck-Persönlichkeitsfragebogen vor. Die Erblichkeit für Neurotizismus betrug 50 Prozent für Männer und 58 % für Frauen. Eine andere große Zwillingsstudie, die in Australien durchgeführt wurde und 2.903 Zwillingspaare erfaßte, kam auf monozygote und dizygote Zwillingskorrelationen von 0,50 und 0,23 für Neurotizismus (Martin & Jardine 1986). Das andere Ende des Neurotizismus-Kontinuums, die emotionale Stabilität, wie sie durch die Skala Wohlbefinden des „California Psychological Inventory" gemessen wird, wurde auch als signifikant erblich befunden, sowohl in der Adoleszenz als auch 12 Jahre später (Dworkin et al., 1976).

Die Untersuchungen von getrennt aufgewachsenen Zwillingen erhärteten den genetischen Beitrag zum „Superfaktor" Neurotizismus. In der Minnesota-Studie (Tabelle 3.1) ist die Korrelation für die 44 MZA Zwillinge 0,61 für die Eigenschaft der Streßreaktion, 0,48 für Entfremdung, und 0,49 für Schadensvermeidung (Tellegen et al. 1988). In einer schwedischen Studie an 59jährigen beträgt die Korrelation für die Emotionalität bei 90 monozygoten, getrennt aufgewachsenen Zwillingspaaren 0,30 (Plomin et al., 1988). Auch andere Adoptionsstudien bestätigen, daß die intrafamiliären Übereinstimmungen bei Neurotizismus eine genetische Basis haben. In einer Besprechung von drei Adoptionsstudien betrug die durchschnittliche Korrelation für nichtadoptierte Verwandte ca. 0,15 und die durchschnittliche Korrelation für adoptierte Verwandte war annähernd Null, was eine Erblichkeitsschätzung von ca. 0,30 nahelegt (Henderson, 1982).

Intelligenz

Seit Galton (1869) sind mehr genetische Studien zur Intelligenz durchgeführt worden als zu jedem anderen Wesenszug. Erlenmeyer-Kimling und Jarvik (1963) geben einen Überblick über die früheren Daten. Sie paßten zu einer Erblichkeit in einer Höhe von 80 Prozent. Neuere Daten und Übersichtsbeiträge bestätigten die hohe Erblichkeit der Intelligenz und zeigten, daß sie 50 Prozent oder größer ist. Die umfassendste Übersichtsarbeit ist die von Bouchard und McGue (1981), basierend auf 111 Studien, die in einer Suche der einschlägigen Literatur identifiziert worden waren. Alles in allem gab es 652 intrafamiliäre Korrelationen, die 113.942 Paarbeziehungen enthielten. Tab. 3.3 zeigt die Korrelationen in den 111 Studien zwischen den Verwandten – den biologischen und den Adoptivverwandten.

Tabelle. 3.3: Die intrafamiliären Korrelationen mit dem IQ

	Anzahl der Korrelationen	Anzahl der Paarbeziehungen	Median-Korrelation	Gewichteter Durchschnitt
Gemeinsam aufgewachsene, monozygote Zwillinge	34	4.672	0,85	0,86
Getrennt aufgewachsene, monozygote Zwillinge	3	65	0,67	0,72
Elterndurchschnitt/Nachkommendurchschnitt bei gemeinsamem Aufwachsen	3	410	0,73	0,72
Elterndurchschnitt/Nachkommen bei gemeinsamem Aufwachsen	8	992	0,475	0,50
Gemeinsam aufgewachsene, dizygote Zwillinge	41	5.546	0,58	0,60
Gemeinsam aufgewachsene Geschwister	69	26.473	0,45	0,47
Getrennt aufgewachsene Geschwister	2	203	0,24	0,24
Ein Elternteil/Nachkommen bei gemeinsamen Aufwachsen	32	8.433	0,385	0,42

Ein Elternteil/Nachkommen bei getrenntem Aufwachsen	4	814	0,22	0,22
Halbgeschwister	2	200	0,35	0,31
Cousins	4	1.176	0,145	0,15
Nichtbiologische Geschwisterpaare (adoptiert/natürliche Paarbildungen)	5	345	0,29	0,29
Nichtbiologische Geschwisterpaare (adoptiert/adoptierte Paarbildungen)	6	369	0,31	0,34
Mittelwert der Adoptiveltern/Nachkommen	6	758	0,19	0,24
Adoptiveltern/Nachkommen	6	1.397	0,18	0,19
Selektive Partnerwahl	16	3.817	0,365	0,33

Aus Bouchard & McGue: 1981, S. 1056, Abb. 1. Copyright 1981 bei der American Association for the Advancement of Science. Abgedruckt mit Erlaubnis der American Association for the Advancement of Science.

Aus der Besprechung von Bouchard und McGue (1981) können zahlreiche Erblichkeitsschätzungen berechnet werden. Wenn man die Differenz zwischen den Korrelationen für mono- und dizygote gemeinsam aufgewachsene Zwillinge verdoppelt, ergibt das eine Erblichkeitsschätzung von 52 Prozent. Wenn man die Korrelation für Eltern und deren zur Adoption freigegebenen Nachkommen verdoppelt, ergibt das eine Schätzung von 44 Prozent. Wenn man die Korrelation für getrennt adoptierte Geschwister verdoppelt, liefert das eine Schätzung von 48 Prozent. Wenn man die Differenz zwischen der Korrelation für die biologischen Eltern und den zusammenlebenden Nachkommen (0,42) und der Korrelation für Adoptiveltern und ihren adoptierten Kindern (0,19) verdoppelt, führt das zu einer Erblichkeitsschätzung von 46 Prozent. Wenn man die Differenz zwischen der Korrelation für biologische, gemeinsam aufgewachsene Geschwister (0,47) und die Korrelation für adoptierte Geschwister 0,34 [K!] verdoppelt, liefert das eine Schätzung von 26 [K!] Prozent. Das Beispiel von monozygoten, getrennt aufgewachsenen Zwillingen ergibt die höchste Schätzung: 72 Prozent. Wie in Tabelle 3.1 gezeigt, ergibt die laufende Studie von getrennt aufgewachsenen, monozygoten Zwillingen an der Universität von Minnesota Schätzungen, die auf eine beachtliche Erblichkeit hinweisen (Bouchard et al., 1990).

Die schwedische Adoptions-/Zwillings-Altersstudie lieferte bestätigende Ergebnisse für eine hohe Erblichkeit. Dabei gab es 46 Paare von getrennt aufgewachsenen, monozygoten Zwillingen, 67 Paare von gemeinsam aufgewachsenen, monozygoten Zwillingen, 100 Paare von getrennt aufgewachsenen, dizygoten Zwillingen und 89 Paare von gemeinsam aufgewachsenen, dizygoten Zwillingen. Deren durchschnittliches Alter betrug 65 Jahre. Die Erblichkeiten für die allgemeine Intelligenz betrug etwa 80 Prozent und für 13 spezielle Fähigkeiten etwas weniger. So lagen die durchschnittlichen Erblichkeiten für verbale Tests, räumliche Tests, Tests der Wahrnehmungsgeschwindigkeit und Gedächtnistests jeweils bei 58, 46, 58 und 38 Prozent (Pedersen, Plomin, Nesselroade, & McClearn, 1992).

Die am stärksten erbliche Komponente in Intelligenztests ist der *g*-Faktor. In der Studie von Bouchard et al. (Tabelle 3.1) hatte der *g*-Faktor, die erste aus zahlreichen Fähigkeitstests gewonnene Hauptkomponente, die höchste Erblichkeit (78 Prozent). Ebenso hatte in der Studie von Pedersen et al. (1992) die erste Hauptkomponente eine Erblichkeit von 80 Prozent, während die spezifischen Fähigkeiten einen Schnitt von etwa 50 Prozent aufwiesen. Bemerkenswerterweise variiert die Stärke der Erblichkeit direkt als eine Folge der *g*-Sättigung eines Tests. Jensen (1983) entdeckte eine Korrelation von 0,81 zwischen der *g*-Sättigung von den 11 Subtests des Wechsler-Intelligenztests für Kinder und des Erblichkeitsausmaßes, geschätzt durch die genetische Dominanz, basierend auf Inzuchtdepressionswerten [s. Glossar!] von Cousinehen in Japan. Inzuchtdepression ist definiert als ein verringerter Mittelwert einer Eigenschaft im Verhältnis zu dem Mittelwert in einer Nicht-Inzuchtpopulation und ist besonders interessant, weil es auf die genetische Dominanz deutet, welche sich zeigt, wenn eine Eigenschaft evolutionäre Fitneß verleiht.

Jensen entnahm die Zahlen über die Inzuchtdepression einer Studie von Schull und Neel (1965), die sie für 1.854 7- bis 10jährige japanische Kinder berechneten. Da etwa 50 Prozent der Stichprobe Cousinehen beinhalteten, war es möglich, die Inzuchtdepression pro Subtest zu schätzen, ausgedrückt als die prozentuelle Verringerung im Wert pro 10 Prozent Anstieg im Grad der Inzucht. Diese wurden nach der statistischen Kontrolle für das Alter des Kindes berechnet, dem Geburtsrang, dem Monat der Untersuchung und acht verschiedenen elterlichen Variablen, die zumeist den sozioökonomischen Status betrafen. Die Komplementarität zur Inzuchtdepression wurde durch Nagoshi und Johnson (1986) gefunden, welche eine „Hybridenergie"[3] in den Nachkommen von europid/mongoliden Paarungen in Hawaii beobachteten.

Anschließend berichtete Jensen (1987a) Rangkorrelationen von 0,55 und 0,62 zwischen den Schätzungen des genetischen Einflusses von zwei Zwillingsuntersuchungen und den *g*-Ladungen von Subtests des Wechsler-Intelligenztests für Erwachsene, und P. A. Vernon (1989) fand eine Korrelation von 0,60 zwischen den Erblichkeiten einer Vielfalt von Aufgaben der Entscheidungsgeschwindigkeit und ihren Beziehungen mit den *g*-Ladungen aus einem psychometrischen Test der allgemeinen Intelligenz. Detailliertere Analysen zeigten, daß die Beziehung zwischen der Geschwindigkeit und den IQ-Messungen vollkommen durch erbliche Faktoren herbeigeführt wird. Folglich gibt es allgemeine biologische Mechanismen, die der Verbindung zwischen Reaktionszeit und der Geschwindigkeit der Informationsverarbeitung und der Intelligenz zugrunde liegen (Baker, Vernon, & Ho, 1991).

Die Erblichkeiten für die Intelligenz sind innerhalb von schwarzen und asiatischen Populationen untersucht worden. Eine Studie von Scarr-Salapatek (1971) deutete darauf hin, daß die Erblichkeit für schwarze Kinder niedri-

---

3   Anm. d. Ü.: Hier ist wohl gemeint, daß Hybride den Vorteil haben, aufgrund genetisch unterschiedlicher Eltern mit einem breiteren Repertoire verschiedener genetischer Informationen ausgestattet zu sein.

ger als für weiße sein könnte. Später meldete Osborne (1978, 1980) Erblichkeiten von größer als 50 Prozent gleichermaßen für 123 schwarze und für 304 jugendliche weiße Zwillingspaare. Japanische Daten für 543 monozygote und 134 dizygote Zwillinge, die im Alter von 12 Jahren getestet wurden, erbrachten Korrelationen von 0,78 beziehungsweise 0,49, was eine Erblichkeit von 58 Prozent ergibt (R. Lynn & Hattori, 1990).

Die Jahre in Bildungseinrichtungen, der Berufsstatus und andere Indizes des sozioökonomischen Status hängen mit der Intelligenz mit größer als 0,50 zusammen (Jensen, 1980a). Für all diese wurde gezeigt, daß sie auch erblich sind. Zum Beispiel ergab eine Studie von 1.900 50jährigen männlichen MZ- und DZ-Paaren Zwillingskorrelationen von 0,42 beziehungsweise 0,21 für den Berufsstatus und 0,54 und 0,30 Punkten für das Einkommen (Fulker & Eysenck, 1979; Taubman, 1976). Eine Adoptionsstudie über den Berufsstatus ergab eine Korrelation von 0,20 zwischen den biologischen Vätern und ihren adoptierten erwachsenen Söhnen (2.467 Paare; Teasdale, 1979). Eine Studie über 99 Paare von getrennt adoptierten Geschwistern ergab eine Korrelation von 0,22 (Teasdale & Owen, 1981). Alle diese sind mit einer Erblichkeit von etwa 40 Prozent für den Berufsstatus vereinbar. Die Anzahl der Jahres des Schulbesuchs zeigen ebenfalls einen substantiellen genetischen Einfluß; so liegen z. B. die MZ- und DZ-Zwillingskorrelationen normalerweise bei etwa 0,75 beziehungsweise 0,50, was nahelegt, daß die Erblichkeit etwa 50 Prozent beträgt (z. B. Taubman, 1976).

Locus of Control

Der interne/externe Test des Locus of Control wurde als eine kontinuierliche Variable der Einstellung entwickelt, mit der Individuen ihr eigenes Verhalten mit der damit verbundenen Belohnung oder Bestrafung in Verbindung bringen. Daß die jeweils eigenen Aktionen durch Glück oder Zufall oder eine stärkere Kraft beeinflußt sind, wurde als Glaube an „externe Steuerung" bezeichnet. Die gegenteilige Einstellung, daß die Ergebnisse abhängig vom eigenen Verhalten sind, wurde als „interne Kontrolle" bezeichnet. Eine Untersuchung von Miller und Rose (1982) berichtete über eine Familienzwillingsstudie mit einer Variierung des Locus of Control. In dieser Studie wurden die Erblichkeitsschätzungen, basierend auf dem Vergleich von MZ und DZ Zwillingen, auch durch die Schätzung der Erblichkeit durch die Regression der Nachkommen gegenüber den Eltern und durch die Korrelation zwischen Nicht-Zwillingsgeschwistern bestätigt. Die Kombination der Ergebnisse brachten Erblichkeitsschätzungen von größer als 50 Prozent zum Vorschein.

Langlebigkeit und Gesundheit

Kallman und Sanders (1948, 1949) leisteten Pionierarbeiten über die Genetik der Langlebigkeit und des Alterungsprozesses. Diese Autoren führten in New York eine Befragung von über 1.000 Zwillingspaaren im Alter von 60 und älter durch und fanden heraus, daß interne Paardifferenzen in bezug auf

Langlebigkeit, Krankheit und allgemeine Anpassung an den Alterungsprozeß regelmäßig für monozygote Zwillinge kleiner waren als für dizygote Zwillinge. Der durchschnittliche interne Paarunterschied in der Lebenserwartung betrug für monozygote Zwillinge 37 Monate und für dizygote Zwillinge 78. In einer Adoptionsstudie über alle 1.003 nichtfamiliären Adoptionen[4], die in Dänemark zwischen 1924 und 1947 offiziell vorgenommen wurden, wurde das Ablebensalter der erwachsenen (ehemaligen) Adoptivkinder durch die Kenntnis des Ablebensalters der biologischen Eltern besser vorausgesagt, als durch die Kenntnis des Ablebensalters der Adoptiveltern (Sorensen, Nielsen, Andersen, & Teasdale, 1988).

Im Zusammenhang mit der Gesundheit sind viele Variablen individueller Unterschiede erblich. Genetische Einflüsse stellte man für den Blutdruck fest, für die Fettleibigkeit, die Stoffwechselrate im Ruhezustand, für Verhaltensmuster – wie etwa Rauchen, Alkoholkonsum und körperliche Bewegung – genauso wie für die Empfänglichkeit gegenüber Infektionskrankheiten. Dabei gibt es auch eine genetische Komponente von 30 bis 50 Prozent für Krankheiten mit Spitalsaufenthalt in der Altersgruppe der Kinder inklusive Kindersterbefälle (Scriver, 1984).

Psychopathologie

Zahlreiche Studien haben beträchtliche genetische Einflüsse im Hinblick auf Lesestörungen, geistige Behinderung, Schizophrenie, affektive Störungen, Alkoholismus und Angststörungen nachgewiesen. In einer frühen, heute klassischen Studie wurden zur Adoption freigegebene Nachkommen von ins Krankenhaus eingewiesenen, chronisch schizophrenen Frauen im durchschnittlichen Alter von 36 Jahren, befragt und mit entsprechenden Adoptivkindern verglichen, von deren biologischen Eltern keine psychischen Störungen bekannt waren (Heston, 1966). Von 47 Adoptivkindern, deren biologische Eltern schizophren waren, waren 5 wegen Schizophrenie ins Krankenhaus eingewiesen worden. Keines der Adoptivkinder in der Kontrollgruppe war schizophren. Studien in Dänemark bestätigten diese Erkenntnisse und fanden auch Hinweise auf einen genetischen Einfluß, als die Forscher mit schizophrenen Adoptivkindern zu arbeiten begannen und dann nach ihren Adoptiv- und biologischen Verwandten suchten (Rosenthal, 1972; Kety, Rosenthal, Wender, & Schulsinger, 1976). Eine größere Übersichtsarbeit der Genetik der Schizophrenie wurde von Gottesman (1991) vorgelegt.

Alkoholismus liegt auch in der Familie. So sind etwa, verglichen mit weniger als 5 Prozent der Männer in der Bevölkerung, 25 Prozent der männlichen Verwandten von Alkoholikern selber Alkoholiker. In einer schwedischen Studie über Zwillinge mittleren Alters, die getrennt aufgewachsen waren, betrugen die Zwillingskorrelationen für den gesamten, pro Monat konsumier-

---

4 Anm. d. Ü.: Als „nichtfamiliäre Adoptionen" werden diejenigen Adoptionen bezeichnet, bei denen keine biologische Verwandtschaft zwischen Adoptiveltern und adoptierten Kindern vorhanden ist.

ten Alkohol 0,71 für 120 Paare von getrennt aufgewachsenen, monozygoten Zwillingen und 0,31 für 290 Paare von getrennt aufgewachsenen, dizygoten Zwillingen (Pedersen, Friberg, Floderus-Myrhed, McClearn, & Plomin, 1984). Eine schwedische Adoptionsstudie mit Männern fand heraus, daß 22 Prozent der zur Adoption freigegebenen Söhne von alkoholkranken biologischen Vätern Alkoholiker waren (Cloninger, Bohman, & Sigvardsson, 1981).

Sexualität

Eine Studie mit Zwillingen, basierend auf Daten, die mit einem Fragebogen erhoben wurden, stellte einen genetischen Einfluß auf die Stärke des sexuellen Verlangens fest, im Zuge dessen das Alter beim ersten Geschlechtsverkehr, die Häufigkeit des Geschlechtsverkehrs, die Anzahl der Sexualpartner und die bevorzugte Stellung vorausgesagt werden konnte (Eysenck, 1976; Martin, Eaves, & Eysenck, 1977). Die Scheidung oder zumindest die Faktoren, die dazu führen, sind auch erblich. Basierend auf einer Umfrage unter mehr als 1.500 Zwillingspaaren, ihren Eltern und ihren Schwiegereltern, errechneten McGue und Lykken (1992) eine 52prozentige Erblichkeit.[5] Sie legten nahe, daß diese Neigung durch andere erbliche Eigenschaften im Zusammenhang mit dem sexuellen Verhalten, der Persönlichkeit und persönlichen Werten verursacht wurde.

Die am häufigsten zitierte Studie über die Genetik der sexuellen Orientierung ist vielleicht die von Kallman (1952), in der er eine Übereinstimmungsrate von 100 Prozent unter homosexuellen MZ-Zwillingen meldete. Bailey und Pillard (1991) schätzten die genetische Komponente zur männlichen Homosexualität auf ca. 50 Prozent. Sie rekrutierten Personen durch Anzeigen in Schwulenpublikationen und erhielten von 170 Zwillings- oder Adoptivbrüdern brauchbare Fragebogenantworten. Bei 52 Prozent der monozygoten Zwillinge, bei 22 Prozent der dizygoten Zwillinge und bei 11 Prozent der Adoptivbrüder stellte sich heraus, daß sie homosexuell waren. Die Verteilung der sexuellen Orientierung unter monozygoten Ko-Zwillingen von Homosexuellen war bimodal, was nahelegt, daß die Homosexualität von der Heterosexualität taxonomisch unterschieden ist.

Später führten Bailey, Pillard, Neale und Agyei (1993) eine Zwillingsstudie über Lesben durch und stellten fest, daß hierbei die Gene ebenfalls etwa die halbe Varianz in der sexuellen Präferenz erklären. Von den Verwandten, deren sexuelle Orientierung verläßlich eingeschätzt werden konnte, waren 34 (= 48 Prozent) von 71 monozygoten Ko-Zwillingen, 6 (= 16 Prozent) von 37 dizygoten Ko-Zwillingen und 2 (= 6 Prozent) von 35 Adoptivschwestern homosexuell.

---

5   Anm. d. Ü.: Gemeint ist hier die Erblichkeit der Wahrscheinlichkeit, in seinem Leben geschieden zu werden.

Geselligkeit

In einer großen Studie gaben Floderus-Myrhed et al. (1980) den Eysenck Persönlichkeitsfragebogen an 12.898 jugendliche Zwillingspaare des schwedischen Zwillingsregisters aus. Eine Erblichkeit für die Extraversion, stark zusammenhängend mit der Geselligkeit, konnte für 54 Prozent der Männer und 66 Prozent der Frauen gezeigt werden. Eine andere große Studie über Extraversion, die 2.903 australische Zwillingspaare umfaßte, fand monozygote und dizygote Zwillingskorrelationen von 0,52 und 0,17 mit einer daraus resultierenden Erblichkeit von 70 Prozent (Martin & Jardine, 1986). In einer schwedischen Adoptionsstudie von Personen mittleren Alters war die Korrelation für die Geselligkeit bei 90 Paaren von monozygoten, getrennt aufgewachsenen Zwillingen 0,20 (Plomin et al., 1988).

Die Geselligkeit und das zusammenhängende Konstrukt der Schüchternheit zeigen sich in einem frühen Alter. In einer Studie von 200 Zwillingspaaren entdeckten Emde et al. (1992), daß sowohl die Geselligkeit als auch die Schüchternheit im Alter von 14 Monaten erblich sind. Einschätzungen von Videoaufzeichnungen, die über die Reaktionen auf die Ankunft zu Hause und im Laboratorium und andere neuartige Situationen, wie etwa, ein Spielzeug angeboten zu bekommen, gemacht wurden, zeigten gemeinsam mit Einschätzungen, die von beiden Eltern gemacht wurden, Erblichkeiten, die von 27 bis 56 Prozent reichten.

Werte und Berufsinteressen

Die Studie von Loehlin und Nichols (1976) über 850 gemeinsam aufgewachsene Zwillingspaare erbrachte Beweise für die Erblichkeit von Werten und Berufsinteressen gleichermaßen. Werte wie etwa der Wunsch, gut angepaßt, beliebt und freundlich zu sein oder wissenschaftliche, künstlerische oder Ziele im Hinblick auf Mitarbeiterführung zu haben, erwiesen sich als genetisch beeinflußt. Ebenso waren das eine Reihe von Karrierepräferenzen, inklusive jene für den Verkauf, für die Führung von Arbeitern, des Unterrichtens, des Bankwesens, der Literatur, des Militärs, der Sozialdienste und des Sports.

Wie in Tabelle 3.1 gezeigt, berichteten Bouchard et al. (1990), daß bei Messungen des Berufsinteresses die Korrelationen für ihre 40 monozygoten, getrennt aufgewachsenen Zwillinge etwa 0,40 betragen. Zusätzliche Analysen der Minnesota-Studie von getrennt aufgewachsenen Zwillingen legen nahe, daß der genetische Beitrag zu Wertvorstellungen zur Arbeit beträchtlich ist. Ein Vergleich von getrennt aufgewachsenen Zwillingen fand eine 40prozentige Erblichkeit für die Vorliebe bezüglich beruflicher Eergebnisvariablen, wie etwa Leistung, Komfort, Status, Sicherheit und Autonomie (Keller, Bouchard, Arvey, Segal & Dawis, 1992). Eine andere Studie von MZAs deutete eine 30prozentige Erblichkeit für die Berufszufriedenheit an (Arvey, Bouchard, Segal & Abraham, 1989).

Das Schwellenmodell

Das genetische Modell, das normalerweise vorgeschlagen wird, um die experimentellen Ergebnisse zu erklären, ist das polygene Schwellenmodell, welches annimmt, daß eine große Zahl von Genen gleichermaßen und additiv zu einer Eigenschaft beitragen bzw. davon ausgeht, daß es einen Schwellenwert gibt, jenseits dessen sich der Phänotypus ausdrückt. Zusätzlich zu den genetischen Effekten können Umweltfaktoren eingreifen, die Verteilung verändern und folglich die Position eines gegebenen Genotypus mit Blick auf die Schwelle beeinflussen (Falconer, 1989). Diese Wechselwirkung des polygenen Schwellenerbes mit Umwelteinflüssen bezeichnet man als multifaktorielles Modell.

> ▶ Folglich ist genetischer „Einfluß" und nicht genetischer „Determinismus" das passende Schlagwort, wenn die Sprache auf das soziale Verhalten kommt. Obwohl die Gene die Aktivierungsschwelle einer Person beeinflussen, bedarf es bei manchen nur eines kleinen Reizes, um ein Verhalten zu aktivieren, während für andere ein stärkerer Reiz erforderlich ist. Um eine Analogie aus der Medizin zu wählen: Jemand mit einer genetischen Disposition für Grippe erliegt ihr in einer milden Umwelt möglicherweise nie, während eine relativ gripperesistente Person möglicherweise an ihr erkrankt, wenn die Umwelt genügend feindlich ist. Die Umwelt kann also möglicherweise genetische Differenzen aufheben. Etwa 50 Prozent der Varianz des menschlichen Sozialverhaltens scheint einen genetischen Ursprung zu haben und die übrigen 50 Prozent scheinen umweltbedingt zu sein.

Die Abb. 3.1 stellt Kimbles (1990) Schwellenmodell dar und zeigt die Wechselwirkungen, die eine Vielzahl von Potentialen zum Ausdruck bringen. Die zugrundeliegende Veranlagung (x-Achse) ist von ihrer Herkunft her großteils genetisch, kann aber während der Entwicklung gestärkt oder abgeschwächt worden sein. Die y-Achse ist die Stärke der Umweltauswirkung. Die Schwellenfunktion innerhalb dieser Achsen teilt die Figur in zwei Teile: Reaktion und keine Reaktion.

Das Schwellenmodell hat eine große Allgemeinheit und bietet ein einigendes Prinzip für weite Bereiche der Psychologie (Kimble, 1990). Es erlangt seine Allgemeinheit, indem es zahlreiche Verhaltensweisen als ein Auftreten oder Nicht-Auftreten von Reaktionen behandelt und auch durch seine Integration der menschlichen Differenzen, die im Modell als Differenzen in der Veranlagung und in den Reaktionsschwellen aufscheinen. Kimble (1990) liefert zahlreiche Beispiele:

- Bei der Sinneswahrnehmung lautet die Regel: Je größer die Sensibilität eines Beobachters ist, desto niedriger ist die erforderliche Stimulusintensität, um ein Signal feststellen zu können.
- In Streßmodellen der psychischen Störungen gilt: Je größer die Verletzlichkeit eines Individuums, desto geringer ist der erforderliche Streß, um eine pathologische Reaktion zu erzeugen.

- In der Psychopharmakologie gilt: Je größer die Empfänglichkeit einer Person gegenüber Medikamenten ist, desto geringer ist die erforderliche Dosis, um einen speziellen Effekt zu bewirken.
- Bei der Erziehung gilt: Je größer die Lernbereitschaft eines Kindes ist, desto weniger Anleitung braucht es, um eine gegebene Fähigkeit oder einen Lerninhalt zu vermitteln.
- Bei sozialen Einstellungen gilt: Je mehr Rassenvorurteile eine Person hat, desto weniger Hinweise braucht es, um ihr eine vorurteilsbehaftete Stellungnahme zu entlocken.

Ob eine Veranlagung aktiviert wird, hängt vom Nettoeffekt anderer Tendenzen ab, die damit aktiviert werden, und die die Äußerung dieser Veranlagung fördern oder hemmen. Schüler z. B. bestehen ihre Kurse oder scheitern aufgrund von Ursachen, die von ihren Fähigkeiten abhängen, aber auch von ihrer Bereitschaft, hart genug zu arbeiten, um den Anforderungen eines Kurses

Abb. 3.1: Das Schwellenmodell der Wechselwirkung von Initiierung und Veranlagung

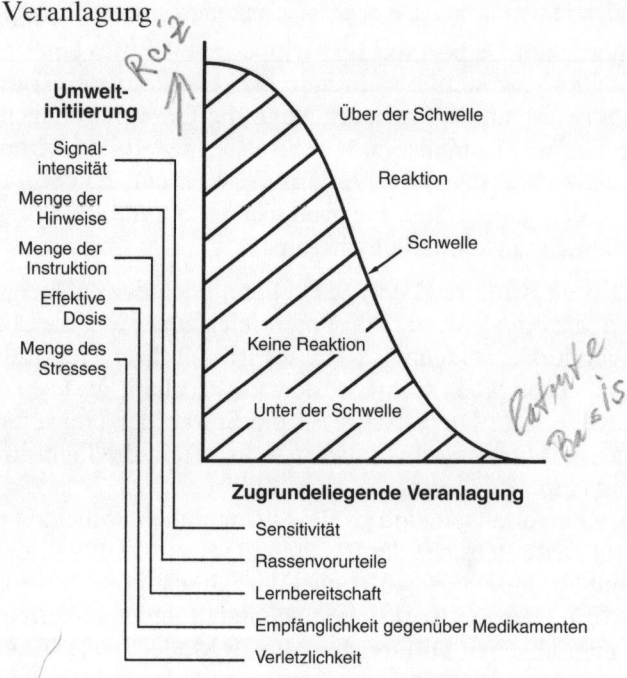

Die Abb. 3.1 kann gelesen werden, als wenn sie ein Korrelationsverteilungsdiagramm wäre. Die Kombinationen von der Umweltinitiierung (senkrechte y-Achse) und der zugrundeliegenden Veranlagung (waagerechte x-Achse) über der Schwelle erzeugen eine Reaktion. Diejenigen unter der Schwelle tun das nicht. Die Abb. 3.1 sagt uns, daß je größer im allgemeinen die zugrundeliegende Veranlagung ist, desto geringer der erforderliche Stimulus ist, um eine Reaktion auszulösen. Übernommen aus: Kimble: 1990, S. 37 f., Abb. 1. Copyright 1990 bei der American Psychological Society. Abgedruckt mit Erlaubnis der American Psychological Society.

gerecht zu werden. Die Leichtigkeit, mit der neues Lernen stattfindet, hängt von früherem Lernen, Reaktionsvoreingenommenheiten und angeborenen Stimuluspräferenzen ab.

Die Stärke der Umweltauswirkungen kann sich auf eigene Weisen verbinden. Beim Streß kann man additive Effekte feststellen. Wenn sich Streß akkumuliert, bringt das den Organismus in Abb. 3.1 auf der y-Achse aufwärts und über die Schwellen für eine Folge von kumulativen Antworten – Alarm, Resistenz und Erschöpfung. Auch interaktive Komplexitäten können entstehen. Ein neuer Streßfaktor, der während des Stadiums der Resistenz, wenn die Individuen erfolgreich zurechtkommen, dazukommt, kann sie frühzeitig zur Erschöpfung bringen. Entsprechend der umgedrehten U-Hypothese kommt bis zu einem gewissen Punkt eine sich steigernde Erregung der Leistung zugute; jenseits dieses Punktes stört sie.

In Fällen wie diesen ist es sinnvoll, sich die gesamte *Verhaltensskala* und nicht isolierte Punkte in ihr als genetisch basierte Wesenszüge vorzustellen, die durch die natürliche Selektion bestimmt wurde (E. O. Wilson, 1975: 20–21). Ereignisse können die individuellen Reaktionen auf einer Skala des Stresses (oder der Aggression) hinauf- oder hinunterschieben, aber jede der verschiedenen Grade kann sich an das entsprechende Niveau der Initiierung anpassen – abgesehen von dem selten auftretenden pathologischen Bereich.

Genetische Dispositionen sind einfach eine Ursache, die zum Verhalten beiträgt. Der Alkoholismus liefert ein gutes Beispiel für die Einschränkung, die man oft im Hinblick auf das Zusammenwirken von Genen und Umwelt bei der Beeinflussung des Verhaltens machen muß. Ganz gleich, wie stark die erbliche Neigung zu Alkoholismus ausgeprägt sein mag: Niemand wird Alkoholiker werden, wenn er nicht große Mengen von Alkohol über lange Zeiträume hinweg konsumiert.

Die Epigenese in der Entwicklung

Die Gene bestimmen das Verhalten nicht direkt. Sie kodieren Enzyme, welche unter dem Einfluß der Umwelt in den Hirnen und Nervensystemen von Individuen Pfade festlegen und so den Verstand und die Entscheidungen der Menschen in bezug auf Verhaltensalternativen unterschiedlich beeinflussen. Im Hinblick auf die Aggression können manche Menschen z. B. Veranlagungen erben, durch die sie zu Reizbarkeit, Impulsivität oder einem Mangel an Konditionierbarkeit neigen. Es gibt viele mögliche Wege von den Genen zum Verhalten; zusammenfassend kann von diesen Routen als epigenetischen Regeln gesprochen werden.

Epigenetische Regeln sind genetisch basierte Rezepte, durch die die individuelle Entwicklung trotz Alternativen in eine Richtung geleitet wird. Deren Funktionsweise ist wahrscheinlich in der Embryologie am offensichtlichsten, in der die Konstruktion der anatomischen und physiologischen Merkmale stattfindet (Waddington, 1957). Um ein bekanntes Beispiel anzuführen: Die körperliche Entwicklung vom befruchteten Ei zum Neugeborenen folgt einem vorherbestimmten Verlauf, bei dem die Entwicklung in der Kopfregion beginnt und ihren Weg den Körper hinunter nimmt. Am Ende des ersten Monats werden Hirn und Rückenmark sichtbar und es hat sich ein Herz gebildet und zu schlagen begonnen. Am Ende der achten Woche hat der sich entwikkelnde Fötus ein Gesicht, Arme, Beine, einen Basisrumpf und interne Organe. Im sechsten oder siebten Monat sind alle größeren Systeme ausgearbeitet und der Fötus kann überleben, wenn er vorzeitig geboren wird. Aber die Entwicklung geht weiter, und die letzten Monate der Schwangerschaft sind wichtig für den Aufbau von Körperfett, Gewebe und Antikörpern und für die Verbesserung von anderen Systemen.

Durchschnittliche Neugeborene wiegen etwa 7 1/2 Pfund, aber sie können ihr Geburtsgewicht in 6 Monaten verdoppeln und es bis zu ihrem ersten Geburtstag verdreifachen. Nach dem zweiten Lebensjahr und bis zur Pubertät wachsen Kinder 2 bis 3 Inches und legen 6 bis 7 Pfund Gewicht pro Jahr zu [1 Inch = 2,54 cm; 1 Pfund = 0,5 kg; Anm. d. Ü.]. Die Wachstumsfolge in der frühen Kindheit ist schnell und einheitlich. Die meisten Babys in Nordamerika können mit 6 Monaten in einem Kindersitz sitzen, mit 10 Monaten krabbeln und mit 15 Monaten alleine gehen.

Der Grund für die Verdeutlichung dessen, was eigentlich offensichtlich erscheinen mag, besteht darin, daß hier eindrucksvoll illustriert wird, daß die Entwicklung koordinierte Pfade von zeitlich eingestellten Gen-Aktionssystemen umfaßt, die entsprechend einem festgelegten Plan ein- und ausgeschaltet werden. So bringt die Verhaltensentwicklung die Dynamik der vorgezeichneten Veränderung zum Ausdruck. Aus dieser Sicht können Verhaltensdiskontinuitäten (Gehen, Adoleszenz) in dem epigenetischen Basisplan genauso stark verwurzelt sein, wie es die Kontinuitäten sind.

Die Genetik der Verhaltensentwicklung wird in der Louisville Longitudinal-Zwillingsstudie von R. S. Wilson (1978, 1983, 1984) illustriert, welche ungefähr 500 Zwillingspaare im Alter von 3, 6, 9, 12, 18, 24 und 30 Monaten untersuchte und dann jährlich von 3 bis 9 Jahren mit einer abschließenden Nachuntersuchung mit 15 Jahren. Man machte Messungen sowohl von der Größe als auch von der geistigen Entwicklung. Jeder Test ergab altersangepaßte, standardisierte Werte mit einem Mittelwert von 100. Folglich hätte ein Kleinkind durchschnittlicher Größe und IQ in jedem Alter Werte von 100 und keine Variabilität. Aber wenn es Phasen der Beschleunigung oder Verzögerung im Wachstum gäbe, würden die standardisierten Werte sich quer über die Altersgruppen verändern und die relative Aufwärts- oder Abwärtsverschiebung der Größe oder des IQs des Kindes im Verhältnis zu seinen Altersgenossen reflektieren. Die Ergebnisse für die geistige Fähigkeit sind in Abb. 3.2 veranschaulicht.

Die Ergebnisse im Hinblick auf die geistige Entwicklung, die über die 500 Zwillingspaare aggregiert wurden (Abb. 3.3), zeigen, daß die Unterscheidung zwischen den 2 Zygotengruppen in den frühen Jahren nicht sehr ausgeprägt ist. Nach 3 Jahren jedoch fallen die DZ-Zwillingskorrelationen kontinuierlich bis auf 0,59 mit 6 Jahren, während die MZ-Korrelationen in den höheren 0,80ern verbleiben und solchermaßen eine entsprechende Übereinstimmung mit den geteilten Genen zeigen. Tatsächlich sind die DZ-Korrelationen für die Größe und die Intelligenz im Alter von 6 Jahren fast die gleichen (R = 0,57 bzw. 0,59). Ebenfalls werden in Abb. 3.3 die Korrelationen zwischen den DZ-Zwillingen und ihren Geschwistern dargestellt, die berechnet wurden, indem das Geschwister zuerst mit dem Zwilling A, dann mit dem Zwilling B in Paaren angeordnet wurde, und der Durchschnitt der Resultate gebildet wurde. Die Geschwister wurden nach einem Plan getestet, das für jeden Zwillings/Geschwister-Satz dem Alter entsprechende Tests ergab (R. S. Wilson, 1983).

Abb. 3.2: Die korrelierten Entwicklungspfade

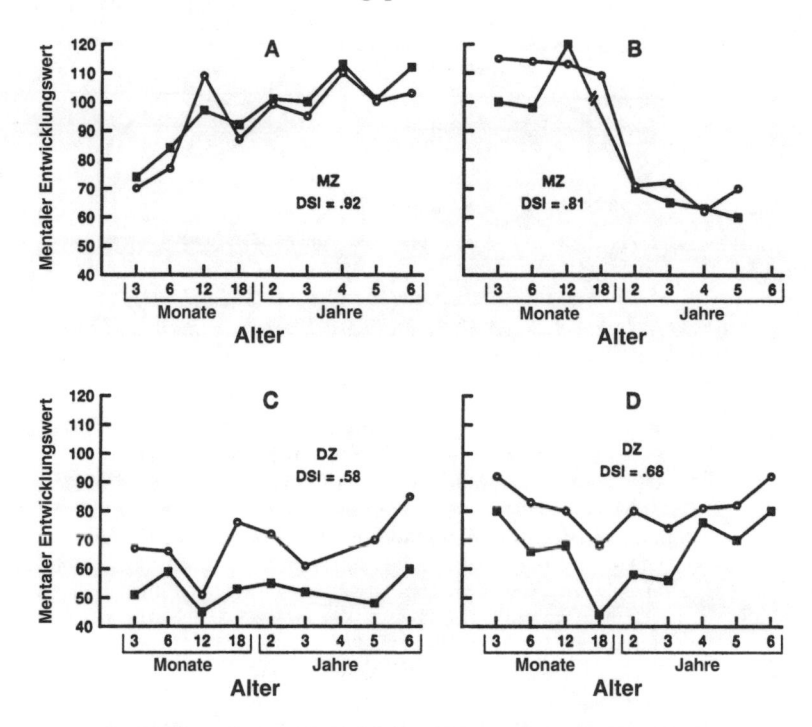

Die zwei Kurven der MZ-Zwillinge, die in Tafelbild A und B gezeigt werden, zeigen ziemlich unterschiedliche Trends in der geistigen Entwicklung; es existiert aber ein hoher Grad an Übereinstimmung innerhalb jedes Paares. Beachten Sie insbesondere den Aufwärtstrend für die Zwillinge im Tafelbild A, und wie er in Kontrast mit dem Abwärtstrend in Tafelbild B steht. Es scheint, daß die innere Programmierung die Trends in beide Richtungen diktieren kann, und daß der Grad des Vorwärtskommens oder der Verzögerung in den ersten Monaten wenig Auswirkung auf das endgültige Niveau hat, das bis zum Schulalter erreicht wird. Die zwei Reihen der dizygoten Zwillinge, die in Tafelbild C und D gezeigt werden, zeigen während der Kindheit eine größere Divergenz im Verlauf; trotzdem sind die hauptsächlichen Richtungsänderungen etwa die gleichen. Das stimmt überein mit dem, was von Individuen erwartet würde, die die Hälfte ihrer Gene gemeinsam haben. Der Entwicklungssynchronindex (DSI [für engl.: developmental synchronies index]) reflektiert das Maß der Übereinstimmung zwischen den zwei Kurven und kann verwendet werden, um die relative Ähnlichkeit der beiden Gruppen zu quantifizieren. Man hat herausgefunden, daß die Übereinstimmungen zwischen Verzögerungen und Spurts in der geistigen Entwicklung für monozygote Zwillinge auf einen Schnitt von etwa 0,90 kommen und für dizygote Zwillinge auf etwa 0,50. Aus R. S. Wilson: 1978, S. 942, Abb. 1. Copyright 1978 bei der American Association for the Advancement of Science. Abgedruckt mit Erlaubnis der American Association for the Advancement of Science.

Abb. 3.3: Die Korrelationen für die kognitive Entwicklung proportional zu den geteilten Genen

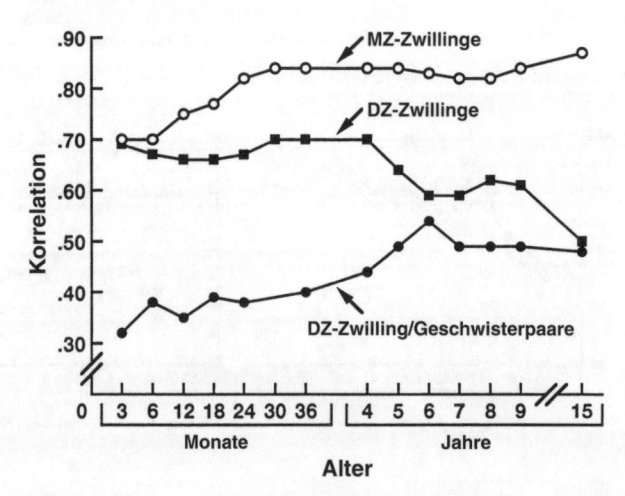

Wegen der geteilten und spezifischen Umwelteinflüsse ist die Differenzierung zwischen den zwei Zygotengruppen während der ersten Lebensmonate nicht sehr ausgeprägt, während die Differenzierung zu der DZ-Zwilling/Geschwister-Kurve überbetont ist. Die genetischen Einflüsse wirken sich kontinuierlich aus, und im Alter von 6 Jahren sind, während die MZ-Zwillingskorrelationen in den höheren 0,80ern geblieben sind, die DZ-Zwillingskorrelationen gefallen; die DZ-Zwilling/Geschwister-Korrelationen sind angestiegen und unterschieden sich nicht wesentlich. Aus R. S. Wilson: 1983, S. 311, Abb. 4. Copyright 1983 bei der Society for Research in Child Development. Abgedruckt mit Erlaubnis der Society for Research in Child Development.

Desweiteren werden diese Resultate von den Korrelationen der Geschwisterpaare bestätigt, die keine Zwillinge sind (in Abb. 3.3 nicht gezeigt). Im Alter von 8 und 9 Jahren hatten diese Nicht-Zwillingsgeschwister fast den gleichen Übereinstimmungswert wie DZ-Zwillinge in diesem Alter. Kurz gesagt zeigte jedes dizygote Paar aus derselben Familie – ob DZ-Zwillinge, ein Zwilling verbunden mit einem Geschwister oder zwei Einzelgeschwister – einen kontinuierlichen Trend, sich bei der kognitiven Leistung einem Ähnlichkeitsgrad anzunähern, der von der Anzahl der gemeinsam geteilten Gene erwartbar war.

Eine weitere Perspektive wird der Unterscheidung zwischen mono- und dizygoten Zwillingspaaren durch Daten für die Körpergröße hinzugefügt, wo die Korrelationen bis zurück zur Geburt hin ausgeweitet werden können. Die Resultate werden in Abb. 3.4 in der rechten Darstellung graphisch dargestellt. Sie zeigen, daß MZ-Zwillinge bei der Geburt bezüglich der Körpergröße weniger übereinstimmen als DZ-Zwillinge, aber es kommt zu einem scharfen Anstieg in der Übereinstimmung im Alter von 3 Monaten. Anschließend stieg die MZ-Übereinstimmung für die Größe sukzessive an, während die für die DZ kontinuierlich fiel. Die vergleichbaren Ergebnisse für die Intelligenz, beginnend mit 3 Monaten (linke Darstellung), sind weniger deutlich, aber immer noch klar. Übrigens deuten diese und ähnliche Daten auch an, daß nach dem Alter von 18 Monaten der Wachstumsgradient für die Größe und die geistige Entwicklung voneinander unabhängig ist (R. S. Wilson, 1984).

Die Daten von R. S. Wilson (1983) werden in der menschlichen Verhaltensgenetik als ein Qualitätsmaßstab betrachtet. Sie sind auch zentral für diejenigen Ideen, die in diesem Buch vorgebracht werden. Die Daten zeigen, daß die Gene mit Bauanleitungen oder Rezepten verglichen werden können und eine Schablone liefern, um die Entwicklung hin zu einem bestimmten, angezielten Endpunkt voranzutreiben. Der Mechanismus könnte einfach sein: Wenn ein Gen ein Enzym produziert, dann ist lediglich ein Schaltmechanismus erforderlich, der aktiv wird, wenn das Feedback über ungenügende Enzyme im System informiert, und der sich abschaltet, wenn das Feedback informiert, daß das Defizit ausgeglichen wurde. Die homoestatischen Mecha-

Abb. 3.4: Das allmähliche Anwachsen der Intrapaarkorrelation

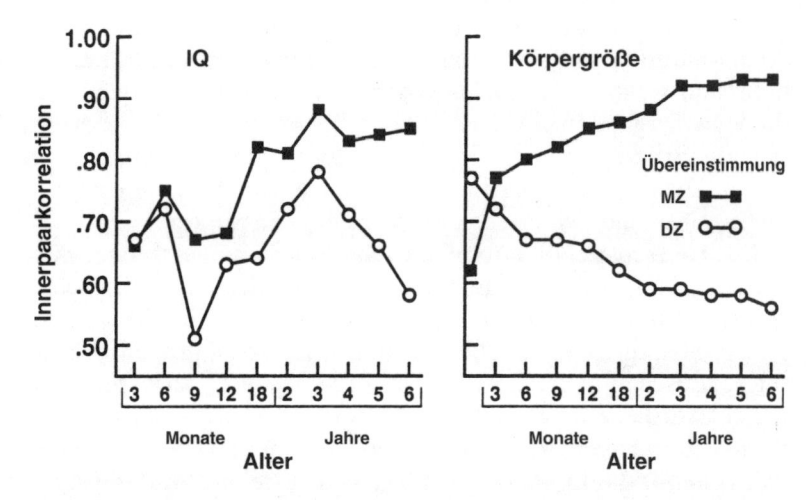

Bei der Geburt gleichen sich, möglicherweise wegen der Eineiigkeit und der Konkurrenzeffekte während der Schwangerschaft, die MZ-Zwillinge bei der Körpergröße (rechtes Tafelbild) weniger als die DZ-Zwillinge. Im Alter von 3 Monaten ist die MZ-Übereinstimmung für die Körpergröße steil angestiegen und bewegt sich danach zunehmend bergauf, bis sie mit 6 Jahren R = 0,94 erreicht. Im Gegensatz dazu fielen die DZ-Paare von einem ursprünglich hohen Wert bei der Geburt von R = 0,78 bis sie einen durchschnittlichen Wert von R = 0,57 mit 6 Jahren erreichten. Das vergleichbare Ergebnis für die geistige Fähigkeit, beginnend mit 3 Monaten (linkes Tafelbild), ist weniger stark ausgeprägt, aber immer noch klar. Übernommen aus: R. S. Wilson: 1984, S. 155, Abb. 4.

nismen sind in der Physiologie und Motivationspsychologie gut etabliert (Toates, 1986).

Das „Aufholwachstum", das Defiziten folgt, die durch Mangelernährung oder Krankheit verursacht wurden, beweist, daß die Entwicklung ständige Eigenkorrekturen nötig hat, bis ein bestimmtes, angestrebtes Endstadium erreicht ist. Benachteiligte Kinder entwickeln sich nachträglich sehr schnell, um auf dem Wachstumspfad aufzuholen, auf dem sie sein würden, wenn die Ablenkung nicht stattgefunden hätte. In späterer Folge verringert sich das Wachstum und die Entwicklung geht in einem normalen Tempo weiter (Tanner, 1978). Entwicklungsprozesse sind ständig mit einem „Zum-Modell-Passen"-Prozeß mit einer inhärenten Wachstumsgleichung verbunden.

Andere genetische Timing-Mechanismen betreffen das Alter beim Höhepunkt der Wachstumsgeschwindigkeit, das Alter bei der Menarche [= ersten Menstruation; Anm. d. Ü.], das Alter bei der Entwicklung der sekundären Geschlechtsmerkmale, das Alter beim ersten Geschlechtsverkehr und das Alter bei der Menopause. Bei all diesen zeigen monozygote Zwillinge, egal ob getrennt aufgewachsen oder zusammen, eine größere Übereinstimmung als getrennt oder gemeinsam aufgewachsene dizygote Zwillinge.

Der Zusammenhang Gene/Kultur

In *Genes, Mind and Culture* umreißen Lumsden und Wilson (1981) den koevolutionären Prozeß zwischen den Genen und der Kultur und wie die epigenetischen Regeln die psychologische Entwicklung von der Filterung durch die Sinnesorgane über die Perzeption bis zur Merkmalsfestsetzung und Entscheidungsfindung leiten. In *Gene, Kultur und Persönlichkeit* beschreiben Eaves, Eysenck und Martin (1989) einige der Variablen interindividueller Differenzen, die sich im sozialen Verhalten auswirken.

Das Konzept der Genotyp/Umwelt-Korrelation, ursprünglich vorgebracht von Plomin, DeFries und Loehlin (1977), wurde von Sandra Scarr entwickelt (Scarr & McCartney, 1983; Scarr, 1992). Wenn es eine Korrelation zwischen genetischen und Umwelteffekten gibt, heißt das, daß Menschen auf Basis ihrer genetischen Neigungen bestimmter Umwelten ausgesetzt sind. Begabte Kinder werden z. B., wenn Intelligenz erblich ist, in der Regel intellektuell begabte Eltern haben, welche ihnen eine intellektuelle Umgebung genauso wie die Gene für die Intelligenz zur Verfügung stellen. Andererseits könnte das Individuum als begabt ausgewählt werden und besondere Möglichkeiten geboten bekommen. Selbst wenn sich niemand um das Talent eines Individuums kümmert, könnte das Individuum hin zu intellektuellen Umgebungen tendieren. Diese drei Szenarien stellen drei Typen der Gene/Umwelt Korrelation dar: passiv, reaktiv und aktiv.

Ein Beispiel, wie die Genotypen die Erfahrung steuern bzw. von aktiver Genotyp/Umwelt Korrelation, wurde in einer Analyse von Auswirkungen des Fernsehens von Rowe und Herstand (1986) geliefert. Obwohl man zu dem Ergebnis kam, daß sich gleichgeschlechtliche Geschwister in ihrer Ausgesetztheit gegenüber Gewaltprogrammen ähneln, war es das aggressivste Geschwister, das sich (1) am meisten mit aggressiven Charakteren identifizierte und (2) die Konsequenzen der Aggression als positiv erachtete. Innerfamiliäre Studien über Delinquenten stellen fest, daß sich sowohl der IQ als auch das Temperament straffälliger Geschwister von nichtstraffälligen unterscheiden (Hirschi & Hindelang, 1977; Rowe, 1986). Es fällt nicht schwer, sich vorzustellen, wie intellektuell und temperamentmäßig unterschiedliche Geschwister jeweils alternative Muster der soziale Verantwortung erwerben, oder zu sehen, wie Kinder mit höheren IQs bessere Sprachfertigkeiten und ein größeres Wissen aus mehreren verschiedenen Gebieten erwerben können, als ihre Altersgenossen mit niedrigeren IQs, und wie manche Persönlichkeitstypen eher zu der einen als zu der anderen Arbeitsumgebung hin tendieren.

Die genetische Kanalisierung bietet eine Erklärung für die wichtige, oben erwähnte Entdeckung, daß eine geteilte Familienumgebung wenig Auswirkung auf die langfristige intellektuelle und Persönlichkeitsentwicklung hat. Man hat festgestellt, daß Faktoren, wie die soziale Schicht, die Familienreligion, die elterlichen Werte und die Stile der Kindererziehung, keine geteilte Auswirkungen auf die Geschwister haben (Plomin & Daniels, 1987). Innerhalb desselben Elternhauses lernt das streitlustigere der Geschwister durch die Beobachtung der Verhaltensweisen aus dem aggressiven Repertoire der Eltern, während der eher umsorgende Geschwisterteil aus den altruistischen Reaktionen der Eltern auswählt. Scarr (1992) hebt hervor, daß die Übertragungseinheit der Umwelt nicht so sehr die Familie, sondern die Mikro-Umwelt innerhalb der Familie ist. Hier sind großteils diejenigen Anlagen der Individuen im Sinne von „sie rufen aktiv bei anderen Reaktionen hervor, wählen aktiv Möglichkeiten aus oder ignorieren sie und gestalten ihre eigenen Erfahrungen" (S. 14) gemeint.

Daß die Gene die Erfahrung lenken, wird in Studien gezeigt, die Variablen untersuchen, die öfter als Umweltursachen, denn als genetische Auswirkungen aufgefaßt werden (besprochen von Plomin & Bergeman, 1991). Und zwar in der Weise, daß die Gene nicht nur den Umfang des Fernsehkonsums beeinflussen, sondern auch die Erziehung der Eltern, das Wesen der Peer-Gruppe, das erfahrene Gefühl des Wohlempfindens und eine Masse von Ereignissen des Lebenszyklus. Aus genetischen Gründen ergreifen Eltern ähnlichere Maßnahmen[6] gegenüber MZ-Zwillingen als gegenüber DZ-Zwillingen, während getrennt aufgezogene MZ-Zwillinge rückblickend die Geborgenheit ihrer ungleichen Umgebungen als ähnlicher in Erinnerung haben, als dies ihre DZ-Gegenspieler haben. Die Erblichkeit von Maßen der Familienumgebung liegt bei etwa 25 Prozent.

Sowohl Zwillings- als auch Adoptionsstudien verweisen auf einen genetischen Einfluß der Geschwisterneigung zu studiumsorientierten, straffälligen oder populären Peer-Gruppen (Daniels & Plomin, 1985; Rowe & Osgood,

---

6 Anm. d. Ü.: Gemeint ist hier, daß Eltern aus genetischen Gründen monozygote Zwillinge gleicher behandeln als dizygote.

1984). Obwohl Fernsehen in Tausenden von Untersuchungen als ein Umweltmaß verwendet wurde, ist die Korrelation für die Menge des Fernsehens für biologische Geschwister 0,48, während die Korrelation für adoptierte Geschwister 0,26 ist, was einen erheblichen genetischen Einfluß nahelegt (Waller, Kojetin, Bouchard, Lykken & Tellegen, 1990). Die schwedische Adoptions-Zwillings-Altersstudie des Alterns wies nach, daß auch Lebensereignisse erblich sind. Für getrennt aufgewachsene monozygote Zwillinge (MZA) beträgt die Korrelation für kontrollierbare Lebensereignisse (z. B. ein ernsthafter Konflikt) 0,54 und für unkontrollierbare Lebensereignisse (z. B. eine ernsthafte Krankheit) 0,22. Die typische Erblichkeit für Lebensereignisse ist 40 Prozent (Plomin, Lichtenstein, Pedersen, McClearn & Nesselroade, 1990).

Dramatische Hinweise darauf, wie die Gene die Anfälligkeit gegenüber Traumata beeinflussen, kommen von laufenden Studien über Kriegserlebnisse von Zwillingspaaren, die im US-Militär während der Ära des Vietnamkrieges (1965–1975) dienten. Das Vietnam-Ära-Zwillingsregister besteht aus 4.042 männlich/männlich Zwillingspaaren, die zwischen 1939 und 1957 geboren wurden und aktiven Dienst in den US-Streitkräften versahen. Man fand eine 35prozentige Erblichkeit für die Wahrscheinlichkeit, in Vietnam Kriegsdienst leisten zu müssen, eine 47prozentige Erblichkeit für einen Feindkontakt und eine 54prozentige Erblichkeit, eine Kampfauszeichnung zu erhalten (Lyons et al., 1993). Später hatte die Belastung durch die Erfahrung von Symptomen, in Verbindung mit posttraumatischen Belastungsstörungen, eine Erblichkeit von etwa 30 Prozent (True et al., 1993).

Die potentiellen Wirkungen der epigenetischen Regeln auf das Verhalten und die Gesellschaft können sehr wohl über die Ontogenese [= die Entwicklungsgeschichte des einzelnen Menschen; Anm. d. Ü.] hinausgehen. Durch kognitive Phänotypen und Gruppenhandeln können altruistische Neigungen in Wohltätigkeiten und Spitälern ihren Ausdruck finden, kreative und erzieherische Veranlagungen in Lerneinrichtungen, kämpferische Tendenzen in Kriegseinrichtungen und delinquente Tendenzen in sozialer Unordnung. So können die Gene über den Körper hinaus, in dem sie sich befinden, weitgehende Auswirkungen haben, indem sie Individuen zur Gestaltung von besonderen kulturellen Systemen drängen (Rushton, Littlefield, & Lumsden, 1986).

Daß Genotypen maximal förderliche Umwelten ausfindig machen, ist durch Befunde gut belegt, daß aggressive und altruistische Individuen ähnliche andere auswählen, mit denen sie verkehren, und zwar nicht nur als Freunde, sondern auch als Ehepartner (Huesmann, Eron, Lefkowitz & Walder, 1984; Rowe & Osgood, 1984). Wie im nächsten Kapitel diskutiert, können die epigenetischen Regeln, die die Menschen dazu bringen, sich auf Basis der Ähnlichkeit auszuwählen, besonders fein abgestimmt sein, nämlich indem sie Individuen veranlassen, am häufigsten entsprechend den eher genetisch beeinflußten Merkmalen miteinander zu verkehren.

4
DIE THEORIE DER GENETISCHEN ÄHNLICHKEIT

Die Auswahl von Ehe- und Sozialpartnern gehört zu den wichtigsten Entscheidungen, die Individuen in bezug auf ihre soziale Umwelt treffen. Die Tendenz geht dahin, Ähnlichkeit zu wählen. Ehepartner neigen zum Beispiel dazu, einander in Merkmalen wie Alter, ethnische Herkunft, sozioökonomischer Status, körperliche Attraktivität, Religion, soziale Einstellungen, Bildungsniveau, Familiengröße und -struktur, Intelligenz und Persönlichkeit zu gleichen.

Wie man in Abb. 4.1 sehen kann, beträgt der Mediankoeffizient der selektiven Partnerwahl [Glossar!] für standardisierte IQ-Messungen 0,37, wenn der Durchschnitt aus 16 Studien genommen wird, welche 3.817 Paare umfas-

Abb. 4.1: Die Ähnlichkeit zwischen den Ehepartnern

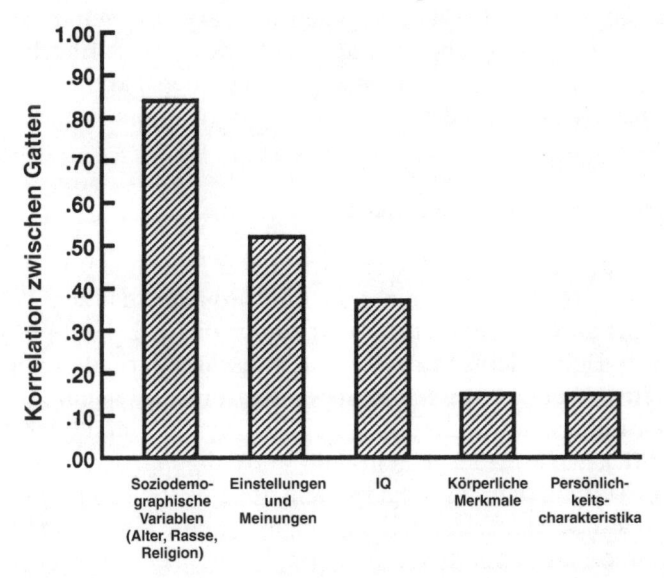

Ehepartner gleichen sich am häufigsten bei soziodemographischen Variablen, wie etwa Alter, Rasse und Religion, am zweithäufigsten bei einer Vielzahl an Einstellungen und Meinungen, dann beim IQ und zuletzt bei körperlichen Merkmalen und bei Persönlichkeitsmerkmalen. Bei allen Dimensionen sind sich Ehepartner ähnlicher, als es der Zufall erwarten ließe.

sen (Bouchard & McGue, 1981). Die Korrelationen sind in der Regel für Meinungen, Einstellungen und Wertvorstellungen größer (0,40 bis 0,70) und für Persönlichkeitseigenschaften und persönliche Gewohnheiten niedriger (0,02 bis 0,30 mit einem Mittelwert von etwa 0,15).

Ehepartner gleichen einander auch in einer Vielzahl von körperlichen Merkmalen. Rushton, Russell und Wells (1985) kombinierten anthropometrische Daten einer großen Bandbreite von Untersuchungen und fanden niedrige, aber positive Korrelationen für mehr als 60 unterschiedliche Messungen, inklusive der Körpergröße (0,21), dem Gewicht (0,25), der Haarfarbe (0,28), der Augenfarbe (0,21), der Brustbreite (0,20) und der Breite zwischen den Pupillen (0,20) – sogar kuriose Außenseiter, wie 0,40 für die Länge des Ohrläppchens, 0,55 für den Beckenumfang und 0,61 für die Länge des Mittelfingers.

Die meisten Erklärungen für die Rolle der Ähnlichkeit in menschlichen Beziehungen konzentrieren sich auf direkte, umweltbedingte Auswirkungen, z. B. auf deren Verstärkerwert (Byrne, 1971). Neuere Analysen legen jedoch nahe, daß genetische Einflüsse auch beteiligt sein können. Der Theorie der genetischen Ähnlichkeit zufolge (Rushton, Russell und Wells, 1984; Rushton, 1989c) übt die genetische Ähnlichkeit subtile Effekte auf eine Vielzahl an Beziehungen aus und hat Auswirkungen auf das Studium des Sozialverhaltens in kleinen, aber auch in großen Gruppen, sowohl national als auch international.

In diesem Kapitel wird die genetische Ähnlichkeitstheorie in Verbindung mit dem Altruismus vorgestellt. Dabei wird vorgebracht, daß genetisch ähnliche Menschen dazu tendieren, sich gegenseitig auszusuchen und sich gegenseitig unterstützende Umgebungen zu liefern, wie etwa die Ehe, Freundschaft und soziale Gruppen. Das kann einen biologischen Faktor darstellen, der dem Ethnozentrismus und der Gruppenselektion zugrunde liegt.

Das Paradoxon des Altruismus

Der Altruismus stellte lange Zeit ein ernsthaftes Dilemma für Theorien über die menschliche Natur dar. Definiert als ein Verhalten, das zum Wohle anderer ausgeführt wird, beinhaltet der Altruismus die Selbstaufopferung in extremer Form. Beim Menschen reicht altruistisches Verhalten von täglichen Gefälligkeiten über die Teilung knapper Ressourcen bis hin zur Opferung des eigenen Lebens, um andere zu retten. Bei Tieren umfaßt der Altruismus elterliche Pflege, Warnrufe, gemeinsame Verteidigung, risikoreiches Verhalten und die Teilung der Nahrung; es kann auch die Selbstaufopferung beinhalten. Der giftige Stachel einer Honigbiene ist eine Anpassung an die Bienenstockräuber. Die Widerhaken, die von dem spitzen Ende nach hinten gebogen sind, führen dazu, daß der ganze Stachel aus dem Körper der Biene herausgerissen wird, zusammen mit einigen, für die Biene lebensnotwendigen inneren Organen. Diese Widerhaken hat man als Mittel der altruistischen Selbstopferung beschrieben.

Jedoch würde eine genetische Basis für Altruismus – wie von Darwin (1871) erkannt – ein Paradoxon für Evolutionstheorien darstellen: Wie konnte sich der Altruismus aus dem „Überleben der Stärkeren" entwickeln, wenn gleichzeitig altruistisches Verhalten die persönliche Fitneß [i. S. von Eignung; Anm. d. Ü.] verringert? Wenn sich die altruistischsten Gruppenmitglieder für andere opfern, laufen sie Gefahr, weniger Nachkommen zu hinterlassen, die genau diejenigen Gene weitergeben können, die altruistisches Verhalten regeln. Der Altruismus würde daher ausselektiert werden und nach Egoismus würde selektiert werden.

Die Lösung des Paradoxons des Altruismus ist einer jener Triumphe, der zur neuen Synthese, genannt Soziobiologie, geführt hat. Beim Prozeß, der als Verwandtschaftsselektion [= „kin selection"] bekannt ist, können Individuen ihre Gesamtfitneß [= „inclusive fitness"] und nicht nur ihre individuelle Fitneß steigern, indem sie die Produktion von eigenen, erfolgreichen Nachkommen und die von genetischen Verwandten erhöhen (Hamilton, 1964). Dieser Perspektive zufolge ist die Analyseeinheit für die evolutionäre Selektion nicht der individuelle Organismus, sondern seine Gene. Die Gene sind das, was weiter lebt und weitergegeben wird, und einige derselben Gene wird man nicht nur in direkten Nachkommen finden, sondern auch in Geschwistern, Cousins, Neffen/Nichten und Enkeln. Wenn ein Tier sein Leben für die Nachkommen seiner Geschwister opfert, sichert es das Überleben der gemeinsamen Gene, weil es – bei gemeinsamer Abstammung – 50 Prozent seiner Gene mit jedem Geschwister teilt und 25 Prozent mit jedem Nachkommen seiner Geschwister.

Somit hilft der Prozentsatz der gemeinsamen Gene den Beitrag des auftretenden Altruismus zu bestimmen. Die sozialen Ameisen sind besonders altruistisch, wegen eines speziellen Merkmals ihres Reproduktionssystems, das dazu führt, daß sie 75 Prozent ihrer Gene mit ihren Schwestern teilen. Die Erdhörnchen stoßen mehr Warnrufe aus, wenn sie neben Verwandten plaziert sind, als wenn sie neben Nichtverwandten plaziert sind. Die „Helfer" neben dem Nest sind in der Regel mit einem Teil des Brutpaares verwandt, und wenn sich soziale Gruppen von Affen teilen, bleiben nahe Verwandte zusammen. Wenn der Stachel der Honigbiene aus ihrem Körper gerissen wird, stirbt das Individuum, aber die Gene der Biene, die von der Kolonie der Verwandten geteilt werden, überleben.

Aus Sicht der Evolution ist der Altruismus somit ein Mittel, um den Genen zu helfen, sich auszubreiten. Dadurch, daß wir am altruistischsten denen gegenüber sind, mit denen wir Gene teilen, helfen wir den Kopien unserer eigenen Gene, sich zu reproduzieren. Das macht den „Altruismus" letzten Endes „egoistisch" in der Absicht. Im Zusammenhang mit tierischem Verhalten wurde diese Idee als „Verwandtschaftsselektion" [„kin-selection"] bekannt und stellte einen konzeptionellen Durchbruch dar, indem die Analyseeinheit weg vom individuellen Organismus verlagert wird und hin zu seinen oder ihren Genen, da es diese sind, die überleben und weitergegeben werden.

Ein anderer von Soziobiologen vorgeschlagener Weg, wie sich Altruismus entwickeln konnte, ist der der Reziprozität [= Wechselseitigkeit]: Dabei gibt es keine Notwendigkeit für eine genetische Verwandtschaft. Um eine altruistische Handlung zu begehen, bedarf es nur einer anderen altruistischen Handlung. Zum Beispiel können zwei männliche Paviane durch Zusammenarbeit ein einzelnes Männchen davon abhalten, mit einem Weibchen zu verkehren. Bei einer bestimmten Gelegenheit kopuliert eines der zwei Männchen, während das andere, sprich: der „Altruist", nicht kopuliert. Bei einer späteren Gelegenheit, wenn ein anderes Weibchen geschlechtsreif ist, ist es wahrscheinlich, daß die zwei Männchen zusammen kommen, wobei dieses Mal die Rollen vertauscht sind, und der anfängliche Profiteur jetzt die Rolle des Altruisten einnimmt.

Genetische Ähnlichkeit entdecken

Damit eine Strategie verfolgt werden kann, den Altruismus auf die Verwandtschaft zu richten, muß der Organismus in der Lage sein, Verwandtschaftsgrade zu erkennen. So etwas wie eine „außersinnliche genetische Wahrnehmung" gibt es natürlich nicht. Damit Individuen den Altruismus selektiv auf genetische Verwandte richten, müssen sie auf phänotypische Zeichen reagieren. Das schafft man normalerweise, indem man Ähnlichkeiten zwischen sich selbst und anderen in körperlichen und Verhaltensmerkmalen entdeckt. Es wurden vier Prozesse vorgeschlagen, durch die Tiere Verwandte erkennen können:

- angeborene Merkmalsdetektoren,
- Zusammenpassen aufgrund der Erscheinung,
- Vertrautheit und
- Standort.

Diese schließen sich nicht gegenseitig aus. Wenn man durch die Fähigkeit zum Erkennen von genetischer Ähnlichkeit evolutionäre Vorteile gewinnt, können alle Mechanismen zusammenwirken.

Angeborene Merkmalsdetektoren

Individuen können „Erkennungsallele" [Allel → Glossar!] haben, die die Entwicklung von angeborenen Mechanismen kontrollieren, die ihnen ermöglichen, eine genetische Ähnlichkeit bei Fremden zu erkennen. Um zu zeigen, wie das passieren könnte, schlug Dawkins (1976) ein Gedankenexperiment vor, welches als der „Grünbart-Effekt" bekannt ist. In dieser Theorie hat ein Gen zwei Auswirkungen: Es veranlaßt Individuen, die es besitzen, dazu, 1. einen grünen Bart zu bekommen und 2. sich gegenüber grünbärtigen Individuen altruistisch zu verhalten. Der grüne Bart dient als Erkennungsmerkmal für das altruistische Gen. Altruismus könnte also ohne die Notwendigkeit für die Individuen, direkt verwandt zu sein, vorkommen.

Zusammenpassen aufgrund des Aussehens

Das Individuum kann genetisch angeleitet sein, seinen eigenen Phänotyp kennenzulernen oder den seiner engen Verwandten und dann neue, unbekannte Individuen mit der gelernten Schablone in Verbindung bringen – zum Beispiel Dawkins (1982) „Achselhöhlen-Effekt". Individuen, die genauso riechen (aussehen oder sich verhalten) wie man selbst oder wie seine nahen Verwandten, könnten von denen, die anders riechen (aussehen oder sich verhalten) unterschieden werden. Dieser Mechanismus würde von der Existenz einer starken Korrelation zwischen Geno- und Phänotyp abhängen.

Vertrautheit oder Verband

Präferenzen können auch vom Lernen durch soziale Interaktion abhängen. Das könnte in der Natur das häufigste Mittel der Verwandtenerkennung sein. Individuen, die zusammen aufgezogen wurden, sind eher miteinander verwandt als nicht-verwandt. Das könnte auch einen eher allgemeinen Mechanismus der kurzzeitigen Präferenzbildung beinhalten. Zajonc (1980) zeigte experimentell, daß man, je mehr man einem Stimulus ausgesetzt ist, diesen desto mehr bevorzugt. Aufbauend auf Studien mit japanischen Wachteln und mit Menschen meinten Bateson (1983) und van den Berghe (1983), daß sexuelle Präferenzen sich früh im Leben durch einen prägungsähnlichen Prozeß etablieren können.

Standort

Der vierte Mechanismus der Verwandtschaftserkennung beruht auf einem starken Zusammenhang zwischen dem Standort eines Individuums und seiner Verwandtschaft. Die Regel besagt: „Wenn es in deinem Nest ist, gehört es dir." Wo sich ein Individuum befindet und wem es begegnet, kann auch auf ähnlichen Genen beruhen – zum Beispiel, wenn die Eltern einen differenzierenden Einfluß darauf ausüben, wo und mit wem ihr Nachwuchs interagiert.

Die Verwandtenerkennung bei Tieren

Es gibt überdeutliche experimentelle Hinweise, daß viele Tierarten genetische Ähnlichkeit erkennen. Greenberg (1979) bewies, daß die „sweat bee" (*Lasioglossum zephyrum*) [eine Bienenart Nordamerikas; Anm. d. Ü.] zwischen unbekannten Artgenossen verschiedener Verwandtschaftsränge unterscheiden kann. Wächterbienen dieser Spezies blockieren das Nest, um Eindringlinge abzuhalten. In dieser Studie wurden zuerst Bienen von 14 verschiedenen Verwandtschaftsgraden gezüchtet. Dann wurden sie nahe an Nester herangeführt, die Schwestern, Tanten, Nichten, Cousinen oder entfernter verwandte Bienen beinhalteten. In jedem Fall konnte man vom Wächter eine binäre Entscheidung erwarten – entweder der herankommenden Biene zu erlauben, hineinzufliegen, oder sie aktiv daran zu hindern. Es gab dabei eine starke lineare Beziehung (r = 0,93) zwischen der Fähigkeit, an der Wächterbiene vorbeizukommen und dem Grad der genetischen Verwandtschaft. Je größer der Grad der genetischen Ähnlichkeit war, desto größer der Anteil der Bienen, denen erlaubt wurde, den Bienenstock zu betreten. Die Wächterbienen scheinen fähig zu sein, den Grad der genetischen Ähnlichkeit zwischen ihnen und dem Eindringling zu erkennen. Nachfolgende Studien zur Verwandtschaftserkennung zeigten, daß die Honigbiene *Apis mellifera* zwischen Voll- und Halbschwestern unterscheiden kann, die in Nachbarzellen aufgezogen wurden.

Es gibt auch Hinweise, daß die Fähigkeit genetische Ähnlichkeit zu erkennen, bei verschiedenen Arten von Pflanzen, Kaulquappen, Vögeln, Nagetieren und Rhesusaffen vorhanden ist. Bei Studien am Frosch *Rana cascadae* durch Blaustein und O'Hara (1982) wurden Kaulquappen vor dem Schlüpfen getrennt und in der Isolation aufgezogen. Die einzelnen Kaulquappen wurden dann in ein rechteckiges Wassergefäß gegeben, das an beiden Enden zwei Abteile hatte, die durch einen Plastikmaschenzaun getrennt waren. Geschwister wurden in das eine Abteil gegeben und Nicht-Geschwister in das andere. Die getrennt aufgezogenen Kaulquappen verbrachten mehr Zeit an jenem Ende des Wassergefäßes, an dem sich ihr Geschwister befand. Da die Kaulquappen als Embryos getrennt wurden und in völliger Isolation aufwuchsen, impliziert das die Fähigkeit, die genetische Ähnlichkeit zu entdecken.

Auch Säugetiere sind fähig, Grade der genetischen Verwandtschaft zu entdecken (Fletcher & Michener, 1987). Belding-Ziesel [kalifornisches Erdhörnchen der Art *Spermophilus beldingi*; Anm. d. Ü.] produzieren beispielsweise Würfe, die Schwestern und Halbschwestern gleichermaßen beinhalten. Trotz der Tatsache, daß sie sich denselben Mutterleib teilen und dasselbe Nest bewohnen, kämpfen Vollschwestern weniger oft miteinander als Halbschwestern, helfen sich öfters gegenseitig und neigen weniger dazu, sich gegenseitig aus ihrem Territorium zu jagen. Man machte ähnliche Beobachtungen unter gefangenen, mehrheitlich männlichen und mehrheitlich weiblichen Gruppen von Rhesusaffen, die in großen sozialen Trupps im Freien aufwachsen. Die Erwachsenen beider Geschlechter sind promiskuitiv, aber Mütter scheinen väterliche Halbgeschwister weniger oft von ihren Kindern wegzujagen als nichtverwandte Junge, und die Männchen scheinen (trotz Promiskuität) ihren eigenen Nachwuchs zu „erkennen", da sie ihn besser behandeln (Suomi, 1982). In den vorhergehenden Beispielen wurde der Grad der genetischen Verwandtschaft durch Bluttests ermittelt. Walters (1987) hat gut replizierte Daten von zahlreichen Primatenarten zusammengefaßt, die zeigen, daß das gegenseitige Putzen, die Allianzbildung, die gemeinsame Verteidigung und die Nahrungsteilung in Verwandtschaftsgruppen bereitwilliger vorkommen.

Die Verwandtenerkennung beim Menschen

Aufbauend auf den Arbeiten von Hamilton (1964), Dawkins (1976), Thiessen, Gregg (1980) und anderer, wurde die Verwandtschaftsselektionstheorie des Altruismus auf das Beispiel des Menschen ausgedehnt. Rushton et al. (1984) schlugen vor, daß wenn ein Gen sein eigenes Überleben besser absichern kann, indem es so agiert, daß es die Reproduktion von Familienmitgliedern herbeiführt, mit denen es Kopien teilt, dann kann es das auch machen, indem es jedweden Organismus nützt, in welchem sich Kopien von ihm befinden. Das wäre für Gene ein alternativer Weg, sich fortzupflanzen. Eher als lediglich Verwandte auf Kosten von Fremden zu schützen, könnten Organismen, falls sie genetisch ähnliche Organismen identifizieren könnten, gegenüber diesen „Fremden" genauso wie gegenüber der Verwandtschaft, Altruismus an den Tag legen. Die Verwandtenerkennung wäre nur eine Form der genetischen Ähnlichkeitserkennung.

Die genetische Ähnlichkeitstheorie impliziert, daß je mehr Gene von Organismen geteilt werden, desto leichter sollten sich reziproker Altruismus und Kooperation entwickeln, weil dies die Notwendigkeit für eine strikte Reziprozität beseitigt. Um die Strategie zu verfolgen, den Altruismus auf ähnliche Gene zu richten, muß der Organismus in der Lage sein, genetische Ähnlichkeit bei anderen zu entdecken. Wie in dem vorangegangenen Abschnitt beschrieben, wurden in der Literatur vier derartige Mechanismen erörtert, durch die das stattfinden könnte.

Menschen können in einem frühen Alter lernen, Verwandte von Nicht-Verwandten zu unterscheiden. Säuglinge können im Alter von 24 Stunden ihre Mütter von anderen Frauen alleine von der Stimme her unterscheiden. Sie kennen den Geruch der Brust ihrer Mutter, bevor sie sechs Tage alt sind, und sie erkennen ein Foto von ihrer Mutter, wenn sie 2 Wochen alt sind. Mütter sind ebenfalls in der Lage, ihre Säuglinge alleine durch den Geruch nach einem einzigen Ausgesetztsein im Alter von 6 Stunden zu identifizieren und den Schrei ihres Säuglings innerhalb von 48 Stunden nach der Geburt zu erkennen (siehe Wells, 1987, für einen Überblick).

Auch folgen die menschlichen Verwandtschaftspräferenzen den Linien der genetischen Ähnlichkeit. Bei den Ye'Kwana-Indianern Südamerikas decken die Wörter „Bruder" und „Schwester" z. B. vier unterschiedliche Kategorien ab, die von Individuen, die 50 Prozent ihrer Gene teilen (identische Abstammung), bis hin zu Individuen reichen, die nur 12,5 Prozent ihrer Gene teilen. Hames (1979) hat gezeigt, daß die Zeitspanne, die Ye'Kwana gemeinsam mit ihren biologischen Verwandten verbrachten, mit dem Grad der Verwandtschaft ansteigt, auch wenn deren Verwandtschaftsterminologie diese Übereinstimmung nicht reflektiert.

Anthropologische Untersuchungen zeigen auch, daß in Gesellschaften, in denen die Sicherheit der Vaterschaft relativ gering ist, die Männer eher materielle Ressourcen auf den Nachwuchs ihrer Schwestern richten, als auf den Nachwuchs ihrer eigenen Frauen (Kurland, 1979). Eine Analyse der Inhalte von 1.000 überprüften Testamenten offenbart, daß nach Ehemännern und

-frauen die Verwandtschaft etwa 55 Prozent der vererbten Gesamtmenge erhielt, wäerweise wird es letzten Endes einen seriösen Beitrag durch die So kommen erhielten mehr als Neffen und Nichten (Smith, Kish, & Crawford, 1987).

Die Unsicherheit der Vaterschaft übt auch einen prognostizierbaren Einfluß aus. Großeltern verbringen 35 bis 42 Prozent mehr Zeit mit den Kindern ihrer Tochter als mit den Kindern ihres Sohnes (Smith, 1981). In Folge eines Todesfalls trauern sie mehr um die Kinder ihrer Tochter als um die ihres Sohnes (Littlefield & Rushton, 1986). Familienmitglieder fühlen sich der väterlichen Seite der Familie nur zu 87 Prozent so nahe, wie der mütterlichen Seite (Russell & Wells, 1987). Schließlich verbringen Mütter von neugeborenen Kindern und ihre Verwandten mehr Zeit damit, sich über Ähnlichkeiten zwischen dem Baby und dem mutmaßlichen Vater zu äußern, als über die Ähnlichkeit zwischen dem Baby und der Mutter (Daly & Wilson, 1982).

Wenn das Niveau der genetischen Ähnlichkeit innerhalb einer Familie niedrig ist, kann das ernste Konsequenzen haben. Kinder, die mit einem Elternteil nicht-verwandt sind, leben risikoreich; eine überproportionale Anzahl der mißhandelten Kinder sind Stiefkinder (Lightcap, Kurland & Burgess, 1982). Kinder im Vorschulalter laufen 40mal häufiger Gefahr, sexuell mißbraucht zu werden, wenn sie Stiefkinder sind, als wenn sie biologische Kinder sind (Daly & Wilson, 1988). Auch ist die Wahrscheinlichkeit, daß sich nichtverwandte, zusammenlebende Personen gegenseitig umbringen größer, als daß sich verwandte, zusammenlebende Personen gegenseitig umbringen. Übereinstimmende Hinweise zeigen, daß Adoptionen erfolgreicher sind, wenn die Eltern das Kind als ihnen ähnlich wahrnehmen (Jaffee & Fanshel, 1970).

Die Wahl des Ehepartners

Ein wohlbekanntes Phänomen, das durch die genetische Ähnlichkeitstheorie leicht erklärt wird, ist die positive selektive Partnerwahl [Glossar!] [= „assortative mating"], sprich: das nicht zufällige Zusammenfinden von Ehepartnern. Nämlich insofern, als sie sich gegenseitig bei einer oder mehreren Eigenschaften mehr gleichen, als es durch Zufall zu erwarten wäre. Obwohl die Daten aus Abb. 4.1 allgemein akzeptiert sind, ist es weniger gut bekannt, daß sich Ehepartner auch bei sozial nicht erwünschten Charakteristika ähneln, inklusive der Aggressivität, Kriminalität, Alkoholismus und psychiatrischen Störungen, wie etwa der Schizophrenie und der affektiven Störungen. Obwohl man für diesen Befund alternative Erklärungen vorbringen kann, wie etwa die Niederlage im Wettbewerb um die attraktivsten und gesündesten Ehepartner (Burley, 1983), deutet das darauf hin, daß die Neigung, einen ähnlichen Partner zu suchen, Erwägungen wie etwa die Partnerqualität[1] und die individuelle Fitneß außer Kraft setzen kann.

Eine Untersuchung von gemischtrassischen Ehen auf Hawaii fand eine größere Ähnlichkeit bei den Persönlichkeitstestwerten unter Männern und Frauen, die über die ethnischen Gruppen hinweg heirateten, als unter jenen, die innerhalb dieser heirateten (Ahern, Cole, Johnson & Wong, 1981). Die Forscher merken an, daß bei der allgemeinen Tendenz in Richtung Homogamie [= genetische Übereinstimmung der Ehepartner; Anm. d. Ü.] diejenigen Paare, die in Hinblick auf die Ethnizität heterogam heiraten, dazu neigen, diesen Unterschied „auszugleichen", indem sie Ehepartner wählen, die ihnen in anderen Bereichen ähnlicher sind, als das Personen tun, die innerhalb ihrer eigenen ethnischen Gruppe heiraten.

Es könnte nun argumentiert werden, daß die menschliche selektive Partnerwahl nichts mit Fragen der genetischen Ähnlichkeit zu tun hat und nur auf gemeinsamen Umwelteinflüssen beruht. Diese Sicht kann die Häufigkeit der selektiven Partnerwahl bei anderen Tieren nur schwer erklären, die von Insekten zu Vögeln und Primaten reicht, im Labor genauso wie in natürlicher Umgebung (Fletcher & Michener, 1987; Thiessen & Gregg, 1980). Die selektive Partnerwahl kommt auch bei vielen Arten von Pflanzen vor (Willson & Burley, 1983). Um sich in einer solch breiten Vielfalt von Umständen unabhängig entwickelt zu haben, muß die selektive Partnerwahl substantielle Vorteile verleihen. Beim Menschen können diese
- eine gesteigerte Ehestabilität,
- eine gesteigerte Verwandtschaft zum Nachwuchs,
- einen gesteigerten Altruismus innerhalb der Familie und
- eine größere Fruchtbarkeit umfassen.

Die obere Grenze der fitneßerhöhenden Wirkung der selektiven Partnerwahl bei der Ähnlichkeit zeigt sich beim Inzest. Zuviel genetische Ähnlichkeit zwischen den Partnern erhöht die Chancen, daß sich schädliche, rezessive Gene verbinden. Die negativen Auswirkungen der „Inzuchtdepression" wurden bei vielen Arten nachgewiesen, inklusive dem Menschen (Jensen, 1983; Thiessen & Gregg, 1980). Deshalb wurde die Hypothese aufgestellt, daß das „Inzest-Tabu" eine evolutionäre Basis hat, wahrscheinlich vermittelt über die negative Einprägung von vertrauten Umgangspartnern in frühem Alter (van den Berghe, 1983). Eine optimale Fitneß kann dann darin bestehen, einen Ehepartner zu wählen, der genetisch ähnlich ist, aber nicht wirklich verwandt ist. Van den Berghe (1983) spekuliert, daß der ideale Prozentsatz der Verwandtschaft 12,5 Prozent Abstammungsübereinstimmung ist oder der gleiche wie der zwischen Cousins ersten Grades. Andere Tierarten vermeiden die Inzucht ebenfalls. Zahlreiche Experimente sind z. B. mit japanischen Wachteln durchgeführt worden. Hier handelt es sich um Vögel, die sich – obwohl promiskuitiv – als besonders anspruchsvoll erwiesen haben. Sie bevorzugten Cousinen ersten Grades vor Cousinen dritten Grades und bevorzugten diese

---

1 Anm. d. Ü.: Gemeint sind hier Faktoren wie Reichtum, Macht, Einfluß, Intelligenz, körperliche Gesundheit, hoher sozialer Status, körperliche Attraktivität etc.

gegenüber nichtverwandten Vögeln oder Schwestern. Auf diese Art und Weise vermieden diese Vögel die Gefahren von zuviel oder zuwenig Inzucht (Bateson, 1983).

Blutproben von sexuell verkehrenden Paaren

Um die Hypothese, daß die Paarbildung beim Menschen den Linien der genetischen Ähnlichkeit folgt, direkt testen zu können, überprüfte Rushton (1988a) Analysen von Blutantigenen von fast 1.000 Fällen umstrittener Vaterschaft. Überprüft wurden sieben polymorphe Markersysteme – ABO, Rhesus (Rh), MNSs, Kell, Duffy (Fy), Kidd (Jk) und HLA – auf 10 Loci auf 6 Chromosomen in einer Stichprobe, die auf Personen nordeuropäischer Erscheinung beschränkt war (beurteilt auf Basis von Photographien, die für die rechtliche Identifizierung verwahrt wurden). Derartige Blutgruppenunterschiede stellen ein biologisches Kriterium zur Verfügung, das ausreicht, mehr als 95 Prozent der wahren Verwandtschaftsbeziehung in Situationen von umstrittener Vaterschaft zu identifizieren (Bryant, 1980) und verläßlich zwischen dizygoten, zusammen aufgewachsenen Zwillingen zu unterscheiden (Pakstis, Scarr-Salapatek, Elston & Siervogel, 1972). Sie stellen eine weniger präzise, aber immer noch nützliche Einschätzung des genetischen Abstands unter nichtverwandten Individuen dar.

Es zeigte sich, daß Paare, die sexuell miteinander interagieren, etwa 50 Prozent der gemessenen genetischen Marker teilten, auf halbem Wege zwischen Müttern und ihren Nachkommen, die 73 Prozent teilten, und zufällig gepaarten Individuen derselben Stichprobe, die 43 Prozent teilten (alle Vergleiche waren signifikant verschieden, $p < 0{,}001$). In den Fällen einer umstrittenen Vaterschaft sagte die genetische Ähnlichkeit voraus, ob der Mann der wahre Vater des Kindes war. Männer, bei denen die Vaterschaft nicht ausgeschlossen wurde, waren zu 52 Prozent ihren Partnern ähnlich, während die Ausgeschlossenen ihnen nur zu 44 Prozent ähnlich waren ($p < 0{,}001$).

Tabelle 4.1: Der Prozentsatz der genetischen Ähnlichkeit bei 4 Typen menschlicher Beziehungen, basierend auf 10 Blut-Loci

Beziehung	Anzahl der Paare	Mittelwert	Standardabweichung	Bandbreite
Mutter/Nachkommen	100	73	9	50–88
Sexuell verkehrende Erwachsene (Mann nicht ausgeschlossen von der Vaterschaft)	799	52	12	17–90
Sexuell verkehrende Erwachsene (Mann ausgeschlossen von der Vaterschaft)	187	44	12	15–74
Zufällig gepaarte Mann/Frau Paare	200	43	14	11–81

Anmerkung. Aus: Rushton: 1988a, S. 331, Tabelle 1. Copyright bei Elsevier Science Publishing. Abgedruckt mit Erlaubnis von Elsevier Science Publishing.

Die Erblichkeit prognostiziert die Ähnlichkeit der Ehegatten

Wenn sich Menschen auf Basis der geteilten Gene gegenseitig auswählen, sollte man zeigen können, daß die zwischenmenschlichen Beziehungen mehr durch die genetische Ähnlichkeit als durch die Ähnlichkeit, die einer ähnlichen Umwelt zugeschrieben werden kann, beeinflußt werden. Ein guter Beweis für diese Theorie ist die Beobachtung, daß die positive selektive Partnerwahl bei den stärker erblichen Items einer Reihe von homogenen Items größer ist. Diese Voraussage ergibt sich, da die stärker erblichen Items besser den zugrundeliegenden Genotypus widerspiegeln.

Es hat sich herausgestellt, daß stärkere Schätzungen des genetischen Einflusses jenen Grad der Übereinstimmung prognostizieren, mit dem sich Ehepartner bei anthropometrischen, Einstellungs-, kognitiven und Persönlichkeitsvariablen ähneln. Folglich prüften Rushton und Nicholson (1988) Untersuchungen, indem sie 15 Subtests aus der „Hawaii Family Study of Cognition" und 11 Subtests aus dem Wechsler-Intelligenztest für Erwachsene verwendeten. In der „Hawaii Family Study of Cognition" korrelierten genetische Einschätzungen von Koreanern in Korea positiv mit denen von Amerikanern japanischer und europäischer Abstammung (durchschnittlicher $r = 0{,}54$, $p < 0{,}01$).[2] Mit dem Wechsler-Test korrelierten die Einschätzungen des genetischen Einflusses über drei Stichproben hinweg mit einem durchschnittlichen $r = 0{,}82$.

Veranschaulichen Sie sich die Daten in Tabelle 4.2, die Erblichkeiten zeigen, die die Ähnlichkeit von Ehepartnern prognostizieren. Bedenken Sie jedoch, daß viele der Schätzungen des genetischen Einflusses in dieser Tabelle auf Berechnungen der Elternmittel/Nachkommen-Regressionen basieren, dabei Daten aus intakten Familien verwenden und dadurch die genetischen und die von der Familie geteilten Umwelteffekte kombinieren. Die letztere Varianzquelle ist jedoch überraschend klein (Plomin & Daniels, 1987) und ergibt keinen systematischen Einfluß. Nichtsdestoweniger sollte man bedenken, daß viele der Einschätzungen des genetischen Einflusses, die in Tabelle 4.2 gezeigt werden, auf diese Weise berechnet wurden.

In Tabelle 4.2 ist eine Studie von Russell, Wells und Rushton (1985) aufgelistet, welche ein Zwischen-Subjekt-Design verwendeten, um Daten aus drei Studien zu untersuchen, die unabhängige Schätzungen des genetischen Einflusses und der selektiven Partnerwahl lieferten. Es wurden positive Korrelationen zwischen den zwei Meßreihen gefunden ($r = 0{,}36$, $p < 0{,}05$ für 36 anthropometrische Variablen; $r = 0{,}73$, $p < 0{,}10$ für 5 Variablen der Wahrnehmungseinschätzung; $r = 0{,}44$, $p < 0{,}01$ für 11 Persönlichkeitsvariablen). Im Falle der Persönlichkeitsmessungen waren über eine Dreijahresperiode

---

2 Anm. d. Ü.: Der wiederholt vorkommende Begriff *p* gibt die Überschreitungswahrscheinlichkeit an. Im Deutschen wird er auch als „alpha" bezeichnet. Ein $p < 0{,}01$ bedeutet z. B. eine Überschreitungswahrscheinlichkeit von 1 %; ein $p < 0{,}001$ ist eine Überschreitungswahrscheinlichkeit von 0,1 %. Obiges Beispiel bedeutet: „Die Korrelation 0,54 ist mit einer Wahrscheinlichkeit kleiner 1 % nicht von Null verschieden".

Test-Retest-Reliabilitäten verfügbar, die nicht die Ergebnisse beeinflußten, wie sich zeigte.

Ein anderer Test der Hypothese, der in Tabelle 4.2 aufgelistet ist, wurde von Rushton und Russell (1985) gemacht, die zwei separate Schätzungen der Erblichkeiten von 54 Persönlichkeitseigenschaften verwendeten. Unabhängig und wenn zu einem Aggregat verbunden, sagten sie die Ähnlichkeit zwischen den Ehepartnern voraus ($r = 0,44$ und $r = 0,55$, $p < 0,001$). Rushton und Russell (1985) überprüften weitere Berichte über ähnliche Korrelationen inklusive der Berechnung von Kamin (1978) von $r = 0,79$ ($p < 0,001$) für 15 kognitive Tests und der Berechnung von DeFries et al. (1978) von $r = 0,62$ ($p < 0,001$) für 13 anthropometrische Variablen. Cattell (1982) hat ebenfalls vermerkt, daß die Zwischen-Gatten-Korrelationen dazu tendieren, für die weniger stark erblichen, mehr spezifisch kognitiven Fähigkeiten (Tests des Wortschatzes und der Arithmetik), niedriger zu sein, als für die stärker erblichen, allgemeinen Fähigkeiten (g, von progressiven Matrizen).

Tabelle 4.2: Eine Zusammenfassung der Untersuchungen über die Beziehung zwischen der Erblichkeit von Eigenschaften und der selektiven Partnerwahl [Glossar!]

Untersuchung	Stichprobe	Testtypus	Erblichkeit	Korrelation mit selektiver Partnerwahl [Glossar!]
Kamin (1978)	739 europäisch-amerikanische Familien auf Hawaii	15 Subtests des HFSC	Elternmittelwert/ Kindermittelwert Regression	0,79***
DeFries et al. (1978)	73 europäisch-amerikanische Familien auf Hawaii	13 anthropometrische Variablen des HFSC	Elternmittelwert/ Kindermittelwert Regression	0,62***
Cattell (1982)	Zahlreiche Zwillings- und Familienstudien	Kognitive Fähigkeiten, spezifische und allgemeine	Multiple Abschnitts-Varianzanalysen	Höher bei den stärker erblichen Eigenschaften; Größenordnungen wurden nicht erwähnt
Russell et al. (1985)	Asiaten und Nordafrikaner	5 Wahrnehmungsbeurteilungen	Eltern/Nachkommenskorrelation korrigiert für die Paarübereinstimmung	0,73***
	Belgier	36 anthropometrische Variablen	Eltern/ Nachkommenskorrelation korrigiert für die Paarübereinstimmung	0,36*

Unter-suchung	Stichprobe	Testtypus	Erblichkeit	Korrelation mit selektiver Partnerwahl [Glossar!]
Rushton & Russell (1985)	Europäischstämmige Amerikaner	11 Tests des MMPI	Elternmittel/ Nachkommens-korrelation	0,71**
	100–669 Familien in Hawaii (Ethnizität nicht spezifiziert)	54 Persönlich-keitstests	Eltern/ Nachkommens-korrelation	0,44***
			Verdoppelte Geschwister/ Geschwister Korrelation	0,46***
			Beide obengenannten zusammengesetzt	0,55***
Rushton & Nicholson (1988)	871 europäischstämmige, amerikanische Familien in Hawaii	15 Subtests von dem HFSC	Elternmittel/ Nachkommens-korrelation	Intragruppe 0,71**
				Intergruppe 0,43+
	311 japanischstämmige, amerikanische Familien in Hawaii	15 Subtests von dem HFSC	Elternmittel/ Nachkommens-korrelation	Intragruppe 0,13
				Intergruppe 0,47*
	209 Familien in der Republik Korea	14 Subtests von dem HFSC	Elternmittel/ Nachkommens-korrelation	Intragruppe 0,53*
				Intergruppe 0,18
	55 Kanadier	11 Subtests des WAIS	Elternmittel/ Nachkommens-korrelation	Intragruppe 0,23
				Intergruppe 0,60*
	240 jugendliche Zwillinge in Kentucky	11 Subtests des WAIS	Holsingers H-Formel	Intragruppe –
				Intergruppe 0,68*
	120 Familien aus Minnesota	4 Subtests des WAIS plus Gesamtwert	Eltern/Nachkommenskorrelation, korrigiert für die Paarüberein-stimmung	Intragruppe 0,68
				Intergruppe 0,64

Anmerkung. Aus Rushton: 1989c, S. 509, Tabelle 3. Copyright 1989 bei Cambridge University Press. Abgedruckt mit Erlaubnis von Cambridge University Press.
HFSC = Hawaii Family Study of Cognition; MMPI = Minnesota Multiphasic Personality Inventory; WAIS = Wechsler Adult Intelligence Scale [dt.: Hamburg-Wechsler-Intelligenztest für Erwachsene]
***$p < 0,001$; **$p < 0,01$; *$p < 0,05$; +$p < 0,10$.

Die Tabelle 4.2 zeigt auch Analysen, die mit Hilfe eines Zwischen-Subjekt-Designs gemacht wurden. Rushton und Nicholson (1988) analysierten Daten aus Studien mit Hilfe von 15 Subtests aus der „Hawaii Family Study of

Cognition" (HFSC) und 11 Subtests aus dem Wechsler-Intelligenztest für Erwachsene (WAIS). Es wurden positive Korrelationen innerhalb und zwischen den Stichproben errechnet. Zum Beispiel korrelierten in dem HFSC-Test sowohl die Eltern/Nachkommen-Regressionen (korrigiert für die Reliabilität) – welche Daten von Amerikanern europäischer Abstammung aus Hawaii, Amerikaner japanischer Abstammung aus Hawaii und Koreaner aus Korea verwendeten – positiv mit den Ähnlichkeitswerten zwischen Gatten, die aus derselben Stichprobe stammten, als auch mit denen, die aus zwei anderen Stichproben genommen wurden, nämlich von Amerikanern gemischter Abstammung in Kalifornien und von einer Gruppe in Colorado. Das gesamte, durchschnittliche r betrug 0,38 für die 15 Tests. Wenn man die zahlreichen Schätzungen aggregiert, um den verläßlichsten Gesamtwert zu bilden, ergab das eine substantiell bessere Voraussage der Gattenähnlichkeit in bezug auf die Einschätzung des genetischen Einflusses ($r = 0{,}74, p < 0{,}001$). Mit dem WAIS-Test erhielt man vergleichbare Resultate. Drei Schätzungen des genetischen Einflusses korrelierten, basierend auf unterschiedlichen Stichproben, positiv mit den Ähnlichkeiten zwischen den Partner, und sie sagten im Aggregat die zusammengesetzten Werte der Gattenähnlichkeit mit $r = 0{,}52$ ($p < 0{,}05$) voraus.

Nebenbei ist es erwähnenswert, daß die statistische Kontrolle für die Effekte von g in den HFSC und in den WAIS-Analysen zu beträchtlich niedrigeren Korrelationen zwischen den Schätzungen des genetischen Einflusses und der selektiven Partnerwahl führten und insofern die Sichtweise unterstützen, daß die Partnerwahl bei der Intelligenz primär nach dem g-Faktor erfolgt. Der g-Faktor hat die Tendenz, die am meisten erbliche Komponente bei kognitiven Leistungsmessungen zu sein (Kap. 3).

Intrafamiliäre Beziehungen

Eine Konsequenz der genetischen Ähnlichkeit zwischen den Ehepartnern ist ein damit einhergehender Anstieg des Altruismus innerhalb der Familie. Zahlreiche Studien haben gezeigt, daß nicht nur die Existenz von Beziehungen, sondern auch deren Grad an Zufriedenheit und Stabilität durch den Grad des Zusammenpassens bei persönlichen Merkmalen prognostiziert werden kann (Bentler & Newcombe, 1978; Cattell & Nesselroade, 1967; Eysenck & Wakefield, 1981; Hill, Rubin & Peplau, 1976; Meyer & Pepper, 1977; Terman & Buttenwieser, 1935a, 1935b). Weil viele der Eigenschaften, aufgrund derer sich Ehepartner auswählen, etwa zu 50 Prozent erblich sind, folgt daraus, daß diese Übereinstimmung in eine genetische Ähnlichkeit mündet. Obwohl jede Eigenschaft möglicherweise nur einen kleinen Beitrag zu der von den Ehepartnern geteilten genetischen Gesamtvarianz beiträgt, könnten die kumulativen Effekte beträchtlich sein.

In einer Studie von Russell und Wells (1991) wurde die Qualität der Ehen von 94 Paaren untersucht. Den Paaren wurde unter anderem der Eysenck-Persönlichkeitsfragebogen gegeben. Im Durchschnitt zeigten die Paare bei den Items des Persönlichkeitsfragebogens von Eysenck ein beachtliches Maß an Übereinstimmung. Ebenso sagte im Durchschnitt die Ähnlichkeit zwischen den Ehepartnern auf Item-Niveau eine gute Ehe voraus. Der Grad, mit dem die Ähnlichkeit bei einem Item eine gute Ehe voraussagte, korrelierte schwach, aber signifikant ($p < 0{,}05$) mit der Erblichkeit des Items, so wie es unabhängig von Neale, Rushton, & Fulker (1986) eingeschätzt worden war. Solchermaßen fand man eine gewisse Stütze für die Hypothese, daß die Qualität einer Ehe von der genetischen Ähnlichkeit abhängt.

Man kann in diesem Zusammenhang eine hiermit zusammenhängende Prognose über die elterliche Pflege von jenem Nachwuchs machen, der sich in Hinblick auf die Ähnlichkeit unterscheidet. Die Geschwisterdifferenzen innerhalb von Familien hat man als Forschungsthema oftmals übersehen. Die positive selektive Partnerwahl für genetisch determinierte Eigenschaften kann dazu führen, daß manche Kinder einem Eltern- oder Geschwisterteil ähnlicher sind als dem anderen. Wenn ein Vater seinem Kind z. B. 50 Prozent seiner Gene vererbt und von diesen 10 Prozent mit der Mutter teilt und die Mutter dem Kind 50 Prozent ihrer Gene vererbt und von diesen 20 Prozent mit dem Vater teilt, dann wird das Kind zu 60 Prozent seiner Mutter ähnlich sein und zu 70 Prozent seinem Vater. Auf der Basis der Theorie der genetischen Ähnlichkeit kann prognostiziert werden, daß Eltern und Geschwister diejenigen bevorzugen werden, die ihnen am ähnlichsten sind.

Littlefield und Rushton (1986) überprüften diese Hypothese in einer Studie über das Trauergefühl infolge des Todes eines Kindes. Die Vorhersage war, daß der Kummer der Eltern umso größer sein würde, je ähnlicher die Eltern das Kind empfanden. (Die wahrgenommene Ähnlichkeit mit den Nachkommen hängt mit der genetischen Ähnlichkeit zusammen, die durch Blutproben gemessen wurde [Pakstis et al., 1972].) Die Antwortenden wählten, welcher Seite der Familie das Kind „ähnlicher" sei, nämlich ihrer eigenen oder der ihres Ehepartners. Die Ehepartner stimmten zu 74 Prozent in dieser Frage überein. Sowohl Mütter als auch Väter trauerten intensiver um jene Kinder, die seitens ihrer eigenen Familie als ähnlicher wahrgenommen wurden.

Weitere Hinweise für Präferenzen innerhalb der Familie erbrachte Segal in einem Übersichtsbeitrag (1993) über Gefühle der Nähe, Kooperation und Altruismus bei Zwillingspaaren. Verglichen mit dizygoten Zwillingen arbeiteten monozygote Zwillinge härter bei Aufgaben für ihren Co-Zwilling, unterhielten eine größere körperliche Nähe, drückten mehr Zuneigung aus und litten stärker an einem Verlust infolge eines Todesfalls.

Eine genetische Basis für Freundschaft

Auch Freundschaften scheinen auf der Basis genetischer Ähnlichkeit geschlossen zu werden. Diese Annahme faßt als Ähnlichkeit auf, als wie ähnlich man durch die Freunde wahrgenommen wird, und umfaßt eine Vielfalt von objektiv gemessenen Charakteristika, inklusive Aktivitäten, Einstellungen,

Bedürfnisse, Persönlichkeit und ebenso anthropometrische Variablen. Überdies ist in der experimentellen Literatur der Frage darüber, wer wen mag und warum, Ähnlichkeit eine der einflußreichsten Variablen. Es hat sich nämlich herausgestellt, daß eine offensichtliche Ähnlichkeit in bezug auf die Persönlichkeit, die Einstellungen oder irgendeine der vielen Überzeugungen bei Personen unterschiedlichen Alters und verschiedener Kulturen, zu bestimmten Vorlieben führt. Der Theorie der genetischen Ähnlichkeit zufolge existiert eine genetische Basis für Freundschaft, und Freundschaft ist einer der Mechanismen, der zu altruistischem Verhalten führt. Viele sozialpsychologische Studien zeigen, daß der Grad altruistischer Verhaltensweisen mit der tatsächlichen oder wahrgenommenen Ähnlichkeit des Wohltäters mit dem Nutznießer ansteigt. Stotland (1969) z. B. ließ eine Person, die Elektroschocks zu erhalten schien, von anderen Personen beobachten. Als er die Meinungen der Personen über ihre Ähnlichkeit mit dieser Person manipulierte, hing der Grad der wahrgenommenen Ähnlichkeit mit der berichteten Empathie genauso wie mit Messungen der emotionalen Ansprechbarkeit durch die körperliche Hautleitfähigkeit zusammen. Krebs (1975) stellte fest, daß eine offensichtliche Ähnlichkeit nicht nur die körperlichen Emotionskorrelate erhöht, wie etwa die Hautleitfähigkeit, die Verengung der Blutgefäße und den Pulsschlag, sondern auch die Bereitschaft, das Opfer zu entlohnen. Bei Kleinkindern korrespondiert die Frequenz der sozialen Interaktionen zwischen Freunden eng mit der Frequenz von altruistischen Handlungen zwischen ihnen (Strayer, Wareing & Rushton, 1979).

Die Daten zeigen, daß die Tendenz, sich ähnliche Individuen als Freunde auszusuchen, genetisch beeinflußt ist. In einer Studie von Rowe und Osgood (1984) über Kriminalität unter 530 jugendlichen Zwillingen zeigten Pfadanalysen, daß nicht nur unsoziales Verhalten zu etwa 50 Prozent erblich ist, sondern auch, daß die Korrelation von 0,56 zwischen der Delinquenz eines Individuums und der Delinquenz seines Freundes genetische Ursachen hatte, d. h. daß junge Erwachsene, die eine genetische Neigung für Delinquenz haben, auch eine genetische Neigung hatten, sich gegenseitig als Freunde auszuwählen. In einer Studie von 396 jugendlichen und jungen erwachsenen Geschwistern, die sowohl Adoptiv- als auch Nicht-Adoptiv-Haushalte umfaßte, fanden Daniels und Plomin (1985) heraus, daß genetische Einflüsse bei der Wahl der Freunde eine Rolle spielen: Biologische Geschwister waren einander im Hinblick auf den Freundestypus, den sie hatten, ähnlicher als Adoptivgeschwister.

Blutproben von Freunden

Ich (Rushton, 1989d) verwendete Blutproben, um feststellen zu können, ob Freunde sich mehr ähnln, wobei ich dieselben Methoden verwendete, wie in der Studie über heterosexuelle Partner. Durch Anzeigen wurden aus der allgemeinen Bevölkerung 76 langzeitige, nicht-verwandte, nicht-homosexuelle, weiße männliche Freundschaftspaare im Alter von 18 bis 57 Jahren angeworben. Aus dieser Stichprobe wurde eine Kontrollgruppe durch zufällig gebildete Individuenpaare gebildet. Bei den Testserien wurde von jeder Person eine 12 bis 14 Millimeter große Blutprobe genommen. Die besten Freunde waren sich zu 54 Prozent ähnlich, wenn man 10 Loci von 7 polymorphen Blutsystemen verwendete – ABO, Rhesus (Rh), MNSs, P, Duffy (Fy), Kidd (Jk) und HLA. Eine gleiche Anzahl von zufällig gewählten Paaren war sich nur zu 48 Prozent ähnlich (t [150] = 3,13, $p<$ 0,05). Auswirkungen durch die soziale Schichtung waren unwahrscheinlich, weil die Differenzen innerhalb der Paare im Alter, der Bildung und dem Beruf nicht mit den Blutähnlichkeitswerten korrelierten (durchschnittliches r = –0,05).

Erblichkeit und Freundschaftsähnlichkeit

Ich überprüfte auch die Ähnlichkeit in bezug auf zahlreiche ausgewählte Fragebogen-Items, da bei den verschiedenen Komponenten Schätzungen des genetischen Einflußgrades berechnet worden sind. Zum Beispiel waren aus Datensätzen von 3.810 australischen Zwillingspaaren (Martin et al., 1986) bei 50 gesellschaftspolitischen Einstellungen 36 Erblichkeitswerte verfügbar (siehe Tabelle 4.3). Desweiteren waren für 81 der 90 Items aus dem Eysenck-Persönlichkeitsfragebogen zwei unabhängige Sets von Erblichkeitsschätzungen verfügbar, ein Set stammte von 3.810 australischen Zwillingspaaren (Jardine, 1985) und das andere Set von 627 britischen Zwillingspaaren (Neale et al., 1986). Diese korrelierten miteinander in einem Ausmaß von r = 0,44 (p < 0,001) und wurden aggregiert, um eine verläßlichere Zusammensetzung bilden zu können. Außerdem standen aus Daten von 125 Familien aus Belgien für 13 anthropometrische Messungen die Schätzungen des genetischen Einflusses zur Verfügung – basierend auf den Elternmittelwert/Nachkommen-Regressionen (Susanne, 1977).

Die Beispiele für verschiedene Erblichkeiten beinhalten: 51 Prozent für die Einstellung zur Todesstrafe versus 25 Prozent für die Einstellung, daß sich in der Bibel die Wahrheit fände (siehe Tabelle 4.3), 41 Prozent für die Vorliebe zu lesen versus 20 Prozent für die Vorliebe, viele verschiedene Hobbys zu haben (Neale et al., 1986); 80 Prozent für die Mittelfinger-Länge versus 50 Prozent für den Oberarmumfang (Susanne, 1977). Bei der Beurteilung dieser Resultate sollte man bedenken, daß die Erblichkeiten für die Freundschaft von einem Datensatz (z. B. australischen Zwillingen) zu einem anderen (kanadischen Freunden) verallgemeinert wurden. Dieses Ergebnis ist ein konservativer Test der genetischen Ähnlichkeitshypothese, weil der prognostizierte Effekt genügend verallgemeinerbar sein muß, um diese Differenzen zu überwinden.

Quer über die Messungen konnte man feststellen, daß sich enge Freunde gegenüber zufällig gepaarten Individuen aus derselben Stichprobe bedeutend ähnlicher sind. Pearsons Produktmomentkorrelationen zeigten, daß, verglichen mit zufälligen Paaren, Freundschaftspaare sich ähnlicher sind beim Alter (0,64 vs. –0,10, p < 0,05), Bildungsniveau (0,42 vs. 0,11, p < 0,05), Berufsstatus (0,39 vs. –0,02, p < 0,05), Konservatismus (0,36 vs. –0,02, p < 0,05), im Hinblick auf gegenseitige Gefühle des Altruismus und der Intimität (0,32 vs. –0,04 bzw. 0,18 vs. –0,08, ps < 0,05), bei 13 anthropometrischen Variablen (Mittelwert = 0,12 vs. –0,03, ns), bei 26 Persönlichkeitstestwerten (Mittelwert = 0,09 vs. 0,00, ns) und bei 20 selbstbeurteilten Persönlichkeitwerten (Mittelwert = 0,08 vs. 0,00, ns). Obwohl diese Ähnlichkeiten sehr klein sind, sind bedeutend mehr positiv als man aufgrund des Zufalls erwarten könnte (13/13 der anthropometrischen Variablen, 18/26 der Persönlichkeitstestwerte und 15/20 der selbsteingeschätzten Persönlichkeitswerte, alle $p < 0,05$, Vorzeichentest). Erwähnenswert ist weiter, daß diese relativen Größen den Ähnlichkeiten zwischen den Ehepartnern gleichen (Abb. 4.1).

Tabelle 4.3: Die Erblichkeitsschätzungen und die Ähnlichkeit zwischen Freunden bei Konservatismus-Items (N = 76)

Item	Erblichkeitsschätzung	Freundschaftsähnlichkeitswert	Test/Retest-Reliabilität	Ähnlichkeitswert, korrigiert für die Unreliabilität	Ähnlichkeitswert, korrigiert für das Alter, Bildung und Beruf
1. Todesstrafe	0,51	0,28	0,87	0,30	0,38
2. Evolutionstheorie	–	0,08	0,95	0,08	0,20
3. Schuluniformen	–	0,20	0,99	0,20	0,42
4. Striptease-Shows	–	0,13	0,97	0,13	0,24
5. Einhaltung des Sabbats	0,35	0,08	0,91	0,08	0,09
6. Hippies	0,27	0,03	0,97	0,03	0,15
7. Patriotismus	–	0,10	0,89	0,11	0,13
8. Moderne Kunst	–	0,02	0,93	0,02	0,09
9. Selbst-Verleugnung	0,28	0,08	0,79	0,09	0,12
10. Arbeitende Mütter	0,36	0,07	0,83	0,08	0,13
11. Horoskope	–	0,23	0,92	0,24	0,20
12. Geburtenkontrolle	–	0,04	–0,01	0,00	0,19
13. Militärischer Drill	0,40	0,10	0,96	0,10	0,22
14. Koedukation	0,07	–0,05	0,74	–0,06	–0,05
15. Göttliche Gesetze	0,22	0,25	0,82	0,28	0,20
16. Sozialismus	0,26	0,08	0,83	0,09	0,14
17. Weiße Überlegenheit	0,40	0,22	0,68	0,27	0,11
18. Cousinenheirat	0,35	0,04	0,89	0,04	0,24
19. Moral einüben	0,29	0,07	0,77	0,08	0,16
20. Selbstmord	–	0,08	0,86	0,09	0,08
21. Begleitpersonen	–	0,00	0,94	0,00	0,11
22. Legalisierte Abtreibung	0,32	0,13	0,96	0,13	0,29
23. Empire Gebäude	–	0,02	0,85	0,02	0,05
24. Studentenstreiche	0,30	–0,02	0,88	–0,02	0,07
25. Schankgesetze	–	–0,20	0,85	–0,22	–0,13

Item	Erblich-keits-schätzung	Freund-schafts-ähnlich-keitswert	Test/Retest-Reliabi-lität	Ähnlich-keitswert, korrigiert für die Unreali-bilität	Ähnlich-keitswert, korrigiert für das Alter, Bildung und Beruf
26. Computermusik	0,26	0,02	0,91	0,02	0,16
27. Keuschheit	–	0,00	0,76	0,00	0,13
28. Fluorzusatz	0,34	0,08	0,86	0,09	0,04
29. Königtum	0,44	0,15	0,92	0,16	0,16
30. Weibliche Richter	0,27	0,03	1,00	0,03	0,08
31. Konventionelle Kleidung	0,35	0,31	0,83	0,34	0,29
32. Teenager als Autofahrer	0,26	0,02	0,78	0,02	0,20
33. Apartheid	0,43	0,14	0,69	0,17	0,10
34. FKK-Strände	0,28	0,08	0,85	0,09	– 0,09
35. Kirchliche Autorität	0,29	0,08	0,86	0,09	0,21
36. Abrüstung	0,38	0,07	0,96	0,07	0,19
37. Zensur	0,41	0,03	0,81	0,03	0,10
38. Notlügen	0,35	0,06	0,76	0,07	– 0,10
39. Verprügeln	0,21	0,14	0,83	0,15	0,11
40. Gemischte Ehen	0,33	0,25	0,79	0,28	0,29
41. Strenge Regeln	0,31	0,25	0,81	0,28	0,19
42. Jazz	0,45	0,42	0,77	0,48	0,40
43. Zwangsjacken	0,09	0,00	0,85	0,00	0,00
44. Zwangloses Leben	0,29	0,18	0,63	0,23	0,55
45. Latein lernen	0,26	0,03	0,97	0,03	0,10
46. Scheidung	0,40	0,03	0,92	0,03	0,09
47. Angeborenes Bewußtsein	–	0,20	0,70	0,24	– 0,11
48. Einwanderung von Farbigen	–	0,06	0,88	0,06	0,10
49. Bibelvertrauen	0,25	0,30	0,95	0,31	0,47
50. Pyjama-Parties	0,08	0,08	0,91	0,08	0,24

Anmerkung: Aus Rushton: 1989d, S. 365, Tabelle 1. Copyright 1989 bei Elsevier Science Publishing. Abgedruckt mit Erlaubnis von Elsevier Science Publishing.

Die Ähnlichkeit zwischen Freunden war bei den am meisten erblichen Merkmalen am größten. Bei den 36 Konservatismus-Items (Tabelle 4.3) korrelierten die Erblichkeiten mit dem Ähnlichkeitsgrad zwischen den Freunden im Ausmaß von $r = 0,40$ ($p < 0,01$), eine Beziehung, die sich nicht änderte, wenn man sie für die Test/Retest-Reliabilität korrigierte oder für das Alter, die Bildung und den Berufsstatus. Bei den 81 Persönlichkeits-Items korrelierten die Erblichkeiten 0,20 ($p < 0,05$) mit den Freundschaftsübereinstimmungen, eine Beziehung, die sich durch die Korrektur für die Test/Retest-Reliabilität oder die sozioökonomische Übereinstimmung ebenfalls nicht änderte. Für die

13 anthropometrischen Variablen war die Korrelation zwischen Erblichkeiten und Ähnlichkeiten allerdings nicht signifikant ($r = 0{,}15$).

Eine unabhängige Bestätigung, daß Einstellungen mit einer höheren Erblichkeit stärker als diejenigen mit einer niedrigen Erblichkeit sind, stammt von einer Serie von Untersuchungen, die Tesser vornahm (1993). Dabei antwortet jede befragte Person mit „stimme zu" oder „stimme nicht zu" zu Einstellungen mit bekannten Erblichkeiten, inklusive einiger von denjenigen, die in Tabelle 4.3 aufgeführt sind. Gemessen an der Reaktionszeit sprach man auf Einstellungen mit höherer Erblichkeit schneller an. Wenn man versuchte, sozialen Einfluß geltend zu machen, veränderten sie sich weniger leicht, und in bezug auf die wechselseitige Anziehung von Einstellungen und Ähnlichkeiten waren sie besser prognostizierbar. So stellte Tesser (1993) fest, daß die stärker erblichen Einstellungen am meisten mit der Anziehungskraft zu einem Fremden korrelierten, wenn man sich diesen als einen potentiellen Freund, romantischen Partner und als Ehepartner vorstellte.

Der Ethnozentrismus

Die Folgen des Befundes, daß Menschen ihr Verhalten als eine Funktion der genetischen Ähnlichkeit gestalten, sind weitreichend. Sie implizieren eine biologische Basis für den Ethnozentrismus. Denn trotz der enormen Varianz innerhalb von Populationen kann man davon ausgehen, daß sich zwei Individuen innerhalb einer ethnischen Gruppe im Durchschnitt genetisch ähnlicher sein werden, als zwei Individuen von unterschiedlichen ethnischen Gruppen. Der Theorie der genetischen Ähnlichkeit zufolge kann man aber damit rechnen, daß die Menschen ihre eigene Gruppe gegenüber anderen bevorzugen.

Ethnischer Konflikt und ethnische Rivalität sind natürlich eines der großen Themen von historischen und zeitgenössischen Gesellschaften (Horowitz, 1985; Shaw & Wong, 1989; van den Berghe, 1981). Die lokale ethnische Bevorzugung zeigt sich auch bei Gruppenmitgliedern, die es vorziehen, sich im selben Gebiet zu versammeln und miteinander in Klubs und Organisationen zu verkehren. Ein Verständnis des modernen Afrikas z. B. ist ohne Kenntnis des dortigen Tribalismus nicht möglich (Lamb, 1987). Viele Studien haben festgestellt, daß die Menschen eher den Mitgliedern ihrer eigenen Rasse oder ihre eigenen Landes helfen, als den Mitgliedern anderer Rassen oder Fremden, und daß der Antagonismus zwischen Klassen und Nationen größer sein kann, wenn ein rassisches Element involviert ist.

Traditionell haben Politikwissenschafter und Historiker Konflikte zwischen Gruppen selten von einem evolutionären Standpunkt aus betrachtet. Daß Furcht und Mißtrauen gegenüber Fremden biologische Ursprünge haben können, wird jedoch durch den Nachweis gestützt, daß Tiere Furcht vor und Feindschaft gegenüber Fremden zeigen, auch wenn sie nie eine Verletzung davongetragen hatten. Man zog direkte Analogien zwischen der Art und Weise, wie Affen und Menschenaffen eindringenden Fremden derselben Spezies feindlich gegenübertreten und sie zurückschlagen, und der Art und

Weise, wie Kinder ein anderes Kind attackieren, das für einen Außenseiter gehalten wird (Gruter & Masters, 1986; Hebb & Thompson, 1968). Viele einflußreiche Sozialpsychologen haben darüber nachgedacht, ob die Übertragung der Xenophobie teilweise genetisch bedingt sein könnte. W. J. McGuire (1969: 265) bemerkte in diesem Zusammenhang:

> „Es erscheint bei spezifischen Einstellungen der Feindseligkeit möglich, daß sie genetisch übertragen werden, und zwar auf die Art, daß die Feindseligkeit in einem größeren Ausmaß auf Fremde der eigenen Spezies gerichtet wird als auf Vertraute der eigenen Spezies oder auf Mitglieder von anderen Spezies. Es erscheint nicht unmöglich, daß die Xenophobie eine teilweise angeborene Einstellung des Menschen ist."

Theoretiker von Darwin und Spencer bis hin zu Allport und Freud und neuerdings Alexander, Campbell, Eibl-Eibesfeldt und E. O. Wilson haben daran gedacht, daß die „Ingroup/Outgroup"-Diskriminierung ihre Wurzeln tief in der Evolutionsbiologie hat. (Eine historische Betrachtung lieferte van der Dennen, 1987.) Neuere entwicklungspsychologische Studien haben herausgefunden, daß sogar sehr junge Kinder eine klare und oft recht rigide Verachtung für Kinder zeigen, deren ethnisches und rassisches Erbe sich von ihrem eigenen unterscheidet, auch wenn Erfahrungs- und Sozialisationsauswirkungen offensichtlich fehlen (Aboud, 1988).

Viele derer, die nationalistische und patriotische Gefühle von einer soziobiologischen Perspektive betrachteten, haben deren scheinbare Irrationalität betont. Johnson (1986) etwa formulierte eine Theorie des Patriotismus, in welcher die Sozialisation und die Konditionierung Systeme beinhalten, die eine Verwandtschafts-Erkennung ermöglichen, so daß sich die Menschen gegenüber Ingroup-Mitgliedern altruistisch verhalten, so als ob sie genetisch ähnlicher wären, als sie es tatsächlich sind. In Johnsons Analyse ist Patriotismus z. B. oftmals eine Ideologie, die von der herrschenden Klasse propagiert wird. Der Patriotismus soll die Beherrschten dazu bewegen, sich konträr zu ihren eigenen genetischen Interessen zu verhalten und damit die Fitneß der Elite erhöhen. Er vermerkte, daß Patriotismus z. B. durch die Bezeichnung des Heimatlandes als „Mutter-" oder „Vaterland" gefördert wird, und daß die Bande zwischen den Menschen gestärkt werden, indem man sie „Brüder" und „Schwestern" nennt.

Der Theorie der genetischen Ähnlichkeit zufolge ist der Patriotismus mehr als nur ein „manipulierter" Altruismus, der zum genetischen Nachteil des Individuums funktioniert. Er ist eine epigenetisch geleitete Strategie, durch die die Gene Kopien von sich selbst effektiver reproduzieren. Die Entwicklungsprozesse, die Johnson (1986) und andere skizziert haben, finden zweifelsfrei statt – ähnlich wie dies bei anderen Formen von manipuliertem Altruismus der Fall ist. Wenn diese den menschlichen Hang, eine starke moralische Verpflichtung gegenüber der Gesellschaft zu empfinden, ausreichend erklären würden, bliebe der Patriotismus evolutionsbiologisch betrachtet eine Anomalie. Vom Standpunkt der Optimierung aus könnte man fragen, ob evolutionär stabile Ethiksysteme sehr lange überleben würden, wenn sie ständig zu Reduktionen in der Gesamtfitneß derer, die an sie glauben, führen würden.

Wenn die epigenetischen Regeln die Menschen dazu bringen, diejenigen Ideologien zu konstruieren und zu lernen, die allgemein ihre Fitneß erhöhen, dann können patriotischer Nationalismus, religiöser Fanatismus, Klassenkampf und andere Formen des ideologischen Engagements als genetisch beeinflußte kulturelle Wahlentscheidungen gesehen werden, die Individuen treffen, und die wiederum umgekehrt die Reproduktion ihrer Gene beeinflussen. Religiöse, politische und andere ideologische Kämpfe können aufgrund der Folgen für die Fitneß teilweise so hitzig werden, wie wir es von Beispielen aus der Vergangenheit her kennen. Manche Genotypen mögen in der einen ideologischen Kultur besser gedeihen als in der anderen.

▶ Aus dieser Sicht hat Karl Marx die Argumentation nicht weit genug geführt: Die Ideologie dient mehr als nur dem ökonomischen Interesse. Sie dient auch dem genetischen Zweck.

Aus dieser Interpretation folgen zwei Arten von falsifizierbaren Aussagen. Erstens: Individuelle Differenzen in der ideologischen Vorliebe sind teilweise vererbbar. Zweitens: Die ideologische Überzeugung erhöht die genetische Fitneß. Es gibt Hinweise, die beide Aussagen stützen. In Hinblick auf die Erblichkeit der Unterschiede in bezug auf die ideologischen Vorlieben hat man allgemein angenommen, daß politische Einstellungen großteils durch die Umwelt festgelegt werden. Sowohl Zwillings- als auch Adoptionsstudien offenbaren jedoch – wie in Kapitel 3 diskutiert – signifikante Erblichkeiten für soziale und politische Einstellungen genauso wie für Neigungen, die mit Stilfragen zu tun haben (siehe auch Tabelle 4.3).

Beispiele für Ideologien, die die genetische Fitneß erhöhen, sind religiöse Überzeugungen, welche die Ernährungsgewohnheiten, die sexuelle Praxis, die Ehesitten, die Säuglingspflege und die Kinderaufzucht regeln (Lumsden & Wilson, 1981; Reynolds & Tanner, 1983). Amerindianische Stämme, die den Mais in einer Lauge kochten, hatten höhere Bevölkerungsdichten und komplexere Gesellschaftsorganisationen als Stämme, die das nicht taten. Dies erklärt sich dadurch, daß Kochen in der Lauge die nahrhaftesten Teile des Korns freigibt, und es mehr Menschen ermöglicht wird, die Fortpflanzungsreife zu erreichen (Katz, Hodinger, & Valleroy, 1974). Die Amerindianer kannten die biochemischen Gründe für den Nutzen des Kochens mit Basen nicht, aber ihre kulturellen Überzeugungen hatten sich aus guten Gründen entwickelt und es ihnen ermöglicht, ihre Gene effektiver zu reproduzieren, als es sonst der Fall gewesen wäre.

Als Gegenargument könnte man anführen, daß auch wenn manche religiöse Ideologien der erweiterten Familie einen direkten Nutzen bringen, Ideologien wie der Patriotismus die Fitneß verringern (also würden sich die meisten Analysen des Patriotismus letzten Endes komplett auf soziale Manipulation stützen). Die Theorie der genetischen Ähnlichkeit kann eine bessere Ausgangslage für ein evolutionäres Verständnis des Patriotismus liefern, da erfolgreiche Gene nicht nur in der Verwandtschaft liegen müssen. Die Mitglieder von ethnischen Gruppen z. B. teilen oftmals dieselben Ideologien, und viele politische Differenzen haben einen genetischen Ursprung. Ein möglicher Test für die Theorie der genetischen Ähnlichkeit in diesem Zusammenhang wäre es, die Grade der genetischen Ähnlichkeit unter Ideologen zu berechnen, um zu untersuchen, ob ideologische „Konservative" homogener sind als ideologische „Liberale". Die „Reinheit" einer Ideologie zu bewahren, könnte ein Versuch sein, die „Reinheit" des Genpools zu bewahren.

Da der ethnische Konflikt sich einer Erklärung durch die sozialwissenschaftlichen Standarddisziplinen widersetzt, kann die Theorie der genetischen Ähnlichkeit einen Fortschritt im Hinblick auf das Verständnis der Ursachen dieser Konflikte darstellen, genauso wie von ethnozentristischen Einstellungen im Allgemeinen. Eibl-Eibesfeldt (1989) war ebenfalls der Meinung, daß wenn das Hingezogensein zur Ähnlichkeit eine genetische Komponente besitze, dies dann die Basis für Xenophobie als eine dem Menschen angeborene Eigenschaft liefern würde. Dieses Phänomen habe sich nach Eibl-Eibesfeldt in allen bis jetzt untersuchten Kulturen manifestiert.

Auch Van den Berghe (1989) stimmte der Perspektive der genetischen Ähnlichkeit in bezug auf den Ethnozentrismus zu und meinte, daß die Ethnizität eine „Urdimension" habe. In seinem Buch 1981 publizierten Werk *The Ethnic Phenomenon* machte er den Vorschlag, Ethnozentrismus und Rassismus als Fälle eines erweiterten Nepotismus zu erklären. Er hatte gezeigt, daß sogar relativ offene und assimilierte ethnische Gruppen ihre ethnischen Grenzen gegen das Eindringen von Fremden kontrollieren. Er zeigte überdies, wie sie Abzeichen als Marker der Gruppenzugehörigkeit verwendeten. Diese seien mehr kultureller als physischer Natur, behauptete er, und führte als Beispiele den sprachliche Akzent oder einen bestimmten Kleidungsstil an. Deshalb schien ihm die Fähigkeit, andere anhand von gemeinsamen Eigenschaften aufgrund hoher Erblichkeit zu erkennen, ein verläßlicheres Mittel zu sein, als die Identifizierung von Volksmitgliedern anhand von eher veränderlichen kulturellen Kennzeichen; er räumte allerdings ein, daß auch diese als Kennzeichen benutzt würden.

Eine gen-basierte Evolutionsperspektive für den ethnischen Konflikt anzunehmen, könnte sich als aufschlußreich erweisen – speziell im Lichte des offensichtlichen Scheiterns der Umwelttheorien. Mit dem Aufbrechen des Sowjetblocks wurden viele westliche Analysten von dem Ausbruch des heftigen ethnischen Antagonismus überrascht, den man für längst beendet betrachtet hatte. Richard Lynn (1989: 534) drückte es deutlich aus:

> „Rassische und ethnische Konflikte ereignen sich zwischen Schwarzen und Weißen in den Vereinigten Staaten, Südafrika und Großbritannien in der ganzen Welt; so z. B. zwischen Basken und Spaniern in Spanien und Iren und Briten in Nordirland. Diese Konflikte trotzten allen Erklärungen durch Disziplinen wie der Soziologie, Psychologie und Ökonomie ... die Theorie der genetischen Ähnlichkeit stellt einen großen Fortschritt im Verständnis dieser Konflikte dar."

R. Lynn (1989) stellte die Frage, warum die Menschen auf eine so irrationale Art und Weise an Sprachen hingen, was auch für fast ausgestorbene, wie etwa das Gälische und das Walisische, gelte. Er legte nahe, daß es eine Funktion von Sprachbarrieren sei, die Partnerwahl unter Volksmitgliedern zu fördern. Die starke Übereinstimmung zwischen sprachlichen und genetischen Stammbäumen, die in letzter Zeit entdeckt wurde, unterstützt Lynns Hypothese. Cavalli-Sforza, Piazza, Menozzi und Mountain (1988) ordneten Genfrequenzen von 42 Populationen in einen genetischen Stammbaum, der auf genetischen Distanzen basiert und stellten diesen in eine Beziehung zu einer Systematik von 17 Sprachstämmen (Kap. 11). Trotz der offensichtlichen Veränderlichkeit der Sprache und der Möglichkeit, daß sie von Eroberern aufgezwungen wird, fand man eine beträchtliche Parallelität zwischen der genetischen und der sprachlichen Evolution.

Die Gruppenselektion

Menschen sind offenbar daraufhin selektiert worden, in Gruppen zu leben, und die bisher präsentierte Argumentationslinie kann bei der Entscheidung helfen, ob die Gruppenselektion beim Menschen auftritt. Die Idee der Gruppenselektion wird definiert als „eine Selektion, die bei zwei oder mehr Mitgliedern einer Abstammungsgruppe als Einheit fungiert" (E. O. Wilson, 1975: 585) und als „die unterschiedliche Reproduktion von Gruppen, von der oft angenommen wird, daß sie Eigenschaften favorisiert, die individuell nachteilig sind, aber sich entwickeln, weil sie der größeren Gruppe nutzen" (Trivers, 1985: 456). Obwohl sie unter Darwin, Spencer und anderen beliebt war, wird ihr heute keine größere Rolle in der Evolution zuerkannt. Hamiltons (1964) Theorie der Gesamtfitneß wird z. B. als Ausdehnung der Individualselektion und nicht als Gruppenselektion aufgefaßt (Dawkins, 1976, 1982). Tatsächlich hat in jüngerer Zeit die Gruppenselektion „dem Lamarkismus als der am gründlichsten abgelehnten Idee in der Evolutionsbiologie Konkurrenz gemacht", wie es D. S. Wilson ausdrückt (1983: 159). Mathematische Modelle (zusammengefaßt in D. S. Wilson, 1983) zeigen, daß die Gruppenselektion die Individualselektion nur unter extremen Bedingungen außer Kraft setzen konnte, wie etwa bei kleinen Migrationsraten zwischen den Gruppen, kleinen Gruppengrößen und großen Unterschieden in der Fitneß zwischen den Gruppen.

In der jüngeren Vergangenheit war es Wynne-Edwards (1962), der das Thema Altruismus zu einem zentralen Theoriepunkt gemacht hat. Er wies darauf hin, daß ganze Tiergruppen kollektiv von einer Übervermehrung absähen, wenn die Dichte der Population zu groß wird. Dies könne sogar bis zu dem Punkt gehen, daß Nachkommen, wenn nötig, getötet werden. Wynne-Edwards meinte, daß eine derartige Selbstbeschränkung die Ressourcenbasis der Tiere schütze und ihnen einen Vorteil gegenüber Gruppen verschaffe, die keine Beschränkung praktizierten und als Folge ihres Fehlverhaltens ausgelöscht würden. Es war sofort umstritten, ob man diese extreme Form als Gruppenselektion anerkennen müsse. Gegen diesen Standpunkt wurde in der Folge eine Reihe von Argumenten und Daten ins Feld geführt (Williams, 1966). Es schien kein Mechanismus zu existieren (ein anderer als Verwandte zu bevorzugen), durch den altruistische Individuen mehr Gene hinterlassen könnten als egoistische und betrügende Individuen.

Ein Kompromiß wurde von E. O. Wilson (1975) angeboten, der vorschlug, daß obwohl die Gene die Einheiten der Reproduktion sind, ihre Selektion sowohl durch Wettbewerb auf dem individuellen als auch auf dem Gruppenniveau stattfinden könnte. Für manche Zwecke können diese als gegenüberliegende Enden eines Kontinuums von seßhaften, sich ständig erweiternden Gemeinschaften von sozial interaktiven Individuen betrachtet werden. Die Verwandtschaftsselektion wird folglich zwischen der Individual- und Gruppenselektion verortet. Die Theorie der genetischen Ähnlichkeit, der zufolge die Gene ihre Reproduktion maximieren, indem sie jeden Organismus nützen, in welchem sich Kopien von ihnen finden, kann einen Mechanismus darstellen, durch den die Gruppenselektion verbessert werden kann.

Beim Menschen ist die Möglichkeit, Vorteile an genetisch ähnliche Individuen weiterzugeben, durch die Kultur stark erhöht worden. Durch die Sprache, das Recht, die religiöse Metaphorik und den patriotischen Nationalismus, alle aufgeladen mit einer Verwandtschaftsterminologie, dehnt das ideologische Engagement das altruistische Verhalten enorm aus. Gruppen, die aus Menschen bestehen, die genetisch zu moralischen Verhaltensweisen neigen, wie etwa Ehrlichkeit, Verantwortung, Enthaltsamkeit, die Bereitschaft zu teilen, Loyalität und Selbstaufopferung, haben einen deutlichen genetischen Vorteil gegenüber Gruppen, die das nicht tun. Wenn außerdem ein starker Sozialisationsdruck, in dem auch die „gegenseitige Beobachtung" und „moralische Aggression" einfließen, um das Verhalten und die Werte innerhalb der Gruppe auszurichten, wird ein Mechanismus geliefert, um die Gene von Betrügern unter Kontrolle zu halten und sogar zu entfernen.

Außerdem ist, wie früher besprochen, das soziale Lernen durch individualisierte epigenetische Regeln beeinflußt. Sozialpsychologische Studien über die Kulturübertragung zeigen, daß die Menschen bereitwilliger Trends von Rollenmodellen aufgreifen, die ihnen ähnlich sind (Bandura, 1986). Zusammengenommen ist es wahrscheinlich, daß verschiedene ethnische Gruppen von unterschiedlichen Trendsettern lernen, sich dann die Abweichung zwischen den Gruppen erhöht, und dadurch die Wirksamkeit der Gruppenselektion steigt. Diejenigen Gruppen, die ein optimales Maß an ethnozentrischer Ideologie angenommen haben, könnten ihre Gene erfolgreicher reproduziert haben als die anderen. Eine Evolution unter den Bedingungen einer biokulturell geleiteten Gruppenselektion, inklusive Migration, Krieg und Genozid, könnte einen Großteil der Veränderung der menschlichen Genfrequenzen erklären (Alexander, 1987; Ammerman & Cavalli-Sforza, 1984; Chagnon, 1988; D. S. Wilson, 1983). E. O. Wilson (1975: 573–74) drückte es überzeugend so aus:

> „Wenn ein soziales, räuberisches Säugetier ein bestimmtes Intelligenzniveau erreicht, so wie es die frühen Hominiden taten, die große Primaten waren und besonders dafür disponiert waren, würde eine Gruppe die Fähigkeit haben, über die Bedeutung von angrenzenden sozialen Gruppen ernsthaft nachzudenken und mit ihnen in einer intelligent organisierten Art und Weise umgehen. Eine Gruppe könnte dann eine benachbarte Gruppe aus dem Weg schaffen, sich ihr Territorium zu eigen machen, ihre eigene genetische Vertretung in der Metapopulation erhöhen und die Stammeserinnerung an diese erfolgreiche Episode bewahren, das Ganze wiederholen, die geographische

Ausbreitung ihres Vorkommens erhöhen und rasch ihren Einfluß noch weiter in der Metapopulation verteilen. Der Besitz von bestimmten Genen würde eine solche primitive kulturelle Fähigkeit ermöglichen ... Die einzige Kombination von Genen, die bei der Behauptung gegenüber genoziden Aggressoren eine überlegene Fitneß verleihen kann, würden diejenigen sein, die entweder eine effektivere Aggressionstechnik hervorbringen oder die Fähigkeit, dem Genozid durch irgendeine Form des friedfertigen Manövrierens zuvorzukommen. Jede von beiden bringt wahrscheinlich einen geistigen und kulturellen Fortschritt mit sich. Eine solche Evolution ist nicht nur autokatalytisch, sondern hat auch den Vorteil, daß sie nur selten eine Selektionsepisode braucht, um genauso rasch stattzufinden wie eine Selektion auf Individualebene."

5
RASSE UND RASSISMUS IN DER GESCHICHTE

Über Jahrtausende hinweg war Rassismus nicht nur ein Wort, sondern ein Lebensstil. In den historischen Aufzeichnungen spielen der ethnische Nepotismus und Verbote gegen die Vermischung immer wieder eine Rolle. Die Bedeutung der Rasse abzuwerten, steht nicht nur in einem Widerspruch zur menschlichen Neigung der Klassifizierung und Entwicklungsgeschichten entsprechend der wahrscheinlichen Abstammung zu konstruieren, sondern es ignoriert auch die Arbeiten von denjenigen Biologen, die andere Spezies untersuchten (Mayr, 1970).

In seiner Arbeit des Jahres 1758 klassifizierte Linné vier Unterarten des *Homo sapiens: europaeus, afer, asiatic und americanus*. Die meisten der späteren Klassifikationen anerkennen zumindest die drei größeren Unterteilungen, die in diesem Buch ins Auge gefaßt werden: Negride, Europide und Mongolide (für die Terminologie siehe das Glossar).

Der Rassismus

Die grundlegendste Beziehung, die vom Stammesmenschen anerkannt wurde, ist die des Blutes oder der Abstammung. In vielen Fällen wird jeder, der nicht zu einem Verwandten gemacht wurde, ein Feind. Eine primitive Gesellschaft scheint oftmals nach zwei zentralen Prinzipien organisiert zu sein, nämlich daß einmal die einzig wirksame Bindung eine Bindung des Blutes ist und daß zum anderen der Zweck einer Gesellschaft darin besteht, sich für Angriffs- oder Verteidigungskriege zu vereinen. Manchmal geben sich die Stämme den Namen „Menschen", was bedeutet: *wir alleine sind Menschen*, wohingegen Außenstehende etwas anderes sind, oft nicht einmal definiert.

Wie Gruppen von Pavianen, Rhesusaffen und Schimpansen besetzen die Stämme von Ureinwohnern ein Territorium als ein geschlossenes Gruppensystem. Wenn eine kritische Bevölkerungsdichte erreicht wird, führen die Innergruppen-Antagonismen oft zu Aufspaltungen entlang der Verwandtschaftslinien. Um hier die Yanomami aus Südamerika als Beispiel anzuführen: Wenn die Population etwa 300 erreicht, nehmen die Spannungen innerhalb des Dorfes zu, werden die Streitereien häufiger, und es findet, typischerweise infolge eines Streites, eine Spaltung statt (Chagnon, 1988).

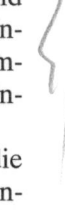

Die Feststellung der rassischen Variation beim Menschen, basierend auf Differenzen in der Morphologie und der Pigmentierung, ist so alt wie die geschriebene Geschichte. Wie bei Loehlin et al. (1975) erwähnt, zeichneten die Ägypter der 19. Dynastie um 1200 v. Chr. polychrome [d. s. vielfarbige; Anm. d. Ü.] menschliche Figuren auf die Wände ihrer königlichen Grabmäler, die Menschen unterschiedlicher Hautfarbe und Haarform darstellen: Rot (Ägypter), Gelb (asiatisch und semitisch), Schwarz (subsaharische Afrikaner) und Weiß (westliche und nördliche Europäer, auch mit blauen Augen und blonden Bärten dargestellt).

In der Bibel sind, von einem einzigen Ahnen, die drei Söhne Noahs mytisch getrennt in die Nachkommen von Sem (Semiten), Ham (nichtsemitische Mittelmeerbewohner, hin und wieder wird behauptet, daß die Negriden hier eingeschlossen sind) und Jafet (nördliche Völker; gelegentlich wird behauptet, daß hiermit die Indoeuropäer oder Arier gemeint sind). Die Juden stammten von Sem ab und wurden von Jahwe gewarnt, sich selbst zu bewahren als „ein Volk ... ausgewählt, damit du unter allen Völkern, die auf der Erde leben, das Volk wirst, das ihm persönlich gehört" (Dtn. 7,6). Der Patriach Noah verfluchte Kanaan, einen von Hams Söhnen, und seine Nachkommen, „ein Knecht der Knechte ... für seine Brüder" zu sein (Gen. 9, 25–27 [Jeweils zitiert nach Einheitsübersetzung, Stuttgart/Klosterneuburg, 1980]). Dieser Vers wurde von den Israeliten verwendet, um ihre Unterwerfung der Kanaaniter zu billigen, als sie das gelobte Land eroberten, und später von Christen und Muslimen, um ihre Versklavung der Schwarzen zu rechtfertigen.

Andere Gruppen entwickelten ihre eigenen religiösen Rechtfertigungen für den Separatismus. Die Arier oder indoeuropäischen Völker, die vor 2500 Jahren in Indien einfielen, errichteten ein komplexes Kastensystem, um ihren ursprünglichen physischen Typus zu bewahren. Sie begannen, die *Rig-Veda* zu verfassen, ein Destillat ihrer religiösen Überzeugungen. Letztlich wurden diese in den Upanishaden verbunden (verfaßt um 800 v. Chr.; erstmals niedergeschrieben um 1300 n. Chr.), welche unter anderem starke soziale Barrieren gegen die freie Vermischung aufstellten. Das Kastensystem war möglicherweise die ausgeklügelste und effektivste Barriere gegen die Vermischung von benachbarten ethnischen Gruppen, die die Welt je gekannt hat. Es setzt sich trotz der Versuche der Regierungen, es zu demontieren, bis heute fort. Nichtsdestoweniger hat sich die einst helle Hautfarbe der Brahmanen beträchtlich verdunkelt.

Bei der Schlacht am Blood River im Zululand in Südafrika am Sonntag, den 16. Dezember 1838, schlossen die Voortrekker ein Bündnis mit Gott ab. Wenn er sie von den überwältigenden Zahlen der Zulukrieger, die sie umzingelten, befreite, würden sie diesen Tag jedes Jahr als Jahrestag begehen und ihr Leben in Übereinstimmung mit dem Geist dieses Schwures führen. In dieser Schlacht wurden ca. 3–4.000 Zulu-Soldaten [die Angaben über ihre Gesamtstärke schwanken zwischen 12.000 und 36.000; Anm. d. Ü.], bewaffnet mit Assagai und Schildern, getötet, während nur ein Mitglied der kleinen Streitmacht von Burensoldaten, bewaffnet mit Gewehren und einer Kanone, einen Schnitt in der Hand erlitt. So wurde der Burenstaat zu einer Theokratie (Michener, 1980).

Die Europiden sind natürlich nicht die einzigen Ethnozentristen. Es ist unmöglich, das moderne Afrika zu verstehen, ohne das Wesen der Stammesrivalität zu begreifen (Lamb, 1987). Nur ein Beispiel: *The Times Higher Education Supplement* (30. August 1985, S. 8) berichtete, daß die kenianische Regierung Lektoren und Administratoren der Universität von Nairobi mit dem Ziel verwarnt habe, die Vergabe von besseren Noten an Studenten ihres jeweils eigenen Stammes zu beenden.

Das Schriftzeichen *yi*, „barbarisch", war für über 2000 Jahre hinweg das gebräuchliche chinesische Wort, das für alle nichtchinesischen Völker verwendet wurde (Cameron, 1989: 13). Die Chinesen fühlten sich stets dem Rest der Welt überlegen, und zwar schon lange bevor die Frauen des Römischen Reiches sich nach den verführerischen Effekten chinesischer Seide sehnten, was schließlich dazu führte, daß der römische Senat über den Abfluß in seiner Staatskasse alarmiert war. Die europäischen Händler, Priester und Soldaten, die in späteren Zeiten kamen, gaben den Chinesen keinen Grund, am Urteil über sich selbst zu zweifeln. Selbst der Name, den die Chinesen ihrem Land gaben, nämlich *Chung Kuo*, das zentral gelegene „Mittel-Königreich", von wo aus sich die Kultur strahlenförmig nach außen entfaltete, war ethnozentristisch. Heute sind die Chinesen davon überzeugt, daß ihr Kommunismus der einzig richtige und wahre Kommunismus sei, und daß ihr Weg aus dem Kommunismus der einzig richtige und wahre Weg vorwärts ist.

Bis zum späten 18. und frühen 19. Jahrhundert war der Großteil der Menschheit durch weiße Wissenschaftler nach Rassen kategorisiert worden. Mit diesen Klassifizierungen gingen Werturteile einher. Weil bis dahin weiße Völker einen Gutteil der Erde erobert oder besiedelt hatten, nahmen sie für sich selbst eine angeborene, überlegene Abstammungslinie an.

Aufgrund der Entdeckung einer überraschenden sprachlichen Verwandtschaft zwischen Ariern, Persern, Hethitern, Griechen und Römern in der antiken Welt und den Völkern des modernen Europas wurde eine Theorie der nordeuropäischen, rassischen Überlegenheit begünstigt und ausgebaut. Die indoeuropäischen Sprachen gaben der Hypothese einer gemeinsamen Rasse Auftrieb, in welcher ein blondes Volk mit heller Hautfarbe und selten kreativer Begabung immer wieder sterbende und dekadente Kulturen neu befruchtet.

Einer der Hauptvertreter dieser „Arier"-Hypothese war Arthur de Gobineau (1816–1882), ein französischer Graf, der die erste rassisch orientierte Geschichtsdeutung vorlegte. Der *Versuch über die Ungleichheit der Menschenrassen* des Comte de Gobineau (1853–1855) porträtierte die Arier als eine alte Rasse von europäischen Bauern, Fischern, Jägern und Schafhirten, welche unter anderem das Genie der griechischen und römischen Kultur zur Blüte brachten. Gobineau meinte, die Tugenden der europäischen Aristokratie – Freiheitsliebe, Ehre und Spiritualität – wären rassisch bestimmt. Von hier aus gäbe es seiner Ansicht nach eine sich abwärts entwickelnde Hierarchie von Fähigkeiten, die zum Teil auf der Sprachfähigkeit basiere.

Seiner Meinung nach korrumpiere z. B. die Bourgeoisie den Adel. Die „gelbe Rasse" wäre bourgeois, belastet mit einem unkreativen Drang nach materiellem Reichtum. Schwarze hätten eine geringe Intelligenz, aber grobe, überentwickelte Sinne. Gobineaus Ideen wurden später mit denen anderer Theoretiker vereinigt, um ein Mittel für eine rassische Identifikation zu liefern, speziell für die Idee, daß eine gemeinsame Sprache eine gemeinsame Wurzel für die Europäer sei. Viele dieser Ideen wurden von den Nationalsozialisten übernommen, um ihre Angriffe gegen die „fremdartigen" Juden zu rechtfertigen (Mosse, 1978).

Die meisten Anthropologen ignorierten jüdische Menschen und betrachteten sie als Teil der europiden Rasse und für die Assimilation ins europäische Leben fähig. Gobineau selber hielt die Juden für eine Rasse, die in allem erfolgreich gewesen wäre, was sie tat – ein freies, starkes, intelligentes Volk, das genauso viele Gelehrte wie Kaufmänner hervorgebracht hatte. Für Gobineau bewiesen die antiken Juden außerdem, daß der Wert der Rasse von den materiellen Umweltbedingungen unabhängig ist. Große Rassen könnten überall gedeihen und täten das auch.

Weitere Personen, die die Lehre von der nordischen Überlegenheit unterstützten, waren:
- Houston Stewart Chamberlain (1855–1927), ein Engländer, der arische Gene in fast allen großen Männern der Vergangenheit entdeckte, auch bei Jesus Christus.
- Madison Grant (1865–1937), ein US-amerikanischer Rechtsanwalt und Naturforscher, dessen Buch *The Passing of the Great Race* (1916) den Niedergang der nordischen Völker behandelte und dessen Argumente dabei halfen, die strengen US-Einwanderungsgesetze der frühen 1920er Jahre durchzusetzen.
- Lothrop Stoddard (1883–1950), ebenfalls aktiv beim Thema Einwanderung, welcher in seinem Buch *The Rising Tide of Color* (1920) davor warnte, daß die weißen Völker letzten Endes durch die Fruchtbarkeit der nichtweißen, farbigen Rassen überflutet würden.

Bis in die 1950er Jahre hinein war das Wort „Rasse" noch weitverbreitet, um Völker und nationale Gruppen zu bestimmen, die man heute als „ethnische Gruppen" bezeichnen würde. In Großbritannien wurde das Wort auf die englischen, walisischen, schottischen und irischen Bevölkerungsteile des Landes angewandt. Winston Churchill verwendete den Ausdruck gewohnheitsmäßig in seiner *History of the English Speaking Peoples* für ethnische oder „Stammes"-Unterschiede, wie derjenigen zwischen den Angeln, Sachsen, Dänen, Jüten und Normannen. In der westlichen Welt haben nur wenige Wörter derart deutliche Veränderungen mitgemacht – in erster Linie als Folge der Nachwehen des Zweiten Weltkrieges. Eine Umfrage unter den Autoren von Lehrbüchern der physischen Anthropologie in den Vereinigten Staaten zeigte z. B., daß zwischen 1932 und 1969 noch 65 Prozent der Befragten die Aussage akzeptierten, daß es Menschenrassen gebe, in den Jahren zwischen 1970 und 1979 aber nur noch 32 Prozent dieser Meinung waren (Littlefield, Lieberman & Reynolds, 1982).

Die Rasse als Fortpflanzungsgruppe

Die Klassifikation der Tiere in Typen ist die spezifische Aufgabe der Wissenschaft der Taxonomie oder Systematik. Um der biologischen Welt eine Ordnung zu verleihen, wurde von Carl von Linné (Carolus Linnaeus, 1707–1778), einem schwedischen Naturforscher an der Universität von Uppsala, ein Klassifikationsschema ins Leben gerufen. Das System, das gegenwärtig verwendet wird, ist als „Linnésche Hierarchie" bekannt und ist in seiner (weitgehend) gegenwärtigen Form auf das Jahr 1758, als die zehnte Ausgabe der *Systema Naturae* von Linné erschien, zu datieren. Es basiert auf der Annahme, daß Tiere mit einem ähnlichen Körperbau als Angehörige derselben Klassifikationsgruppe angesehen werden können. Außerdem wird eine evolutionäre Schlußfolgerung gemacht: Je enger sich zwei Tiere gleichen, desto enger sind sie wahrscheinlich verwandt. Insofern verbindet die Taxonomie direkt die strukturelle Organisation der Tiere und indirekt ihre Evolutionsgeschichten miteinander.

Innerhalb einer gegebenen Klassifikationsgruppe ist es oft möglich, zahlreiche Untergruppen zu unterscheiden, von denen jede Tiere beinhaltet, die durch eine noch größere Ähnlichkeit des Körperbaus und folglich der Evolutionsgeschichte charakterisiert sind. Jede solche Untergruppe kann weiter unterteilt werden; es kann eine ganze Hierarchie an Klassifikationsgruppen etabliert werden. In dieser Hierarchie, vom Höchsten (das meiste beinhaltend) zum Niedrigsten (am wenigsten beinhaltend), lauten die sieben Hauptränge: Reich, Stamm, Klasse, Ordnung, Familie, Gattung und Art. Es können auch Zwischenränge durch die Vorsilben Unter- oder Über- (z. B. Überordnung, Unterordnung usw.) bestimmt werden. Die speziellen Tiergruppen, die von einer gegebenen Kategorie erfaßt werden, bezeichnet man oft als „Taxa". Säugetiere sind z. B. ein Taxon auf dem Rangniveau der Klasse.

In der gesamten Hierarchie bestehen die zunehmend niedriger werdenden Ränge aus zunehmend mehr, aber kleineren Gruppen. So bilden die Tiere ein Reich, etwa zwei Dutzend Stämme und ungefähr zwei Millionen Arten. Auch zeigen die Gruppen auf nachfolgend niedrigeren Rängen eine steigende Ähnlichkeit der Körperformen und eine zunehmend ähnliche Evolutionsgeschichte. Die Mitglieder einer Klasse gleichen sich z. B. in einem großen Ausmaß, aber die Mitglieder innerhalb einer der Ordnungen dieser Klasse gleichen sich in einem noch größeren Ausmaß. Ein ähnlicher Zusammenhang gilt für die Evolutionsentwicklungen.

Der Tradition Linnés und dem internationalen Code der zoologischen Fachbezeichnung entsprechend, sollten alle Arten (und nur Arten) durch zwei Namen identifiziert werden, nämlich durch den Namen ihrer Gattung und den Namen ihrer Art. Diese sind lateinisch oder haben Namen in latinisierter Form und werden universell gebraucht. Diejenige Art z. B., zu der wir gehören, wird als *Homo sapiens* bezeichnet. Derartige Artbezeichnungen sind stets unterstrichen oder kursiv gedruckt, und der erste Name wird groß geschrieben. So gehört die menschliche Art zu der Gattung *Homo*. Der *Homo sapiens* ist die einzige, gegenwärtig lebende Art innerhalb der Gattung

Homo. Der Name der Gattung ist immer ein Substantiv und der spezifische Name ist normalerweise ein Adjektiv.

Tabelle 5.1: Eine partielle taxonomische Klassifikation des Menschen

Rang	Name	Merkmale
Stamm	Chordata	Mit einem Notochord, im Rückgrat einen Hohlraum für die Nerven, und in einem bestimmten Moment des Lebenszyklus Kiemen im Rachen
Klasse	Säugetiere	Die Jungen werden durch Milchdrüsen aufgezogen, Haut mit Haaren, Körperraum geteilt durch ein Diaphragma, Hauptschlagader nur linksseitig; rote Blutkörperchen ohne Zellkern; konstante Körpertemperatur, 3 Mittelohrknochen; Gehirn mit gut entwickeltem Großhirn
Ordnung	Primaten	Hauptsächlich baumbewohnend; gewöhnlich mit Fingern und flachen Nägeln; reduzierter Geruchssinn
Familie	Hominiden	Aufrecht, Fortbewegung zweifüßig; auf dem Boden lebend; Hände und Füße unterschiedlich spezialisiert; soziale Organisation in der Familie und im Stamm
Gattung	Homo	Großes Gehirn; Sprache; ausgedehnte Lebenserwartung mit einer langen Jugend
Art	Homo sapiens	Markantes Kinn, hohe Stirn, dünne Schädelknochen; S-kurviges Rückgrat, spärliche Körperbehaarung

Eine vollständige Klassifizierung eines Tieres sagt eine Menge über das Wesen dieses Tieres aus. Wenn wir z. B. nichts anderes über die Menschen wüßten als ihre taxonomische Klassifizierung, dann würden wir wissen, daß ihre Konstruktionsmerkmale so wie in Tabelle 5.1 skizziert sind. Solche Daten liefern bereits eine erhebliche Detailbeschreibung der Körperstruktur. Implizit würden wir auch wissen, daß die Evolutionsgeschichte der Menschen auf eine gemeinsame Chordata-Abstammung zurückgeht.

Manchmal wird eine Art auch in Unterarten geteilt, in diesem Fall wird eine dreigliedrige Bezeichnung verwendet. Taxa, die niedriger als Unterarten sind, werden manchmal mit vier Wörtern benannt, wobei das letzte für die *Varietät* steht. So ist die Rasse gegenüber der Art ein kleineres Taxon.

Trotz der zentralen Bedeutung des Artkonzeptes in der Biologie sind sich die Biologen nicht einig über eine Definition, die auf alle Beispiele zutrifft. Vor der Zeit Darwins wurde die Art für eine urzeitliche Schablone gehalten oder für einen Archetypus, der von Gott geschaffen wurde. Sukzessive begannen sich Taxonomen diejenigen Arten als Gruppen sich intern paarender, natürlicher Populationen vorzustellen, die von anderen Gruppen in Hinblick auf die Fortpflanzung isoliert sind, und in denen jedes Individuum einzigartig ist und sich in größerem oder kleinerem Ausmaß verändern kann, wenn es in eine andere Umwelt kommt.

Die theoretische Bedeutung der Variation innerhalb von Populationen wurde von Mayr (1970) diskutiert. Für Jahrzehnte wurde debattiert, ob die geographische Variation in ihrem Wesen genetisch sei. Mendelsche Evolutionstheoretiker verneinten das, da ihre Deutung der Artbildung von spektakulären Mutationen abhing und nicht von einer Selektion, die an abgestuften Charakteren ansetzt. Heute anerkennen alle Biologen die genetische Einmaligkeit lokaler Populationen. Da nie zwei Individuen genetisch gleich sind, werden nie zwei Gruppen von Individuen gleich werden. Außerdem ist jede lokale Population einem konstanten Selektionsdruck ausgesetzt in Richtung auf eine maximale Fitneß für das spezielle Gebiet, in dem sie lebt. Folglich können sich Unterarten verhaltensmäßig genauso unterscheiden, wie sie sich biometrisch unterscheiden.

In Summe ist Rasse ein biologisches Konzept. Rassen werden an einer Kombination von geographischen, ökologischen und morphologischen Faktoren und Genfrequenzen biochemischer Komponenten erkannt. Die Rassen gehen jedoch über Zwischenformen ineinander über, da sich die Mitglieder einer Rasse mit den Mitgliedern anderer Rassen kreuzen können und dies auch tun.

Die meisten modernen Klassifikationen kennen drei große Unterteilungen an: negrid, europid und mongolid. Manche Forscher haben zusätzliche Rassen benannt, wie etwa die Indianiden und die Australiden. Innerhalb jeder Rasse sind zahlreiche Varietäten oder Unterrassen vorgeschlagen worden, wenngleich es keine Übereinstimmung bei der Anzahl gibt. Hauptsächlich aus politischen Gründen meidet die Mehrheit der Forscher so weit wie möglich die Verwendung des Ausdrucks *Rasse* und verwendet für die menschlichen Großrassen das Wort „Population" und für die Unterrassen die Phrase „ethnische Gruppe".

Die islamische Ethnologie

Sowohl Feindseligkeit als auch Bastardierung haben in der Antike die ethnischen Beziehungen unter jenen Gruppen des Nahen Ostens charakterisiert, die in die Geschichte eingetreten sind – die Ägypter, die Sumerer, die Akkader, die Israeliten, die Hethiter, die Perser und später die Griechen und Römer. Der Adel und die Führung der verschiedenen Fraktionen haben oft gegen die Bastardierung argumentiert. Die Bibel liefert viele Beispiele, in denen die Hebräer ermahnt werden, sie zu vermeiden. Stämme und Nationen hielten es für natürlich und legitim, sich gegenseitig zu verachten, versklaven, erobern und vertreiben. Die Sklaverei ist aus den allerersten geschriebenen Berichten bezeugt: unter den Sumerern, den Babyloniern und den Ägyptern genauso wie unter den Griechen und den Römern. Die Wandzeichnungen des antiken Ägyptens stellen z. B. in der Regel Götter und Pharaone in Überlebensgröße dar, während Schwarze und andere Fremde als Diener und Sklaven gezeigt werden.

Im siebten Jahrhundert n. Chr. kam unter den Arabern der Islam auf. Unter deren Herrschaft und später unter den osmanischen Türken wurde eine universale Zivilisation vom Atlantischen Ozean bis nach China und von Europa bis nach Westafrika geschaffen. Die Bildung von weit ausgedehnten Reichen durch Eroberung, in die speziell durch die Einrichtung der Sklaverei verschiedene Rassen und ethnische Gruppen gedrängt worden waren, führte während eines knappen Jahrtausends zu einem beachtlichen Schrifttum über die Merkmale der verschiedenen Gruppen. Geschrieben in Arabisch, Persisch und Türkisch, konzentrierte sich die Diskussion auf die Eignung von verschiedenen Rassen für verschiedene Aufgaben und Berufe.

Unter den Arabern, bei denen intensive Stammesloyalitäten in Fehden und Kriege übergingen, existierte der übliche Ethnozentrismus. In seinem Buch *Race and Slavery in the Middle East* untersuchte Lewis (1990) die gängigen Stereotypen, die für die unterschiedlichen nationalen Gruppen aufkamen. In der frühen arabischen Poesie werden viele Nuancen der menschlichen Gesichtsfarbe beschrieben. Die Araber meinten, daß ihre eigene olive Gesichtsfarbe generell vorzuziehen sei, sowohl gegenüber der roteren Farbe der Perser, Griechen und Europäer, als auch gegenüber den schwarzen und braunen Menschen des Horns von Afrika und darüber hinaus. Ibn al-Fagih al-Hamadani, ein irakisch-arabischer Autor um 902 n. Chr., drückte es so aus: „Die Iraker sind weder halb gebackener Teig noch verbrannte Kruste, sondern dazwischen" (zitiert nach Lewis, 1990, S. 46). Eine Ausnahme bildete die Vorliebe von Blondinen als Konkubinen; diese erbrachten normalerweise die höchsten Preise.

Sa'id al-Andalusi (gest. 1070), der über die damals moslemische Stadt Toledo in Spanien schrieb, klassifizierte zehn Völker, die sich im Hinblick auf die Kultivierung einer Zivilisation ausgezeichnet hätten. Im einzelnen nannte er Inder, Perser, Chaldäer, Griechen, Römer, Ägypter, Araber, Juden, Chinesen und Türken. Hingegen wurden die nördlichen genauso wie die südlichen Barbaren mehr als Tiere denn als Menschen betrachtet. Man dachte, daß die Slawen und Bulgaren wegen ihrer Entfernung zur Sonne ein kühles Temperament und einen schwerfällige Verstand hätten. Im Süden glaubte Sa'id, daß es den Schwarzen wegen der heißen, dünnen Luft an „Selbstkontrolle und Verstandesruhe mangele und daß sie von Wankelmütigkeit, Torheit und Ignoranz überwältigt werden" (zitiert nach Lewis, 1990, S. 47–48).

Lewis (1990) untersuchte die arabischen Beziehungen zu den Schwarzen, mit denen die Moslems für über 1000 Jahre als Sklavenhändler Geschäfte machten. Obwohl der Koran erklärte, daß es keine höheren und minderen Rassen gebe und daher keine Barriere gegen Vermischung, wurde diese fromme Lehre in der Praxis mißachtet. Die Araber wollten nicht, daß ihre Töchter auch nur hybridisierte Schwarze heirateten. Die Äthiopier wurden am meisten respektiert, die „Zanj" (Bantu und andere negride Stämme aus Ost- und Westafrika südlich der Sahara) am wenigsten, und die Nubier belegten dabei eine Zwischenposition.

Die negativen Ansichten über schwarze Menschen werden von Lewis (S. 52) bis Mas'udi (gest. 956) zurückverfolgt, der den griechischen Arzt Galen (ca. 130–200 n. Chr.) zitierte, als dieser dem schwarzen Mann „einen langen Penis und eine große Fröhlichkeit" zuschrieb. Und weiter: „Galen sagt, daß die Fröhlichkeit den schwarzen Mann aufgrund seines fehlerhaften Gehirns dominiert, worauf auch die Schwäche seiner Intelligenz zurückzuführen ist". Diese Beschreibung wird später in Variationen wiederholt.

Die meisten arabischen Geographen sprechen über die Nacktheit, den Paganismus, den Kannibalismus und das primitive Leben der Afrikaner, speziell der Bantu Ostafrikas entlang Sansibars, welches die Araber im Jahr 925 n. Chr. kolonisiert hatten. Maqdisi schrieb, Schwarze seien von Natur aus „wie wilde Tiere ... die meisten laufen nackt herum ... das Kind kennt seinen Vater nicht, und sie essen Menschen" (zitiert nach Lewis, 1990, S. 52). Ein persischer Autor des 13. Jahrhunderts, Nasir al-Din Tusi, meint, daß sich Schwarze von Tieren nur insofern unterschieden, als „ihre zwei Hände über dem Boden getragen werden ... der Affe ist gelehriger und intelligenter" (zitiert in Lewis, S. 53). Im 14. Jahrhundert pflegte Ibn Butlan ein Vorurteil über den musikalischen Rhythmus und meinte, daß ein Afrikaner, „wenn er vom Himmel auf die Erde fallen würde, den Takt schlage, während er hinabfalle" (zitiert nach Lewis, S. 94). Daß schwarze Menschen möglicherweise wegen ihrer Einfältigkeit so besonders fromm seien, war Inhalt eines weiteren Vorurteils.

Quer durch die islamische Literatur wird auch das Bild von einer ungezügelten sexuellen Potenz der Schwarzen kolportiert, so z. B. in den Geschichten und Illustrationen von *Tausend und eine Nacht*. Die schwarzen Frauen werden genauso wie die Männer mit groß ausgeprägten Genitalien dargestellt. Ein persisches Manuskript aus dem Jahr 1530 n. Chr. (Lewis, 1990, S. 97 und Farbtafel Nr. 23) beinhaltet eine gezeichnete Illustration, die ein Gedicht ziert: Dabei schaut eine weiße Frau zu, wie ihre schwarze Kammerdienerin in der Lage ist, mit einem Esel zu kopulieren; als die weiße Frau das probiert, hatte es verheerende Folgen.

Im Großen und Ganzen wurden schwarze Menschen als für niedere Tätigkeiten bestimmt eingestuft. Während Sklaven und ihre Nachkommen aus anderen Teilen des Reiches auf die höchsten Ebenen der Verwaltung vorrücken durften und das auch taten, traf dies auf schwarze Sklaven selten zu. Schwarze Sklaven wurden als unintelligent angesehen, anders als nicht-afrikanische Sklaven oder die Völker an den Reichsgrenzen, inklusive der europäischen Christen, der indischen Hindus und der Chinesen.

Oftmals schrieb man rassische Merkmale der Umwelt zu. Ibn Khaldun (1332–1406), den Lewis als größten Historiker und Sozialdenker des Mittelalters charakterisiert, widmete den Klimaauswirkungen ein Kapitel. Sogar die den Schwarzen zugeschriebene Fröhlichkeit erachtete man eher als klimatisch, denn als genetisch im Ursprung (Lewis, S. 47). Einer der Autoren, Jahiz aus Basra (ca. 776–869), führte die weithin wahrgenommene geringe Intelligenz der Schwarzen auf ihre vorherrschende sozioökonomische Stellung zurück und fragte seine Leser, ob sie von ihrer Kenntnis der indischen Sklaven auf die vorhandenen Leistungen in der indischen Wissenschaft, Philosophie und Kunst geschlossen hätten. Da die Antwort wahrscheinlich „Nein" sein würde, sei dieses Argument auch auf schwarze Länder hin anwendbar (zitiert in Lewis, S. 31).

Die christlichen Entdecker

Die Europäer hatten immer von den gewaltigen Schönheiten und Reichtümern des Ostens Kenntnis gehabt. Lange Zeit waren die Erzeugnisse der chinesischen Seidenproduktion eine begehrte Ware gewesen und um 126 v. Chr. waren die Seidenstraßen von China nach Zentralasien und in den Mittelmeerraum hinein geschaffen worden. Auch wenn sie manchmal in Vergessenheit geraten waren, wurden sie später wieder entdeckt. Die Brillanz der Chinesen als Erfinder und Künstler waren auch den islamischen Arabern und Persern bekannt (Lewis, 1990).

Im Jahr 1275 reiste Marco Polo (1254–1324) von Venedig nach China mit dem Ziel, den Handel mit dem mongolischen Reich aufzunehmen. Er verließ China und war von der effizienten Verwaltung der Straßen, Brücken und der durch Kanäle verbundenen Städte, des Postsystems, der Volkszählung, der Märkte, der standardisierten Gewichte und Maßeinheiten und des Münz- und Papiergeldes beeindruckt. Die Großartigkeit und Toleranz des chinesischen Hofes, wie er von Marco Polo beschrieben worden ist, begeisterte die westliche Welt. Dieser urteilte: „Sicherlich gibt es auf der Welt keine intelligentere Rasse als die chinesische."

Der Kontakt der Christen mit Afrika begann im Jahre 1441 ernsthafter zu werden, als zum ersten Mal Sklaven und Gold direkt aus Westafrika nach Portugal importiert wurden. Die Entdeckung des Goldes lieferte einen starken Reiz für weitere Erkundungen.

Später, im 15. Jahrhundert, hatten die Portugiesen das Kap der Guten Hoffnung umrundet und stellten den Kontakt mit den arabisch kontrollierten ostafrikanischen Gebieten von Mozambique und Mombasa her, bevor sie ihre historischen Reisen fortsetzten, die den direkten Handel zwischen Europa und Indien eröffneten. Primär um ihren Handel mit Indien und dem Osten zu verteidigen, gründeten zuerst die Portugiesen und später die anderen europäischen Mächte Kolonien an der afrikanischen Küste. Der Handel mit Elfenbein und später mit Sklaven, die für die amerikanischen Kolonien bestimmt waren, lieferte einen zusätzlichen Anreiz für Erforschungen. Durch Jahrhunderte des Handels mit griechisch-römischen, islamischen und nun christlichen Kulturen waren große Teile der Peripherie von Nord-, Ost- und Westafrika von Fremden beeinflußt worden. Andere Teile hingegen, speziell die inneren Zentralregionen und die südlichen Gebiete, blieben unerforscht und für Außenstehende unbekannt.

Die niedergeschriebenen Eindrücke von sieben großen Erforschern Schwarzafrikas, einschließlich derjenigen Gebiete, die von arabischen und europäischen Kulturen unbeeinflußt waren, wurden von J. R. Baker (1974) zusammengetragen. Er wählte diese Forscher wegen ihres Rufes, exakt und seriös zu berichten, aus. Baker hielt es für unwahrscheinlich, daß sich ein sehr unterschiedliches Bild gezeigt hätte, wenn eine andere Zusammenstellung von Forschern verwendet worden wäre oder wenn er eine größere Anzahl berücksichtigt hätte. Die Forscher mit den Daten ihrer Hauptwerke und ihrer Forschungsreisen sind:

H. F. Fynn (1950): 1824–34,
D. Livingstone (1857): 1840–56,
F. Galton (1853): 1850–51,
B. P. Du Chaillu (1861): 1856–59,
J. H. Speke (1863): 1860–63,
S. W. Baker (1866): 1862–65,
G. Schweinfurth (1873): 1869–71.

J. R. Baker (1974) schreibt, daß die gewonnenen Eindrücke auf eine niedrige Kulturstufe schließen ließen, die durch eine nackte oder fast nackte Erscheinungsweise charakterisiert seien, manchmal eher durchbrochen von einem Amulett oder Schmuck, als durch die Bedeckung des Genitalbereiches. Weiter beobachtete Baker:
- Selbstverstümmelung durch das Abfeilen der Zähne und durch das Durchstechen der Ohren und Lippen, um große Schmuckstücke aufzunehmen,
- gering entwickelte Toiletten- und Sanitärgewohnheiten,
- einstöckige Wohnhäuser von einfacher Bauweise,
- Dörfer, die selten 6.000 oder 7.000 Einwohner erreichen oder durch Straßen verbunden sind,
- einfache Kanus, die aus großen Bäumen ohne ergänzende Teile geschnitzt worden waren,
- keine Entdeckung des Rades für die Töpferei, zum Mahlen des Kornes oder für den Fahrzeugverkehr,
- wenig Domestizierung von Tieren oder deren Verwendung für Arbeit und Transport,
- keine Schriften oder Aufzeichnungen für historische Ereignisse,
- kein Gebrauch des Geldes,
- keine Erfindung eines Zahlensystems oder eines Kalenders.

Manche Forscher waren betroffen vom Fehlen einer Verwaltung und eines Gesetzeskodexes. Es wurden Beispiele von Häuptlingen erzählt, die nach Belieben für kleinere Regelverstöße oder nur aus Lust in despotischer Art und Weise töteten. Als der Forscher Speke dem König von Buganda, Mutesa, ein Gewehr gab, probierte es der König an einer weiblichen Gefangenen aus. Wenn man Hexerei vermutete, mochten Hunderte geschlachtet worden sein – oft in grotesken Formen der Exekution. Wenn Sklaverei praktiziert wurde, hatten die Sklaveneigentümer die Freiheit, ihre Sklaven zu töten. In manchen Gebieten wurde auch Kannibalismus praktiziert. Es schien nirgends eine formale Religion mit heiligen Traditionen, Überzeugungen über den Ursprung der Welt oder ethische Vorschriften mit dem Gefühl für Gnade.

Die Forscher befanden, daß die Afrikaner von geringer Intelligenz seien, ein gering entwickeltes Vokabular hätten, um abstrakte Gedanken ausdrükken zu können und ein geringes Interesse an intellektuellen Fragestellungen hätten. Speke schrieb, daß der Schwarze nur für den Augenblick denke und es vorziehe, den Tag so faul wie möglich zu verbringen. Livingstone urteilte, daß es den Stämmen an Weitsicht mangeln würde, und sie es als sinnlos erachteten, daß der Forscher im vollen Wissen, daß er nie die Früchte sehen würde, Dattelsamen pflanzte. S. W. Baker (1866, S. 396–397) kam zu dem Schluß, daß junge schwarze Kinder „einen Vorsprung im Hinblick auf intellektuelle Wendigkeit gegenüber weißen Kindern des gleichen Alters" hätten, aber daß „der Verstand sich nicht erweitert – er verspricht Früchte, aber er reift nicht".

Immer wenn ein kluges Individuum erschien, wie in einer Geschichte, die Livingstone über einen Mann erzählt wurde, der ein Bewässerungssystem für die Kultivierung von Tomaten baute, starb in der Regel die Idee mit ihrem Erfinder. Gelegentlich erzählte man Geschichten über Individuen, die versuchten, geschriebene Texte zu erfinden. Die Forscher neigten dazu, die hybriden Gruppen als intelligenter und die dunkleren, stärker negriden Gruppen als weniger intelligent anzusehen. So bemerkte Livingstone, daß die Stämme von Angola „auf keinen Fall den Kap Kafriden glichen – in keinerlei Hinsicht" (S. W. Baker, 1866, S. 367). Manche Stämme waren jedoch bei der Töpferei, beim Eisenschmieden, bei der Holzkunst und bei der musikalischen Instrumentation, bemerkenswert geschickt.

Wie ebenfalls von den islamischen Schriftgelehrten berichtet, wurde den Afrikanern eine große musikalische Virtuosität bei der Zeitpräzision und der Genauigkeit der Tonhöhe zugeschrieben: ganz gleich, ob beim Klang oder bei der Stimmung der Instrumente. Die Eingeborenentänze, die die Forscher miterlebten, tendierten aufgrund obszöner Bewegungen in Richtung der anderen Tänzer dazu, sinnlich zu sein. Das galt allerdings nicht für die feierlichen Kriegstänze, speziell derjenigen der Zulus, bei denen eine starke Disziplin, Ordnung, Bedächtigkeit und Regelmäßigkeit konstatiert wurde. Die Zulus waren einer der größten Kriegerstämme gewesen, die je in Afrika bekannt waren. Sie schufen und behaupteten über einen Großteil des 19. Jahrhunderts hinweg ein militärisches Reich, das von Zululand in Südafrika über Tansania bis zum Kongo reichte, bis sie schließlich von den Briten im Jahre 1879 besiegt wurden.

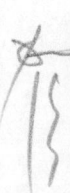

Die Aufklärung

Europas wissenschaftliche Revolution, die mit Galileo (1564–1642) und Newton (1642–1727) einsetzte, schuf tiefgreifende und weitreichende Veränderungen. Die Wissenschaft änderte sich in der Bedeutung von einem einfachen „Wissen" zu „systematisch formuliertem Wissen, basierend auf Beobachtung und Experiment". Es wurde notwendig – wie niemals zuvor –, die Regeln zu „beweisen". Die Aufklärung im 18. Jahrhundert war durch den Glauben an die Kraft des menschlichen Verstandes charakterisiert, die natürliche Welt zu verstehen. Dadurch kam das Studium der menschlichen Natur und der menschlichen Unterschiede in ihren Denkbereich.

Im 17. Jahrhundert, als die Forscher mehr und mehr über die Unterschiedlichkeiten des Affen und Menschen entdeckten, gab es eine große Verwirrung über das Ausmaß der Überlappung. Manche Menschen lebten ohne Kenntnis des Ackerbaus ein sehr einfaches Leben als Nahrungssammler.

Abb. 5.1: Die Schädelzeichnungen von Camper (1791) zur Illustration des Gesichtswinkels

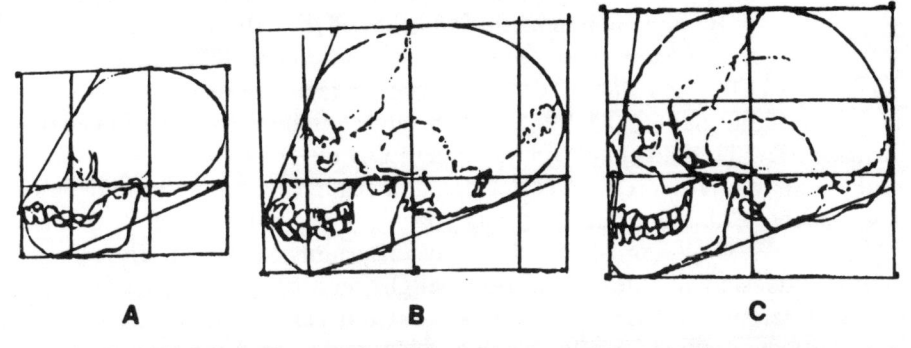

A **B** **C**

Die Schädel stammen von (A) einem jungen Orang-Utan, (B) einem jungen Schwarzen und (C) einem typischen Europäer. Camper machte zuerst eine Zeichnung der linken Seite eines Schädels, der in waagerechter Position aufgestellt wurde und zog dann eine Linie, die die vordere Oberfläche des ersten Schneidezahnes und die Stirn streifte, dabei jedweden Nasenknochen auf dieser Linie ignorierend. Der Winkel, der von der Gesichtslinie und der waagrechten Ebene gebildet wurde, wurde zum „Gesichtswinkel". Wenn entweder der Kiefer hervorragt oder die Stirn sich nach hinten neigt, wird der Gesichtswinkel klein sein. Camper stellte folgende Gesichtswinkel fest: für einen Affen: 42°; Orang-Utan: 58°; einen Schwarzen: 70°, einen Europäer: 80°; die perfektesten menschlichen Züge, wie sie in klassischen griechischen Statuen dargestellt sind, betragen fast 90°. Aus Camper: 1791, zitiert bei Baker, 1974.

Manche Affen konnte man darauf trainieren, an einem Tisch zu Abend zu essen. Man hätte mutmaßen können, daß Affen eine niedrigere Form des Menschen seien, die es ablehnten zu sprechen, um zu vermeiden, zu Sklaven gemacht zu werden, während die Pygmäen wegen ihrer flachen Nasen und kleinen Statur z. B. eine höhere Form des Affen hätten sein können. Im Jahre 1699 war der englische Arzt Edward Tyson der erste, der eine sorgfältige Untersuchung der Anatomie eines Schimpansen unternahm und aufzeigte, daß er strukturell dem Menschen ähnlicher als den Affen sei. Er stellte die Hypothese auf, daß die afrikanischen Pygmäen zwischen Affen und Menschen stünden (Baker, 1974, S. 31–32).

Carl Linné nahm an, daß die Menschenaffen von Menschen strukturell nicht einfach zu unterscheiden seien. Bis zum Jahr 1758, als die zehnte Ausgabe seines *System Naturae* erschien, wies er der Gattung *Homo* zwei Arten zu, *H. sapiens* (Mensch) und *H. troglodytes* (Menschenaffen). Wie zu Beginn dieses Kapitels bereits erwähnt, unterteilte Linné auch den *Homo sapiens* in vier Unterarten: *europaeus, afer, asiaticus* und *americanus*. Um diese zu unterscheiden, verwendete er geistige genauso wie körperliche Eigenschaften. So wurde der *europaeus* als „aktiv, sehr scharfsinnig, ein Entdecker ... bestimmt durch die Gewohnheit" beschrieben; und *afer* (afrikanische Schwarze) wurden beurteilt als „gewieft, faul, unvorsichtig ... bestimmt durch die Launenhaftigkeit".

Später zeigten Leclerc de Buffon (1707–1788), ein französischer Naturforscher, und Petrus Camper (1722–1789), ein holländischer Anatom, daß Affen vom Menschen deutlicher unterscheidbar sind. So zeigte im Jahr 1779 eine Studie von Camper über die Sprachorgane des Orang-Utans, daß er unfähig war zu sprechen, und in späteren Studien bewies er dessen Unfähigkeit, aufrecht auf zwei Beinen zu gehen; ein Punkt, bei dem sich die Biologen einig waren, daß er den Menschen von den Affen auf einem höheren taxonomischen Niveau trennen würde, als Linné vorgeschlagen hatte.

Camper unternahm auch Studien über die Menschenrassen. Er führte das Konzept der „Gesichtslinie" ein, um quantitativ die Menschenrassen miteinander und mit den Tieren zu vergleichen und begann so die moderne Kraniologie (siehe Abbildung 5.1). Camper machte klar, daß der Schwarze kein Mensch/Affe-Mischling ist. Nach einem Kriterium, das von Buffon eingeführt wurde, sind alle Menschenrassen Mitglieder derselben Art, weil sie sich miteinander, aber nicht mit Repräsentanten anderer Gruppen kreuzen können. Trotzdem schien es vielen als zwangsläufig, daß der Schwarze die affenähnlichste Varietät des Menschen sei.

Zwei Sichtweisen der rassischen Unterschiede herrschten vor Darwins Evolutionstheorie vor, nämlich der *Monogenismus*, der Glaube, daß der Mensch trotz der rassischen Unterschiede eine einzige Art mit einem einzigen Ursprung sei, und der *Polygenismus*, sprich: die Ansicht, daß die menschlichen Rassen unterschiedliche Ursprünge hätten. Obwohl die Rassen sich natürlich kreuzen konnten, war es die Ansicht des Polygenismus, daß die Mischlinge aus einer solchen Verbindung eine schwache Konstitution hätten, was nur bestätigen würde, daß sich die die Rassen weit auseinanderentwickelt hätten. Die entscheidende Frage war, wie weit in der Vergangenheit sich die verschiedenen Zweige der menschlichen Evolution zu trennen begonnen haben. Wenn sich das Auseinandergehen sehr weit in der Vergangenheit vollzogen hat, könnten die Varietäten unterschiedlich genug geworden sein, um als Arten angesehen zu werden.

Viele jener, die die Ungleichheiten der Rasse befürworteten, waren politische Liberale, die in Opposition zu den religiösen Monarchisten ihrer Zeit standen. Jean Jacques Rousseau (1712–778), der französische politische Philosoph, postulierte in seinem *Diskurs über den Ursprung und die Grundlagen der Ungleichheit unter den Menschen* des Jahres 1775 [dt.: 1756] folgendes: Während der primitive Mensch alleine war und daher von seiner Ungleichheit nichts wußte, führten große Zivilisationen notwendigerweise ungleiche Menschen zusammen und verursachten dabei Elend. Rousseau argumentierte, nur dann, wenn man die große Vielfalt, die in der Gesellschaft existiert, akzeptierte, könne man eine legitime soziale Ordnung konstruieren, in der die Bürgerschaft willens wäre, ihre natürliche Freiheit um einer höheren Freiheit willen aufzugeben. Die Kraft von Gesetz und Demokratie, meinte Rousseau, mache die Menschen voneinander unabhängig, weil es sie alle gleichermaßen vom Gesetz der Republik abhängig machen würde.

Voltaire (1694–1778) betonte ebenfalls die unveränderlichen körperlichen Unterschiede zwischen den Rassen und hob zum Beispiel die Größe der Schamlippe und der externen Genitalien bei den weiblichen Hottentotten hervor (siehe J. R. Baker, 1974, S. 313–17 für Gravuren und Details). Bis zum

17. Jahrhundert hat man erkannt, daß die Hautfarbe nicht alleine auf das Einwirken der Sonnenstrahlen während des Lebens des Individuums zurückgeht. Man sah, daß in den Tropen geborene weiße Babys und in Europa geborene schwarze Babys ihren Eltern glichen und ihre Farbe während ihres ganzen Lebens behielten. Voltaire meinte, daß eine solche Vielfalt eher gegen den religiösen Glauben spreche, daß alle Menschenrassen in jüngster Zeit von einem einzigen Adam- und Eva-Ahnen abstammen würden.

David Hume (1711–1776), schottischer Philosoph und Historiker, schrieb, daß die Rassen unabhängig entstanden seien und daß diejenigen, die jenseits der Polarkreise oder zwischen den Tropen lebten, denen der gemäßigten Zone unterlegen seien. Die Menschen Afrikas wären weniger intelligent und fähig als der Rest der Menschheit, behauptete Hume, und obwohl viele freigelassen worden waren, hätte keiner einen größeren Beitrag zur Kunst oder Wissenschaft erbracht. Hume hatte viele politische Positionen inne, inklusive dem des Chefs der Britischen Kolonialverwaltung im Jahre 1766. Er vertrat den Standpunkt, daß der Charakter der verschiedenen Rassen teilweise angeboren sei, wofür er das – trotz ihrer Verteilung über ein riesiges Gebiet, das klimatisch variiert – homogene Wesen der Chinesen anführte.

Immanuel Kant (1724–1804) schrieb viel über den Nationalcharakter, aber nur wenig über die Unterschiede zwischen den Großrassen, wobei er im Großen und Ganzen mit Humes Einschätzung übereinstimmte. Kant war teilweise beeindruckt vom afrikanischen Glauben an Fetische: der Zahn von Leoparden und die Haut von Schlangen, getragen wegen ihrer magischen Kraft. Fetischistische Überzeugungen würden eine intellektuelle Unterlegenheit implizieren und dabei „so tief in die Dummheit, wie es für das menschliche Wesen möglich zu sein scheint", sinken und weit weg von dem Gefühl der angeborenen moralischen Pflicht, die er den „Kategorischen Imperativ" nannte, worin die Verhaltensmaximen als allgemeine Gesetze dienten.

Georg Wilhelm Friedrich Hegel (1770–1831) verachtete ebenfalls die Verwendung von Fetischen, um die Naturkräfte zu beherrschen und glaubte, daß die Afrikaner unfähig wären, sich komplizierte religiöse Glaubenssysteme anzueignen, und daß sie außerhalb seiner Theorie der historischen Entwicklung stünden. Für Hegel war Afrika „kein historischer Teil der Welt; es legt keine Bewegung oder Entwicklung an den Tag". Obwohl Karl Marx (1818–1883) es nicht öffentlich machte, teilte er später Hegels Ansicht über afrikanische Menschen, als er dessen Geschichtsphilosophie an seine eigene politische Philosophie anpaßte (Weyl, 1977).

Johann Friedrich Blumenbach (1752–1840), ein deutscher Professor für Medizin, untersuchte die Physiologie und die vergleichende Anatomie der unterschiedlichen Rassen und bestätigte, daß sie alle Mitglieder derselben Art seien. Obwohl er nichts über die Evolution wußte, war er sich dessen bewußt, daß die Pflanzen und Tiere verändert werden als eine Folge von klimatischen Veränderungen und Züchtung; ein Prozeß, den er als *Degeneration* des von Gott gegebenen Originals bezeichnete. Er ging von der Wahrheit der Bibel aus und behauptete, daß die Europiden Adam und Eva am nächsten wären und daß die anderen Rassen durch einen Degenerationsprozeß entstanden, weil sie den klimatischen Extremen ausgesetzt waren. Obwohl Blumenbach die europäischen Formen für die schönsten hielt, insistierte er darauf, daß viele Rassenunterschiede in den Erzählungen massiv übertrieben worden seien, einschließlich der Größe der externen Geschlechtsmerkmale der weiblichen Hottentotten, die von Voltaire betont wurden.

Samuel Thomas Soemmering (1755–1830), ein deutscher Anatom, der noch heute für seine Arbeit über das sympathische Nervensystem bekannt ist, schrieb über die vergleichende Anatomie des Schwarzen und Europäers. Er sezierte die verschiedenen Körperteile, um systematisch die Behauptung zu untersuchen, ob Schwarze anatomisch dem Affen mehr entsprächen, als Europäer dies täten. Er kam zu dem Schluß, daß die Schwarzen auffallend menschlich seien, klar unterscheidbar von den Affen und anderen Tieren, auch wenn es bei ihnen viele primitive Züge gebe. So ist z. B. der Unterkiefer des Schwarzen robuster als der europäische und der Teil, an dem der Kaumuskel befestigt ist, ist sehr breit; außerdem sind die oberen und unteren Schneidezähne vorwärts geneigt, so daß sie sich in einem Winkel treffen.

Es war Soemmering (zitiert von Todd, 1923), der im Jahr 1785 als erster eine Schätzung der Schädelkapazität veröffentlichte. Seine Methode war schlicht die, den Schädel mit Wasser zu füllen. Er nahm einfach an, daß der Hohlraum des menschlichen Schädels die Größe des Gehirns reflektiert, das er einst beinhaltete. Er berichtete, daß der Schädel eines Europäers geräumiger sei als der eines Schwarzen. Saumarez (zitiert von Todd, 1923), der ebenfalls die Wassermethode verwendete, bestätigte Soemmerings Feststellung. Auch Vicey, dieselbe Methode verwendend, entdeckte im Jahr 1817 diese Beziehung.

Nicht alle Biologen dieser Zeit glaubten, daß Afrikaner sich von Europäern unterschieden. Franz Joseph Gall (1758–1828), jener deutsche Arzt, der am meisten daran Anteil hatte, daß das Gehirn als das Organ des Verstandes erkannt wurde, wies die Ansicht, daß der negride Schädel weniger Gehirn als der europäische beinhalten soll, ausdrücklich zurück. Andererseits hatte Gall die Klassifikationsschemen insgesamt abgelehnt und meinte, daß jeder Schädel einzigartig sei. Er erfand die Phrenologie, eine Theorie, nach der sich Talente und Eigenschaften einer Person von den Schädelstrukturen auf spezielle Hirnregionen nachverfolgen ließen.

Friedrich Tiedemann (1781–1861), ein deutscher vergleichender Anatom und Physiologe, machte darauf aufmerksam, daß Campers Gesichtswinkel keine Messung der Gehirngröße lieferte, wie bestimmte Autoren annahmen. Bei der Messung des inneren Schädelvolumens fand er keine Unterschiede zwischen Afrikanern und Europäern. Als er Autopsien vornahm, stellte er jedoch fest, daß afrikanische Gehirne um eine Spur kleiner waren als europäische, speziell in ihren vorderen Bereichen. Er stellte fest, daß die Gehirne strukturell ähnlich seien: darüber hinaus schien das afrikanische Gehirn weniger gewunden zu sein. Bei den Gesichtszügen wiederholte Tiedemann, daß Afrikaner mehr Ähnlichkeiten mit Affen aufwiesen als Europäer. Im Vergleich mit Europäern stellte er fest, daß Afrikaner größere Gesichts- und flachere Nasenknochen hätten, ein stärker vorstehendes Kinn und Schneidezähne, und ein weiter hinten plaziertes Hinterhauptloch – jener Position, wo das Rückgrat auf den Schädel trifft.

Lois Agassiz (1807–1873), der für seine Studien an fossilen Fischen berühmte Schweizer Naturforscher, reiste im Jahr 1846 nach Amerika und wurde überredet, eine Professur für Zoologie in Harvard anzunehmen, wo er das Museum für vergleichende Zoologie gründete und leitete. Er stellte die Theorie auf, daß die Bildung von Arten in isolierten geographischen Zentren mit einer minimalen Variation stattfände, eine Ansicht, die er später auf die Situation des Menschen anwandte. Agassiz glaubte, daß Gott die Rassen als getrennte Arten geschaffen habe; die biblische Geschichte von Adam beziehe sich nur auf den Ursprung der Europiden. Für ihn implizierten mumifizierte Überreste aus Ägypten, daß die Schwarzen und Europiden vor 3.000 Jahren genauso unterschiedlich waren wie zu seiner Zeit. Da die biblische Geschichte von Noahs Arche nur auf 1.000 Jahre vor jener Zeit datiert worden war, hätten nicht alle Söhne Noahs Zeit gehabt, ihre individuellen Merkmale zu entwickeln. Für Agassiz umfaßten diese intellektuelle und moralische Qualitäten, wobei die Europäer höher als Indianiden und Asiaten rangierten und Afrikaner zuunterst. Agassiz wurde zu Lebzeiten Amerikas führender Gegner der Darwinschen Revolution.

Samuel George Morton (1799–1851), Amerikas großer physischer Anthropologe, sammelte mehr als 1.000 menschliche Schädel. In seiner illustrierten *Crania Americana*, erschienen 1839, berichtete Morton, daß indianide und mongolide Schädel größenmäßig zwischen denen von europiden und negriden lägen; für 144 indianide Schädel betrug die durchschnittliche Schädelkapazität 82 in^3, verglichen mit dem Durchschnitt von 87 in^3 für Weiße und 78 in^3 für Schwarze [1 in^3 (Kubikinch) = ca. 16 cm^3, Anm. d. Ü.]. Für eine zweite Studie, die *Crania Aegyptiaca* von 1844, kategorisierte Morton der Rasse nach mehr als 100 Schädel, die ihm von den Grabmälern des antiken Ägyptens gesandt worden waren. Seine zwei negriden Gruppen kamen auf einen Durchschnitt von 73 und 79 in^3 und seine europiden Gruppen auf 80 bis 88 in^3. Bis 1849 blieb in Mortons endgültiger tabellarischer Aufstellung von 623 Schädeln die Größenrangfolge: europid > mongolid > negrid; unter den Europiden hatten die Nordeuropäer normalerweise die Oberhand.

Obwohl gemessen an heutigen Standards problematisch, wird Mortons Arbeit immer noch diskutiert (Kap. 6). Problematisch ist, daß Morton oft willkürlich männliche und weibliche Schädel kombinierte. Ein anderes Problem ist seine Neigung, den Durchschnitt seiner Untergruppen zu berechnen, indem er eher eine gewichtete als eine ungewichtete Vorgehensweise verwendete. Damit ließ er eine Überrepräsentation von extremen Gruppen zu. Unter den Indianiden waren z. B. die kleinwüchsigen Inkas relativ zu den großwüchsigen Irokesen überrepräsentiert, was den Durchschnitt der Indianiden senkte. Für seine Zeit betrachtet war die Leistung von Morton jedoch beträchtlich.

Paul Broca (1824–1880), der große französische Neurologe, der im Jahr 1859 auch die Anthropologische Gesellschaft von Paris gründete, war weltweit führend im Bereich der Gehirn-Verhaltens-Beziehungen. Er benutzte eine vergleichenden Methode, indem er Gehirne untersuchte, die entweder durch Schläge verletzt oder über die Rassen hinweg verglichen wurden. Heute bezieht sich das „Brocasche Areal" auf jenen Teil der linken Gehirnhälfte, der das Sprechen kontrolliert. Die Schwierigkeit beim Sprechen nach einem Schaden in diesem Areal wird heute als „Broca-Aphasie" bezeichnet.

Broca wog Gehirne bei der Autopsie und verbesserte die Technik für die Schätzung des inneren Schädelvolumens durch Füllen der Schädel mit Schrot. Er zog den Schluß, daß die Abweichung in der Gehirngröße mit der intellektuellen Leistung in Beziehung stand: Gelernte Arbeiter hatten größere Gehirne als ungelernte Arbeiter, reife Erwachsene hatten größere Gehirne als Kinder und sehr Alte; berühmte Individuen hatten größere Hirne als weniger berühmte und Europäer wiesen größere Gehirne als Afrikaner auf.

Broca war von der Abweichung der Gehirngrößen beeindruckt. Diejenigen, die von berühmten Männern nach deren Tod untersucht wurden, reichten von etwa 1.000 Gramm für Gall, dem Gründer der Phrenologie, und Walt Whitman, dem amerikanischen Dichter, über 1.492 Gramm für den großen deutschen Mathematiker Gauss bis hin zu annähernd 2.000 Gramm für Georges Cuvier, dem französischen Naturforscher. Es stellte sich später heraus, daß Brocas eigenes Gehirn 1.424 Gramm wog. Man begann zu realisieren, daß die Gehirngröße mit zahlreichen nichtintellektuellen Faktoren variierte, inklusive Alter, Körpergröße, Gesundheit, Todesursache, der Zeit nach dem Tod, bevor das Gehirn gewogen wird usw. Der einzige Weg, die wahre Beziehung zwischen Gehirngröße und Berühmtheit zu überprüfen, bestand darin, den Durchschnitt von vielen Hirnen zu berechnen und eine statistische Kontrolle des Einflusses externer Faktoren zu versuchen.

Broca stellte zusätzliche Unterschiede in der Gehirnstruktur der verschiedenen Rassen fest. Diese betrafen das Verhältnis des vorderen Teils des Hirns zum hinteren (Negride hatten ein niedrigeres Verhältnis mit weniger im vorderen Teil), die relative Anzahl der Windungen (Negride hatten weniger), die Geschwindigkeit und Anordnung, mit der sich die Nähte zwischen den Schädelknochen schlossen (bei den Negriden schlossen sie sich schneller) und die relative Position des Hinterhauptloches (bei den Negriden weiter hinten). Broca bemerkte, daß die Schädelkapazitäten in manchen mongoliden Populationen die der Europäer übertrafen. Überdies bemerkte Broca mit Blick auf den Schädel des Schwarzen (1858; zitiert bei J. R. Baker, 1974):

> „Bei ihm sind die Schädelknochen deutlich dicker als unsere und haben gleichzeitig eine viel größere Dichte; sie enthalten kaum irgendwelche Diploe [= Schädelknochenschwammsubstanz, Anm. d. Ü.], und ihre Widerstandskraft ist derart, daß sie außerordentliche Schläge aushalten können, ohne zu brechen."

Nach Darwin

Im Jahre 1859, in dem die erste Ausgabe der *Die Entstehung der Arten* erschien, war Charles Darwin (1809–1882) im Hinblick auf das Thema menschliche Evolution sehr vorsichtig. Er bemerkte lediglich andeutungsweise, daß infolge zukünftiger Forschungen „die Psychologie auf eine neue Grundlage gestellt werden wird, nämlich auf die der notwendigen Aneignung jeder geistigen Kraft und Fähigkeit durch graduelle Veränderung". Diese Darstellung wurde in späteren Ausgaben leicht verstärkt. In *Die Abstammung des Menschen*, die im Jahre 1871 erschien, verdeutlichte Darwin die Anwendung der Evolution auf die menschlichen Fähigkeiten. Das evolutionäre Denken zerstörte die kreationistische Debatte zwischen Monogenetikern und Polygenetikern; es bejahte die menschliche Einheit, aber ließ die Frage offen, wie weit der gemeinsame Ahnherr, den man sich teilte, in prähistorische Zeit zurückreichte, und welche Wege die verschiedenen Rassen bis hin zu ihren gegenwärtigen Anpassungen genommen hatten.

Bereits im 17. Jahrhundert tauchten menschlich-fossile Beweise auf: Isaac de la Payrère aus Frankreich entdeckte Steinwerkzeuge, die von primitiven Menschen benutzt worden waren, die – wie er behauptete – in der Zeit vor Adam lebten. Im Jahr 1655 wurden seine Theorie und seine Erkenntnisse massiv verurteilt und seine Bücher von den kirchlichen Autoritäten öffentlich verbrannt. Kurz darauf wurden – gleichzeitig mit denen ausgestorbener Tiere – in ganz Westeuropa menschliche Knochen gefunden. Im Jahr 1796 fand der französische Naturforscher Georges Cuvier die Überreste von urzeitlichen Mammuts und gigantischen Reptilien, und bald war die Paläoanthropologie als wissenschaftliche Disziplin begründet.

Im Jahr 1856, drei Jahre bevor Darwin seine Evolutionstheorie darlegte, wurde im Neandertal nahe Düsseldorf der „Neandertaler" entdeckt. Das Skelett besaß eine Reihe von eigenartigen Zügen, die als sehr alt bestimmt wurden, inklusive einer knappen, schmalen, abfallenden Stirn, starken Augenbrauenwülsten und einer tiefen Furche an der Nasenwurzel. Damit begann die lange Tradition der keulenschwingenden, ungehobelten „Höhlenmenschen"-Ahnen und die Suche nach einem noch primitiveren „fehlenden Glied" zwischen Mensch und Affe.

Der deutsche Biologe Ernst Haeckel (1834–1919) prognostizierte, daß man das gesuchte Bindeglied in einem wärmeren Klima, wie es etwa in Afrika oder Südasien herrscht, finden würde, wo das Leben einfacher gewesen sei als im vereisten Europa. Gegen Ende des 19. Jahrhunderts wagte sich Eugene Dubois, ein Mitglied der holländischen Kolonialarmee, in der Hoffnung nach Sumatra und Java, einen derartigen menschenähnlichen Affen zu entdecken. Zwischen 1890 und 1892 fand Dubois Teile des „Javamenschen", heute datiert auf etwa 800.000 Jahre v. Chr., bei dem alle darin übereinstimmten, daß er affenähnlicher als der Neandertaler sei.

Das bedeutete, daß die frühen Menschen, später *Homo erectus* genannt, in Asien gewesen waren, bevor sie in Europa waren. Die Bedeutung des *H. erectus* stieg von 1927 bis 1937 erheblich an, als mehr als 40 ähnliche Fossilien in den Kalksteinhöhlen bei Zhoukoudian, außerhalb von Peking, gefunden wurden. Auch fand man Tausende von Steinwerkzeugen und den Beweis dafür, daß der *H. erectus* das Feuer verwendete. Der „Pekingmensch" ähnelte dem Java-*erectus* und wurde auf ein Alter von 200.000 bis 500.000 Jahre datiert.

Der *Homo erectus* und die Neandertaler waren mehr menschen- als affenähnlich. Dann entdeckte im Jahre 1924 Raymond Dart in Südafrika ein wirklich affenähnliches, fehlendes Bindeglied. Darauf folgte die Entdeckung von vergleichbaren affenähnlichen Kreaturen in Afrika mit einem Gehirn, das nur ein wenig größer als das eines Schimpansen war. Die Nase war flach. Der Kiefer dominierte das Gesicht und der Mund war nach vorne geschoben. Aber die Zähne waren menschenähnlich und eine Stirn konnte ausgemacht werden. Am wichtigsten aber war: Dieses Wesen ging aufrecht! Sein Rückenmark mündete nämlich nicht wie bei einem Gorilla am Ende des Kopfes ins Gehirn, sondern am Boden des Schädels, was eine Zweifüßigkeit nahelegt. Obwohl es dadurch nicht menschlich wurde, erlaubte diese Feststellung, diese Wesen in die breite Kategorie „hominid" einzuordnen. Später *Australopithecus* genannt, existierten diese menschenaffenähnlichen Kreaturen etwa drei Millionen Jahre vor dem Javamenschen.

Bei all den fossilen Funden – in der Entwicklung vom affenähnlichen *Australopithecus* zum menschenähnlichen *erectus* und dann zum Neandertaler – fanden sich keinerlei Beweise darüber, wo und wann die anatomisch moderne Menschheit das erste Mal auftrat. Obwohl es ziemlich sicher schien, daß der *Australopithecus* sich zum *erectus* entwickelte und daß der *erectus*, nachdem er in Afrika seinen Ursprung hatte, sich dann rund um die Alte Welt verteilte, lautete die Frage: Wie konnte sich der *erectus* zum *Homo sapiens* wandeln?

Hierfür gab zwei Erklärungsmodelle, nämlich die Theorie der „Multiregionalen Kontinuität", die mit der „Einzelursprung"-Theorie konkurrierte [= „Single Origin"]. Die erste der beiden wurde von dem deutschen Anthropologen Franz von Weidenreich (1873–1948) vorgelegt, der minutiös Fossile aus der ganzen Welt, inklusive derer aus Java und China beschrieb. Die Theorie wurde von seinem Nachfolger, dem US-amerikanischen Anthropologen Carleton S. Coon (1904–1982) von der Harvard Universität, dem Peabody Museum und der Universität von Pennsylvania, weiter ausgearbeitet. Deren Theorie postulierte eine getrennte, aber parallele Evolution für zahlreiche verschiedene Gruppen des *Homo erectus*, die gleichzeitig in verschiedenen Weltregionen auftraten – mit Beginn vor etwa einer Million Jahren. Vor einer halben Million Jahren entwickelte sich *Homo erectus* – der bereits getrennt in geographische Rassen war – nach und nach in die verschiedenen Rassen des *Homo sapiens*.

Wenn sie in ihrem eigenen Territorium lebten, postulierte Coon (1962), könnte jede Rasse auf verschiedenen Punkten entlang des Evolutionspfades sein und die kritische Schwelle vom primitiven zum *sapient* Stadium zu unterschiedlichen Zeiten überschreiten. Um die beobachteten Unterschiede in der Schädelkapazität und den Kulturleistungen zu erklären, schlug Coon (1962) als Erklärung vor, daß die afrikanischen Populationen hinter den anderen Rassen zurückgeblieben seien und daß lebende australische Aborigines noch immer primitive *erectus*-Merkmale bewahrten. Obwohl diese „rassistischen" Elemente später als beschämend verworfen wurden, blieb die „multiregionale Hypothese" bis in die heutige Zeit lebendig (siehe Kap. 11).

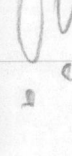

Aus der Theorie folgten vorhersagbare Konsequenzen. Da jede Rasse ihren eigenen, ausgeprägten Wurzelstock hatte, sollten in den modernen Populationen Reste der ursprünglichen Völker feststellbar sein, trotz Beimischungen und Migration.

So dachte man, daß der 800.000 Jahre alte *erectus* Javamensch und seine Nachfahren mit den australischen Aborigines die Wellen auf ihren Schädelkappen und die enorm dicken Brauen über ihren Augen teilen würden. Über den 200.000 bis 500.000 Jahre alten *erectus*-Peking-Mensch in China sagte man, daß er mit den modernen Mongoliden ein flaches Gesicht und einen ausgeprägten schaufelförmigen Schneidezahn gemein hätte.

Auf der anderen Seite befanden sich jene, die behaupteten, daß alle gegenwärtig lebenden Rassen nichts anderes als lokale Varietäten der Ausdehnung einer einzigen Population von *Homo sapiens* seien, der die ganze Welt kolonisierte. Ein Gutteil der Debatte konzentrierte sich auf den Ursprung dieser einzigen Population, wobei viele Asien wegen seiner großen, zentralgelegenen Population als einen wahrscheinlichen Kandidaten vorschlugen, Zu dieser Zeit wäre ein Großteil Europas unter Eis gelegen. Theorien dazwischen schlugen getrennte, parallele Entwicklungen von getrennten Neandertal-Populationen vor, wobei die lokalen Unterschiede regelmäßig durch periodisch auftretende Migration und Beimischung verändert wurden. Diese multiregionale Kompromißtheorie war wahrscheinlich die am meisten akzeptierte Sichtweise, bis moderne genetische Theorien mit ihrer „Out of Afrika"-Hypothese in die Debatte eingriffen, die nahelegt, daß „Eva" eine schwarze, afrikanische Frau war, die nur 200.000 Jahre vor unserer Zeit lebte (Kap. 11).

Im Europa des 19. Jahrhunderts florierte mittlerweile die Wissenschaft der Kraniometrie (Topinard, 1878). Cesare Lombroso (1836–1909), ein italienischer Arzt und Anthropologe, der die Wissenschaft der Kriminologie begründete, glaubte, daß die Evolutionstheorie Darwins eine biologische Basis liefern würde, die erklärte, warum manche Menschen eher kriminelle Tendenzen entwickelten als andere, und warum körperliche Indikatoren existieren könnten, die Vorhersagen ermöglichen. Er führte zahlreiche anthropometrische Untersuchungen der Köpfe und Körper von Kriminellen und Nicht-Kriminellen durch, einschließlich einer Sammlung von 383 Schädeln toter Sträflinge. Er behauptete, daß Kriminelle als Gruppe im Durchschnitt viele primitive Züge aufwiesen, einschließlich kleinerer Gehirne, einer größeren Schädeldicke, Einfachheit der Schädelnähte, große Kiefer, überragende Bedeutung des Gesichtes gegenüber dem Schädel, eine niedrige und enge Stirn, lange Arme und große Ohren. Er untersuchte auch afrikanische Stämme in der Oberen Nilregion und kam zu dem Schluß, daß sie so viele primitive Züge aufzeigten, daß Kriminalität als normales Verhalten bei ihnen angenommen werden könnte.

Maria Montessori (1870–1952), die bekannte italienische Bildungsreformerin, begründete nicht nur ein System der Selbsterziehung für junge Kinder, sondern lehrte auch Anthropologie an der Universität von Rom. Sie akzeptierte die evolutionär begründeten Unterschiede in der Kriminalität und Intelligenz aus den Arbeiten von Broca und Lombroso. Sie maß auch den Kopfumfang der Kinder in ihren Schulen und zog den Schluß, daß Kinder mit größeren Gehirnen schneller lernten.

Todd (1923) berichtete grob über die Geschichte der Versuche, die Schädelkapazität unter Verwendung von linearen Formeln und Füllmaterial zu messen. Im Jahre 1831 verwendete man Sand, im Jahr 1837 Hirse, im Jahre 1839 weißen Pfeffer oder Senfkörner und im Jahre 1849 Schrot. Diese wurden in einen abgedichteten Schädel gegossen und danach in einen Meßzylinder entleert, damit man das Schädelvolumen in Kubikzentimetern ablesen konnte. Man maß Kopfumfänge, Längen, Breiten und Höhen quer durch die Rassen, um das innere Fassungsvermögen zu schätzen. An der Western Reserve University in Cleveland stellte Todd (1923) fest, daß das gemischtgeschlechtliche Schädelvolumen von 198 Weißen 1.312 cm³ und von 104 Schwarzen bei 1.286 cm³ lag.

Die Sammlung von nassen Gehirnen und trockenen Schädeln beim Vergleich von Schwarzen und Weißen wurde von Pearl (1934) in einer Übersichtsarbeit zusammengefaßt. Diese beinhaltete die schon beschriebene Studie von Samuel Morton und eine Autopsiestudie von Soldaten, die während des amerikanischen Bürgerkriegs (1861–1865) an Lungenentzündung starben. Pearl berechnete, daß die Gehirne von schwarzen Soldaten 1.342 Gramm wogen und von weißen Soldaten 1.471 Gramm. Pearl zitierte auch eine Studie über 389 erwachsene, männliche Kenianer mit einem durchschnittlichen Hirngewicht von 1.276 Gramm, die damals gerade von Vint (1934) veröffentlicht worden war. Insgesamt zog Pearl den Schluß, daß das Gehirn des Schwarzen etwa 100 Gramm oder ca. 8 bis 10 Prozent leichter sei als das weiße Gehirn.

Mit bedeutenden Ausnahmen, wie z. B. der des US-amerikanischen Anthropologen Franz Boas und seiner Schule, war diese Sichtweise bis zum Zweiten Weltkrieg dominant. Sogar während des Krieges berichtete Simmons (1942) über eine Studie mit 2.241 Schädeln der permanenten Sammlung an der Western Reserve University in Cleveland, Ohio. Sie verwendete statt Samen oder Wasser eine neue Technik des Füllens der Schädel mit Plastikmaterial und stellte fest, daß 1.179 weiße Männer im Gegensatz zu 661 schwarzen Männern, die einen Schnitt von 1.389 cm³ aufwiesen, auf einen Schnitt von 1.452 cm³ kamen. 182 weiße Frauen kamen auf einen Schnitt von 1.275 cm³, gegenüber 219 schwarzen Frauen, die einen Schnitt von 1.238 cm³ aufwiesen (weiße und schwarze Mittelwerte = 1.364 und 1.314 cm³). Simmons konnte auch zeigen, daß die Rassenunterschiede im Schädelvolumen nicht auf die Rassenunterschiede in der Körpergröße zurückzuführen seien, da schwarze Männer und Frauen größer als weiße Männer und Frauen waren.

Bean (1906) berichtete, daß der vordere Gehirnteil des Schwarzen strukturell kleiner und weniger komplex gewunden war, als es beim europiden Gehirn der Fall sei. Er vermerkte auch, daß das Gewicht des negriden Gehirns bei der Autopsie mit dem Betrag der europiden Beimischung variierte, von 0 Beimischung = 1.157 Gramm, 1/16 = 1.191, 1/8 = 1.335, 1/4 = 1.340 und 1/2 = 1.347. Später kamen Berichte über Unterschiede der Hirnkomplexität und Größenabweichungen mit weißer Beimischung von Vint (1934) und

Pearl (1934) hinzu. Debatten kamen auf: Mall (1909) bestritt z. B. die Behauptung von Bean (1906), daß Weiße verhältnismäßig größere Frontallappen als Schwarze hätten. Er stimmte allerdings der Beobachtung zu, daß es einen allgemeinen Größenunterschied von etwa 100 Gramm gäbe.

Mongolide Populationen sind nicht so intensiv untersucht worden, zumindest nicht von Europäern. Mortons (1849) kraniometrische Daten über Indianide hatten ein Fassungsvermögen nahegelegt, das zwischen Weißen und Schwarzen lag. Analysen und Übersichtsarbeiten von 15 Autopsiestudien an Hunderten von Japanern und Koreanern durch Spitzka (1903) und Shibata (1936) machten es jedoch wahrscheinlich, daß Asiaten und Europäer beim Gehirngewicht mehr oder weniger vergleichbar wären. Die Gehirne aus Asien waren größer als die aus Afrika, obwohl Asiaten oftmals kleiner und leichter waren als Afrikaner.

Ungeachtet dessen führte während des Zweiten Weltkrieges (1939–1945) ethnischer Nepotismus zu beispiellosen Ausmaßen an Diskriminierung und Morden. Nach dem Holocaust diskreditierte die Assoziation mit dem Nationalsozialismus sogar die mildesten Versuche, genetische Erklärungen für die menschlichen Sachverhalte zu finden. Die Kraniometrie wurde mit extremen Formen von Rassenvorurteilen assoziiert. Für viele Jahre hörte die Forschung über Rassenunterschiede der Gehirngröße (und Intelligenz) praktisch auf, und die diesbezügliche Literatur wurde heftigen Kritiken unterzogen, besonders von Philip V. Tobias (1970), Leon Kamin (1974) und Stephen Jay Gould (1981). Aber deren Schlußfolgerungen zugunsten der Nullhypothese sind nicht zu halten, wie wir im nächsten Kapitel sehen werden.

6
RASSE, GEHIRNGRÖSSE UND INTELLIGENZ

Ausgehend vom Wiegen nasser Gehirne bei der Autopsie und den Berechnungen des Schädelvolumens aus Totenköpfen und äußere Kopfvermessungen wird man anhand moderner und historischer Studien gleichermaßen sehen können, daß Mongolide und Europide im Durchschnitt größere Gehirne haben als Negride. Der mongolid > negrid-Befund ist besonders markant. Wenn man Adjustierungen für die Körpergröße vornimmt,[1] haben Mongolide noch größere und schwerere Gehirne als Europide. Obwohl in einzelnen Studien Gruppierungs- und methodologische Schwierigkeiten feststellbar sind, lassen die Resultate, die man von multimethodischen Vergleichen erzielt, eine Triangulation der wahrscheinlichen Realität zu.

Die Rassenunterschiede in der Gehirngröße zeigen sich früh im Leben. Analysen des in Kapitel 2 diskutierten „US Collaborative Perinatal Project" zeigten, daß 17.000 weiße Kleinkinder und Siebenjährige signifikant größere Kopfumfänge aufwiesen als ihre 19.000 schwarzen Vergleichskinder, und dies, obwohl schwarze Kinder mit 7 Jahren sogar größer und schwerer waren (Broman et al., 1987). In allen Gruppen korrelierte der Kopfumfang bei der Geburt und mit 7 Jahren mit dem IQ mit 7 Jahren von 0,10 bis 0,20.

Kleine Unterschiede im Gehirnvolumen übertragen sich in eine größere Hirneffizienz und in Millionen von zusätzlichen Neuronen und können die globale Verteilung der Intelligenztestwerte erklären helfen. Man wird erkennen können, daß Europide aus Nordamerika, Europa und Australien und Ozeanien allgemein durchschnittliche IQs von um die 100 erzielen. Mongolide sowohl aus Nordamerika als auch aus den Ländern des Pazifischen Raums erzielen typischerweise höhere Mittelwerte in der Bandbreite von 101–111. Negride südlich der Sahara, der Karibik oder den Vereinigten Staaten erzielen Durchschnittswerte von 70–90. Studien über die mentale Entscheidungsgeschwindigkeit, die in Millisekunden gemessen wird und mit herkömmlichen IQ-Tests korreliert (Kap. 2), zeigen, daß Mongolide die schnellste Reaktionszeit haben, gefolgt von Europiden und dann von Negriden.

---

1 Anm. d. Ü.: D. h. wenn man die Körpergröße einberechnet bzw. in Rechnung stellt.

Das Gehirngewicht bei der Autopsie

In einer hochgradig kritischen Übersichtsarbeit der Literatur über das nasse, bei der Autopsie gemessene Gehirngewicht, behauptete Tobias (1970), daß alle zwischenrassischen Vergleiche „ungültig", „irreführend" und „bedeutungslos" seien, da man 14 entscheidende Variablen nicht kontrolliert hatte. Diese umfaßten „das Geschlecht, Körpergröße, Ablebensalter, Ernährungssituation am Beginn des Lebens, Quelle der Stichprobe, Berufsgruppe, Todesursache, Zeitspanne nach dem Tod, Temperatur nach dem Tod, anatomische Höhe der Abtrennung [des Gehirns vom Rückenmark], Vorliegen oder Fehlen der Gehirn/Rückenmarksflüssigkeit, der Hirnhaut und der Blutgefäße" (S. 3 und 16 f.). Tobias wies darauf hin, daß jede dieser Variablen alleine die Gehirngröße um 10 bis 20 Prozent erhöhen oder verringern könnte; ein Betrag entsprechend oder größer jeden behaupteten Rassenunterschiedes. Gleichermaßen widersprach er Schlußfolgerungen von Rassenunterschieden bei strukturellen Variablen wie kortikaler Dicke, Größe des Frontallappens oder Komplexität der Hirnwindungen.

Da ich neugierig war, was die Daten trotz der methodologischen Schwäche zeigen würden, und weil ich glaubte, daß das Prinzip der Aggregation (Kap. 2) oft den Meßfehler ausgleicht, berechnete ich die Mittelpunkte der Bandbreitenwerte, die von Tobias (1970: 6, Tabelle 2) zur Verfügung gestellt wurden und fand heraus, daß Mongolide auf einen Schnitt von 1.368, Europide auf 1.378 und Negride auf 1.316 Gramm kamen (Rushton, 1988b). Ich ermittelte auch den Durchschnitt von einer verwandten Messung, der „Millionen von überschüssigen Nervenzellen", die von Tobias für 8 Untergruppen und Nationalitäten geschätzt wurden (1970: 9, Tabelle 3). Das war die Anzahl der verfügbaren Neuronen für allgemeine Anpassungszwecke jenseits jener Zahl, die für die Aufrechterhaltung der Körperfunktionen notwendig ist und war ableitbar aus Gleichungen, die auf Gehirn-/Körper-Gewichtsverhältnissen basieren (Jerison, 1963, 1973). Tobias war skeptisch im Hinblick auf den Wert dieser „Übung" und stellte nur wenige Details zur Verfügung. Nichtsdestoweniger fand ich folgendes, ausgedrückt in Millionen von Überschußneuronen: Mongolide = 8.990, Europide = 8.650 und Negride = 8.550 (Rushton, 1988c).

Später als Tobias' (1970) Übersichtsarbeit wurde eine große Autopsiestudie von Ho et al. (1980a, 1980b) durchgeführt, die für 1.261 erwachsene Personen im Alter von 25 bis 80 Jahren aus Cleveland, Ohio, Originaldaten des Gehirngewichts lieferte. Ho et al. schlossen die offenbar beschädigten Hirne aus und vermieden die meisten der von Tobias zitierten Probleme. Man stellte gemischtgeschlechtliche Unterschiede zwischen 811 amerikanischen Weißen (1.323 g; $SD = 146$) und 450 amerikanischen Schwarzen (1.223 g; $SD = 144$) fest, ein Unterschied, der laut Ho et al. nach der Kontrolle für das Alter, der Statur, Körpergewicht und der Gesamtkörperoberfläche signifikant blieb.

In der Einleitung zu ihrem Artikel gaben Ho et al. (1980a) kurz zusätzliche Literatur, aus der ich berechnete, daß Mongolide auf einen Schnitt von

1.334 Gramm, Europide auf 1.307 Gramm und Negride auf 1.289 Gramm kamen. Indem ich den Schnitt aus den drei Schätzungen zog (Tobias' Übersicht, der Übersicht von Ho et al. und den Daten von Ho et al.), errechnete ich ein gemischtgeschlechtliches Hirngewicht für Mongolide von 1.351 Gramm, für Europide von 1.336 Gramm und für Negride von 1.286 Gramm (Rushton, 1988b). Desweiteren legte die Übersichtsarbeit von Ho et al. nahe, daß das europide Hirngewicht im Alter von 25 Jahren zu schrumpfen begann, was beim mongoliden Hirngewicht bis zum Alter von 35 Jahren nicht der Fall war.

Das innere Schädelvolumen

In wesentlich mehr Studien wurde die Gehirngröße ausgehend von der Schädelkapazität gemessen, und zwar aus Gründen, die J. R. Baker (1974: 429) wie folgt charakterisierte: „Schädel gibt es viele, frisch entfernte Gehirne gibt es wenige." Auch diese Literatur ist beträchtlicher Kritik unterzogen worden, zum Beispiel von Gould, zuerst veröffentlicht in *Science* (1978) und dann in seinem Buch *The Mismeasure of Man* (1981, dt.: *Der falsch vermessene Mensch*, 1983). Gould reanalysierte vor allem die Arbeit von Morton (1849), die im letzten Kapitel erwähnt wurde, und behauptete, daß die Zahlen durch „unbewußtes ... Schwindeln" und „Jonglieren" einseitig ausgerichtet worden seien (1978: 503).

Gould (1981: 65) erklärte, wie Verzerrungen in solche Daten einfließen hätten können:

> „Die wahrscheinlichen Szenarien kann man leicht konstruieren. Morton mißt mit Samen, nimmt einen bedrohlich großen schwarzen Schädel in die Hand, füllt ihn leicht und schüttelt ein wenig halbherzig. Daraufhin nimmt er einen erschreckend kleinen weißen Schädel, schüttelt ihn heftig und drückt mit seinem Daumen gewaltig auf das Hinterhauptloch. Es geht ganz einfach – ohne bewußte Absicht; die Erwartungshaltung ist stark handlungsleitend."

Tabelle 6.1: S. J. Goulds „korrigierte", endgültige Tabellierung von Mortons Einschätzung der Rassenunterschiede der Schädelkapazität

	Schädelvolumen in Kubikinches	
Population	Version 1978	Version 1981
Eingeborene Amerikaner	86	86
Mongolen	85	87
Moderne Europide	85	87
Malaien	85	85
Antike Europide	84	84
Afrikaner	83	83

Anmerkung: Aus Rushton: 1989, S. 14. Tabelle 2. Copyright 1989 bei Academic Press. Abgedruckt mit Erlaubnis von Academic Press. Anm. d. Ü.: 1 Kubikinch = ca. 16 cm³.

Die Tabelle 6.1 stellt Goulds Zusammenstellung der Daten von Morton dar, nachdem er Mortons angebliche Fehler korrigierte. Die erste Spalte zeigt Goulds Zusammenstellung von 1978 und die zweite Spalte seine Zusammenstellung von 1981, die dem Eingeständnis seiner eigenen Verzerrungen bei der Berechnung der 1978er-Zahlen für moderne Europide folgte. In den Schriften des Jahres 1978 genauso wie in denen des Jahres 1981 tat er die Unterschiede zwischen den Gruppen als „belanglos" ab.

Ich berechnete den Durchschnitt von Goulds Zahlen des Schädelvolumens aus den Jahren 1978 und 1981 und stellte bei beiden Gelegenheiten folgendes fest: Mongolide (Eingeborene Amerikaner + Mongolen) > Europide (Moderne Europide + antike Europide) > Negride (Afrikaner). Nach dem Ausschluß der „Malaien" aufgrund der Unklarheit ihrer rassischen Zuordnung sind die Zahlen aus der ersten Spalte 85,5, 84,5 bzw. 83 Kubikinches (1.401, 1.385 und 1.360 cm³) und aus der zweiten Spalte sind sie: 86,5, 85,5 und 83 Kubikinches (1.418, 1.401, 1.360 cm³). Die Zahlen veränderten sich nicht wesentlich, wenn die Malaien entweder als Mongolide oder Europide aufgefaßt wurden. Trotz Goulds Schlußfolgerungen hatten die Mongoliden und die modernen Europiden in diesen „korrigierten" Daten eindeutig einen Vorteil von 4 Kubikinches (64 cm³) gegenüber Afrikanern (Rushton, 1988b, 1989b). Unterschiede selbst von einem Kubikinch (16 cm³) sollten deshalb nicht als „belanglos" abgetan werden.

In jedem Fall wurde Goulds Anschuldigung widerlegt, daß Morton „unbewußt" seine Resultate frisiert habe, um eine weiße rassische Überlegenheit zeigen zu können. Michael (1988) hat eine Zufallsstichprobe aus der Sammlung von Morton nachgemessen und befand, daß sehr wenige Fehler gemacht worden seien, und daß diese Fehler nicht in die Richtung gingen, die Gould angenommen hatte. Stattdessen wurden Fehler in Goulds eigener Arbeit gefunden. Michael (1988: 353) zog den Schluß, daß Mortons Untersuchung „mit Integrität durchgeführt wurde, während ... Gould sich irrt".

Ich berechnete auch den Durchschnitt von anderen Daten über das innere Schädelvolumen und fand, basierend auf Goulds Analysen, Unterstützung für meine Rangfolge. Coon (1982) hatte z. B. die Volumina für 17 Populationen berechnet, ausgehend von detaillierten Messungen, die Howells (1973) von 2.000 Schädeln machte, die auf einer Tour durch die Museen in aller Welt aufgezeichnet wurden. Coon zog den Schluß, daß „asiatische Mongolen, Eskimos und Polynesier die größten Hirne haben, europäische Weiße die nächstgrößeren, Afrikaner und Australiden noch kleinere und die kleinen oder zwergenhaften Menschen die kleinsten" (1982: 18). Coons Buch begann mit einem Vorwort von Howells, in dem er die Leser warnte, es nicht leichtfertig abzutun.

Die Geschlechter kombinierend, stellte ich fest: Mongolide = 1.401 cm³, Europide = 1.381 cm³ und Negride = 1.321 cm³. Ich berechnete auch die durchschnittlichen Volumina aus einer von Molnar (1983: 65) gelieferten Tabelle, die auf Daten von Montagu (1960) basierte und stellte fest: Mongolide = 1.494 cm³, Europide = 1.435 cm³ und Negride = 1.346 cm³. Dann berechnete ich den Durchschnitt der Zahlen von Coon und Molnar und kam zu dem Ergebnis: Mongolide = 1.448 cm³, Europide = 1.408 cm³ und Negride = 1.334 cm³ (Rushton, 1988b).

Eine internationale Datenbank von bis zu 20.000 Schädelexemplaren von 122 ethnischen Gruppen wurde von Beals et al. (1984) computerisiert und klassifiziert hinsichtlich des Klimas und der Geographie. Es zeigte sich, daß das innere Schädelvolumen entsprechend dem Klima in den verschiedenen Weltregionen variierte, auch auf den beiden Kontinenten Amerikas.

Insgesamt gab es beim Gehirnvolumen eine Zunahme von 2,5 cm³ mit jedem Breitengrad. Es tauchten regionale Unterschiede auf. Die Tabelle 2 (S. 306) in Beals et al. zeigt, daß die gemischtgeschlechtlichen Gehirnbeispiele von 26 Populationen aus Asien auf einen Durchschnitt von 1.380 cm³ ($SD = 83$)[2] kommen, 10 aus Europa auf 1.362 cm³ ($SD = 35$) und 10 aus Afrika auf 1.276 cm³ ($SD = 84$).

In den kontinentalen Gebieten waren heterogene ethnische Gruppen vertreten. „Asien" zum Beispiel schloß Araber, Hindus, Tamilen und Weddiden ein, und zu „Afrika" gehörten auch die Ägypter (K. Beals, persönliche Mitteilung, 9. Mai 1993). Wenn die obengenannten Gruppen weggelassen werden, um die rassische Heterogenität zu reduzieren, und wenn die kontinentalen Gebiete durch das Auftreten oder Fehlen von Winterfrost bestimmt werden (Beals et al., 1984: 307, Tabelle 5), kommen die kontinentalen Unterschiede stärker zur Geltung (19 asiatische Gruppen = 1.415 cm³, $SD = 51$; 10 europäische Gruppen = 1.362 cm³, $SD = 35$; 9 afrikanische Gruppen = 1.268 cm³, $SD = 85$).

Die äußeren Kopfvermessungen

Äußere Kopfmessungen sind ein dritter Weg, um das Schädelvolumen zu schätzen (Abbildung 6.1). Zum Beispiel werden die Länge, Breite und Höhe des Kopfes in Regressionsgleichungen eingesetzt, um das Schädelvolumen zu bestimmen. Lee und Pearson (1901) waren vielleicht die ersten, die so vorgingen. Sie wählten Schädel in Gruppen von 50 bis 100 Stück von völlig unterschiedlichen Rassen, um die Resultate verallgemeinern zu können. Die Volumina wurden durch kompetente Beobachter unabhängig ermittelt. Alles in allem wurden für 941 Männer und 516 Frauen die Schädeldimensionen untersucht, basierend auf der größten Länge, der größten Breite und der von der Ohrenlinie gemessenen Höhe, die Vertreter aus dem asiatischen, europäischen und afrikanischen Kontinent umfaßten (S. 246, Tabelle XX).

Lee und Pearson (1901) zeigten, daß ihre Gleichungen, inklusive einer „panrassischen" Gleichung (S. 252, Nummer 14; S. 260), Schätzungen des Schädelvolumens lieferten, die für den einzelnen Schädel genauer waren, als die direkte Methode der Verwendung von Sand, Samen oder Schrot. Ihre

---

2 Anm. d. Ü.: Die immer wieder vorkommende Maßzahl „SD" steht für engl. „Standard Deviation": Standardabweichung. Sie ist ein statistisches Maß für die Streuung einer Verteilung, d. h. sie gibt an, wie stark die Meßwerte um den gemeinsamen Mittelwert herum verteilt sind.

Abb. 6.1: Das Schädelvolumen mittels äußerer Kopfmessungen geschätzt

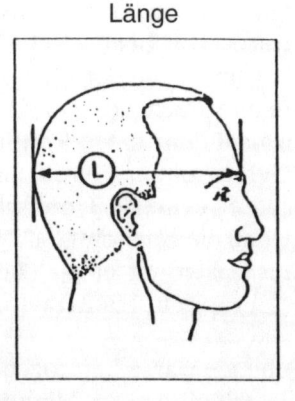

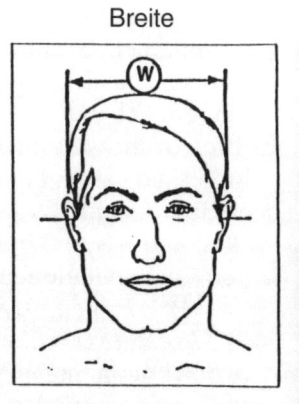

Höhe　　　　　　　　　Länge　　　　　　　　　Breite

H = Höhe, L = Länge und W = Breite. Wenn man die Formeln verwendet, die von Lee und Pearson (1901) entwickelt wurden, dann gilt: Das Schädelvolumen (in cm³) für Männer = 0,000337 (L – 11mm) (W –11mm) (H – 11mm) + 406,01 und für Frauen = 0,0004 (L – 11mm) (W – 11mm) (H – 11mm) + 206,6, wobei 11 mm für das Fett und die Haut um den Schädel herum abgezogen werden.
[Anm. d. Ü.: Bei dieser Formel ist zu beachten, daß die Werte für die Länge, Breite und Höhe in Millimetern einzusetzen sind und in dieser Form als mm (!) mit dem Faktor 0,000337 bzw. 0,0004 zu multiplizieren sind; anschließend ist der Faktor 406,01 bzw. 206,6 zu addieren, der sich auf cm³ (!) bezieht. Man erhält sodann das geschätzte Schädelvolumen in cm³.]

Gleichungen sagten sowohl die männlichen als auch die weiblichen Volumina mit Fehlern von weniger als 1 Prozent voraus, oder etwa 2 bis 5 cm³ bei Schädeln von 1.300 bis 1.500 cm³ (S. 244, Tabelle XVIII), deutlich weniger als der 30 cm³ Unterschied, der typischerweise zwischen zwei Beobachtern feststellbar ist, die dieselbe Serie von Schädeln messen, wenn sie ein „Ausfüll"-Verfahren anwenden.

Lee und Pearsons (1901) panrassische Gleichungen[3] waren:
für Männer:

(1)　　CC (cm³) = 0,000337 (L–11 mm) (B-11 mm) (H–11 mm) + 406,01,

für Frauen:

(2)　　CC (cm³) = 0,0004 (L–11 mm) (B–11 mm) (H–11 mm) + *206,6*,

wobei CC die Schädelkapazität darstellt und L, B und H die Länge, Breite und Höhe in Millimetern, und 11 mm für das Fett und die Haut um den Schädel herum subtrahiert wird. Wenn die Daten für die Höhe des Kopfes fehlen, kann die Schädelkapazität ausgehend von einer anderen Gleichung geschätzt werden, die von Lee und Pearson angegeben wurde (1901: 235, Tabelle VII, Nummer 5; wie sie von Passingham [1979] verwendet wurde und von Rushton [1993] ergänzt wurde, um 11 mm für Fett und Haut um den Schädel abzuziehen):

3　Anm. d. Ü.: Zu diesen Formeln vgl. die Anmerkungen bei Abb. 6.1 und Tab. 6.2.

Tabelle 6.2: Schädelvolumina berechnet aus der Kopflänge und -breite von Herskovits (1930) für verschiedene männliche Stichproben erstellt und klassifiziert nach Rasse und geographischer Region

Rasse/Region und Gruppe	Größe der Stichprobe	Länge (mm)	Breite (mm)	Schädelkapazität (cm³)
Mongolide/Asiaten:				
Reine Sioux	540	194,90	155,10	1.453
Halbblütige Sioux	77	194,40	154,30	1.441
Montagnais-Naskapi	50	194,00	157,10	1.470
Einwohner von Marquesas	83	193,20	153,20	1.420
Hawaiianer	86	191,25	158,93	1.472
Mittelwert:		*193,55*	*155,73*	*1.451*
Europide/Europäer:				
Alteingesessene Amerikaner	727	197,28	153,76	1.454
Auswärtig geborene Schotten	263	196,70	153,80	1.451
Oxford-Studenten	959	196,05	152,84	1.435
Aberdeen-Studenten	493	194,80	153,40	1.433
Schweden	46.975	193,84	150,40	1.393
Cambridge-Studenten	1.000	193,51	153,96	1.431
Einwohner Kairos	802	190,52	144,45	1.302
Auswärtig geborene Böhmen	450	189,80	159,10	1.465
In Amerika geborene Böhmen	60	188,00	156,50	1.423
Mittelwert:		*193,39*	*153,13*	*1.421*
Negride/Afrikaner:				
Amerikanische Schwarze	961	196,52	151,38	1.422
Masai	91	194,67	142,49	1.308
Lotuka	34	192,90	141,30	1.283
Kalenjin	55	192,31	144,56	1.316
Somalier	27	191,81	143,19	1.297
Ekoi	19	191,05	143,16	1.291
Vai	40	188,85	142,45	1.268
Akikuyu	384	188,72	143,25	1.276
Kagoro	72	188,19	142,43	1.263
Akamba	128	187,80	143,63	1.275
Ashanti	48	187,33	145,01	1.287
Acholi	30	187,30	141,80	1.250
Mittelwert:		*190,62*	*143,72*	*1.295*

Anmerkung: Aus Rushton: 1993, S. 230, Tabelle 1. Copyright 1993 bei Pergamon Press. Abgedruckt mit Erlaubnis von Pergamon Press. Schädelvolumen (cm³) = [6.752 x $(L - 11mm)$] + [11.421 x $(W - 11mm)$] – 1.434,06. Die Formel stammt von Lee und Pearson (1901). [Anm. d. Ü.: Es gilt Ähnliches wie in Abb. 6.1: Die Länge und Breite sind in mm einzusetzen, dann sind die Produkte zu bilden und beide Produkte zu addieren. Diese Zahl ist durch 1.000 zu dividieren, um auf cm³ zu kommen. Erst von dieser Zahl ist die Zahl 1.434,06 zu subtrahieren, da sie sich auf cm³ bezieht.]

(3) CC (cm³) = 6.752 (L–11 mm) + *11.421* (B–11 mm) – 1.434,06,

für Frauen:

(4) CC (cm³) = 7.884 (L–11 mm) + 10.842 (B–11 mm) – 1.593,96.

Ich habe diese Gleichungen auf vier unterschiedliche anthropometrische Datensätze angewandt. Ein Datensatz, zusammengestellt von Melville Herskovits (1930), einem Schüler von Franz Boas, wurde oft als Beweis für die Nichtexistenz von Rassenunterschieden zitiert – wegen des Ausmaßes der Überlappung in seinen Verteilungen. Wie man in Tabelle 6.2 sehen kann, hatte eine Stichprobe von 961 amerikanischen Schwarzen größere Kopfmaße als eine Stichprobe von Schweden. Jedoch enthielt Herskovits' Monographie in Wirklichkeit die Daten über die Kopflänge und -breite von 26 weltweiten Stichproben (N = 54.454; ausschließlich Männer)[4].

Ich verwendete die Gleichung (3) und berechnete das Schädelvolumen für jede Stichprobe und bildete die Mittelwerte. Ich fand heraus, daß die 5 „mongoliden" Stichproben (in diesem Fall zumeist nordamerikanische Indianer) auf einen Schnitt von 1.451 cm³ (SD = 22) kamen, die 9 europiden Stichproben auf 1.421 cm³ (SD = 49), und die 12 negriden Stichproben auf 1.295 cm³ (SD = 44). Wenn man den Mittelwert jeder Stichprobe als unabhängigen Eintrag behandelt, zeigte eine einfaktorielle ANOVA, daß die Rassen sich in der Gehirngröße bedeutend unterschieden mit einem hochsignifikanten Trend in der vorausgesagten Richtung (Rushton, 1990c, ergänzt 1993). Über die Körpergröße waren keine Informationen verfügbar.

Herskovits' (1930) Daten wurden von unterschiedlichen Forschern aus unterschiedlichen Erdteilen gesammelt, die unterschiedliche Techniken verwendeten. Obwohl man sich auf meine Reanalysen von dieser einen Studie nicht zu sehr verlassen sollte, ist die Aggregation [Glossar!] nichtsdestoweniger erwähnenswert, weil sich die Kritiker der Rassenunterschiede so oft auf die Monographie von Herskovits bezogen. Sie bestätigt offensichtlich die Re-Aggregationen der „korrigierten" Datensätze von Tobias (1970) und Gould (1978, 1981).

Um zu untersuchen, inwieweit die Ergebnisse der Reanalysen der Analysen von jenen Datensatz verallgemeinerbar wären, die den Beweis für „keinen Unterschied" liefern wollten, machte ich weitere Zusammenstellungen ausfindig. Die Militärdienste erwiesen sich als gute Quelle, wegen deren Notwendigkeit, die Körperproportionen ihres Personals zu messen, um sie mit Uniformen, inklusive Helmen, auszustatten. Die US National Aeronautics and Space Administration (1978) machte eine Zusammenstellung, aus der ich die Daten für die Körper- und Kopfgröße für 24 internationale, männliche Militärstichproben entnahm, die sich insgesamt auf 57.378 Individuen beliefen (Rushton, 1991b). Diese sieht man in Tabelle 6.3. Ich berechnete die Schädelvolumina für jede Stichprobe, indem ich die Gleichung (3) verwende-

---

4 Anm. d. Ü.: Die statistische Kennzahl N steht für die Anzahl untersuchter Personen. Im obigen Fall heißt das, daß alles in allem 54.454 Schädel vermessen und in die Tabelle aufgenommen wurden.

Tabelle 6.3: Anthropometrische Variable für männliche Militärstichproben von der NASA (1978)

Rasse/NASA Kennummer und Gruppe	Stichprobengröße	Kopflänge (mm)	Kopfbreite (mm)	Kopfhöhe (mm)	Größe (cm)	Gewicht (g)	Oberfläche (m²)	Schädelvolumen (cm³)	Enzephalisationsquotient
Mongolide									
84. Thailändisches Militär, 1963	2.950	179,0	152,0	128,0	163,40	56.300	1,60	1.340	7,33
85. Vietnamesisches Militär, 1964	2.129	181,9	149,0	123,3	160,43	51.100	1,52	1.299	7,58
86. Südkoreanische Luftwaffe, 1961	264	184,1	154,9	130,4	168,66	62.840	1,72	1.408	7,16
87. Südkoreanisches Militär, 1965	3.747	179,0	153,0	125,0	165,20	59.400	1,65	1.323	6,98
Mittelwert		*181,0*	*152,2*	*126,7*	*164,42*	*57.410*	*1,62*	*1.343*	*7,26*
SD		*2,5*	*2,5*	*3,2*	*3,38*	*4.983*	*0,08*	*47*	*0,26*
Europide									
18. US-Luftwaffenpiloten, 1950	4.063	197,0	154,1	129,7	175,56	74.100	1,90	1.471	6,69
19. US-Luftwaffe, 1965	3.827	196,2	153,1	131,8	175,28	70.980	1,86	1.477	6,92
24. US-Marineflieger, 1965	1.549	198,3	155,6	131,1	177,64	77.760	1,95	1.502	6,62
25. US-Luftwaffe, 1967	2.420	198,7	156,0	134,5	177,34	78.740	1,96	1.539	6,72
30. US-Armee, 1966	6.682	194,7	152,7	132,3	174,52	72.160	1,87	1.470	6,81
31. US-Marine, 1966	4.095	194,2	152,3	135,4	175,33	71.560	1,87	1.491	6,95
32. US-Marinetaucher, 1972	100	197,5	154,0	142,6	176,22	81.520	1,98	1.589	6,78
33. US-Marines, 1966	2.008	194,3	152,8	133,8	174,56	72.650	1,87	1.482	6,83
34. US-Armeeflieger, 1959	500	197,3	155,4	126,7	176,52	71.100	1,87	1.455	6,81
36. US-Armeeflieger, 1970	1.482	197,0	152,6	132,9	174,56	77.630	1,93	1.488	6,56
48. NATO-Militär, 1961	3.356	189,7	155,5	131,8	170,22	67.660	1,79	1.457	7,05
59. Deutsche Luftwaffe, 1975	1.465	191,6	156,8	129,2	176,66	74.730	1,91	1.455	6,58
65. Britische Soldaten, 1972	500	197,8	155,1	127,3	174,05	73.190	1,88	1.461	6,70
66. Britische Luftwaffe, 1971	2.000	199,0	157,8	130,3	177,44	75.040	1,92	1.516	6,84
68. Kanadische Luftwaffe, 1961	314	193,5	152,9	131,5	177,44	76.410	1,94	1.458	6,50
69. Kanadische Luftwaffe, 1961	290	193,8	152,9	129,7	176,68	75.550	1,92	1.444	6,49
70. Neuseeländische Luftwaffe, 1973	238	197,1	152,1	132,5	176,95	75.280	1,92	1.481	6,67
75. Lateinamerikanische Streitkräfte, 1972	1.985	186,0	152,0	122,0	167,00	65.900	1,74	1.329	6,54
77. Junge französische Männer, 1967	2.000	195,0	154,5	125,1	171,99	63.850	1,75	1.421	7,14
90. Iranisches Militär, 1969	9.414	187,4	148,6	127,1	166,85	61.630	1,69	1.356	6,98
Mittelwert		*195,3*	*153,9*	*130,9*	*174,66*	*72.872*	*1,88*	*1.467*	*6,76*
SD		*3,7*	*2,1*	*4,4*	*3,21*	*5.114*	*0,09*	*58*	*0,20*

Anmerkung: Aus Rushton: 1991b, S. 356–357, Tabelle 1. Copyright 1991 bei Ablex Publishing Corporation. Abgedruckt mit Erlaubnis der Ablex Publishing Corporation. Oberfläche (m²) = [wt (kgms) 0,425 x ht (cm) 0,725 x 0,007184].
Enzephalisationsquotient = Beobachtetes Schädelvolumen (cm³)/Erwartetes Schädelvolumen, d.i. (0,12) (Körpergewicht in gms) 0,67.
Schädelvolumen (cm³) = 0,000337 (Kopflänge − 11 mm) (Kopfbreite − 11 mm) + 406,01.
Anm. d. Ü.: Bei den drei unterstrichenen Zahlen handelt es sich um Hochzahlen bzw. Exponenten (nicht um Multiplikatoren!).

te und berechnete dann die Mittelwertsunterschiede. Das nicht-adjustierte Schädelvolumen für die 4 mongoliden Stichproben betrug 1.343 cm³ (SD = 47) und für die 20 europiden Stichproben 1.467 cm³ (SD = 58). Die Statur, das Gewicht und die gesamte Körperoberfläche der mongoliden Stichprobe waren im Durchschnitt deutlich kleiner als diejenigen der europiden Stichprobe. Nach dem Anpassen für die Variablen der Körpermaße betrug der Durchschnitt für die Mongoliden 1.460 cm³ und für die Europiden 1.446 cm³.

Wahrscheinlich der beste Einzeldatensatz ist die stratifizierte Zufallsstichprobe von 6.325 US-Armeeangehörigen, erhoben im Jahr 1988 (Rushton, 1992a). Für Männer und Frauen, Offiziere und einfache Soldaten und für alle, die sich gegenüber der US-Armee als schwarz, asiatisch oder weiß definierten, standen die Individual- und Kopfmessungen jeweils getrennt zur Verfügung. Da die Kopfmessungen für die Länge, Breite und Höhe verfügbar waren, wurden die Schädelvolumina aus den Gleichungen (1) und (2) berechnet. Die Mittelwerte und Standardfehler (SF) für alle Variablen kann man in Tabelle 6.4 sehen.

Tabelle 6.4: Schädelvolumen, Größe und Gewicht von 6.325 US-Militärpersonen nach Geschlecht, Rang und Rasse

Geschlecht, Rang/Rasse	Stichprobengröße	Schädelvolumen (cm³)		Größe (cm)		Gewicht (kg)	
		Mittelwert	SF	Mittelwert	SF	Mittelwert	SF
Weiblich, einfacher Soldat							
Negrid	1.206	1.260	2,73	163,0	0,18	62,2	0,23
Europid	1.011	1.264	2,84	162,9	0,20	61,6	0,25
Mongolid	116	1.297	9,38	158,1	0,61	58,6	0,91
Weiblich, Offizier							
Negrid	89	1.270	10,05	164,0	0,66	64,4	0,85
Europid	270	1.284	5,49	164,7	0,37	62,3	0,55
Mongolid	16	1.319	34,20	157,1	1,44	56,2	2,20
Männlich, einfacher Soldat							
Negrid	1.336	1.449	2,64	175,5	0,18	78,4	0,31
Europid	1.302	1.468	2,52	176,0	0,18	77,9	0,30
Mongolid	388	1.464	4,74	168,9	0,32	73,2	0,60
Männlich, Offizier							
Negrid	45	1.467	14,17	176,5	1,10	80,3	1,29
Europid	288	1.494	5,48	177,6	0,39	80,5	0,57
Mongolid	23	1.485	17,60	169,4	1,64	71,4	2,05

Anmerkung: Aus Rushton: 1992a, S. 405, Tabelle 1. Copyright 1992 bei Ablex Publishing Corporation. Abgedruckt mit Erlaubnis von Ablex Publishing Corporation.
[Anm. d. Ü.: SF = Standardfehler]

Für die gesamte Stichprobe betrug die nichtadjustierte Schädelgröße 1.375 cm³. Die Bandbreite reichte von 981 cm³ für eine schwarze Frau bis 1.795 cm³ für einen weißen Mann. Da die Messungen an Individuen gesammelt worden waren, konnten genaue Anpassungen der Rohdaten für die Auswirkungen des Alters, der Statur und Gewicht und dann für das Geschlecht, den Rang oder Rasse gemacht werden.

Die Rassen unterschieden sich sowohl bei den nichtadjustierten (Rohwerten) als auch bei den adjustierten Schädelvolumina bedeutend. Die Varianzanalysen des nichtadjustierten Schädelvolumens zeigten, daß 543 asiatischstämmige Amerikaner auf einen Schnitt von 1.391 cm³ (SD = 104) kamen, 2.871 europäischstämmige Amerikaner auf 1.378 cm³ (SD = 92) und 2.676 afrikanischstämmige Amerikaner auf 1.362 cm³ (SD = 95). Nach dem Adjustieren für die Auswirkungen der Statur, des Gewichts, Geschlechts und militärischen Ranges wurden die Unterschiede größer, wobei asiatischstämmige Amerikaner auf 1.416 cm³ kamen, europäisch-stämmige Amerikaner auf 1.380 cm³ und afrikanischstämmige Amerikaner auf 1.359 cm³. Die Versuche, die Unterschiede im Schädelvolumen durch zahlreiche Korrekturen für die Körpergröße zu verringern, waren erfolglos (Abbildung 6.2).

Abb. 6.2: Schädelvolumen für eine geschichtete Stichprobe von 6.325 US-Armeeangehörigen

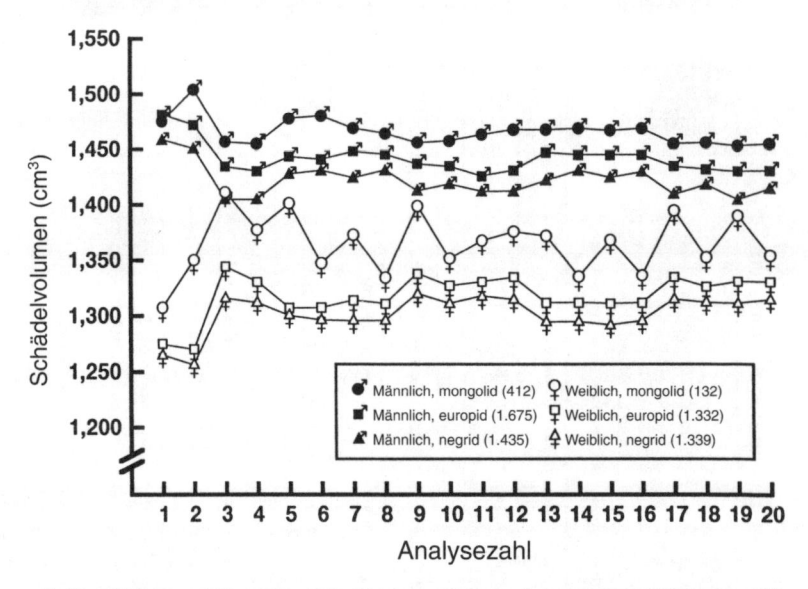

Die Daten, nach Geschlecht und Rasse in sechs Kategorien gruppiert, sind bezüglich des militärischen Ranges zusammengefaßt. Über 20 verschiedene Analysen hinweg, die für die Körpergröße kontrollieren, zeigen sie, daß Männer im Durchschnitt größere Schädelvolumina als Frauen haben, und daß asiatischstämmige Amerikaner auf einen höheren Durchschnitt kommen als europäischstämmige Amerikaner oder afrikanischstämmige Amerikaner. Die Analyse 1 präsentiert die Daten, die nicht für die Körpergröße korrigiert sind. Vgl. Rushton: 1992a, S. 408, Abb. 1. Copyright 1992 bei Ablex Publishing Corporation. Abgedruckt mit Erlaubnis der Ablex Publishing Corporation.

Tabelle 6.5: Schädelvolumina von Populationen von 25- bis 45jährigen auf der Welt

Region, Anzahl der Eintragungen und Herkunftsländer	Männer				Frauen			
	Körper-größe (mm)	Kopf-länge (mm)	Kopf-breite (mm)	Schädel-volumen (cm³)	Körper-größe (mm)	Kopf-länge (mm)	Kopf-breite (mm)	Schädel-volumen (cm³)
1. Nordamerika (34 Literaturstellen aus Kanada und den USA)	1.790	195	155	1.453	1.650	180	145	1.191
2. Lateinamerika (20 Einträge von Indianerpopulationen aus Bolivien, Peru etc.)	1.620	185	150	1.328	1.480	175	145	1.152
3. Lateinamerika (15 Literaturstellen aus europäisch/negriden Populationen aus Chile, den Karibikstaaten etc.)	1.750	190	155	1.419	1.620	175	150	1.206
4. Nordeuropa (28 Literaturstellen aus Dänemark, Schweden etc.)	1.810	195	155	1.453	1.690	180	150	1.246
5. Mitteleuropa (42 Literaturstellen aus Österreich, Schweiz etc.)	1.770	190	155	1.419	1.660	180	145	1.191
6. Osteuropa (14 Literaturstellen aus Polen und der Sowjetunion)	1.750	190	155	1.419	1.630	180	150	1.246
7. Südosteuropa (40 Literaturstellen aus Bulgarien, Rumänien etc.)	1.730	190	155	1.419	1.620	175	150	1.206
8. Frankreich (20 Literaturstellen)	1.770	195	155	1.453	1.630	180	140	1.137
9. Iberische Halbinsel (6 Literaturstellen aus Spanien und Portugal)	1.710	185	155	1.385	1.600	180	150	1.246
10. Nordafrika (10 Literaturstellen aus Algerien, Äthiopien, Sudan etc.)	1.690	190	145	1.305	1.610	185	140	1.177
11. Westafrika (10 Literaturstellen aus dem Kongo, Ghana, Nigeria etc.)	1.670	195	145	1.339	1.530	180	135	1.083
12. Südostafrika (16 Literaturstellen aus Angola, Kenia etc.)	1.680	195	145	1.339	1.570	180	135	1.083
13. Naher Osten (5 Literaturstellen aus dem Irak, Libanon, Türkei etc.)	1.710	190	150	1.362	1.610	180	140	1.137
14. Nordindien (23 Literaturstellen aus Bangladesh, Nepal etc.)	1.670	190	145	1.305	1.540	180	135	1.083
15. Südindien (3 Literaturstellen aus Indien und Sri Lanka)	1.620	180	145	1.237	1.500	175	130	989
16. Nordasien (5 Einträge aus China, der Mongolei etc.)	1.690	190	150	1.362	1.590	180	145	1.191
17. Südchina (9 Literaturstellen aus Macao, Taiwan etc.)	1.660	190	150	1.362	1.520	180	145	1.191
18. Südostasien (11 Literaturstellen aus Brunei, Indonesien, Malaysia, Philippinen etc.)	1.630	185	145	1.271	1.530	175	135	1.043
19. Australien (6 Literaturstellen aus europäisch-stämmiger Bevölkerung in Australien und Neuseeland	1.770	192	155	1.433	1.670	180	145	1.191
20. Japan (26 Literaturstellen aus Japan und Korea)	1.720	190	155	1.419	1.590	180	145	1.191

Anmerkung: Aus Rushton: 1994, Tabelle 1.
Schädelvolumen für Männer (cm³) = [6.752 x (Kopflänge − 11 mm) + 11.421 x (Kopfbreite − 11 mm)] − 1.434,06
Schädelvolumen für Frauen (cm³) = [7.884 x (Kopflänge − 11 mm) + 10.842 x (Kopfbreite − 11 mm)] − 1.593,96. Formeln: vgl. Lee und Pearson, 1901.

Durch eine Übersichtsarbeit des Jahres 1990 von ergonomisch bedeutenden Körpermessungen, die vom Internationalen Arbeitsamt in Genf erstellt wurde (Jurgens, Aune & Pieper, 1990), wurde eine vierte Studie möglich. Man hat über eine 30jährige Zeitspanne die Kopf- und Körpermaße von Zehntausenden von Männern und Frauen zwischen 25 bis 45 Jahren gesammelt. Etwa 300 Eintragungen aus 7 Quellen wurden untersucht: Handwerker, wie etwa Schneider und Schuhmacher, anthropologische Untersuchungen, Gesundheitsberichte, Sportausübung, Wachstumsuntersuchungen, forensische und juridische Untersuchungen und ergonomische Studien. Es fehlten – erwähnenswerterweise – die Untersuchungen über Armeeangehörige, die oben untersucht wurden, was diese neuen Daten somit unabhängig von vorhergehenden Datensätzen macht.

Jurgens et al. (1990) teilten ihre Daten in 20 Weltregionen ein. In Tabelle 6.5 sind die 50.sten Perzentil der Messungen der Körpergröße, Kopflänge und -breite aufgelistet, getrennt für Männer und Frauen; genauso wie die Anzahl der Eintragungen zitiert wird, die zu den zusammengefaßten Zahlen führten. Aus diesen leitete ich die Schädelvolumina ab, indem ich die obengenannten Gleichungen (4) und (5) verwendete (Rushton, 1994).

Da die Regionen im Forschungsbericht im Hinblick auf die enthaltenen Länder vollständig beschrieben wurden (siehe Tabelle 6.5), war es möglich, die unklaren Kategorien zu eliminieren und dadurch Rassenvergleiche zu ermöglichen. Es wurden 6 Regionen aus der statistischen Analyse ausgeschlossen: Nr. 2 (Indianide), Nr. 3 und 10 (die europide und negride Populationen kombinieren), Nr. 14 und 15 (Nord- und Südindien) und Nr. 18 (die europide und mongolide Populationen kombiniert).

Wenn jede der männlich/weiblichen Stichproben als unabhängiger Analyseeintrag behandelt wird, gibt es 6 eindeutig mongolide Stichproben (Regionen 16, 17 und 20), 18 überwiegend europide Stichproben (Regionen 1, 4, 5, 6, 7, 8, 9, 13 und 19) und 4 eindeutig afrikanische Stichproben (Regionen 11 und 12). Varianzanalysen, die mit den nichtadjustierten (Rohwerte) Mittelwerten durchgeführt wurden, zeigten, daß Ostasiaten (M = 1.286 cm^3, SD = 117) und Europide (M = 1.311 cm^3, SD = 103) im Durchschnitt größere absolute Schädelvolumina aufwiesen als Afrikaner (M = 1.211 cm^3, SD = 144). Nach der Korrektur für die Auswirkungen der Körpergröße kamen die Unterschiede stärker zur Geltung und Ostasiaten kamen im Schnitt auf 1.308 cm^3, Europide auf 1.297 cm^3 und Afrikaner auf 1.241 cm^3. Zusatzanalysen, gewichtet nach der Anzahl der Eintragungen, oder eine andere Länderkombination veränderten das Gesamtmuster der Resultate nicht (Rushton, 1994).

Die Gehirngröße vom Kindesalter bis zur Adoleszenz

Die Rassenunterschiede in der Gehirngröße sind bei Säuglingen und Kleinkindern erwiesen. Ho, Roessmann, Hause und Monroe (1981) sammelten die Gehirngewichtsdaten bei der Autopsie für 782 Neugeborene. In absoluten Ausdrücken (nicht adjustiert für andere Variablen) hatten weiße Babys im

Durchschnitt schwerere Gehirne als schwarze Babys: 272 versus 196 Gramm. Viele dieser Babys waren Frühgeburten (49 Prozent der weißen Stichprobe und 78 Prozent der schwarzen Stichprobe). Wenn die Kriterien einer Schwangerschaftsdauer von 38 Wochen und einem Körpergewicht bei der Geburt von 2.500 Gramm angewandt wurden, um für beide Gruppen eine „volle Schwangerschaftsdauer" zu definieren, verschwanden die Rassenunterschiede. Jedoch haben schwarze Babys eine biologisch begründete kürzere Schwangerschaftsdauer als weiße Babys (Kap. 7), und daher kann man die Angemessenheit dieser Kriterienanwendung auf rassische Vergleiche hinterfragen.

Das „US Collaborative Perinatal Project", das in Kapitel 2 bereits angesprochen worden ist, untersuchte und begleitete in den Vereinigten Staaten annähernd 17.000 weiße und 19.000 schwarze Kinder von der Empfängnis bis zum Alter von 7 Jahren (Broman et al., 1987). Bei Schwarzen und Weißen gleichermaßen sagten die Kopfumfänge bei der Geburt, mit 4 Monaten, 1 Jahr, 4 Jahren und 7 Jahren die IQ-Werte im Alter von 7 Jahren mit 0,12 bis 0,24 voraus (Tabelle 2.3). Ich errechnete aus den entsprechenden Tabellen bei Broman et al. (1987), daß die weißen Kinder mit größeren Köpfen und Körpern geboren werden (ein Vorteil von jeweils 16 Perzentilpunkten). Jedoch berechnete ich auch, daß das „Aufholwachstum" den schwarzen Kindern bei der Körpergröße zugute kommt, aber nicht beim Kopfumfang. Im Alter von 4 Jahren sind schwarze Kinder 11 Perzentilpunkte größer als weiße Kinder und im Alter von 7 sind sie 16 Perzentilpunkte größer, aber im Alter von 7 bleibt ihr Kopfumfang 8 Perzentilpunkte kleiner. Wenn der IQ mit 4 und 7 Jahren gemessen wird, zeigen weiße Kinder einen Vorteil von 34 Perzentilpunkten (1 Standardabweichung).

Es wurden auch Jugendliche untersucht. R. Lynn (1993) verwendete die Gleichungen (1) und (2) von Lee und Pearson (1901), um die Schädelvolumina aus den externen Kopfvermessungen von 36 Stichproben von 7- bis 15jährigen zu berechnen, die vom Philadelphia Growth Center gesammelt wurden (Krogman, 1970). Der Kern der Stichprobe bestand aus 169 weißen Jungen, 224 schwarzen Jungen, 135 weißen Mädchen und 220 schwarzen Mädchen. Die Burschen und Mädchen waren alle auf schwere Krankheiten oder Zahnprobleme untersucht worden und entstammten der Mittelklasse aus „einem soliden, ausgeglichenen Querschnitt der Bevölkerung" (Krogman, 1970: 4). Nach der Korrektur für die Auswirkungen des Alters, der Statur und dem Geschlecht lag der Durchschnitt der weißen Kinder bei 1.250 cm³ und der der schwarzen Kinder bei 1.236 cm³.

Zusammenfassung der Daten über die Gehirngröße

Die Tabelle 6.6 faßt die Ergebnisse von 44 Studien über Rassenunterschiede bei der Gehirngröße von Erwachsenen durch die angesprochenen 3 verschiedenen Methoden zusammen: Nasses Gehirngewicht bei der Autopsie (in Gramm), inneres Schädelvolumen (cm³) und externe Kopfvermessungen

(cm^3). Die Gehirngröße in Gramm kann in das Schädelvolumen in Kubikzentimetern umgerechnet werden und umgekehrt. J. R. Baker (1974: 429) lieferte eine Gleichung für das Umwandeln der cm^3 in Gramm:

(5)   Gehirngewicht [g] = 1,065 cm^3 – 195.

Um das Gehirngewicht in das Schädelvolumen umzuwandeln, ist oft ein spezielles Gewicht von 1,036 angenommen worden. Folglich gilt:

(6)   Schädelvolumen (cm^3) = 1,036 g.

Diese Gleichungen ergeben nicht das gleiche Produkt. Die Gleichung (6) wurde in modernen Studien verwendet (z. B. Hofman, 1991) und wird hier verwendet werden, um die Autopsiedaten in Tabelle 6.6 von Gramm in cm^3 umzurechnen.

In Tabelle 6.6 gibt es vier, einzeln aufgeführte Datenreihen, von denen am Ende der Durchschnitt berechnet wird. Der Teil A präsentiert die Ergebnisse von Autopsiestudien. Davon gab es 38, die 16 Datenberichte aus Korea und Japan umfaßten, 18 von Europiden in Europa und den Vereinigten Staaten und 8 von Negriden aus Afrika und den Vereinigten Staaten. Wo es möglich ist, werden die Ergebnisse für Männer und Frauen getrennt angegeben. Bei manchen Studien wurden zentrale Übersichtsarbeiten verwendet, da die Originale nicht, oder in einer fremden Sprache veröffentlicht wurden oder sonstwie schwer zu erhalten waren. In den Studien, die von Dekaban und Sadowsky (1978) zitiert wurden, berechnete ich den Durchschnitt als den Mittelpunkt der Bandbreite. Doppeleinträge wurden eliminiert, wo immer sie gefunden wurden. Nach der 38. Autopsiestudie werden zusammenfassende Statistiken für jede rassische Gruppe angeführt, welche die Anzahl der Studien, den Wertebereich, den Mittelwert und den Median anzeigen. Die gemischtgeschlechtlichen Durchschnitte werden berechnet, indem man die Mittelwert- und Medianzahlen für Männer und Frauen addiert und durch zwei dividiert. In der Folge wird der Mittelwert durch Verwendung von Gleichung (6) in cm^3 umgewandelt.

Die Resultate des Teils A zeigen, daß das gemischtgeschlechtliche mittlere Gehirngewicht von Mongoliden (1.304 g) fast genauso schwer ist wie das von Europiden (1.309 g) und das beide größer sind als das von Negriden (1.180 g). Die statistische Signifikanz dieser Unterschiede kann aus der Tatsache beurteilt werden, daß in keinem Fall das Gehirngewicht einer negriden Stichprobe von Männern oder Frauen über dem Mittelwert oder Median von dem von Mongoliden oder Europiden liegt (p < 0,001). Wenn man die Gramm in cm^3 umwandelt, kommen die Mongoliden, Europiden und Negriden auf einen Durchschnitt von jeweils 1.351, 1.356 und 1.223 cm^3.

Der Teil B präsentiert die Daten für den Innenschädel. Hier basiert die Gesamtbeurteilung von Beals et al. (1984) auf bis zu 20.000 Schädelexemplaren von 122 ethnischen Gruppen. Der gemischtgeschlechtliche Mittelwert für Mongolide beträgt 1.415 cm^3, für Europide 1.362 cm^3 und für Negride 1.268 cm^3 (Zahlen aus Tabelle 5 von Beals et al., 1984; Geschlechtsunterschiede aus K. Beals, persönliche Mitteilung vom 9. Mai 1993). Zahlreiche Schä-

Tabelle 6.6: Zusammenfassung der Rassenunterschiede bei der Gehirngröße: Multimethodische Vergleiche

Datentyp/Quelle	Stichproben und Verfahren	Mongolide			Europide			Negride		
		Männer	Frauen	Beide	Männer	Frauen	Beide	Männer	Frauen	Beide
A: Autopsiedaten (Gramm)										
1. Peacock (1865, zitiert und Durchschnitte berechnet von Pearl, 1934)	5 negride Männer	–	–	–	–	–	–	1.257	–	–
2. Russell (1869, analysiert von Pearl, 1934)	379 schwarze Soldaten und 24 weiße Soldaten, von denen die meisten während des US-Bürgerkriegs an Lungenentzündung starben	–	–	–	1.471	–	–	1.342	–	–
3. Doenitz (1874, zitiert in Spitzka, 1903)	10 japanische Männer, exekutiert durch Enthauptung	1.337	–	–	–	–	–	–	–	–
4. Bischoff (1880, zitiert in Pakkenberg & Voigt, 1964)	906 Europäer, gemessen in einem Pathologieinstitut	–	–	–	1.362	1.219	(1.291)	–	–	–
5. Taguchi (1881, zitiert in Spitzka, 1903)	100 japanische Männer exekutiert durch Enthauptung	1.356	–	–	–	–	–	–	–	–
6. Topinard (1885, zitiert in Pearl, 1934)	29 nichtspezifizierte negride Männer, gesammelt aus der Literatur	–	–	–	–	–	–	1.234	–	–
7. Suzuki (1892, zitiert in Shibata, 1936)	27 Japaner (24 Männer, 3 Frauen) zwischen 35 und 73 Jahren alt	1.348	1.120	(1.234)	–	–	–	–	–	–
8. Taguchi (1892, zitiert in Shibata, 1936)	524 Japaner (374 Männer, 150 Frauen) im Alter von 21 bis 95	1.367	1.214	(1.291)	–	–	–	–	–	–
9. Marshall (1892)	2.012 Briten (972 Männer, 1.040 Frauen) im Alter von 20 bis 90 Jahren; Reanalysen der 1861er Daten veröffentlicht mit Aufschlüsselungen für Alter, Größe, Gewicht, geistig gesund/geisteskrank	–	–	–	1.329	1.194	(1.262)	–	–	–
10. Waldeyer (1894, zitiert in Pearl, 1934)	12 afrikanische Männer über 15 Jahren	–	–	–	–	–	–	1.148	–	–
11. Retzius (1900, zitiert in Pakkenberg & Vogt, 1964)	700 Schweden in einem Pathologieinstitut	–	–	–	1.399	1.248	(1.324)	–	–	–
12. Matiegka (1902, zitiert in Pakkenberg & Vogt, 1964)	416 Europäer in einem Pathologieinstitut	–	–	–	1.347	1.204	(1.276)	–	–	–
13. Matiegka (1902, zitiert in Pakkenberg & Vogt, 1964)	581 Europäer im Institut für forensische Medizin in Prag	–	–	–	1.450	1.306	(1.378)	–	–	–

14. Marchand (1902, zitiert in Pakkenberg & Voigt, 1964)	1169 Europäer im Alter von 18 bis 50 in einem Pathologieinstitut in Marburg	–	–	–	1.400	1.275	(1.338)	–
15. Spitzka (1903)	597 Japaner (421 Männer, 176 Frauen) im Alter von 21 bis 95 Jahren aus Spitälern in der Umgebung Tokios; zehnjährige Berichte inklusive Daten über Alter, Statur und Gewicht	1.367	1.214	(1.291)	–	–	–	–
16. Bean (1906)	Besprechung von Berichten über 22 negride Männer und 10 negroide Frauen	–	–	–	–	–	–	1.256	980	(1.118)
17. Bean (1906)	125 Amerikaner aus einem anatomischen Labor in Baltimore (37 weiße Männer, 9 weiße Frauen, 51 schwarze Männer, 28 schwarze Frauen)	–	–	–	1.341	1.103	(1.222)	1.292	1.108	(1.200)
18. Chernyshev (1911, zitiert in Dekaban & Sadowsky, 1978)	Nichtspezifizierte Anzahl von Männern und Frauen (wahrscheinlich Russen) zwischen 20 und 80 Jahren	–	–	–	1.346	1.210	(1.278)	–
19. Nagayo (1919, 1925, zitiert in Shibata, 1936)	485 Japaner (329 Männer, 156 Frauen) zwischen 16 und 60 Jahren	1.362	1.242	(1.302)	–	–	–	–
20. Kurokawa (1920, zitiert in Shibata, 1936)	440 Japaner (240 Männer, 200 Frauen) zwischen 15 und 50 Jahren	1.402	1.256	(1.329)	–	–	–	–
21. Kubo (1922, zitiert in Shibata, 1936)	60 Koreaner (56 Männer, 4 Frauen) zwischen 21 und 74 Jahren	1.353	1.206	(1.280)	–	–	–	–
22. Kimura (1925, zitiert in Shibata, 1936)	405 Japaner (243 Männer, 162 Frauen) zwischen 15 und 50 Jahren	1.402	1.249	(1.326)	–	–	–	–
23. Muhlmann (1927, zitiert in Dekaban & Sadowsky, 1978)	Nicht spezifizierte Anzahl von Männern und Frauen (wahrscheinlich Deutsche) zwischen 20 und 80 Jahren	–	–	–	1.346	1.205	(1.276)	–
24. Yoshizawa (1929, 1930, zitiert in Shibata, 1936)	315 Japaner (211 Männer, 104 Frauen) zwischen 16 und 80 Jahren	1.361	1.231	(1.296)	–	–	–	–
25. Hoshi (1930, zitiert in Shibata, 1936)	954 Japaner (551 Männer, 403 Frauen) über 16 Jahren	1.396	1.255	(1.326)	–	–	–	–
26. Hoshi (1930, zitiert in Shibata, 1936)	Unbekannte Anzahl von Japanern beiderlei Geschlechts zwischen 15 und 50 Jahren	1.406	1.261	(1.334)	–	–	–	–
27. Amano–Hayashi (1933, zitiert in Shibata, 1936)	1817 Japaner (1.074 Männer, 743 Frauen) über 16 Jahren	1.375	1.244	(1.310)	–	–	–	–
28. Kusumoto (1934, zitiert in Shibata, 1936)	522 Japaner (342 Männer, 180 Frauen) unbekannten Alters	1.360	1.241	(1.301)	–	–	–	–
29. Vint (1934)	389 erwachsene Kenianer des Bantu- und Nilotenstammes, autopsiert vom Autor in einheimischen Spitälern in Nairobi; verwendet wurden nur als normal befundene Gehirne; Gewichte validiert gegen das Schädelvolumen mit Hilfe der Wassermethode und verglichen mit Daten, die über Europäer veröffentlicht wurden	–	–	–	1.428	–	–	1.276	–	–

30.	Shibata (1936)	153 Koreaner (136 Männer, 17 Frauen) zwischen 17 und 78 Jahren; diejenigen wurden ausgeschlossen, die an Krankheiten starben, von denen bekannt ist, daß sie das Hirngewicht beeinflussen	1.370	–	1.277	(1.324)	–	–	–	–	–
31.	Roessle & Roulet (1938, zitiert in Pakkenberg & Voigt, 1964)	456 deutsche Soldaten	–	–	–	–	1.405	–	–	–	–
32.	Appel & Appel (1942)	2.080 weiße US-Männer zwischen 12 und 96 Jahren in einer Nervenklinik in Washington, DC; Gewichte aufgenommen aus den Spitalsberichten; Gehirne mit Verletzungen und Anomalien wurden ausgeschlossen	–	–	–	–	1.305	–	–	–	–
33.	Takahashi & Suzuki (1961)	470 Japaner (301 Männer, 169 Frauen) zwischen 30 und 69 Jahren	1.397	1.229	(1.313)	–	–	–	–	–	–
34.	Pakkenberg & Voigt (1964)	1.026 Dänen (724 Männer, 302 Frauen) zwischen 30 und 95 Jahren aus dem forensischen Institut in Kopenhagen zwischen 1959 und 1962; Alter, Größe, Gewicht und Todesursache untersucht	–	–	–	–	1.440	1.282	(1.361)	–	–
35.	Spann & Dustmann (1965, zitiert in Desaban & Sadowsky, 1978)	Nichtspezifizierte Anzahl von deutschen Männern und Frauen im Alter von 15 bis 94	–	–	–	–	1.403	1.268	(1.336)	–	–
36.	Chrzanowska & Beben (1973, zitiert in Desaban & Sadowsky, 1978)	1.670 Polen (896 Männer, 774 Frauen) zwischen 20 und 89 Jahren	–	–	–	–	1.413	1.266	(1.340)	–	–
37.	Dekaban & Sadowsky (1978)	4.736 US–Weiße (2.733 Männer, 1.963 Frauen) von Spitälern rund um Washington, D.C von der Geburt bis 86 Jahren+; Zahlen berechnet für 16 bis 86 Jahren (2.036 Männer, 1.411 Frauen)	–	–	–	–	1.392	1.254	(1.323)	–	–
38.	Ho et al. (1980a, 1980b)	1.261 weiße und schwarze Amerikaner zwischen 25 und 80 Jahren (416 weiße Männer, 228 schwarze Männer, 395 weiße Frauen, 222 schwarze Frauen); die Gewichtsangaben wurden den 5jährigen Berichten der Case Western Reserve University entnommen	–	–	–	–	1.392	1.252	(1.322)	1.286	1.158	(1.222)
	Zusammenfassung von A	*Anzahl der Studien*	16	14	14	18	14	14	8	3	3
		Wertebereich	1.337–1.406	1.120–1.277	1.234–1.334	1.305–1.471	1.103–1.306	1.222–1.378	1.148–1.342	980–1.158	1.118–1.222
		Mittelwert in Gramm	1.372	1.231	1.304	1.387	1.235	1.309	1.261	1.082	1.180
		Median in Gramm	1.367	1.242	1.306	1.396	1.250	1.323	1.267	1.108	1.200
		Mittelwert in cm^3	1.421	1.275	1.351	1.437	1.280	1.356	1.306	1.121	1.223
	B: Inneres Schädelvolumen (cm^3)										
39.	Beals et al. (1984)	Gemischtgeschlechtliche Schädelvolumina von 122 Populationen, basierend auf bis zu 20.000 Exemplaren aus der ganzen Welt und ihren geographischen und klimatischen Koordinaten; Packmaterial waren Senfsamen; Eine einheitliche 6%ige Reduktion wurde gemacht gegenüber Studien mit Schrot	1.491	1.340	(1.415)	1.441	1.283	(1.362)	1.338	1.191	(1.268)

C: Schädelgröße von externen Schädelvermessungen (cm³)									
40. Rushton (1990c, erweitert 1993)	26 männliche Populationen (5 „Mongolide" – zumeist Indianide, 9 Europäer und europäisch-stämmige Amerikaner und 12 Afrikaner und afrikanischstämmige Amerikaner; 54.454 Individuen); Messungen gesammelt von Herskovits (1930)	1.451	–	–	1.421	–	1.295	–	–
41. Rushton (1991b)	24 internationale, männliche Militärstichproben (4 mongolid, 20 europid; 57.378 Individuen); Messungen von der NASA gesammelt (Vereinigte Staaten, 1978)	1.343 1.460*	–	–	1.467 1.446*	–	–	–	–
42. Rushton (1992a)	6.325 US-Militärpersonal von einer geschichteten Zufallsstichprobe, die Offiziere und einfache Mannschaften umfaßte (411 asiatische Männer, 132 asiatische Frauen, 1.590 weiße Männer, 1.281 weiße Frauen, 1.381 schwarze Männer, 1.295 schwarze Frauen); Messungen von der Armee gesammelt	1.465 1.486*	1.300 1.319*	(1.383) (1.403)*	1.473 1.462*	1.268 1.259*	1.450 1.441*	1.261 1.250*	(1.356) (1.346)*
43. Rushton (1994)	28 weltweite Stichproben (3 von asiatischen Männern, 3 von asiatischen Frauen, 9 von europiden Männern, 9 von europiden Frauen, 2 von afrikanischen Männern, 2 von afrikanischen Frauen; Zehntausende Individuen); Messungen vom Internationalen Arbeitsamt in Genf gesammelt	1.381 1.371*	1.191 1.244*	(1.286) (1.308)*	1.422 1.378*	1.199 1.215*	1.339 1.337*	1.083 1.144*	(1.211) (1.241)*
Zusammenfassung von C									
	Anzahl der Studien (unkorrigierte)	4	2	2	4	2	3	2	2
	Wertebereich	*1.343– 1.465*	*1.191– 1.300*	*1.286– 1.383*	*1.421– 1.473*	*1.199– 1.268*	*1.295– 1.450*	*1.083– 1.261*	*1.211– 1.356*
	Mittelwert in cm³	*1.410*	*1.246*	*1.335*	*1.446*	*1.234*	*1.361*	*1.172*	*1.284*
	Median in cm³	*1.416*	*1.246*	*1.335*	*1.445*	*1.234*	*1.339*	*1.172*	*1.284*
	Anzahl der Studien (korrigierte)	3	2	2	3	2	2	2	2
	Wertebereich	*1.371– 1.486*	*1.244– 1.319*	*1.308– 1.403*	*1.378– 1.462*	*1.215– 1.259*	*1.297– 1.361*	*1.144– 1.250*	*1.241– 1.346*
	Mittelwert in cm³	*1.439*	*1.282*	*1.356*	*1.425*	*1.237*	*1.329*	*1.197*	*1.294*
	Median in cm³	*1.460*	*1.282*	*1.356*	*1.446*	*1.237*	*1.329*	*1.197*	*1.294*
D: Gesamtzusammenfassung: Der Durchschnitt der Durchschnitte (cm³)									
	Autopsien	1.421	1.275	1.351	1.437	1.280	1.306	1.121	1.223
	Inneres Schädelvolumen	1.491	1.340	1.415	1.446	1.283	1.338	1.191	1.268
	Externe Kopfvermessungen	1.410	1.246	1.335	1.446	1.234	1.361	1.172	1.284
	Korrigierte externe Kopfvermessungen	1.439	1.282	1.356	1.425	1.237	1.389	1.197	1.294
	Gesamtdurchschnitt in cm³	*1.440*	*1.286*	*1.364*	*1.437*	*1.259*	*1.349*	*1.170*	*1.267*

Anmerkung: * Anpassungen wurden für die Körpergröße gemacht.

deluntersuchungen, die innerhalb der Vereinigten Staaten durchgeführt wurden und am Ende von Kapitel 5 beschrieben sind (z. B. Todd, 1923, Simmons, 1942), wurden nicht aufgenommen und auch nicht die nachfolgende Bestätigung der Zahlen von Beals et al. für die negriden Schädel in der unabhängigen Nachuntersuchung von Ricklan und Tobias (1986). Ricklan und Tobias (1986) fanden beispielsweise heraus, daß 917 Männer auf einen Durchschnitt von 1.342 cm^3 kamen und 320 Frauen auf 1.280 cm^3 bei einem gemischtgeschlechtlichen negriden Mittelwert von 1.311 cm^3 [K!]. Wegen des Überlappungsgrades in manchen Datenreihen hielt ich Beals et al. (1984) für ausreichend.

Der Teil C stellt vier Studien dar, die das Schädelvolumen ausgehend von äußeren Kopfvermessungen schätzen. Die Zahlen ohne Sternchen sind nicht korrigiert für die Körpergröße, während die Zahlen mit Sternchen korrigiert wurden. Wie in Teil A werden die Anzahl der Studien, der Wertebereich, der Mittelwert und der Median angegeben. Das nicht korrigierte, gemischtgeschlechtliche durchschnittliche Schädelvolumen von Mongoliden (1.335 cm^3) ist fast das gleiche wie das für Europide (1.341 cm^3), wobei beide auf einen größeren Durchschnitt kommen wie Negride (1.284 cm^3). Wenn man die für die Körpergröße korrigierten Zahlen in Teil C verwendet, ergibt das einen Durchschnitt für Mongolide von 1.356 cm^3, für Europide von 1.329 cm^3 und für Negride von 1.294 cm^3. Diese Unterschiede sind innerhalb der Studien hoch signifikant.

Erwähnenswert ist die Konsistenz der Resultate, die sich quer durch die verschiedenen Methoden hindurch zeigt. In cm^3 zeigen die Daten von (a) Autopsie, (b) innerem Schädelvolumen, (c) Kopfvermessungen und (d) Kopfvermessungen, korrigiert für die Körpergröße: Mongolide = 1.351; 1.415; 1.335; 1.356 (Durchschnitt = 1.364); Europide = 1.356; 1.362; 1.341; 1.329 (Durchschnitt = 1.347); Negride = 1.223; 1.268; 1.284; 1.294 (Durchschnitt = 1.267). Aus diesen kann ein Weltdurchschnitt der Gehirngröße von 1.326 cm^3 errechnet werden, vergleichbar mit einem von 1.349 cm^3, der von Beals et al. (1984) berechnet wurde.

Die primäre Schlußfolgerung lautet deshalb: Während der mongolid/europide Unterschied in der Gehirngröße relativ klein ist und sich allgemein im Durchschnitt auf 17 cm^3 zugunsten der Mongoliden beläuft (14 cm^3 bei unkorrigierten Messungen und 27 cm^3 bei Messungen, die für die Körpergröße korrigiert sind), beträgt derjenige zwischen Mongoliden und Negriden im Durchschnitt insgesamt 97 cm^3. Der mongolid/negride Unterschied, basierend auf Autopsiedaten, beträgt 128 cm^3, bei dem inneren Schädelvolumen 147 cm^3, bei unkorrigierten externen Kopfvermessungen 51 cm^3, und bei Kopfmessungen, die für die Körpergröße korrigiert sind, 62 cm^3. Der mittlere Unterschied zwischen Europiden und Negriden ist 80 cm^3.

Im Hinblick auf die Frage, wie groß der Unterschied der Schädelgröße zwischen den Rassen ist, ist natürlich keine exakte Lösung möglich. Die Größenordnungen hängen davon ab, welche Stichproben enthalten sind, ob die Schädel für die Körpergröße adjustiert sind und welche Methoden für die Berechnung des Durchschnitts verwendet werden. Man könnte z. B. meinen, daß die

Gehirngröße nach der Stichprobengröße gewichtet werden sollte, da größere Stichproben solidere Schätzungen liefern als kleinere Stichproben, zumindest wenn die Stichproben in Hinblick auf die angewandten Methoden einheitlich sind. Bei ungefähren Lösungen besteht der einzig gangbare Weg darin, so viele Schätzungen wie möglich zu verwenden und zu schauen, ob sie triangulieren. Viele der Zahlen können nachberechnet werden, indem man Stichproben-gewichtete Mittelwerte, Mittelwerte der Wertebereiche, Mediane und andere Verfahren benutzt. Diese ändern nicht die Reihenfolge, speziell nicht, daß Mongolide und Europide größer als Negride sind. Ob Mongolide auf einen größeren Durchschnitt als Europide kommen, hängt aber manchmal von der Korrektur für die Körpergröße ab.

Der in Tabelle 6.6 so deutlich bemerkte, massive Geschlechtsunterschied in der Gehirngröße ist seit Paul Broca im 19. Jahrhundert bekannt. Wie bei den Rassenunterschieden haben jedoch die Kritiker gemeint, daß die Unterschiede „verschwinden" würden, wenn man für Variablen wie Alter und Körpergröße kontrolliert (Gould, 1981: 105–6). Eine entscheidende Reanalyse der Autopsiedaten von Ho et al. (1980) durch Ankney (1992) hat jetzt deutlich gemacht, daß sogar nach der Kontrolle für die Körpergröße und andere Variablen ein Unterschied von 100 Gramm zwischen Männern und Frauen bestehen bleibt. Meine eigenen Untersuchungen mittels externer Kopfvermessungen bestätigten Ankneys Ergebnisse; sie enthalten die stratifizierte Stichprobe von 6.325 US-Armeeangehörigen. Ankney (1992) schlug vor, daß der Geschlechtsunterschied in der Gehirngröße im Zusammenhang steht mit denjenigen intellektuellen Fähigkeiten, bei denen Männer sich auszeichnen, sprich: beim räumlichen und mathematischen Denken.

Die aufgrund der Schätzmethode verursachten Unterschiede innerhalb einer Rasse sind kleiner als die Unterschiede zwischen Mongoliden und Negriden. Basierend auf den gemischtgeschlechtlichen Mittelwerten, betragen die auf die Methode zurückgehenden Unterschiede innerhalb einer Rasse durchschnittlich 31 cm^3. Innerhalb der Mongoliden reichen die Abweichungen von 5 bis 80 cm^3 mit einem Durchschnitt von 41 cm^3; innerhalb der Europiden reichen sie von 6 bis 33 cm^3 mit einem Durchschnitt von 19 cm^3; innerhalb der Negriden reichen sie von 10 bis 71 cm^3 mit einem Durchschnitt von 38 cm^3.

Für viele der einzelnen Studien kann man Probleme der Stichprobenziehung und einen Mangel an Kontrolle für externe Variablen anführen (Tobias, 1970). Diese Schwierigkeiten betreffen aber natürlich die Daten für alle drei rassischen Gruppen, und es gibt keinen besonderen Grund anzunehmen, daß sie systematisch eine Rasse zu Lasten einer anderen bevorzugen. Die Unterschiede in der Körpergröße können nicht die Ursache für die Rassenunterschiede sein, weil die Mongoliden ein größeres Schädelvolumen haben als die Negriden, obwohl sie oft kleiner sind und weniger wiegen (Eveleth & Tanner, 1990). Die rassische Reihenfolge bleibt konstant, auch in Stichproben, in denen die Negriden größer sind als die Europiden – so wie es in der Studie von Simmons (1942), zitiert am Ende des letzten Kapitels, der Fall ist –, oder wenn die Rassen durch das Anpassen für die Körpergröße vergleichbar gemacht werden.

Für den Menschen hat Haug (1987: 135) eine Korrelation von $r = 0,479$ ($n= 81, p < 0,001$) zwischen der Anzahl der Neuronen in der menschlichen Großhirnrinde und dem Hirnvolumen in cm³ berichtet, wobei die Stichprobe Männer und Frauen gleichermaßen umfaßte. Die Regression, welche die zwei Variablen in eine Verbindung bringt, wird angegeben als: (Anzahl der Kortikalneuronen [in Milliarden] = 5,583 + 0,006 [cm³ Gehirnvolumen]). Das bedeutet, daß bei dieser Schätzung Mongolide, die auf einen Schnitt von 1.364 cm³ kommen, 13,767 Milliarden Kortikalneuronen haben (13,767 x 10 hoch 9). Europide, die auf einen Schnitt von 1.347 cm³ kommen, haben 13,665 Milliarden solcher Neuronen, was etwa 102 Millionen weniger als Mongolide bedeutet. Negride, die auf einen Schnitt von 1.267 cm³ kommen, haben 13,185 Milliarden zerebrale Neuronen, 582 Millionen weniger als Mongolide und 480 Millionen weniger als Europide.

Insgesamt hat man geschätzt, daß das menschliche Gehirn bis zu 100 Milliarden (10 hoch 11) Nervenzellen enthält, einteilbar in etwa 10.000 verschiedene Typen (Kandel, 1991). Es könnte 100.000 Milliarden Synapsen geben. Sogar wenn die Information auf der niedrigen Durchschnittsrate von einem Bit pro Synapse gespeichert wird, was zwei Niveaus der Synapsenaktivität erfordern würde (hoch und niedrig), würde die Struktur als ein Ganzes 10 hoch 14 Bits erzeugen. Zum Vergleich: Moderne Supercomputer verfügen über ein Gedächtnisvermögen von etwa 10 hoch 9 Bits an Information.

Ein Großteil des Nervengewebes wird benötigt, um die Körperfunktionen aufrecht zu erhalten. Über und jenseits von dem gibt es „Überschußneuronen", die für allgemeine Adaptationszwecke zur Verfügung stehen (Jerison, 1973). Wie grob auch die gegenwärtigen Schätzungen sind: Hunderte Millionen von Neuronen der Großhirnrinde unterscheiden Mongolide von Negriden (582 x 10 hoch 6 basierend auf den gerade berechneten; 440 x 10 hoch 6 basierend auf den von Tobias berechneten Durchschnittswerten, wie auf Seite 114 beschrieben). Diese reichen wahrscheinlich aus, den proportionalen Ergebnissen der Intelligenz und der sozialen Organisation zugrundezuliegen. Der Neuronenunterschied von einer halben Milliarde zwischen Mongoliden und Negriden besteht wahrscheinlich gänzlich aus „Überschußneuronen", weil, wie bereits erwähnt, Mongolide oftmals kleiner und leichter sind als Negride. Der Unterschied zwischen Mongoliden und Negriden bei der Gehirngröße über so viele Schätzverfahren hinweg ist bemerkenswert.

Die Werte in Intelligenztests

Seit der Zeit des Ersten Weltkrieges, als das weitverbreitete Testen begann, haben afrikanischstämmige Menschen bei Schätzungen der Intelligenz und in der erreichten Bildung niedrigere Punktzahlen erreicht als Weiße (Loehlin et al., 1975). Wenige Menschen sind sich dessen bewußt, daß Asiaten oftmals auf höhere Werte kommen als Weiße – bei denselben Tests und egal, ob sie in Kanada und den Vereinigten Staaten oder in ihren Heimatländern gemessen werden (P. E. Vernon, 1982). Steen zeigte z. B. (1987) in einem Überblick über Mathematikbildung, daß innerhalb der Vereinigten Staaten der Anteil der asiatischstämmigen Schüler, die im „Scholastic Aptitude Test" hohe Mathematikwerte (über 650) erreichen, doppelt so hoch ist wie der nationale Durchschnitt, während der Anteil der schwarzen Schüler, die das schaffen, weit weniger als ein Viertel des nationalen Durchschnitts ist.

Richard Lynn (1991c) stellte eine Übersicht der globalen Verteilung der Intelligenztestwerte zur Verfügung. Die durchschnittlichen IQs für Weiße in den Vereinigten Staaten, Großbritannien, Kontinentaleuropa, Australien und Neuseeland wurden relativ zu einem amerikanischen IQ dargestellt, der bei 100 festgesetzt wurde, mit einer Standardabweichung von 15. Europide in den Vereinigten Staaten und Großbritannien erzielten fast identische durchschnittliche IQs. Das wurde erstmals in einer schottischen Untersuchung von 11jährigen im Jahr 1932 gezeigt, die im amerikanischen Stanford/Binet einen durchschnittlichen IQ von 99 erzielten. Spätere Studien in Schottland und Großbritannien bestätigten dieses Ergebnis.

Die frühere Standardisierung der Tests in den Vereinigten Staaten basierte allgemein auf Normstichproben von ausschließlich Europiden, so wie etwa der frühe Stanford/Binet und die Wechsler-Tests, aber die späteren Standardisierungen wie etwa der WISC-R beinhalteten auch Schwarze. Aus diesem Grund paßte R. Lynn die amerikanischen Mittelwerte für spätere Tests an. Wenn nämlich der Durchschnitt der amerikanischen Gesamtbevölkerung bei 100 festgesetzt wird, ist der Durchschnitt von amerikanischen Weißen 102,25, abgeleitet von der Standardisierungsprobe des WISC-R (Jensen & Reynolds, 1982).

Die durchschnittlichen IQs aller überprüfter europider Populationen lagen im Bereich von 85 bis 107. R. Lynn besprach einige der Gründe für die Variation zwischen und innerhalb der Länder, wie etwa Stichprobengenauigkeit und Verfahren der Stichprobenziehung genauso wie Unterschiede in der Bildung und des Lebensstandards. Im Fall von Kindern können z. B. diejenigen, die Privatschulen besuchen, in den Stichproben enthalten sein oder auch nicht. Die IQs von Indern des indischen Subkontinents und Großbritanniens reichten von 85 bis 96. Aus einer Übersichtsarbeit von Sinha (1968) von 17 Studien mit Kindern im Alter zwischen 9 und 15 Jahren, die sich insgesamt auf über 5.000 belaufen, wurde ein Durchschnitt von 86 für Indien abgeleitet. Die ethnischen Inder in Großbritannien erzielten einen Durchschnitt von 96.

Die mongoliden Durchschnitts-IQs sind in Tabelle 6.7 dargestellt. Man kann sehen, daß die mongoliden Menschen in der Mehrzahl der Studien dazu neigen, bei der allgemeinen Intelligenz etwas höhere Mittelwerte zu erzielen als die Europiden. Dies ist der Fall in den Vereinigten Staaten, Kanada, Europa, Japan, Hongkong, Taiwan, Singapur und der Volksrepublik China. Der Wertebereich reicht von 97 bis 116, mit einem Durchschnitt von um die 105.

▶ Ein bemerkenswerter Grundzug der Ergebnisse für Mongolide ist, daß ihre verbalen IQs regelmäßig niedriger sind als ihre visuell-räumlichen IQs. In den meisten Studien sind die Unterschiede beträchtlich und betragen zwischen 10 und 15 IQ-Punkten. Dieses Muster zeigt sich in Japan, Hongkong, den Vereinigten Staaten und Kanada. Es scheint auch im „Scholastic Aptitude Test" in den Vereinigten Staaten auf, bei dem Mongolide im Mathematiktest ständig besser abschneiden als Europide (großteils eine Messung der allgemeinen Intelligenz und der visuell-räumlichen Fähigkeit), aber gleichzeitig im verbalen Test weniger gut als Europide (Wainer, 1988).

Tabelle 6.7: Durchschnittliche IQ-Werte für verschiedene mongolide Stichproben

Stichprobe	Alter	Stichprobengröße	Test	Intelligenz			Quelle
				Allgemeine	Verbale	Visuellräumlich	
Japan	5–16	1.070	WISC	–	–	103	Lynn, 1977b
Japan	6	240	Wortschatz/räumlich	97	89	105	Stevenson et al., 1985
Japan	11	240	Wortschatz/räumlich	102	98	107	Stevenson et al., 1985
Japan	4–6	600	WPPSI	103	98	108	Lynn & Hampson, 1986a
Japan	2–8	550	McCarthy	100	92	108	Lynn & Hampson, 1986b
Japan	6–6	1.100	WISC-R	103	101	107	Lynn & Hampson, 1986c
Japan	13–15	178	Unterschiedliche Fähigkeiten	104	–	114	Lynn, Hampson & Iwawaki, 1987
Japan	13–14	216	Kyoto NX	101	100	103	Lynn, Hampson & Bingham, 1987
Japan	3–9	347	CMMS	110	–	–	Misawa et al., 1984
Japan	9	444	Progressive Matrizen	110	–	–	Shigehisa & Lynn, 1991
Hongkong	6–15	4.500	Progressive Matrizen	110	–	–	Lynn, Pagliari & Chan, 1988
Hongkong	10	197	PM, Räumliche Relationen	108	92	114	Lynn, Pagliari & Chan, 1988
Hongkong	9	376	kulturfairer Test nach Cattell	113	–	–	Lynn, Hampson & Lee, 1988
Hongkong	6	4.858	Coloured PM	116	–	–	Chan & Lynn, 1989
China	6–16	5.108	Progressive Matrizen	101	–	–	Lynn, 1991b
Taiwan	16	1.290	Kulturfair	105	–	–	Rodd, 1959
Singapur	13	147	Progressive Matrizen	110	–	–	Lynn, 1977a

Stichprobe	Alter	Stich-proben-größe	Test	Intelligenz			Quelle
				All-ge-meine	Ver-bale	Visuell-räum-lich	
Belgien	6–14	19	WISC	110	102	115	Frydman & Lynn, 1989
Vereinigte Staaten	6–17	4.994	Verschiedene	100	97	–	Coleman et al., 1966; Flynn, 1991
Vereinigte Staaten	6–11	478	Verschiedene	101	–	–	Jensen & Inouye, 1980
Vereinigte Staaten	6–10	2.000	Figuren abzeichnen	–	–	105	Jensen, 1973
Vereinigte Staaten	6	80	Hunter Aptitude	106	97	106	Lesser, Fifer & Clark, 1965
Vereinigte Staaten	6–14	112	Verschiedene	107	–	–	Winick et al., 1975
Kanada	15	122	Unter-schiedliche Fähigkeiten	105	97	108	P. E. Vernon, 1982
Kanada	6–8	38	WISC	100	94	107	Kline & Lee, 1972

Anmerkung: Aus R. Lynn: 1991c, S. 264–265, Tabelle 2. Copyright 1991 bei The Institute for the Study of Man. Abgedruckt mit Erlaubnis von The Institute for the Study of Man. CMMS = Columbia Mental Maturity Scale; WISC = Wechsler-Intelligenztest für Kinder; WPPSI = Wechsler Preschool and Primary Scale of Intelligence.

Die Forschung über die akademischen Leistungen von Mongoliden in den Vereinigten Staaten wächst laufend. Caplan, Choy und Whitmore (1992) sammelten in fünf urbanen Gebieten in den Vereinigten Staaten Untersuchungs- und Testwertdaten von 536 Kindern von Vietnamflüchtlingen im Schulalter. Im Gegensatz zu einigen der früher untersuchten Populationen der „boat people" waren diese Flüchtlinge nur beschränkt der westlichen Kultur ausgesetzt, konnten fast kein Englisch, als sie ankamen, und hatten oft eine Vorgeschichte mit einem körperlichen oder emotionalem Trauma. Oftmals kamen sie mit nichts außer den Kleidern, die sie am Leib hatten. Alle Kinder besuchten Schulen in den städtischen Gebieten des Niedriglohnsektors. Die Ergebnisse zeigten, daß die Kinder, egal ob in Schulnoten oder in bundesweit genormten, standardisierten Tests gemessen, allgemein über dem Durchschnitt lagen und „sensationell" in Mathematik waren.

Man stellt immer wieder fest, daß die durchschnittlichen IQs von Negriden niedriger sind als die von Europiden. Shuey (1966) hat 362 Untersuchungen, die in den Vereinigten Staaten durchgeführt wurden, zusammengetragen. Er berichtete, daß der allgemeine durchschnittliche IQ der Afroamerikaner in etwa 85 betrage. Studien in den Vereinigten Staaten, wie etwa diejenigen von Coleman et al. (1966), Broman et al. (1987) und anderen bestätigten diese Zahl. Viele dieser Studien werden in Tabelle 6.8 gezeigt. Für die Vereinigten

Tabelle 6.8: Durchschnittliche IQ-Werte für verschiedene negrid-europid gemischtrassige Stichproben

Stichprobe	Alter	Stich-proben-größe	Test	Intelligenz			Quelle
				Allgemeine	Verbale	Visuell/räumlich	
Vereinigte Staaten	–	–	362 Studien	85	–	–	Shuey, 1966
Vereinigte Staaten	7	19.000	Wechsler	90	89	93	Broman et al., 1987
Vereinigte Staaten	2	46	Stanford/Bine	86	–	–	Montie & Fagan, 1988
Vereinigte Staaten	6–18	4.995	Verbal und nicht-verbal	84	89	–	Coleman et al, 1966
Vereinigte Staaten	6	111	WISC	81	86	80	Miele, 1979
Vereinigte Staaten	6–16	305	Revidierter WISC	84	87	88	Jensen & Reynolds, 1982
Vereinigte Staaten	7–14	642	PMA	77	77	83	Baughman & Dahlstrom, 1968
Vereinigte Staaten	6–11	2.518	Verschiedene	84	–	–	Jensen & Inouye, 1980
S-Afrika, Farbige	10–14	4.721	Army Beta	84	–	–	Fick, 1929
Barbados	9–15	108	Revidierter WISC	82	84	84	Galler et al., 1986
Großbritannien	11	113	NFER	86	87	–	Mackintosh & Mascie/Taylor, 1985
Großbritannien	10	125	British Ability Scales	94	92	–	Mackintosh & Mascie/Taylor, 1985
Großbritannien	8–12	205	NFER	87	–	–	Scarr et al., 1983
Jamaika	10–11	50	Verschiedene	75	82	90	P. E. Vernon, 1969
Jamaika	11	1.730	Moray House	72	72	–	Manley, 1963; P. E. Vernon, 1969
Jamaika	5–12	71	WISC	66	74	64	Hertzig et al., 1972

Anmerkung: Aus R. Lynn: 1991c S. 269, Tabelle 4. Copyright 1991 bei The Institute for the Study of Man. Abgedruckt mit Erlaubnis von The Institute for the Study of Man. NFER = National Federation of Educational Research; PMA = Primary Mental Abilities; WISC = Wechsler-Intelligenztest für Kinder.

Staaten wurden sieben größere post-Shuey (1966) Studien ausgewählt, weil sie besonders interessant sind:
- durch den Vorteil einer großen Anzahl der untersuchten Personen,
- weil sie die IQs für die verbalen und für die visuell-räumlichen Fähigkeiten angaben,
- oder weil sie sich auf junge Kinder beziehen.

Sie zeigen, daß sich der negride Durchschnitts-IQ von etwa 85 bereits bei Kindern im Alter von 2 bis 6 Jahren zeigt. In Großbritannien ergaben drei Studien von Afro-Karibianern durchschnittliche IQs von 86, 94 und 87. Diese Werte ähneln im wesentlichen denen in den Vereinigten Staaten. Für zwei der karibischen Inseln sind Zahlen verfügbar, namentlich für Barbados (durchschnittlicher IQ = 82) und Jamaika (durchschnittlicher IQ = 66–75).

Als eine Folge dieser Studien, die mittels unterschiedlicher Intelligenztests und Kohorten durchgeführt wurden, wird manchmal angenommen, daß der durchschnittliche IQ von allen Negriden näherungsweise 85 beträgt. R. Lynn hat jedoch angemerkt, daß die meisten Afroamerikaner mit etwa 25 Prozent europäischer Beimischung negrid/europide Mischlinge sind (Chakraborty, Kamboh, Nwankwo & Ferrell, 1992), und er meinte, daß eine ähnliche Proportion für die Schwarzen auf den Westindischen Inseln und Großbritannien gelte. Daher sei es möglich, daß die durchschnittlichen IQs von „nicht vermischten" Afrikanern niedriger sind als die von den Mischlingen. R. Lynn testete diese Hypothese, indem er die Literatur über Afrika untersuchte (siehe Tabelle 6.9).

Eine frühe Studie über die Intelligenz von „nicht-vermischten" afrikanischen Negriden wurde von Fick (1929) in Südafrika durchgeführt. Er administrierte 10- bis 14jährigen weißen, schwarzafrikanischen und gemischtrassigen Schulkindern (hauptsächlich negride/europide Mischlinge) den „American Army Beta Test", einen nonverbalen Test, der für diejenigen ausgelegt war, die die englische Sprache nicht beherrschten. Im Verhältnis zu dem weißen Durchschnitt von 100, der auf mehr als 10.000 Kindern basierte, erzielten großteils städtische schwarze afrikanische Kinder einen durchschnittlichen IQ von 65, während städtische gemischtrassige Kinder auf einen durchschnittlichen IQ von 84 kamen. Folglich erreichten südafrikanische gemischte Rassen einen durchschnittlichen IQ, der fast mit dem von Afroamerikanern identisch war.

Die anderen Studien über die IQs von schwarzen Afrikanern, die in Tabelle 6.9 zusammengefaßt sind, zeigen Mittelwerte in der Bandbreite von 65 bis 86, mit einem Durchschnitt von etwa 75. R. Lynn zitierte die Arbeit von Owen (1989) als die beste Einzelstudie. Owen präsentierte die Ergebnisse für 1.093 16jährige in der achten Klasse, die ca. 8 Jahre in der Schule gewesen waren und mit schriftlichen Tests vertraut sein sollten. Der verwendete Test war der „South African Junior Aptitude", der Messungen für verbales und nichtverbales logisches Denken, für räumliches Vorstellungsvermögen, Wortverständnis, Wahrnehmungsgeschwindigkeit und Gedächtnis vorsieht. Der durchschnittliche IQ der Stichprobe im Vergleich zu weißen südafrikanischen Normen beträgt 69, was auch rund um den Median der Studien liegt, die in Tabelle 6.6 aufgelistet sind. R. Lynn rundete diese Zahl auf 70 und nahm sie als den ungefähren Mittelwert für reine Negride an.

Tabelle 6.9: Durchschnittliche IQ-Werte für verschiedene negride Stichproben

Stich-probe	Alter	Stich-proben-größe	Test	Intelligenz			Quelle
				All-ge-meine	Ver-bale	Visuell/räum-liche	
Kongo	Erwachsene	320	Progressive Matrizen	65	–	–	Ombredane et al., 1952
Ghana	Erwachsene	225	Kulturfair	80	–	–	Buj, 1981
Nigeria	6–13	87	Farbige Matrizen, PMA	75	–	81	Fahrmeier, 1975
Nigeria	Erwachsene	–	Progressive Matrizen	86	–	–	Wober, 1969
Südafrika	8–16	1.220	Progressive Matrizen	81	–	–	Notcutt, 1950
Südafrika	Erwachsene	703	Progressive Matrizen	75	–	–	Notcutt, 1950
Südafrika	10–14	293	Army Beta	65	–	–	Fick, 1929
Südafrika	9	350	Progressive Matrizen	67	–	–	Lynn & Holmshaw, 1990
Südafrika	16	1.093	Junior Aptitude	69	60	69	Owen, 1989
Uganda	12	50	Verschiedene	80	–	–	P. E. Vernon, 1969
Sambia	Erwachsene	1.011	Progressive Matrizen	75	–	–	Pons, 1974; Crawford Nutt, 1976

Anmerkung: Vgl. R. Lynn: 1991c, S. 267, Tabelle 3. Copyright 1991 bei The Institute for the Study of Man. Abgedruckt mit Erlaubnis von The Institute for the Study of Man. PMA = Primary Mental Abilities.

Seit der Übersichtsarbeit von R. Lynn hat Owen (1992) eine andere südafrikanische Studie veröffentlicht. Er gab den „Ravens Standard Progressive Matrices" an vier Gruppen von Mittelschülern aus. Die Ergebnisse zeigten klare rassische Mittelwertdifferenzen mit 1.065 Weißen = 45,27 (SD = 6,34); 1.063 Ostinder = 41,99 (SD = 8,24); 778 Gemischtrassische = 36,69 (SD = 8,89); und 1.093 Negride = 27,65 (SD = 10,72). Folglich liegen Negride von 1,5 bis 2,7 Standardabweichungen unter den zwei europiden Populationen und etwa 1 Standardabweichung unter den Gemischtrassigen. Die vier Gruppen zeigten wenig Unterschiede im Hinblick auf die Testreliabilitäten, die Rangfolge der Aufgabenschwierigkeiten, in Item-Trennschärfen und den Item-Ladungen auf der ersten Hauptkomponente. Owen (1992: 149) zog den

Schluß: „Folglich ist der [Test] – vom psychometrischen Standpunkt aus – nicht kulturell verzerrt."

R. Lynn faßte auch die Resultate der Studien über die Intelligenz der Indianiden [engl.: „Amerindians"] zusammen. Man stellte fest, daß die durchschnittlichen IQs etwas unter denen von Europiden liegen. Die größte Untersuchung ist die von Coleman et al. (1966), die einen Mittelwert von 94 ergab, aber eine ganze Anzahl von Studien berichteten Mittelwerte im Bereich von 70 bis 90. Der Median der 15 angeführten Studien beträgt 89, was Lynn als eine vernünftige Annäherung betrachtete und was darauf hindeutet, daß der indianide durchschnittliche IQ irgendwo zwischen dem von Europiden und negrid/europiden Mischlingen liegt. Die gleiche Zwischenposition ist für Indianide belegt, die den „Scholastic Aptitude Test" bearbeiteten (Wainer, 1988).

Zusätzlich stellten alle Studien über Indianide fest, daß sie höhere visuell-räumliche als verbale IQs aufweisen. Die angeführten Studien sind diejenigen, in denen die Indianiden Englisch als Muttersprache sprechen, daher ist es unwahrscheinlich, daß dieses Muster der Ergebnisse alleine wegen der Schwierigkeit existiert, die verbalen Tests in einer nicht vertrauten Sprache zu bearbeiten. Die verbal/visuell-räumliche Disparität zeigt sich auch im „Scholastic Aptitude Test", wo Indianide regelmäßig im mathematischen Testteil besser abschneiden als im verbalen (Wainer, 1988).

Schließlich untersuchte R. Lynn die veröffentlichten IQ-Werte für zahlreiche südostasiatische Völker, sprich: Polynesier, Mikronesier, Melanesier, Maori und australische Aborigines. Abgesehen von dem niedrigen Mittelwert von 67 für eine kleine Stichprobe von australischen Aborigines-Kindern lagen alle durchschnittlichen IQs in der Bandbreite von 80–95. Eine Studie, die Messungen der allgemeinen, verbalen und visuell-räumlichen Fähigkeiten für die Maori auf Neuseeland enthielt, zeigte, daß diese Population nicht das visuell-räumlich starke/verbal schwache Fähigkeitsprofil von Mongoliden und Indianiden teilt.

Obwohl man die Intelligenz dieser Menschengruppe nicht ausführlich untersucht hat, schlußfolgerte R. Lynn, daß es ausreichend Studien gebe, die einen durchschnittlichen IQ von etwa 90 nahelegten.

Spearmans *g*

Obwohl sich die weiße und schwarze Bevölkerung in den Vereinigten Staaten im Durchschnitt um etwa 15 IQ-Punkte unterscheiden, unterscheiden sie sich bei verschiedenen Tests in unterschiedlichen Ausmaßen. Diese relativen Unterschiede hängen direkt zusammen mit den *g*-Anteilen der einzelnen Tests, wobei *g* der generelle Faktor ist, der allen komplexen Tests der Denkfähigkeit gemeinsam ist (Kap. 2). Jensen (1985) nannte diese wichtige Entdeckung über Unterschiede zwischen Schwarzen und Weißen „*Spearman's hypothesis*", weil sie erstmals von Charles Spearman (1927: 379) vorgetragen wurde, dem englischen Psychologen, der die Faktorenanalyse erfand und *g* entdeckte. Jensen ging dem in einer Reihe an Untersuchungen nach und fand Bestätigungen für Spearmans Hypothese.

So untersuchte Jensen (1985) 11 großangelegte Studien, in jeder wurden zwischen 6 und 13 unterschiedliche Tests an umfangreiche schwarze und weiße Stichproben im Alter von 6 bis 16 1/2 Jahren vorgegeben, mit einer Gesamtgröße der Stichprobe von 40.000. Jensen zeigte, daß sich bei jedem Test eine signifikante und beträchtliche Korrelation zwischen den g-Anteilen des Tests und dem durchschnittlichen Unterschied zwischen Schwarz und Weiß bei demselben Test feststellen ließ. In einer Folgeuntersuchung parallelisierte Jensen (1987b; Naglieri & Jensen, 1987) 86 schwarze und 86 weiße 10- bis 11jährige in bezug auf das Alter, die Schule, das Geschlecht und den sozioökonomischen Status und testete sie mit dem revidierten Wechsler-Intelligenztest für Kinder und dem „Kaufman Assessment Battery for Children", also insgesamt 24 Subtests. Die Ergebnisse zeigten, daß die Unterschiede zwischen Schwarzen und Weißen bei den unterschiedlichen Tests mit der g-Sättigung des Tests mit $r = 0{,}78$ korrelierte.

Daher zog Jensen in Übereinstimmung mit Spearmans Hypothese den Schluß, daß der durchschnittliche Unterschied zwischen Schwarz und Weiß in den verschiedenen Denktests eher als ein Unterschied in bezug auf g interpretiert werden kann, denn als Unterschied in bezug auf die spezifischeren Quellen der Testwertvarianz, die mit einem speziellen Wissensinhalt, mit schulischem Wissen, erworbenen Fertigkeiten oder dem Testtypus verbunden sind.

Die Entscheidungszeiten

Wie in Kapitel 2 beschrieben, beruht die Geschwindigkeit der Informationsverarbeitung bei der Entscheidungszeit oder bei sogenannten elementary cognitive tasks auf der neurologischen Effizienz des Gehirns bei der Analyse und bei Entscheidungsvorgängen. Frühe Studien über die Unterschiede zwischen Schwarzen und Weißen im Hinblick auf die Reaktionsgeschwindigkeit wurden von Jensen (1980a) zusammengefaßt, der den Schluß zog, daß je komplexer die Aufgabe ist, desto höher ist der Anteil an Spearmans g und desto mehr fragt sie die neurologische Effizienz ab und desto schneller sind Weiße gegenüber Schwarzen.

Um den Rassenunterschied bei den Reaktionszeiten und deren Beziehung zu g weiter zu untersuchen, gaben P. A. Vernon und Jensen (1984) eine Testbatterie mit acht Aufgaben an 50 schwarze und 50 weiße Studenten aus, die auch mit dem „Armed Services Vocational Aptitude Battery" (ASVAB) getestet wurden. Trotz eines wesentlich unterschiedlichen Inhalts korrelierten die Reaktionszeitmessungen in beträchtlicher Weise mit etwa 0,50 mit dem ASVAB sowohl bei den schwarzen als auch den weißen Stichproben. Die Schwarzen hatten bedeutend langsamere Reaktionszeiten als die Weißen und niedrigere Werte bei dem ASVAB. Je größer die Komplexität der Reaktionszeitaufgabe, gemessen in Millisekunden, desto stärker war ihre Beziehung zu dem g-Faktor, der aus dem ASVAB extrahiert wurde, und desto größer war das Ausmaß des Unterschieds zwischen Schwarz und Weiß.

In seiner globalen Übersichtsarbeit faßte R. Lynn (1991c) zahlreiche seiner eigenen kulturübergreifenden Untersuchungen der Reaktionszeiten mit 9jährigen Kindern aus fünf Staaten zusammen (R. Lynn, Chan & Eysenck, 1991; R. Lynn & Holmshaw, 1990; R. Lynn & Shigehisa, 1991). Stichproben waren Mongolide aus Hongkong (N = 118) und Japan (N = 444), Europide aus Großbritannien (N = 239) und Irland (N = 317) und Negride aus Südafrika (N = 350). Alle Kinder wurden aus typischen Volksschulen in ihren jeweiligen Staaten genommen, ausgenommen die irischen Kinder, die aus ländlichen Gebieten kamen. Allen 1.468 Kindern wurde der Ravens Progressive Matrices-Intelligenztest vorgelegt.

Tabelle 6.10: IQ-Werte und Entscheidungszeiten für 9 Jahre alte Kinder aus fünf Staaten

Rassetypus/ Staat	Stichprobengröße	Progressive Matrizen IQ-Wert	Entscheidungszeit (Millisekunden)		
			Einfach	Komplex	Außenpunkt-Test
Mongolid:					
Hongkong	118	113	361	423	787
Japan	444	110	348	433	818
Europid:					
Großbritannien	239	100	371	480	898
Irland	317	89	388	485	902
Negrid:					
Südafrika	350	67	398[a]	489[a]	924[a]
		SD	64	67	187

Anmerkung: Vgl. R. Lynn: 1991c, S 275, Tabelle 7. Copyright 1991 bei The Institute for the Study of Man. Abgedruckt mit Erlaubnis des Institute for the Study of Man.
[a] Errata, The Mankind Quarterly, Vol. 31, Nr. 3 Frühling 1991, S. 192.

Man verwendete drei Aufgaben der Reaktionszeit für verschiedene Schwierigkeitsgrade von „einfach" über „komplex" bis hin zu „Außenpunkt auswählen", die alle weniger als eine Sekunde dauern (Kap. 2). Die Resultate werden in Tabelle 6.10 gezeigt. Man kann sehen, daß die mongoliden Kinder bei der Entscheidungszeit regelmäßig schneller waren als die europiden, welche wiederum regelmäßig schneller als die negriden waren. Alle Unterschiede sind statistisch signifikant. Die angegebenen Zahlen sind die Zeiten in Millisekunden, so daß die Mongoliden die kürzesten Zeiten haben und die Negriden die längsten. Die Tabelle gibt auch die IQ-Werte bei den „Progressive Matrices" an. R. Lynn kam zu dem Schluß, daß die rassischen Unterschiede auf dem neurologischen Niveau liegen, und daß sie die Effizienz des Gehirns bei der Analyse und beim Fällen von Entscheidungen widerspiegeln.

Jensen (1993; Jensen & Whang, 1993) verwendete ähnliche Aufgaben zur Entscheidungszeitmessung wie R. Lynn, um seinen Test der Hypothese von Spearman auszudehnen. So legte Jensen (1993) 585 weißen und 235 schwarzen 9- bis 11jährigen Kindern aus Vorort-Schulen der Mittelklasse in Kalifornien einen Test mit 12 Reaktionszeitaufgaben vor, basierend auf den Einfach-, Wahl- und Außenpunktverfahren. Man hat die psychometrischen g-Anteile der Reaktionszeit durch ihre Korrelationen mit den Werten in den „Ravens Progressive Matrices" geschätzt. In einem anderen Verfahren hat man mittels chronometrischer Aufgaben die Abrufgeschwindigkeit von einfachen Zahlenoperationen wie etwa der Addition, Subtraktion oder Multiplikation von einstelligen Zahlen geschätzt. Diese werden normalerweise gelernt, bevor die Kinder 9 Jahre alt sind, und in der Studie konnten sie alle Kinder korrekt ausführen.

In beiden Studien wurde Spearmans Hypothese genauso deutlich bestätigt wie in den Studien zuvor, die konventionelle psychometrische Tests verwendeten. Schwarze kamen auf niedrigere Punktzahlen als Weiße in „Ravens Matrices" und waren langsamer als Weiße bei der Entscheidungszeit. Zusätzlich stand das Ausmaß der Differenz zwischen Schwarz und Weiß bei den Variablen der Entscheidungszeit direkt in einem Zusammenhang mit den psychometrischen g-Ladungen der Variablen. Außerdem stellte sich heraus, wenn man die Reaktionszeit in eine Komponente der kognitiven Entscheidung und eine Komponente der motorischen Bewegung teilte, daß Schwarze beim kognitiven Teil langsamer als Weiße waren und beim motorischen Teil schneller als Weiße.

Indem sie dieselben Verfahren wie in der gerade beschriebenen Studie verwendeten, verglichen Jensen und Whang (1993) ebenfalls in Kalifornien 167 9- bis 11jährige, chinesischstämmige amerikanische Kinder mit den 585 weißen Kindern. In „Ravens Matricen" gab es einen Vorteil von 0,32 Standardabweichungen für die asiatischen Kinder (etwa 5 IQ-Punkte), obwohl sie einen geringeren sozioökonomischen Status hatten. Auch waren die chinesischstämmigen amerikanischen Kinder, verglichen mit den weißen amerikanischen Kindern, schneller in den kognitiven Aspekten der Informationsverarbeitung (Entscheidungszeit), aber langsamer in den Bewegungsaspekten der Reaktionsausführung (Bewegungszeit).

Die Kulturleistungen

Der dritte Fokus von R. Lynns (1991c) Überblicksarbeit über die Intelligenz auf der ganzen Welt richtete sich auf Entdeckungen und Erfindungen. R. Lynn folgte hier Galton und anderen frühen Psychologen, die mutmaßten, daß eine Zivilisation durch die Existenz sehr talentierter Menschen in einer Bevölkerung begründet wird. Da es von diesen in einer Bevölkerung, in der das durchschnittliche Intelligenzniveau hoch ist, mehr geben wird, könne man die Intelligenzniveaus von Bevölkerungen aus ihren intellektuellen Leistungen schlußfolgern.

Tabelle 6.11: Kriterien für eine Zivilisation

1. Unter normalen Lebensumständen bedecken sie auf öffentlichen Plätzen den Großteil des Rumpfes mit Kleidern.
2. Sie halten den Körper sauber und achten darauf, dessen Abfallprodukte zu beseitigen.
3. Sie praktizieren keine schweren Verstümmelungen oder Deformationen des Körpers, ausgenommen aus medizinischen Gründen.
4. Sie sind in der Lage, mit Ziegeln oder Steinen zu bauen, wenn die notwendigen Materialien in ihrem Gebiet verfügbar sind.
5. Viele von ihnen leben in Dörfern oder Städten, die durch Straßen verbunden sind.
6. Sie kultivieren eßbare Pflanzen.
7. Sie domestizieren Tiere und verwenden einige der größeren von ihnen für den Transport (oder haben sie in der Vergangenheit so verwendet), wenn geeignete Spezies verfügbar sind.
8. Sie sind mit dem Gebrauch von Metallen vertraut, wenn diese verfügbar sind.
9. Sie verwenden Räder.
10. Sie tauschen Eigentum durch die Verwendung von Geld.
11. Sie ordnen ihre Gesellschaft durch ein System von Gesetzen, die auf die Art durchgesetzt werden, daß sie normalerweise in Friedenszeiten ihren verschiedenen Belangen nachgehen können, ohne Gefahr zu laufen, angegriffen zu werden oder willkürlich verhaftet zu werden.
12. Sie erlauben den Beschuldigten, sich selbst zu verteidigen und Zeugen für ihre Verteidigung zu benennen.
13. Sie verwenden keine Folter, um Informationen zu erhalten oder um zu bestrafen.
14. Sie praktizieren keinen Kannibalismus.
15. Ihre religiösen Systeme beinhalten ethische Elemente und sind nicht nur oder großteils abergläubisch.
16. Sie verwenden eine Schrift (nicht einfach nur eine Aufeinanderfolge von Bildern), um Ideen zu kommunizieren.
17. Es gibt eine Möglichkeit für den abstrakten Gebrauch von Zahlen, ohne Rücksicht auf tatsächliche Objekte (oder mit anderen Worten: die Mathematik wurde zumindest begonnen).
18. Es wird ein Kalender verwendet, der auf einige Tage im Jahr genau ist.
19. Man trifft Vorkehrungen für die Unterrichtung der Heranwachsenden in intellektuellen Belangen.
20. Es gibt eine gewisse Wertschätzung für die schönen Künste.
21. Das Wissen und das Verstehen werden um ihrer selbst willen geschätzt.

Anmerkung: Übernommen aus J. R. Baker: 1974, S. 507–508. Copyright 1974 bei J. R. Baker.

J. R. Baker (1974), dessen Arbeit zum Teil in Kapitel 5 beschrieben wurde, hat 21 Kriterien aufgestellt, nach denen eine Kultur beurteilt werden kann. Er brachte vor, daß in zivilisierten Gesellschaften die Mehrzahl der Menschen den meisten der in Tabelle 6.11 angeführten Erfordernissen entsprechen würde. Er fuhr dann fort, die historischen Aufzeichnungen zu analysieren, um zu ermitteln, welche Rassen Zivilisationen hervorgebracht haben. Seine Schlußfolgerung war, daß die europiden Völker alle 21 Komponenten einer Zivilisation in vier unabhängigen Gebieten entwickelt haben. Im einzelnen nannte er in diesem Zusammenhang die die Sumerer im Tal des Euphrat und Tigris, die Kreter, das Gebiet es Industales und die antiken Ägypter. Die Mongoliden entwickelten ebenfalls eine volle Zivilisation in der sinischen Kultur in China. Die Indianiden erreichten etwa die Hälfte der 21 Komponenten in der Gesellschaft der Maya in Guatemala, etwas weniger in den Gesellschaften der Inka und Azteken, doch diese Völker kannten weder eine Schrift noch das Rad (ausgenommen vielleicht Kinderspielzeug), noch das Prinzip des Bogens in ihrer Architektur noch die Metallverarbeitung oder Geld für den Tausch von Gütern. Die Negriden und die australischen Aborigines erreichten fast keines der Kriterien, die für eine Zivilisation maßgebend sind.

Während J. R. Baker seine Analyse auf die Leistungen der Rassen im Hinblick auf die Hervorbringung von Zivilisationen beschränkte, zeigten sich gleichzeitig Rassenunterschiede in der späteren kulturellen Entwicklung. Während der letzten 3.000 Jahre wurden die vielen Erfindungen, die für entwickelte Zivilisationen erforderlich sind, primär von europiden und mongoliden Völkern gemacht. Wie in Kapitel 5 erwähnt, war die mongolide Zivilisation in China während eines Großteils dieser Zeit mit den europiden Zivilisationen in Europa gleich auf oder hatte ihnen gegenüber einen Vorsprung.

Bereits um 360 v. Chr. hatten die Chinesen die Armbrust erfunden und damit das Wesen der Kriegführung verändert. Der Schlüssel zu ihrer Effizienz ist der gegenüber Druck empfindliche Abzugshahn, der die Schnur des Bogens freigibt, die kreuzweise auf einem Holzstamm aufgezogen wird. Für die Herstellung und den Handel mit Waffen wurden ganze Städte verändert.

Um 200–100 v. Chr. führte die Han-Dynastie bei den Mandarinen schriftliche Prüfungen für Anwärter für den Staatsdienst ein – eine Idee, die als Fortschritt betrachtet wurde, als sie in Großbritannien etwa 2.000 Jahre später eingeführt wurde (Klitgaard, 1986; Bowman, 1989). Der Buchdruck wurde in China um etwa 800 erfunden, etwa 600 Jahre, bevor er in Deutschland entwickelt wurde. Im Jahr 1300 wurde in China das Papiergeld verwendet, aber in Europa nicht vor dem 19. und 20. Jahrhundert. Durch ihr chemisches Wissen war es den Chinesen um 1050 n. Chr. möglich, das Schießpulver zu erfinden, zusammen mit Handgranaten, Feuerspeeren und Raketen mit Öl und Giftgas. Um 1100 n. Chr. gab es industriell organisierte Komplexe, die über 40.000 Arbeiter umfaßten, die in Fabriken Raketen herstellten. Flammenwerfer, Pistolen und Kanonen verwendete man im 13. Jahrhundert, was bedeutet, daß die Chinesen die Kanone zumindest ein Jahrhundert vor Europa besaßen.

Die Chinesen waren die ersten, die das Prinzip des magnetischen Kompasses erfanden. Im Jahre 1422 erreichten die Chinesen die Ostküste von Afrika mit einer riesigen Flotte von 60 oder mehr Schiffen, ausgerüstet für Ozeanfahrten. 27.000 Männer und deren Pferde transportierten den Vorrat für ein Jahr an Getreide sowie Schafherden und Krüge mit gärendem Wein. In Europa gab es nichts Vergleichbares und sicherlich auch nicht in Afrika. Mit Feuerwaffen, großartigen Navigations- und Organisationsfähigkeiten, den neuesten Karten und magnetischen Kompassen hätten die Chinesen um das Kap der Guten Hoffnung fahren können und Europa „entdecken" können! Die Chinesen haben den Kompaß möglicherweise bereits um 100 n. Chr. gehabt; in europäischen Schriften ist er bis 1190 nicht erwähnt worden.

Für Jahrhunderte war China die reichste und stärkste Nation der Erde. Die chinesische Technologie für die Herstellung von hochwertigem Porzellan hatte gegenüber Europa bis in das späte 18. Jahrhundert hinein einen Vorsprung. Die Chinesen waren jedoch ein in sich gekehrtes Volk. Die früheren Segelexpeditionen dienten dazu, dem Herrscher Giraffen, Löwen und Rhinozerosse nach Hause zu bringen. Nach der Reise zerstörten konfuzianische Staatsdiener viele Reiseaufzeichnungen inklusive der Baupläne für die Schiffe. Statt Reisen in die Fremde zu machen, begannen sie mit der Aufgabe, die Große Mauer neu zu errichten, die etwa 1.700 Jahre zuvor aus zusammengepreßter Erde geschaffen worden war. Fertiggestellt sollte sie sich in Nordchina über 1.400 Meilen [2.252 km] schlängeln, 25 Fuß [7,71 m] hoch sein, mit Backsteinen verkleidet und mit einer 12 Fuß [3,70 m, Anm. d. Ü.] breiten Straße mit Kopfsteinpflaster, die auf der Spitze entlang zwischen Wachttürmen verläuft, versehen sein. Es handelt sich hier um eines der größten Gebäude, das je vom Menschen gebaut wurde. Das Ziel war es, Fremde draußen zu halten.

Während der letzten fünf Jahrhunderte haben die Europide in der Wissenschaft und Technik die Mongoliden überholt. Obwohl die Europäer während der letzten fünf Jahrhunderte allgemein den Mongoliden voraus waren, haben sich die Japaner seit 1950 als große Herausforderung erwiesen und den Westen bei der Produktion von hochwertigen technologischen Gütern übertroffen. Andere Länder der pazifischen Randzone streben in ähnlicher Weise einen Vorsprung gegenüber den Vereinigten Staaten und Europa an und noch mehr gegenüber der Dritten Welt und Afrika (McCord, 1991).

Eine andere Quelle, die R. Lynn (1991c) für die Auswertung der Beiträge der Rassen zu Wissenschaft und Technik zitierte, ist Isaac Asimovs (1989) *Chronology of Science and Discovery*. Diese listet annäherungsweise 1.500 der wichtigsten wissenschaftlichen und technologischen Entdeckungen und Erfindungen auf, die jemals gemacht wurden. Fast jede wurde von europiden oder mongoliden Menschen gemacht und bestätigt so die historische Betrachtung.

Detailliertere Analysen innerhalb der Vereinigten Staaten legen nahe, daß die Unterschiede in der Kulturleistung weitreichend sein könnten. Die relativ starken visuell-räumlichen und relativ schwachen verbalen Leistungen von asiatischen Amerikanern könnten in die Tendenz münden, daß sie in Bereichen wie Wissenschaft, Architektur und Technik, die starke visuell-räumliche Fähigkeiten verlangen, gute Leistungen bringen und weniger gute im Recht, was starke verbale Fähigkeiten verlangt. Das entspricht dem Muster der Berufsleistungen, welches Weyl (1989) in Untersuchungen über die amerikanischen ethnischen Gruppen dokumentierte.

Weyls Methode beinhaltet in Relation zu ihren Häufigkeiten in der Allgemeinbevölkerung die Analyse der Häufigkeiten von ethnischen Namen unter denjenigen, die berufliche Auszeichnungen erreicht haben. So bemerkt Weyl, daß typisch chinesische Namen wie Chang und Yee in *American Men and Women of Science* massiv überrepräsentiert sind, aber in *Who's Who in American Law* unterrepräsentiert sind. Auf Basis dieser Methode konstruierte Weyl einen Leistungskoeffizienten, für den die durchschnittliche Leistung 100 beträgt. Ein Koeffizient von 200 bedeutet, daß eine ethnische Gruppe doppelt so häufig in Referenzarbeiten über berufliche Auszeichnungen aufscheint, als von der Anzahl in der Gesamtbevölkerung zu erwarten gewesen wäre, während umgekehrt ein Koeffizient von 50 bedeutet, daß sie halb so oft aufscheint. In den 1980ern erzielten ethnische Chinesen Leistungskoeffizienten von über 600 für die Wissenschaft, während ihr Leistungskoeffizient für das Recht nur 24 betrug. (Die afroamerikanische Repräsentation war in allen Listen unbedeutend.)

Gottfredson (1986, 1987) schlug vor, daß man Berufe analog zu unterschiedlich g-geladenen Denktests einstufen könnte. Breitangelegte Studien vom Ersten Weltkrieg bis in die 1980er Jahre hinein haben gezeigt, daß sich die Berufe im durchschnittlichen Intelligenzniveau ihrer Ausübenden beträchtlich unterscheiden. Das durchschnittliche Intelligenzniveau des Berufs korreliert wiederum stark mit dem Prestigeniveau des Berufs. Gottfredson folgerte, daß die intellektuelle Gesamtkomplexität der Arbeit einen Einfluß darauf haben könnte, wie hoch der Prozentsatz der Arbeiter ist, die schwarz sind. Die Abbildung 6.3 liefert Daten für diese Mutmaßung.

Abb. 6.3: Der Prozentsatz der Schwarzen und Weißen in den Vereinigten Staaten über dem Minimum-IQ, der für verschiedene Berufe erforderlich ist

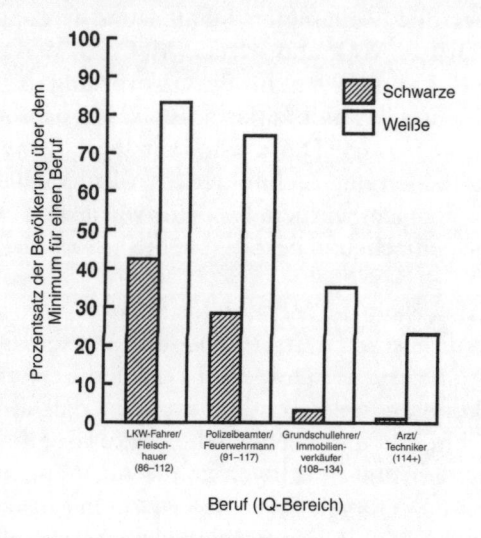

Die niedrigere Durchschnittsverteilung des IQ unter Schwarzen führt zu einer starken Unterrepräsentation bei Berufen, die auf Basis eines hohen IQ ausgewählt wurden. Gezeichnet nach Daten bei Gottfredson 1986, 1987.

Gottfredson setzte zuerst die IQ-Bandbreiten fest, aus denen sich in den allermeisten Fällen die Arbeitenden für die verschiedenen Berufe rekrutieren. Dann verwendete sie US-weit repräsentative mentale Testdaten, um die Anteile von Schwarzen und Weißen zu bestimmen, die in jede von diesen IQ-Rekrutierungsbandbreiten fielen. Drittens errechnete sie das Verhältnis von Schwarzen zu Weißen, welche nur auf Basis der Intelligenz für jeden Beruf in Frage kommen würden. Eine Parität zwischen Schwarz und Weiß bei der Beschäftigung wird durch ein Verhältnis von 1,00 dargestellt. Sie fand heraus, daß die Verhältnisse von 0,72 für LKW-Fahrer bis 0,05 für Ärzte reichten, proportional zu den tatsächlich beobachteten Verhältnissen zwischen

Schwarz und Weiß von 0,98 bis 0,30. Beachten Sie, daß die festgestellten Unterschiede zwischen Schwarz und Weiß in der Beschäftigung kleiner sind als diejenigen, die alleine auf Basis der Intelligenz zu erwarteten wären; eine Feststellung, die übereinstimmt mit Daten, die zeigen, daß die durchschnittlichen IQs für Schwarze in derselben Berufskategorie niedriger sind als für Weiße – ebenso wie für schwarze versus weiße Bewerber für denselben Beruf.

Gottfredson (1987) vermerkte, daß verschiedene Annahmen über die Intelligenzverteilung in der weißen und schwarzen Bevölkerung und über die Intelligenzerfordernisse von Berufen auch etwas unterschiedlich geschätzte Verhältnisse zwischen Schwarzen und Weißen für individuelle Berufe produzieren würden; aber das Gesamtmuster der Verhältnisse würde wahrscheinlich bei jeder vernünftigen Annahmenkombination das gleiche sein. Sogar wenn man z. B. die Rekrutierungsstandards für Schwarze eine halbe Standardabweichung (7,5 IQ-Punkte) niedriger ansetzt, sind die Verhältnisse nur 1 zu 5 für Ärzte und Ingenieure und 1 zu 3 für Grundschullehrer und Immobilienverkäufer. Sie zog den Schluß, daß „man von einer rassisch blinden Arbeiterwahl erwarten kann, daß sie eine besonders auffallende Abweichung von einer Parität zwischen Schwarzen und Weißen in Berufen des höheren Segments produzieren würde" (S. 512).

7
REIFUNGSGESCHWINDIGKEIT, PERSÖNLICHKEIT UND SOZIALORGANISATION

In diesem Kapitel gibt es wenigere geschichtete Zufalls-Stichproben als im vorigen Kapitel und mehr Fehler bei der Sammlung von Informationen an kleinen Gruppen. Einige Studien, oft mit schlecht standardisierten Methoden, zeigen keinen Rassenunterschied. Dort wo sich Unterschiede finden, bestätigen sie jedoch das mongolid/europid/negride Gefälle. Das rassische Muster ist erkennbar bei: der Entwicklungsgeschwindigkeit, den Sterberaten, der Persönlichkeit, dem Funktionieren der Familie, der mentalen Widerstandsfähigkeit, der Gesetzestreue, der Sozialorganisation und bei anderen Variablen.

Die Reifungsgeschwindigkeit

Die Tabelle 7.1 faßt die Rassenunterschiede bei zahlreichen Maßen der Entwicklung von Variablen der Lebensspanne zusammen. In den Vereinigten Staaten haben schwarze Mütter eine kürzere Schwangerschaftsdauer als weiße. In der 39. Woche sind 51 Prozent der schwarzen Kinder bereits geboren worden, während die Zahl für weiße Babys bei 33 Prozent liegt; in der 40. Woche liegen die Zahlen 70 beziehungsweise 55 Prozent (Niswander & Gordon, 1972). Ähnliche Resultate ergaben sich in Paris. Papiernik, Cohen, Richard, de Oca und Feingold (1986), die über mehrere Jahre hinweg Daten zusammengetragen hatten, stellten fest, daß französische Frauen europäischer Abstammung längere Schwangerschaften aufwiesen als Frauen mit einer gemischten schwarz-weißen Abstammung, die von den französischen Antillen kamen, oder schwarze afrikanische Frauen ohne europäische Beimischung. Diese Unterschiede haben nach der Korrektur für den sozioökonomischen Status fortbestanden.

Andere Beobachtungen, die innerhalb von äquivalenten Schwangerschaftsaltersgruppen gemacht wurden und mittels Sonographie gewonnen wurden, stellen fest, daß schwarze Babys physiologisch reifer sind als weiße Babys. Das gilt für die Messungen der Lungenfunktion, des Fruchtwassers, dem fötalen Geburtsgewicht zwischen der 24. und 36. Schwangerschaftswoche und der gewichtsspezifischen frühgeburtlichen Sterblichkeit (im Überblick Papiernik et al., 1986). Daten über die Schwangerschaftsdauer von Mongoliden sind dem Verfasser nicht bekannt.

Tabelle 7.1: Die relative Rangfolge der Rassen in der Reifungsgeschwindigkeit

Variable für die Reifungsgeschwindigkeit	Asiaten	Weiße	Schwarze
Schwangerschaftsdauer	?	Durchschnittlich	kürzer
Reifung des Fötus	?	Durchschnittlich	früher
Skelettentwicklung bei der Geburt	?	Durchschnittlich	früher
Heben des Kopfes nach 24 Stunden	?	Durchschnittlich	früher
Muskelentwicklung	später	Durchschnittlich	früher
Greifen und Auge/Hand Koordination mit 2 Monaten	später	Durchschnittlich	früher
Sich mit 3 bis 5 Monaten selbst umdrehen	später	Durchschnittlich	früher
Krabbelalter	später	Durchschnittlich	früher
Alter beim ersten Gehen	später	Durchschnittlich	früher
Fähigkeit, sich mit 15–20 Monaten die Kleider selbst auszuziehen	später	Durchschnittlich	früher
Reifung der Zähne	später	Durchschnittlich	früher
Pubertätsalter und erster Geschlechtsverkehr	später	Durchschnittlich	früher
Alter bei der ersten Schwangerschaft	später	Durchschnittlich	früher
Todesalter	später	Durchschnittlich	früher

Anmerkung: Übernommen aus Rushton: 1992b, S. 814, Tabelle 3. Copyright 1992 bei Psychological Reports. Abgedruckt mit Erlaubnis von Psychological Reports.

Die schwarze Frühreife hält das ganze Leben über an. Überarbeitete Formen der „Bayley's Scales of Mental and Motor Development", die in 12 großstädtischen Gebieten der Vereinigten Staaten an 1.409 repräsentativen Säuglingen im Alter von 1 bis 15 Monaten vorgegeben wurden, zeigten, daß schwarze Babys im motorischen Teil regelmäßig mehr Punkte erzielten als weiße (Bayley, 1965). Dieser Unterschied beschränkte sich nicht auf eine einzelne Verhaltenskategorie, sondern umfaßte:

- Koordination (Arm und Hand),
- Muskelstärke und Muskeltonus (hält den Kopf ruhig, balanciert den Kopf, wenn es getragen wird, kann alleine ruhig sitzen und kann alleine stehen),
- Fortbewegung (wendet sich von der Seite auf den Rücken, erhebt sich selbständig zum Sitzen, macht Schrittbewegungen, geht mit Hilfe und geht ohne Hilfe).

Ähnliche Ergebnisse für Kinder bis zum Alter von ca. 3 Jahren wurden in anderen Orten in den Vereinigten Staaten, in Jamaika und im subsaharischen Afrika gefunden (Curti, Marshall, Steggerda & Henderson, 1935; Knoblauch & Pasamanik, 1953; Williams & Scott, 1953; Walters, 1967). In einer gegenüber der Literatur kritischen Überblicksarbeit berichtete Warren (1972) trotzdem Nachweise für eine afrikanische Bewegungsfrühreife in 10 von 12 Studien. Geber (1958: 186) hat z. B. 308 Kinder in Uganda untersucht und berichtete einen „Allround-Fortschritt in der Entwicklung gegenüber europäischen Standards, der um so größer war, je jünger das Kind war". Freedman (1974, 1979) fand ähnliche Ergebnisse in Studien über Neugeborene in Nigeria, als er die „Cambridge Neonatal Scales" verwendete (Brazelton & Freedman, 1971).

Mongolide Kinder haben gegenüber europiden eine langsamere motorische Entwicklung. In einer Reihe von Studien, die an chinesischstämmigen Amerikanern der zweiten bis fünften Generation in San Francisco, an japanischstämmigen Amerikanern der dritten und vierten Generation in Hawaii und an Navajo-Indianern in New Mexico und Arizona durchgeführt wurden, konnten zwischen diesen Gruppen und europäischstämmigen Amerikanern der zweiten bis vierten Generation bei Verwendung des „Cambridge Neonatal Scales" konsistente Differenzen gefunden werden (Freedman, 1974, 1979; Freedman & Freedman, 1969). Eine Messung beinhaltete das Zudrücken der Nase des Babys mit einem Tuch, wodurch das Baby gezwungen war, durch den Mund zu atmen. Während das durchschnittliche chinesische Baby nicht in der Lage war, eine koordinierte „Verteidigungsreaktion" an den Tag zu legen, wandten sich die meisten europiden Babys ab oder schlugen mit den Händen nach dem Tuch; eine Reaktion, die in westlichen Lehrbüchern der Kinderheilkunde als „normal" angesehen wird.

Bei anderen Messungen, inklusive „Gehen", „Kopfwenden" und „alleine gehen" entwickeln sich mongolide Kinder langsamer als europide Kinder. Kleinkinder aus mongoliden Stichproben, inklusive den Navajo-Indianern, gehen normalerweise nicht, bevor sie nicht 13 Monate alt sind, verglichen mit den europiden 12 und den negriden 11 Monaten (Freedman, 1979). In einer Standardisierung des „Denver Developmental Screening Test" in Japan entdeckte Ueda (1978) bei Japanern langsamere Raten der motorischen Entwicklung, verglichen mit den europiden Normen, die in den Vereinigten Staaten erhoben wurden; dies bei Tests, die die Koordination und das Kopfheben von der Geburt bis zu 2 Monaten erfaßten, bei der Muskelstärke und dem Sichumdrehen von 3 bis 5 Monaten, bei der Fortbewegung von 6 bis 13 Monaten und beim Entfernen von Kleidungsstücken von 15 bis 20 Monaten.

Eveleth und Tanner (1990) diskutieren die Rassenunterschiede bezüglich der Skelettreifung, der Reifung der Zähne und der pubertären Reifung. Die Probleme umfassen mangelhaft standardisierte Methoden, inadäquate Stichprobenziehungen und viele Alter-Rasse-Methode-Wechselwirkungen. Wenn sich viele ungültige und idosynkratische Ergebnisse ausgleichen, so legen die Daten nahe, haben afrikanischstämmige Menschen ein schnelleres Tempo als andere.

Bei der Skelettreifung kommt der deutlichste Hinweis vom genetisch programmierten Alter, bei dem erstmals die Knochenmitten sichtbar werden. Afrikaner und Afroamerikaner, sogar jene mit einem geringen Einkommen, reifen bis zum Alter von 7 Jahren schneller. Über Mongolide wird berichtet, daß sie im frühen Alter gegenüber Europiden in der Entwicklung zurückbleiben, aber später aufholen, obwohl es hier einige widersprüchliche Daten gibt. Das spätere Skelettwachstum variiert weitgehend und wird am besten durch die Ernährung und den sozioökonomischen Status vorhergesagt.

Bei der Zahnentwicklung bekommt man das deutlichste Muster beim Untersuchen der ersten Durchbruchsphase der bleibenden Zähne. Beim Beginn der ersten Phase zeigte ein Vergleich der ersten Backenzähne und der ersten und zweiten Schneidezähne sowohl im Ober- als auch im Unterkiefer einen Durchschnitt von 5,8 Jahren für 8 gemischtgeschlechtliche afrikanische Serien, verglichen mit 6,1 Jahren für jeweils 20 europäische und 8 ostasiatische Testserien (Eveleth & Tanner, 1990, Appendix 80, nach dem Ausschluß von ostindischen und indianiden Beispielen aus der Kategorie „Asiaten"). Bei Abschluß der ersten Phase waren Afrikaner im Schnitt 7,6, Europäer 7,7 und Ostasiaten 7,8 Jahre alt. (Die Signifikanz dieses Musters wird in Kapitel 10 diskutiert, wo der Vorhersagewert des Alters der ersten Backenzähne für Eigenschaften wie die Gehirngröße bei anderen Primatenarten gezeigt wird.) Weder bei dem Erscheinen der Milchzähne noch im Zusammenhang mit der zweiten Phase des Ausbruchs der bleibenden Zähne tauchte ein deutliches rassisches Muster auf.

Bei der Geschwindigkeit der sexuellen Reifung legten die ältere Literatur und die ethnographischen Aufzeichnungen nahe, daß die Afrikaner beim Heranreifen die Schnellsten sind und die Asiaten die Langsamsten; Europide liegen dazwischen (z. B. „French Army Surgeon", 1898/1972). Trotz mancher Kompliziertheit bleibt das der allgemeine Befund. Schwarze in den Vereinigten Staaten sind z. B. früher reif als Weiße, gemessen am Alter bei der ersten Menstruation, der ersten sexuellen Erfahrung und der ersten Schwangerschaft (Malina, 1979). Eine US-weite Zufallsstichprobe aus der amerikanischen Jugend stellte fest, daß im Alter von 12 Jahren von den schwarzen Mädchen 19 Prozent die Endstufe der Brustentwicklung und der Entwicklung der Schambeharrung erreicht hatten, verglichen mit 5 Prozent der weißen Mädchen (Harlan, Harlan & Grillo, 1980). Dieselbe Untersuchung stellte jedoch auch fest, daß sich weiße und schwarze Buben ähneln (Harlan, Grillo, Coroni-Huntley & Leaverton, 1979).

Später stellten Westney, Jenkins, Butts und Williams (1984) fest, daß 60 Prozent der 11jährigen schwarzen Buben das Stadium des beschleunigten Peniswachstum erreicht hatten, im Gegensatz zu der weißen Norm von 50 Prozent der 12,5jährigen. Diese Genitalentwicklung sagt deutlich den Beginn des sexuellen Interesses voraus, wobei über 2 Prozent der schwarzen Buben im Alter von 11 Jahren Geschlechtsverkehr hatten. Während manche Untersuchungen finden, daß asiatische Mädchen genauso früh wie weiße in die Pubertät eintreten (Eveleth & Tanner, 1990), legen andere nahe, daß sowohl in der körperlichen Entwicklung als auch im Beginn des Interesses an Sex die Japaner im Durchschnitt ein bis zwei Jahre hinter ihren amerikanischen Altersgenossen zurückbleiben (Asayama, 1975).

Die Sterblichkeitsraten

Die Sterblichkeitsraten zwischen Schwarzen und anderen Bevölkerungsgruppen in den Vereinigten Staaten sind beträchtlich („National Center for Health Statistics", 1991). Im Jahre 1980 betrug die jährliche altersadjustierte Sterbeziffer pro 1.000 Personen der Wohnbevölkerung für chinesischstämmige Amerikaner z. B. 3,5 im Gegensatz zu 5,6 für weiße und noch mehr für schwarze Amerikaner (Yu, 1986). In zahlreichen spezifischen Studien werden diese Statistiken bestätigt. In einer Studie von 2.687 Todesfällen unter US-Navy-Angehörigen zwischen 1974 und 1979 hatten Schwarze höhere Sterbeziffern als Weiße bei zahlreichen Typen von unbeabsichtigten und gewalttätigen Ereignissen, unangemessener Verwendung von Medikamenten, Vergiftungsfolgen, unbeabsichtigten Ertrinken und Schießereien (Palinkas, 1984). Die Schere bei den Sterbeziffern zwischen Schwarzen und Weißen ist über die letzten 26 Jahre auseinandergegangen (Angel, 1993; Pappas, Queen, Hadden & Fisher, 1993).

Schwarze Babys in den Vereinigten Staaten weisen eine höhere Sterbeziffer als weiße Babys auf. Im Jahr 1950 hatte ein schwarzer Säugling eine 1,6 Mal so hohe Sterbewahrscheinlichkeit wie ein weißer Säugling. Bis zum Jahr 1988 ist das relative Risiko auf 2,1 angestiegen. Die Kontrolle für einige mütterliche Risikofaktoren, die mit der Säuglingssterblichkeit oder mit Frühgeburten in Verbindung gebracht werden, wie etwa Alter, Gleichberechtigung, Ehestatus und Bildung, beseitigt nicht die Lücke zwischen Schwarzen und Weißen innerhalb dieser Risikogruppen. In der Allgemeinbevölkerung weisen schwarze Säuglinge mit einem normalen Geburtsgewicht z. B. eine fast doppelt so hohe Sterblichkeit wie ihre weißen Altersgenossen auf.

Eine rezente Studie untersuchte Säuglinge, deren Eltern Uni-Absolventen waren, durchgeführt im Glauben, daß ein solches Studium die eindeutigen Ungleichheiten im Zugang medizinischer Versorgung eliminieren würde. Die Forscher verglichen 865.128 weiße und 42.230 schwarze Kinder, und sie stellten fest, daß die Sterblichkeitsrate unter schwarzen Säuglingen 10,2 pro 1.000 Lebendgeborenen betrug – gegenüber 5,4 pro 1.000 unter weißen Säuglingen (Schoendorf, Carol, Hogue, Kleinman & Rowley, 1992).

Der Grund für diese Ungleichheit scheint zu sein, daß die schwarzen Frauen eine größere Anzahl von Babys mit einem geringen Geburtsgewicht gebären. Wenn die Statistiken so verändert werden, daß das Geburtsgewicht der Babys kompensiert werden kann, werden die Sterberaten für die zwei Gruppen annähernd identisch. Neugeborene, die nicht untergewichtig sind und von schwarzen und weißen Eltern mit Uni-Bildung geboren werden, hatten eine gleiche Chance, das erste Jahr zu überleben. Im Gegensatz zu schwarzen Säuglingen in der Allgemeinbevölkerung weisen schwarze Säuglinge, die von Eltern mit Uni-Bildung geboren wurden, aufgrund ihrer höheren Raten mit niedrigem Geburtsgewicht höhere Sterblichkeitsraten auf als vergleichbare weiße Säuglinge.

Die Rassenunterschiede bei der Sterblichkeit bestehen bis ins Erwachsenenalter hinein. Polednak (1989) untersuchte die Sterblichkeitsraten für schwarze und weiße Erwachsene in den Vereinigten Staaten mittels verschiedener bundesweiter Gesundheitsbefragungen. Bei den meisten Todesursachen, inklusive Krebs, hypertonische und ischaemische Herzkrankheit, Lungenentzündung, Tuberkulose und chronische Leberschäden, wiesen Schwarze in den meisten Altersgruppen (15–24, 25–34, 35–44, 45–54, 55–64, 65–74, 75–84) höhere Sterblichkeitsraten als Weiße auf. Für alle Todesursachen zusammen und über alle Altersgruppen hinweg errechnete Polednak (1989) unter Verwendung eines altersstandardisierten Verfahrens, daß im Jahr 1980 die Todesrate pro 100.000 für Weiße bei 1.018 und für Schwarze bei 1.344 lag.

Die Gesamtstatistiken verdecken offenbar speziellere Muster, wie etwa dem, daß die Sterberate für schwarze Erwachsene am höchsten bei jungen Erwachsenen (im Alter von 25–54) ist, und daß sie im Alter von 75 und älter niedriger ist als unter Weißen, wenn die Todesraten normalerweise am höchsten sind. Auch waren die Unterschiede bei den Sterberaten, mit einer Umkehrung für Selbstmord in allen Altersgruppen, bei Mord für Schwarze in allen Altersgruppen von 15 bis 85 Jahre und älter, von allen am höchsten. Bei Motorradunfällen starben mit einer Umkehrung im mittleren Altersbereich mehr Weiße als Schwarze in sehr jungem Alter und sehr hohem Alter. Diese letztgenannte Statistik ist mit den Säuglingssterbefällen abgeglichen worden und mag auf einen geringeren Zugang der Schwarzen zu Motorrädern und einem stärkeren Verlassen auf die öffentlichen Verkehrsmittel zurückzuführen sein (Schoendorf et al., 1992).

Polednak (1989) untersuchte auch die internationalen Daten, indem er verschiedene Sterblichkeitsraten aus unterschiedlichen Quellensammlungen zusammentrug. Die gesamtjährigen Sterberaten waren für afrikanische Länder (18 pro 1.000) durchwegs höher als für andere Entwicklungsländer (17,1 pro 1.000) und dem Rest der Welt (11,3 pro 1.000). Für 52 meldende

Tabelle 7.2: Die relative Rangfolge der Rassen bei Temperaments- und Persönlichkeitseigenschaften

Eigenschaft	Asiaten	Weiße	Schwarze
Aktivitätsniveau	Niedrig	Mittel	Hoch
Aggressivität	Niedrig	Mittel	Hoch
Vorsicht	Hoch	Mittel	Niedrig
Dominanz	Niedrig	Mittel	Hoch
Reizbarkeit	Niedrig	Mittel	Hoch
Impulsivität	Niedrig	Mittel	Hoch
Selbstkonzept	Niedrig	Mittel	Hoch
Geselligkeit	Niedrig	Mittel	Hoch

Anmerkung: Übernommen aus Rushton: 1992b, S. 815, Tabelle 5. Copyright 1992 bei Psychological Reports. Abgedruckt mit Erlaubnis von Psychological Reports.

Staaten aus dem 1987er-Jahrbuch *World Health Statistics* der Weltgesundheitsorganisation errechnete Polednak (1989) altersstandardisierte Sterblichkeitsraten pro 100.000 für ausgewählte Todesursachen (parasitäre und Infektionskrankheiten, Krebs, Kreislaufkrankheiten, ischaemische Herzkrankheiten, Schlaganfall etc.).

Ich habe Polednaks Daten auf „alle Todesfälle" aggregiert und stellte fest, daß 8 Karibikstaaten (hauptsächlich schwarz) im Durchschnitt auf eine altersstandardisierte Sterblichkeitsrate von etwa 713 pro 100.000 kamen, 34 europäische und nordamerikanische Staaten (hauptsächlich weiß) auf etwa 615 pro 100.000 und Japan und Singapur auf einen Durchschnitt von etwa 550 pro 100.000. Interessanterweise zeigte das rassische Muster beim Selbstmord eine Verkehrung, wobei dieser in den Karibikstaaten am seltensten war (4 pro 100.000) und in den pazifischen Staaten am höchsten (ca. 15 pro 100.000). Die europäischen Staaten lagen dazwischen (ca. 12 pro 100.000).

Persönlichkeit

Quer durch die Altersgruppen (24 Stunden alte Säuglinge, Kinder, Oberschüler, Studenten und Erwachsene), quer durch die Persönlichkeitseigenschaften (Aktivitätsniveau, Aggressivität, Vorsicht, Dominanz, Reizbarkeit, Impulsivität und Soziabilität) und quer durch die Methoden (archivierte Statistiken, Beobachtung im Feld, Ratings, Selbstberichte) zeigen die Daten, daß in Hinblick auf maßvolles Verhalten die Mongoliden auf einen höheren Schnitt kommen als die Europiden, die wiederum auf einen höheren Schnitt kommen als die Negriden (Tabelle 7.2). Bei Säuglingen und jungen Kindern sind Beobachter-Ratings die hauptsächlich angewandte Methode, während bei Erwachsenen häufiger standardisierte Tests verwendet werden.

Freedman und Freedman (1969) verglichen chinesischstämmige amerikanische Neugeborene mit europäischstämmigen amerikanischen Neugeborenen in bezug auf 25 Verhaltensweisen. Analysen zeigten, daß die Hauptdifferenzen von jenen Items stammen, die Reizbarkeit/Gelassenheit abfragen. So tendierten die europäischstämmigen amerikanischen Säuglinge stärker dazu, wechselhaft zu sein, sich zwischen Stadien der Zufriedenheit und des Ärgers vor und zurück zu bewegen, genauso wie sie den Gipfel der Erregung früher erreichen, während chinesischstämmige amerikanische Säuglinge ruhiger und leichter zu trösten waren, wenn sie aufgeregt waren.

In einer Studie über indianide Säuglinge berichteten Brazelton, Robey und Collier (1969), daß indianide Neugeborene fast keine der normalerweise auftretenden krampfartigen Bewegungen aufweisen, die für europide Neugeborene üblich sind, und daß sie während des ersten Lebensjahres ruhigere grobmotorische Bewegungen bewahrten. Im Alter von 3 und 4 Jahren nehmen europide Kinder mehr Anteil am Annäherungs- und Interaktionsverhalten, während mongolide Kinder mehr Zeit bei individuellen Unternehmungen verbringen und allgemein niedrige Lärmpegel, stille Gelassenheit und wenige aggressive oder störende Verhaltensweisen an den Tag legen (Freedman,

1974, 1979). Die Eskimos (Inuit), ebenfalls von mongolider Abstammung, werden von Europäern als in ihrem Verhalten beherrscht wahrgenommen (LeVine, 1975: 19), während die Euro-Amerikaner den Eskimos wie auch den chinesischstämmigen Amerikanern (Freedman, 1979: 156) als „emotional sprunghaft" erscheinen (LeVine, 1975: 19).

Eine Studie, die in Quebec in Kanada mit Vorschülern durchgeführt wurde, legt nahe, daß das rassische Muster beim Temperament generalisierbar ist. 50 Lehrer haben eine Stichprobe von 825 4- bis 6jährigen Kindern aus 66 verschiedenen Ländern, die 30 verschiedene Sprachen gesprochen haben, eingeschätzt. Alle Kinder besuchten französischsprachige vorschulische Integrationsklassen für Einwandererkinder in Montreal, die eine bessere Integration in das Schulsystem ermöglichen sollten. Nur 20 Prozent der Kinder waren in Kanada geboren, wobei die schwarzen Kinder typischerweise aus französischsprachigen Ländern wie Haiti kamen, die weißen Kinder aus spanischsprachigen Ländern wie Chile und die asiatischen Kinder aus dem ehemaligen französischem Indochina (Vietnam, Kambodscha). Die Lehrer berichteten von einer besseren sozialen Anpassung und geringerer Feindseligkeit bzw. Aggression bei den mongoliden als bei den europiden Kindern. Die europiden Kinder waren besser angepaßt und weniger feindselig als die negriden Kinder (Tremblay & Baillargeon, 1984).

Über vier separate 2 1/2-Stunden-Zeitspannen beobachteten und verglichen Orlick, Zhou & Partington (1990) kontinuierlich drei Gruppen von chinesischen 5jährigen in Peking (N = 77) mit drei Gruppen weißer kanadischer Gleichaltriger in Ottawa (N = 89). Während von den dokumentierten Gruppeninteraktionen in China 85 Prozent von ihrem Wesen her kooperativ waren, beinhalteten von diesen in Kanada 78 Prozent einen Konflikt. Ekblad und Olweus (1986) gaben den Aggressionstest von Olweus an 290 10 Jahre alte Kinder in der Volksrepublik China aus und stellten fest, daß die Chinesen weniger aggressiv und ein sozialeres Verhalten aufwiesen als die schwedischen Kinder.

Studien an Erwachsenen zeigen vergleichbare Differenzen. Forscher haben die Persönlichkeit der Chinesen und Japaner sowohl in ihren Heimatländern als auch in Nordamerika untersucht, indem sie Universitätsstudenten standardisierte Tests gaben, wie den „Cattell's Sixteen Personality Factor Questionaire", den „Eysenck Personality Questionaire", den „Edwards Personal Preference Schedule" und das „Minnesota Multiphasic Personality Inventory" (P. E. Vernon, 1982). Die Hinweise bestärkten regelmäßig die Hypothese, daß die Asiaten im Durchschnitt introvertierter und ängstlicher sind als die Euro-Amerikaner sowie weniger dominant und aggressiv. Obwohl weniger systematische Studien über Afrikaner und schwarze Amerikaner durchgeführt wurden, legen viele eine größere Aggressivität, Dominanz, Impulsivität und Demonstration von Männlichkeit – verglichen mit Weißen – nahe (Dreger & Miller, 1960; J. Q. Wilson & Herrnstein, 1985).

Rushton (1985b) erstellte einen Index für maßvolles Verhalten durch niedrige Extraversions-(Geselligkeit) und hohe Neurotizismus- (Ängstlichkeit) Werte aus dem „Eysenck Personality Questionaire". Von Barrett und Eysenck (1984) wurden Daten zusammengefaßt, die in 25 Ländern rund um den Erdball gesammelt wurden. Indem ich von diesen den Durchschnitt bildete, stellte ich fest, daß acht mongolide Stichproben (N = 4.044) weniger extravertiert, dafür aber ängstlicher waren als 38 europide Stichproben (N = 19.807), welche wiederum weniger extravertiert, dafür aber ängstlicher waren als vier afrikanische Stichproben (N = 1.906).

Die Selbstkonzept

Afroamerikanische Jugendliche haben ein höheres allgemeines Selbstwertgefühl als Weiße oder Asiaten. In einer Studie wurde eine Stichprobe von 637 (299 Afroamerikaner und 338 weiße Amerikaner) 11- bis 16jährigen in zwei Kleinstädten des Südens untersucht (Tashakkori, 1993). Die Getesteten lasen bei jeder Frage mit, während der Lehrer sie laut vorlas. Die Fragen, die das Selbstwertgefühl maßen, stammten aus der „Rosenberg Self-Esteem Scale" und beinhalteten folgende Selbstauskünfte: „Ich habe mir gegenüber eine positive Einschätzung"; „Ich halte mich für eine wertvolle Person, auf der gleichen Ebene mit den anderen"; „Manchmal glaube ich, daß ich nichts tauge"; „Im Großen und Ganzen bin ich mit mir selbst zufrieden"; „Ich denke, daß ich nicht viel habe, worauf ich stolz sein kann" und „Ich kann die Dinge genauso gut machen wie die meisten anderen".

Es wurden zahlreiche andere allgemeine Kompetenz- und spezifische Selbsteinschätzungen gemessen. So wurden die allgemeinen Kompetenzeinschätzungen durch Items wie „Ich bin intelligent" und „Ich kann fast alles lernen, wenn ich mich dahinterklemme", gemessen. Spezifischere Einschätzungen bezogen sich auf eine attraktive Erscheinung, die körperliche Fähigkeiten und die akademische Selbstwahrnehmung, wie etwa Lesen und Mathematik und die Kontrolle über Ereignisse, die einen widerfahren.

Tashakkori (1993) stellte fest, daß die allgemeinen Selbstwertgefühle in der Rosenberg-Skala genauso wie andere Indizes der Einstellung sich selbst gegenüber zeigten, daß Afroamerikaner Werte erzielten, die um die Halbe bis Zweidrittel einer Standardabweichung höher waren als diejenigen von weißen Amerikanern. Diese Erkenntnis gesellt sich zu jenen über ältere Jugendliche in bundesweiten Untersuchungen (Tashakkori & Thompson, 1991). Afroamerikanische Gruppen haben regelmäßig mehr Positivwerte bei der Mehrzahl der spezifischen Selbsteinschätzungsindizes, vor allem bezogen auf die Erscheinung und Attraktivität, aber auch auf die Kompetenz im Lesen, der Natur- und der Sozialwissenschaft (aber nicht in Mathematik), trotz ihrer niedrigeren, selbst berichteten (und tatsächlichen) akademischen Leistung. Die einzigen Einschätzungen, bei denen die Schwarzen niedrigere Werte aufwiesen als die Weißen, waren diejenigen, die die Selbstwirksamkeit widerspiegelten und die Kontrolle von Ereignissen betrafen, die ihnen selbst widerfuhren.

Viele Ergebnisse bestätigen heute Hares (1985: 41) Schlußfolgerung, daß „man die Theorie aufstellen kann, daß afroamerikanische junge Erwachsene sich relativ besser fühlen, aber relativ schlechter abschneiden, was dem Studium der *Quellen* genauso wie den *Niveaus* des Selbstwertgefühls eine Wichtigkeit zuschreibt" (Kursivsetzungen im Original). Nyborg (1994) nimmt an, daß das Selbstwertgefühl teilweise eine Funktion des Steroidstoffwechsels sei, und daß Afroamerikaner mehr Testosteron hätten als Weiße (Kapitel 8 und 13).

Das Funktionieren der Familien

Die Ehestabilität kann gemessen werden durch die Scheidungsrate, die außerehelichen Geburten, den Kindesmißbrauch und die Delinquenz. Bei jeder dieser Messungen ist die Rangfolge der Ehestabilität innerhalb der amerikanischen Bevölkerung: asiatisch > weiß > schwarz (Jaynes & Williams, 1989). So hat man z. B. konstatiert, daß die immerhin etwa 1,5 Millionen Individuen nordostasiatischer Abstammung, die in den Vereinigten Staaten leben, nicht dazu neigen, ein Objekt der Familienforschung zu sein, teilweise weil sie nicht als ein „Problem" wahrgenommen werden und deutlich weniger Scheidungen, außereheliche Geburten oder eine geringere Häufigkeit von Kindesmißbrauch haben als Weiße, auch wenn man für die soziale Klasse kontrolliert, bei der sie höherliegen (Garbarino und Ebata, 1983). Auf der anderen Seite hat man die schwarze Familienstruktur intensiv untersucht.

Viele Forschungen haben die Instabilität von schwarzen Ehen und Familienbanden, die matriachalische Familienstruktur und den Autoritätsmangel der Väter betont (DuBois, 1908; Frazier, 1948). Später schrieb Moynihan (1965) den Bericht, der die am häufigsten zitierte Untersuchung von schwarzen Familien in den Vereinigten Staaten ist. Moynihan beobachtete hohe Raten der Eheauflösung, häufig Frauen als Familienvorstand und zahlreiche uneheliche Geburten in schwarzen Familien in den Vereinigten Staaten. Etwa 25 Jahre später haben sich die Zahlen, die als Nachweis für die Instabilität der schwarzen Familie zitiert wurden, verdoppelt und verdreifacht (Jaynes & Williams, 1989).

Während eine von zwei weißen Ehen in einer Scheidung endet, werden zwei von drei schwarzen Ehen schließlich aufgelöst. Außereheliche Geburten sind unter Weißen von 2 im Jahr 1960 auf 8 Prozent im Jahr 1982 angestiegen, während sie unter Schwarzen von 22 im Jahr 1960 auf 52 Prozent im Jahr 1982 angestiegen sind. Etwa 75 Prozent der Geburten von schwarzen Teenagern sind außereheliche, verglichen mit 25 Prozent der Geburten von weißen Teenagern, eine Altersgruppe, die über 50 Prozent der neuen Mütter darstellt (Jaynes & Williams, 1989).

Eine Familienstruktur ähnlich der der schwarzen Amerikaner, findet sich in Afrika südlich der Sahara. Draper (1989) beschrieb das einzigartige Muster der afrikanischen Ehe, Paarbildung und Familienorganisation, das auf die Zeit vor der kolonialen Phase zurückgeht und das die Mehrheit der negriden Rasse von anderen Orten in der Welt unterscheidet. Die biologischen Eltern erwarten z. B. nicht, die Haupternährer für ihre Kinder zu sein.

Das afrikanische Schema beinhaltet typischerweise einige oder alle der folgenden Unterschiede:
- der frühe Beginn der sexuellen Aktivität;
- lockere emotionale Bindungen zwischen Ehegatten;
- die Erwartung der sexuellen Vereinigung mit vielen Partnern und Kinder mit diesen;
- eine verringerte mütterliche Fürsorge mit einem langfristigen „in Pflege geben" von Kindern, manchmal für etliche Jahre an nicht-primäre Pfleger, mit dem manchmal angegebenen Grund, sexuell attraktiv für zukünftige Sexualpartner zu bleiben;
- ein erhöhter männlich/männlicher Konkurrenzgeist um Frauen und eine verringerte väterliche Eingebundenheit in die Kindererziehung oder Aufrechterhaltung von einzelnen Paarbindungen;
- eine höhere Fruchtbarkeit, trotz Bildung und Urbanisierung, die in anderen Regionen zu einem Rückgang der Fruchtbarkeit führen.

Unter den Hereros von Südwestafrika, unter denen Draper lebte, heiraten die Männer normalerweise nicht bis zum Alter von 35 oder 40 Jahren. Trotzdem haben fast alle bis dahin mehrere Kinder mit unverheirateten Frauen gezeugt. Die Kinder aus solchen Verbindungen leiden an keinem sozialen Stigma.

Afrika ist charakterisiert durch die Verbreitung der Polygamie, ein Zustand, der nicht nur das Ressort von Männern der Elite ist, sondern den auch Männer mit mäßigen Ressourcen zu einem bestimmten Lebenszeitpunkt anstreben. Die Frauen sind die Stützen der ländlichen Wirtschaft, und sie und ihre Kinder neigen dazu, finanziell unabhängig zu sein. Afrika ist primär ein Kontinent weiblich dominierter Landwirtschaft. Die afrikanischen Männer haben keine Tradition der Arbeit für die Familie; wenn sie arbeiten, ist die getrennte Buchführung von Ehemann und Ehefrau die Norm. Die Frauen erhalten selten die volle Unterstützung von ihren Ehemännern und erwarten auch nicht, eine solche zu erhalten, auch nicht in den Städten. Die Männer erwarten ein beträchtliches Maß an Freizeit. Das allgemeine männliche Muster des niedrigen elterlichen Investierens trifft genauso auf die Weidewirtschaften und die Weide-/Ackerwirtschaften von Ostafrika, wie auf die landwirtschaftlichen Gebiete von Zentral- und Westafrika zu: „Die männliche Reproduktionsbemühung wurde nicht in die elterliche Pflege gelenkt ... sondern in das Paaren" (Draper, 1989: 154).

Der Einsatz von Ersatzpflegern befreit sowohl Männer als auch Frauen von der vollen Verantwortlichkeit für ihren Nachwuchs und bereitet so den Weg für eine stärkere Betonung der Paarungsbemühungen und eine gesteigerte Fruchtbarkeit. Verglichen mit anderen Frauen in Entwicklungsländern beenden afrikanische Frauen die intensive Kinderpflege früh im Leben des Kindes. Die jungen Kinder und die Großeltern erledigen viele Aufgaben, die in der normalen Erziehung anfallen. Die Kinder lernen es, den älteren Kindern bei der Befriedigung der Grundbedürfnisse während des Tages zuzuschauen, und Vor-Teen- und Teenager-Peer-Gruppen existieren relativ unabhängig von der Familieneinheit. Mit dem Abstillen setzt die Ovulation wieder ein, und die Mutter ist in der Lage, wieder zu empfangen. Daraus folgen bei relativ kurzen Geburtsintervallen hohe Geburtenzahlen pro Frau.

Die Beständigkeit der Paarungs- und Aufzuchtsstrategien der Erwachsenen angesichts gegenläufiger Umweltimpulse findet sich in der Literatur über westafrikanische Paare, die in London/England leben. Wie von Draper (1989) zusammengefaßt, geben junge Paare, die für eine nachschulische Ausbildung nach England migrieren, ihre Kinder oft an europäische Familien im Großstadtumfeld in Pflege. Die Pflegeeltern interpretieren die unregelmäßigen Besuche ihrer Schützlinge durch die Eltern als Zeichen einer Vernachlässigung seitens der Eltern. Die afrikanischen Eltern denken, daß sie sichere und verantwortungsvolle Vorkehrungen für die Pflege ihrer Kinder getroffen haben.

Die mentale Widerstandsfähigkeit

Hinweise auf einen mentalen Zusammenbruch können auch aus den Zahlen gewonnen werden, die für diejenigen vorliegen, die in Nervenkliniken eingewiesen wurden oder die vom Verhalten her anderweitig instabil sind. Die meisten der zu besprechenden Daten kommen aus den Vereinigten Staaten. Im Jahre 1970 waren 240 Schwarze pro 100.000 der Bevölkerung in Nervenkliniken eingewiesen, verglichen mit 162 Weißen pro 100.000 der Bevölkerung (Staples, 1985). Schwarze nutzen auch die psychischen Gesundheitszentren der Gemeinden mit einer Häufigkeit, die fast auf das Doppelte von ihrem Anteil an der Gesamtbevölkerung hinausläuft. Die Häufigkeit des Drogen- und Alkoholmißbrauchs ist unter der schwarzen Bevölkerung viel höher, basierend auf ihrer Überrepräsentation unter Patienten, die Behandlungsleistungen erhalten. Darüber hinaus wird geschätzt, daß über ein Drittel der jungen männlichen Schwarzen der Innenstädte ernsthafte Drogenprobleme hat (Jaynes & Williams, 1989).

Kessler und Neighbors (1986) haben gezeigt, daß die Wirkung der Rasse auf psychologische Fehlfunktionen von der sozialen Klasse unabhängig ist, indem sie Vergleichsprüfungen bei acht verschiedenen Untersuchungen angewendet haben, die mehr als 20.000 befragte Personen umfaßten. Sie beobachteten eine Interaktion zwischen Rasse und Klasse insofern, als in Modellen, die diese Interaktion nicht berücksichtigen, der tatsächliche Effekt der Rasse unterdrückt und derjenige der sozialen Klasse künstlich erhöht wurde. Im Kontrast dazu sind die Asiaten auch im Hinblick auf die Häufigkeit psychischer Gesundheitsprobleme unterrepräsentiert (P. E. Vernon, 1982).

Die Gesetzestreue

Mit Blick auf das Thema Kriminalität sichteten J. Q. Wilson und Herrnstein (1985) einen Großteil der relevanten Literatur. Die Afroamerikaner machen regelmäßig etwa die Hälfte aller Festnahmen wegen Körperverletzung und

Mord und Zweidrittel aller Festnahmen wegen Raub in den Vereinigten Staaten aus, obwohl sie weniger als ein Achtel der Bevölkerung stellen. Da etwa der gleiche Anteil an Opfern aussagt, daß ihr Angreifer schwarz war, können die Festnahmestatistiken nicht auf Vorurteile der Polizei zurückgeführt werden. Auch sind Schwarze überrepräsentiert unter denjenigen Personen, die für die meisten Wirtschaftsverbrechen festgenommen werden. Zum Beispiel machten im Jahr 1980 Schwarze etwa ein Drittel von jenen aus, die wegen Betrugs, Fälschung, Geldfälschung und Hehlerei verhaftet wurden, und etwa ein Viertel von jenen, die für Unterschlagung verhaftet wurden. Schwarze sind nur unterrepräsentiert bei denjenigen Wirtschaftsverbrechen (Steuerbetrug, Bankwesen), die nur dann ausgeübt werden können, wenn der Zugang zu einem gesellschaftlich angesehenen Statusberuf gelungen ist.

Ein ähnliches rassisches Muster findet sich in anderen westlichen Industriestaaten. In London machen afrikanischstämmige Personen, während sie 13 Prozent der Bevölkerung stellen, z. B. 50 Prozent der Kriminellen aus (*Daily Telegraph*, 24. März 1983). Die dunkelhäutigen Europiden aus Pakistan, Indien und Bangladesh, die ebenfalls rezente Immigranten sind, scheinen nicht eine höhere Verbrechensrate zu haben als weiße Populationen. Inoffizielle Zahlen aus Toronto/Kanada legen nahe, daß neuere afrokaribische Immigranten, die 2 bis 5 Prozent der Bevölkerung ausmachen, gleichzeitig für 32 bis 40 Prozent der Verbrechen verantwortlich sind (*The Globe and Mail*, 8. Februar, 1989). Einwanderer aus dem Pazifischen Raum sind hingegen in der Statistik bei Verbrechen unterrepräsentiert.

In den 1920er Jahren führte die Unterrepräsentation der Chinesen in der US-Verbrechensstatistik amerikanische Kriminologen dazu, das Ghetto für einen Ort zu halten, der die Mitglieder von den zerstörerischen Tendenzen der Gesellschaft draußen *schützen* würde (J. Q. Wilson & Herrnstein, 1985: 473). Bei den Schwarzen heißt es, daß das Ghetto das Verbrechen befördern würde. In den USA angefertigte, detaillierte Analysen zeigen, daß gegenwärtig einer von vier männlichen Schwarzen im Alter von 20 und 29 Jahren entweder im Gefängnis, auf Bewährung oder bedingt entlassen ist und daß dieses Phänomen nicht auf Vorurteile im Strafrechtssystem zurückgeführt werden kann (Klein, Petersilia & Turner, 1990).

Ich habe festgestellt, daß weltweit gesehen afrikanische und karibische Staaten die doppelte Höhe an Gewaltverbrechen vermelden (Mord, Vergewaltigung und schwere Körperverletzung) als europäische Staaten und dreimal so viele wie die Staaten des Pazifischen Raums (Rushton, 1990b). Wenn man die Verbrechensquoten der Internationalen kriminalpolizeilichen Organisation (Interpol) zusammenzählt und über Jahre hinweg den Durchschnitt bildet, erhält man jeweils pro 100.000 der Bevölkerung die Werte 142, 74 und 43. Diese proportionalen rassischen Unterschiede ähneln jenen, die man findet, wenn man Statistiken der Vereinigten Staaten verwendet. Es lohnt sich, diese Daten detaillierter zu betrachten.

Ich zog die veröffentlichten Statistiken zu Rate, die von Interpol zur Verfügung gestellt wurden (Rushton, 1990b). Die Verbrechensstatistiken von Interpol für die Jahre 1983–1984 und 1985–1986 lieferten Daten für fast 100 Staaten in bezug auf 14 Verbrechenskategorien. Da die Zahlen für manche Verbrechen stark von den Gesetzen eines Staates abhängen (z. B. Sexualdelikte) oder von der Verfügbarkeit (z. B. Autodiebstähle), konzentrierte ich mich auf die drei schwersten Verbrechen, die relativ gut definiert waren: Mord, Vergewaltigung und schwere Körperverletzung.

Ich sammelte die Daten pro 100.000 der Bevölkerung für 1984 und 1986 (oder dem nächstgelegenen Jahr) und aggregierte über die drei Kategorien hinweg (siehe Tabelle 7.3). Staaten, für die keine Daten für alle drei Kategorien gefunden werden konnten, wurden weggelassen. Die Staaten wurden dann nach ihrer hauptsächlichen rassischen Zusammensetzung gruppiert, wobei nur die Fidschi-Inseln und Papua-Neuguinea aufgrund der Unsicherheit ihres rassischen Status ausgelassen wurden. Für das Jahr 1984 waren für 71 Staaten vollständige Daten verfügbar: für 9 mongolide (inklusive Indonesien, Malaysia und die Philippinen), 40 europide (inklusive dem arabischen Nordafrika, dem Nahen Osten und Lateinamerika) und 22 negride (subsaharisches Afrika inklusive dem Sudan und der Karibik). Für das Jahr 1986 waren für 88 Staaten vollständige Daten verfügbar (12 mongolide, 48 europide und 28 negride).

Tabelle 7.3: Die internationalen Verbrechensraten pro 100.000 der Bevölkerung für Staaten, die nach dem dominierenden Rassetyp kategorisiert wurden

Jahr / Rassetyp	Anzahl der Staaten	Mord		Vergewaltigung		Schwere Körperverletzung		Gesamt	
		Mittelwert	SA	Mittelwert	SA	Mittelwert	SA	Mittelwert	SA
1984									
Mongolid	9	8,0	14,1	3,7	2,6	37,1	46,8	48,8	50,3
Europid	40	4,4	4,3	6,3	6,5	61,6	66,9	72,4	72,5
Negrid	22	8,7	11,8	12,8	15,3	110,8	124,6	132,3	139,3
F (2,69)		1,92		3,99*		3,16*		3,59*	
1986									
Mongolid	12	5,8	10,9	3,2	2,7	29,4	40,2	38,4	42,7
Europid	48	4,5	4,6	6,2	6,3	65,7	91,8	76,4	95,4
Negrid	28	9,4	10,6	14,4	15,9	129,6	212,4	153,3	223,8
F (2,86)		3,04		7,54*		2,87		3,55*	

Anmerkung: Vgl. Rushton: 1990b, S. 320, Tabelle 2. Copyright 1990 bei der Canadian Criminal Justice Association. Abgedruckt mit Erlaubnis von Canadian Criminal Justice Association. [Anm. d. Ü.: SA = Standardabweichung]
* p < 0,05

Die in Tabelle 7.3 angegebenen Gruppierungen stellen ganz offensichtlich in keinem Sinne „reine Typen" dar. Es gibt eine enorme rassische und ethnische

Variation innerhalb fast jedes Staates; außerdem unterscheidet sich jeder Staat unzweifelhaft bei den Verfahren, wie die Verbrechenszahlen gesammelt und gemeldet werden. Sicherlich werden innerhalb jeder rassischen Gruppierung Staaten zu finden sein, die sowohl hohe als auch niedrige Verbrechensquoten melden. Die Philippinen z. B., ein Staat, der als „mongolid" eingeordnet wird, meldete eine der höchsten Mordraten der Welt, 43 pro 100.000 im Jahr 1984; Togo, ein Staat, der als „negrid" kategorisiert wird, wies die niedrigste gemeldete Verbrechensrate der Welt auf: „abgerundete" 0 pro 100.000 in allen 3 Verbrechenskategorien im Jahre 1984.

In Tabelle 7.3 sieht man die Mittelwerte und Standardabweichungen (SA) für die drei Rassegruppen nach dem Verbrechenstyp gegliedert. Wenn man jeden Staat als unabhängigen Eintrag behandelt, zeigen die Ergebnisse von einfaktoriellen Varianzanalysen, daß sich die Rassen bei der Verbrechensentstehung deutlich unterscheiden. Wenn man die Aggregate heranzieht, zeigen deutliche lineare Trends, daß Mongolide < Europide < Negride sind für sowohl 1984 [$F(1,69) = 5,20, p < 0,05$] als auch für 1986 [$F(1,86) = 4,99, p < 0,05$]. Eine nicht-parametrische Analyse dieser Verhältniszahlen zeigt, daß die exakte Wahrscheinlichkeit davon, diese spezielle Rangfolge ein zweites Mal in eine Reihe zu bekommen, $1/6 \times 1/6 = 0,027$ beträgt.

Die Sozialorganisation

Ein ähnliches rassisches Muster findet sich, wenn man den administrativen Zusammenhalt und die politische Organisierung beurteilt, sowohl zeitgenössisch als auch historisch. Vor 25 Jahrhunderten regierte China 50 Millionen Menschen via imperialer Bürokratie mit universell durchgeführten Eintrittsprüfungen, die zum inneren Regierungskabinett führten – eine Leistung, die jene der entsprechenden europäischen Kulturen übertraf, inklusive jener des Römischen Reiches. Hingegen waren in Afrika geschriebene Sprachen nicht erfunden und der Grad der Bürokratieorganisation deshalb notwendigerweise beschränkt.

Eine Möglichkeit, um die administrative Fähigkeit einer Regierung einschätzen zu können, ist deren Fähigkeit, eine genaue Volkszählung durchzuführen. Die Vereinigten Staaten führen eine solche alle zehn Jahre durch, wobei es natürlich eine Fehlerspanne gibt. Die Größe des Fehlers in der US-Volkszählung wird, gemessen an afrikanischen und karibischen Staaten, für klein gehalten, deren Bevölkerungsstatistiken notorisch schwach sind, aber groß verglichen mit einer Volkszählung, die in der Volksrepublik China über zehn Tage mit Beginn am 1. Juli 1990 durchgeführt wurde. Dort wurden für die Bevölkerung von einer Milliarde über 1 Million Zähler organisiert.

Die Desorganisation der afrikanischen und afroamerikanischen Gesellschaften, verglichen mit denen in anderen Erdteilen, steht zunehmend im Zentrum einer besorgten Berichterstattung. In den Vereinigten Staaten hat sich der Optimismus, der durch die Bürgerrechtsbewegung der 1950er Jahre erzeugt wurde und im „Civil Rights Act" von 1964 gipfelte, fast vollständig verflüchtigt. Die schlechten sozialen und finanziellen Zustände, Armut und Arbeitslosigkeit, Drogen und Verbrechen, von Teenager-Elternschaft und schwachen Bildungsleistungen in schwarzen Innenstadtgebieten, stellen Probleme ungeheuerlichen Ausmaßes für die Zukunft dar (Jaynes & Williams, 1989).

Manche sehen die Innenstadt von Detroit als einen Vorboten dessen, was kommen wird. Zu Beginn der 1960er Jahre erschien Detroit wie eine amerikanische Modellstadt. Die Industrie boomte und Schwarze wie Weiße fanden in der Automobilindustrie eine geregelte Beschäftigung. Aber im Jahr 1967 brach der schlimmste Rassenkrawall in der amerikanischen Geschichte aus. Über Nacht wurde Detroit gewaltsam aus dem Dasein eines prosperierenden, integrierten Industriezentrums gerissen und wurde ein chaotisches, kochendes Ghetto. Die anarchischen Verhältnisse und die politische Rhetorik, die schwarze Stadtstaaten wie Detroit umgeben, wurden von dem israelischen Schriftsteller Ze'ev Chafets (1990) in *Devil's Night and Other True Tales of Detroit* festgehalten, der darüber berichtete, wie neben anderen Ereignissen die örtlichen Bürger in jeder Halloween-Nacht Häuser, heruntergekommene Gebäude und leerstehende Fabrikgebäude niederbrannten. Chafets nennt Detroit „Amerikas erste Dritte Welt-Stadt". Als die imperialen Mächte Europas nach dem Zweiten Weltkrieg in Afrika die Dekolonisierung begannen, gab es dort große Hoffnungen und starke, vorwärtsgerichtete Interessen in den Ländern des subsaharischen Afrikas. Hunderte Milliarden Dollar Entwicklungshilfe und private Investitionen strömten herein. Im Gegensatz zum südlichen Asien, eine Region, von der man meint, daß sie vor 35 Jahren in einer etwa vergleichbaren Situation war, ist die Wirtschaft Afrikas größenmäßig beträchtlich zurückgegangen, und überall gibt es Verfall. Die abbröckelnde Infrastruktur zwingt Firmen oft dazu, ihre eigenen Stromgeneratoren, ihr eigenes Trinkwasser und ihre eignen Radiosender für die Kommunikation bereitzustellen. Im Zeitalter von Computern und Faxgeräten ist es in vielen afrikanischen Städten schwierig, eine Telefonverbindung zu bekommen (Duncan, 1990; Lamb, 1987). Studien der Weltbank und von anderen Organisationen zeigen, daß sich die Bedingungen in bezug auf jeden Indikator in den 1990er Jahren nur verschlechtern werden und daß die unerbittliche Marginalisierung Afrikas in der Weltwirtschaft fortdauern wird.[1]

Ein verhängnisvolle Eigenschaft ist Afrikas Unvermögen, sein Bevölkerungswachstum unter Kontrolle zu bringen. Dies liegt gegenwärtig bei

---

1 Anm. d. Ü.: Die Prognosen der Weltbank und anderer Organisationen haben sich bewahrheitet. Aktuelle Zahlen der Weltbank belegen, daß das ökonomische Schattendasein Afrikas weiter voranschreitet: Das Wachstum im subsaharischen Afrika ging in dem Zeitraum zwischen 1975 und 2003 um 11,9 % zurück (Wachstumsrate des BIP pro Kopf, berechnet nach Kaufkraftparität, Basis 1995), der Anteil am Weltsozialprodukt betrug 2003 nur 2,5 % (Berechnet nach Kaufkraftparität), und der Anteil an den Importen und den Exporten weltweit (2002, Import- und Exportanteil jeweils berechnet nach den in Dollar ausgedrückten Handelsvolumina) jeweils 1,4 %. Von den 49 ärmsten Staaten der Erde liegen 33 in Afrika. Bis 2050 wird sich die Bevölkerung auf dem derzeit ärmsten Kontinent überdies verdoppelt haben. Quelle: Bartholomäus Grill: Kriege, Krisen, Kranke, in: Die Zeit, 5/2005. Vgl. die Graphik in diesem Artikel, die auf Zahlen der Weltbank beruht.

3,2 Prozent pro Jahr, dem höchsten in Afrikas bekannter Geschichte und in der Welt (Caldwell & Caldwell, 1990). Südasien und Lateinamerika, dessen Zahlen bei 2,1 beziehungsweise bei 2,5 Prozent stehen, haben das Bevölkerungswachstum seit 1960 gesenkt. In den Vereinigten Staaten werden von der durchschnittlichen Frau 14 Kinder, Enkel und Ur-Enkel ausgehen; die vergleichbare Zahl für eine afrikanische Frau ist 258. Als ein Resultat stellt der afrikanische Kontinent, der im Jahr 1950 9 Prozent der Weltbevölkerung ausgemacht hatte, heute 12 Prozent der Weltbevölkerung.

Wenn diese Trends weiter gehen, werden die Afrikaner am Ende des 21. Jahrhunderts und für lange danach mehr als ein Viertel der Menschheit bilden (Caldwell & Caldwell, 1990). Trotz einer schwankenden Todeszahl von etwa 20 Millionen Menschen aufgrund von AIDS, gehen die Weltbevölkerungsprojektionen der Vereinten Nationen davon aus, daß sich die Bevölkerung Afrikas bis zum Jahr 2015 verdoppeln wird (Briefings, *Science*, 18. September 1992, vol. 257, S. 1627).[2]

Die Rassen-Rankings

Die Tabelle 1.1 faßte die Ergebnisse für 6 Kategorien von Variablen zusammen, über die in der empirischen Literatur berichtet wurde. Ich stellte fest, daß diejenigen allgemeinen Rankings, die von Asiaten und von Weißen aufgestellt wurden, diese rassischen Reihenfolgen widerspiegeln (Rushton, 1992c). Wie in Tabelle 7.4 gezeigt wurde, reihen Weiße und Asiaten die Weißen zwischen Asiaten und Schwarze ein und dies bei Messungen des Fleißes, der Aktivität, Soziabilität, der Regelbefolgung, der Stärke des sexuellen Verlangens, der Größe der Genitalien, der Intelligenz und der Gehirngröße.

Andere Variablen

Viele andere Variablen unterscheiden die Rassen, manche anekdotenhaft, aber sicherlich wert, untersucht zu werden. Die afrikanischen Rhythmen von Burkina Faso bis Südafrika ermöglichen es den Afrikanern, im Gleichklang zu singen, während sie arbeiten. Ein Gast wird oftmals bemerken, daß wenn eine Gruppe in den Feldern arbeitet, eine Person abseits sitzt und eine Trommel schlägt, so daß alle im Gleichklang singen und arbeiten können. Die afroamerikanische Rhythmenmusik hat die heranwachsende Generation von Toronto bis Tokio erobert. Gibt es in diesem Bereich ein rassisches Gefälle von Afrikanern zu Asiaten? Wenn dem so ist, was ist dann der neurohormonale Mittler?

Es gibt Rassenunterschiede bei der Produktion von Geruch, der von den apokrinen Drüsen erzeugt wird (J. R. Baker, 1974). Diese Drüsen sind mit der

---

2 Anm. d. Ü.: Es sei hierbei daran erinnert, daß sich sämtliche Zahlenangaben Rushtons auf die Verhältnisse zur Zeit der Niederschrift der englischen Originalausgabe, also zu Beginn der 1990er Jahre, beziehen.

Tabelle 7.4: Das Rassen-Ranking, das von Asiaten und Weißen für verschiedene Dimensionen angegeben wurde

	Das asiatische Ranking von			Das weiße Ranking von		
	Schwarzen	Weißen	Asiaten	Schwarzen	Weißen	Asiaten
Intelligenz	3c	2b	1a	3c	2b	1a
Gehirngröße	3c	2b	1a	3b	1a	2a
Fleiß	3b	2b	1a	3c	2b	1a
Aktivität	1a	2b	3c	1a	2b	3c
Ängstlichkeit	3b	2b	1a	3	2	1
Geselligkeit	3b	1a	3c	2b	1a	3c
Aggressivität	2	1	3	1a	2b	3c
Regelbefolgung	3c	2b	1a	3c	2b	1a
Stärke des sexuellen Verlangens	2a	1a	3b	1a	2b	3c
Größe der Genitalien	1a	2b	3c	1a	2b	3c

Anmerkung: Vgl. Rushton: 1992c, S. 441, Tabelle 2. Copyright 1992 bei Pergamon Press. Abgedruckt mit Erlaubnis von Pergamon Press. Unterschiedliche Hochstellungen bzw. Buchstaben zeigen signifikante Unterschiede an ($p < 0,05$).

Unterarm- und Genitalbehaarung verbunden und werden aktiv, wenn sich Menschen fürchten oder aufgeregt sind. Schwarze haben mehr und größere apokrine Drüsen als Weiße und Weiße mehr als Asiaten. Die Sino-Japaner haben einen empfindlichen Geruchssinn, und Ärzte sind auf die Behandlung von Körpergerüchen spezialisiert. In Japan reichte zu Beginn des 20. Jahrhunderts ein starker Körpergeruch in der Regel aus, um den Leidtragenden vom Militärdienst zu befreien (J. R. Baker, 1974: 173).

Schwarze haben tiefere Stimmen als Weiße. In einer Studie gaben Hudson und Holbrook (1982) 100 schwarzen männlichen und 100 schwarzen weiblichen Freiwilligen im Alter von 18 bis 29 Jahren eine Leseaufgabe. Es wurden die Grundsprechfrequenzen gemessen und mit den weißen Normen verglichen. Die Frequenz der schwarzen Männer war 110 Hz, niedriger als die 117 Hz der weißen Männer, und die Frequenz der schwarzen Frauen betrug 193 Hz, niedriger als die Frequenz von 217 Hz der weißen Frauen.

Die Unterschiede in der Knochendicke zwischen Schwarzen und Weißen hat man bei einer Vielzahl von Altersklassen und Skelettstellen festgestellt, und sie bleiben auch nach der Korrektur für das Körpergewicht bestehen (Pollitzer & Anderson, 1989). Die rassischen Knochenunterschiede beginnen sogar schon vor der Geburt. Der Divergenz bei der Länge und dem Gewicht der Knochen des schwarzen und weißen Fötus folgt ein höheres Skelettgewicht der schwarzen Säuglinge, verglichen mit weißen Säuglingen. Schwarze haben nicht nur einen höheren Kalziumgehalt des Skeletts, sondern auch ein höheres Gesamtgewicht an Körperkalium und Muskelmasse. Diese Erkenntnisse sind wichtig für die Osteoporose und Knochenbrüche, speziell bei älteren Personen.

Die Unterschiede in der Körperstruktur erklären wahrscheinlich den unterschiedlichen Erfolg der Schwarzen bei Sportveranstaltungen. Schwarze sind überproportional erfolgreich bei Sportarten, die Laufen und Springen beinhalten, aber nicht im Geringsten erfolgreich bei Sportarten wie Schwimmen. Bei den Olympischen Spielen im Jahr 1992 in Barcelona gewannen zum Beispiel Schwarze jeden Laufbewerb bei den Männern. Auf der anderen Seite hat sich nie ein schwarzer Schwimmer für das US-Schwimm-Olympiateam qualifiziert. Die oben erwähnten Unterschiede in der Knochendichte könnten für das Schwimmen ein Hindernis sein.

Die Statur und die Physiologie der Schwarzen könnten ihnen einen genetischen Vorteil beim Laufen und Springen verschaffen, wie es von der langjährigen Herausgeberin Amby Burfoot (1992) in *Runner's World* angesprochen wurde. Schwarze haben z. B. weniger Körperfett, schmalere Hüften, dickere Oberschenkel, längere Beine und leichtere Waden. Aus biomechanischer Sicht ist das eine nützliche Kombination. Enge Hüften gewährleisten ein effizientes Geradeauslaufen. Starke Quadrizepsmuskeln liefern die PS, und leichte Waden reduzieren den Widerstand.

Im Hinblick auf die Physiologie stellte man fest, daß Westafrikaner deutlich mehr schnellzuckende Fasern und anaerobe Enzyme haben als Weiße. Von schnellzuckenden Muskelfasern meint man, daß sie bei explosiven, kurzzeitigen Kraftanstrengungen wie Sprinten einen Vorteil verschaffen. Ost- und südafrikanische Schwarze hingegen haben Muskeln, die große Ausdauer ermöglichen, da sie wenig Milchsäure und andere Produkte der Muskelermüdung erzeugen.

Eine ganze Anzahl von direkten Leistungsvergleichen zeigte eine deutliche schwarze Überlegenheit bei einfachen körperlichen Aufgaben, wie etwa Laufen und Springen. Oft waren die untersuchten Personen in diesen Studien sehr junge Kinder, die kein besonderes Training hatten. Schwarze haben auch eine deutlich kürzere Reaktionszeit der Kniesehnen (der bekannte Kniesehnenreflex) als weiße Schüler. Die Reflexzeit ist offensichtlich eine wichtige Variable für Sportarten, die blitzartige Reflexe erfordern. Es wäre interessant zu wissen, ob die Maße, bei denen Schwarze am meisten erreichen, diejenigen sind, bei denen die Asiaten am wenigsten erreichen und vice versa. Weisen die Reflexzeiten und die Prozentsätze von schnellzuckenden Muskeln auf ein rassisches Gefälle hin, und ist es eines, das der kognitiven Entscheidungszeit entgegengesetzt ist? Ist das letztlich ein physiologischer Ausgleich?

8
SEXUELLE POTENZ, HORMONE UND AIDS

Das rassische Muster, das man über Gehirngröße und Intelligenz berichtet, steht in umgekehrter Relation zu dem von Keimzellenproduktion und Sexualverhalten, um das es in diesem Kapitel geht. Die mongoliden Bevölkerungen, die durchschnittlich die höchste Gehirngröße und Intelligenz haben, haben die niedrigste Eiproduktion und die geringsten Reproduktionsbemühungen. Die Europiden liegen im Durchschnitt dazwischen. Das rassische Gefälle findet sich bei zahlreichen physiologischen, anatomischen und Verhaltensmessungen, inklusive AIDS. Die Sexualhormone könnten dieses Muster vermitteln.

Die Reproduktionspotenz

Die durchschnittliche Frau produziert in der Mitte des Menstruationszyklus alle 28 Tage ein Ei. Manche Frauen haben jedoch kürzere Zyklen als andere und manche produzieren zwei Eier in einem Zyklus. Beide Tatsachen münden in eine größere Fruchtbarkeit aufgrund der vermehrten Möglichkeiten für eine Empfängnis. Gelegentlich ist die Geburt von dizygoten (zweieiigen) Zwillingen das Resultat von doppelten Ovulationen.

Die Rassen unterscheiden sich in der Häufigkeit, mit der sie doppelt ovulieren. Bei den Mongoliden liegt die Häufigkeit dizygoter Zwillinge pro 1.000 Geburten bei weniger als 4, bei den Europiden liegt die Rate bei 8 pro 1.000 und bei Negriden liegt die Zahl bei größer als 16 pro 1.000, wobei manche afrikanische Bevölkerungen Zwillingshäufigkeiten von mehr als 57 pro 1.000 haben (Bulmer, 1970). Jüngste Nachprüfungen der Zwillingshäufigkeiten in den Vereinigten Staaten (Allen, 1988) und Japan (Imaizumi, 1992) bestätigen die rassischen Unterschiede. Zu beachten ist, daß die Häufigkeit monozygoter Zwillingsgeburten bei allen Gruppen annähernd konstant bei 4 pro 1.000 liegt. Monozygote Zwillingsgeburten sind die Folge einer einzelnen befruchteten Eizelle, die sich in zwei identische Teile aufteilt.

Die Häufigkeit dreieiiger Drillinge und viereiiger Vierlinge weist eine vergleichbare rassische Reihenfolge auf. Für Drillinge liegt die Rate pro 1 Million Geburten bei Mongoliden bei 10, bei Europiden bei 100 und bei Negriden bei 1.700. Bei Vierlingen liegt die Rate pro 1 Million Geburten bei Mongoliden bei 0, bei Europiden bei 1 und bei Negriden bei 60 (Allen, 1987; Nylander, 1975). Daten aus rassisch gemischten Paarungen belegen, daß Mehrfachgeburten größtenteils durch die Rasse der Mutter festgelegt sind und unabhängig von der Rasse des Vaters sind, wie bei mongolid-europiden Mischungen auf Hawaii und bei europid-negriden Mischungen in Brasilien festgestellt wurde (Bulmer, 1970).

Tabelle 8.1: Die relative Rangfolge der Rassen bei der Reproduktionspotenz

Variable der Reproduktionspotenz	Asiaten	Weiße	Schwarze
Keimzellenproduktion und Mehrfachgeburten	3	2	1
Geschwindigkeit des Menstruationszyklus	?	2	1
Geschwindigkeit der sexuellen Reifung	?	2	1
Alter beim ersten Geschlechtsverkehr	3	2	1
Anzahl der vorehelichen Partner	3	2	1
Häufigkeit des vorehelichen Geschlechtsverkehrs	3	2	1
Häufigkeit von sexuellen Phantasien	3	2	1
Häufigkeit des ehelichen Geschlechtsverkehrs	3	2	1
Anzahl der außerehelichen Partner	3	2	1
Freizügige Eigenschaften, wenig Schuldgefühl	3	2	1
Primäre Geschlechtsmerkmale (Größe von Penis, Hoden, Vulva, Vagina, Klitoris, Eierstöcke)	3	2	1
Sekundäre Geschlechtsmerkmale (hervorstechende Stimme, Brüste, Gesäß, Muskeln)	3	2	1
Biologische Steuerung des Sexualverhaltens (Häufigkeit des sexuellen Verlangens; Voraussagbarkeit des sexuellen Lebenszyklus vom Beginn der Pubertät)	3	2	1
Androgenniveaus	3	2	1
Sexuell übertragbare Krankheiten	3	2	1

Anmerkung: Vgl. Rushton: 1992b, S. 814, Tabelle 3. Copyright 1992 bei Psychological Reports. Abgedruckt mit Erlaubnis der Psychological Reports.

Die Geschlechtsanatomie

Die anatomischen Unterschiede fanden in den in den ethnographischen Aufzeichnungen häufig Erwähnung (Kap. 5; siehe auch „French Army Surgeon", 1898/1972; J. R. Baker, 1974; Lewis, 1990). Erwähnt wurde die Plazierung der weiblichen Genitalien (Asiaten am höchsten, Schwarze am niedrigsten); der Winkel und die Beschaffenheit der Erektion (Asiaten parallel zum Körper und hart, Schwarze im rechten Winkel zum Körper und biegsam); die Größe der Genitalien (Asiaten am kleinsten, Schwarze am größten) und das Hervorstehen der Muskulatur, der Gesäße und der Brüste (Asiaten am wenigsten, Schwarze am meisten).

Rushton und Bogaert (1987) berechneten den Durchschnitt der ethnographischen Daten über die Größe des erigierten Penis und schätzten sie ungefähr auf: Asiaten 4 bis 5,5 Inches in der Länge (10–14 cm) und 1,25 Inches Durchmesser (3,2 cm); Weiße 5,5 bis 6 Inches in der Länge (14–15,3 cm) und 1,3 bis 1,6 Inches Durchmesser (3,3–4,1 cm); Schwarze 6,25 bis 8 Inches in der Länge (15,9–20,3 cm) und 2 Inches Durchmesser (5,1 cm). Die Frauen verhielten sich proportional zu den Männern, wobei – verglichen mit Weißen – die Asiatinnen kleinere Vaginas hatten und Schwarze größere. Dabei wurden Variationen vermerkt: Auf den französischen Westindischen Inseln[1] variierte die Größe des Penis und der Vagina mit der Quote der schwarzen Beimischung.

Im Gefolge der AIDS-Krise entstand ein neuer Fokus auf die Penisgröße. Es ist zunehmend offensichtlich geworden, daß eine einzige Kondomgröße nicht für alle paßt. Weil die Verwendung von Kondomen in der AIDS-Prävention von essentieller Bedeutung ist, und da die Kondomgröße ein wichtiger Faktor für die Zufriedenheit des Anwenders ist, haben sowohl die *„Specifications and Guidelines for Condom Procurement"* der Weltgesundheitsorganisation (WHO) als auch die Internationale Organisation für die Standardisierung der Vereinten Nationen (UNO) ein Kondom mit einer flachen Breite von 49 mm für Asien, ein 52 mm breites für Nordamerika und Europa und eine 53 mm Größe für Afrika empfohlen (z. B. Weltgesundheitsorganisation, 1991). Über China wird berichtet, daß es seine eigenen Kondome erzeugt – 49 mm, plus oder minus 2 mm.

In Thailand, wo viele ergonomische Studien durchgeführt worden sind, berichten weibliche Prostituierte, daß sich 52 mm Kondome während des Geschlechtsverkehrs bauschen, was Irritationen verursachte, und junge männliche Anwender berichten, daß sich sogar 49 mm während des Geschlechtsverkehrs abstreifen. Andere Hinweise deuten darauf hin, daß 52 mm große Kondome für einige weiße und afrikanische Männer zu klein sein könnten. Eine Konsequenz derartiger Informationen ist das Bestreben, in verschiedenen Erdteilen die typische Penisgröße und -form zu ermitteln (z. B. „Program for Appropriate Technology in Health", 1992).

Der gegenwärtig verfügbare Forschungsstand – basierend auf dem Kinsey Institut (siehe Tabelle 8.4 [K!] unten) und den in Thailand gesammelten Daten (Tabelle 8.2) – legt nahe, daß zumindest drei Größen notwendig sind, um das 10. bis 90. Perzentil [Glossar!] abzudecken. Diese Größen müßten sein: (1) 45 mm Breite, (2) 52 mm Breite, und (3) 57 mm Breite. Auf Grund der Daten der Penisgröße, die in Thailand gesammelt worden sind, scheint es evident zu sein, daß die gegenwärtige „asiatische" Größe von 49 mm Breite für etwa 15 Prozent der männlichen Bevölkerung zu groß ist. Es scheint auch möglich zu sein – vorausgesetzt, die Kinsey-Daten für afroamerikanische Männer sind relevant –, daß das Kondom mit einer nominalen 52 mm flachen Breite für zumindest 25 Prozent der afrikanischen Bevölkerung zu klein ist

---

1 Anm. d. Ü.: Bei den Westindischen Inseln handelt es sich um die Inselgruppen der Karibik.

und daß flache Breiten von 55–56 mm für diese Region besser passen würden (Program for Appropriate Technology in Health, 1991).

Tabelle 8.2: Die Rassenunterschiede bei der Größe des erigierten Penis

Penisgröße	Prozentsatz der Stichprobe		
	Thailand[1]	Weiße/USA[2]	Schwarze/USA[2]
Länge (mm)			
75–100	3	0	0
100–125	27	3	0
126–150	51	27	15
151–175	17	53	59
176–200	2	15	20
> 200	0	2	5
Umfang (mm)			
< 75	0	2	2
76–100	16	3	2
101–112	37	13	9
113–127	30	53	53
128–137	14	10	11
138–150	3	15	15
> 150	0	5	9

Anmerkung: Aus dem World Health Organization Global Programme on AIDS Specifications and Guildelines for Condom Procurement: 1991, S. 33, Tabelle 5. Die Daten stammen aus dem allgemein zugänglichen Bereich.
[1] Gemessen an der Stelle des maximalen Umfanges; [2] gemessen an der Basis.

Ein anderer Aspekt der Größe – die Länge – stellt für eine Universalgröße ein kleineres Problem dar. Kondome, deren allgemeine Elastizität ein Abstreifen verhindern, können bis zu einer beliebigen Länge abgerollt werden, vorausgesetzt, daß das Kondom lang genug ist, um zumindest das 95ste Perzentil abzudecken. Basierend auf den Daten des Kinsey Instituts über afroamerikanische und weiße Männer in den Vereinigten Staaten und auf weiteren Daten aus Thailand, könnten die optimalen Längen für die asiatischen Bevölkerungen bei 180 mm, für die europäischen Bevölkerungen bei 190 mm und bei afrikanische Bevölkerungen bei 200 mm liegen („Program for Appropriate Technology in Health", 1991).

Daten, die das Kinsey Institut lieferte, haben den Schwarz-Weiß-Unterschied in der Penisgröße bestätigt (Tabelle 8.2 und Items 70–72 von Tabelle 8.4). Alfred Kinsey und seine Mitarbeiter haben ihre Befragten angewiesen, wie sie ihren Penis entlang der Oberfläche messen sollen, nämlich vom Bauch bis zur Spitze. Den Auskunftspersonen wurden Karten gegeben, die sie ausfüllen sollten und in bereits adressierten und frankierten Umschlägen zurückschicken sollten. Nobile (1982) publizierte die ersten Durchschnitte dieser

Daten und stellte fest, daß die Länge und der Umfang des Penis für die weiße Stichprobe kleiner waren als für die schwarze Stichprobe (unerigierte Länge = 3,86 Inches [9,80 cm] vs. 4,34 Inches [11,02 cm]; Erigierte Länge = 6,15 Inches [15,62 cm] vs. 6,44 Inches [16,36 cm] bzw. erigierter Umfang = 4,83 Inches [12,27 cm] vs. 4,96 Inches [12,60 cm]).

Messungen von der Größe der Hoden, entweder an lebenden Subjekten vorgenommen oder im Rahmen einer Autopsie erhoben, zeigen, daß diese bei asiatischen Männern doppelt so leicht sind als bei Europäern (9 vs. 21 g). Diese Unterschiede sind zu groß, um durch die Körpergröße erklärt zu werden (Harvey & May, 1989; Short, 1979, 1984). Nach Harvey und May (1989) bedeutet dieser Größenunterschied, daß der einzelne Europäer etwa doppelt so viele Spermien pro Tag produziert wie ein Chinese (185–253 × 10 hoch 6 verglichen mit 84 × 10 hoch 6). Bei Afrikanern wurden manchmal größere Hodensackumfänge gemeldet als bei Europäern (Short, 1979; Ajmani, Jain & Saxena, 1985).

Die Sexualhormone

Eine frühe Studie von W. Freeman (1934) deutete auf rassische Gruppenunterschiede im Hinblick auf das Gewicht der Hypophyse (Hirnanhangdrüse), wobei Schwarze die schwersten hatten (800 mg), Weiße in der Mitte lagen (700 mg) und Asiaten die leichtesten hatten (600 mg).

Die Hirnanhangdrüse ist direkt beteiligt an der Freigabe von Gonadotropinen, welche die Hoden und Eierstöcke in ihrer Funktion stimulierten (die Freigabe von Testosteron, Estradiol und Progesteron auf der einen Seite und Spermien und Eier auf der anderen). Das könnte zur Reihung der Populationsdifferenzen bei der Zahl der Mehrfachgeburten führen, da die Gonadotropinniveaus die Rassen in der vorausgesagten Richtung unterscheiden (Soma, Takayama, Kiyokawa, Akaeda & Tokoro, 1975), genauso wie es die Mütter von dizygoten Zwillingen von Müttern ohne dizygote Zwillinge unterscheiden könnte (Martin, Olsen, Thiele, Beaini, Handelsman & Bhatnager, 1984).

Die Annahme eines negrid-europid-mongoliden Gefälles beim mütterlichen Gonadotropin wurde von R. Lynn (1990b) in einem Überblicksbeitrag der medizinischen Literatur unterstützt. Er lieferte indirekte Beweise von Rassenunterschieden beim Geschlechtsverhältnis, sprich: beim Verhältnis von männlichen zu weiblichen Säuglingen. Es ist bekannt, daß das Geschlechtsverhältnis [Glossar!] bei schwarzen Bevölkerungen niedrig ist, bei Europiden moderat und bei Mongoliden hoch, und es gibt auch Hinweise, daß hohe Gonadotropinniveaus das Geschlechtsverhältnis verringern, was nahelegt, daß die hohen Gonadotropinniveaus bei schwarzen Frauen teilweise für das niedrige Geschlechtsverhältnis verantwortlich sind (James, 1986). Das mütterliche Hormongefälle mag auch die Erklärung sein für das gleiche Rassenmuster, das beim prämenstruellen Syndrom vorherrscht (Janiger, Riffenburgh & Kersh, 1972).

R. Lynn (1990b) konstatierte, daß parallel zum Gonadotropingefälle bei Frauen ein Testosterongefälle bei Männern existiert. Eine Studie mit zwei parallelisierten Gruppen von 50 schwarzen und 50 weißen männlichen Universitätsstudenten in Kalifornien stellte fest, daß die Testosteronniveaus bei Schwarzen um 19 Prozent höher lagen als bei Weißen (Ross, Bernstein, Judd, Hanisch, Pike & Henderson, 1986). Ein Unterschied von 3 Prozent zugunsten der Schwarzen wurde bei einer älteren Gruppe von 3.654 weißen und 525 schwarzen männlichen US-Veteranen der Ära des Vietnamkrieges gefunden (Ellis & Nyborg, 1992).

Die Häufigkeit des Prostatakrebs liefert einen indirekten Hinweis. Zahlreiche medizinische Untersuchungen zeigen, daß asiatische Bevölkerungen weniger als die Hälfte der US-Häufigkeit erleiden, während US-Schwarze ein wesentlich höheres Risiko haben als US-Weiße (Hixson, 1992; Polednak, 1989). Die Reduktion von Testosteron zu Dihydrotestosteron durch das Enzym 5-alpha-Reduktase wird weitgehend für eine bedeutende Quelle für Mutationen gehalten, die zu Krebs führen. Messungen zweier Metaboliten von Dihydrotestosteron weisen markant niedrigere Niveaus im Serum von Japanischstämmigen und 10 bis 15 Prozent höhere Konzentrationen bei amerikanischen Schwarzen auf (Hixson, 1992).

Es gibt auch Hinweise, daß biologische Faktoren das Sexualverhalten quer über die Rassen unterschiedlich beeinflussen, wobei die Richtung Schwarze > Weiße > Asiaten ist. Die Untersuchung des Zahlenmaterials 1 vs. 2 und 3 bei Udry und Morris (1968) zeigt bei schwarzen Frauen im Gegensatz zu weißen Frauen z. B. eine höhere Periodizität oder größere Häufigkeit des Geschlechtsverkehrs in der Mitte des Zyklus; jener Zeit also, die am wahrscheinlichsten zu einer Schwangerschaft führt. In einem jüngst durchgeführten Vergleich zwischen asiatischen und weißen Studentinnen an einer kanadischen Universität gaben asiatische Frauen eine geringere Periodizität beim Geschlechtsverkehr an als weiße Frauen (Rushton, 1992c).

In ähnlicher Weise lassen biologische Faktoren besser für Schwarze als für Weiße oder für Asiaten auf den Beginn sexuellen Interesses, abendlichen Ausgehens, des ersten Geschlechtsverkehrs und der ersten Schwangerschaft schließen (Presser, 1978; Goodman, Grove & Gilbert, 1980; Westney et al., 1984). Das Gegenteil kann auch zutreffen. Soziale Faktoren wie etwa religiöse Überzeugungen und Einstellungen über die Geschlechterrollen lassen das sexuelle Verhalten von weißen Frauen besser als das von schwarzen Frauen vorhersagen (Tanfer & Cubbins, 1992).

Die Häufigkeit des Geschlechtsverkehrs und sexuelle Einstellungen

Auch bei der Häufigkeit des Geschlechtsverkehrs existieren Rassenunterschiede. Rushton und Bogaert (1987) untersuchten Hofmanns (1984) Übersichtsbeitrag über die Verbreitung des vorehelichen Koitus unter jungen Leuten auf der ganzen Welt, kategorisierten die 27 Länder nach der hauptsächlichen rassischen Zusammensetzung und berechneten die Durchschnitte der Daten. Die Ergebnisse zeigten, daß afrikanische Jugendliche sexuell aktiver sind als Europäer, welche wiederum sexuell aktiver sind als Asiaten (siehe Tabelle 8.3). Während von Land zu Land eine gewisse Variation vorkommt, zeigt sich innerhalb der Gruppen eine Beständigkeit. Wie es für solche Umfragen typisch ist, berichten junge Männer von einem größeren Ausmaß an sexueller Erfahrung als junge Frauen (Symons, 1979). Jedoch ist aus den Daten der Tabelle 8.3 klar, daß die Populationsunterschiede über die Geschlechter hinweg reproduzierbar sind, wobei die Männer der zurückhaltenderen Gruppe weniger Erfahrung haben als die Frauen der weniger zurückhaltenderen.

Tabelle 8.3: Weltgesundheitsumfragen, die den Bevölkerungsanteil im Alter von 11–21 Jahren angeben, die einen vorehelichen Koitus praktizieren

Population	Prozent der sexuell Erfahrenen		
	Männer	Frauen	Beide
Asiaten	12	5	9
Europäer	46	35	40
Afrikaner	74	53	64

Anmerkung: Aus Rushton & Bogaert: 1987, S. 535, Tabelle 2. Copyright 1987 bei Academic Press. Abgedruckt mit Erlaubnis von Academic Press. Die Tabelle faßt eine Übersicht von Hofmann (1984) zusammen.

In Los Angeles wurde eine dies bestätigende Studie durchgeführt, welche die Rahmenbedingungen konstant hielt und in der sich die ethnischen Mischlingsverhältnisse vollständig in der Stichproben widerspiegelten. Von 594 Jugendlichen und jungen Erwachsenen wurden 20 Prozent als „asiatisch" klassifiziert, 33 Prozent als „weiß", 21 Prozent als „hispanisch" und 19 Prozent als „schwarz". Das Durchschnittsalter beim ersten Geschlechtsverkehr lag für Asiaten bei 16,4 Jahren und für Schwarze bei 14,4 Jahren. Weiße und Hispanics lagen dazwischen. Der Prozentsatz der sexuell Aktiven lag bei Asiaten bei 32 und bei Schwarzen bei 81 Prozent, die Werte für Weiße und Hispanics lagen dazwischen (Moore & Erickson, 1985).

Das Center for Disease Control in den Vereinigten Staaten führte eine Jugendbefragung über Risikoverhalten mit einem Lese-Verständnisniveau für 12jährige durch, um gesundheitsgefährdende Verhaltensweisen inklusive Sexualverhalten zu untersuchen.

Quer durch die Vereinigten Staaten füllte im Jahr 1990 eine repräsentative Stichprobe von 11.631 Schülern der 9. bis 12. Schulstufe (im Alter von 14 bis 17 Jahren) während einer 40minütigen Schulstunde anonym einen Fragebogen aus. Die Schüler wurden gefragt, ob und mit wie vielen Personen sie bereits Geschlechtsverkehr hatten und mit wievielen Personen sie während der letzten 3 Monate Geschlechtsverkehr ausübten. Man befragte sie auch über ihre Verwendung von Kondomen und andere Verhütungsmethoden (Centers for Disease Control, 1992a).

Von allen Schülern der 9. bis 12. Schulstufe berichteten 54 Prozent, daß sie schon einmal Geschlechtsverkehr hatten, und 39 Prozent berichteten, daß sie während der 3 Monate vor der Umfrage Geschlechtsverkehr hatten. Bei männlichen Schülern war es deutlich wahrscheinlicher, daß sie schon einmal Geschlechtsverkehr hatten, als bei weiblichen Schülerinnen (61 Prozent gegenüber 48 Prozent), und deutlich wahrscheinlicher, daß sie während der 3 Monate vor der Umfrage Geschlechtsverkehr hatten (43 Prozent gegenüber 36 Prozent). Für schwarze Schüler war es deutlich wahrscheinlicher, daß sie schon einmal einen Geschlechtsverkehr hatten, als für weiße Schüler (72 Prozent gegenüber 52 Prozent), daß sie in den 3 Monaten vor der Umfrage Geschlechtsverkehr hatten (54 Prozent gegenüber 38 Prozent), und daß sie vier oder mehr Sexualpartner in ihrem bisherigen Leben hatten (38 Prozent gegenüber 16 Prozent). Vier Prozent aller Schüler berichteten, daß sie an einer sexuell übertragbaren Krankheit litten. Schwarze Schüler litten deutlich wahrscheinlicher (8 Prozent vs. 3 Prozent) an einer sexuell übertragbaren Krankheit als weiße Schüler (Centers for Disease Control, 1992a, 1992b).

Die Rate des vorehelichen Geschlechtsverkehrs paßt zu der Quote, die für das Eheleben erhoben wurde. Rushton und Bogaert (1987) betrachteten einen Abschnitt über kulturvergleichende Geschlechtsverkehrshäufigkeit in einer Untersuchung von Ford und Beach (1951) und teilten die angeführten Stammesvölker in drei Hauptgruppen ein. Die ozeanischen und indianiden Völker neigten dazu, eine niedrigere Geschlechtsverkehrsrate pro Woche zu haben (1–4) als US-Weiße (2–4) und Afrikaner (3–10). Spätere Umfragen neigen zur gleichen Schlußfolgerung. Für verheiratete Paare, bei denen das Alter der Ehegatten zwischen 20–30 Jahren liegt, beträgt die durchschnittliche Häufigkeit des Geschlechtsverkehrs für die Japaner etwa 2 (Asayama, 1975), für amerikanische Weiße 4 und für amerikanische Schwarze 5 Mal pro Woche (Fisher, 1980).

Befragungen zum Sexualverhalten beginnen auch in der Volksrepublik China durchgeführt zu werden, wo dem *Time Magazine* nach (14. Mai 1990) eine neue Ära relativer Freizügigkeit anbricht. Dem *Time*-Bericht zufolge haben in einer Umfrage 500 freiwillige Sozialarbeiter 23.000 Personen in 15 Provinzen befragt und dabei einen Fragebogen mit 240 Fragen verwendet. Von einer kleineren Umfrage mit etwa 2.000 Männern und Frauen aus städtischen Zentren in ganz China wurden gerade die Ergebnisse veröffentlicht (Bo & Wenxiu, 1992). Sie zeigen im Vergleich zum Westen eine große Zurückhaltung. Über 50 Prozent der Männer und Frauen berichteten z. B., daß sie noch nie mit anderen über Sex diskutiert hätten, und über 20 Prozent der Ehepartner hätten nie miteinander über Sex gesprochen. Dieses Ergebnis traf i. ü. auf weniger als 5 Prozent der Befragten in England zu (Eysenck, 1976).

Über 50 Prozent waren der Meinung, daß sich Masturbation (und sogar ein Samenverlust) schwächend auswirke. Nur 19 Prozent der Männer, die zugaben zu masturbieren, hätten vor dem Alter von 17 Jahren damit begonnen, und keine weibliche Masturbiererin berichtete, daß sie es vor diesem Alter getan hätte, während über 90 Prozent der Frauen angaben, daß sie nach dem Alter von 20 damit begonnen hätten. Ein Grund für das höhere Alter beim Masturbieren ist eine spätere Pubertät. Von den Männern berichteten etwa 50 Prozent, daß sie ihren ersten Samenerguß nach dem Alter von 17 Jahren erlebten.

Auch die Häufigkeit des berichteten Geschlechtsverkehrs dürfte im städtischen China etwas niedriger als im städtischen Westen liegen. Für verheiratete Paare im Alter von 20 bis 30 liegt der Durchschnitt bei etwa 12 Mal im Monat oder 3 Mal in der Woche (Bo & Wenxiu, 1992, Tabelle 7). Nur 5 Prozent der Männer und 3 Prozent der Frauen gaben Häufigkeiten von einer oder mehreren sexuellen Betätigung(en) pro Tag an. Die Häufigkeit eines berichteten außerehelichen Verkehrs liegt in China ebenfalls niedriger. Etwa 29 Prozent der Männer und 23 Prozent der Frauen gaben zu, daß sie fremdgegangen seien oder gingen. In den Vereinigten Staaten weisen die Zahlen einer Untersuchung auf 45 bzw. 34 Prozent hin (*Playboy Magazine*, 1983). Nicht alle Umfragen stellen Rassenunterschiede in die prognostizierte Richtung fest. Tanfer und Cubbins (1992) stellten fest, daß 20 bis 29jährige schwarze Single-Frauen, die mit einem Sexualpartner zusammenlebten, nur 4,3 Geschlechtsverkehre in den vorausgegangenen vier Wochen meldeten, verglichen mit 6,9 bei weißen Frauen, die mit einem Partner zusammenlebten (p < 0,05). Die Autoren deuten an, daß die Partner der schwarzen Frauen auch andere Sexualpartnerinnen hatten und weniger Zeit als die Partner der weißen Frauen hatten. Ein anderer möglicher Grund könnte darin zu suchen sein, daß ein größerer Teil der schwarzen Stichprobe schwanger war (Tanfer & Cubbins, 1992, Tabelle 3).

Parallele Rassenunterschiede finden sich bei den sexuellen Einstellungen. In der Untersuchung von Ford und Beach (1951) stimmten die asiatischen Gruppen am wahrscheinlichsten der Auffassung zu, daß Geschlechtsverkehr schwächende Effekte hätte. Eine Überblicksarbeit von P. E. Vernon (1982) veranlaßte diesen zu der Schlußfolgerung, daß sowohl Chinesen als auch Japaner nicht nur beim vorehelichen Sex weniger erfahren waren, sondern auch weniger freizügig; sie kümmerten sich überdies weniger um sexuelle Angelegenheiten als Weiße. Connor (1975, 1976) stellte fest, daß japanischstämmige Amerikaner der dritten Generation, genauso wie japanische Studenten in Japan, weniger Interesse an Sex zeigten als europide Stichproben. Abramson und Imari-Marquez (1982) beobachteten, daß jede von drei Generationen japanischstämmiger Amerikaner mehr sexuelle Schuldgefühle zeigten als ihre weißen amerikanischen Altersgenossen. In Studien, die in Großbritannien und Japan durchgeführt wurden und einen Fragebogen über Sexualphantasien verwendeten, fanden Iwawaki und Wilson (1983) heraus, daß britische Männer doppelt soviele Phantasien wie japanische Männer hatten, und britische Frauen bis zu viermal so viele Sexualphantasien wie japanische Frauen.

Demgegenüber sind afrikanischstämmige Menschen freizügiger als Weiße. In Fragebogen, die voreheliche Sexualeinstellungen maßen (z. B. Petting und Geschlechtsverkehr in flüchtigen und romantischen Beziehungen für Schuld zu halten oder dafür Schuld zu empfinden) stellte Reiss (1967) dies bei Hunderten von schwarzen und weißen Universitätsstudenten in den Vereinigten Staaten fest. Ergebnisse konnten an anderen Stichproben und mit anderen Meßinstrumenten repliziert werden (Heltsley & Broderick, 1969; Sutker & Gilliard, 1970). Johnson (1978) verglich ebenfalls schwarze und weiße voreheliche Sexualeinstellungen und Verhaltensweisen und ergänzte eine Stichprobe, die in Schweden erhoben wurde. Es wurde erwartet, daß Schweden freizügiger als amerikanische Weiße sind (was auch zutraf). Es zeigte sich, daß die schwarze Gruppe (vor allem Männer) früher Geschlechtsverkehr mit einer größeren Anzahl von flüchtig bekannten Partnern und mit weniger unangenehmen Gefühlen als beide weiße Gruppen hatte.

Die Kinsey-Daten

Um die Rassenunterschiede im Verhalten erforschen zu können, untersuchten Rushton und Bogaert (1987, 1988) die Kinsey-Daten. Wie allgemein bekannt, gründeten Kinsey, Pomeroy, Martin und Gebhard im Jahre 1947 das Institute for Sex Research an der Universität von Indiana. Im Jahr 1948 veröffentlichten sie *Sexual Behavior in the Human Male* [dt.: *Das sexuelle Verhalten des Mannes*] und im Jahr 1953 *Sexual Behavior in the Human Female* [dt.: *Das sexuelle Verhalten der Frau*]. In diesen Büchern sprachen sie das Thema der Gruppenunterschiede nicht an, aber sie verwiesen auf zukünftige Forschungen:

> „Das gegenwärtige Buch beschränkt sich auf eine Dokumentierung über amerikanische und kanadische Weiße, aber wir haben begonnen, Material zu sammeln, das es ermöglichen wird, die amerikanischen und kanadischen Negergruppen in späteren Publikationen aufzunehmen. Viele Hunderte Geschichten von noch anderen kulturellen Rassegruppen beginnen die grundlegenden Differenzen zu zeigen, die zwischen den amerikanischen und anderen Mustern des Sexualverhaltens existieren, aber das Material reicht noch nicht für eine Veröffentlichung aus." (1948: 76)

Nach diesen Ergebnissen legten frühe Eindrücke nahe, daß falls sich Schwarze gegenüber Weißen bei manchen Messungen als sexuell frühreif erwiesen (Gebhard, Pomeroy, Martin & Christenson, 1958), die Unterschiede wahrscheinlich klein und übertrieben wären (Bell, 1978). Erst jüngst wurde es möglich, Signifikanztests bei einer ganzen Bandbreite von Variablen durchzuführen.

Im Jahr 1979 veröffentlichten Gebhard und Johnson einen Ergänzungsband, der neue Informationen und auch eine „Säuberung" der Originaldaten beinhaltete (sie schlossen Individuen mit einer sexuellen Außergewöhnlichkeit wie etwa Prostituierte aus). Dieser Band präsentierte fast 600 Tabellen mit Prozentsätzen für eine Reihe von Sexualpraktiken und morphologische Daten, gruppiert nach der Rasse, sozioökonomischem Status, sexueller Orientierung etc. Aus diesen Ergebnissen wählten wir 41 Items, um die Unterschiede zwischen Schwarzen und Weißen zu vergleichen. Da die schwarze Stichprobe eine privilegierte Gruppe war, die aus Universitätsstudenten von 1938 bis 1963 bestand, einer Zeit, in der es für Schwarze schwieriger war, eine

Universität zu besuchen, als es das heute ist, und weil sie überdies einen hohen sozioökonomischen und religiös frommen Hintergrund hatten (Gebhard & Johnson, 1979: Tabellen 3–6, 9, 295), war es möglich, die sozialen Klassenunterschiede zu vergleichen. Die weiße Stichprobe wurde geteilt in diejenigen mit Universitätsbildung und in die ohne.

Gebhard und Johnson (1979) haben die Interviewmethode von Kinsey mit einigen ihrer Stärken und Schwächen beschrieben. Zwischen 1938 und 1963 wurden persönliche Interviews durchgeführt, in denen an die 300 Items über demographische, körperliche und sexuelle Informationen von mehr als 10.000 weißen und 400 schwarzen Befragten beurteilt wurden. Es handelt sich um keine Zufallsstichprobe, da die meisten Befragten eine Uni-Ausbildung hatten und zwischen 20 und 25 Jahre alt waren, als sie interviewt wurden. Sie sind am ehesten für die Mittelklasse und den Mittleren Westen der Vereinigten Staaten zu jener Zeit (Indiana und Illinois, inklusive Chicago) repräsentativ. Da die schwarze Testgruppe eine relativ elitäre Gruppe war, ist dies nur ein eingeschränkt gültiger Test der Rassenunterschiede. Wenn man Normstichproben von schwarzen Menschen verwendet hätte, wären die Unterschiede wahrscheinlich größer gewesen.

Rushton und Bogaert untersuchten die 600 Tabellen in Gebhard und Johnson (1979), um jene auszusuchen, die am relevantesten erschienen. So oft wie möglich wählten wir eine Trennung an der Stelle, an die 50 Prozent der schwarzen Befragten gefallen waren. Wenn 10 Prozent der Väter in der schwarzen Stichprobe z. B. weniger als 20 Jahre alt waren, als der Zeitpunkt, zu dem der Befragte geboren wurde, 20 Prozent zwischen 20 und 26 Jahren waren und 35 Prozent zwischen 26 und 30 Jahren waren, wäre das 50ste Perzentil in der Kategorie von 26 bis 30 Jahren zu finden. Dann war es möglich, den Prozentsatz der zwei weißen Stichproben zu errechnen, die in diese Kategorie fielen, um zu sehen, ob sie sich von dem schwarzen Prozentsatz unterschieden. Wo es machbar war, haben wir die Daten von Männern und Frauen zusammengefaßt und so die verläßlichste Anzahl von Datenpunkten bekommen. Die Prozentsätze wurden in Anteile umgewandelt, aufbauend auf der Zahl derer, die die Fragen beantworteten, und es wurde für die Signifikanz der Unterschiede zwischen diesen Verhältnissen ein z-Test gerechnet. Die Begrenzungen der archivierten Daten erforderten eher Analysen unter Bedingungen von dichotomen Anteilen als Mittelwerten und Standardabweichungen.

Es ist erwähnenswert, daß die Verhältnisse von Frauen in den schwarzen und weißen Gruppen nicht vollständig gleich waren. Wenn wir z. B. an das Item Geburtsjahr denken (Gebhard & Johnson, 1979, Tabelle 2), für das ziemlich vollständige Daten zur Verfügung gestanden haben, repräsentierten Männer 52 Prozent der 9.023 antwortenden weißen College-Studenten, 44 Prozent der 399 schwarzen College-Studenten und 43 Prozent der 1.794 Weißen ohne College-Ausbildung. Da Frauen einen signifikant höheren Prozentsatz bei den schwarzen als bei den weißen Studenten stellten ($X^2 = 9,2$), waren die Resultate potentiell *gegen* das Auffinden von Rassenunterschieden gerichtet, da normalerweise Frauen in ihrem Sexualverhalten zurückhaltender als Männer sind (Symons, 1979). Obwohl wir es in unserer Arbeit nicht erwähnten, wiederholten sich die meisten Rassenunterschiede bei beiden Geschlechtern.

Tabelle 8.4: Analysen der Kinsey Daten über Rassenstatus und sozioökonomischen Status Differenzen im Sexualverhalten

Nr.	Item	Stichprobengrößen und Verhältnis		
		Schwarze College-Abgänger	Weiße ohne College Ausbildung	Weiße College-Abgänger
19	Alter des biologischen Vaters bei der Geburt des Befragten: „26–30 und darunter"	189/313 = 0,60a	677/1.471 = 0,46b	3.385/7.872 = 0,43c
20	Alter der biologischen Mutter bei der Geburt des Befragten: „26–30 und darunter"	275/348 = 0,79a	1.026/1.532 = 0,67b	5.415/8.082 = 0,67b
28	Alter des Befragten beim Tod des biologischen Vaters: „18 und darunter"	65/123 = 0,53a	243/695 = 0,35b	966/2.300 = 0,42c
29	Alter des Befragten beim Tod der biologischen Mutter: „19 und darunter"	49/93 = 0,53a	175/472 = 0,37b	663/1.441 = 0,46a
30	Alter des Befragten als er den elterlichen Haushalt verließ: „21 Jahre oder darunter"	104/186 = 0,56a	639/1.048 = 0,61a	1.767/3.606 = 0,49b
31	Anzahl der Geschwister: „2 und darunter"	215/399 = 0,54a	977/1.777 = 0,55a	6.423/9.047 = 0,71b
53	Alter bei Pubertät (aggregierte Messung): „13 Jahre und darunter"	292/400 = 0,73a	1.238/1794 = 0,69a	6.970/9.052 = 0,77b
69	Geschätzte Länge des erigierten Penis: „Weniger oder gleich 6,50 Inches"	105/161 = 0,65a	403/791 = 0,82b	3.059/3.777 = 0,81b
70	Gemessene Länge des erigierten Penis: „Weniger oder gleich 6,25 Inches"	30/59 = 0,51a	86/143 = 0,60a,b	1.497/2.376 = 0,63b
71	Gemessene Länge des schlaffen Penis: „Weniger oder gleich 4,50 Inches"	40/59 = 0,68a	126/142 = 0,89b	2.117/2.379 = 0,89b
72	Gemessener Umfang des schlaffen Penis: „Weniger als oder gleich 4,5 Inches"	41/59 = 0,70a	104/137 = 0,76a,b	1.825/2.310 = 0,79b
74	Winkel der Peniserektion: „Penis fast vertikal oder von vertikal hinunter bis ... 85°"	102/164 = 0,62a	450/585 = 0,77b	3.473/4.396 = 0,79b
90	Durchschnittliche Länge des Menstruationszyklus: „28 Tage oder weniger"	129/155 = 0,83a	428/595 = 0,72b	1.983/2.916 = 0,68c
91	Durchschnittliche Länge des Menstruationsflusses: „4 Tage oder darunter"	80/148 = 0,54a	230/574 = 0,40b	1044/2.983 = 0,35c
99	Häufigkeit des weiblichen Sexualverlangens: „Keine Häufigkeit"	36/173 = 0,21a,b	153/767 = 0,20b	710/2.839 = 0,25a
100	Alter bei Entjungferung: „18 Jahre oder darunter"	67/126 = 0,53a	175/546 = 0,32b	414/1.594 = 0,26c
135	Vorkommen von vorpubertären, heterosexuellen Techniken: „Koitus"	116/400 = 0,29a	215/1.789 = 0,12b	814/9.045 = 0,09c

234

Nr.	Item	Stichprobengrößen und Verhältnis		
		Schwarze College-Abgänger	Weiße ohne College Ausbildung	Weiße College-Abgänger
183	Gründe für Sorgen aufgrund von Masturbation: „Moralische (Schuld, Schande)"	13/41 = 0,32a,b	56/206 = 0,27b	390/1.027 = 0,38a
199	Alter beim ersten, vorehelichen Petting: „15 Jahre und darunter"	241/388 = 0,62a	931/1.663 = 0,56b	3.929/8.731 = 0,45c
218	Alter beim ersten postpubertären Koitus: „17 Jahre und darunter"	171/335 = 0,51a	514/1.286 = 0,40b	1.186/5.651 = 0,21c
227	Intention einen vorehelichen Koitus zu haben: „Keine Intention"	81/368 = 0,22a	654/1.487 = 0,44b	3.509/7.311 = 0,48c
228	Moralische Zurückhaltung bei einem vorehelichen Koitus: „Viel"	195/397 = 0,49a	993/1.655 = 0,60b	5.926/8.845 = 0,67c
239	Anzahl der vorehelichen Koitus-Partner: „5 Partner oder weniger"	169/307 = 0,55a	550/786 = 0,70b	3.068/4.202 = 0,73c
268	Vorkommen und Typ der nicht-ehelichen Schwangerschaft: „Nie"	102/310 = 0,68a	665/864 = 0,77b	3.938/4.633 = 0,85c
291	Dauer der ersten Ehe: „Unter 5 Jahre"	93/176 = 0,53a	326/1.053 = 0,31b	1.446/3.443 = 0,42c
297	Zeit zwischen der ersten Hochzeit und dem ersten ehelichen Koitus in der ersten Ehe: „Ein Tag oder weniger"	53/67 = 0,79a	428/620 = 0,69b	1.108/1.705 = 0,65c
301	Zeit vor der ersten Geburt in der ersten Ehe: „9–11 Monate"	14/62 = 0,23a	86/574 = 0,15a	218/1.815 = 0,12b
308	Klarheit der Daten über Verhütung für die erste Ehe: „Offensichtlich in dieser Ehe keine verwendet"	25/176 = 0,14a	147/1.051 = 0,14a	172/3.432 = 0,05b
322	Häufigkeit von Cunnilingus im Vorspiel in der ersten Ehe: „Keines"	139/174 = 0,80a	636/1.043 = 0,61b	1.576/3.426 = 0,46c
323	Häufigkeit von Fellatio im Vorspiel in der ersten Ehe: „Keines"	146/174 = 0,84a	679/1.044 = 0,65b	1.710/3.420 = 0,50c
324	Zeit zwischen Eindringen und Ejakulation beim Koitus in der ersten Ehe: „< 6 Minuten"	89/158 = 0,56a	675/951 = 0,71b	2.057/3.164 = 0,65c
326	Häufigkeit (durchschnittlich) des ehelichen Koitus pro Woche in der ersten Ehe: „Alter 21–25"	3,83	3,32	3,11
327	Maximalfrequenz des ehelichen Koitus in der ersten Ehe: „7mal pro Woche oder weniger"	110/167 = 0,66a,b	616/934 = 0,66a	2.043/3.349 = 0,61b
329	Häufigkeit der Koitusstellungen in der ersten Ehe: Frau oben, Mann am Rücken liegend: „Viel"	16/172 = 0,09a	134/1.033 = 0,13a	546/3.415 = 0,16b
340	Durchschnittliche Anzahl der weiblichen Orgasmen pro Koitusakt in der ersten Ehe: „> 1"	23/173 = 0,13a	92/1.026 = 0,09a,b	304/3.376 = 0,09b
342	Vorkommen von außerehelichen Sexaktivitäten in der ersten Ehe: „Keine"	31/175 = 0,17a	390/1.053 = 0,37b	1047/3.439 = 0,30c

Nr.	Item	Stichprobengrößen und Verhältnis		
		Schwarze College-Abgänger	Weiße ohne College Ausbildung	Weiße College-Abgänger
348	Jahr in der ersten Ehe, in dem sich der erste außereheliche Koitus ereignete: „Innerhalb der ersten 2 Jahre"	40/78 = 0,51a	112/448 = 0,25b	199/867 = 0,23b
351	Anzahl der außerehelichen Partner während der ersten Ehe: „Null"	93/173 = 0,54a	763/1.045 = 0,73b	2.573/3.431 = 0,75b
355	Erwartung von zukünftigen außerehelichen Koitus: „Werde ich nicht haben"	50/131 = 0,38a	445/695 = 0,64b	1.751/2.779 = 0,63b
367	Vorkommen von Sexualkontakten mit Prostituierten: „Nie"	96/177 = 0,54a	506/766 = 0,66b	3.285/4.693 = 0,70c
374	Vorkommen von Fellatio mit Prostituierten: „Nie"	44/70 = 0,63a	116/228 = 0,51b	605/1.164 = 0,52b

Anmerkung: Aus Rushton & Bogaert: 1988, S. 265–268 f., Tabelle 1. Copyright 1988 bei Academic Press. Abgedruckt mit Erlaubnis von Academic Press.
Bei jedem Item sind diejenigen Verhältnisse der Befragten, die in jeder Kategorie antworten und verschiedene Hochstellungen bzw. Buchstaben haben, signifikant unterschiedlich ($p < 0,05$). Die Tabellennummer und die Items stammen aus den „gesäuberten" Kinsey-Daten bei Gebhard & Johnson, 1979.

Die Tabelle 8.4 zeigt die Items und die Tabellennummern von Gebhard und Johnson (1979) und die Verhältnisse für die drei Stichprobengruppen zusammen mit den Signifikanztests. Die Hypothese, daß die weiße Stichprobe mit College-Ausbildung sexuell zurückhaltender als die weiße Stichprobe ohne College-Ausbildung war, welche wiederum sexuell zurückhaltender als die schwarze Stichprobe mit College-Ausbildung war, wurde von 24 von 41 Möglichkeiten gestützt (Items 19, 31, 70, 72, 74, 90, 91, 100, 135, 199, 218, 227, 228, 239, 268, 297, 301, 322, 323, 326, 329, 348, 351, 367), wobei die Mehrheit statistisch signifikant war. Die Wahrscheinlichkeit, daß man drei Items gleichzeitig nimmt und diese Anordnung bei 24 von 41 Möglichkeiten erhält, ist selber größer als der Zufall bei einem Test der direkten Wahrscheinlichkeiten ($p < 0,001$). Wenn die Vergleiche paarweise gemacht werden, erweist sich die schwarze Stichprobe mit College-Ausbildung als stärker verschieden von der weißen Stichprobe mit College-Ausbildung, als die weiße Stichprobe ohne College-Ausbildung durch 31 von 41 Möglichkeiten (Items 19, 20, 28, 29, 69, 70, 71, 74, 90, 91, 100, 135, 183, 199, 218, 227, 228, 239, 268, 291, 297, 322, 323, 324, 326, 342, 348, 351, 355, 367, 374).

Diese Ergebnisse legen nahe, daß die Rasse bei der Festlegung des Sexualverhaltens wichtiger ist als die soziale Klasse. Die soziale Klasse hat dennoch Auswirkungen gehabt. Wenn man die weiße Stichprobe mit College-Ausbildung mit der weißen Stichprobe ohne College-Ausbildung verglich, zeigte das statistisch signifikante Unterschiede zugunsten der Stichprobe mit College-Ausbildung bezüglich sexueller Zurückhaltung bei 23 von 41 Möglichkeiten (Items 19, 30, 31, 90, 91, 99, 100, 135, 183, 199, 218, 227, 228, 239, 268, 297, 301, 308, 322, 323, 326, 329, 367). Es wurden auch Ergebnisse beobachtet, die nicht in Übereinstimmung mit der Erwartung waren (Items 28, 29, 30, 53, 99, 291, 308).

Zusammengefaßt neigten Weiße mit College-Ausbildung dazu, sexuell am zurückhaltendsten zu sein, und Schwarze mit College-Ausbildung neigten dazu, am wenigsten sexuell zurückhaltend zu sein. Weiße ohne College-Ausbildung lagen dazwischen. Dieses Muster wurde in Maßen beobachtet, die über das Auftreten von vorehelichen, ehelichen und außerehelichen sexuellen Erfahrungen, der Anzahl der Sexualpartner und der Häufigkeit des Geschlechtsverkehrs gemacht wurden. Bei Frauen haben sich die Gruppen auch unterschieden durch den Zeitpunkt des Auftretens und der Häufigkeit von Schwangerschaften, der Dauer des Menstruationszyklus und der Anzahl der Orgasmen pro Koitus.

In der Folge bestätigten M. S. Weinberg und Williams (1988) viele der Beobachtungen von Rushton und Bogaert (1987, 1988) in Hinblick auf die Unterschiede zwischen Schwarzen und Weißen bei der Sexualität. Sie reanalysierten Hinweise aus drei voneinander unabhängigen Quellen:

- aus den Kinsey-Daten, welche die Basis für die Studien von Rushton und Bogaert gebildet haben, mit der Ausnahme, daß sie eher die originalen Rohdaten statt den veröffentlichten, unwesentlich unterschiedlichen Gesamtdaten verwendet haben,
- aus einer Umfrage des Jahres 1970 des National Opinion Research Center über sexuelle Einstellungen,
- aus einer Studie, die in San Francisco durchgeführt wurde.

Alle drei Reanalysen zeigten die rassischen Auswirkungen auf die Sexualität, wenn man die Bildung und die soziale Klasse konstant hielt.

AIDS

Unterschiede in der sexuellen Aktivität haben Konsequenzen. Die Teenager-Fruchtbarkeitsraten in der ganzen Welt zeigen: Negride > Europide > Mongolide (Hofmann, 1984). Ebenso verläuft das Muster der sexuell übertragbaren Krankheiten. Die Fachberichte der Weltgesundheitsorganisation und andere Studien, die die weltweite Verbreitung von Syphilis, Gonorrhöe, Herpes und Chlamydien untersuchen, finden typischerweise niedrige Raten in China und Japan und hohe Raten in Afrika. Die europäischen Länder liegen auch hier dazwischen. Afrika ist dafür bekannt, daß es sexuell übertragbare Krankheiten als Hauptgrund für Unfruchtbarkeit aufweist, was verglichen mit anderen Weltregionen ungewöhnlich ist (Cates, Farley & Rowe, 1985). Das weltweite rassische Muster bei diesen Krankheiten wiederholt sich innerhalb der Vereinigten Staaten.

Rushton und Bogaert (1989) haben die 100.410 Fälle von dem „acquired immunodeficiency syndrome" (AIDS) untersucht, die der Weltgesundheitsorganisation bis zum 1. Juli 1988 gemeldet worden waren. Während die Übertragungsarten universal gleich waren – über Sex und Blut und von Mutter zum Fötus – war klar, daß der Virus unter den rassischen Gruppen disproportional auftrat und sich verbreitete. Wegen politischer Empfindlichkeiten melden viele afrikanische und karibische Länder nur einen Bruchteil ihrer aktuellen Zahlen an AIDS-Fällen und leugnen energisch, daß AIDS in Afrika seinen Ursprung haben könnte (Norman, 1985; Palca, 1991). Verglichen mit anderen, haben negride Länder ein enormes AIDS-Problem. In manchen Gebieten sind 25 Prozent oder mehr der Altersgruppe der 20–40jährigen mit dem „human immunodeficiency virus" (HIV) infiziert.

In afrikanischen und karibischen Staaten wird der AIDS-Virus in erster Linie über heterosexuellen Geschlechtsverkehr übertragen (Abbildung 8.1). Die Alters- und Geschlechtsverteilung der HIV-Infektionsraten ist ähnlich derer anderer sexuell übertragbarer Krankheiten mit einer höheren Häufigkeit unter jüngeren, sexuell aktiven Frauen. Im Gegensatz dazu ist es ein charakteristisches Merkmal von AIDS in China und Japan, daß die meisten Erkrankten Bluter sind. Eine mittlere Anzahl von HIV-Infektionen zeigt sich in Europa und den beiden Amerikas, wo sie hauptsächlich unter homosexuellen Männern auftreten.

Abb. 8.1: Weltweit zeigen sich drei Ansteckungsmuster des AIDS-Virus

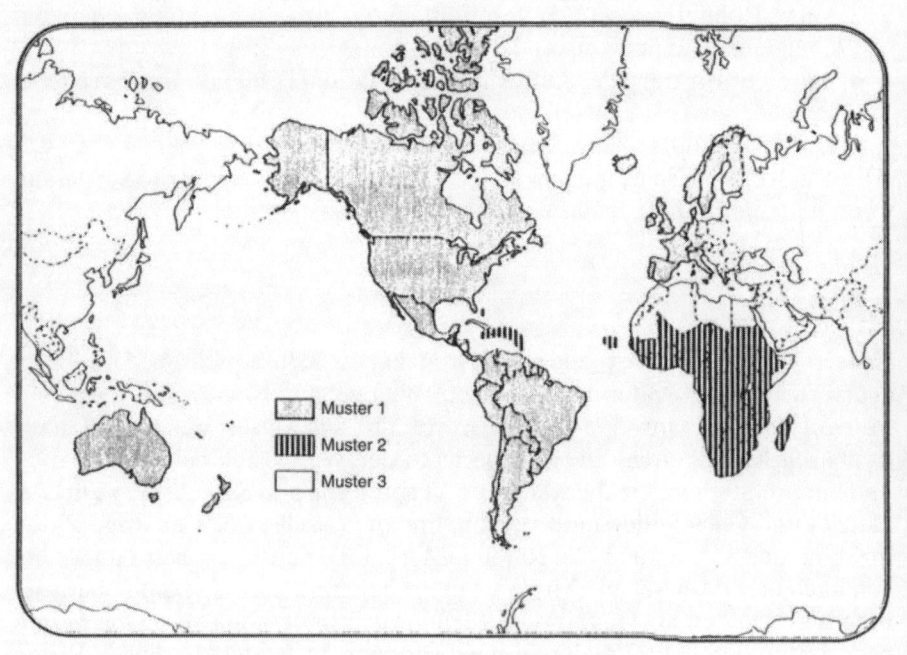

Muster 1 findet sich in Nord- und Südamerika, Westeuropa und Australien und Ozeanien, wo 90 % der Fälle homosexuelle Männer oder Konsumenten von intravenösen Drogen sind. Muster 2 findet sich in Afrika und der Karibik, wo die primäre Ansteckungsweise heterosexueller Sex ist und die Anzahl der infizierten Frauen und Männer annähernd gleich ist. Muster 3 ist für den Rest der Welt typisch, wo relativ wenige Fälle gemeldet wurden. Aus Piot et al.: 1988, Abb. 3. Die Daten stammen aus dem öffentlich zugänglichen Bereich.

Das Muster, bei dem Weiße zwischen Schwarzen und Asiaten liegen, wird auch innerhalb der Vereinigten Staaten gut belegt (Abbildung 8.2). Am 1. Juli 1988 beliefen sich Schwarze auf 12 Prozent der US-Bevölkerung und stellten 26 Prozent der erwachsenen und 53 Prozent der pädiatrischen Fälle von AIDS. Der Anteil der Weißen beläuft sich auf 80 Prozent der Bevölkerung, die 59 Prozent der erwachsenen und 23 Prozent der Kindesfälle stellen – die hispanische Bevölkerung liegt etwa dazwischen. Asiatische Bevölkerungen, die die von Kalifornien und Hawaii einschlossen, kamen in den Zahlen nicht vor.

Abb. 8.2: Die rassische und ethnische Klassifizierung der AIDS-Fälle unter US-amerikanischen Erwachsenen im Jahre 1988

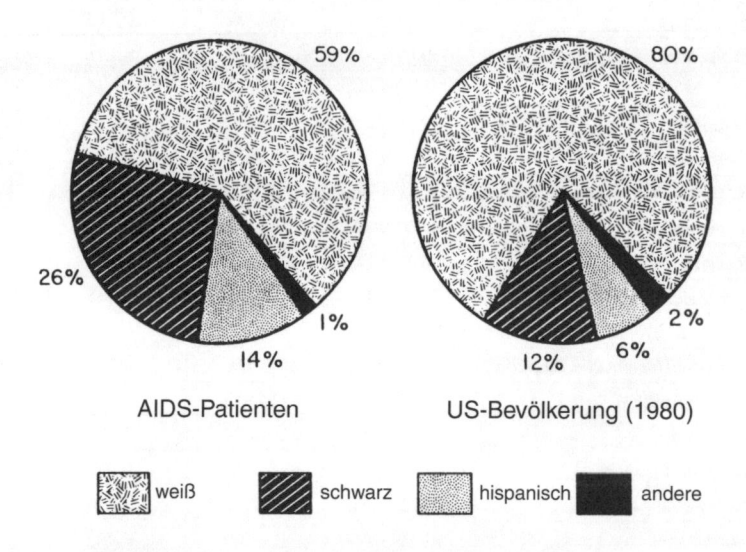

AIDS-Patienten: 59% weiß, 26% schwarz, 14% hispanisch, 1% andere

US-Bevölkerung (1980): 80% weiß, 12% schwarz, 6% hispanisch, 2% andere

Die Asiaten waren bei den AIDS-Fällen relativ zu ihrem Bevölkerungsanteil unterrepräsentiert. Seit dem Jahr 1988 sind die Rassenunterschiede größer geworden. Übernommen aus Heyward & Curran: 1988, S. 80. Die Daten stammen aus dem öffentlich zugänglichen Bereich.

Bis zum 1. April 1990 waren die globalen Zahlen auf 237.110 gestiegen und wiesen eine 18monatige Verdopplungszeit und eine Herauskristallisierung des rassischen Musters auf.

Ich (Rushton 1990a) errechnete die Zahlen auf einer pro Kopf-Basis und bemerkte, daß Schwarze in karibischen Staaten ein ebenso großes AIDS-Problem entwickelt hatten wie Afrikaner und Afroamerikaner; ein Punkt, der von den meisten Kommentatoren ignoriert wurde. Die drei am meisten betroffenen Staaten der Welt waren die Bermudas, die Bahamas und Französisch-Gu(a)yana. Außerdem hatten die Schwarzen innerhalb der Vereinigten Staaten ihren Anteil an den Gesamtzahlen von 26 auf 27 Prozent erhöht, die Weißen gingen zurück, und die Asiaten blieben bei weniger als 1 Prozent.

Tabelle 8.5: Die 33 am meisten von AIDS betroffenen Staaten, basierend auf den pro Kopf berechneten Fällen, die der Weltgesundheitsorganisation bis Januar 1994 gemeldet worden waren

Staat	Zeitpunkt der Meldung (T/M/J)	Kumulierte Anzahl der Fälle	Bevölkerung in Millionen (zu Mitte des Jahres 1991)	Fälle pro Tausend
1. Bahamas	20.09.1993	1.329	0,259	5,131
2. Bermudas	30.06.1993	223	0,061	3,656
3. Malawi	20.08.1993	29.194	8,556	3,412
4. Sambia	20.10.1993	29.734	8,780	3,387
5. Simbabwe	30.09.1993	26.332	10,019	2,628
6. Französisch-Gu(a)yana	30.09.1993	232	0,101	2,297
7. Kongo	31.12.1992	5.267	2,346	2,245
8. Uganda	30.09.1993	34.611	19,517	1,773
9. Barbados	30.09.1993	397	0,255	1,557
10. Kenia	09.07.1993	38.220	25,905	1,475
11. Tansania	07.01.1993	38.719	28,359	1,365
12. Ruanda	10.12.1993	10.138	7,491	1,353
13. USA	30.09.1993	339.250	252,688	1,343
14. Burundi	10.12.1993	7.225	5,620	1,286
15. Zentralafrikanische Republik	30.11.1992	3.730	3,127	1,193
16. Elfenbeinküste	05.07.1993	14.555	12,464	1,168
17. Trinidad	30.09.1993	1.404	1,253	1,121
18. Guadeloupe	21.03.1993	353	0,345	1,023
19. Botswana	24.11.1993	1.151	1,348	0,854
20. Martinique	30.09.1993	266	0,343	0,776
21. Ghana	30.04.1993	11.044	15,509	0,712
22. Togo	10.12.1993	2.391	3,643	0,656
23. Zaire	10.06.1993	21.008	35,672	0,589
24. Spanien	30.09.1993	21.205	39,025	0,543
25. Schweiz	20.09.1993	3.415	6,792	0,503
26. Frankreich	30.09.1993	26.970	57,049	0,473
27. Haiti	31.12.1990	3.086	6,625	0,466
28. Honduras	30.09.1993	2.365	5,265	0,449
29. Guyana	31.03.1993	359	0,800	0,449
30. Gabun	10.12.1993	472	1,212	0,389
31. Guinea-Bissau	10.12.1993	380	0,984	0,386
32. Italien	30.09.1993	19.832	57,052	0,348
33. Kanada	30.09.1993	8.640	27,034	0,320

Ich habe die neuesten Zahlen vom 4. Jänner 1994 in Tabelle 8.5 zusammengestellt (World Health Organization, 1994). Die offiziellen Statistiken weisen eine weltweite, kumulierte Gesamtheit von 851.628 Fällen auf, die aus 187 Ländern gemeldet wurden. Die Anzahl der Fälle pro 1.000 der Bevölkerung werden berechnet, um einen Hinweis auf die relative Ernsthaftigkeit der Epidemie unter Ländern mit verschiedenen Bevölkerungsgrößen geben zu können, nachdem Länder, die weniger als 200 Fälle meldeten, ausgeschlossen wurden. Die Bevölkerungsgröße des Landes wurde standardisierten Schätzungen für die Mitte des Jahres 1991 entnommen (United Nations, 1992). Bei dieser Messung hat Kanada eine Rate von 0,320 pro 1.000, was es zum 33.-am-stärksten infizierten Land der Welt macht. Von den anderen führenden Staaten sind 17 in Afrika, 10 in der Karibik, 4 in Europa und das andere sind die Vereinigten Staaten.[2]

Die neuesten Zahlen aus den Vereinigten Staaten bestätigen, daß Schwarze in jeder Risikokategorie überrepräsentiert sind (Daten vom 30. September 1993; Centers for Disease Control and Prevention, 1993). Wenn man die Bevölkerung der Vereinigten Staaten rassisch aufteilt, haben die 30 Millionen Afroamerikaner mit einer kumulierten Gesamtheit von 106.585 erwachsenen/jugendlichen Fällen eine Rate von 3,553 pro 1.000, was den schwarzen Bevölkerungen von Afrika und der Karibik entspricht (Tabelle 8.5). Die weißen und asiatischen Bevölkerungen der Vereinigten Staaten haben Raten von 0,861 und 0,000 pro 1.000, vergleichbar zu denen der weißen und asiatischen Bevölkerungen in Europa und Asien.

Eine häufig geäußerte Vermutung ist, daß Schwarze aufgrund des intravenösen Drogenkonsums in den Vereinigten Staaten eine so hohe Häufigkeit von AIDS aufwiesen. Unter schwarzen Männern bekamen 36 bis 43 Prozent die Krankheit durch Drogenkonsum, aber zwischen 50 und 57 Prozent bekamen sie durch eine sexuelle Übertragung, 8 Prozent heterosexuell (verglichen mit 1 Prozent der Weißen). Von allen 24.358 erwachsenen Fällen, bei denen HIV heterosexuell übertragen wurden (7 Prozent der Gesamtheit) sind 14.143 oder 58 Prozent Schwarze und weitere 20 Prozent Hispanics. Die Hispanics sind natürlich eine Sprachgruppe; in rassischer Hinsicht ist ein Teil schwarz oder teilweise schwarz, besonders in New York. Auch sind Schwarze in der Risikokategorie „Männer, die mit Männern Sex haben" überrepräsentiert (19 % versus einer Populationserwartung von 12 %). Insgesamt erhöhten die Schwarzen in den Vereinigten Staaten in den letzten sechs Jahren ih-

---

2 Anm. d. Ü.: Neuere Zahlen von UNAIDS/WHO (Dezember 2004) erbrachten folgendes Bild:
HIV-Infizierte 2004 total: 39,4 Millionen; Erwachsene: 37,2 Millionen; Kinder unter 15 Jahren: 2,2 Millionen; Neuinfektionen 2004: total 4,9 Millionen; Erwachsene: 4,3 Millionen; Kinder unter 15 Jahren: 640.000; AIDS-Tote 2004 total: 3,1 Millionen; Erwachsene: 2,6 Millionen; Kinder unter 15 Jahren: 510.000
(Quelle: www.medicine-worldwide.de/krankheiten/infektionskrankheiten/aids.html).
Die Aids-Epidemie hat laut Wikipedia ihre schlimmsten Ausmaße südlich der Sahara. Hier sind nach neuesten Schätzungen ca. 26 Millionen Menschen HIV-infiziert. In einigen Ländern hat sich durch die Immunschwächeerkrankung die Lebenserwartung um mehr als 10 Jahre gesenkt; vgl. hierzu: de.wikipedia.org/wiki/AIDS.

ren Gesamtanteil an den AIDS-Zahlen von 26 auf 31 Prozent, die Hispanics von 14 auf 17 Prozent, die Asiaten und amerikanische Indianer zusammengenommen blieben bei weniger als 1 Prozent, und die Weißen fielen von 59 auf 51 Prozent.[3]

Die rassisch differente Art und Weise der AIDS-Übertragung ist bei Frauen und Kindern besonders markant, wobei Schwarze 53 und 55 Prozent aller Fälle ausmachen und Weiße 25 beziehungsweise 20 Prozent. Während bei den weißen Amerikanern 94 Prozent der Fälle Männer sind, mit einem Geschlechtsverhältnis von 16:1, sind bei schwarzen Amerikanern 79 Prozent Männer mit einem Verhältnis von 4:1. Schwarze Amerikaner entsprechen etwa dem Muster in Afrika und der Karibik und weiße Amerikaner dem Muster in Europa (Abb. 8.1).

---

[3] Anm. d. Ü.: Laut UNAIDS 2002 hält die statistische Überrepräsentanz von Schwarzen in den USA an. Dort stellten Schwarze, bei einem Bevölkerungsanteil von 12 %, 47 % der berichteten AIDS-Fälle. Homosexuelle Übertragung war mit 50 % aller neuen Infektionen im Jahre 2000 noch immer der Hauptübertragungsweg. 30 % der Neuinfektionen kamen bei Drogenkonsumenten zustande.
Quelle: Sonja Weinreich/Christoph Benn: Hintergrundinformation zu HIV/AIDS, Deutsches Institut für Ärztliche Mission e.V., 5. November 2002, S. 25; im Internet unter: www.aids-kampagne.de/l8mimages/pdf/hintergrund_aids.pdf.

9
GENE PLUS UMWELT

Könnten die beobachteten Rassenunterschiede vollständig auf eine kulturelle Übertragung zurückzuführen sein? Da die Chinesen und Japaner dafür bekannt sind, aus eng integrierten Familien zu stammen, könnte diese starke Sozialisation zu Konformität, Beherrschung und Respekt vor traditionellen Werten führen. Ein entgegengesetztes Muster an Resultaten wird demnach typischerweise für Schwarze erwartet, die aus weniger eng zusammenhaltenden Familiensystemen kommen und die auf weniger Leistungen hin sozialisiert werden.

Aber diese Rassenunterschiede im Familienzusammenhalt selbst verlangen eine Erklärung. Was führt dazu, daß die Europäer in dieser Hinsicht im Durchschnitt zwischen Afrikanern und Asiaten liegen? Auf jeden Fall kann die Sozialisation nicht die Erklärung für die Geschwindigkeit der Zahnentwicklung und anderer Variablen der Reifung, für die Größe des Gehirns, die Anzahl der produzierten Keimzellen, die körperlichen Unterschiede beim Testosteron oder für die Hinweise auf deren kulturübergreifende Konsistenz sein. All diese Dinge implizieren die Rolle der genetischen und evolutionären Einflüsse. Obwohl reine Umwelterklärungen deshalb von Anfang an wenig sparsam sind, ist es nützlich, die Erblichkeit der rassischen Gruppenunterschiede genauer in Betracht zu ziehen.

Genetische Gewichtungen sagen die Rassenunterschiede vorher

Quer durch die Stichproben und Tests hindurch sind hohe Erblichkeiten Indikatoren mit höherer prognostischer Kraft als niedrige Erblichkeiten – wahrscheinlich, weil sie das dauerhafte biologische Substrat besser reflektieren. Wie in Kapitel 4 beschrieben, sind Items mit einer höheren Erblichkeit für die Auswahl zwischen Gatten und besten Freunden wichtiger als diejenigen mit niedrigen Erblichkeiten (Rushton, 1989c). Es wurde gezeigt, daß man auf Einstellungen mit einer höheren Erblichkeit schneller reagiert, daß sie gegenüber Veränderungen resistenter sind und daß sie für das Beziehungssystem der ähnlichen Einstellungen mehr vorhersagen (Tesser, 1993).

Meines Wissens nach war Jensen (1973, Kapitel 4) der erste, der die Idee der unterschiedlichen Erblichkeiten auf die Rassenunterschiede angewandt hat. Jensen deduzierte diametral gegensätzliche Voraussagen aus genetischen und aus Umweltsichtweisen. Er argumentierte, daß wenn die rassischen Unterschiede in der kognitiven Leistung genetisch basiert seien, dann müßten die Unterschiede zwischen Schwarz und Weiß bei den Tests mit den höheren Erblichkeiten am größten sein. Aber wenn die rassischen Unterschiede durch die Umwelt verursacht seien, dann müßten demnach die Unterschiede zwischen Schwarz und Weiß bei den stärker umweltbeeinflußten Tests mit niedrigeren Erblichkeiten am größten sein.

▶ Jensen (1973) testete diese Annahmen, indem er eine „Umweltbedingtheit" für die verschiedenen Tests errechnete, und zwar durch das Ausmaß, mit dem die Geschwisterkorrelationen von der rein genetischen Erwartung von 0,50 abwichen. Diese zeigten eine umgekehrte Beziehung mit der Größe der Unterschiede zwischen Schwarz und Weiß. Das heißt, die am meisten umweltbeeinflußten Tests waren diejenigen, die sich zwischen Schwarzen und Weißen am wenigsten unterschieden. Dann zitierte Jensen (1973) eine unveröffentlichte Studie von Nichols (1972), der die Erblichkeit von 13 Tests von 543 Geschwistern schätzte, und der herausfand, daß die Korrelation zwischen diesen Erblichkeiten und dem Unterschied zwischen Schwarz und Weiß bei den Punktwerten bei denselben Tests 0,67 betrug. Mit anderen Worten: Je erblicher der Test war, desto mehr unterschied er zwischen den Rassen.

Die genetische Hypothese wird indirekt untermauert durch Studien, die statt der Erblichkeit eines Tests seine *g*-Anteile verwenden. Wie in den Kapiteln 2, 3 und 6 beschrieben, neigt ein Test dazu, intelligentes Verhalten umso besser zu bestimmen, je höher seine *g*-Sättigung ist, desto erblicher ist er dann und desto mehr unterscheidet er zwischen den Rassen. Folglich untersuchte Jensen (1985, 1987b) 12 umfangreiche Studien, von denen jede aus 6 bis 13 Tests bestand, die an über 40.000 Grund- und Mittelschüler ausgegeben wurden und fand heraus, daß die *g*-Anteile des Tests regelmäßig das Ausmaß des Unterschiedes zwischen Schwarz und Weiß vorhersagte.

Angeregt durch die Methoden Jensens, belegte ich einen direkten genetischen Effekt auf die Unterschiede zwischen Schwarz und Weiß, indem ich Inzuchtdepressionswerte verwendete, ein Maß der genetischen Dominanz (Rushton, 1989e). Wie bei Jensen (1983) beschrieben, ist die Inzuchtdepression ein Effekt, für den es außer einer genetischen keine wirklich zufriedenstellende Erklärung gibt. Sie hängt vom Vorhandensein dominanter Gene ab, die die Fitneß im Darwinschen Sinne erhöhen.

Schull und Neel (1965) berechneten Inzuchtdepressionswerte in einer Untersuchung über 1.854 japanische, 7 bis 10jährige Cousins, die im Jahr 1958 und 1960 getestet wurden und für die Jensen (1983) zeigte, daß sie mit den *g*-Faktorwerten bei 11 Untertests des Wechsler- Intelligenztests für Kinder zusammenhingen.

Ich korrelierte diese Inzuchtdepressionswerte mit den standardisierten Unterschieden zwischen Schwarz und Weiß bei denselben Subtests aus fünf der Studien, die Jensen verwendete. Da die japanischen Kinder in den 1950er Jahren mit dem originalen Wechsler-Test getestet worden waren und die amerikanischen Kinder in den 1970er Jahren mit der revidierten Version des

Wechslertests getestet wurden, mußte der vorhergesagte Effekt stark genug sein, um diese Differenzen zu überwinden.

In Tabelle 9.1 ist eine Sammlung der Daten dargestellt, die in den Studien von Jensen (1985, 1987b) und Rushton (1989e) verwendet wurden. Wie erwähnt sind die g-Faktorladungen indirekte Schätzungen für die genetische Penetranz und die Inzuchtdepressionswerte direkte Schätzungen. Ich berechnete für die fünf Serien der Differenzen zwischen Schwarz und Weiß einen gewichteten Durchschnitt (in ó Einheiten, basierend auf den Rohwerten von insgesamt N = 4.848) genauso wie einen gewichteten Durchschnitt für die 10 Serien von g-Ladungen. Auch werden in Tabelle 9.1 die Reliabilitäten der Tests angegeben.

Tabelle 9.1. Die Subtests des revidierten Wechsler-Intelligenztests für Kinder (WISC-R), angeordnet in aufsteigender Reihenfolge der Unterschiede zwischen Schwarz und Weiß in den Vereinigten Staaten mit der Ladung auf g, dem Inzuchtdepressionswert und der Reliabilität für jeden Test

WISC-R Subtest	Schwarz/Weiß-Unterschied (N = 4.848)	Ladung auf g (N = 4.848)	Inzuchtdepression (N = 1.854)	Reliabilität (N = 2.173)
1. Coding	0,45	0,37	4,45	0,72
2. Arithmetic	0,61	0,61	5,05	0,77
3. Picture completion	0,70	0,53	5,90	0,77
4. Mazes	0,73	0,40	5,35	0,72
5. Picture arrangement	0,75	0,52	9,40	0,73
6. Similarities	0,77	0,65	9,95	0,81
7. Comprehension	0,79	0,62	6,05	0,77
8. Object assembly	0,79	0,53	6,05	0,70
9. Vocabulary	0,84	0,72	11,45	0,86
10. Information	0,86	0,68	8,30	0,85
11. Block design	0,90	0,63	5,35	0,85

Anmerkung: Vgl. Daten von Jensen (1983, 1985, 1987; Naglieri & Jensen 1987) und Rushton (1989e).

Die Abbildung 9.1 zeigt die Regression der Unterschiede zwischen Schwarz und Weiß gegenüber den g-Faktorladungen und gegenüber den Inzuchtdepressionswerten. Wenn die g-Anteile und die Inzuchtdepressionswerte steigen, steigen auch die Ausmaße der Differenzen zwischen Schwarz und Weiß deutlich an.

Die Rassenunterschiede werden in signifikanter Weise von der genetischen Penetranz von jedem der Untertests vorhergesagt. Der genetische Beitrag zu den Rassenunterschieden beim Denkvermögen ist konstant – quer über die Populationen, Sprachen, Zeiträume und Meßspezifika.

Abb. 9.1: Die Regression der Unterschiede zwischen Schwarz und Weiß gegenüber den *g*-Anteilen (Schaubild A) und gegenüber den Inzuchtdepressionswerten (Schaubild B), berechnet aus einer japanischen Stichprobe

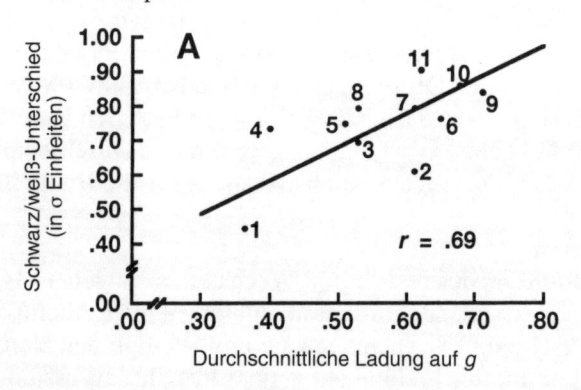

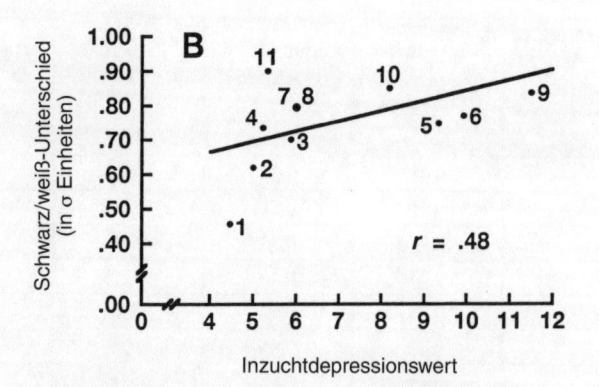

Die Zahlen geben die Subtests des revidierten Wechsler-Intelligenztests für Kinder an: 1 Coding, 2 Arithmetic, 3 Picture completion, 4 Mazes, 5 Picture arrangement, 6 Similiarities, 7 Comprehension, 8 Object assembly, 9 Vocabulary, 10 Information, 11 Block design. Die Resultate zeigen, daß das Ausmaß des Unterschieds zwischen Schwarz und Weiß im IQ mit der genetischen Durchdringung des Subtests steigt; entweder indirekt gemessen durch den *g*-Faktor oder direkt durch die Inzuchtdepression.

Die Adoptionsstudien

Eine gut bekannte Adoptionsstudie mit 7jährigen schwarzen, gemischtrassigen und weißen Kindern aus weißen Mittelschichtfamilien wurde von Scarr und Weinberg (1976) durchgeführt, mit einer 10-Jahres-Nacherhebung von R. A. Weinberg, Scarr & Waldman (1992). Zu dieser Studie, die gestaltet war, um speziell die genetischen Faktoren von den Bildungsbedingungen als verursachende Einflüsse auf die schwachen kognitiven Leistungen der schwarzen Kinder zu trennen, bemerkten Scarr und Weinberg (1976: 726):

„Die rasseübergreifende Adoption ist die menschliche Entsprechung für das Cross-fostering-Design, das für gewöhnlich in der verhaltensgenetischen Tierforschung verwendet wird ... Es ist keine Frage, daß die Adoption einen massiven Eingriff darstellt."

In der ersten Spalte von Tabelle 9.2 werden einige der Ergebnisse der Studie wiedergegeben, als die Kinder 7 Jahre alt waren. Die 29 adoptierten Kinder, deren biologische Eltern beide schwarz waren, erreichten einen durchschnittlichen IQ von 97; die 68 adoptierten Kinder mit einem schwarzen und einem weißen biologischen Elternteil erreichten 109; die 25 adoptierten Kinder, deren biologische Eltern beide weiß waren, erreichten 112, und die 143 weißen, nicht-adoptierten Kinder, mit denen sie gemeinsam aufgezogen worden waren, erreichten 117 (Eine gemischte Gruppe von 21 Asiaten, nordamerikanischen Indianern und lateinamerikanischen Indianern erreichte 100).

In Tabelle 9.2 sind auch einige Ergebnisse der Nacherhebung dargestellt, als die Kinder 17 Jahre alt waren. Die 21 adoptierten Kinder, deren biologische Eltern beide schwarz waren, erreichten einen durchschnittlichen IQ von 89 und bei vier Messungen ein durchschnittliches Schulbegabungsperzentil [„Perzentil" – s. Glossar!] von 42; die 55 adoptierten Kinder mit einem schwarzen und einen weißen Elternteil hatten einen IQ von 99 und ein Schulperzentil von 53; die 16 adoptierten Kinder mit zwei weißen Eltern hatten einen IQ von 106 und ein Schulperzentil von 59, und die 104 nichtadoptierten weißen Kinder hatten einen IQ von 109 und ein Schulperzentil von 69. (Die 12 adoptierten Kinder der gemischten asiatisch-indianiden Gruppe hatten einen IQ von 96, wobei keine Daten über die Schulleistung zur Verfügung standen.)

Tabelle 9.2: Ein Vergleich von schwarzen, gemischtrassigen und weißen adoptierten und biologischen Kindern, die in weißen Familien der Mittelklasse aufwuchsen

Herkunft des Kindes	IQ im Alter von 7 Jahren	IQ im Alter von 17 Jahren	Schulleistung im Alter von 17		Schulleistung im Alter von 17 basierend auf nationalen Normen (gewichteter Durchschnitt von 4 Perzentilen)
			Durchschnittl. Klassenpunkte	Klassenstufe	
Adoptiert, mit 2 schwarzen biologischen Eltern	97	89	2,1	36	42
Adoptiert, mit 1 weißen und 1 schwarzen biologischen Elternteil	109	99	2,2	40	53
Adoptiert, mit 2 weißen biologischen Eltern	112	106	2,8	54	59
Nicht adoptiert, mit 2 weißen biologischen Eltern	117	109	3,0	64	69

Anmerkung: Vgl. Daten von R. A. Weinberg, Scarr & Waldman (1992).

Erwartungseffekte, daß die Meinungen der Adoptiveltern über die rassische Herkunft des Kindes die intellektuelle Entwicklung des Kindes beeinflussen könnten, hat man zumindest im Alter von 7 Jahren dadurch ausschließen können, daß die Werte von 12 mischrassigen Kindern, die von ihren Adoptiveltern für Schwarz/Schwarz gehalten wurden, praktisch das gleiche Niveau erreichten wie die Werte von mischrassigen Kinder, die von ihren Adoptiveltern korrekt klassifiziert worden waren (Scarr & Weinberg, 1976).

Scarr und Weinberg (1976) und R. A. Weinberg et al. (1992) interpretierten ihre Ergebnisse nicht mit der genetischen Rassenhypothese. Die schwächere Leistung der vollständig schwarzen Kinder wurde deren Erfahrung einer späteren und schwereren Stellung im Adoptionsprozeß zugeschrieben und der Tatsache, daß diese Kinder sowohl biologische als auch Adoptiveltern mit etwas niedrigeren Bildungsniveaus und -fähigkeiten hatten (zwei Punkte niedriger beim IQ der Adoptiveltern). Die Autoren betonten die vorteilhaften Auswirkungen des Entwicklungsumfeldes, indem sie darauf hinwiesen, daß sowohl im Alter von 7 als auch im Alter von 17 alle Gruppen der adoptierten Kinder über ihre erwarteten Bevölkerungsdurchschnitte kamen. Ihre Analysen verbanden häufig die zwei „sozial klassifizierten schwarzen" Gruppen mit „anderen" schwarzen Kindern mit einem Elternteil von unbekannter, asiatischer, indianider oder anderer rassischer Herkunft.

Im Alter von 7 hatte diese kombinierte mischrassische Gruppe einen IQ von 106 und ein durchschnittliches Schulleistungsperzentil bei 3 Messungen von 56, signifikant höher als der regionale schwarze Durchschnitt, obgleich nicht so hoch wie die nichtadoptierten weißen Kinder, mit denen sie gemeinsam aufwuchsen. Im Alter von 17 hatte die kombinierte mischrassige Stichprobe einen durchschnittlichen IQ von 97 und eine Schulleistung beim 41sten Perzentil, immer noch höher als der regionale schwarze Durchschnitt, aber nun niedriger als der regionale weiße Durchschnitt.

Obwohl R. A. Weinberg et al. (1992: 132) in ihren Untersuchungen im Alter von 17 feststellten, daß „die Rasse der biologischen Mutter die beste einzelne Voraussage für den IQ des adoptierten Kindes blieb, wenn andere Variablen überprüft wurden" wurde das größtenteils „nicht gemessenen sozialen Merkmalen" zugeschrieben. Ihre allgemeine Schlußfolgerung (S. 133) war,

> „daß die soziale Umwelt eine dominante Rolle bei der Bestimmug des durchschnittlichen IQ-Niveaus der schwarzen und mischrassigen Kinder bleibt und daß sowohl soziale als auch genetische Variablen zu den individuellen Variationen unter ihnen beitragen".

Eine eher geradlinige Interpretation der Ergebnisse, die mit den anderen, in diesem Buch aufgezeigten Daten übereinstimmen, besteht darin, daß Schwarze aufgrund ihrer afrikanischen Urahnen eine niedrigere mentale Fähigkeit als Weiße haben. Sowohl im Alter von 7 als auch im Alter von 17 Jahren hatten die adoptierten Kinder mit einem schwarzen und einem weißen biologischen Elternteil einen IQ und ein Begabungsperzentil zwischen den adoptierten Kindern mit zwei schwarzen oder mit zwei weißen Eltern. Da die schulischen Leistungen und die Schulbegabungstests nicht durch die potentiellen Verzerrungen berührt werden, die die individuelle IQ-Diagnostik beeinflußt haben mögen, ist die Konvergenz der Ergebnisse bemerkenswert.

Es wird interessant sein, die übrigen Daten von der 10-Jahres-Nacherhebung von Scarr und Weinberg zu untersuchen, wenn sie schließlich veröffentlicht sein werden. Vorabanalysen legen nahe, daß die schwarzen 17jährigen größere Anteile an sozialer Devianz und Psychopathologie aufweisen, als die weißen 17jährigen (Scarr, Weinberg & Gargiulo, 1987).

Zwei weitere Adoptionsstudien zeigen hingegen gemischte Ergebnisse, ohne ein relatives Defizit bei den IQs der schwarzen oder gemischtrassigen Kinder, verglichen mit den weißen Kindern oder Differenzen, die Auswirkungen der sozialen Umwelt zu sein scheinen. In der ersten der beiden verglich Eyferth (1961, zitiert nach Loehlin et al., 1975) 83 Nachkommen von deutschen Müttern und Soldaten weißer Besatzungstruppen mit 191 Nachkommen, deren Väter US-Schwarze oder französische Nordafrikaner waren. Als sie im Alter von ca. 10 Jahren mit einer deutschen Version des Wechsler-Intelligenztests für Kinder getestet wurden, zeigten die Resultate keinen Gesamtunterschied beim durchschnittlichen IQ zwischen den zwei Gruppen.

In der zweiten Studie berichtete Moore (1986), daß 23 schwarze Kinder, die von weißen Familien der Mittelklasse adoptiert wurden, einen durchschnittlichen IQ von 117 hatten und 23 schwarze Kinder, die von schwarzen Familien der Mittelklasse adoptiert wurden, einen durchschnittlichen IQ von 104 hatten. Zwischen Kindern mit einem oder mit zwei schwarzen Elternteilen existierte kein Unterschied im IQ. In keiner der Studien gab es Informationen über die biologischen Eltern, so daß selektive Faktoren nicht ausgeschlossen werden konnten. Obwohl die asiatisch/indianiden Kinder in der Untersuchung von Scarr und Weinberg (1976) wenig Hinweise darauf gaben, einen IQ über dem weißen Durchschnitt zu haben, untermauern vier Studien über koreanische Kinder, die von weißen Familien adoptiert wurden, die Rassenhypothese. In der ersten zeichneten sich 25 Vierjährige aus Vietnam, Korea, Kambodscha und Thailand, die von weißen amerikanischen Familien adoptiert worden waren, bevor sie 3 Jahre alt waren, bei den geistigen Fähigkeiten mit einem durchschnittlichen IQ-Wert von 120 aus, verglichen mit einer US-bundesweiten Norm von 100 (Clark & Hanisee, 1982). Vor der Adoption benötigte die Hälfte der Babys einen Krankenhausaufenthalt wegen Mangelernährung.

In der zweiten stellten Winick, Meyer und Harris (1975) fest, daß 141 koreanische Kinder, die als Säuglinge von amerikanischen Familien adoptiert worden waren, die amerikanischen Kinder sowohl im IQ als auch den Leistungswerten übertrafen, als sie das Alter von 10 Jahren erreichten. Viele dieser koreanischen Säuglinge waren mangelernährt und das Interesse der Forscher konzentrierte sich auf die möglichen Auswirkungen einer frühen Mangelernährung auf die spätere Intelligenz. Als sie getestet wurden, erreichten diejenigen, die als Kleinkinder schwer unterernährt waren, einen durchschnittlichen IQ von 102; eine mäßig ernährte Gruppe erreichte einen durchschnittlichen IQ von 106, und eine adäquat ernährte Gruppe erreichte einen durchschnittlichen IQ von 112.

Eine Studie von Frydman und Lynn (1989) untersuchte 19 koreanische Kleinkinder, die von Familien in Belgien adoptiert worden waren. Im Alter von etwa 10 Jahren war ihr durchschnittlicher IQ 119, der verbale IQ betrug 111 und der Handlungs-IQ 124. Da die belgischen Normen im Jahr 1954 erhoben wurden und Flynns (1984) Hinweise nahelegten, daß die Durchschnitts-IQs in allen wirtschaftlich entwickelten Nationen über die Zeit mit etwa 3 IQ-Punkten pro Dekade angestiegen waren, korrigierte Lynn die belgischen Normen auf 109. Das beließ die koreanischen Kinder immer noch mit einem statistisch signifikanten 10-Punkte-Vorteil gegenüber den einheimischen belgischen Kindern. Weder die soziale Schicht der adoptierenden Eltern noch die Anzahl der Jahre, die das Kind in der adoptierten Familie verbrachte, hatten irgendwelche Effekte auf den IQ des Kindes.

Eine Studie von Brooks (1989) untersuchte eine Gruppe koreanischer Kinder, die von weißen amerikanischen Familien aufgezogen wurden. Sie verglich deren Aktivitätsniveau und Temperament mit weißen Kleinkindern, die in weißen Familien aufwuchsen und mit asiatischen Kleinkindern, die in asiatischen Familien aufwuchsen. Die adoptierten Kinder kamen auf einen Schnitt, der zwischen den der zwei anderen Gruppen liegt, was nahelegt, daß sowohl genetische als auch Umweltfaktoren wirksam waren.

Das Generalisieren der Erblichkeiten

Eine andere Argumentationslinie für die Erblichkeit der rassischen Gruppenunterschiede liegt darin, zu zeigen, daß viele der Variablen, bei denen sich die Populationen unterscheiden, in beträchtlichem Umfang erblich sind. Das Kapitel 3 besprach die verhaltensgenetische Literatur über Intelligenz, Reifungsgeschwindigkeit, Stärke des Sexualtriebes, Altruismus, Familienstruktur und Gesetzestreue. Gelegentlich wurden die Erblichkeiten für andere Rassen als für die Europiden berechnet, obwohl die Anzahl dieser Studien klein ist. So ergaben bei Intelligenztests die Daten für 543 monozygote und 134 dizygote japanische 12jährige Zwillinge Korrelationen von 0,78 beziehungsweise 0,49, was auf eine Erblichkeit von 58 Prozent deutet (R. Lynn & Hattori, 1990). Genauso ist die genetische und kulturelle Übertragung von Fettleibigkeit in schwarzen Familien ähnlich derer in weißen Familien, was die Autoren der Studie zum Schluß kommen ließ, daß die größere Fettleibigkeit bei schwarzen Menschen wahrscheinlich genetisch vermittelt sei (Ness et al., 1991).

Durch einen Prozeß der induktiven Verallgemeinerung ist es vernünftig, die Erblichkeit der Unterschiede zwischen Gruppen als annähernd gleich mit der innerhalb der Gruppen einzuschätzen oder bei etwa 50 Prozent anzusetzen. Eine formale Beziehung der Intragruppen- zur Zwischengruppenerblichkeit wurde von DeFries (1972) vorgebracht; aber meines Wissens nicht weiter entwickelt. Jedoch muß man, wie der Genetiker Theodosius Dobzhansky (1970: Vorwort) schrieb, „heutzutage den Leser überzeugen, daß ... die Unterschiede zwischen Subspezies ... größtenteils genetisch bedingt sind?" Er schrieb damals über freilebende Tiere und Pflanzen; aber wie können wir es uns als Naturwissenschafter leisten, dies nicht auf die Menschen zu extrapolieren? Viele Erblichkeiten haben sich quer über unterschiedliche kulturelle und rassische Gruppen als verallgemeinerbar erwiesen, d. h., daß sie mit den Größen der Erblichkeit, die in anderen Gruppen errechnet wurden, korrelieren, genauso wie sie Verhaltensphänomene in diesen Gruppen vorhersagen (Rushton, 1989b; Abbildung 9.1 und Kap. 4).

Ein Standardeinwand existiert jedoch. Er lautet, daß man Beobachtungen innerhalb von Populationen solange nicht auf gültige Vergleiche zwischen ihnen anwenden kann, bis wir endgültig wissen, daß die zwei verglichenen Populationen exakt den gleichen Umweltbedingungen ausgesetzt waren. Dieses Argument wurde am deutlichsten in einem einflußreichen Artikel von Bodmer und Cavalli-Sforza (1970) vorgebracht, der auf die Kontroverse folgte, die die klassische Monographie von Jensen (1969) ausgelöst hatte. Bodmer und Cavalli-Sforza (1970: 29) zogen den Schluß:

„Die Frage einer möglichen genetischen Basis für die IQ-Rassenunterschiede wird man fast unmöglich zufriedenstellend beantworten können, bevor nicht die Umweltdifferenzen zwischen US-Schwarzen und Weißen substantiell reduziert worden sind ... Für solche Studien kann man kein gutes Argument vorbringen, weder aus wissenschaftlichen Gründen noch aus praktischen."

Viele haben die Ansicht von Bodmer und Cavalli-Sforza (1970) wiederholt. So insistierten Weizmann, Wiener, Wiesenthal und Ziegler (1990: 4) darauf, daß „man die Erblichkeiten nicht generalisieren kann ... Ein Punkt, der unseres Wissens nach nur von Rushton 1989[b] bestritten wird". Weizmann et al. (1990: 5) fuhren fort zu erklären: „Wenn wesentliche Veränderungen innerhalb einer Bevölkerung wegen der Umweltveränderungen stattfinden, dann können ähnliche Erklärungen auch auf die Unterschiede zwischen Gruppen angewandt werden."

Jedoch ist es ein schwer nachvollziehbares Argument zu erwarten, daß Umweltbeziehungen generalisierbar sind und genetische nicht. Wie Maynard-Smith (1978: 150) meinte, sei es „ein gutes Prinzip des gesunden Menschenverstandes, daß wenn Umweltfaktoren manche Charakteristika beeinflussen können, dies die Gene wahrscheinlich auch tun".

Die Tierdaten zeigen einen Grad der genetischen Generalisierbarkeit. Ähnliche Charaktere neigen dazu, ähnliche Erblichkeiten zu haben. Zwei extensive Duchsichtungen der Fachliteratur über diese Frage wurden von Roff und Mousseau (1987) für Drosophila und von Mousseau und Roff (1987) für Nicht-Drosophila durchgeführt. Beide zeigten, daß z. B. morphologische Eigenschaften regelmäßig erblicher sind als physiologische Variablen. Solche Erkenntnisse führten dazu, den Schlußfolgerungen des Textbuchs einen wichtigen Vorbehalt beizufügen: „Immer, wenn ein Wert für die Erblichkeit von einer gegebenen Eigenschaft angegeben wird, muß er als einer verstanden werden, der sich auf eine spezielle Bevölkerung unter speziellen Bedingungen bezieht ... Innerhalb der Bandbreite der Stichproben-Fehler neigen die Schätzungen trotzdem dazu, bei verschiedenen Bevölkerungen ähnlich zu sein" (Falconer, 1989: 164).

Die Regression zum Mittelwert

In den 1970ern wurden viele „indirekte" Methoden vorgeschlagen, um die genetische Erklärung für die Rassenunterschiede zu überprüfen (Loehlin et al., 1975; Scarr, 1981). Eine bestand darin, die Eltern/Kind-Regressionseffekte zu untersuchen, von welchen vorausgesagt wurde, daß sie sich für schwarze und weiße Stichproben unterscheiden, wenn sie von genetisch unterschiedlichen Populationen gezogen werden. Wenn der Bevölkerungsdurchschnitt für Schwarze 15 IQ-Punkte niedriger als für Weiße ist, dann müßte der Nachwuchs von schwarzen Eltern mit hohen IQs eine stärkere Regression zu einem niedrigeren Bevölkerungsdurchschnitt aufweisen als der Nachwuchs von weißen Eltern mit hohen IQs. In ähnlicher Weise müßte der Nachwuchs von schwarzen Eltern mit niedrigen IQs eine geringere Regression zeigen als derjenige von weißen Eltern mit niedrigen IQs.

Obwohl Jensen (1973, Kapitel 4) keine Eltern/Kind-Vergleiche hatte, testete er die Vorhersage mit noch besseren Daten – denen von Geschwistern. Geschwistervergleiche liefern einen besseren Test als Eltern/Nachwuchs-Vergleiche, da Geschwister ähnlichere Umwelten teilen als Eltern und deren Nachkommen. Jensen stellte fest, daß schwarze und weiße Kinder, die in bezug auf den IQ parallelisiert wurden, Geschwister haben, die annähernd den halben Weg zu ihren jeweiligen Populationsmittelwerten regradieren – anstatt zu den Mittelwerten der gemischten Bevölkerungen.

Wenn z. B. schwarze und weiße Kinder mit IQs von 120 gegenübergestellt werden, dann wird das schwarze Geschwister auf einen Schnitt von nahe 100 kommen und das weiße Geschwister auf einen, der nahe 110 liegt. Ein umgekehrter Effekt findet sich mit Kindern, die am unteren Ende der IQ-Skala gegenübergestellt werden. Wenn schwarze und weiße Kinder mit einem IQ von 70 gegenübergestellt werden, wird das schwarze Geschwister auf einen Schnitt von um die 78 kommen und das weiße Geschwister auf etwa 85. Die Regressionslinie zeigt keine signifikante Abweichung von der Linearität quer über die Bandbreite des IQs von 50 bis 150. Wie Jensen (1973) betonte, paßt dieser Regressionswert direkt zu einem genetischen Modell und nicht zu einem Umweltmodell. Der gleiche Effekt zeigt sich bei der Körpergröße, der Anzahl der Fingerabdrucksrillen oder jedem anderen polygenetisch vererbten Merkmal.

Jensen (1974) lieferte weitere Ergebnisse, die von einer genetischen Regressionshypothese erklärt wurden. Schwarze und weiße Eltern, die in bezug auf einen hohen sozioökonomischen Status parallelisiert wurden, bekommen Kinder mit unterschiedlichen IQ-Niveaus. Schwarze Kinder mit einem höheren Status kommen auf einen Schnitt, der zwei bis vier IQ-Punkte unter dem von weißen Kindern mit einem niedrigen Status liegt, trotz des Umweltvorteils und obwohl es wahrscheinlich ist, daß die schwarzen Eltern mit einem höheren Status einen höheren IQ hatten als die weißen Eltern mit einem niedrigeren Status. Das Phänomen der Regression zur Mitte könnte das Überkreuzen der durchschnittlichen IQs der Kinder von den zwei rassischen Gruppen erklären.

Zwischen- versus Innerfamilien-Effekte[1]

Andere Adoptions- und Zwillings-Designs zeigen, daß die Umweltvariablen, die das Verhalten beeinflussen, in erster Linie diejenigen sind, die eher innerhalb von Familien auftreten als zwischen ihnen (Plomin & Daniels, 1987). Dies ist eine der wichtigeren Entdeckungen, die durch die Anwendung von Verfahren der Verhaltensgenetik gemacht wurden; es scheint sogar für Variablen wie den Altruismus, die Fettleibigkeit und die Befolgung der Gesetze zu gelten, von denen man glaubte, daß sie die Eltern stark beeinflussen. Eine Implikation dieser Entdeckung ist folgende:

▸ Weil die Variablen, die normalerweise für die Erklärung der Rassenunterschiede vorgebracht werden, wie etwa die soziale Schicht, religiöse Überzeugungen, kulturelle Praktiken, Abwesenheit des Vaters und Erziehungsmethoden, die Unterschiede *innerhalb* einer Rasse so wenig erklären können, können sie wahrscheinlich auch nicht die Unterschiede *zwischen* den Rassen erklären.

Mit einer ähnlichen Argumentationslinie beschrieb Jensen (1980b), wie man mit Daten von Geschwistern feststellen kann, ob Beziehungen zwischen Variablen von Faktoren verursacht werden, die in einem „äußerlichen" Zusammenhang mit der Familie stehen, wie etwa die soziale Schicht. Solche Faktoren dienen dazu, Familienmitglieder einander ähnlich zu machen und unterschiedlich von Menschen in anderen Familien. Starke Auswirkungen der sozialen Schicht können dann als maßgeblich angenommen werden, wenn die Kovarianzstrukturen, die von Zwischenfamilien-Daten herrühren, verschwinden, sobald „immanente" Innerfamilien-Daten verwendet werden. Wenn die Kovarianzstrukturen konstant bleiben, ungeachtet, ob sie auf Basis der Innerfamilien- oder der Zwischenfamilien-Daten berechnet werden, dann müssen die Auswirkungen der sozialen Schicht weniger maßgeblich sein, und die genetischen und Innerfamilien-Effekte mehr maßgeblich. Die Forschung zeigt, daß der generelle Faktor der Intelligenz g über alle drei Großrassen konstant ist – sowohl von Innerfamilien- als auch von Zwischenfamilien-Analysen (Jensen, 1987a; Nagoshi, Phillips & Johnson, 1987). Die Implikation ist die, daß die zwischen den Rassen festgestellten Unterschiede bei *g* in erster Linie eher wegen der Innerfamilien-Effekte existieren, wie der Genetik, als wegen der Zwischenfamilien-Effekte wie der sozioökonomischen Herkunft.

Zusätzliche Hinweise für die Innerfamilien- und immanente Natur von *g* stammen von Daten über die Kopfgröße/IQ-Korrelation (Kap. 2). Jensen und Johnson (1994) entdeckten eine signifikante positive Korrelation zwischen der Kopfgröße und dem IQ bei schwarzen wie bei weißen männlichen und weiblichen Stichproben von 4- und 7jährigen. In allen Fällen neigte das

---

1 Anm. d. Ü.: Zwischenfamilien- und Innerfamilien-Effekte (engl.: between-family- bzw. within-family effects) bedeuten Varianzen innerhalb von Familien bzw. zwischen den Familien sowie damit zusammenhängende Effekte.

Geschwister mit dem größeren Kopfumfang dazu, das intelligentere Geschwister zu sein.

Rasse versus soziale Klasse

Eine Herausforderung für reine Umwelttheorien liegt darin, die Auf- und Abwärtsmobilität innerhalb einer Familie zu erklären. Weinrich (1977) überprüfte z. B. Daten, die zeigten, daß diejenigen Jugendlichen, die von einem sozioökonomischen Niveau zu einem anderen wechseln, die sexuellen Verhaltensmuster ihrer zu erwerbenden Klasse zeigten und nicht der Klasse, in der sie von ihren Eltern aufgezogen wurden. Jüngere Forschungen bestätigen die Wichtigkeit der Innerfamilien-Variation, wobei manche Geschwister öfter die Syndrome von früher Sexualität, Delinquenz und niedrigen Bildungsleistungen annahmen als andere (Rowe, Rodgers, Meseck-Bushey & St. John, 1989).

Die soziale Mobilität innerhalb der Familien kennt man in der IQ-Literatur bereits seit geraumer Zeit. In einer Studie erhielt Waller (1971) die IQ-Werte von 130 Vätern und ihrer 172 erwachsenen Söhne, von denen alle routinemäßig während ihres Highschool-Jahres in Minnesota getestet wurden. Die IQs reichten von unter 80 bis über 130 und hingen mit der sozialen Klasse zusammen. Die Kinder mit niedrigeren IQs als ihre Väter sanken in der sozialen Klasse als Erwachsene ab, und diejenigen mit höheren IQs stiegen auf ($r = 0,37$ zwischen dem Unterschied bei der Vater/Sohn sozialen Klasse und dem Unterschied beim Vater/Sohn IQ). Eine derartige zwischengenerationelle soziale Mobilität ist später bestätigt worden (Mascie-Taylor & Gibson, 1978).

Sozioökonomische Effekte scheinen oftmals diejenigen der Rasse zu verschleiern, da, wie in Kapitel 13 diskutiert werden wird, niedrigere sozioökonomische Gruppen öfter r-Strategien anwenden als höhere sozioökonomische Gruppen. Dizygote Zwillingsgeburten (die r-Strategie) sind häufiger unter sozioökonomisch niedriggestellteren als unter höhergestellten Frauen in europäischen und afrikanischen Stichproben gleichermaßen, so wie das die Unterschiede in der Familiengröße, der Intelligenz, der Befolgung von Gesetzen, der Gesundheit, der Langlebigkeit und der Sexualität sind. Hierbei taucht die Frage auf, ob die soziale Klasse oder die Rasse das Verhalten stärker voraussagt.

Bei der Gehirngröße war in einer geschichteten Zufalls-Stichprobe von 6.325 Militärbediensteten (Rushton, 1992a), der 18 cm³ (1 Prozent) große Unterschied im Rang von Offizieren und einfachen Soldaten geringer als sowohl der Unterschied von 21 cm³ (1,5 Prozent) von Europiden und Negriden als auch der von 36 cm³ (2,6 Prozent) von Mongoliden und Europiden. Andere Daten (zusammengefaßt in Tabelle 6.6) legen einen 4–6prozentigen negrid/europiden Unterschied und einen 1 bis 2,8prozentigen mongolid/europiden Unterschied in der Gehirngröße nahe. Die Rasse könnte die wichtigere Variable sein.

In der gerade erwähnten Studie über Regressionseffekte stellte Jensen (1974) fest, daß schwarze Kinder aus sozioökonomisch höhergestellten Statushaushalten bei IQ-Tests auf niedrigere Werte kamen, als weiße Kinder aus sozioökonomisch niedriggestellten Haushalten. Die Studie untersuchte praktisch alle der weißen ($N = 1.489$) und schwarzen ($N = 1.123$) Kinder, die in reguläre Klassen der vierten, fünften und sechsten Schulstufe des Berkeley Grundschulbezirks in Kalifornien gingen. Die Eltern der schwarzen Kinder waren höherrangige Verwaltungsbeamte, leitende Angestellte, College-Lehrer und Fachleute; die Eltern der weißen Kinder waren manuelle und ungelernte Arbeiter. Die Rassenunterschiede zeigten sich sowohl bei den verbalen als auch bei den nichtverbalen Teilen des bundesweit standardisierten Thorndike/Lorge-Intelligenztests.

In einer ähnlichen Studie mit den „Scholastic Aptitude Tests" zeigten die Ergebnisse von 1984, daß die Medianwerte der schwarzen College-Bewerber aus Familien mit einem Jahreseinkommen über 50.000 $ niedriger waren als diejenigen von weißen College-Bewerbern aus Familien, die weniger als 6.000 $ verdienten. Die Werte standen in einem gleichbleibenden Zusammenhang mit dem Einkommen innerhalb beider Rassen (R. A. Gordon, 1987a). Die Rasse bestimmte die Testwerte stärker, als es das Einkommen tat.

Obwohl es allseits bekannt ist, daß die Testwerte mit dem sozioökonomischen Status innerhalb der rassischen Gruppen korrelieren, erklärt das noch nicht die Leistungsunterschiede zwischen Schwarz und Weiß. Das Muster der Unterschiede zwischen Schwarz und Weiß ist von der Zusammensetzung der Faktoren her von dem Muster der sozialen Klassenunterschiede innerhalb der schwarzen und weißen Gruppen unterschiedlich (Jensen & Reynolds, 1982). Beispielsweise tendieren die sozioökonomischen Statusdifferenzen bei Tests der verbalen Fähigkeit dazu, am größten zu sein – eher als bei Tests des räumlichen Vorstellungsvermögens. Das ist genau das Gegenteil zum Muster der Differenzen zwischen Schwarz und Weiß bei verbalen und räumlichen Tests.

Um die Rassen- im Vergleich zu den sozialen Klassenunterschiede im Sexualverhalten untersuchen zu können, stellten Rushton und Bogaert (1988) Weiße ohne College-Ausbildung Schwarzen mit College-Ausbildung gegenüber. Die Tabelle 8.4 zeigt die Ergebnisse. Weiße ohne College-Ausbildung waren zurückhaltender als Schwarze mit College-Ausbildung bei solchen Maßen wie Geschwindigkeit des Auftretens von vorehelichen, ehelichen und außerehelichen Erfahrungen, Anzahl der Partner, Häufigkeit des Geschlechtsverkehrs, Dauer und Häufigkeit von Schwangerschaften und Länge des Menstruationszyklus', sie waren aber nicht so zurückhaltend waren wie die Weißen mit College-Ausbildung. Die schwarze Stichprobe, bestehend aus Universitätsstudenten aus den Jahren 1938 bis 1963, fiel insofern atypisch aus, als die Schwarzen religiös waren und einen hohen sozioökonomischen Status hatten.

Die Ergebnisse zu dem Thema Rasse/soziale Klasse von Rushton und Bogaert (1988), die in Tabelle 8.4 dargestellt sind, wurden unabhängig davon

von M. S. Weinberg und Williams (1988) mittels weiterer Stichproben repliziert. Diese Autoren reanalysierten Hinweise aus drei unabhängigen Quellen, nämlich aus den originalen Kinsey-Daten, welche die Basis für die Studien von Rushton und Bogaert bildeten; aus einer Umfrage des National Opinion Research Center über sexuelle Einstellungen aus dem Jahre 1970 und aus einer Studie, die in San Francisco durchgeführt worden war. Alle drei Reanalysen belegten die prognostizierten rassischen Effekte auf die Sexualität, während die Bildung und die soziale Klasse konstant gehalten wurden. Außerdem ist bei den dizygoten Zwillingsgeburten, während Rasse und soziale Klasse gleichermaßen prädiktiv sind, die Rasse die Quelle für einen größeren Anteil an der Varianz (Rushton, 1987b).

Auf anderen Gebieten hat sich ebenfalls gezeigt, daß die Rasse unabhängig von der sozialen Schicht starke Auswirkungen hat. Für die psychischen Krankheiten verwendeten Kessler und Neighbors (1986) Kreuz-Validierungen für acht unterschiedliche Untersuchungen, die mehr als 20.000 Befragte umfaßten, um eine Interaktion zwischen Rasse und Klasse zu zeigen: Bei Modellen, die diese Interaktion nicht in Betracht zogen, wurde die tatsächliche Wirkung der Rasse unterdrückt und die tatsächliche Wirkung der sozialen Klasse vergrößert.

Bezüglich der Kriminalität zeigen die Daten, daß sich die Chinesen in den Vereinigten Staaten, sogar zu der Zeit, als sie im sozioökonomischen Status niedriger waren, mehr an die Gesetze hielten als die Weißen. Das veranlaßte in den 1920er Jahren amerikanische Kriminologen dazu, das Ghetto als einen Platz anzusehen, der seine Mitglieder vor den zerstörerischen Tendenzen der Gesellschaft draußen schützen würde (J. Q. Wilson & Herrnstein, 1985).

Die Gene/Kultur-Koevolution

Warum gibt es eine solch starke Korrelation zwischen schlechten sozialen und wirtschaftlichen Bedingungen, niedriger Intelligenz und hohen Sozialpathologien wie z. B. Verbrechen?

Umwelttheoretiker haben argumentiert, daß die negriden Menschen in Afrika, verglichen mit Europiden und Mongoliden, der Karibik, den Vereinigten Staaten und Großbritannien, alle in sozial und wirtschaftlich armen Umgebungen leben und daß diese Bedingungen für einen Teil oder vielleicht zur Gänze für ihre geringe Intelligenz verantwortlich seien. R. Lynn (1991c) begegnete diesem Argument mit dem Konzept der Genotypus/Umwelt-Kovariation, das in Kapitel 3 vorgestellt wurde.

Theoretiker haben gemeint, daß speziell nach der Pubertät ein zunehmend aktiver Organismus in der Lage ist, seine eigene Umwelt in eine Richtung zu verändern, die durch seinen zugrundeliegenden Genotypus kanalisiert wird. Scarr und McCartney (1983) nennen das „Nischen schaffen", und die zwei Rassen, die bei der Schaffung von sozial und ökonomisch entwickelten Nischen zum Leben und zur Aufzucht ihrer Kinder am erfolgreichsten waren, waren Europide und Mongolide.

Das Argument, daß die schlechten sozialen und wirtschaftlichen Bedingungen für die niedrigere Intelligenz der Negriden verantwortlich sei, spannt den Wagen vor das Pferd. Es setzt voraus, daß die armen Umgebungen einfach das Ergebnis von externen Umständen sind, über die die Menschen keine Kontrolle hätten. Eine solche Annahme hält einer Überprüfung nicht stand. Es gibt zu viele Beispiele, die man damit nicht erklären kann, wie etwa die Leistungen der Einwanderer aus dem pazifischen Raum in die Vereinigten Staaten und aus dem Indischen Subkontinent nach Großbritannien und Südafrika.

Die genetischen Theorien helfen zu erklären, warum manche Völker dort erfolgreich waren, wo andere, ursprünglich vorteilhafter gestellt, gescheitert sind, genauso wie sie die Aufwärts- und Abwärtsmobilitätseffekte unter Geschwistern innerhalb derselben Familie erklären. Manche haben für die Bildung von sozial und wirtschaftlich prosperierenden Umwelten für sich und ihre Familien den richtigen Genotypus. Innerhalb der Beschränkungen, die vom Gesamtspektrum der kulturellen Alternativen zugelassen werden, schaffen die Völker Umwelten, die mit ihren Genotypen maximal kompatibel sind (Rushton et al., 1986).

10
DIE THEORIE DER ENTWICKLUNGSGESCHICHTE

Die Gesamtheit international erbrachter Hinweise zu erklären, wie sie in Tabelle 1.1 zusammengefaßt werden, erfordert eine stärkere Theorie, als es zur Erklärung einer einzelnen Dimension aus dem Set erforderlich wäre. Man muß auch über die Besonderheiten eines jeden Landes hinausblicken. Die Mongoliden und Europiden haben die größten Gehirne, egal ob durch Autopsiegewicht, inneres Schädelvolumen oder externen Kopfumfang gemessen, aber sie haben die langsamste Rate der Zahnentwicklung, gemessen am Ausbruch der dauerhaften Backenzähne, und sie produzieren die wenigsten Keimzellen, gemessen am doppelten Eisprung und der Häufigkeit von Zwillingsgeburten. Ich schlug vor, daß die Erklärung für das rassische Muster in der Theorie der Entwicklungsgeschichte der Primaten läge.

Die Evolutionsbiologen nehmen an, daß jede Spezies (oder Subspezies wie eine Rasse) eine charakteristische Überlebensstrategie entwickelt hat, angepaßt an die speziellen ökologischen Probleme, auf die ihre Ahnen gestoßen sind (E. O. Wilson, 1975). Eine Überlebensstrategie [oder: „Entwicklungsgeschichte"; vgl. Glossar! Anm. d. Ü.] ist eine genetisch organisierte Folge von Charakteristika, der sich auf eine koordinierte Art und Weise entwickelte, um Energie an das Überleben, das Wachsen und die Reproduktion aufzuteilen. Diese Strategien können entlang einer Skala organisiert sein.

An einem Ende dieser Skala sind „*r*-Strategien", bei denen die Betonung auf der Keimzellenproduktion, dem Paarungsverhalten und hohen Reproduktionsraten liegt; am anderen Ende befinden sich die „*K*-Strategien", bei denen die Betonung auf den hohen Niveaus der elterlichen Pflege, der Ressourcenanschaffung, der Familienversorgung und der sozialen Komplexität liegt. Die *K*-Strategie erfordert komplexere Nervensysteme und größere Gehirne. Johanson und Edey (1981: 326) faßten es kurz und bündig zusammen, indem sie Owen Lovejoy zitierten: „Mehr Gehirne, weniger Eier, mehr ‚*K*'."

Die These, die in diesem und im nächsten Kapitel vorgetragen werden soll, ist die, daß archaische Versionen von dem, was die modernen europiden und mongoliden Völker werden sollten, sich vor etwa 100.000 Jahren aus Afrika verbreiteten und sich dem Problem des Überlebens in vorhersagbar kalten Umwelten anpaßte. Dieser evolutionäre Prozeß erforderte einen bioenergetischen Kompromiß, der die Gehirngröße und die Elternpflege („*K*") auf Kosten der Eiproduktion und dem Sexualverhalten („r") erhöhte. Mit anderen Worten: Die Mongoliden sind K-selektierter als die Europiden, welche wiederum K-selektierter als die Negriden sind.

Die Reproduktionsstrategien

Im Anschluß an einen Aufsatz von Cole (1954) begannen die Eigenschaften des Lebenszyklus und deren Variationen vermehrtes Interesse zu erfahren. Der Aufsatz ging der Frage nach, warum manche Spezies die extreme Reproduktionsstrategie der Semelparität [= einmalige Reproduktion; Anm. d. Ü.] betreiben und dabei alle Energie in einen Ausbruch an Reproduktionsanstrengung investieren und kurz danach sterben, während andere Spezies die Iteroparität [= mehrfache Reproduktion im Lebenszyklus; Anm. d. Ü.] betreiben und sich in regelmäßigen Intervallen während ihrer Lebensspanne fortpflanzen. Seit damals hat man viele zusätzliche Informationen über die Überlebensstrategien zusammengetragen.

Das grundlegende Axiom der Soziobiologie besteht darin, daß ein Organismus nur das Mittel eines Gens ist, um ein anderes Gen zu erzeugen (Dawkins, 1976; E. O. Wilson, 1975). Da bestimmte Genkombinationen in einer speziellen Umwelt im Hinblick auf ihre Reproduktion erfolgreicher sein werden als andere, wird ihre relative Anzahl in der Population zunehmen. Der Körper und das Verhalten eines Organismus sind Mechanismen, durch die die Gene erhalten bleiben und sich selbst effektiver reproduzieren.

Manchmal ist es für Gene vorteilhafter, große Körper auszubilden, in denen sie leben können, während zu anderen Zeiten kleine Körper effektiver sind. Große Körper brauchen auf jeder Entwicklungsstufe länger, um gebaut zu werden, und der Zyklus von einer Generation zur nächsten dehnt sich gleichzeitig mit der gestiegenen Lebensdauer aus (Abbildung 10.1). Größere Körper führen auch zu verringerten Reproduktionskapazitäten aufgrund der längeren Geburtenintervalle und der durchschnittlich geringeren Anzahl der Würfe. Mit weniger Nachkommen gehen eine erhöhte Elternfürsorge, soziale Organisationsfertigkeiten und ein begleitender Anstieg in der Gehirngröße einher. Die Variablen neigen dazu, in ihrer Entwicklungsgeschichte gemeinsam selektiert zu werden.

Die r/K-Reproduktionsstrategien

Mit den r/K-Analysen von MacArthur und Wilson (1967) darüber, wie Spezies Inseln kolonisieren und ein Gleichgewicht ausbilden, entstand ein ganzer neuer Theorienkanon. Deren Modelle betonten die Geburtsraten, die Sterberaten und die Bevölkerungsgröße. Das Symbol r steht für die Rate des Maximalanstiegs in einer Population und wird durch eine fruchtbare Fortpflanzung verstärkt; K ist ein Symbol für die Tragekapazität der Umwelt oder die

Abb. 10.1: Die Größe eines Organismus, logarithmisch gegenübergestellt dem Alter bei der ersten Fortpflanzung

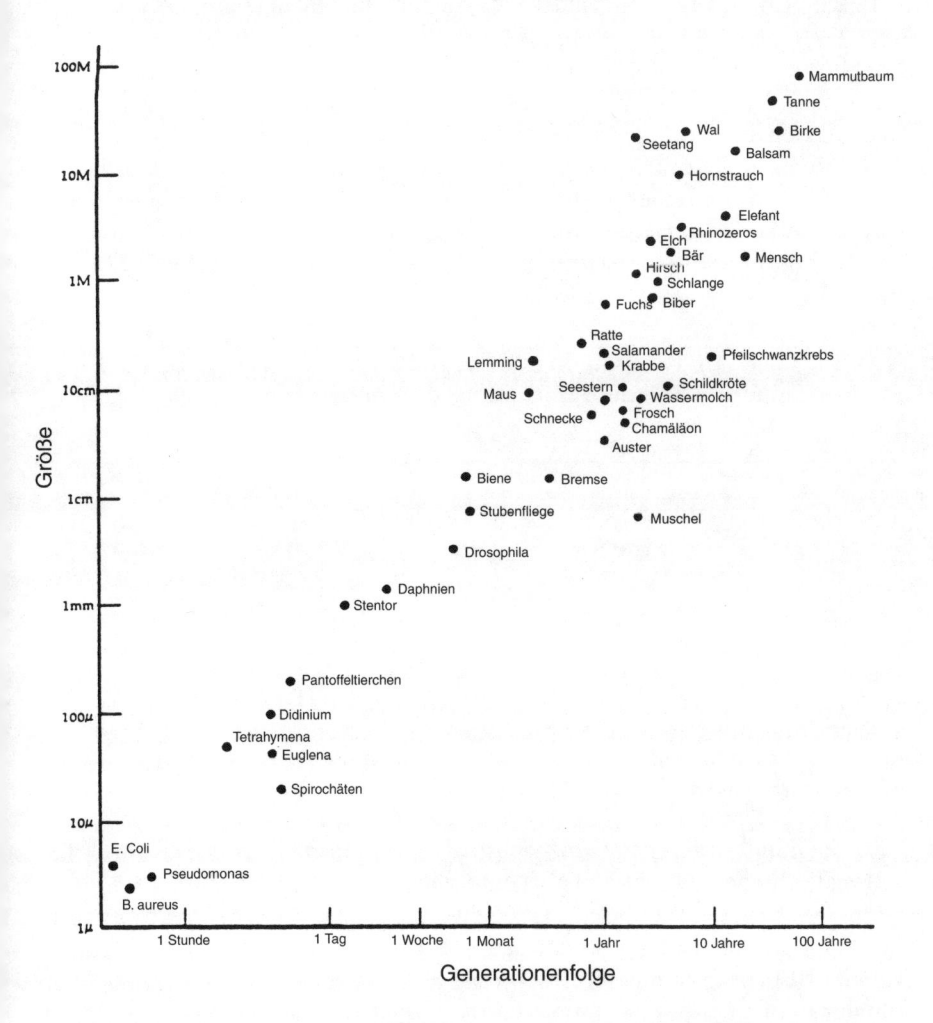

Im allgemeinen haben kleinere Organismen eine kürzere Entwicklungszeit, teilweise weil sie einfacher zu produzieren sind. Am anderen Extrem reproduzieren sich gigantische Mammutbäume nicht, bevor sie nicht 80 Meter hoch sind, was 60 Jahre in Anspruch nimmt. Die Energiereserven in die Reproduktionsmittel zu leiten, ist etwas, daß sich ein junger Baum nur schwer leisten kann, wenn er gerade verzweifelt darum kämpft, schneller zu wachsen als die anderen, konkurrierenden Bäume. Nur die am schnellsten wachsenden Bäume werden den Kampf um die Sonne gewinnen, und jede Pflanze, die ihre wertvollen Reserven in Zapfen oder Blüten und Samen umleitet, kann verlieren. Aus Bonner (1965, S. 17, Abb. 1). Copyright 1965 bei Princeton University Press. Abgedruckt mit Erlaubnis der Princeton University Press.

größte Anzahl an Organismen einer speziellen Art, die in einem gegebenen Teil der Umwelt unbegrenzt lange erhalten werden kann.

Folglich gibt es zwei alternative Strategien, um Nachkommen zu produzieren. Am einen Extrem können die Organismen eine sehr große Anzahl an Nachkommen produzieren, aber jedem von ihnen wenig elterliche Fürsorge zukommen lassen. Das ist die *r*-Strategie. Am anderen Extrem können die Organismen sehr wenig Nachkommen produzieren, aber jedem von ihnen sehr intensive Elternfürsorge und Schutz zukommen lassen. Das ist die *K*-Strategie. So sind die Symbole *r* und *K* verwendet worden, um zwei Enden eines hypothetischen Kontinuums zu bestimmen, das Kompromisse zwischen der Nachkommensproduktion und der Elternpflege umfaßt (Abbildung 10.2).

Abb. 10.2: Das *r/K*-Kontinuum der Reproduktionsstrategien, das die Eiproduktion und die Elternpflege gegenüberstellt

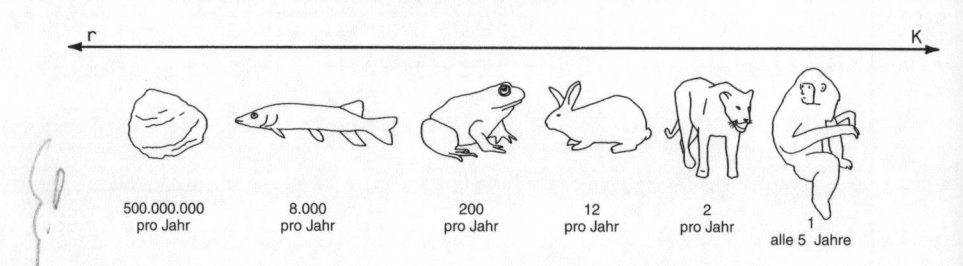

r ←――――――――――――――――――――――――――――――→ K

| 500.000.000 | 8.000 | 200 | 12 | 2 | 1 |
| pro Jahr | pro Jahr | pro Jahr | pro Jahr | pro Jahr | alle 5 Jahre |

Auf dieser Makro-Skala veranschaulichen die Austern, die 500 Millionen Eier pro Jahr produzieren, aber keine Pflege investieren, die *r*-Strategie. Die großen Affen, die einen Säugling alle fünf oder sechs Jahre produzieren und diesem eine umfangreiche Pflege zukommen lassen, veranschaulichen die *K*-Strategie. Nach Johanson & Edey (1981).

Kurz nachdem MacArthur und Wilson (1967) ihre *r/K*-Analysen formuliert hatten, kodifizierte Pianka (1970) eine Anzahl an Eigenschaften des Lebenszyklus. Von diesen meinte er, daß sie für die *r*- und *K*-Reproduktionsstrategien selektieren würden und mit ihnen kovariieren würden. Diese werden in Tabelle 10.1 zusammengefaßt. Während jede der Eigenschaften vielleicht unabhängig voneinander zur Fitneß beiträgt, liegt der wichtige Punkt darin, daß man erwartet, daß sie mit anderen Merkmalen der Entwicklungsgeschichte korrelieren und für diese selektieren (E. O. Wilson, 1975). Eine ganze Anzahl an Forschern haben diese kodifiziert (siehe Barash, 1982: 307; Daly & Wilson, 1983; 201; Eisenberg, 1981: 438 f.; Pianka, 1970: 593; E. O. Wilson, 1975: 101).

Aus Tabelle 10.1 kann man entnehmen, daß sich unter der Bezeichnung *Familienmerkmale* die *r*- und *K*-Strategien in Hinblick auf die Größe der Würfe (Anzahl der Nachkommen, die auf einmal produziert werden), die Geburtsintervalle, die Gesamtanzahl der Nachkommen, die Rate der Säuglingssterblichkeit und den Grad der Elternfürsorge unterscheiden. Mit Hinblick auf die *individuellen Merkmale* unterscheiden sich die *r*- und *K*-Strategen bei der Rate der körperlichen Reifung, der sexuellen Reifungsgeschwindigkeit, der Lebensspanne, der Körpergröße, der Reproduktionsanstrengung, dem

Energieverbrauch und der Gehirngröße. Bei den *Bevölkerungs- und sozialen Systemmerkmalen* unterscheiden sie sich bei ihrer Behandlung der Umwelt, ihrer Tendenz sich geographisch zu verteilen, der Stabilität ihrer Bevölkerungsgröße, ihrer Fähigkeit, sich unter knappen Ressourcen zu behaupten, ihrem sozialen Organisationsgrad und ihrem Altruismus.

Tabelle 10.1: Einige Unterschiede in der Überlebensstrategie zwischen r- und K-Strategen

r-Stratege	K-Stratege
Familienmerkmale	
Große Würfe	Kleine Würfe
Kurze Geburtsintervalle	Lange Geburtsintervalle
Viele Nachkommen	Wenige Nachkommen
Hohe Säuglingssterblichkeit	Niedrige Säuglingssterblichkeit
Wenig elterliche Pflege	Viel elterliche Pflege
Individuelle Merkmale	
Schnelle Reifung	Langsame Reifung
Frühe sexuelle Reproduktion	Aufgeschobene sexuelle Reproduktion
Kurzes Leben	Langes Leben
Hohe Reproduktionsanstrengung	Niedrige Reproduktionsanstrengung
Hohe Energieverwendung	Effiziente Energieverwendung
Geringe Gehirnbildung	Starke Gehirnbildung
Populationsmerkmale	
Opportunistische Ausbeuter	Stetige Ausbeuter
Sich ausbreitende Kolonisatoren	Stabile Besetzer
Unbeständige Populationsgröße	Stabile Populationsgröße
Loser Wettbewerb	Scharfer Wettbewerb
Merkmale der Sozialsysteme	
Geringe soziale Organisation	Hohe soziale Organisation
Geringer Altruismus	Starker Altruismus

Anmerkung: Modifiziert aus Pianka (1970, S. 593, Tabelle 1), E. O. Wilson (1975, S. 101, Tabelle 4-2), Eisenberg (1981, S. 442, Abb. 156) und Barash (1982, S. 307, Tabelle 13.1).

Die Spezies sind natürlich nur relativ r und K. So sind die Hasen verglichen mit den Fischen K-Strategen, aber verglichen mit den Primaten r-Strategen. Die Primaten sind alle relative K-Strategen, und die Menschen dürften von allen am meisten K sein. Aber die Primaten variieren enorm. Harvey und Clutton-Brock (1985, Tabelle 1) zufolge stehen folgende Zahlenangaben für nichtmenschliche Primatenarten zur Verfügung (die Zahlen für *Homo sapiens* in Klammern). Die Schwangerschaftsdauer reicht von 60 bis 250 Tagen (267); das Geburtsgewicht von weniger als 10 bis über 2.000 g (3.300 g); die

Größe eines Wurfes liegt normalerweise bei 1, aber Zwillingsgeburten sind bei manchen Arten sehr häufig (1); das Entwöhnungsalter [Alter beim Abstillen, Anm. d. Ü.] reicht von weniger als 50 bis über 1.500 Tage (720); das weibliche Alter bei der ersten Fortpflanzung reicht von weniger als 1 bis über 9 Jahre (>10); das erwachsene Gehirngewicht von weniger als 10 bis über 500 g (1.250); und die Lebensdauer von weniger als 10 bis über 40 Jahre (70). Die meisten Maße der Entwicklungsgeschichte sind positiv miteinander korreliert, obwohl die Beziehungen nicht perfekt sind.

Die Lebensspannen und Schwangerschaftslängen der Primaten zeigen eine natürliche Skala der Hinauszögerung, die vom Lemur zum Rhesusaffen, Gibbon, Schimpansen, zu den frühen Menschen und zu den modernen Menschen führt (siehe Abbildung 10.3), mit einem konstanten Trend in Richtung K (Schultz, 1960; Lovejoy, 1981). Zum Beispiel wird ein weiblicher Gorilla seine erste Schwangerschaft mit etwa 10 Jahren haben und kann etwa 40 Jahre alt werden. Am anderen Ende der Primatenskala produziert ein weiblicher Lemur seinen ersten Nachwuchs im Alter von 9 Monaten und hat eine Lebenserwartung von 15 Jahren. Er kann reifen, Nachwuchs haben und sterben, bevor ein Gorilla seinen ersten Nachwuchs hat.

Abb. 10.3: Die fortschreitende Verlängerung der Lebensphasen und der Schwangerschaft bei den Primaten

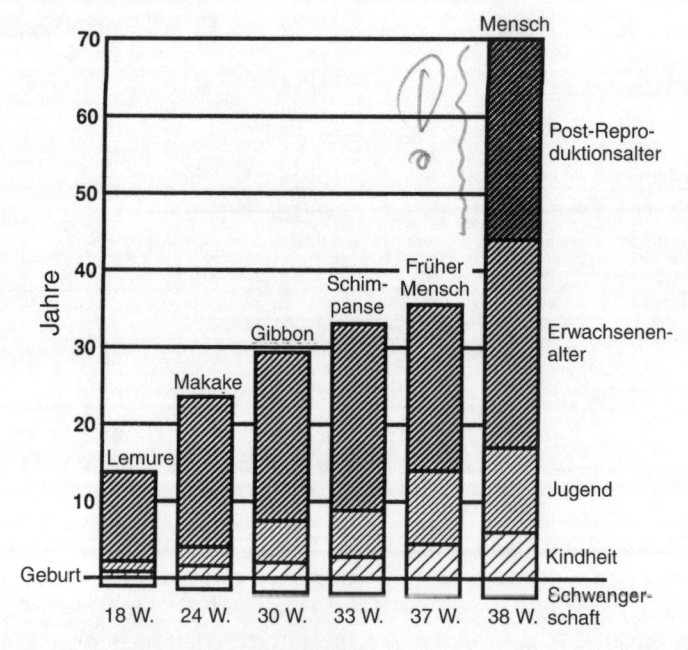

Beachten Sie die Verhältnismäßigkeit der angezeigten Phasen. Mit jeder Stufe in der natürlichen Skala widmen die Populationen einen größeren Anteil ihrer Reproduktionsenergie der prä-erwachsenen Aufzucht – mit steigenden Investitionen in das Überleben der Nachkommen. Die postproduktive Phase beschränkt sich auf den Menschen; vgl. hierzu Schultz (1960) und Lovejoy (1981).

Beachten Sie die Implikation von Abbildung 10.3 (aus Schultz, 1960), daß die früheren menschlichen Vorfahren auf einer kürzeren Zeitskala lebten als die gegenwärtigen Menschen. Achten Sie auch auf die Proportionalität der vier angezeigten Phasen. Die postreproduktive Phase beschränkt sich auf den Menschen. Mit jeder Stufe in der natürlichen Skala widmen die Populationen einen größeren Anteil ihrer Reproduktionsenergie der prä-erwachsenen Pflege, mit höheren Investitionen in das Überleben der Nachkommen. Als Spezies befinden sich die Menschen am K-Ende dieses Kontinuums.

Sogar die Zahnentwicklung gibt die Entwicklungsgeschichten der Primaten genau wieder. B. H. Smith (1989) korrelierte das Alter beim Durchbruch der ersten Backenzähne mit den Lebenszyklus-Faktoren, die bei Harvey und Clutton-Brock (1985) aufgelistet werden. Die ersten Backenzähne sind die frühesten dauerhaften Zähne, die bei Primaten und bei vielen anderen Säugetieren ausbrechen, und sie sind in vielen Aspekten ihres Wachstums stabil. Smith fand heraus, daß quer über 21 Primatenarten, das Alter beim Ausbruch der ersten Backenzähne mit 0,89, 0,85, 0,93, 0,82, 0,86 und 0,85 mit den Lebenszyklus-Variablen des Körpergewichts, der Schwangerschaftsdauer, dem Alter der Entwöhnung, der Geburtsintervalle, der sexuellen Reife und der Lebenserwartung korreliert. Die höchste Korrelation war 0,98 mit der Gehirngröße.

Die Größe des Gehirns ist, mehr noch als die Körpergröße der Schlüsselfaktor, der als jene biologische Konstante agiert, die viele Variablen determiniert. Diese beinhalten die Obergrenze bei der Gruppengröße, die über die Zeit hinweg zusammengehalten wird (Dunbar, 1992). Es betrifft auch andere Variable, wie die Geschwindigkeit der körperlichen Reifung, den Abhängigkeitsgrad der Jungen und die maximal berichtete Lebensdauer (Harvey & Krebs, 1990; Hofman, 1993).

Über die letzten 4 Millionen Jahre hinweg hat sich das hominide Hirn in der Größe verdreifacht. Die *Australopithecinen* kamen auf einen Durchschnitt von 500 cm^3, das entspricht der Größe eines Schimpansen. Der *Homo habilis* kam auf einen Schnitt von etwa 800 cm^3, der *Homo erectus* auf etwa 1.000 cm^3, und der moderne *Homo sapiens* auf etwa 1400 cm^3. Wenn der Gehirnentwicklungsquotient, d. i. das erwartete Gehirnverhältnis bei einer gegebenen Körpergröße, für den gleichen evolutionären Zeitrahmen berechnet wird, ist der Anstieg anteilsmäßig geringer, obwohl noch immer substantiell: von 3,0 auf 6,9 (Jerison, 1973; Passingham, 1982). Bei den neuesten Berechnungen reichen die Zahlen von 2,4 bis 5,8 (McHenry, 1992).

Im Hinblick auf den Stoffwechsel ist das Gehirn ein sehr aufwendiges Organ. Obwohl es nur 2 Prozent der Körpermasse ausmacht, benötigt das Gehirn bei Katzen und Hunden etwa 5 Prozent der körperlichen Basisstoffwechselrate, bei Rhesusaffen und anderen Primaten etwa 10 Prozent und beim Menschen etwa 20 Prozent. Bei den Primaten sind die großen Gehirne auch bei den Gegenleistungen des Lebenszyklus aufwendig, da sie eine stabilere Umwelt benötigen, eine längere Schwangerschaft, eine langsamere Reifung, ein höheres Überleben der Nachkommen, ein niedrigeres Reproduktionsergebnis und ein längeres Leben (Pagel & Harvey, 1988; Harvey & Krebs,

1990). Wenn große Gehirne nicht beträchtlich zur Fitneß beitragen würden, hätten sie sich nicht entwickelt. Eine erhöhte Gehirngröße verbessert wahrscheinlich die Fitneß, indem sie die Effizienz erhöht, mit der die Informationen verarbeitet werden.

Dem kontinuierlichem Anstieg der Gehirngröße oder der Komplexität des Nervensystems entsprechend, ordnete Bonner (1980, 1988) die tierischen Verhaltensaspekte und die Entwicklung der Kultur hierarchisch an. Bonner (1980) schrieb:

> „Zwischen dem Auftreten einer Gruppe in der Erdgeschichte und der Größe ihres Gehirns liegt eine negative, direkte Korrelation vor. An einem Ende des Spektrums haben Fische kleine Gehirne, während am anderen Ende Säugetiere die größten Gehirne haben. Dies legt einen Trend zu einem Anstieg in der Lernfähigkeit, zu einem Anstieg in der Flexibilität der Verhaltensreaktionen nahe."

Ein einflußreiches Schema, das vorgeschlagen wurde, um die Entwicklung der *r*- und *K*-Strategien zu erklären, ist die *r*- und *K*-Selektion (E. O. Wilson, 1975). Die Symbole *r* und *K* entstanden in der Mathematik der Populationsbiologie: *r* bezieht sich auf die natürliche *Wachstumsrate* in einer Bevölkerung, die vorübergehend von Ressourcenbeschränkungen befreit ist. Bei *r*-selektierten Spezies wird die Population normalerweise durch unvorhergesehene Charakteristika der Umwelt, wie etwa dem Wetter oder Raubtieren, auf einer niedrigen Dichte gehalten. Unter solchen Umständen nimmt man an, daß sich ein Selektionsvorteil für schnelle und fruchtbare Fortpflanzer ergibt, die ihre Gene maximal reproduzieren, bevor sich die Bedingungen ändern und ihre Leben beendet werden. Auf der anderen Seite bezieht sich *K* auf die *Tragekapazität* eines speziellen Habitats oder auf die Maximalpopulation, die eine Spezies unter bestimmten, feststehenden Bedingungen aufrechterhalten kann. Bei *K*-selektierten Spezies liegt die Population normalerweise bei einer hohen Dichte und man erachtet die Konkurrenzbeziehungen zwischen den Individuen für wichtig. Man geht deshalb von der Hypothese aus, daß die Selektion dabei große Individuen mit einer hohen Wettbewerbsfähigkeit bevorzugt, die als Nachkommen kleine Anzahlen an intensiv Gepflegten produzieren, anstatt sich in hohen Reproduktionsergebnissen zu ergehen. Man meint, daß sich *K*-Strategien in vorhersehbaren Umwelten herausbilden.

Beachten Sie die Tiere und Pflanzen, die auf dem Kontinuum in Abbildung 10.1 aus der Sicht der *r/K*-Theorie dargestellt sind. Die kleinsten Bakterien sind archetypische *r*-Strategen, haben eine maximal hohe Reproduktionsrate und eine enorm schwankende Populationsgröße, je nachdem, wie sich die Umwelt verändert. Auf der anderen Seite überleben die größten Säugetiere und Bäume viele Umweltveränderungen, weil sie so groß sind, und ihre Populationen bleiben über die Zeit hinweg konstant.

Kritiken von und Verbesserungen an den formulierten Meinungen von MacArthur und Wilson (1967) und Pianka (1970) begannen unmittelbar nach deren Veröffentlichung. Während manche behaupteten, daß Piankas Ausweitung eine unangemessene Verallgemeinerung war (Stearns, 1977; Boyce, 1984), erachteten andere sie für sinnvoll, inklusive E. O. Wilson (1975), dem Mitbegründer der *r/K*-Perspektive. Manche meinten, daß die *r*- und *K*-Strategien strenggenommen nicht als bipolare Enden eines Kontinuums organisiert sind, sondern eher rechtwinklige Achsen in einem multidimensionalen Raum beschreiben, in dem auch weitere Strategien wirksam sind (z. B. Alpha-Strategien, aufbauend auf extremen Wettbewerb). Als alternative Erklärungen für die Variationsmuster im Lebenszyklus wurden auch eine „Risiko-Absicherungs"-Theorie und andere Möglichkeiten vorgebracht (Boyce, 1984; Stearns, 1984).

Auf der empirischen Ebene zeigen sich aber auch Abweichungen von den erwarteten positiven Korrelationen. Eine negative Korrelation wurde z. B. zwischen der Körpergröße und der Elternpflege bei einer Reihe von Meerestaxa gefunden. Trotz dieser Anomalien organisierte das r/K-Kontinuum auf eine sinnvolle Art die Information über Eigenschaften des Lebenszyklus. Dawkins (1982: 293) schrieb in diesem Zusammenhang: „Die Ökologen pflegen eine seltsame Haßliebe zum r/K-Konzept; oft geben sie vor es abzulehnen, während sie es gleichzeitig für unentbehrlich halten."

Die r/K-Strategien innerhalb von Spezies

Die Soziobiologen konzentrieren sich in erster Linie auf die evolutionären Ursprünge der Differenzen zwischen den Arten. Doch die Evolutionstheorie erfordert auch, daß es eine genetische Basis für die Differenzen innerhalb der Arten gibt. Zahlreiche Untersuchungen legen nahe, daß das r/K-Kontinuum auch innerhalb von Arten gilt.

Gadgil und Solbrig (1972) untersuchten die innerartlichen Differenzen bei Pflanzen, speziell bei dem bekannten, unkrautartigen Löwenzahn *Taraxacum officinale sensu latu*. Sie maßen ein wichtiges Merkmal von r und K, nämlich jenen Anteil an Ressourcen, der für das Reproduktionsgewebe reserviert ist. Diese individuellen Differenzen hat man unter einer Vielzahl an Gewächshaus-, Glashaus- und experimentellen Freilandbedingungen untersucht. Unter den Populationen natürlich vorkommender Löwenzähne stellte man, wie erwartet, folgendes fest: Diejenigen Biotypen, die auf Rasen wuchsen, auf denen häufiger gegangen wurde, gemäht oder die anderswertig unvorhersehbar gestört wurden (d. h. der r-Selektion unterworfen wurden), hatten einen höheren Samenausstoß und einen größeren Anteil an jener Biomasse, der der Reproduktion dient, als diejenigen Löwenzähne, die in weniger gestörten Gebieten wuchsen. Als die Pflanzen anschließend vom Samen an unter Experimentbedingungen in Gewächshäusern aufgezogen wurden, zeigte man mittels Verwendung einer Vielzahl an Temperaturen und Böden, daß die Unterschiede genetisch fixiert waren. Während die r-selektierten Biotypen mehr Ressourcen an die Samenproduktion zuteilten und die Reproduktionsreife früher erreichten (sie blühten ein Jahr früher), lenkten die K-selektierten Biotypen die Ressourcen in die Blattbiomasse auf Kosten der Samenproduktion und gewannen durch ihre Fähigkeit, auf die r-Typen einen Schatten zu werfen, einen direkten Wettbewerbsvorteil unter Bedingungen mit höherer Dichte.

In einer 5 Jahres-Untersuchung der schwankenden Populationszyklen von Feldmäusen wurde gezeigt, daß die demographischen Veränderungen mit genetischen Markern zusammenhängen, die ein r- und K-Verhalten prognostizieren (Krebs, Gaines, Keller, Myers & Tamarin, 1973). Indem sie durch eine Kombination von Beobachtung in freier Wildbahn, Käfigexperimenten, Verteilungsstudien und polymorphen Serumproteinanalysen zwei Arten von *Microtus* (*M. pennsylvanius* und *M. orchragaster*) untersuchten, zeigten die Autoren, daß der Genotypus, der am meisten für schnelles Populationswachstum verantwortlich war, dazu neigte, der erste Brüter zu sein und sich am meisten verbreitete, als die Populationsdichte hoch war (r-Strategen). Jenes Segment der Population, das hinten blieb, waren Individuen, die für ein konkurrierendes Raumverhalten unter einer hohen Populationsdichte selektiert wurden (K-Strategen).

In einer Studie an Fischen wurden fünf Populationen von amerikanischen Alsen (*Alosa sapidissima*) auf verschiedenen Breiten an der atlantischen Küste beobachtet (Leggett & Carscadden, 1978). Es zeigte sich, daß die Reproduktionsstrategien variierten: Die nördlichen Populationen, die in Umwelten laichen, die thermisch rauh sind, aber sich voraussagbar verändern, führen einen größeren Teil ihrer Energiereserven der Migration zu und stellen damit ein höheres Überleben nach dem Laichen sicher. Dies wurde erreicht durch eine Reduktion jener Energie, die den Keimzellen zugeführt wurde. Diese K-Alsen waren größer, später reif, mehr iteropar (wiederholte Laicher) und weniger fruchtbar (drei- bis fünfmal weniger Eier produzierend) als die uniparen r-Alsen (die nach der Fortpflanzung sterben).

In einem selektiven Zuchtexperiment wählten Taylor und Condra (1980) *Drosophila pseudoobscura* (Fliegen) entweder für eine schnelle Entwicklung in einer nicht beengten Umgebung und einer frühen Eiablage von vielen Eiern (r-Selektion) oder für die Fähigkeit, der Enge und einem intensiven Wettbewerb um Nahrung zu widerstehen (K-Selektion). Nach 10 Monaten und ungefähr 17 Generationen wurden beträchtliche Veränderungen festgestellt: in der Chromosomenfrequenz, in den erwachsenen Ei-Entwicklungsraten (r-selektierte Linien entwickelten sich einen Tag schneller als K-selektierte), Überlebensfähigkeit (als Prä-Erwachsene waren K-selektierte Fliegen 14 bis 22 Prozent lebensfähiger als r-selektierte Fliegen) und Langlebigkeit. Im Gegensatz zur Voraussage wurden jedoch keine Unterschiede bei der Körpergröße, der Gesamtfruchtbarkeit oder der Tragekapazität (Populationsgröße) beobachtet.

In einem anderen Zuchtexperiment untersuchten Hegmann und Dingle (1982) ein Set an Lebenszyklus-Variablen beim Käfer der Seidenpflanze, dem *Oncopeltus fasciatus*. Sie bildeten einen Index aus Körpergröße, Alter bei der ersten Fortpflanzung, Anzahl der Eier pro Brut, Brutintervalle und Entwicklungszeit bis zum Erwachsenenalter. Um die additive genetische Varianz für jedes dieser Merkmale und die additiven genetischen Kovarianzen zwischen ihnen zu schätzen, wandten sie Vergleiche von Halb-Geschwistern an. Die Resultate legten nahe, daß jedes der individuellen Merkmale erblich war, und daß außerdem die Selektion für jede einzelne Eigenschaft in dem

Set wahrscheinlich zu einer Selektion für die anderen führte, weil zwischen den Merkmalen beträchtliche genetische Kovarianzen festgestellt wurden.

In einer 11 Jahres-Studie über die Unterschiede beim Millionenfisch (*Poecilia reticulata*) wurden über 30 bis 60 Generationen genetische Veränderungen in den Überlebensstrategien gezeigt (Reznik, Bryga & Endler, 1990). Die früher reifenden Fische führten einen größeren Anteil ihrer Körpermasse der Reproduktion zu (Gewicht des Embryos/Gesamtkörpergewicht) und produzierten mehr und kleinere Nachkommen pro Brut, während später reifende Fische weniger, dafür größere Nachkommen produzierten. Mittels Experimenten und dem Verpflanzen der Populationen in eine gemeinsame Umwelt wurde gezeigt, daß die Unterschiede erblich waren. Weitere Beweise für eine innerartliche Variation bei den Überlebensstrategien fanden u. a. Lessells, Cooke und Rockwell (1989) bei Schneegänsen und Zammuto und Millar (1985) bei Erdhörnchen.

K und die Entwicklungsgeschichten der Hominiden

Vor 250 Millionen Jahren wurde von den Nachkommen der Reptilien das Säugetierniveau erreicht. Die nachfolgende Evolution der Säugetiere hat Eisenberg (1981) aus einer r/K-Perspektive erklärt. Der Wettbewerb um Ressourcen selektierte [die Tiere] in Richtung auf ein längeres Leben, kleinere Wurfgrößen und für Trends in Richtung Iteroparität. Wenn die Ressourcenbasis innerhalb von Jahren in vorhersagbaren Größenordnungen schwankte, dann selektierte diese Iteroparität in Richtung auf einen gestiegenen Prozentsatz der Lebensspanne, der auf das soziale Lernen aufgebracht wurde. Der gestiegene Bedarf nach sozialem Lernen selektierte wiederum auf ein größeres Gehirn, eine längere Schwangerschaft und verstärktes Wachstum nach der Geburt. Größere Gehirne führten in Folge zu einer aufgeschobenen Sexualreife und zur Bildung eines komplexen, wechselseitigen Sozialgefüges mit hohen Altruismusniveaus. Die ersten primitiven Primaten tauchten vor 70 Millionen Jahren in Form von spitzmausähnlichen Kreaturen auf. Vor 25 Millionen Jahren waren die Primaten gut etabliert und die höheren Primaten hatten sich in drei Typen aufgespalten: die Affen der Neuen Welt, die Affen der Alten Welt und die Menschenaffen. Vor 5 Millionen Jahren [K!] hatte sich die menschliche Evolutionslinie von den afrikanischen Menschenaffen (Schimpansen, Gorillas) getrennt.

Vor etwa 4 Millionen Jahren gingen in Gebieten Ostafrikas zahlreiche Arten von *Australopithecus*' aufrecht am Boden, das waren affenähnliche Hominiden mit kleinen Gehirnen, die nicht viel größer als diejenigen von Menschenaffen waren (etwa 500 cm^3), und großen Eckzähnen. Es gibt Diskussionen darüber, wie der Lebenszyklus und die Familienstruktur der Australopithecinen ausgesehen hat. Ein starker geschlechtlicher Dimorphismus deutet darauf hin, daß diese frühesten Hominiden in ihrem Sexualverhalten eher affen- als menschenähnlich waren, wobei die Männchen physisch um geschlechtsreife Weibchen gekämpft haben (Leakey & Lewin, 1992). Einige

Austalopithecinen aber könnten sich bereits von den Menschenaffen zu differenzieren begonnen haben, indem sie etwas anwandten, das mehr der menschenähnlichen Paarbindung, Familienstruktur und Sozialorganisation entsprach (Johanson & O'Farrell, 1990). In diesem Szenario hatten die Männchen durch den aufrechten Gang die Hände frei, um Nahrung zurück zu ihren Familien zu tragen. Das hätte das gleichzeitige Aufziehen von mehr Nachkommen ermöglicht, als es andere Primaten schafften. Es erforderte einen Trend hin zur Paarbindung, so daß die Nahrung, die die Männchen heim brachten, von ihrem eigenen genetischen Nachwuchs genutzt wurde (Lovejoy, 1981; Johanson & Edey, 1981).

Vor etwa 2,3 Millionen Jahren stießen die Australopithecinen in der ostafrikanischen Savanne auf den *Homo habilis*, einem fortgeschrittenen Hominiden mit einem größeren Gehirn, einem höheren und runderen Schädel und einem weniger vorspringenden Gesicht. Das waren die ersten Repräsentanten der Gattung *Homo* und ihr Name „befähigter Mensch" geht auf die weggespreizten Daumen zurück, die es ihnen ermöglichten, feine Objekte zu ergreifen und zu gestalten und Steinwerkzeuge zu machen. Ihre Hände, gekrümmter als die von modernen Menschen, waren noch für das Greifen und Klettern in Bäumen angepaßt. Sie aßen wahrscheinlich ein breitgefächertes Nahrungsangebot und lebten in nahrungsteilenden Sozialgruppen von etwa 20 oder 30 Individuen, Männer und Frauen, Junge und Geschlechtsreife, gleichermaßen zusammen.

Vor fast 2 Millionen Jahren tauchte *Homo erectus* in Afrika auf, voll angepaßt an den aufrechten Gang und gerade stehender als seine Vorfahren. Die Männer waren etwa 180 cm und die Frauen etwa 160 cm groß (McHenry, 1992). Ihre Hände konnten präzise greifen und viele Werkzeugarten herstellen. Ihre Schädel, mit Gehirnvolumina von etwa 1.000 cm^3, waren auch größer. Aber sie hatten immer noch eine fliehende Stirn, große Schneidezähne, starke Augenbrauenwülste [Glossar!] über den Augen und extrem dicke Nackenmuskeln.

Der *H. erectus* lebte wahrscheinlich in kleinen Gruppen von vielleicht 100 Mitgliedern, von denen die meisten genetisch verwandt waren. Man verbrachte die Zeit mit dem Jagen und Sammeln entlang von Flußufern oder an den Küsten von Seen. Aus Knochen und Steinen machte man Waffen und Werkzeuge. Das Feuer war erfunden und ermöglichte die Verlegung von offenen Lagern in Höhlen. Der *erectus* konnte sich also warm halten und begann, möglicherweise vor ca. 1,8 Millionen Jahren, durch ganz Eurasien zu wandern. In Europa und Westasien entstanden die Neandertaler. Die Neandertaler entwickelten Kleider, bauten einfache Winterunterschlüpfe, lagerten Nahrung und begruben ihre Toten. Sie hatten Gehirnvolumina, die mit denen des frühen *H. sapiens* vergleichbar waren, und teilten vielleicht noch vor 50.000 Jahren in Gebieten des Nahen Ostens eine ähnliche Steinzeittechnologie.

Der *H. erectus* war wahrscheinlich ein Jäger, der den Kannibalismus und die Kopfjagd praktizierte. Aber das Fleisch der Jagd hat wahrscheinlich nur einen kleinen Teil der Nahrung gebildet. Andere Nahrungsmittel waren

Schlangen, Vögel und deren Eier sowie Mäuse und andere Nagetiere. Viele von diesen könnten möglicherweise auch die Kinder gefangen haben, so wie bei heutigen Jägern, wie die Kalahari-Buschmänner und die australischen Aborigines. Pflanzliche Nahrung war ein besonders großer Teil der Ernährung in Form von fleischigen Blättern, Früchten, Nüssen und Wurzeln.

Der *H. erectus* dürfte die Sprache nicht so vollständig verwendet haben wie die modernen Menschen (Milo & Quiatt, 1993). Die sprachliche Anatomie des Neandertalers scheint verhindert zu haben, daß er die gesamte Bandbreite der menschlichen Sprechlaute erzeugen konnte (Lieberman, 1991). Die weniger fortgeschrittenen sprachlichen und kognitiven Fähigkeiten des *H. erectus* haben dann den modernen Menschen möglicherweise einen evolutionären Vorteil bei der Kommunikation und beim Wettbewerb um Nahrung verschafft. Vor 32.000 Jahren existierten die Neandertaler nicht mehr.

Da der *H. erectus* Waffen verwendete und ein beuteschlagendes Wesen war, spekulierten manche Theoretiker, daß sie „Killer-Affen" waren, die sich an Mord und Krieg beteiligten. Diese Sichtweise wurde am meisten von Robert Ardrey (1961: 31) in seinem Buch *African Genesis* [dt.: *Adam kam aus Afrika*] populär gemacht. Ardrey schrieb:

> „Der Mensch entwickelte sich aus dem anthropoiden Umfeld nur aus einem Grund, nämlich weil er ein Mörder war. Vor langer Zeit, vielleicht vor vielen Millionen von Jahren, zweigte eine Linie von Killer-Affen von dem nichtaggressiven Primatenumfeld ab. Aufgrund der Notwendigkeiten der Jagd entwickelte sich die Linie weiter. Wir lernten in erster Linie wegen der Erfordernisse der jagenden Lebensweise, aufrecht zu stehen. Durch unsere Verfolgung des Wildes über die gelbe afrikanische Savanne lernten wir zu laufen ...
>
> Ein Fels, ein Stock, ein schwerer Stein – für unsere Vorläufer, die Killer-Affen, war das eine Frage des Überlebens. Aber die Verwendung der Waffe bedeutete neue und vermehrte Anforderungen an das Nervensystem für die Koordination der Muskeln und des Greifens und Sehens. Und so kam zuletzt das vergrößerte Hirn und am Schluß der Mensch.
>
> Die antike Annahme, daß der Mensch der Urheber der Waffe war, liegt weit ab von der Wahrheit. *Im Gegenteil war die Waffe der Urheber des Menschen.*" (Hervorhebung durch den Autor)

Wenn auch das Töten bei der Jagd oder in der Schlacht einen gewissen Anreiz für die Evolution der Menschen hin zu einem bipedalen aufrechten Gang und einem größeren Hirn lieferte, dann war die Fähigkeit und das Bedürfnis, eine Keule zu führen, sicherlich nicht ausreichend. Genauso wichtig war es, die Fähigkeit zu kooperieren, zu erlernen und als Gruppe zu funktionieren. Die Menschen waren nicht nur Jäger. Sie waren auch Jäger-und-*Sammler*, wobei bis zu zwei Drittel ihrer Ernährung aus pflanzlicher Nahrung bestand.

Mit zunehmender Komplexität der Gesellschaftsorganisation dürften soziale Regeln notwendig geworden sein, um die persönlichen Antriebe und Emotionen des Individuums, sprich: Eifersucht, Angst, Sex und Aggression, unter Kontrolle zu bringen. Die Sprache entwickelte sich, um die Kooperation zu verbessern. In der Folge wurden die Menschen religiös, loyal und gegenüber der Gruppe altruistisch und fähig zum abstrakten Theoretisieren über ihre eigene Natur und über die Gesellschaft, von der sie ein Teil waren.

Der Altruismus und die Gemeinschaft, genauso wie jeder Killer-Instinkt, entstanden aus einer evolutionären Notwendigkeit heraus.

Die menschliche Natur ist daher – sogar auf der Ebene des *Homo erectus* – wesentlich komplexer und positiver, als es Begriffe wie *Killer-Affe* nahelegen. Auch wenn sich herausstellt, daß das Töten einer der evolutionären Schrittmacher des Menschen gewesen ist, kann es wenig Zweifel geben, daß die Kooperation und der Altruismus gegenüber den Gruppenmitgliedern ein anderer war. Eine Neigung zur Feindseligkeit und zum Mißtrauen gegenüber Gruppenfremden und zur Loyalität und Identifikation gegenüber Gruppenmitgliedern scheint die umfassendere Geschichte dieser früheren Entwicklung zu sein.

Lovejoy (1981) lieferte ein vollständigeres Szenario, wie die *K*-Selektion die entwickelnde hominide Linie dazu brachte, die einzigartigen Reproduktions- und andere Merkmale zu entwickeln, die sie von den Menschenaffen trennten, inklusive der Zweifüßigkeit, einem reduzierten Vordergebiß, einem großen Neocortex und einer Werkzeugkultur. Obwohl die *K*-Strategie der Anpassung ein allgemeines Säugetiermerkmal ist und unter den Primaten gut entwickelt ist, behauptete Lovejoy, daß sich die Hominiden von den Pongiden durch eine Anpassungsstrategie unterschieden, die die *r*-selektierte Eigenschaft eines kürzeren Abstandes zwischen den Geburten beinhaltete.

Weil die *K*-Selektion die zeitlichen Abstände zwischen den Geburten erhöht, kann eine Spezies, die sich eine extreme *K*-Strategie zu eigen macht, die eigene Auslöschung riskieren. Die großen Affen zum Beispiel produzieren nur einen Säugling alle fünf oder sechs Jahre, ein gefährlich niedriges Reproduktionsniveau, um das Überleben sicherzustellen. Lovejoy (1981) meinte, daß die frühen Hominiden sich in Richtung Paarbindung bewegt hatten, um eine größere Anzahl an Nachkommen produzieren zu können, bei einer ansonsten steigenden *K*-Strategie. Das setzte eine Serie von Rückkopplungsschleifen in Bewegung. Die Paarbindung hatte zur Folge, daß die Frauen und Kleinkinder von den Männern mit Nahrung versorgt wurden, was wiederum zur Folge hatte, daß die Frauen nicht so mobil sein mußten und mehr Kinder auf einmal aufziehen konnten. Das erforderte, daß die Männer Nahrung heim zu ihren Familien brachten, was einen zweifüßigen Gang erforderlich machte, um die Hände für das Tragen frei zu haben, was wieder die Paarbindung erforderte, damit die Nahrung, die die Männer heimbrachten, auch von ihrem eigenen genetischen Nachwuchs verwendet wurde. Die Paarbindung könnte auch zu einer Reduzierung im Mann/Mann-Wettbewerb um Weibchen geführt haben und so eine Kooperation und breitere soziale Bindung möglich gemacht haben.

Die Ideen Lovejoys liefen auf eine Infragestellung der Mehrheitsmeinung hinaus. Seit Darwin herrschte die Überzeugung vor, daß die Zweifüßigkeit und ein großer Neocortex die Folge der Werkzeugverwendung und des Jagens waren. Die hominiden Fossilien, die in Äthiopien gefunden und dem *Australopithecus* zugeschrieben wurden – gemeinsam mit den 4 Millionen Jahre alten Fußspuren, die bei Laeotali in Tansania entdeckt wurden –, machten die Jagd-Hypothese unwahrscheinlich. Die Untersuchung der Schädel und der Becken legte nahe, daß die Zweifüßigkeit aufkam, als die Gehirngröße nicht größer als von einem modernen Schimpansen war, etwa 2 Millionen Jahre vor dem weitverbreiteten Gebrauch der Werkzeugkultur (Johanson & Edey, 1981).

Da die Zahnentwicklung exakt die vorhandenen Entwicklungsgeschichten der Primaten wiedergibt, kann sie verwendet werden, um einen Einblick in die ausgestorbenen Hominiden zu bekommen, die nur durch fossile Funde bekannt sind. B. H. Smith (1989) entwickelte Prognosen für das Alter beim Durchbruch der ersten Backenzähne und für die Lebenserwartung. Sie teilte die Muster der Entwicklungsgeschichte, die sich daraus ergaben, in drei Grade. Den ersten, einen „Schimpansengrad", wandte sie auf die Australopithecinen an. Hier legten die Daten etwas mehr als 3 Jahre für das Erscheinen der ersten Backenzähne nahe und eine Lebenserwartung von etwa 40. Als nächstes umfaßte ein „*erectus*-Grad" den *Homo habilis* und den frühen *Homo erectus* mit 4,6 Jahren für die ersten Backenzähne und 52 Jahre für die Lebenserwartung. Zum Schluß bildeten die modernen Menschen gemeinsam mit dem späteren *erectus* und den Neandertalern einen dritten Grad, in dem die ersten Backenzahndurchbrüche mit 5,9 Jahren stattfanden und die Lebenserwartung 66 Jahre betrug.

Falk (1992), Leakey, Lewin (1992) u. a. kamen zu dem Schluß, daß die weitere Zahnforschung bestätigt, daß die Australopithecinen mehr affen- als menschenähnlich waren. Das Entwicklungsschema hat darauf hingedeutet. Bei den Menschenaffen erscheint der Eck- nach dem zweiten Backenzahn, während es bei den Menschen umgekehrt ist. Menschenaffen und Menschen unterscheiden sich auch im Verhältnis zwischen der Entwicklung der Vorder- und Hinterzähne. Forschungen, die die Computertomographie verwendeten, um dreidimensionale Röntgenbilder von fossilen Schädeln zu erzeugen, legten nahe, daß die Australopithecinen zweifüßige Affen waren, mit affenähnlichen Entwicklungsgeschichten und affenähnlichen Gesichts- und Zahnentwicklungen. Nichtsdestoweniger gab es einige hominidenähnliche Merkmale, inklusive des fehlenden Abstands zwischen den Eckzähnen, den vorderen Backenzähnen und der Gesamtform des Gehirns.

Um es zu wiederholen: Bei einer Reihe von Anpassungen sind die großhirnigen modernen Menschen von allen Primaten am meisten K geworden. Wie Abbildung 10.3 zeigt, gibt es einen konstanten Trend in Richtung verlängerte Lebenserwartung, verlängerte Schwangerschaft, Einzelgeburten, längere Zeitspannen zwischen den Schwangerschaften und in Richtung Entwicklungsaufschub. Mit jeder Stufe in der Naturskala widmen die Populationen einen größeren Anteil ihrer Reproduktionsenergie der präerwachsenen Fürsorge mit steigenden Investitionen in das Überleben von weniger Nachkommen.

R. L. Smith (1984) beschrieb das mögliche Familienleben und die Gesellschaftsorganisation von *Homo* näher. Er vermutete, daß vor 1 bis 2 Millionen Jahren der Grad der männlichen Bindung und weiblichen Promiskuität dem von Schimpansen ähnlicher gewesen sein könnte. In einer solchen Situation, wo Ejakulate von mehr als einem Männchen in der Nähe der Eizellen auftauchen, führte der Spermienwettkampf zu vergrößerten Penissen und Hoden, um tiefere und umfangreichere Ejakulationen möglich zu machen. Mit der steigenden Bewaffnung und der individuellen Kontrolle der Männer über die Nahrungsressourcen wäre die weibliche Promiskuität durch eine zeitweilige Brautwerbung ergänzt worden, was die Weibchen dazu befähigt hätte, daß sie zu mehr väterlichen Investitionen in den Nachwuchs kommen und bei Männchen zu einer größeren Verläßlichkeit im Hinblick auf die Vaterschaft. Der evolutionäre Wettbewerb unter Frauen hat möglicherweise zu einer kontinuierlichen weiblichen Attraktivität geführt, die durch dauerhafte Hängebrüste, eine ständige sexuelle Empfänglichkeit und versteckten Eisprung gekennzeichnet ist. Der Wettbewerb unter Männchen könnte für eine erhöhte Fähigkeit, Ressourcen und Investitionen väterlicherseits zur Verfügung zu stellen, selektiert haben. Langsam fand eine Bewegung in Richtung Paarbindung statt.

Die weiteren Folgen der Paarbindung beim Menschen hat Lovejoy (1981) beschrieben. Mit einer stärkeren Paarbindung mußten im Wettstreit um Frauen nicht mehr so viele feindselige Interaktionen zwischen Männern stattfinden. Mit der verringerten Betonung des Sexualwettstreits wäre der Bedarf nach einem Vordergebiß, einer schweren Muskulatur und einer allgemeinen Robustheit gesenkt worden und die Komplexität der Sozialorganisation hätte zugenommen. Das hätte auch die Kinderanzahl erhöht, die bis zur Reproduktionsreife aufgezogen werden konnte. Tatsächlich legte Lovejoy (1981) nahe, daß ein Evolutionsprozeß in Gang gesetzt worden war, der zu einer Verlängerung des Jugendstadiums in der menschlichen Entwicklung führte, einer vermehrten elterlichen Gesamtfürsorge und der Herausbildung der einzigartigen menschlichen Überlebensstrategie.

Rassenunterschiede bei den *r/K*-Strategien

Es ist an der Zeit zu überlegen, ob die *r/K*-Theorie die Rassenunterschiede beim modernen Menschen erklären kann. Der durchdringende Charakter des Merkmalsmusters, das in Tabelle 1.1 zusammengefaßt wird, deutet darauf hin, daß die zugrundeliegenden Mechanismen stark sind. Die Rassenunterschiede in bezug auf die Gehirngröße bei der Autopsie, dem inneren Schädelvolumen und den extern gemessenen Schädeln vor und nach der Korrektur für die Körpergröße, wurden in Kapitel 6 besprochen. Diese zeigten, daß die Mongoliden auf einen Durchschnitt von 1.364 cm³ kamen, die Europiden auf 1.347 cm³ und die Negriden auf 1.267 cm³. Daraufhin wurde in Kapitel 7 eine umgekehrte Beziehung zwischen der Gehirngröße und der körperlichen Reifungsgeschwindigkeit festgestellt, inklusive dem Alter beim Ausbruch der ersten Backenzähne. Eveleth und Tanner (1990) hatten die Daten über die erste Phase der bleibenden Zähne aus internationalen Quellen zusammengetragen. Dabei kamen acht gemischtgeschlechtliche afrikanische Stichproben auf einen Durchschnitt von 5,8 Jahren, verglichen mit 6,1 Jahren für 20 europäische und 8 ostasiatische Datenreihen. Auch zeigte sich ein paralleler Rassenunterschied beim Abschluß dieser ersten Phase: bei Afrikanern im Alter von 7,6, bei Europäern im Alter von 7,7 und bei Ostasiaten bei 7,8 Jahren.

Das Kapitel 8 besprach die Rassenunterschiede bei der Anzahl der dizygoten Zwillinge pro 1.000 Geburten, die Folge der Produktion von zwei Eiern im selben Menstruationszyklus sind. Die Häufigkeit pro 1.000 Geburten liegt bei Mongoliden bei weniger als 4, bei Europiden bei etwa 8 und bei Negriden ist sie größer als 16, wobei manche afrikanische Populationen Häufigkeiten von 57 pro 1.000 haben (Bulmer, 1970). Viele nachfolgende Untersuchungen aus der ganzen Welt haben dieses Rassenschema bestätigt und haben auch gezeigt, daß die Häufigkeit von nicht-monozygoten Drillingen und Vierlingen die gleiche Rangfolge aufweisen (Allen, 1987, 1988; Imaizumi, 1992; Nylander, 1975). Das Muster ergibt sich, weil die Tendenz zum doppelten Eisprung größtenteils durch die Rasse der Mutter vererbt wird, unabhängig von der Rasse des Vaters, wie das bei mongolid/europiden Mischpaaren auf Hawaii und bei europid/negriden Mischpaaren in Brasilien zu beobachten war (Bulmer, 1970).

Von den Populationen, die bei der Eiproduktion die geringere K-Strategie anwenden (d. h. mehr Eier produzieren), nimmt man an, daß sie auch einen größeren Prozentsatz der Körperressourcen auf andere Aspekte der Reproduktionsbemühung aufwenden. Das Kapitel 8 präsentierte zusätzliche Daten über Reproduktionsanstrengungen und sexuelles Engagement. Mongolide und negride Populationen lagen an gegenüberliegenden Enden und die Europiden dazwischen. Dieses Muster zeigte sich regelmäßig bei Eigenschaften wie:

- Häufigkeiten des Geschlechtsverkehrs (vorehelich, ehelich, außerehelich).
- Entwicklungsfrühreife (Alter beim ersten Geschlechtsverkehr, Alter bei der ersten Schwangerschaft, Anzahl der Schwangerschaften).
- Primäre Geschlechtsmerkmale (Größe des Penis', der Vagina, des Hodens und der Eierstöcke).
- Sekundäre Geschlechtsmerkmale (markante Stimme, Muskularität, Gesäßbacken, Brüste).
- Biologische Kontrolle des Verhaltens (Länge des Menstruationszyklus, Häufigkeit des Sexualverlangens, Vorhersagbarkeit des Lebenszyklus ab Beginn der Pubertät.
- Geschlechtshormone (Testosteron, Gonadotropin, follikelstimulierendes Hormon).
- Einstellungen (Freizügigkeit gegenüber vorehelichem Sex, Erwartung von außerehelichem Sex).

Die Rassenunterschiede in der Intelligenz, dem gesetzeskonformen Verhalten, der Gesundheit und Langlebigkeit, die in den Kapiteln 6, 7, und 8 besprochen wurden, scheinen in ähnlicher Weise durch die r/K-Theorie gereiht zu werden. Das ist auch die Sichtweise von Lee Ellis (1987), der eine r/K-Analyse der Rassenunterschiede beim Verbrechen durchführte. Nachdem er eine Unterscheidung zwischen vorsätzlich verletzenden Akten, in denen jemand offensichtlich geschädigt wird, und nicht-verletzenden Akten, wie etwa Prostitution und Drogenkonsum, einführte, faßte Ellis ein verletzendes kriminelles Verhalten als das Gegenteil vom Altruismus auf und daher als eine r-selektierte Eigenschaft.

Ellis (1987) durchforstete die Literatur und suchte nach universellen demographischen Korrelaten des kriminellen Verhaltens und fand folgende Eigenschaften, die auf eine r-Selektion hindeuten:
- Anzahl der Geschwister. (Verletzende Täter kamen aus Familien mit vielen Geschwistern oder Halbgeschwistern.)
- Intaktheit der Elternehe. (Täter kamen aus Familien, in denen die Eltern nicht mehr zusammenlebten.)
- Kürzere Schwangerschaften (Täter hatten mehr Frühgeburten).
- Täter hatten eine raschere Entwicklung zur sexuellen Aktivität.
- Täter hatten außerhalb fester Beziehungen häufiger Geschlechtsverkehr (oder gaben dafür zumindest eine deutlichere Präferenz an).
- Täter hatten weniger stabile Bindungen.
- Täter hatten niedrigere Elterninvestitionen in den Nachwuchs (gemessen an höheren Raten der Kindesaussetzungen, -vernachlässigung und -mißbrauchs).
- Täter hatten eine kürzere Lebenserwartung.

Ellis (1987) untersuchte daraufhin die Hinweise über Rassenunterschiede bei diesen Merkmalen und zog den Schluß, daß Schwarze mehr r-selektiert als Weiße sind und beide mehr r-selektiert als Asiaten sind. Weil die Schwarzen quer durch die Gesellschaften höhere vorsätzlich verletzende Verbrechensraten als Weiße haben, und Weiße wiederum höhere Raten als Asiaten haben, zog er auch den Schluß, daß die Rassenunterschiede bei den Verbrechensraten wahrscheinlich das Ergebnis von denselben zugrundeliegenden neurohormonalen Mechanismen wären, die zu den Unterschieden in den Reproduktionsstrategien führen.

In einer späteren Extrapolation baute Ellis (1989: 94) die Reproduktionsstrategien und die neurohormonalen Faktoren in eine Theorie der Vergewaltigung ein. In dieser machte er explizit (1989: 94) die Prognose, daß „Schwarze höhere Vergewaltigungsraten als Weiße aufweisen müßten und Weiße wiederum höhere Raten als Asiaten." Wie in Kapitel 7 und Tabelle 7.3 beschrieben, verzeichnen afrikanische und karibische Staaten die doppelte Anzahl an Vergewaltigungen wie europäische Staaten und viermal mehr als Staaten des Pazifischen Raums. Wenn man die von Interpol-Daten zusammenfaßt und den Durchschnitt über fünf Jahre berechnet, ergibt das pro 100.000 der Bevölkerung die folgende Anzahl an Vergewaltigungen: bei Negriden 13, bei Europiden 6 und bei Mongoliden 3. Diese verhältnismäßigen Rassenunterschiede ähneln jenen, die man innerhalb der Vereinigten Staaten findet, und sie bestätigen Ellis Vorhersage.

Zusammengefaßt: Wenn man das Merkmalsschema, das in Tabelle 1.1 zusammengestellt ist, mit den Merkmalen in Tabelle 10.1 abgleicht, legt es nahe, daß die Mongoliden mehr K-selektiert als die Europiden sind, welche wiederum mehr K-selektiert als die Negriden sind. Diese Sicht der r/K-Theorie ist präzise genug, um neue Forschung nach sich zu ziehen und Anomalien deutlich zum Vorschein zu bringen. Zum Beispiel würde man anhand von Tabelle 10.1 vorhersagen, daß die Mongoliden größer wären als die Europiden, die wiederum größer wären als die Negriden, und trotzdem scheint dieses Muster nicht zuzutreffen (Eveleth & Tanner, 1990).[1]

Eine gewaltige Herausforderung für alternative Theorien zu der r/K-Formulierung ist die umgekehrte Relation, die man zwischen der Gehirngröße und der Keimzellenproduktion bei den Menschenrassen empirisch beobachten kann und ihr Zusammenhang mit anderen Bio-Verhaltensvariablen. Es ist kein Umweltfaktor bekannt, der die wechselseitige Beziehung zwischen Gehirngröße, Reifeungsgeschwindigkeit und Reproduktionspotenz erklären kann oder so viele verschiedene Variable dazu bringen könnte, in einer so umfassenden Weise miteinander zu korrelieren. Es gibt aber einen genetischen Faktor, nämlich die Evolution.

---

[1] Anm. d. Ü.: D. h. das in bezug auf die Körpergröße der drei Menschenrassen eine Anomalie bzw. eine Abweichung von dem alleine durch die Theorie zu erwartendem Ergebnis vorliegt.

11
OUT OF AFRICA

Die Rassenunterschiede bei den Reproduktionsstrategien passen auf eine interessante Art und Weise zu den modernen Theorien der menschlichen Evolution. Schätzungen der genetischen Distanz, inklusive jene von DNA-Sequenzierungen, weisen darauf hin, daß archaische Versionen der drei Rassen aus einer Ahnenlinie der Hominiden in folgender Reihenfolge hervorgingen:
  Afrikaner vor weniger als 200.000 Jahren, mit einer afrikanisch/nicht-afrikanischen Abspaltung vor ungefähr 110.000 Jahren, und einer europid/mongoliden vor ungefähr 41.000 Jahren (Stringer & Andrews, 1988). Eine solche Anordnung würde zu der Art und Weise, in der die Variablen sich gruppieren, passen und sie gleichzeitig erklären. Die am frühesten hervorgetretenen Negriden waren am wenigsten K-selektiert; die später auftretenden Europiden waren am zweitwenigsten K-selektiert, und die am Schluß auftretenden Mongolide waren am meisten K-selektiert.

Die Ursprünge der Rassen

Australopithecus, Homo habilis und *Homo erectus* tauchten alle zuerst auf dem afrikanischen Kontinent auf. Daher ist Afrika, wie Charles Darwin richtig vermutete, „die Wiege der Menschheit". Es gibt jedoch zwei sehr verschiedene, miteinander konkurrierende Theorien darüber, wie es zur rassischen Differenzierung in den Endphasen der Hominidenevolution kam. An den jeweils entgegengesetzten Enden (Abbildung 11.1) sind dies die Multiregionale Theorie und die Single-Origin-Theorie (Sussman, 1993). Das Multiregionale Modell basiert auf der Zurückverfolgung vieler rassischer Charakteristika über sehr lange Zeitperioden hinweg. Dies ist beim Single-Origin-Modell nicht erforderlich. Letzteres besagt, daß sich eine gemeinsame weibliche Vorfahrin für alle Menschen, genannt „Eve" (= dt. Eva), erst in jüngerer Zeit in Afrika entwickelte.
  Beide Theorien stimmen darin überein, daß vor 1 bis 2 Millionen Jahren der *Homo erectus* aus Afrika kam und Eurasien bevölkerte. Sie sind aber geteilter Meinung, ob die Nachkommen dieser *erectus*-Bevölkerungen (die Neandertaler in Europa, der Peking-Mensch in China und der Java-Mensch in Indonesien) sich zu den Vorfahren des neuzeitlichen Menschen entwickelten, oder ob die *erectus*-Gruppe eine evolutionäre Sackgasse war, die durch eine

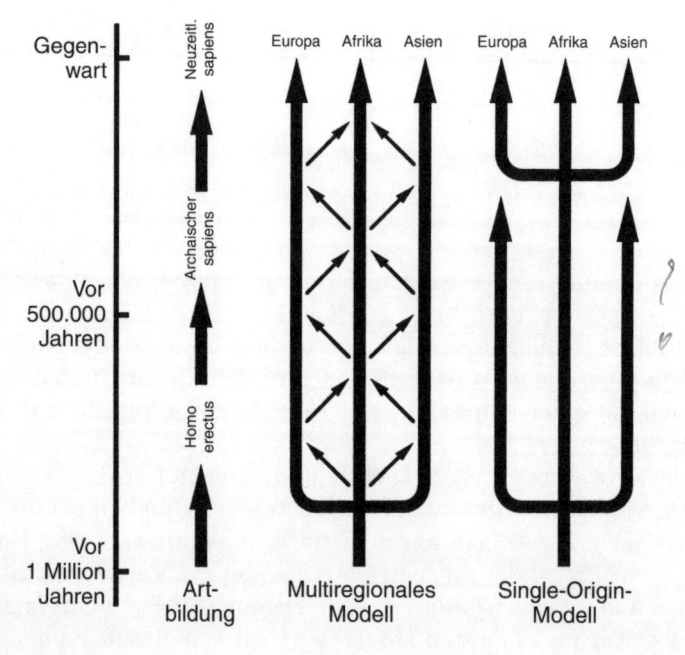

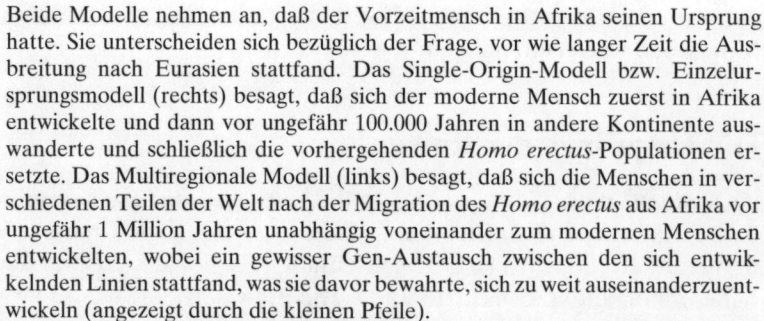

Abb. 11.1: Die alternativen Modelle für die Evolution der Menschenrassen

Beide Modelle nehmen an, daß der Vorzeitmensch in Afrika seinen Ursprung hatte. Sie unterscheiden sich bezüglich der Frage, vor wie langer Zeit die Ausbreitung nach Eurasien stattfand. Das Single-Origin-Modell bzw. Einzelursprungsmodell (rechts) besagt, daß sich der moderne Mensch zuerst in Afrika entwickelte und dann vor ungefähr 100.000 Jahren in andere Kontinente auswanderte und schließlich die vorhergehenden *Homo erectus*-Populationen ersetzte. Das Multiregionale Modell (links) besagt, daß sich die Menschen in verschiedenen Teilen der Welt nach der Migration des *Homo erectus* aus Afrika vor ungefähr 1 Million Jahren unabhängig voneinander zum modernen Menschen entwickelten, wobei ein gewisser Gen-Austausch zwischen den sich entwickelnden Linien stattfand, was sie davor bewahrte, sich zu weit auseinanderzuentwickeln (angezeigt durch die kleinen Pfeile).

Welle von anatomisch modernen Menschen ersetzt wurde, die sich vor weniger als 200.000 Jahren in Afrika entwickelt hatten.

Die Multiregionale Theorie behauptet, daß sich über eine Zeitspanne von über 1 Million Jahren hinweg die modernen menschlichen Rassen über Zwischenstadien aus dem *Homo erectus* parallel zueinander entwickelt haben. So entwickelten sich die modernen Europäer aus dem Neandertaler, die Chinesen aus dem Peking-Menschen, die australischen Aborigines aus dem Java-Menschen. Man behauptet, daß dabei einzelne morphologische Züge von den archaischen Populationen bis zu den heutigen gleich geblieben sind (Wolpoff, 1989; Thorne & Wolpoff, 1992; Frayer, Wolpoff, Thorne, Smith & Pope, 1993). Zu diesen gleichbleibenden Zügen gehören die, entsprechend denen der Neandertaler (vor 200.000 bis 32.000 Jahren) vorstehenden Nasen der heutigen Europäer, die flachen Gesichter und schaufelförmigen Schneidezähne der heutigen Chinesen, verglichen mit denen des Peking-Menschen und der Zhoukoudian-Fossilien (vor 500.000 bis 200.000 Jahren), und der durchgehende Augenbrauenwulst der heutigen Australier mit dem des Java-Menschen und der Ngandong-Fossilien (vor 700.000 bis 100.000 Jahren). Bedingung für diese Ansicht ist, daß es einen starken Gen-Austausch zwischen den verschiedenen Gruppen gegeben hat, um die einheitliche Entwicklung zu erhalten.

Im Gegensatz dazu besagt die Single-Origin-Theorie, daß der heutige moderne Mensch erst jüngst, vielleicht vor nur 140.000 Jahren, aus einer primitiven afrikanischen Population hervortrat und dann in alle Erdteile auswanderte. In diesem Prozeß entwickelten sich spezifische Rassenmerkmale, während die existierenden Neandertaler und *Homo erectus*-Populationen verdrängt wurden (A.C. Wilson & Cann, 1992). Eine verbreitete Version dieser Theorie meint, daß keine genetische Vermischung zwischen den modernen und älteren Populationen stattfand. Man stellt sich eine afrikanische/nicht-afrikanische Aufspaltung vor, die vor 110.000 Jahren im Gefolge einer Ausbreitung im Nahen Osten stattfand – dem Weg aus Afrika heraus – mit einer europid/mongoliden Aufspaltung vor 41.000 Jahren (Stringer & Andrews, 1988).

Der Haupt-Diskussionspunkt zwischen den beiden Theorien ist, ob es eine regionale Kontinuität in den Fossilien-Funden gibt. In ihrer Übersichtsarbeit, die das Single-Origin-Modell unterstützt, behaupten Stringer und Andrews (1988), daß die von den Multiregionalisten beanspruchten Fossilienbefunde so unvollständig sind, daß nur auf Grund der vorhandenen Fossilien kein Konsens möglich ist – nicht einmal unter Paläontologen. Ihre Analyse legt nahe, daß die asiatischen *erectus*-Populationen von denen in Afrika evolutionär unterschiedlich wären. Aber diese asiatischen Formen wären dann ausgestorben, und die afrikanische Spezies des *Homo*, der nicht mehr *Homo erectus* genannt werden sollte, wäre der Ahnherr des anatomisch modernen Menschen.

Die Fachmeinung scheint zunehmend die Single-Origin-Ansicht zu bevorzugen. Wegen ihrer starken Übereinstimmung mit den Daten von Abbildung 1.1 bevorzugte der Autor von Anfang an die Single-Origin-Theorie (Rushton, 1989a, 1992b). Es ist aber nicht entscheidend für unsere Theorie, welche der beiden Ansätze für die rassischen Ursprünge sich als richtig erweist. Für diese Diskussion und ihre Beweisgrundlagen liegen viele Literaturbeiträge vor (Brown, 1990; Diamond, 1991; Fagan, 1990; Howells, 1993; Leakey & Lewin, 1992; Sussman, 1993). Hier wird das Thema hauptsächlich von der Single-Origin-Perspektive betrachtet werden, und zwar basierend auf genetischen, paläontologischen, archäologischen, linguistischen und verhaltensbezogenen Quellen.

Genetische Indizien

Für viele Single-Origin-Theoretiker liegt die bevorzugte Art der Beweisführung auf molekularer, genetischer Ebene; teils deshalb, weil Gene und ihre

Nebenprodukte wie Blutproteine reichlich zur Verfügung stehen. Man kann existierende menschliche Populationen durch Messung von Ähnlichkeiten und Unterschieden vergleichen und die Divergenzdaten schätzen. Große genetische Stichproben helfen kleinere, oft lokale Variationen auszugleichen. A. C. Wilson und Cann (1992: 68) erklären den Vorteil der Gene gegenüber Fossilien in der Beweisführung:

„[L]ebende Gene müssen Vorfahren haben, wogegen tote Fossilien nicht Nachfahren haben müssen. Molekularbiologen wissen, daß die Gene, die sie untersuchen, von Abstammungslinien weitergegeben werden mußten, die bis in die Gegenwart überlebt haben; Paläontologen können aber nicht sicher sein, daß die Fossilien, die sie untersuchen, nicht in einer evolutionären Sackgasse geendet haben."

In einem frühen Durchbruch, in dem sie Molekularbeweise verwendeten, hatten Sarich und Wilson (1967) gezeigt, daß sich die menschliche Abstammungslinie vom afrikanischen Menschenaffen vor nur 5 bis 8 Millionen Jahren abspaltete, anders als die von Paläontologen behaupteten 25 Millionen Jahre. Das bedeutet nach Meinung dieser beiden Wissenschaftler, daß die afrikanischen Menschenaffen (Schimpansen und Gorillas) genetisch enger mit den Menschen verwandt seien, als mit den asiatischen Menschenaffen (Orang-Utans), von denen sie sich vor 10 bis 13 Millionen Jahren abgespaltet hatten. Das bedeutet weiter, daß die Menschen und Schimpansen einander die nächsten Verwandten seien; Schimpansen und Menschen seien einander ähnlicher, als es beide gegenüber den Gorillas seien. Diese Schlußfolgerungen über Verwandtschaft widersprachen sowohl der oberflächlichen physischen Ähnlichkeit als auch der mehr formalen anatomischen Analyse, nach der Schimpansen und Gorillas am nächsten verwandt zu sein scheinen.

Sarich und Wilsons (1967) molekulare Uhr verwendete Blutgruppensysteme und Proteine. Spätere Beweisketten beinhalteten DNA-Hybridisierung, mitochondriale (mt) DNA-Sequenzierung und nukleare DNA-Sequenzierung. Alle Uhren beruhen auf der Annahme, daß wenn die Mutationsrate mehr oder weniger konstant ist, man die Zeit der Abspaltung von einem gemeinsamen Vorfahren schätzen kann, indem man die Zahl der Unterschiede zwischen zwei Populationen zählt.

Nur 1 bis 5 Prozent des DNA-Genoms werden in Proteinen ausgedrückt. Zwischen 95 und 99 Prozent besteht aus Intronen, Pseudogenen oder „junk"-DNA, die sozusagen mitläuft und von Generation zu Generation reproduziert wird, ohne die Morphologie im geringsten zu beeinflussen. Diese überflüssige DNA mag zwar für den Organismus ohne großen Nutzen sein, aber für die Forscher ist sie von großem Wert. Da sie nicht durch die natürliche Selektion beeinträchtigt wird, akkumulieren sich Mutationen in dieser „neutralen" DNA noch schneller als in den kodierenden Sequenzen der DNA, und sie stellt so eine „schnelle Uhr" für die zeitliche Einordnung von Evolutionsabweichungen dar.

Indem man die DNA-Hybridisierung anwendet, können Vergleiche von ganzen Genomen (oder ihrer wesentlichen Teile) gemacht werden, die aus Milliarden von Basenpaaren bestehen. In der DNA-Doppelhelix winden sich lange Stränge ineinander, wobei sich jedes Basenpaar an seine komplementäre Base am anderen Strang anfügt. Ein Doppelstrang kann durch Hitze in einen einzelnen Strang „verschmolzen" werden und mit einem ähnlich erzeugten einzelnen Strang von einer anderen Spezies verbunden werden. Diese „hybriden" Stränge schmelzen nun getrennt bei einer niedrigeren Temperatur, als die originalen wegen ihres Mißverhältnisses in den Basenpaaren, ähnlich Lücken in einem Reißverschluß. Ein Unterschied von 1 Grad Temperatur bedeutet etwa einen einprozentigen Unterschied in der Sequenz. DNA-Vergleiche zwischen Menschen und Schimpansen sind ungefähr 20 Prozent stabiler als Mensch/Gorilla- oder Schimpanse/Gorilla-Vergleiche.

Die mitochondriale DNA liegt außerhalb des Zellkerns und enthält nur ungefähr 15.000 Basenpaare, verglichen mit den 3 Milliarden Basenpaaren des Kerns. Die mitochondriale DNA ist leichter zu analysieren als die Kern-DNA, nicht nur weil sie weniger Nukleotidstellen hat, sondern auch weil sie eine 5- bis 10mal schnellere Veränderungsrate als die Kern-DNA hat. Dazu kommt, daß sie nur über die weibliche Linie vererbt wird, und damit immun gegenüber einer Veränderung durch geschlechtliche Rekombination ist und daher eine genauere Messung der Veränderungsrate ausschließlich durch die Mutation zur Verfügung stellt. Sie wurde auf eine Quote von 2 oder 4 Prozent (oder ungefähr 330 bis 660 Mutationen) pro 1 Million Jahre eingeschätzt.

Genetische Stammbäume darüber, wie die moderne Menschheit miteinander zusammenhängt, zeigen eine fundamentale Spaltung, nämlich in subsaharische Afrikaner und in alle andern menschlichen Populationen. Eine klassische Studie von Cann, Stoneking und Wilson (1987) untersuchte mtDNA von 147 Plazenten von Kindern, deren Vorfahren in fünf Teilen der Welt lebten: Afrika, Asien, Europa, Australien und Neu-Guinea. Der Evolutionsstammbaum von Cann et al. (1987) zeigte, daß Afrikaner ihre Ahnen bis zur Basis des Baums zurückverfolgen können, ohne mit nicht-afrikanischen Vorfahren zusammenzukommen. Die Nachfahren aus den anderen Weltteilen hatten jedoch zumindest einen afrikanischen Vorfahren. Zusätzlich enthielt der nur-afrikanische Zweig mehr unterschiedliche Typen von mtDNA als die andern geographischen Gruppen, was zeigt, daß die größte evolutionäre Veränderung unter Afrikanern stattgefunden hatte. Afrikaner hätten also die älteste Abstammung, weil ihre mtDNA die meisten Mutationen angesammelt hatte. Andererseits hatten Asiaten eine relativ homogene mitochondriale DNA, was eine jüngere Abstammung nahelegt.

Spätere Studien unterstützten und weiteten die afrikanische Herkunftshypothese aus, indem sie verfeinerte Methoden, Populationen von breiterer Basis und die mtDNAs von Schimpansen als Außengruppen-Vergleichspunkte verwendeten. In einer Studie wurde mtDNA von einzelnen Haaren von 15 !Kung-Jägern und !Kung-Sammlern aus der Kalahari im südlichen Afrika sequenziert und mit 68 anderen Menschen verglichen, unter ihnen afrikanische Pygmäen (Vigilant, Pennington, Harpending, Kocher & Wilson, 1989). Der genealogische Stammbaum zeigte, daß es die tiefsten Äste unter den !Kung-Buschmännern gab.

Eine Folgestudie, die die Ergebnisse bestätigte, ergab für 189 Menschen von unterschiedlicher geographischer Herkunft einschließlich 121 Afrikanern einen Stammbaum mit vielen tiefen Zweigen, die ausschließlich zu afrikanischen mtDNAs führten. Die tiefsten Zweige schienen bei den Pygmäen und !Kung-Buschmännern auf (Vigilant, Stoneking, Harpending, Hawkes & Wilson, 1991). Daß diejenige menschliche DNA, die den Menschenaffen am ähnlichsten ist, am häufigsten in Afrika zu finden ist, impliziert einen afrikanischen Ursprung für die menschliche mtDNA.

Nach diesen Studien liegt der Ursprung für die anatomisch moderne menschliche mitochondriale DNA vor 249.000 bis 166.000 Jahren oder einfacher ungefähr vor 200.000 Jahren. Eine Antwort der Multiregionalisten war, die Annahme der Veränderungsquote in Frage zu stellen. Sie argumentieren, daß eine langsamere Mutationsrate anzunehmen sei und daß der Ursprung der modernen Populationen vor ungefähr 850.000 Jahren läge. Aber eine langsamere Rate scheint nicht zu den Kalibrierungen zu passen, die man durch den Vergleich mit archäologischen Daten über bekannte menschliche Kolonisationsereignisse gewonnen hat oder mit bekannten Divergenzzeiten, die man mit anderen Spezies wie z. B. Schimpansen gemacht hat (A. C. Wilson & Cann, 1992).

Die mitochondriale DNA-Forschung steht nicht allein in ihrer Unterstützung des Single-Origin-Modells. Die Muster der genetischen Differenzen, basierend auf den kodierten Sequenzen der DNA aus dem Zellkern, zeigen ähnliche Resultate wie die der mitochondrialen DNA, genauso wie es „klassische" Datensätze tun, die auf den Proteinen basieren, die die Gene ausdrükken (Cavalli-Sforza et al., 1993; Nei und Roychoudhury, 1993; Stoneking 1993). Cavalli-Sforzas Befürwortung eines jüngeren afrikanischen Ursprungs ist eine Meinungsumkehr, denn früher meinte er – gestützt auf eine eingeschränktere Datenbasis –, daß die menschliche Bevölkerung in zwei Hauptgruppen geteilt werden kann, nämlich in die euroafrikanische (Europäer und Afrikaner) und die größere asiatische. Aus dieser Beobachtung hatte er gefolgert, daß der anatomisch moderne Mensch im westlichen Asien seinen Ursprung gehabt hätte (Cavalli-Sforza & Edwards, 1964).

Während die Arbeit mit den DNA-Uhren davon ausgeht, daß sich Mutationen in einem konstanten Tempo akkumulieren, geht die Arbeit mit Blutproteinen davon aus, daß sich Populationen in einem bestimmten Tempo auseinanderentwickeln. Diese genetischen Distanzen zeigen eine engere Beziehung zwischen Europäern und Asiaten, als zwischen Europäern und Afrikanern oder zwischen Asiaten und Afrikanern. So untersuchten Nei und Livshits (1989) die drei Großrassen, wobei sie vier verschiedene Sätze von genetischen loci verwendeten (84 Protein-Loci, 33 Blutgruppen-Loci, 8 HLA- und Immunglobulin-Loci und 61 DNA-Marker), um die genetischen Distanzen zu errechnen. Die Ergebnisse waren zugunsten des jüngeren afrikanischen Ursprungs, wobei man von der Annahme ausging, daß die am deutlichsten abgegrenzte Population in ihrem Ursprungsgebiet geblieben ist, und die anderen Populationen in andere Teile der Welt ausgewandert sind.

Später untersuchten Nei und Roychoudhury (1993) 121 Allele für 26 unterschiedliche Populationen aus der ganzen Welt, wobei sie das Evolutionstempo statistisch variieren ließen. Sie bestätigten die Resultate von Nei und

Livshits (1989), nämlich die einer sehr hohen Wahrscheinlichkeit, daß die erste große Abspaltung am phylogenetischen Baum die Afrikaner von Nicht-Afrikanern trennte und daß die genetische Entfernung zwischen Europiden und Asiaten deutlich geringer ist, als die zwischen Europiden und Afrikanern sowie zwischen Asiaten und Afrikanern. Nei und Roychoudhury (1993) bemerkten, daß man, um die Wurzel eines Baumes zu bestimmen, normalerweise eine Outgroup-Spezies verwendet, daß es aber eine nützliche Alternative ist, die Wurzel in die Mitte des längsten Zweiges zwischen ein Populationspaar zu setzen. Diese Vorgangsweise verwendeten sie und favorisierten dann das Out-of-Africa-Modell. Dazu entwarfen sie ein plausibles Szenario für darauf folgende Migrationen und die Ursprünge der menschlichen Populationen.

Nach der Benennung der mitochondrialen Eva als „Mutter von uns allen", begannen einige Forscher, nach Adam, „dem Vater von uns allen", zu suchen. Die Arbeit mit der DNA-Hybridisierung des Y-Chromosoms legte nahe, daß Adam auch ein Afrikaner war. Ein Team nahm an, daß die nächste moderne Entsprechung zum genetischen Adam ein Aka-Pygmäe in der Zentralafrikanischen Republik ist (Gibbons 1991). Polymorphismen am langen Arm des Y-Chromosoms wurden identifiziert und die älteste stammesgeschichtliche Version davon in den Pygmäen gefunden. Andere Teams haben den Ursprung der Polymorphismen vom Y-Chromosom zu den !Kung-Buschmännern zurückverfolgt, zu zwei verschiedenen Gruppen von Pygmäen und zu Afrikanern in Äthiopien.

Die oben beschriebenen Studien verliefen unabhängig voneinander und verwendeten ganz verschiedene Daten, trotzdem deutete jede klar auf das Single-Origin- bzw. Out-of-Africa-Modell.

Genetische Distanzen, berechnet aus den Proteinsystemen, legen einen Abspaltungszeitpunkt von ungefähr 110.000 Jahren für die afrikanisch/nicht-afrikanische Abspaltung und vor ungefähr 41.000 Jahren für die europid/mongolide Abspaltung nahe (Stringer & Andrews, 1988). Trotzdem werden weiterhin detaillierte Kritiken der molekularen Hinweise für die afrikanische „Eva"-Hypothese veröffentlicht (Templeton, 1993).

Paläontologische Indizien

Proponenten des multiregionalen Modells führen Beweise für die regionale Kontinuität zwischen alten und jüngeren Formen bei den anatomischen Grundzügen an, besonders in Asien und Australien (Frayer et al., 1993). Das Single-Origin-Modell dagegen impliziert eine Trennung zwischen älteren und modernen Formen (Aiello, 1993). Die Diskussion blieb besonders spekulativ, bis neue Datierungsmethoden gefunden wurden, die die traditionellen Radiokarbontechniken erweiterte. Diese kann ja Material, das älter als 40.000 bis 30.000 Jahre ist, nicht verläßlich datieren. Jetzt verwendet man Urantechniken, um Höhlensedimente wie Stalagmiten zu datieren; Thermolumineszenz-Prozesse werden für Sedimente oder für Feuersteine von vorzeitlichen Feuern verwendet und die Elektrospinresonanz für verschiedene Materialien, besonders für Tierzähne. In jedem Fall werden menschliche Überreste datiert, indem man das Alter der Materialien bestimmt, mit denen diese Überreste in Verbindung stehen.

Zusammengenommen bestätigen die neuen Techniken, daß alle wichtigen Schritte in der menschlichen Evolution in Afrika stattgefunden haben, und daß der *Homo sapiens* in Afrika vor 200.000 bis 100.000 Jahren und im Nahen Osten vor ungefähr 100.000 Jahren gelebt hat (Aiello, 1993). Im Nahen Osten gibt es einige Hinweise, daß der *H. sapiens* und der Neandertaler im selben Gebiet vor ungefähr 100.000 bis 50.000 Jahren lebten und denselben „Werkzeugkasten" der Mittleren Steinzeit verwendeten. Die Neandertaler scheinen weiterhin in dem Gebiet gelebt zu haben, bis die modernen Menschen vor ungefähr 40.000 Jahren endgültig alles übernahmen. Das Fortbestehen von zwei Populationen mit zwei getrennten Identitäten über einen längeren Zeitraum, ohne Anzeichen einer Vermischung, läßt annehmen, daß sie zwei getrennten Spezies angehörten. Dazu kommt, daß im Gegensatz zur Kontinuität der Fossilienfunde im subsaharischen Afrika, die Funde in Nordafrika in zwei scharf voneinander getrennte Gruppen geteilt werden können: Nicht-*Homo sapiens* vor 500.000 bis 200.000 Jahren und *H. sapiens* nach der Zeit vor 50.000 Jahren.

Eine Überblicksarbeit über physische Unterschiede zwischen den Neandertalern, die im nördlichen Eurasien entstanden sein mögen, und den Modernen, die später von Afrika aus nach Eurasien gekommen sind, wurde von Simons (1989) erstellt. Wie der frühere *H. erectus* haben Neandertaler dichte Skelett- und dicke Schädelknochen mit hervorstehenden Augenbrauenwülsten, und beide Geschlechter sind außerordentlich muskulös. Das Gesicht ragt vor und hat große Vorderzähne. Starke hintere Gliedmaßen und dichte Knochen deuten auf einen hohen Grad an Ausdauer und eine Anpassung an lange Stunden des Gehens.

Frühe moderne Menschen in Europa haben längere Abschnitte der Außenextremitäten als Neandertaler, was auf eine jüngere äquatoriale Abstammung hinweisen könnte. Allens Gesetz, ein Prinzip der Zoologie, besagt, daß Säugetiere im allgemeinen in wärmeren Klimaten längere Extremitäten haben. Überdies gibt es eine anhaltende Diskussion darüber, ob Neandertaler wie die neuzeitlichen Menschen bezüglich Hirnstruktur und Stimmtrakt anatomisch einer Sprache fähig waren (Lieberman, 1991; Milo und Quiatt, 1993).

Schädelanalysen haben gezeigt, daß Unterschiede bezüglich Gesicht und Schädel unter den heutigen Rassen viel geringer sind, verglichen mit den Unterschieden, die alle von ihnen von den Neandertalern oder *erectus* Populationen trennen (Howells, 1973, 1989, 1993). Heutige europäische Schädel sind heutigen Afrikanern und Chinesen viel ähnlicher als den Fossilien der 100.000 Jahre alten Neandertaler. Solche Ergebnisse liefern keinen Beweis für eine regionale Kontinuität. Daher schloß Howells (1989), daß die Daten auf ein jüngeres Single-Origin-Modell deuten. Obwohl Howells Analysen die Afrikaner (und Australiden) oft auf die gegensätzliche Position zu den Ostasiaten (und amerikanischen Indianern) plazierten – ein Resultat, das mit einer jüngeren Out-of-Africa-Wanderung übereinstimmt – konnte er keinen spezifischen subsaharischen Ursprung nachweisen.

Untersuchungen der Zähne zeigen, daß Merkmale der Kronen und Wurzeln auch eine Beziehung zwischen den prähistorischen Populationen skizzieren. Zahnmerkmale sind stabiler als viele evolutionäre Eigenschaften, mit einer hohen genetischen Komponente, die sowohl die Umwelteffekte minimieren als auch die morphologischen Geschlechtsunterschiede und die Altersvariationen. Unter den Merkmalen, die man bei allen heutigen Menschen findet, befindet sich die Zahl 32 und ihre Einteilung in Vierteln: drei Schneidezähne, ein Eckzahn, zwei vordere und zwei hintere Backenzähne.

Turner (1989) hat gezeigt, daß mongolide Populationen sich von den allgemeinen Mustern in der übrigen Welt durch verschiedene Merkmale unterscheiden, wie z. B. schaufelförmige Schneidezähne, das Resultat von zusätzlichen Bögen in der Krone. Es gibt auch eine wichtige Unterteilung innerhalb der mongoliden Bevölkerung selbst. Die Sinodonts: die modernen Chinesen und Japaner, die Einwohner von Sibirien und die Völker in Nord- und Südamerika, haben die am stärksten schaufelförmigen, während Sundadonts, südöstliche Asiaten, Thais, Malaien, Javaner, Polynesier, Jomonesen und Ainu, die am wenigsten schaufelförmigen haben. Die Sinodonts zeigen auch eine größere Häufigkeit von einwurzeligen oberen, vorderen Backenzähnen und dreiwurzeligen ersten Backenzähnen. Turner vermutet, daß diese Veränderungen Anpassungen an das die Zähne mehr in Anspruch nehmende Leben im kalten Norden sind.

Turner (1989) verwendete Zahnschemata, um die prähistorischen Migrationen zu rekonstruieren, die das pazifische Becken, Ostasien und die Neue Welt bevölkerten. Das allgemeine Schema, das man für alle heutigen Menschen als gemeinsam annimmt, kam irgendwann um 50.000 v. Chr. nach Südostasien. Die Sundadontie entwickelte sich irgendwann nach 30.000 v. Chr. aus diesem Schema heraus und die Sinodontie irgendwann nach 20.000 v. Chr. Turner merkte an, daß diese Art von Zahnanalyse als wissenschaftliche Disziplin erst in den Kinderschuhen steckt, und daß zukünftige Arbeiten die Weltbevölkerung in einem globalen Rahmen verbinden müssen.

Archäologische Indizien

Während der 1,5 Millionen Jahre, die das Auftreten des *H. erectus* und *H. sapiens* umspannte, waren die Steinwerkzeuge sehr einfach. Handäxte, Hacken und Spalter waren in der Form nicht genügend differenziert, um auf eine besondere Funktion schließen zu lassen. Die Gebrauchsspuren zeigen, daß sie verschiedentlich verwendet wurden, um Fleisch, Knochen, Tierhäute, Holz und nichtverholzte Teile von Pflanzen zu schneiden. Außerdem gibt es keinen Beweis, daß die Werkzeuge je zur Erhöhung der Hebelkraft auf einem anderen Material befestigt wurden, und es gab keine Werkzeuge aus Knochen, keine Schnur, um Netze zu machen und keine Fischhaken. Die Werkzeuge blieben für Tausende von Jahren unverändert. Tatsächlich haben daher Minimalisten behauptet, daß es bis vor ungefähr 100.000 Jahren keine schlüssigen Beweise für Jagdfertigkeiten gibt, und selbst wenn es sie gegeben hätte, wären die Menschen relativ ineffiziente Jäger gewesen. Calvin (1990) jedoch brachte vor, daß einige der von den *erectus*-Populationen verwendeten Steinäxte wirksame Wurfinstrumente gewesen sein könnten, die man auf Tierherden beim Wassertrinken schleuderte konnte.

Nur im nördlichen eurasischen Landmassiv, besonders in der Arktis, wo wenig pflanzliche Nahrung zur Verfügung stand, wurde die Großwildjagd eindeutig die vorherrschende Nahrungsquelle. Und der Mensch hat die Arktis erst vor ungefähr 30.000 Jahren erreicht. In Europa gefundene Werkzeuge des Neandertalers waren ähnlich den in Afrika gefundenen, früheren menschlichen Werkzeugen, nämlich einfache, von Hand gehaltene Äxte, die nicht an extra Teilen wie etwa Griffen befestigt waren. Es gab keine einheitlichen Knochenwerkzeuge, keine Bogen und keine Pfeile. Die Behausungen waren offensichtlich primitiv; alles, was davon übriggeblieben ist, sind Pfahllöcher und einfache Steinhaufen. Es gibt keine Indizien für Kunst, Nähen, Boote oder Handel, und die Werkzeuge variieren nicht über Zeit und Raum, was eine geringe Innovation nahelegt.

Vor 100.000 Jahren, zu einer Zeit, als sich der modern aussehende Afrikaner entwickelt hatte, wurden die Steinwerkzeuge in Afrika plötzlich stärker spezialisiert. Sorgfältig präparierte Steinkerne ermöglichten es, daß man zahlreiche dünne Klingen – ca. 2 Inches (5 cm) lang – abschlagen konnte, und so wurden sie zu Messern, Speerspitzen, Kratzern, Bohrern und Schleifern. Mit dieser Klingentechnik konnte man viel mehr Späne als früher abschlagen. Die Steinarbeiter waren auch viel stärker auf nichtlokalen Stein angewiesen, und sie holten feinkörnige Steine verschiedenster Art aus kilometerlangen Entfernungen.

Obwohl die anatomisch modernen Afrikaner etwas höherentwickelte Werkzeuge als ihre Vorgänger besaßen, kann ihre Kultur noch als Mittlere Steinzeit charakterisiert werden. Es fehlen ihnen weiterhin standardisierte Knochenwerkzeuge, Pfeil und Bogen, Kunst und kulturelle Vielfalt. Diese Afrikaner können kaum als Großwildjäger angesehen werden, denn ihre Waffen waren noch Speere zum Stoßen und nicht Pfeil und Bogen.

Beweise für eine plötzlichere Veränderung tauchen erst mit der letzten Eiszeit in Europa (Frankreich und Spanien) vor rund 35.000 Jahren auf. Es erschienen anatomisch moderne Menschen auf der Bildfläche, bekannt als Cromagnon, mit dramatisch verbesserten Werkzeugen. Zum ersten Mal tauchen standardisierte Werkzeuge aus Knochen und Geweih auf, einschließlich Nadeln zum Nähen und auch zusammengesetztes Werkzeug aus verschiedenen Teilen zusammengebunden oder geklebt, z. B. Speerspitzen in Schäften befestigt oder Axtköpfe auf Griffen montiert. Schnüre, für Netze oder Fallen verwendet, erklären die häufigen Knochen von Füchsen, Wieseln und Hasen bei Cromagnon-Fundstellen.

Nun tauchen auch komplizierte Waffen auf, mit denen man gefährliche Tiere auf Entfernung töten kann – Waffen wie Harpunen mit Spitzen, Wurfpfeile, Speerwerfer, Pfeil und Bogen. Europäische Höhlen sind voll von

Gebeinen von Wisent, Elch, Rentier, Pferd und Steinbock. Aus dieser Zeit findet man in südafrikanischen Höhlen auch Knochen von Büffeln und Schweinen.

Zahlreiche Indizienformen bestätigen die Fähigkeit des Cromagnon-Menschen zur Großwildjagd. Ihre Fundstellen sind zahlreicher als die der Neandertaler oder Mittelsteinzeit-Afrikaner, was auf größeren Erfolg in der Nahrungsbeschaffung hindeutet. Dazu kommt, daß verschiedene Arten von Großtieren, die viele vorhergehenden Eiszeiten überlebt hatten, gegen Ende der letzten Eiszeit ausstarben, was darauf hindeutet, daß sie durch die neuen Fähigkeiten der menschlichen Jäger ausgerottet wurden. Als wahrscheinliche Opfer kommen hier in Europa das Wollnashorn und der Großhirsch und in Südafrika der Riesenbüffel und das Kap-Riesenpferd in Betracht. Die Fähigkeit, mit Wasserkraft die 60 Meilen [100 km] von Ostindonesien bis Australien zu überqueren und Kleider zu schneidern, ermöglichte das Überqueren der Beringstraße, und so wurden die großen Kängurus Australiens und die Mammuts Nordamerikas ausgerottet.

Die Besetzung von Nordostasien vor ungefähr 30.000 Jahren wurde durch viele Fortschritte ermöglicht: geschneiderte Kleidung, nachgewiesen durch Nadeln mit Ösen, Höhlenmalereien von Parkas und Grabschmuck, der den Umriß von Hemden und Hosen zeigt; warme Felle, belegt durch Fuchs- und Wolfsskelette ohne Pfoten (die beim Häuten entfernt wurden und die man in einem separaten Haufen fand); kunstvolle Häuser (teilweise in den Boden gegraben zwecks Isolierung und gekennzeichnet durch Pfostenlöcher, Gehsteige und Wände aus Mammutknochen) mit komplizierten Feuerstellen; und Steinlampen, die Tierfett enthielten und die langen arktischen Nächte erleuchteten.

Während sich Neandertaler ihre Rohstoffe in einem Umkreis von wenigen Kilometern beschafften, betrieben Cromagnon und ihre Zeitgenossen in ganz Eurasien einen Handel über weite Entfernungen, und zwar nicht nur für Rohmaterialien für Werkzeuge, sondern auch für Schmuck. Gerät aus Obsidian, Jaspis und Feuerstein ist Hunderte von Kilometern von deren Bruchstelle entfernt gefunden worden. Baltischer Bernstein erreichte Südosteuropa, während Mittelmeermuscheln und Zähne von Haifischen bis in das Inland von Frankreich, Spanien und der Ukraine gebracht wurden. Die Grabfunde zeigen eine große Variation mit Skeletten, die Halsketten, Armbänder und Kopfbänder aus Muscheln und Bären- und Löwenzähnen tragen.

Das Kunsthandwerk des anatomisch modernen Menschen zeigt auch einen deutlichen Bruch mit dem, was vorher war. Gut bekannt sind die Höhlenmalereien mit polychromen Abbildungen von heute ausgestorbenen Tieren und die Reliefskulpturen und Tonskulpturen tief in den Höhlen von Frankreich und Spanien, die auf schamanistische Rituale hindeuten. Von den eurasischen Ebenen gibt es „Venus"-Figuren von Frauen mit enormen Brüsten und Gesäßbacken aus einer Mischung von Ton und Knochenpulver. Elfenbeinschnitzereien von Adlern, Mammuts und arktischen Wasservögeln und auch weibliche Figuren wurden in Sibirien gefunden und auf ein Alter von 35.000 Jahre datiert.

Analysen der Aminosäuren in den Schalen von Straußeneiern, die einmal als Nahrung und als Behälter verwendet wurden, unterstützen auch die Annahme, daß die ersten modernen Menschen in Afrika entstanden. Die Veränderung der Aminosäuren in Eierschalen geschieht in einem gleichmäßigen Tempo, und wenn sie mit der Radiokarbon-Methode verbunden wird, ermöglicht sie eine Datierung bis zu 200.000 Jahre zurück und bis zu 1 Million Jahre in kälteren Klimaten (Gibbons, 1992). Die Eierschalen finden sich in Lagerstätten in Südafrika, die zwischen 105.000 und 125.000 Jahre alt sind, vor den frühesten Daten auf anderen Kontinenten. Nicht lange danach tauchen Straußenschalen im Nahen Osten auf, zusammen mit den Überresten des anatomisch modernen Menschen.

Linguistische Indizien

Die linguistischen Daten stimmen mit den genetischen, paläontologischen und archäologischen Daten überein. Verwandtschaftsbäume, die man von 17 sprachlichen Ähnlichkeiten konstruierte, erwiesen sich als ähnlich jenen, die auf Blutprotein-Ähnlichkeiten von 42 Urvölkern basierten, die wenig oder keine Vermischung mit anderen gehabt hatten (Cavalli-Sforza et al., 1988). So wie bei anderen Studien trennte die erste Abspaltung am genetischen Baum die Afrikaner von den Nicht-Afrikanern, und die zweite trennte zwei Hauptgruppen; die eine entspricht der Gruppe: Europide, Nordost-Asiaten, arktische Bevölkerung und amerikanische Indianer; die andere umfaßt Südostasiaten, pazifische Inselbewohner und die von Neuguinea und Australien. Die durchschnittlichen genetischen Distanzen zwischen den wichtigsten Gruppen sind proportional zu den archäologischen Abspaltungszeiten. Es fällt auf, daß die genetische Gruppenbildung genau der der großen Sprachfamilien entsprach, was auf eine beträchtliche Übereinstimmung von genetischer und sprachlicher Evolution hindeutet.

Indizien im Verhalten

Die offensichtlich stufenweise Reihenfolge der Verhaltensdaten, zusammengefaßt in Tab. 1.1, wobei im Durchschnitt die Europiden ständig zwischen den Negriden und Mongoliden liegen, scheint mit den Daten für eine Abfolge der drei Rassen in der Erdgeschichte übereinzustimmen. Die drei Rassen traten aus der hominiden Linie in ungefähr dieser Abfolge hervor: archaische Afrikaner (später: Negride) vor ungefähr 200.000 Jahren, archaische Nicht-Afrikaner (später: Europide) vor ungefähr 110.000 Jahren, und archaische Nicht-Europide (später: Mongolide) vor ungefähr 41.000 Jahren. Die Art und Weise, in der die Variablen sich gruppieren, würde zu einer solchen Ordnung passen und sie gleichzeitig erklären. Die Cluster-Bildung unterstützt so das Single-Origin-Modell, aber läßt sich nicht klar vom Multiregionalen Modell ableiten, das auf langen Trennungszeiten basiert, in denen kein gleichbleibendes Charaktermuster erwartet wird.

Hinweise aus der Verhaltensgenetik sind auch relevant. Wie in Kapitel 4 dargelegt, sind z. B. genetische Schätzungen für Subtests der kognitiven Fähigkeit oft quer durch Populationen generalisierbar, egal ob man sie von mongoliden oder europiden Stichproben berechnet. Wie man in Abbildung 9.1 sah, sagen die Inzuchtdepressionswerte bei IQ-Subtests, die man bei japanischen Familien berechnete, die Größe des Unterschieds zwischen Schwarz und Weiß bei denselben Tests in den USA voraus. Diese Ergebnisse bestätigen das Single-Origin-Modell, weil sie nahelegen, daß die grundlegende genetische Struktur der geistigen Fähigkeit quer durch die Rassen die gleiche ist und daß daher eine substantielle genetische Verwandtschaft besteht.

Rassische Differenzierung

Wenn man einen afrikanischen Ursprung vor weniger als 200.000 Jahren annimmt, eine Auswanderung aus Afrika vor ungefähr 100.000 Jahren und danach eine Bevölkerung des Rests der Erde, erhebt sich die Frage, wie diese Ereignisse zu den erkennbaren Verhaltensprofilen der Rassen geführt haben. Warum sollten z. B. Mongolide jetzt die am meisten K-selektierten sein? Ich stimme denen zu, die sagten, daß die Besiedlung von gemäßigten und kalten Klimazonen zu erhöhten intellektuellen Anforderungen führte, um die Probleme der Nahrungsbeschaffung, der Behausung und allgemein des Überlebens in kalten Wintern zu lösen (z. B.: Calvin, 1990; R. Lynn, 1987, 1991a).

Von Zeit zu Zeit bewegen sich Populationen in neue Nischen, was erhöhte kognitive Anforderungen für das Überleben bedeutet. Wenn das geschieht, reagieren Populationen, indem sie in Relation zu ihrer Körpergröße größere Gehirne entwickeln. Größere Gehirne ermöglichen eine größere Intelligenz und ermöglichen es den Populationen, mit den kognitiven Herausforderungen der neuen Nische fertigzuwerden. Die europiden und mongoliden Völker, die sich in Eurasien entwickelten, waren dem Druck in Richtung einer gesteigerten Intelligenz unterworfen, um die Überlebensprobleme in den kalten nördlichen Breiten zu bewältigen. Die meisten der letzten 80.000 Jahre waren kälter als heute. Während der Würm-Eiszeit zwischen ca. 24–10.000 v. Chr. fielen die Wintertemperaturen in Europa und Nordostasien um 5–15 °C. Das Terrain wurde zu kaltem Grasland und Tundra mit nur wenigen Bäumen in geschützten Flußtälern; die Landschaft ähnelte der im heutigen Alaska.

Nahrung zu beschaffen und sich unter diesen Bedingungen warm zu halten, stellte ein Problem dar. Anders als in den Tropen und Subtropen stand pflanzliche Nahrung ausreichend nur saisonal zur Verfügung; für viele Monate während des Winters und Frühlings hingegen nicht. Um ihre Nahrungsversorgung zu sichern, wurden die Menschen von der Jagd auf große Pflanzenfresser, wie Mammut, Pferd und Rentier, abhängig. Sogar unter fast zeitgleich lebenden Jägern und Sammlern unterscheidet sich das Verhältnis der Nahrung, das vom Jagen oder Sammeln gewonnen wurde, entsprechend der geographischen Breite. Völker in tropischen und subtropischen Breiten waren hauptsächlich Sammler, während sich Völker in gemäßigten Gegenden mehr aufs Jagen verließen. Menschen in arktischen und subarktischen Gegenden waren fast völlig auf Jagd und Fischerei angewiesen; sie taten das aus Notwendigkeit, weil während einer langen Zeit keine pflanzliche Nahrung zur Verfügung stand.

Das Jagen im offenen Grasland des nördlichen Eurasiens war auch schwieriger als in den Wäldern der Tropen und Subtropen, wo es für die Jäger viele Möglichkeiten zum Verstecken gibt. Der einzige Weg, Tiere im offenen Grasland zu erjagen, bestand darin, natürliche Fallen zu verwenden, in die man die Tiere hineintreiben konnte. Eine der häufigsten war die enge Schlucht, wo dann einige der Tiere zu Fall kommen würden und durch Mitglieder der Gruppe aus dem Hinterhalt mit Speeren erlegt werden konnten. Oder die Tiere konnten umzingelt werden und über Klippen getrieben werden, in Sümpfe oder in Flußwindungen.

Für die erfolgreiche Jagd auf große Pflanzenfresser mußten die Menschen, um Speerköpfe zu machen und um zu schneiden, eine Reihe von Werkzeugen aus Stein, Holz und Knochen herstellen. Wenn sie dann einen großen Pflanzenfresser getötet hatten, mußten sie ihn abhäuten und in solche Stücke zerschneiden, daß sie diese zurück in ihr Lager bringen konnten. Dafür war es notwendig, eine Reihe von durchdachten Schneide- und Häutewerkzeugen herzustellen.

Sich warm zu halten, stellte in den nördlichen Breiten sicher ein weiteres Problemfeld dar. Die Menschen mußten die Probleme der Erzeugung von Feuer, Kleidung und Unterschlupf lösen. Feuer zu entfachen, muß in Eurasien viel schwerer gewesen sein als in Afrika, wo plötzliche Buschfeuer häufig waren. Während der Eiszeit in Eurasien wird es keine spontanen Buschfeuer gegeben haben.

In einer Gegend, wo es wenig Holz gab, dürften die Menschen durch Reibung oder Schlagen Feuer gemacht haben. Wahrscheinlich mußte man trokkenes Gras in Höhlen lagern, um es als Zündstoff zu verwenden; die Hauptbrennstoffe werden Dung, Tierfett und Knochen gewesen sein. Außerdem waren Kleidung und Unterkunft im subsaharischen Afrika unnötig, wurden aber in Europa während der Haupt-Würm-Eiszeit hergestellt. Man fertigte aus Knochen Nadeln zum Zusammennähen von Tierhäuten, und aus langen Knochen und Häuten baute man Unterkünfte. Torrence (1983) wies einen Zusammenhang zwischen geographischer Breite und der Zahl und Komplexität der von zeitgenössischen Jäger und Sammlern verwendeten Werkzeuge nach.

Daher würden die kognitiven Anforderungen des Herstellens von anspruchsvollen Werkzeugen, des Erzeugens von Feuer, Kleidung und Unterkünften (und auch das Lagern von Nahrung; Miller, 1991) für höhere durchschnittliche Intelligenzniveaus selektiert haben, als in der kognitiv weniger anspruchsvollen Umwelt des subsaharischen Afrikas. Diejenigen Individuen, die diese Überlebensfragen nicht meistern konnten, wären ausgestorben und hätten diejenigen mit Allelen für höhere Intelligenz als Überlebende übriggelassen.

In den Daten von Kapitel 6 sind allgemeine, verbale und visuell-räumliche Fähigkeiten bei den Europiden höher als bei den Negriden. Das Ausmaß des europiden Vorteils war ungefähr das gleiche für alle drei Fähigkeiten, nämlich ungefähr 30 IQ-Punkte für den Vergleich mit Afrikanern und ungefähr 15 IQ-Punkte für den Vergleich mit afrikanischen Amerikanern und afrikanischen Karibikbewohnern. Es ist wahrscheinlich, daß alle drei Fähigkeiten in Eurasien ungefähr im gleichen Ausmaß unter Selektionsdruck für eine Steigerung gerieten.

Die Intelligenz der Mongoliden, so wird angenommen, hat sich etwas anders entwickelt. Während die Mongoliden nur eine etwas höhere allgemeine Intelligenz als die Europiden haben, haben sie deutlich höhere visuell-räumliche Fähigkeiten und tatsächlich etwas schwächere verbale Fähigkeiten. R. Lynn (1987, 1991a) schrieb die Entwicklung dieses Verhältnisses den noch kälteren Wintern zu, in denen die Mongoliden im Vergleich zu den Europiden lebten. Die Menschen Nordostasiens lebten in Sibirien, wo in der Haupt-Würm-Eiszeit die Temperaturen ungefähr 5–15 °C kälter als heute waren, und befanden sich zwischen dem vordringenden Eis des Himalayas im Süden und der arktischen Region des Nordens. Als Reaktion auf diese extreme Kälte entwickelten die Mongoliden deutliche Anpassungen, um den Wärmeverlust zu reduzieren, so z. B. abgeflachte Gesichter, verkürzte Gliedmaßen, die fettgefüllte Augenfalte [„Mongolenfalte"] sowie enge Augen, die einen Schutz gegen die Kälte und das Gleißen des Sonnenlichts auf dem Schnee boten. Unter diesen widrigen Bedingungen erhöhte die natürliche Selektion die allgemeine Intelligenz und schuf wegen der wichtigen Rolle, die starke visuell-räumliche Fähigkeiten bei der Herstellung von anspruchsvollen Werkzeugen und Waffen spielten, und weil sie für die Planung und Ausführung von Strategien für die Jagd in Gruppen wichtig waren, einen Ausgleich zugunsten der visuell-räumlichen Fähigkeiten gegenüber den verbalen.

R. Lynn (1991a) lieferte auch ein Szenario für die Entwicklung der Intelligenz bei südöstlichen Asiaten und bei den Indianiden. Obwohl auch die Südostasiaten kalten Wintern ausgesetzt waren, bevor sie südwärts zogen und so für eine gewisse erhöhte Intelligenz selektiert wurden, war das in einem geringerem Ausmaß der Fall als bei den nördlichen Europiden und Mongoliden. Daher wurde ihr Intelligenzniveau höher als bei den Negriden, aber nicht so hoch wie bei den Europiden und Mongoliden. Die Indianer stellen die Nachkommen eines archaisch-mongoliden Volkes dar, das in die beiden Teile Amerikas vor der Haupt-Würm-Eiszeit vor ungefähr 24–10.000 Jahren kam. Erst diese Eiszeit bewirkte dann die „klassischen" mongoliden Charakteristika mit ihren hohen kognitiven Fähigkeiten. Die erste Würm-Eiszeit um 40.000 Jahre v. Chr. war verantwortlich für das archaische, mongolide Profil mit relativ starken visuell-räumlichen und schwachen verbalen Fähigkeiten. Erst später hat dann ein Selektionsdruck, wie die Haupt-Würm-Eiszeit, das gesamte Profil der Mongoliden gehoben und damit das der Indianer auf einer niedereren Ebene zurückgelassen.

Nachdem nämlich die Proto-Mongoliden einmal die Beringstraße überquert hatten und ihren Weg hinunter in die Amerikas gefunden hatten, wurde das Leben für sie leichter als das ihrer Vorfahren in Nordostasien. Sie fanden eine Reihe von pflanzenfressenden Säugetieren, wie Mammut, Pferd, Antilope und Bison vor, die es bis dahin nicht gewohnt waren, von Menschen gejagt zu werden. Ohne Erfahrung mit jagenden Menschen werden sie leichte Beute für die geschickten Jäger gewesen sein, die sich über viele Tausende von Jahren in der schwierigeren Landschaft Nordostasiens entwickelt hatten. Als sie südwärts zogen, fanden die Proto-Mongoliden leicht verfügbare Pflanzennahrung. Dadurch wird das Überleben leichter gewesen sein, und die Selektion zur weiteren Erhöhung der kognitiven Fähigkeiten dürfte nachgelassen haben.

Die *K*-Selektion und die Gehirngröße

R. Lynn ist nicht der erste, der argumentiert, daß die Vorteile der Intelligenz am größten für diejenigen Völker waren, die in kalten Klimaten während der Eiszeiten lebte, aber er hat sicher die detaillierteste moderne Darlegung geliefert. Lynns (1991a) Analyse ging über seinen früheren Bericht (1987) hinaus, indem er auch die von mir beschriebenen (Rushton, 1988b, 1990c) rassischen Unterschiede in der Gehirngröße betrachtete. Wie in Kapitel 2 besprochen, besteht eine direkte Beziehung von ungefähr 0,40 zwischen der Gehirngröße und der Intelligenz. Das menschliche Gehirn ist ein für den Stoffwechsel teures Organ, weil es 20 Prozent der Versorgungsenergie des Körpers verbraucht, aber nur 2 Prozent seiner Masse ausmacht. Daher hätten sich große Hirne nicht entwickelt, wenn sie nicht beträchtlich zur Fitneß beitragen würden. Eine gestiegene Gehirngröße steigert wahrscheinlich auch die Fitneß, indem sie die Effizienz der Informationsverarbeitung erhöht, wie man sie durch konventionelle Intelligenztests messen kann.

Die Entwicklung eines größeren Gehirns führt wahrscheinlich zu einer Selektion von weiteren *K*-Merkmalen. In bezug auf die *r/K*-Selektion innerhalb der Spezies, besprochen in Kapitel 10, tendieren die Merkmale des Lebenszyklus dazu, gemeinsam selektiert zu werden. Die Auswahl von einem Merkmal des Lebenszyklus zieht normalerweise verwandte Merkmale mit. Quer durch die Arten verlangt die Bildung eines größeren Gehirns eine längere Schwangerschaft, eine höhere Überlebensrate der Nachkommen, eine verzögerte Reifung, eine niederere Reproduktionsrate und ein längeres Leben (Harvey & Krebs, 1990).

Als die Populationen aus Afrika heraus nach Norden zogen, stießen sie nicht nur auf eine stärker kognitiv herausfordernde Umwelt, sondern auch auf eine leichter voraussagbare. Eine vorhersehbare Umwelt ist die ökologische Voraussetzung für eine *K*-Selektion. Obwohl das arktische Klima sich innerhalb eines Jahres sehr stark ändert, ist es über die Jahre sicher voraussehbar rauh. Gemäßigte Zonen sind auch einigermaßen vorhersehbar, aber subtropische Savannen, wo sich die Menschen zunächst entwickelten, sind wegen ihrer plötzlichen Dürren und vernichtenden viralen, bakteriellen und parasitären Krankheiten im Allgemeinen weniger voraussagbar.

Nichtkognitive persönliche Eigenschaften wurden wahrscheinlich zusammen mit der Intelligenz selektiert, entweder als ein notwendiges Begleitmerkmal oder weil zusätzliche Vorteile damit verbunden waren. In den am meisten *K*-selektierten Populationen hätte es nicht nur eine erhöhte Hirngröße und Intelligenz gegeben, sondern auch eine Reduktion des persönlichen und sexuellen Konkurrenzdenkens, was auch die Größe der Brüste, des Gesäßes und der männlichen Genitalien betraf. Ein verminderter Druck im persönlichen und sexuellen Wettbewerb und mehr Betonung der Elternschaft und persönlichen Einschränkung, würde eine komplexere soziale Organisation zulassen und die Zahl der erfolgreich bis zur reproduktiven Reife herangezogenen Kinder erhöhen.

K-strategische Populationen entwickeln zentralisierte Gesellschaftssysteme mit einem regulierten Verbindungsnetzwerk, in dem Individuen zunächst um eine Position konkurrieren, dann aber – abhängig von ihrem Platz in der Hierarchie – Zugang zu den Ressourcen bekommen. Weniger *K*-strategische Populationen entwickeln relativ weniger zentralisierte Organisationen, in denen die wichtigen Kommunikationswege von Angesicht zu Angesicht verlaufen und in denen die persönliche Dominanz wichtig ist, denn jedes Mal, wenn Ressourcen verfügbar werden, wird erneut in einer opportunistischen Art um sie gekämpft. So könnte die Abfolge der korrelierenden Charakteristika von Tabelle 1.1. entstanden sein.

Der Ackerbau und die moderne Ära

Vor ungefähr 12.000 Jahren beherrschte der moderne *H. sapiens* die Landmassen von Afrika, Europa und Asien und war in die Amerikas eingewandert. Die halbtropische Savanne von Afrika, die trockene Tundra der eurasischen Steppen und die kalten Gletschergebiete von Sibirien waren erobert. Die evolutionären Herausforderungen setzten sich aber fort, wobei der Rückzug der Gletscher nicht der unbedeutendste Vorgang war, der vor ungefähr 10.000 Jahren von so südlich gelegenen Gebieten wie London und New York begann. Die globale Erwärmung bedrohte ganze Lebensweisen, die sich über Tausende von Jahren entwickelt hatten, zerstörte viele Tierarten und erlaubte es neuen Formen, sich zu entwickeln. Eine von ihnen, hauptsächlich wegen der Ausdehnung der Grasflächen, war das Pferd. Zusätzlich kam es zu enormen Veränderungen in der Verbreitung der Pflanzen und Tiere, besonders in der nördlichen Hemisphäre. Es war der Rückzug der polaren Eiskappen, der den nächsten revolutionären Schritt in der menschlichen Entwicklung mit sich brachte, nämlich die Ackerbausiedlungen.

R. Lynn (1991a) nahm an, daß – obwohl es schon früher warme Zwischeneiszeiten gegeben hatte – der Übergang zu landwirtschaftlichen Kulturen erst möglich wurde, als die Menschen klug genug geworden waren, um die Vorteile des wilden Grases zu nützen. Nach Lynn waren die Menschen kognitiv dazu erst imstande, nachdem sie die letzte Würm-Eiszeit überwunden hatten. Lynns Ansicht liefert eine Erklärung, warum diese Fortschritte weder von den Negriden gemacht wurden noch von den südostasiatischen Populationen, die den Härten der letzten Eiszeit entkommen waren.

Die Erfindung des Ackerbaues vor 10.000 Jahren dürfte die menschliche Evolution beschleunigt haben. Sicher erhöhte sie die kulturelle Innovation. Die Menschen änderten ihr im wesentlichen mobiles, jagendes und sammelndes Leben in ein mehr seßhaftes. Der Ackerbau öffnete das Tor zu einer beispiellosen Erweiterung der Nahrungsmittelversorgung und damit der menschlichen Bevölkerung und machte dadurch Städte und Zivilisationen möglich. Diese Populationen nahmen eine städtische, bäuerliche Lebensweise an, vermehrten ihre Anzahl, ihre sozialen Organisationen und schließlich ihre militärische Macht enorm. Kleinere Gruppen von Jägern und Sammlern wurden durch die Macht der Überzahl weggewischt und entweder absorbiert oder ausgelöscht.

Der Ackerbau übte enormen Druck auf den menschlichen Gen-Pool aus. Die Individuen, die Mitglieder einer erfolgreichen Ackerbau-Gemeinschaft waren, reproduzierten sich in einem viel größeren Tempo als jene, die außerhalb dieser Gemeinschaft blieben. Die stabile Nahrungsversorgung das ganze Jahr hindurch ermöglichte große Bevölkerungszuwächse. Die Ackerbausiedlungen machten eine komplexe städtische Gesellschaft, die Entwicklung der Metallverarbeitung, die Erfindung der Schrift und schließlich die Zivilisation möglich.

Die frühesten archäologischen Fundstätten mit Hinweisen auf kultiviertes Getreide liegen am Nordende des Toten Meeres im Nahen Osten und sind ungefähr 10.000 Jahre alt. Lange vor dieser Zeit hatten die Menschen in dem Gebiet wildes Getreide gesammelt und gegessen. Ein Bevölkerungswachstum, möglicherweise kombiniert mit klimatischen Veränderungen, führte zu Nahrungsknappheit im Sommer, und könnte so die Menschen gezwungen haben, wildes Getreide anzupflanzen, um sie darüber hinweg zubringen. Einmal begonnen, könnte der Übergang von wildem zu kultiviertem Getreide sehr rasch erfolgt sein.

Die Domestizierung von Weizen, Gerste, Erbsen und Bohnen breitete sich nördlich in die Türkei aus und schließlich nach Mesopotamien, und zwar pro Jahr ca. einen Kilometer, mit expandierender Bevölkerung, die in neues Territorium vordrang. Die Domestizierung der Tiere kam ungefähr 1.000 Jahre nach der Domestizierung der Pflanzen. Mit Beginn des Ackerbaus wurden die Töpferei und Geräte aus polierten Steinen häufiger und ergänzten die neolithische Revolution, den letzten Teil der Steinzeit.

Die Langsamkeit, mit der sich der Ackerbau ausbreitete, impliziert eine demographische Ausbreitung, einen Prozeß, in dem „nicht die Idee der Landwirtschaft sich ausbreitet, sondern die Bauern selbst" (Ammerman & Cavalli-Sforza, 1984: 61). Wenn man nun die Informationen von den archäologischen Befunden, die Radiokarbon-Datierung und die Ausbreitung von genetischen Polymorphismen von Blutgruppen und anderen auf Blut basierenden Systemen zusammenfaßt, kann man eine südöstliche-nordwestliche

Progression erkennen, die es bereits vor 8.000 Jahren in Griechenland gab und erst vor 5.000 Jahren in Teilen des Vereinigten Königreiches und Skandinavien. Die Ausbreitung erfolgte durch die Menschen und nicht durch ein kulturelles Wissen, das passiv von einer statischen Gruppe zur andern getragen wurde. Ein Bevölkerungsaustausch ist dabei klar impliziert.

So wie Jäger und Sammler Gruppen unterschiedlich überlebten, so haben es auch die mit ihnen verbundenen Kulturen und Zivilisationen und Gen-Pools getan. Man schätzt, daß es allein in Westeuropa zwischen 275 n. Chr. und 1025 n. Chr. durchschnittlich alle zwei Jahre einen Krieg gegeben hat. Einige dieser Kriege beeinflußten den Genpool beträchtlich, besonders wenn dabei Völkermord verübt wurde. Dieser war wahrscheinlich im Laufe der Menschheitsgeschichte nicht ungewöhnlich (Diamond, 1991; E. O. Wilson, 1975). Kriege veränderten auch soziale Strukturen, z. B. wenn eine Ideologie andere ersetzte. Jene Kulturen, die einen großen Wert auf Handel und Entdeckungen legten, wie in Westeuropa über mehrere der letzten hundert Jahre, erzeugten durch Migration Veränderungen der Genpools. Größere Populationsbewegungen halten natürlich bis heute an.

12
EINWÄNDE UND ERWIDERUNGEN

Weil die Gegner des Rassenkonzepts den Standpunkt vertreten, daß die Verwendung der rassischen Terminologie schlecht gerechtfertigt sei, ersetzten sie den Begriff erfolgreich durch „ethnische Gruppe" und schoben dadurch die Betonung weg von einer „Frage, die geradezu nach biologistischen Einfärbungen ... bettelt" (Montagu, 1960: 697; siehe auch Lewontin et al., 1984: 119–29). Der angegebene empirische Hauptgrund für die Verneinung der Bedeutung der Rasse ist ein geringer Prognosewert. Die Kritiker weisen auf die enorme Varianz innerhalb der Rassen hin, auf das Verschwimmen von rassischen Eigenarten an den Rändern der Kategorien und auf den Mangel an Konsens in der Frage, wieviele Rassen es überhaupt gebe (Yee, Fairchild, Weizmann, & Wyatt, 1993).

Ist „Rasse" ein nützlicher Begriff?

Die Ansicht, daß „Rasse" nur ein soziales Konstrukt sei, wird durch biologische Evidenzen widerlegt. Zusammen mit Blutproteinen und DNA-Daten, wie in Kap. 11 diskutiert, können Gerichtsmediziner Schädel einer Rasse zuordnen. Schmale Nasengänge und eine kurze Distanz zwischen den Augenhöhlen kennzeichnen einen Europiden, markante Backenknochen identifizieren einen Mongoliden, und Nasenöffnungen, die wie ein umgekehrtes Herz geformt sind, typisieren einen Negriden (Ubelaker & Scammell, 1992).

Natürlich ist es vereinfacht, die gesamte Weltbevölkerung in nur drei Hauptrassen zu teilen. Dies ignoriert z. B. „Negritos" und „Australiden", aber auch Unterteilungen innerhalb der Großrassen. Innerhalb der mongoliden Population könnte man unterscheiden zwischen Ostasiaten, wie Chinesen, Japaner und Koreaner, amerikanischen Indianern und Südasiaten sowie zwischen den Filipinos und Malaysiern. In ähnlicher Weise beinhaltet die Klassifikation „Negride": bantusprechende afrikanische Ethnien, Pygmäen, khoisanide Buschmänner und die sozial klassifizierbaren Schwarzen in den Amerikas, die mit Weißen und Indianern gemischt sind (in den USA zu ungefähr 25 Prozent, Chakraborty et al., 1992). Die Europiden beinhalten Europäer, Bewohner des Nahen Ostens und des indischen Subkontinents. Unklar ist weiterhin, wo noch andere Gruppen einzuordnen wären. Sind etwa die Polynesier europid, mongolid, oder stellen sie irgendeine Art von Mischung zwischen diesen dar?

Die Geschichten der weltweiten Populationen sind komplex und durch dazwischenliegende Übergänge verbunden. Dazwischenliegende Populationen könnten durch das Leben in mittleren Lebensräumen entstanden sein oder könnten das Resultat von Mischungen von vorher ungleichen Gruppen sein. Eine zukünftige Forschung, die die Information der Gen-Sequenzen verwendet, wird die genetischen Zugehörigkeiten und ihre Verhaltensentsprechungen genauer bestimmen.

Konstrukte in der Wissenschaft sind nur dann nützlich, wenn sie eine erklärende Kraft haben. Die Kategorien der drei Großrassen haben eine starke Vorhersage- und Konstruktberechtigung. Wie gezeigt wurde, können rassische Kategorien ungleiche Daten besser ordnen, als wenn man nur Ethnizität, Religion oder soziopolitische Gruppierungen verwendet. In jeder Kategorie von Tab. 1.1. fallen Europide *zwischen* Negride und Mongolide. Die effiziente Analyseeinheit ist deshalb das höhere Ordnungskonzept der Rasse, innerhalb dessen sich die verschiedenen Unterteilungen, ethnische Gruppen, und – schließlich – die Individuen zusammengruppieren. Das Konzept der Rasse zu ignorieren, verdeckt nicht nur die Prognoseanordnung von internationalen Daten, sondern vernachlässigt auch die Herangehensweise von Populationsbiologen, die andere Spezies untersuchen (Mayr, 1970: 186–204).

Sind die rassischen Unterschiede so wie dargelegt?

Viele Kritiker haben meiner Charakterisierung des Schemas der Rassenunterschiede widersprochen. Manche haben den Vorwurf erhoben, daß die präsentierten Daten irreführend ausgewählt wurden. Weizman et al. (1991: 49) traten hier am explizitesten auf:

> „Rushton plündert jedwedes Material, das ihm unter die Hände kommt, sei es Ökologie, Anthropologie, Psychologie oder Paläontologie. Seine tendenziösen Anleihen aus Materialien, die oft selbst von Rassismus gefärbt sind, sind völlig unwissenschaftlich. Die Bibliotheken sind voll von sogenannten Daten, die man für die Erhärtung von fast jedweder Meinung über die Ursachen der Unterschiede zwischen den Menschen verwenden kann."

Ähnlich sorgte sich Silverman (1990: 1), daß die besprochenen Untersuchungen zu Schlüssen führten, die „so genau rassistischen Stereotypen gleichen, daß es schwer ist, die Möglichkeit einer Voreingenommenheit in der Theorie und/oder den Daten auszuschließen".

Der Wahrheit näher kommen könnte ein Vorwurf von M. Lynn (1989a: 3):

> „Viele der von Rushton und Bogaert (1987) berichteten rassischen Unterschiede haben sich nicht einheitlich gezeigt. Die Autoren geben selbst zu, daß manche Untersuchungen nicht die berichteten Rassenunterschiede bei der Testikelgröße, dem Alter des Beginns der Pubertät und der biologischen Kontrolle des sexuellen Interesses replizieren konnten. Andere vergebliche Versuche, die berichteten Rassendifferenzen zu replizieren, wurden nicht zur Kenntnis genommen."

Meine Antwort ist, daß es den Kritikern nicht gelungen ist, das Gegenteil zu der vorausgesagten Ordnung bei der Gehirngröße, Intelligenz, sexueller Beherrschung, Gesetzeskonformität und sozialen Organisationsfähigkeiten nachzuweisen. Wenn die Null-Hypothese richtig wäre, dann würden die rassischen Differenzen zufällig um einen Durchschnitt von Null verteilt sein – mit einer gleichen Anzahl von negativen und positiven Beispielen. Obwohl die Kritiker über die Verläßlichkeit der Datenquellen diskutiert haben, die Variabilität innerhalb der Rassen, die Überlappung der Verteilungen, die Größe der Stichproben, das Ausmaß der Differenzen und die Veränderung der Testergebnisse über die Zeit hinweg, haben sie keine widersprechenden Daten vorgelegt.

Aggregation versus Dekonstruktion

Das Prinzip der Aggregation, ein in Kapitel 2 im Detail dargelegter, wichtiger methodologischer Punkt, muß nun im gegenwärtigen Zusammenhang neu überdacht werden. Dieses Prinzip sagt, daß die Summe einer Reihe von Messungen ein stabilerer und weniger voreingenommener Beurteiler ist, als eine einzelne Messung aus dem Set. Ein Grund dafür ist, daß mit Messungen immer Fehler verbunden sind. Wenn mehrere Messungen verbunden werden, tendieren diese Fehler dazu, sich auszugleichen. Man glaubt, daß Fehler, die in eine Richtung gemacht werden, durch Fehler in die andere Richtung ausgeglichen werden. Die Nichtbeachtung von Ausreißern und die Abweichung innerhalb der Gruppe ist der Durchschnittserrechnung inhärent und ist auch deren Zweck.

Wir müssen dieses offensichtliche Prinzip, das für die psychologische Messung im 19. Jahrhundert explizit gemacht worden war, genauer bearbeiten, weil es bei der Besprechung von rassischen Unterschieden so leicht vergessen wird. Zu oft geschieht es, daß ein Subset von Daten identifiziert wird, in Besonderheiten zerlegt wird, und für die verstreuten Fragmente gesonderte Erklärungen geliefert werden. Diese zerlegten Besonderheiten zeigen, wenn sie re-aggregiert werden, typischerweise das nun gewohnte Bild der rassischen Differenzen.

Dieser Meinung über die Bedeutung der Aggregation wurde widersprochen. Zuckerman und Brody (1988: 1032) beendeten eine Kritik mit folgenden Worten:

> „In Summe finden wir Rushtons Untersuchung in bezug auf ihre obskure Logik fehlerhaft ... sie ignoriert große Gruppendifferenzen innerhalb der drei Großrassen (die oft größer sind als die zwischen den drei rassischen Gruppierungen), und er aggregiert das, was man nicht aggregieren sollte."

Zuckerman (1991: 985) führte diese Position genauer aus: „Die Variabilität innerhalb der drei ‚Rassen' macht die allgemeinen Vergleiche zwischen ihnen sinnlos, und die Aggregation dient nur dazu, die Variabilität zu verstecken."

Andere haben sich ähnlich geäußert. Im Zusammenhang mit der U.S.-Kriminalstatistik stellen Roberts und Gabor (1990: 299–300) fest: „Jede Untersuchung von aggregierten Kriminalstatistiken wird die tatsächliche Zahl von Verbrechen, die von Schwarzen verübt werden, gegenüber denen, die von Weißen verübt werden, überschätzen." Yee et al. (1993: 1134) sagen, daß ich alle Innergruppenvariation als „Fehler" interpretiere, aber das nächste Kapitel zeigt, wie unrichtig das ist. Eher repräsentiert sie eine natürliche Variation, wahrscheinlich auf genetischer Basis, die auch allen untersuchten Tierpopulationen gemeinsam ist. Schließlich schrieben Weizman, Wiener, Wiesenthal & Ziegler (1991: 46):

> „Rushtons Diskussion der Aggregation enthüllt sein andauerndes Mißverständnis darüber, daß es einen beschränkten Wert hat, den Durchschnitt von Mehrfach-Items, Mehrfachfällen und Mehrfachstichproben zu berechnen. Die Aggregation liefert nur dort eine unvoreingenommenere Schätzung der wahren Populationswerte, wo diese durch die Zufallsfehler-Varianz verschleiert werden. Sie ist aber unbrauchbar, um systematische Fehler zu reduzieren."

Das Prinzip der Aggregation ist zentral. In Kapitel 2 wurden seine Implikationen für eine große Vielzahl an nichtrassischen Bereichen detailliert dargelegt; es ist auch zentral für andere Diskussionen. Betrachten wir einige der Beispiele, die angefochten wurden.

Aggregation und Gehirngröße

Viele Wissenschafter des 19. Jahrhunderts, einschließlich Broca, Darwin, Galton, Lombroso und Morton, kamen zu dem Schluß, daß es rassische Differenzen in der Hirngröße gebe (Kap. 5). Mit einigen Ausnahmen, wie z. B. die amerikanischen Anthropologen Boas und Mead, war diese Ansicht wahrscheinlich bis zum Zweiten Weltkrieg vorherrschend (Pearl, 1934). Wie in Kap. 6 besprochen, wurde die Literatur über Gehirngröße und Rasse nach dem Krieg einer strengen Kritik unterzogen. So hat Tobias (1970) 14 potentiell intervenierende Variablen angeführt, die, wie er meinte, die Daten über die Unterschiede des Gehirngewichts von Schwarzen und Weißen bei der Autopsie höchst problematisch machten; Gould (1978) behauptete, daß viele der Daten über Rassenunterschiede im Schädelvolumen von „unbewußtem ... Schwindeln" und „Jonglieren" der Zahlen herrührten. Gemeinsam nahmen diese Autoren in Anspruch, den „Mythos" von den rassischen Gruppendifferenzen in der Gehirngröße zu Fall gebracht zu haben. Aber wie bereits in Kap. 6 dargelegt, hat man, als man die von Tobias (1970) „entlarvten" Autopsiedaten aggregierte, rassische Gruppendifferenzen insofern gefunden, daß Mongolide und Europide schwerere Gehirne als Negride hatten (nämlich jeweils 1.368 g , 1.378 g vs. 1.316 g).

Als man den Durchschnitt von Tobias' Zahl der „Überschußneuronen" errechnete, hatten Negride 8,55 Milliarden, Europide 8,65 Milliarden und Mongolide 8,99 Milliarden. Ähnlich zeigte Goulds (1978, 1981) re-aggregierte, „verbesserte" Analyse der Schädeldaten aus dem 19.Jahrhundert, daß ungefähr 1 in^3 (16 cm^3) Schädelvolumen die Rassen unterschied, so daß gilt: Mongolide > Europide > Negride.

Diese Rück-Zusammensetzungen überzeugten nicht alle Kritiker. Cain und Vanderwolf (1990) entgegneten, daß die Methode der Durchschnittsberechnung, die ich für Tobias' Daten verwendete, unangemessen sei, weil beispielsweise der Mittelpunkt einer Reihe von Mittelwerten verwendet worden sei. Sie merkten an, daß dieses Vorgehen – im Falle nicht-symmetrischer Verteilungen – zu irreführenden Ergebnissen führen kann. Sie sagten aber nicht, warum es vernünftig sein sollte, von nicht-symmetrischen Verteilungen auszugehen.

Cain und Vanderwolf (1990) sowie M. Lynn (1989b) erhoben auch Einwände gegen die Einbeziehung der Daten der antiken Europiden in die Kategorie „europid" in meiner Aggregation von Goulds Daten wegen ihrer kleinen Körper und getrockneten Schädel. Aber wenn man diese Position akzeptiert und die antiken Europiden von der Analyse ausschließt, würde bei der Innenmessung des Schädelvolumens ein Unterschied von 4 Kubikinch zwischen Mongoliden und Europiden einerseits und Negriden andererseits bestehenbleiben (siehe Tabelle 6.1). Selbst wenn diese Größenordnung etwas überschätzt ist, kann diese Abweichung nicht ignoriert werden. Wenn man noch zusätzlich für die Körpergröße kontrolliert, ist die Rangordnung tatsächlich: Mongolide > Europide > Negride, weil die Mongoliden in bezug auf die Körpergröße oft kleiner sind als die Europiden.

Kritiker brachten auch „neue" Daten aus einer Monographie von Herskovits (1930) in die Debatte ein, der äußere Kopfmaße von amerikanischen Schwarzen und anderen Populationen gesammelt hatte. Aus dieser Tabelle sonderten Zuckerman und Brody (1988: 1027) eine Stichprobe von 46.975 Schweden mit einem kleineren Schädelvolumen, als es die amerikanischen Schwarzen haben, aus, und argumentierten, wenn diese Art der Überlappung möglich sei, dann seien Vergleiche zwischen den Rassen sinnlos. Diese Position wurde in der Folge von anderen Kritikern zitiert (z. B. Cain & Vanderwolf, 1990; Weizmann et al., 1990).

Wie in Kapitel 6 besprochen, hat Herskovits (1930) tatsächlich die Kopfgrößedaten für 36 männliche Stichproben verglichen, die von verschiedenen Forschern gesammelt wurden (Tabelle 6.2). Wenn man zwischen den Stichproben auswählt, kann man jedes beliebige rassische Ranking künstlich schaffen. Es ist angemessener, das Prinzip der Aggregation anzuwenden und die Stichproben zu vereinigen. Als man Herskovits' (1930) Daten aggregierte, wurden, wie wir gesehen haben, statistisch signifikante Unterschiede in der Gehirngröße festgestellt, wobei Mongolide (in diesem Fall nordamerikanische Indianer) und Europide auf einen höheren Durchschnitt kamen als Negride.

Andere Aufstellungen, die von Kritikern vorgebracht wurden, um die Null-Hypothese zu unterstützen, erhärten bei näherer Betrachtung die rassische Hypothese. So haben Cain und Vanderwolf (1990: 782) 20 Datensätze dargestellt, die eine 1923er-Serie europider Schädel und eine 1986er negride Serie beinhalteten (Tabelle 12.1). Ihre Absicht war „zu zeigen, daß man durch das Heranziehen von anderen Studien zu einem anderen Ergebnis kommen kann, als es Rushton tat" und zu demonstrieren, daß negride Schädel „manchmal" größer sind als europide. Sie schlußfolgerten: „Je nachdem, welche Untersuchung man auswählt und zitiert, kann man zu einer Vielfalt an Rangordnungen der Gehirngröße oder des Schädelvolumens kommen."

Tabelle 12.1: Gehirngrößedaten von Erwachsenen, die von Cain und Vanderwolf (1990) zusammengestellt wurden

Gehirngrößen-Variable/ Literaturquelle	Anzahl der Fälle	Männer	Frauen	Männer	Frauen	Männer	Frauen
Daten des Geburtsgewichts (Gramm)							
Ho et al., 1980a	1.261	1.392	1.252	1.286	1.158	–	–
Holloway, 1980	330	1.457	1.318	–	–	–	–
Shibata, 1936	153	–	–	–	–	1.370	1.277
Von Shibata besprochene Untersuchungen	>3.388	–	–	–	–	1.348–1.406	1.120–1.261
Daten des Schädelvolumens (cm³)							
Ricklan & Tobias, 1986	100	–	–	1.373	1.251	–	–
Todd, 1923	302	1.391	1.232	1.350	1.221	–	–

Anmerkung: Aus Cain & Vanderwolf: 1990, S. 782, Tabelle 1. Copyright 1990 bei Pergamon Press. Abgedruckt mit Erlaubnis von Pergamon Press.

Und doch zeigen Cain und Vanderwolfs Daten, daß negride Erwachsene im Durchschnitt die kleinsten Gehirne haben. Ich rechnete die Daten in Kubikzentimeter von Tabelle 12.1 in Gramm um, indem ich die Gleichung (5) aus Kapitel 6 verwendete und aggregierte die Daten quer über die Geschlechter und Messungen (Rushton 1990c). Mongolide hatten durchschnittlich 1.297 g, Europide 1.304 g und Negride 1.199 g; das ist eine Differenz von 100 g zwischen Negriden und den zwei anderen Populationen. In einer Antwort gaben Vanderwolf und Cain (1991) zu, daß „einige" der Daten „glaubwürdig" seien und in die behauptete Richtung deuteten.

Eine ähnliche Art von Tabelle wurde von Groves (1991) aufgestellt, der 21 mongolide Stichproben auflistete (16 männliche, 5 weibliche), 18 europide Stichproben (13 männliche, 5 weibliche) und 12 negride Stichproben (9 männliche, 3 weibliche).

Unter denen, die die größte Schädelkapazität hatten, waren die Mokapu, ein mongolider Stamm in Hawaii, und die Xhosa, ein Stamm aus Afrika. Groves fokussierte die Diskussion auf diese zwei Ausreißer und ignorierte den Rest seiner eigenen Tabelle. Ich habe die Daten seiner Tabelle in Abbildung 12.1 aufgezeichnet, die in der Aggregation deutlich das rassische Schema zeigen. Bei Männern kommen die Mongoliden, Europiden und Negriden durchschnittlich auf 1.487, 1.458 beziehungsweise 1.408 cm³, und die Frauen kommen durchschnittlich auf 1.325, 1.312 beziehungsweise 1.254 cm³. Ein ungewichteter, geschlechtskombinierter Durchschnitt dieser Zahlen ergibt: 1.406 cm³, 1.385 cm³ bzw. 1.331 cm³.

Abb. 12.1: Schädelvolumina von Erwachsenen, die auf der Grundlage von Daten, die von Groves (1991) gesammelt wurden, aufgezeichnet wurden

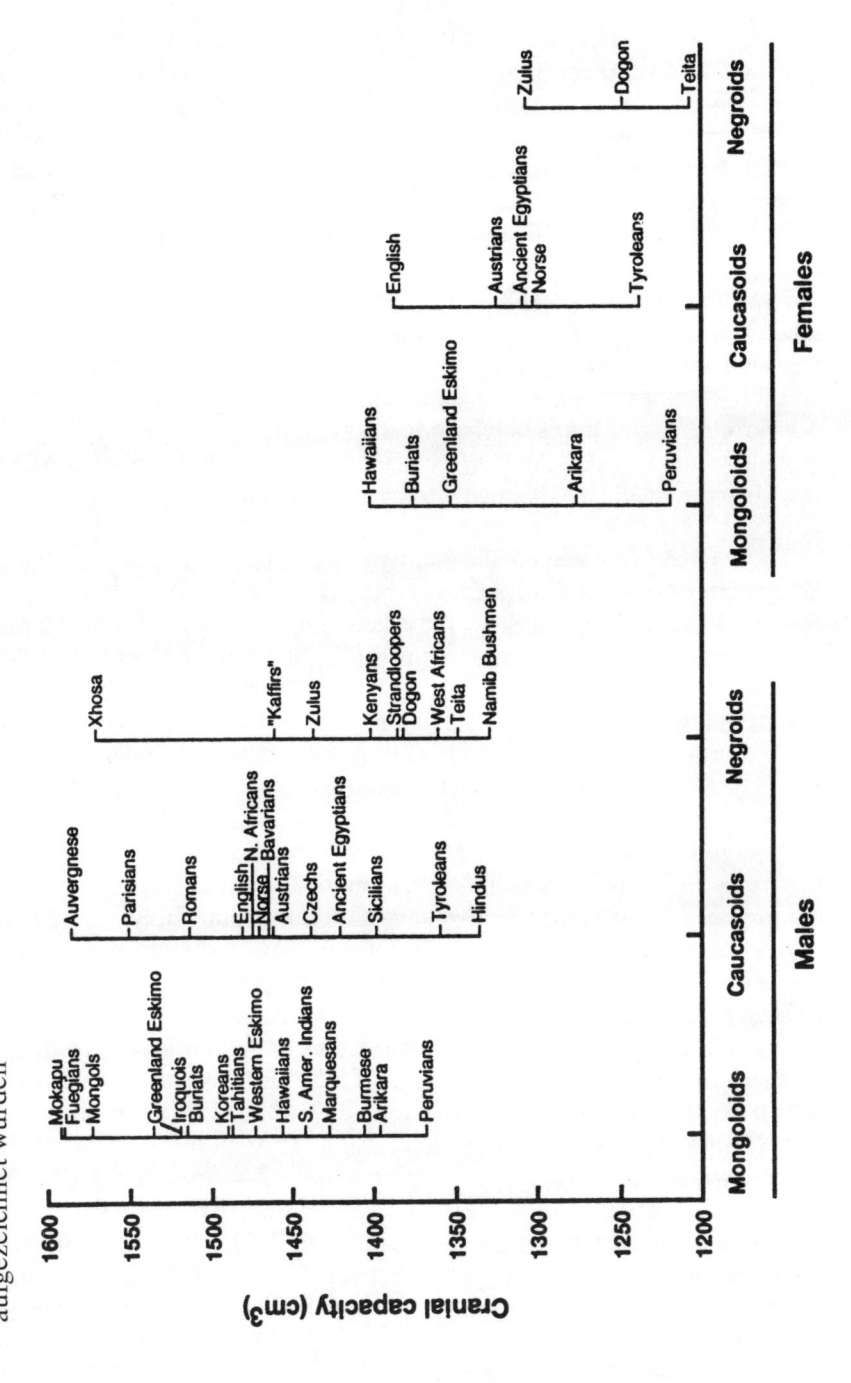

Aggregation und Kriminalität

Manche Leute behaupten, daß die Kriminalstatistiken nur die Polizeivorurteile und die Voreingenommenheiten im Justizsystem widerspiegeln würden. Einige gingen so weit zu behaupten, daß wenn man die Selbstberichte der Jugendlichen verwendet, keine rassischen Differenzen in der Kriminalität existieren. Andere umgehen die Statistik und konzentrieren sich auf solche Untersuchungen, die keine rassischen Differenzen bei disozialer Persönlichkeitsstörung, Psychopathie und psychotischer Tendenz zeigen (Zuckerman & Brody, 1988: 1030).

Es ist richtig, daß Selbstbericht-Maße typischerweise eine geringere rassische Disproportionalität aufweisen als die Daten von Verhaftungen. Das ist, weil sie kleinere, sogar triviale Vergehen betonen, in die fast alle Männer zumindest einmal verwickelt waren (z. B.: „Waren Sie jemals in eine Rauferei verwickelt?") oder Items beinhalten, die nur einen marginalen Bezug zur Kriminalität haben (z. B. „Würde es Sie sorgen, wenn Sie Schulden hätten?"). Ein Grund ist auch, daß wenige der Fragebögen die Häufigkeit dieser Aktivitäten berücksichtigen.

Tatsächlich aber zeigen die Selbstbericht-Maße das gleiche allgemeine Schema der Gruppendifferenzen (Alter, Geschlecht, sozioökonomisch und Rasse), wie es die offiziellen Statistiken tun. J. Q. Wilson und Herrnstein (1985) besprechen die Literatur. Eine Studie, die eine nationale US-Stichprobe von 1.726 Jugendlichen zwischen 11 und 17 Jahren beinhaltet, fand einen klaren Beleg dafür, daß Afroamerikaner in mehr Verbrechen – insbesondere in Diebstahlsdelikte – verwickelt sind als europäischstämmige Amerikaner, wobei der Unterschied bei Mehrfachtätern am größten ist (Elliott & Ageton, 1980).

Andere Untersuchungen zeigten, daß männliche Schwarze bei Persönlichkeitstests wie dem „Minnesota Multiphasic Personality Inventory" höher punkteten (sprich: weniger „normal" waren) als männliche Weiße, besonders bei der Skala der Psychopathie, die kriminelles Verhalten in beiden rassischen Gruppen voraussagt.

Da die Kriminalitätszahlen bezüglich Typ, Region, Generation und Subpopulation enorm variieren, haben Roberts und Gabor (1990) gemeint, daß man sie nur mit „situativen" und „Interaktions"-Faktoren erklären könne. So haben Roberts und Gabor (1990) betont, daß, während die Verhaftungsdaten vom US-amerikanischen FBI zeigten, daß 47 Prozent der Gewaltverbrechen von Schwarzen begangen würden, eine andere Zahlenreihe vom US-Justizministerium – gestützt auf Opferberichte – besagte, daß nur 24 Prozent dieser Fälle von Schwarzen begangen wurden. Diese Zahlen veränderten sich auch mit dem geographischen Gebiet und der Zeit. So hätte die Beteiligung der Schwarzen an der Kriminalität über die letzten 30 Jahre zugenommen, und in einem Jahr betrug im Bundesstaat Delaware die Mordrate durch Schwarze 16,7 pro 100.000, während die Rate in Missouri 65 pro 100.000 betrug.

Roberts und Gabor (1990) weisen auch darauf hin, daß amerikanische Schwarze eine höhere Mordquote als die ethnisch weniger vermischten

Schwarzafrikaner aufwiesen. Sie zitierten Quoten von 0,01 pro 100.000 für Mali und 8 pro 100.000 für Tansania. Zusätzlich würden die Mordquoten im Fernen Osten beträchtlich variieren, von 39 pro 100.000 Einwohner für die Philippinen bis 1,3 pro 100.000 für Hongkong.

Wie jedoch in Kapitel 7 dargestellt, testete ich die Generalisierbarkeit der Rassenunterschiede bei der Kriminalität durch Aggregation der an Interpol für 1983–1984 und 1985–1986 gemeldeten internationalen Verbrechensstatistiken, die Daten für fast 100 Länder in 14 Verbrechenskategorien lieferten. Sowohl für 1984 als auch für 1986 berichteten afrikanische und karibische Staaten fast doppel soviel Gewaltverbrechen (Vergewaltigung, Mord und schwere Körperverletzung) wie europäische Länder und ungcfähr dreimal soviel wie die Länder des Pazifischen Raums (Tabelle 7.3).

In ihrer Antwort argumentierten Gabor und Roberts (1990: 338), daß die internationale Statistik „eine nichtstandardisierte Datenbasis [ist], die höchst empfindlich für unterschiedliche gesetzliche Definitionen, Berichte und Berichtspraktiken der Länder rund um die Erde ist". Sie wiesen darauf hin, daß in vielen Ländern politisch motivierte Tötungen in der Mordquote enthalten sind. Überdies seien Vergewaltigungen notorisch unterberichtet und hochempfindlich gegenüber Einstellungen der Öffentlichkeit, zur Verfügung stehender Einrichtungen für Opfer, dem Status von Frauen und den in einer gegebenen Gesellschaft vorherrschenden Polizei- und Gerichtspraktiken. Gabor und Roberts (1990) sagten nicht, warum – trotz all dieser von ihnen aufgezählten Fehlerquellen – ein so klares rassisches Muster errechnet werden konnte.

Viele Kritiker der Arbeit über Kriminalität und Rasse weisen darauf hin, daß Afroamerikaner typischerweise die Opfer von Verbrechen sind. Roberts und Gabor (1990) zeigten z. B., daß in den Vereinigten Staaten für schwarze Männer die Wahrscheinlichkeit, erschossen oder erstochen zu werden, 20mal höher ist als für weiße Männer; und für schwarze Frauen die Wahrscheinlichkeit, vergewaltigt zu werden, 18mal höher als für weiße Frauen liegt. Schwarze Menschen werden auch häufiger als Weiße die Opfer von Einbruch, Fahrzeugdiebstahl, Körperverletzungen, Raub und vielen andern Delikten.

Im Zusammenhang mit diesem Argument möchte ich zwei Aspekte nicht unerwähnt lassen. Einmal die überzeugende Anmerkung von J. Q. Wilson und Herrnstein (1985: 463), die folgendes anmerkten:

> „Um zu glauben, daß Schwarze solche Vergehen nicht häufiger als Weiße begehen, müßte man glauben, daß die höhere Opferquote durch Weiße verursacht wird, die in schwarze Wohnbezirke gehen, um in Häuser einzubrechen und Bürger zu überfallen. Während dies zwar möglich ist, erscheint es unwahrscheinlich."

Zum anderen gibt es eine Asymmetrie in der interrassischen Kriminalität. Das Problem der interrassischen Gewalt ist vorwiegend das von schwarzen Übergriffen auf Weiße. Während mehr als 97 Prozent der weißen Kriminellen Weiße zum Opfer machen, machen bis 67 Prozent der schwarzen Kriminellen auch Weiße zu Opfern. Nach der Statistik des US-Justizministeriums für 1987 begingen 200 Millionen Weiße 87.029 gewalttätige Überfälle auf Schwarze, während fast 30 Millionen Schwarze 786.660 gewalttätige Überfälle auf Weiße verübten. Das ergibt im Durchschnitt 1 aus 38 Schwarzen, der im Jahr einen Weißen überfällt, und nur 1 aus 2.298 Weißen, der einen Schwarzen überfällt. Die Präferenz des schwarzen Verbrechers für weiße Opfer ist zumindest 60mal höher als die Präferenz des weißen Verbrechers für schwarze Opfer. Levin (1992) hat einige der sozialen Implikationen der rassischen Diskrepanzen beim Verbrechen dargelegt.

Aggregation und Reproduktionsverhalten

In einer Kritik machte Silverman (1990) einen Vorschlag, den ich angenommen habe (Kap. 8), um die Rassen eher bezüglich ihrer „reproduktiven Potenz" als, wie ich es früher getan habe, bezüglich ihrer „sexuellen Zurückhaltung" zu unterscheiden. Silverman (1990: 6) bemerkte:

> „Rushton hat eine neue Synthese geschaffen, indem er eine Ansammlung an anatomischen, physiologischen, Reifungs- und Verhaltensunterschieden zwischen den Rassen zusammengezogen hat, die nach den gleichen Mustern zusammenlaufen, die in evolutionären Prozessen fraglos verwurzelt sind."

Gegen die Arbeit über sexuelles Verhalten wurden allgemein aber mehr *ad hominem*-Angriffe als gegen jede andere Arbeit gerichtet. Zuckerman und Brody (1988: 1031) bezogen sich auf eine „eigenartige Naivität", eine „ethnozentrische Voreingenommenheit" und eine „puritanische ästhetische Empfindlichkeit", Leslie (1990: 891) bezeichnete es als „durchsichtige rassistische Pseudo-Wissenschaft"; und Weizman et al. (1990: 8) bezog sich darauf als „anthropornographisch". Weizman et al. machten sich insbesondere über eine Quelle lustig (French Army Surgeon, 1898/1972), sie enthielte „ein Rezept zur Do-it-yourself Penis-Vergrößerung mit Hilfe einer Aubergine und scharfem Pfeffer!" Sie behaupteten, dieser Verweis wäre die einzige Quelle für einige der Daten, einschließlich einem Item über den erigierten Peniswinkel; bei Asiaten bilde dieser eine Parallele zum Körper und bei Schwarzen einen rechten Winkel.

Möglicherweise reagierten so viele mit Entrüstung, weil Daten über die Genitaliengröße und Sexualpotenz eine Verbindung zum Fortpflanzungssystem der Tiere implizieren. Die kaum angesprochene interessante Frage ist aber, warum diese Unterschiede sich entwickelten und welchem Zweck sie dienen. Der [oben erwähnte] französische Militärchirurg (1898/1972) war nur eine von mehreren ethnographischen Quellen. Der Franzose hatte 30 Jahre als Spezialist für Geschlechtskrankheiten in der französischen Fremdenlegion gearbeitet, die in Afrika, dem Nahen Osten, der Karibik und in Französisch-Indochina stationiert war. Obwohl es ein nebensächlicher Punkt war, wurde der von ihm berichtete Unterschied zwischen Schwarzen und Weißen beim Erektionswinkel in den Kinsey-Daten bestätigt (Tabelle 8.4, Item 74), so wie viele andere Aspekte über Penisgröße und Sexualpraktiken (Kap. 8).

In einer Antwort auf die Kritik von Weizman et al. (1990) verwies ich auf die umfangreiche Spezifizierung und Re-Analysen der Kinsey Daten, die Übersichtsarbeiten der internationalen Untersuchungen durch die Weltgesundheitsorganisation (WHO) und die innerhalb der Vereinigten Staaten durchgeführten Untersuchungen seit Kinsey. Sie alle zeigten, daß bezüglich der sexuellen Aktivitäten die Mongoliden zurückhaltender als die Europiden sind, die wiederum stärker zurückhaltend als die Negriden sind (Rushton, 1991a). Ich besprach auch die weltweite Verbreitung von AIDS und anderer sexuell übertragbarer Krankheiten. Leider war der Ton der Gegenantwort von Weizman et al. (1991: 49) geprägt von ihrer Qualifizierung eines anderen Zitates als „Ethnopornographie".

Nichtsdestoweniger können viele legitime Fragen bezüglich der Daten über Sexualität erhoben werden. M. Lynn (1989a, 1989b) und Cunningham und Barbee (1991) hinterfragten die Repräsentativität der Kinscy-Stichproben, die Validität der Selbstbericht-Maße, den Grad der experimentellen Kontrolle über mögliche intervenierende Variablen und die Modifizierbarkeit des Sexualverhaltens, wie es durch Veränderungen von einer Generation zur anderen belegt wird. Diese Themen kann man nur durch Sammeln von mehr Daten behandeln und durch die Aggregierung über verschiedene Arten von Untersuchungen.

M. Lynn (1989a, 1989b) antwortete, daß die Aggregation nicht eine ursprüngliche Selektivität bei der Auswahl der Studien überwinden kann. Er betonte, daß man *alle* relevanten Untersuchungen über ein Thema ausfindig machen müsse und zitierte dann verschiedene Studien, denen es nicht gelungen ist, die Rassenunterschiede zu reproduzieren. Unter diesen waren Berichte, daß sexuell erfahrene Schwarze weniger oft Geschlechtsverkehr hatten als Weiße, daß bei einer Messung der Fruchtbarkeit in Brasilien die drei Rassen genau gegensätzlich zur Vorhersage gereiht waren und daß die Unfruchtbarkeit in den Vereinigten Staaten für Schwarze höher sei als für Weiße.

Die Diskussion über Einzelheiten kann dabei hin und hergehen. Ich wies z. B. auf die Ursache hin, daß Schwarze eine höhere Unfruchtbarkeit als Weiße wegen ihres höheren Prozentsatzes an sexuell übertragenen Krankheiten haben, ein für negride Populationen weltweites Problem (Rushton, 1989a, 1989f). Afrika ist bekannt dafür, daß es sich von anderen Weltgegenden darin unterscheidet, daß es diese Krankheiten als Hauptursache für Infertilität hat (Cates et al., 1985).

Einige Kritiker brachten vor, daß selbst wenn alle Daten in eine gigantische Metaanalyse eingebracht würden, und die Resultate so ausfielen, wie ich behauptete, das Ergebnis trotzdem verzerrt sei, weil nur diejenigen Studien publiziert worden sind, die mit bestehenden Stereotypen übereinstimmten (Fairchild, 1991; M. Lynn, 1989b; Weizmann et al., 1991). Die beste Antwort darauf ist die Wiederholung, daß bessere Daten gesammelt werden müssen. Beim Sammeln dieser Daten müssen wir jedoch genauso aufmerksam gegenüber der Möglichkeit einer Voreingenommenheit für die Null-Hypothese sein wie gegenüber der für „bestehende Stereotypen". Cunningham und Barbee (1991) z. B. meinten, daß viele der Unterschiede zwischen Mann und Frau, die in den 1950ern als gut abgesichert galten, bis zu den 80ern verschwunden waren. Cunningham und Barbee (1991) haben aber die Möglichkeit nicht in Betracht gezogen, daß sich dies wegen des starken „politisch korrekten", feministischen Drucks ergeben hat, der den Publikationsprozeß in Richtung von Daten verzerrt hat, die mit der Null-Hypothese übereinstimmen (Levin, 1987).

Die Aggregation und andere Variablen

Ähnliche Einwände wie die gegen Gehirngröße, Sexualität und Kriminalität wurden gegen andere Datensätze erhoben. In Hinblick auf die Persönlichkeit hat Zuckerman (1990) die das Muster widerspiegelnden Daten aus kulturübergreifenden Studien in nationale und sogar Stammes-Einzeldaten dekonstruiert und hat dadurch das Muster zum Verschwinden gebracht. Im Hinblick auf den Entwicklungsstatus wurden Gegenbeispiele gebracht, die zeigen, daß der durchschnittliche Beginn der Menstruation von Mädchen aus Hongkong bei 12 Jahren liegt und Mädchen in Afrika ein Durchschnittsalter von 15 Jahren haben (Groves, 1991; M. Lynn, 1989a).

Da der IQ in den letzten 30 Jahren in der entwickelten Welt angestiegen ist, meinte Flynn (1984, 1987, 1989, 1991), daß es in bezug auf die kognitive Leistung verfrüht sei, die Umweltfaktoren als Ursache der Rassendifferenzen auszuschließen. Flynn (1991) errechnete, daß der mongolid/europide Unterschied verschwindet, wenn man die Generationsveränderungen bei den Testergebnissen berücksichtigt. Selbst die Daten über die Unterschiede zwischen Schwarz und Weiß im IQ enthalten ungewöhnliche Beobachtungen. Scarr (1987) z. B. behauptete, daß schwarze Kinder in Großbritannien bis zum Alter von 8 Jahren erziehungsmäßig nicht benachteiligt seien und daß sie in den Bermudas mit 12 Jahren bei Tests über Schulleistungen 2 Jahre besser als die US Weißen abschnitten.

Stark widersprochen wird auch der Behauptung, daß das Schema der rassischen Unterschiede im Verhalten auch historisch zu verfolgen ist. Einige Wissenschafter haben gemeint, daß die Schwarzen eine bedeutende intellektuelle Rolle in der Kultur des alten Ägypten spielten (Weizmann et al., 1991). Einige Anhänger des Afrozentrismus gingen so weit zu behaupten, daß Aristoteles und andere Genies der griechischen Antike ihre Ideen aus Schwarzafrika gestohlen hätten (James, 1992). Flynn (1989) stellte das historische Beweismaterial über Gesetzestreue in Frage, indem er auf die autoritätsgetriebene Kriminalität dieses Jahrhunderts in China, Japan, Deutschland und Rußland verwies. Gabor und Roberts (1990: 343) lehnten die ganze Bemühung, solche Daten zu untersuchen, als „leere Spekulation" mit „keinem Platz" im wissenschaftlichen Unternehmen ab.

Ist das genetische Zeugnis fehlerhaft?

Einige Kritiker vertreten den Standpunkt, daß Schlußfolgerungen über die Auswirkungen der Gene auf das Verhalten ungerechtfertigt sind, bis die Gene selbst entschlüsselt sind. Lovejoy (1990: 909–910) schrieb:

> „Ich bin besonders gespannt auf Rushtons und Bogaerts (angebliche) polygenetische Modelle für die Vererbung von ‚sozialer Organisationskomplexität' und ihre Vorhersagen hinsichtlich der Aussicht, jenes Chromosom zu identifizieren, das die Loci enthält, die zu ‚dezentralisierten Organisationen mit schwachen Machtstrukturen' führen? Vielleicht sind diese pleiotrope Charaktere eines einzelnen dominanten Gens?"

Wenn man diese Argumentation ernstnimmt, würde sie den Wert jeder epidemiologischen Forschung unterminieren, eine Vorbedingung für genauere genetische Analysen. Sie würde sogar die Taktik von Charles Darwin zurückgewiesen haben, der natürlich noch nichts von dem Mechanismus wußte, durch den Charaktereigenschaften vererbt wurden. Genetische Wirkungen wurden erst Jahre nach Darwins Tod entdeckt und die biochemische Struktur der Gene erst Jahrzehnte danach. Ich kann solche Kritiker nur auf die Diskussion von distalen und proximalen Erklärungen in Kapitel 1 verweisen.

Einige, die die frühe verhaltensgenetische Literatur mißbilligend zusammenfaßten, vertreten die Meinung, daß man die Erblichkeit der Intelligenz auf 0 setzen sollte (z. B. Kamin, 1974). Für eine 100prozentige Verneinung eines genetischen Einflusses wird weiterhin geworben, am stärksten von Lewontin (1991; Lewontin et al., 1984). Ein Argument ist, daß weil die Entwicklung so kompliziert ist und die genetischen versus Umweltinteraktionen so allgegenwärtig, es unmöglich sei, die Kausalität zu bestimmen und den Anteil der Varianz jeweils getrennt den Genen und der Umwelt zuzuschreiben (Hirsch, 1991; Wahlsten, 1990). Man meint, daß diese Komplexitäten das Theoretisieren über Rassenunterschiede unterminieren würden. Lewontin (1992, ix) beansprucht weiterhin die „dialektische Beziehung", wie sie Karl Marx ausgearbeitet hat, in der Organismus und Umwelt als Subjekt und Objekt irgendwie „verbunden" sind; ein Punkt, den Lerner (1992) in seiner Darstellung des „Entwicklungs-Kontextualismus" weiter ausführt.

Als allgemeine Antwort auf die Diskussion um die Komplexität brachte Bouchard (1984: 182) ein überzeugendes Argument: Wenn Kontext- und Interaktionswirkungen so allgegenwärtig sind und genetische Wirkungen so komplex, wie kommt es dann, daß getrennt aufgewachsene, monozygote Zwillinge einander in vielfacher Weise dermaßen ähnlich werden? Geschwister, die getrennt voneinander aufwuchsen, sind einander als Erwachsene deutlich ähnlich, wobei der Ähnlichkeitsgrad durch die Anzahl der geteilten Gene prognostiziert werden kann. Das impliziert das Vorhandensein von genetisch basierten, stabilisierenden Systemen, die die Entwicklung in eine gemeinsame Richtung treibt (vgl. Tabelle 3.1 und Abbildungen 3.3 bis 3.5).

Die spezifischen Analysen, die für die Erblichkeit von Rassenunterschieden vorgebracht wurden, sind ebenfalls diskutiert worden. Die Erkenntnisse in Tabelle 9.2, die zeigt, daß schwarze Kinder, die in weißen Mittelklasse-Familien aufgewachsen waren, sich in ihren IQ-Werten und Bildungsniveaus zurück auf ihren Populationsmittelwert regredieren, führte M. Lynn (1989a, 30) auf „sich selbst erfüllende Prophezeiungen" zurück. Allerdings gibt es für solche Wirkungen wenige (wenn überhaupt) Beweise (Jensen, 1980a).

Als „falsche Logik" verurteilte M. Lynn (1989a: 31) die Diskussion darüber, wie das Kombinieren von Innerfamilien und Zwischenfamilien-Analysen die Varianzursachen zwischenfamiliärer Art, wie etwa die soziale Schicht, ausschließen würde, und dadurch genetische und innerfamiliäre Ursachen umweltbedingter Varianz übriglassen würde.

Auf ähnliche Weise tat er die Effekte der Regression-zur-Mitte ab und schrieb sie Umweltwirkungen zu. Er nannte den Befund, daß japanische Inzuchtdepressionswerte die Größe des Unterschieds zwischen Schwarzen und Weißen bei denselben Tests voraussagen (Abbildung 9.1), eine „Koinzidenz" [= ein Zusammenfallen von Ereignissen; Zufall; Anm. d. Ü.] (S. 32).

Hinweise gegen die genetische Hypothese wurden von Sandra Scarr (1987) aufgeführt, die ihr 20jähriges Forschungsprogramm über Unterschiede zwischen Schwarzen und Weißen in einer Präsidentenansprache an die Gesellschaft für Verhaltensgenetik zusammenfaßte. Indem sie die Zwillingsmethode verwendete, berichtete sie erstens über niedrigere Erblichkeiten bei Schwarzen gegenüber Weißen und nahm an, daß bei Schwarzen Umweltfaktoren eine stärkere repressive Wirkung hätten. (Willerman, 1979: 440–444, hat andere Studien zusammengefaßt, die eine niederere Erblichkeit des IQ bei Schwarzen zeigen.)

Zweitens, indem sie Blutgruppen als genetische Marker für afrikanische Herkunft verwendete, berichtete Scarr, daß der Grad der afrikanischen Abstammung nicht mit IQ-Testergebnissen korrelierte. Drittens hatten ihre Studien über transrassische Adoptionen, soweit sie bis zu diesem Zeitpunkt analysiert worden waren, gezeigt, daß 7jährige schwarze und gemischtrassische Kinder, aufgewachsen in der weißen oberen Mittelklasse, über den IQ-Normergebnissen für weiße Kinder aus derselben Gegend lagen. Viertens zeigten kulturvergleichende Studien, daß schwarze Kinder in Großbritannien bis zum Alter von 8 Jahren in ihrem Bildungsstandard nicht benachteiligt waren, und daß schwarze Kinder auf den Bermudas im Alter von 12 Jahren bei Tests im Hinblick auf Wortschatz, Lesen und Mathematik zwei Jahre über den von weißen US-Kindern lagen. Fünftens, daß Vorschul-Interventionsprogramme frühe Ungleichheiten behoben.

Scarr (1987) schloß, daß zwar bei Weißen die Gene individuelle und soziale Klassen-Unterschiede stark beeinflussten, bei Schwarzen aber die Kultur die individuelle Mobilität einschränke und so die Kausalbeziehungen andere wären. Sie behauptete, daß rassische Kategorien ein stärker vorgeschriebener Status sei als soziale Klassen. Im Großen und Ganzen wurde die Meinung vertreten, daß ihre Theorie, wie Menschen ihre eigene Umwelt schaffen, nicht auf Menschen mit wenig Möglichkeiten anzuwenden sei (Scarr, 1992). Zusätzliche Belege gegen die genetische Hypothese wurden von Zuckerman und Brody (1988) zitiert, die sich auf Eyferths Arbeit bezogen. Darin zeigte sich, daß Kinder, gezeugt von US-Truppenangehörigen und erzogen von deutschen Müttern, denselben IQ hatten, unabhängig davon, ob ihre biologischen Väter Schwarze oder Weiße waren.

Natürlich gibt es auch Probleme in dieser „Gegen-Forschung". Erstens wurden in Scarrs Arbeit, in der sie weiße und schwarze Zwillinge verglich, keine Tests auf Eineiigkeit gemacht (vgl. Kommentare in Scarr, 1981). Stattdessen folgerte Scarr die mono- und dizygotischen Varianzen aus dem Wissen über das Verhältnis von Zwillingspaaren unterschiedlichen Geschlechts, die notwendigerweise dizygotisch sind, die aber wegen der höheren Zahl an weiblichen Nachkommen bei Schwarzen in schwarzen Stichproben überrepräsentiert sind. Ihre Verfahren unterschätzten die Erblichkeiten für alle Stichproben, einschließlich der Weißen, bei denen die Erblichkeiten zwischen 4 und 44 Prozent lagen, niedriger als die 50 bis 80 Prozent, die man normalerweise schätzt. Überdies zeigte Osborne (1978, 1980) anschließend Erblichkeiten von mehr als 50 Prozent für eine Stichprobe aus 123 schwarzen, jugendlichen Zwillingspaaren, ähnlich denen, die für eine Vergleichsgruppe von 304 weißen Zwillingspaaren errechnet wurden.

Zweitens, bei der Arbeit über afrikanische Herkunft, wie sie bei Jensen (1981) besprochen wurde, existierte eine positive Korrelation zwischen Hautfarbe und Blutgruppen-Herkunft, was implizierte, daß die Hautfarbe ein genauso guter Indikator für afrikanische Abstammung sei wie Blutgruppen. Aber die Effekte der Hautfarbe wurden in Scarrs Studie statistisch kontrolliert. Wenn das nicht getan worden wäre, hätten afrikanische Blutgruppen mit Testergebnissen korreliert, wie es die genetische Theorie prognostiziert. Eine signifikante statistische Relation zwischen Hautfarbe und IQ bei negrid/europiden Mischlingen wurde von Shockley errechnet (1973; siehe auch Shuey, 1966). Er schätzte, daß es für schwarze Populationen mit niedrigem IQ eine Erhöhung um einen Punkt im durchschnittlichen „genetischen" IQ für jedes Prozent an europider Abstammung gibt, mit abnehmenden Erhöhungen, wenn ein IQ von 100 erreicht ist.

Bei den kulturvergleichenden Adoptions- und frühen Interventionsstudien nimmt man an, daß die Umwelten den IQ und schulische Leistungen bis zu einer Größe von 6 bis 10 IQ-Punkte beeinflussen, selbst wenn die Erblichkeit bis zu 70 Prozent beträgt (Jensen, 1989). Die stärksten Auswirkungen von Interventions- und Zwischenfamilien-Umwelten werden jedoch vor der Pubertät und nicht nach der Pubertät beobachtet. Die Ergebnisse der Adoptionsstudien, die von Scarr (1987) und Zuckerman und Brody (1988) zitiert werden, basieren auf Kindern, die nicht älter als 13 Jahre sind. Die Resultate sind daher vergleichbar mit jenen von verschiedenen amerikanischen Adoptionsstudien, die zeigen, daß die normale familiäre Umwelt die Entwicklung bis zur Pubertät beeinflussen kann, danach ist es weniger wahrscheinlich, daß sie es tut (Plomin & Daniels, 1987).

Postpubertäre, ursächliche Einflüsse auf das Verhalten sind zunehmend von genetischer und innerfamiliärer Art. Deshalb wäre es interessant zu wissen, was nach der Pubertät mit den weißen und schwarzen deutschen Kindern in den Untersuchungen von Eyferth geschah, die von Zuckerman und Brody (1988) zitiert wurden. Die Ergebnisse der 10-Jahres-Nacherhebung der transrassischen Adoptionsstudie von Scarr und ihren Kollegen (Tabelle 9.2), die Scarr (1987) zur Zeit ihres Vortrags vor der Gesellschaft für Verhaltensgenetik nicht zur Verfügung hatte, ist für die Umweltsichtweise problematisch, weil sie andeutet, daß sich die schwarzen Kinder zu ihrem IQ-Populationsmittelwert zurückbewegten.

Ist die r/K-Theorie korrekt?

Verschiedene Autoren behaupteten, daß meine theoretischen Überlegungen Umweltprozesse und Annahmen, die für das r- und K-Selektionskonzept von zentraler Bedeutung seien, ignoriere (Anderson, 1991; Lerner, 1992; Miller, 1993; Weizmann et al., 1990, 1991). Eine Ursache für die weitverbreitete Unklarheit selbst unter Ökologen konzentrierte sich auf die klimatischen Bedingungen, die am ehesten die r-Selektion hervorrufen. Barash (1982: 306) schrieb z. B. in seinem Lehrbuch *Sociobiology and Behavior* [dt.: *Soziobiologie und Verhalten*]:

> „Obwohl die Unterscheidung zwischen r- und K-Selektion das erste Mal von MacArthur und Wilson (1967) deutlich gemacht wurde, wurde sie tatsächlich fast zwanzig Jahre früher von dem großen Evolutionsgenetiker Theodosius Dobzhansky (1950) vorgebracht. Er bemerkte, daß im allgemeinen Bewohner von temperierten und nördlichen Zonen eine Sterblichkeit hatten, die größtenteils unabhängig von ihrer Populationsdichte war und die auf großräumige Umweltfluktuationen zurückzuführen war, wie z. B. Dürre, Stürme oder plötzlicher Einfall einer großen Anzahl von Raubtieren. Unter solchen Bedingungen war die Sterblichkeit relativ unabhängig von individuellen Merkmalen, daher stellten Eltern ihren Reproduktionserfolg sicher, indem sie eine große Zahl von Nachkommen hervorbrachten (das heißt r-Selektion). Im Gegensatz dazu betonte Dobzhansky, daß tropische Arten eher untereinander, als mit der Umwelt intensiv konkurrierten. Der relativ günstige Lebensraum war buchstäblich gefüllt mit Organismen, und so bestand der Unterschied zwischen Erfolg und Mißerfolg darin, daß man nicht eine große Zahl von Nachwuchs, sondern eher eine kleinere Zahl von gut ausgestatteten Nachkommen produzierte (das heißt K-Selektion)."

Barash hat jedoch unrecht. Die *Vorhersehbarkeit* ist die ökologische Vorbedingung für die K-Selektion. Diese ist entweder in einer stabilen Umwelt gegeben oder in einer absehbar veränderlichen. Was offensichtlich mißverstanden wurde, ist daß subtropische Savannen, wo sich die Menschen herausbildeten, wegen der plötzlichen Dürren und verheerenden viralen, bakteriellen und parasitären Krankheiten für Spezies mit hohen Lebenserwartungen, weniger vorhersehbar sind, als es gemäßigte und besonders arktische Umwelten sind. Obwohl sich das arktische Klima sehr stark innerhalb eines Jahres verändert, ist es in hohem Maße vorhersehbar, aber rauh und das über viele Jahre hinweg (Rushton & Ankney, 1993).

Viele Kritiker machten den klassischen Fehler (und viele Ökologen tun das auch), variabel und unvorhersehbar zu verwechseln. Weizmann et al. (1990: 2) behaupteten, daß Schwarze stärker als andere menschliche Gruppen K-selektiert sein müßten wegen ihrer längeren, in stabilen tropischen Klimaten lebenden Ahnenreihe. Miller (1993) nahm auch an, daß das Gegenteil

zutreffen könnte, nämlich daß arktische Tiere mit variablen Winterzyklen
r-selektiert wären. Aber natürlich sind sie das nicht. Langlebige arktische
Säugetiere wie Eisbären, Karibus, Moschusochsen, Robben und Walrösser
sind stark K-selektiert, so wie es die arktischen Menschen sind. Der Grund
dafür ist, daß die arktische Umgebung nicht nur sehr veränderlich, sondern,
was wichtiger ist, auch sehr vorhersehbar ist. (Allgemein gesehen zeigen die
Daten, daß Pflanzen, Eidechsen und Säugetiere mit zunehmender Höhe und
geographischer Breite stärker K-selektiert werden [Zammuto & Millar,
1985].)

Der jährliche Nahrungsmangel in der Arktis ist vorhersehbar, d. h. die
Menschen wissen, daß es 4 bis 6 Monate im Jahr schwierig sein würde, Nahrung zu finden. Daher selektierte das für K-Merkmale. Wenn ein Individuum
die Eigenschaften hatte, die für eine Vorausplanung notwendig sind, dann
haben die Gene dieses Individuums überlebt. Man kontrastiere das nun mit
tropischen Savannen, wo Krankheitsepidemien und lange Dürren unvorhersehbar waren (und sind). Unter solchen Bedingungen würde ein Individuum,
das während der günstigen Bedingungen viele Nachkommen erzeugt, sehr
wahrscheinlich einige haben, die (unvorhersehbare) Katastrophen überleben
würde. Wenn eine in der arktischen Region lebende Person andererseits die
größte Anstrengung auf Paaren/Fortpflanzung aufwenden würde, würde er
oder sie wahrscheinlich nicht ein Jahr überleben; ihr Nachwuchs sogar sicher
nicht. Zusätzliche Kritik wurde über meine (Rushton, 1985a, 1988b) Version
der r/K-Theorie geäußert (ursprünglich „differenzielle K-Theorie" genannt,
um zu betonen, daß relativ zu Tieren alle Menschen K-selektiert sind). Einige
bestanden darauf, daß die r/K-Theorie nur auf der Ebene der Spezies anzuwenden sei oder höchstens auf gut definierte lokale Populationen, aber sie sei
nicht anwendbar auf Variationen innerhalb der Spezies (Anderson, 1991;
Lerner, 1992; Weizmann et al. 1990, 1991). Diese Kritik ignoriert sowohl die
Ursprünge der Theorie (MacArthur & Wilson, 1967) als auch die innerartlichen Studien an Pflanzen, Insekten, Fischen und nicht-menschlichen Säugetieren (Kap. 10).

Andere Einwände, daß Vorhersagen über Altruismus, Gesetzeskonformität und Sexualität willkürlich seien und nicht von der r/K-Theorie abgeleitet
seien, beruhen auf einem unvollständigen Verständnis darüber, was die eigentlichen Kodifizierer der Theorie geschrieben haben (siehe Kap. 10 für Literaturverweise und Seitenzahlen).

Sind Umwelterklärungen ausreichend?

Viele Umwelttheorien wurden vorgelegt, um die rassischen Unterschiede zu
erklären. Meistens sind diese Theorien soziologischer Natur, die auf globale
und diffuse Prozesse wie Armut und systemischen, weißen Rassismus eingehen. Die Indizien bestehen dann oft aus Korrelationen nullter Ordnung so
wie die zwischen Rasse und sozioökonomischen Indikatoren. Psychologische
Theorien wurden auch vorgelegt. Die ausführlichste und überzeugendste von

diesen werde ich als „umweltbasierte *r/K*-Theorie" bezeichnen und in Kürze vorstellen. Aber zuerst wollen wir Alternativen betrachten.

Freudianische Theorie

In *Das Unbehagen in der Kultur* wies Freud (1930/1962; dt. 1929) auf die positive Korrelation zwischen unterdrückter Sexualität und der Produktion von Kultur hin. Er meinte, daß durch die Unterdrückung von aggressiven und sexuellen Instinkten diese in höhere Kulturprodukte umgesetzt werden würden. Weil afrikanische Kinder freizügiger als europäische und amerikanische Kinder aufgezogen werden, werden ihre Instinkte weniger unterdrückt, und so entwickeln Schwarze eine Persönlichkeit frei von Hemmungen, haben aber einen niedrigeren ökonomischen Erfolg.

Die Variante von Freuds Theorie über die Erziehung zur Sauberkeit fand sich in der Literatur der frühen 1950er Jahre. Sie besagte, daß afrikanische Kinder, bei denen das Toilettentraining zu einem beträchtlich späteren Zeitpunkt einsetzt als bei europäischen, eine extravertierte Kultur entwickelten mit Werten von sinnlichem Selbstausdruck und einer entspannten heterosexuellen Einstellung zum Sex. Am andern Ende der Skala stünden Asiaten, die in sehr frühem Alter zur Sauberkeit erzogen würden und dadurch puritanisch selbstdiszipliniert und leistungsorientiert ausgerichtet seien.

Eis- versus Sonnenvölker

Eine evolutionsbasierte psychologische Theorie von „Eis"- versus „Sonnen"-Völkern, die von Bradley kreiert wurde (1978), wurde von Leonard Jeffries jr., dem Vorsitzenden des Instituts für „Black Studies" am City College von New York, vertreten. Er behauptete, daß Menschen europäischer Abstammung, die er „Eisvölker" nannte, immanent gierig seien und Dominanz anstrebten, während Menschen afrikanischer Abstammung oder „Sonnenvölker" humanistisch und gemeinschaftsorientiert wären. Jeffries vermutete, daß eine starke Hautpigmentierung bei Afroamerikanern ihnen intellektuelle und physische Vorteile gegenüber Weißen verleihe („White Professor Wins Court Ruling", *New York Times*, 5. September 1991).

Theorie des Geschlechtsverhältnisses

Cunningham und Barbee (1991) schlugen eine ökologische Analyse vor, die auf hohen Säuglingssterblichkeitsraten und einem Mangel an schwarzen Männern aufbaute. Sie stellten die Hypothese auf, daß eine streßreiche Umwelt zu hohen schwarzen Säuglingssterblichkeitsraten führte, speziell zu einer *männlichen* Säuglingssterblichkeit. Der folgende Engpaß an erwachsenen schwarzen Männern unterminierte die weibliche sexuelle Beschränkung und beförderte das Sexualverhalten. Die Männer würden unwillig sein, zu heiraten und in die Elternschaft zu investieren und sich stattdessen in der Folge mit einer Mehrzahl an Frauen paaren; Geburten alleinstehender Mütter wären häufig und die männlichen Einstellungen frauenfeindlich. Einstellungen der sexuellen Toleranz kombiniert mit einer hohen Säuglingssterblichkeit beförderten hohe Fortpflanzungsraten.

Messner und Sampson (1991) führten dieses allgemeine Modell näher aus, um den unverhältnismäßigen Kriminalitätsanteil zu erklären, der auf Schwarzen zurückgeht. Es hätte prognostiziert werden können, daß weil Männer stärker in Gewaltverbrechen involviert sind als Frauen, Populationen mit weniger Knabengeburten (d. h. Schwarze) weniger Verbrechen pro Kopf produzieren würden als Populationen mit mehr Knabengeburten (d. h. Asiaten). Aber das Gegenteil ist der Fall. Messner und Sampson (1991) erklärten dieses Paradoxon, indem sie vorbrachten, daß ein Engpaß an Männern notwendigerweise die Anzahl der weiblich geführten Haushalte erhöht, was in der Folge durch eine schwächere Sozialisation zu höheren Niveaus an enttäuschenden Leistungen und Kriminalität führe. Die Kriminalität führt wiederum dazu, daß mehr schwarze Männer ins Gefängnis kommen, was den Kreislauf verschlimmert.

Wenn die Reproduktionsmuster eher ökologisch verursachte Zustände, denn genetisch vermittelte Eigenschaften sind, dann müßten sich, wenn das ökologische Umfeld förderlicher wird und die Säuglingssterblichkeit und das ungleichgewichtige Geschlechtsverhältnis sich verringert, die hohen Reproduktionsraten ebenfalls verringern. Cunningham und Barbee (1991) analysierten die US-Fruchtbarkeitsdaten der Jahre 1960 bis 1985, um diese Hypothese zu überprüfen. Unterschiede in den Geburtsraten bei Schwarzen und Weißen standen tatsächlich mit Unterschieden bei den Säuglingssterblichkeitsraten in einem Zusammenhang. Als sich die schwarzen Sterblichkeitsraten verringerten, verringerten sich auch die Geburtsraten in einem Ausmaß wie die der Weißen. Folglich wurde argumentiert, daß das Sexualverhalten bei Schwarzen und Weißen gleichermaßen auf ihre Ökologien ansprechen würde – es gebe keine Notwendigkeit, genetische Differenzen anzunehmen.

Cunningham und Barbees (1991) Analysen werden zudem von jüngsten Daten der US-Volkszählung über die Säuglingssterblichkeit unterstützt. Das U.S. National Center for Health Statistics lieferte Aufschlüsselungen über die Säuglingssterblichkeit für das Jahr 1988. Diese war pro 1.000 Lebendgeburten nach Rasse: Schwarze = 18, Weiße = 9 und Asiaten = 5. Auf der anderen Seite haben Babys, die von Schwarzen mit College-Ausbildung geboren wurden, eine höhere Sterblichkeitsrate als diejenigen, die von ähnlich gebildeten Weißen geboren wurden; eine Erkenntnis, die anscheinend die Idee untergräbt, daß die Armut und eine schlechte medizinische Versorgung hauptsächlich an den Unterschieden schuld sind (Schoendorf et al., 1992).

Eine Ursache für die rassische Disparität bei der Säuglingssterblichkeit ist darin zu suchen, daß schwarze Frauen eine größere Anzahl an Babys mit niedrigem Geburtsgewicht gebären, die als Frühgeburten eingestuft werden. Die im vorliegenden Buch vorgebrachte These ist jedoch, daß das geringere Geburtsgewicht und die kürzere Schwangerschaft von Schwarzen Teil eines genetisch basierten Rassenunterschieds im Lebenszyklus ist (Kap. 10). Das Umweltargument ist, daß Frühgeburten auf den Streß zurückzuführen seien, der durch „komplexe Diskriminierungswirkungen" ausgeübt werde (Wise & Pursley, 1992). Andererseits haben Asiaten eine größere Anzahl an Knabengeburten als Europide (James, 1986), und es gibt zumindest einige Hinweise, daß das Geschlechtsverhältnis teilweise erblich (J. S. Watson, 1992) und vielleicht durch Hormone verursacht ist (James, 1986).

Die umweltbasierte r/K-Theorie

Vor meiner (Rushton, 1984, 1985a) Anwendung der *r/K*-Analyse auf die menschliche Variation hatten andere die Gruppendifferenzen erklärt, indem sie einen *r/K*-Ansatz *ohne* Rekurs auf genetische Faktoren verwendeten (Weinrich, 1977; Cunningham, 1981; Draper und Harpending, 1982; Reynolds und Tanner, 1983; Masters, 1984; Weigel und Blurton Jones, 1983). Alle diese Autoren postulierten, daß Individuen, die in nicht voraussagbaren Umwelten mit einer ständigen Ressourcenknappheit leben und mit der Unsicherheit, ob der Nachwuchs bis zur Fortpflanzungsreife überleben würde, dazu angehalten wären, in opportunistischer Weise bei einem gleichzeitig geringeren Ausmaß an Elternfürsorge soviele Kinder wie möglich zu produzieren.

Draper und Harpending (1982, 1988) meinten, daß die Väterabwesenheit eine kritische Determinante für die spätere Fortpflanzungsstrategie wäre. Aufgrund der erlernten Wahrnehmungen über die Voraussagbarkeit der Umwelt meint man, daß einkommensschwache Familien und Familien, in denen die Väter abwesend sind, eine opportunistisch orientierte *r*-Strategie der hohen „Paarungsbemühungen" annehmen würden, während einkommensstarke und Familien mit Vätern eine zukunftsorientierte *K*-Strategie der „Elternbemühungen" annehmen würden. Je voraussagbarer eine Umwelt erfahren wird, desto stärker würde eine *K*-Strategie angenommen werden. Draper und Harpending faßten die Korrelate der Strategie der „Paarungsbemühung" und seinen Kulminationspunkt beim Kind aus Vater-abwesenden Familien zusammen: schwache Schulleistungen, Anti-Autoritarismus, Aggressivität, sexuelle Frühreife und Kriminalität. Sie zogen den Schluß, daß Gesellschaften mit Vätern diejenigen seien, „in denen sich die meisten Männer wie Papas verhielten und väterentbehrende Gesellschaften diejenigen, in denen sich die meisten Männer wie Paschas verhielten" (1988: 349).

Aufbauend auf die frühere Arbeit von Draper und Harpending legten Belsky, Steinberg und Draper (1991) sowie Chisholm (1993) Umwelttheorien über die Entwicklung der Fortpflanzungsstrategien vor. So beschrieben Belsky et al. (1991: 647) zwei unterschiedliche Pfade (Abbildung 12.2) in knappen Worten:

> „Der eine ist charakterisiert durch eine angespannte Kindesumwelt und die Entwicklung von unsicheren Bindungen zu den Eltern und späteren Verhaltensproblemen; in der Jugend durch eine frühe pubertäre Entwicklung und eine sexuelle Frühreife und im Erwachsenenalter durch instabile Paarbindungen und beschränkte Investitionen in die Kindesaufzucht, während der andere durch das Gegenteil charakterisiert ist."

Diese Vorhersagen sind durch mehrere Longitudinalstudien bestätigt worden. In einer wurden über 900 16jährige neuseeländische Mädchen alle zwei

Abb. 12.2: Die Entwicklungspfade von unterschiedlichen Reproduktionsstrategien

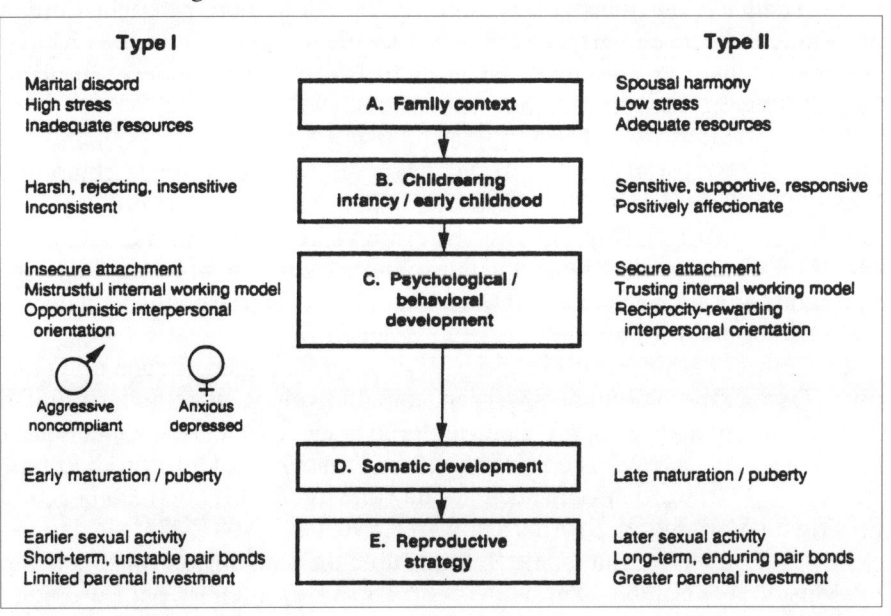

Type I		Type II
Marital discord High stress Inadequate resources	A. Family context	Spousal harmony Low stress Adequate resources
Harsh, rejecting, insensitive Inconsistent	B. Childrearing Infancy / early childhood	Sensitive, supportive, responsive Positively affectionate
Insecure attachment Mistrustful internal working model Opportunistic interpersonal orientation ♂ Aggressive noncompliant ♀ Anxious depressed	C. Psychological / behavioral development	Secure attachment Trusting internal working model Reciprocity-rewarding interpersonal orientation
Early maturation / puberty	D. Somatic development	Late maturation / puberty
Earlier sexual activity Short-term, unstable pair bonds Limited parental investment	E. Reproductive strategy	Later sexual activity Long-term, enduring pair bonds Greater parental investment

Beim Pfad I führt eine disharmonische, streßreiche oder anderwertig unvorhersagbare frühe Umwelt zu unsicheren Bindungen, einem frühen Beginn der sexuellen Aktivität, einer opportunistischen zwischenpersönlichen Orientierung und beschränkten Elterninvestitionen. Beim Pfad 2 führt eine harmonische und vorhersehbare frühe Umwelt zu einem aufgeschobenen Beginn der sexuellen Aktivität, einer wechselseitig einträglichen zwischenpersönlichen Orientierung und großen Ausmaßen an Elterninvestitionen. Aus Belsky, Steinberg & Draper: 1991, S. 651, Abb. 1. Copyright 1991 bei der Society for Research in Child Development. Abgedruckt mit Erlaubnis der Society for Research in Child Development.

Jahre vom 3. bis zum 15. Lebensjahr mit einer unterschiedlichen Reihe psychologischer, medizinischer und soziologischer Tests gemessen (Moffit, Caspi, Belsky & Silva, 1992). Familienkonflikte und die Abwesenheit des Vaters in der Kindheit waren Indikatoren für ein jüngeres Alter bei der Menarche, unabhängig vom Körpergewicht. In Longitudinalstudien in den Vereinigten Staaten prognostizierten Jessor, Donovan und Costa (1991) den Beginn des Geschlechtsverkehrs unter Jugendlichen aufgrund des Wissens, ob sie niedrige Werte in den Bildungsleistungen und der Religiösität hatten und hohe Meßwerte bei der Devianz und dem „Problemverhalten". Multiple Korrelationen erreichten Prognosewerte von größer als 0,50 und erklärten annähernd 30 Prozent der Varianz über einen 9-Jahres-Intervall.

    Man kann weitere Aspekte der Sexualität prognostizieren. Das Alter bei der Menarche hängt mit der erwachsenen Orgasmusfähigkeit und der sexuellen Aktivität sowohl bei Frauen (Raboch & Bartak, 1981) als auch bei Männern (Raboch & Mellan, 1979) zusammen. In einer Literaturübersicht über die frühe Menarche fand Surbey (1990) eine signifikante positive Korrelation beim Menarche-Alter zwischen Müttern und Töchtern und stellte fest, daß eine frühe Menarche in einem Zusammenhang mit dem Cluster an sozialen und sexuellen Verhaltensweisen steht, die in Verbindung gebracht werden mit Frauen, die ihren Partner verlieren oder nie mit dem Vater ihres Kindes zusammenleben. Promiskuität, Highschool-Abbruch und andere Problemverhaltensweisen waren ebenfalls wahrscheinlicher.

In einer schwedischen Longitudinalstudie mit 1.400 Individuen stellte Magnusson (1992) fest, daß frühreife Mädchen öfter als spätreife geschummelt hatten, Schulschwänzer waren, sich betranken und Marihuana probiert hatten. Es gab häufiger Konflikte mit Eltern und Lehrern, und die frühreifen Mädchen waren an der Schule und der späteren Ausbildung weniger interessiert. Die frühreifen Mädchen traten früher in eine Paarbeziehung ein, heirateten früher und traten früher ins Erwerbsleben ein.

Die umweltbasierten r/K-Theorien könnten mit der genetischen polymorphen Perspektive verbunden werden, daß Individuen genetisch zu einem Entwicklungspfad gegenüber einem anderen neigen. Viele haben aber darauf bestanden, daß das rassische Schema aus der Perspektive der Reproduktionsstrategie erklärt werden kann auch – „ohne daß irgendeine zugrundeliegende genetische Variabilität erforderlich wäre" (Mealey, 1990: 387). Mealey berichtete z. B. über internationale Befunde über die Säuglingssterblichkeit, die ein Muster aufweist, bei dem sie bei Negriden am größten ist, bei Europiden dazwischen und bei Mongoliden am geringsten. Aber sie meinte, daß dieses Muster ausschließlich durch eine schlechte Ernährung durch die Mutter erklärt werden könnte, die zu einer hohen Gesamtsterblichkeit führe. Sie zog den Schluß:

> „Alles in allem finde ich das Schema, das Rushton anbietet, interessant und verfolgenswert; aber seine Interpretation ist nicht die einzige, die mit den existierenden Daten kompatibel ist. Die unterschiedliche Anwendung von Reproduktionsstrategien ist möglicherweise umweltbedingt statt genetisch, und die offensichtlichen Gruppenunterschiede sind daher ein Ergebnis der Trennung der verschiedenen Menschengruppen in verschiedene Umwelten."

Natürlich erscheint der Einfluß der Ernährung als Umweltfaktor vernünftig. Die Ernährung wurde vor kurzem von R. Lynn (1990b) und von Eysenck (1991a, 1991b) als wichtige Variable ins Gespräch gebracht. Bei allen Altersklassen und Rahmenbedingungen haben Studien gezeigt, daß das Zuführen eines Vitamins oder einer Mineralienergänzung zur normalen Ernährung die Intelligenz erhöht, ebenso wie das positive Sozialverhalten, wie die Aufmerksamkeit, das Sich-unter-Kontrolle-halten und die Unterlassung von Schlägereien (Eysenck & Eysenck, 1991). Eysenck führte aus (1991b: 329): „Die Möglichkeit muß zumindest in Betracht gezogen werden, daß es biologische Wege geben könnte, die Gehirnfunktion zu verbessern, inklusive dem Gehirn zusätzliche Nährstoffe zu verabreichen, um ihm zu ermöglichen, auf einem optimalen Niveau arbeiten zu können." R. Lynn (1990b) legte nahe, daß eine verbesserte Ernährung der entscheidende Faktor gewesen sein könnte, der dem massiven Anstieg der Intelligenzwerte zugrundeliegen könnte, die sich über die letzten 50 Jahre hinweg in 14 europäischen und amerikanischen Staaten zeigten und von Flynn (1984, 1987) dokumentiert wurden.

Eysenck (1991a: 124) wandte eine Hypothese des Nährstoffmangels auf das Schema der Rassenunterschiede an:

„[Es] ist vielleicht nützlich, auf Möglichkeiten hinzuweisen, wie einige der Konsequenzen getestet werden können, die aus meiner Hypothese zu folgern scheinen. Es scheint, daß negride Kinder deutlich stärker von Nahrungsergänzungen profitieren müßten als europide und europide etwas mehr als mongolide Kinder. Gleichermaßen müßte eine Bestimmung der Vitamin- und Mineralienmängel stärker bei negriden als bei europiden Kindern festzustellen sein und bei europiden stärker als bei mongoliden Kindern. Die afrikanischen Schwarzen müßten hierbei am schlechtesten abschneiden und am meisten profitieren. Diese Vorschläge kann man leicht überprüfen und die Ergebnisse würden von offensichtlicher sozialer und wissenschaftlicher Bedeutung sein."

Es gibt jedoch keine Hinweise, die belegen, daß die Ernährung eine umgekehrte Beziehung zwischen Gehirngröße und Keimzellenproduktion bewirken würde. Es scheint unbedingt notwendig zu sein, eine gewisse genetische Varianz zu postulieren, um die Beständigkeit der rassischen Anordnung bei so vielen Merkmalen, inklusive den makrophysiologischen Variablen der Gehirngröße, Eiproduktion und Hormonniveau, erklären zu können. Ein gemischtes Modell, das zu 50 Prozent evolutionär und zu 50 Prozent auf Umweltaspekte hin ausgerichtet ist, paßt besser zu den Daten, als die 100 Prozent Umwelt- oder die 100 Prozent genetische Alternative.

Es ist immer leicht, kaum definierte Kausalfaktoren als Hypothesen aufzustellen, um die Rassenunterschiede zu erklären, für die es aber tatsächlich keine wissenschaftlichen Hinweise gibt. Jensen (1973) bezeichnete diese als „X-Faktoren", das sind Faktoren, die alles erklären können, die aber weder belegt noch widerlegt werden können. Die meisten Analysen über rassische Unterschiede sind oberflächlich und diffus. Wenn das Verstehen auf diesem Gebiet fortschreiten soll, ist es wichtig, daß Hypothesen sowohl mit einer größeren Klarheit formuliert werden als auch die Fähigkeit beinhalten, daraus differentielle Vorhersagen abzuleiten.

E. M. Miller (1993, 1994) postulierte, daß der Mechanismus der Versorgung durch den Vater eine exaktere Spezifizierung des evolutionären Prozesses sei, durch den sich die Rassen differenzierten. Er konzentrierte sich auf das Kontinuum der väterlichen Anstrengungen, das von keiner bis zum Maximum reicht. Miller meinte, daß in warmen Klimaten Frauen normalerweise genug Nahrung sammeln, um sich selbst und ihre Kinder zu unterstützen. In kalten Klimaten ist jedoch das Jagen erforderlich und die Frauen jagen normalerweise nicht. Folglich wurden in kalten Klimaten die Männer darauf selektiert, daß sie der Versorgung mehr ihrer Energie widmeten und weniger Zeit auf die Partnersuche verwendeten. Während der Jäger-und-Sammler-Epoche in der menschlichen Evolution variierte daher für Männer die Optimalkombination von Paarungsbemühungen und väterlichen Investitionen mit der Strenge der Winter. In Afrika führte ein starker Geschlechtstrieb, Aggression, Dominanzstreben, Impulsivität, wenig Ängstlichkeit, Extraversion und eine Morphologie und Muskelenzyme, die zum Kämpfen passen, zum Erfolg beim Paaren, während in Nordostasien Altruismus, Einfühlungsvermögen, Verhaltensbeherrschtheit und ein langes Leben zum Erfolg beim Bevorraten verhalf. Obgleich Rushton und Ankney (1993) nahelegten, daß Millers Erklärung sich nicht von der r/K-Theorie unterscheiden würde, zeigt Millers Arbeit tatsächlich den Wert der Beleuchtung spezifischer Prozesse.

Ist die Rassenwissenschaft unmoralisch?

Manche haben behauptet, daß die menschliche Soziobiologie keine Wissenschaft sei und nur existiere, um herrschende soziale Ungleichheiten zu rechtfertigen. Die Kritiker attackieren die Soziobiologie, weil sie Krieg und Xenophophie als unausweichliche Aspekte der menschlichen Natur betrachtet. Es wird behauptet, daß eine sozial gerechte Gesellschaft unmöglich sei, wenn „egoistische" Gene – im Dienste ihrer Reproduktion – tatsächlich unsere Sitten, unsere sozialen Institutionen und unsere Kultur beeinflußten. Lewontin et al. drückten es so aus:

> „Der biologische Determinismus ist dann eine reduktionistische Erklärung des menschlichen Lebens, wenn die Kausalitätsrichtung von den Genen zu den Menschen und von den Menschen zur Menschheit verläuft. Aber das ist mehr als eine reine Erklärung: Es ist Politik. Denn wenn die menschliche Sozialorganisation, inklusive der Ungleichheiten des Status, Reichtums und der Macht, eine direkte Konsequenz unserer Biologien darstellten, dann kann, abgesehen von irgendeinem gigantischen Programm des genetischen Engineerings, keine Praxis eine deutliche Veränderung der Sozialstruktur oder der Position der Individuen oder Gruppen innerhalb dieser Struktur bewirken."

Im Extremfall wird die soziobiologische Arbeit, speziell über Rasse, mit den Nationalsozialisten in Verbindung gebracht. Man meint, daß die Nationalsozialisten nicht an die Macht gekommen wären, wenn ihre allgemeine Ideologie nicht weitgehend in Deutschland akzeptiert worden wäre. Sie hätten ihr Rassenprogramm – inklusive den Mord an Juden, Zigeunern und Geisteskranken – nicht ohne die Hilfe einer Ideologie des biologischen Determinismus realisieren können (Lerner, 1992; Lewontin, 1992; Muller-Hill, 1988, 1992). Das ist die Position, die Richard Lerner (1992: 147) in *Final Solutions* einnimmt:

> „Rushtons Denken, das so stark an politische und wissenschaftliche Erklärungen der Nazi-Zeit im Hinblick auf Fortschritte bei der Heilung von genetischen Krankheiten erinnert, ist nichts anderes als das jüngste Beispiel für eine deterministische genetische Ideologie, die als Wissenschaft verkauft wird. Seine Arbeit und die vieler anderer heutiger Soziobiologen sind schlechte Wissenschaft und repräsentiert eine hoffnungslos fehlerhafte Basis für die Richtlinien einer Sozialpolitik. Wissenschaftler und Bürger gleichermaßen müssen diesen beiden Mängelbereichen begegnen. Wenn wir es anders machen, gestatten wir der Geschichte, daß sie sich wiederholen kann."

In hohem Ausmaß fehlerhaft ist die Logik, die diesen politisch motivierten Kritiken zugrundeliegt. Wissenschaftliche Theorien bringen die Menschen nicht dazu, Morde zu begehen. Abgesehen davon können alle Ideen benutzt werden, um Haß zu rechtfertigen. Gerade hier haben religiöse und egalitäre Ideen eine ebenso schlechte Geschichte. Die Schreckensherrschaft in Folge der Französischen Revolution (1789) und die 70 Jahre der kommunistischen Diktatur infolge der Russischen Revolution (1917) zeigen, wie leicht Idealismus pervertiert werden kann. Folglich ist es der Totalitarismus im Dienste des Fanatismus, der dazu führt, daß Menschen umgebracht werden und nicht die Theorien über die menschliche Natur.

Die Gegner einer genetischen Untersuchung von Rassenunterschieden sind entweder unfähig oder unwillig, ihre politischen Programme von dem wissenschaftlichen Streben nach Wahrheit zu trennen; manche scheinen zu leugnen, daß dies überhaupt möglich ist; eine Sichtweise, die von nihilistischen Ideen über die Relativität der Wahrheit stammt und Marxisten behaupten, daß sogar Wissenschaftler durch ihr Klasseninteresse motiviert sind. Vielleicht liegt dem eine gewisse Realität zugrunde, und man könnte weiter gehen und postulieren, daß Ideologien auch genetische Interessen reflektieren (Kap. 4).

Es gibt offenbar zahlreiche Quellen für Verzerrungen. Die Wissenschaftler, denen wir versuchen sollten nachzueifern, sind jedoch diejenigen, denen es gelungen ist, über die Besonderheiten ihrer Lebensumstände hinauszugehen, um der Wahrheit näher zu kommen.

Aus der Rasseforschung folgt keineswegs zwingend eine bestimmte Politik. Die Erkenntnisse sind mit einer breiten Palette an Empfehlungen kompatibel: von der sozialen Segregation, über Laissez-faire zu Programmen für die Benachteiligten. Doch eine effektive staatliche Politik muß auf fundierten wissenschaftlichen Schlußfolgerungen, anstatt auf populären oder irrtümlichen Annahmen beruhen. Soziale Probleme wie Armut, Kriminalität, Drogenmißbrauch und Arbeitslosigkeit haben oft eine ethnische Dimension, egal ob sie in „Entwicklungs-", „exkommunistischen" oder „entwickelten" Staaten untersucht werden (Klitgaard, 1986). Da die Welt in Richtung eines globales Dorfes geht, wird es notwendiger denn je sein, sich mit dem Ausmaß der genetischen Variation innerhalb der Spezies Mensch abzufinden.

Von einem evolutionären Standpunkt aus kann erwartet werden, daß sich getrennte Fortpflanzungsgemeinschaften in genetischer Hinsicht in den Mechanismen, die ihrem Verhalten zugrundeliegen, unterscheiden werden. Das kommt daher, weil das Verhalten, so wie die Morphologie, zumindest teilweise, eine Anpassung der Genpools an bestimmte Umwelten darstellt. Die Existenz der genetischen Varianz sowohl innerhalb als auch zwischen den Populationen ist tatsächlich das erste Postulat der Darwinschen Theorie. (Das zweite ist, daß einige Teile dieser Varianz erfolgreicher bei der Reproduktion sind als andere Teile.)

Die Zurückweisung einer genetischen Basis für die menschliche Variation ist nicht nur schlechte Wissenschaft, sondern sowohl einzigartigen Individuen als auch komplex strukturierten Gesellschaften gegenüber wahrscheinlich schädlich. Auch entkräftet die Annahme einer evolutionären Perspektive nicht das demokratische Ideal. E. O. Wilson (1978) drückte es wie folgt aus: „Wir sind nicht gezwungen, an die biologische Gleichheit zu glauben, um die menschliche Freiheit und Würde zu bekräftigen" (S. 52). Den Soziologen Bressler (1968) zitierend fuhr er fort:

„Eine Ideologie, die stillschweigend an die biologische Gleichheit als Vorbedingung für die Emanzipation des Menschen appelliert, korrumpiert die Idee der Freiheit. Außerdem läßt sie anständige Männer beim Ausblick auf ‚unbequeme' Erkenntnisse erzittern, die in einer zukünftigen wissenschaftlichen Forschung auftauchen könnten."
Der außerordentlich fromme Blaise Pascal formulierte mit Blick auf die Verdammung der Kopernikanischen Hypothese: „Wenn sich die Erde bewegt, dann kann sie dabei ein Dekret aus Rom nicht aufhalten." Und Enrico Fermi merkte an: „Was auch immer die Natur für die Menschheit auf Lager hat und wie unerfreulich es auch sein mag – man muß es akzeptieren, denn die Unwissenheit ist nie besser als das Wissen." Die Gefahr entsteht dann, wenn wir Fermis Beschwörung verletzen (oft mit humanitären Argumenten), nicht aber dann, wenn redliche Wissenschafter Ideen frei und offen diskutieren. Schließlich kann uns die Untersuchung der Rassenunterschiede dabei helfen, das Wesen der menschlichen Vielfalt umfassender schätzen zu lernen (E. O. Wilson, 1992). Das wäre auch ein Vermächtnis der Darwinschen Sichtweise.

13
SCHLUSSFOLGERUNGEN UND DISKUSSION

Über die Zeiten, die Länder und konkreten Fälle hinweg weisen afrikanischstämmige Menschen Ähnlichkeiten auf, die sie von Europiden unterscheiden, welche wiederum Ähnlichkeiten aufweisen, die sie von Asiaten unterscheiden. Obwohl von Land zu Land eine Variation stattfindet, findet man innerhalb von rassischen Gruppen eine Beständigkeit. Dabei sind sich Chinesen, Koreaner und Japaner untereinander ähnlich und unterscheiden sich von Israelis, Schweden und amerikanischen Weißen, welche wiederum untereinander ähnlich sind, aber sich von Kenianern, Nigerianern und amerikanischen Schwarzen unterscheiden.

Die stufenförmige Funktion der Rassenmerkmale wird in Tabelle 1.1 zusammengefaßt. Die Mongoliden und Europiden haben die größten Hirne, die langsamste Zahnentwicklung und produzieren die wenigsten Keimzellen. Es ist kein Umweltfaktor bekannt, der eine umgekehrte Beziehung zwischen der Gehirngröße und der Keimzellenproduktion verursacht oder der so viele verschiedene Variablen dazu bringt, in einer so umfassenden Art und Weise zusammenzuhängen. Aber es gibt einen genetischen Faktor, nämlich die Evolution.

Die wichtigsten Erkenntnisse

Die Gehirngröße

Die Größe des Gehirns ist mittels dreier Hauptverfahren geschätzt worden: Gewicht bei der Autopsie, Innenschädelvolumen und extern gemessenes Schädelvolumen. Die Daten, die über 150 Jahre hinweg gesammelt worden waren, sind in Kapitel 6 zusammengefaßt, und ihr Durchschnitt wurde berechnet. Es stellte sich heraus, daß die Mongoliden ein gemischt-geschlechtliches Gehirnvolumen von 1.364 cm³ haben, die Europiden 1.347 cm³ und die Negriden 1.267 cm³. Auch wenn man Stichproben- und methodische Schwierigkeiten in jeder Datenquelle identifizieren mag, erlauben die durch unterschiedliche Verfahren erzielten Resultate eine Triangulation der wahrscheinlichen Wirklichkeit. Die gemischt-geschlechtliche, weltweite Durchschnittsgehirngröße wurde auf 1.326 cm³ geschätzt.

Die Rassenunterschiede in der Gehirngröße zeigen sich früh im Leben. In einer US-weiten Untersuchung hatten bei der Geburt 17.000 weiße Säuglinge signifikant größere Kopfumfänge als 19.000 schwarze Säuglinge, obwohl im Alter von 7 Jahren schwarze Kinder größer und schwerer waren (Broman et al., 1987). In allen Gruppen korrelierten die Kopfumfänge bei der Geburt und im Alter von 7 Jahren mit dem IQ im Alter von 7 zwischen 0,10 und 0,20. Kleine Unterschiede im Gehirnvolumen übersetzen sich in Millionen von Überschußneuronen.

Die Intelligenz

Bei den Menschen gibt es eine kleine, aber robuste Korrelation zwischen der Gehirngröße und der Intelligenz. Wenn man ein einfaches Meßband verwendet, korreliert der Kopfumfang verläßlich zwischen 0,10 und 0,30 mit den Intelligenztestwerten für Kinder, Universitätsstudenten und Armeerekruten (Tabelle 2.2). Diese Beziehung wurde bei asiatischen Studenten genauso wie bei weißen Studenten festgestellt (Rushton, 1992c) und bei schwarzen Kindern genauso wie bei weißen Kindern (Broman et al., 1987). In Studien, die die Magnetresonanztomographie verwendeten, um die erwachsene Gehirngröße *in vivo* zu messen, wurden Korrelationen von etwa 0,40 zwischen der Gehirngröße und dem IQ bestätigt (Andreasen et al., 1993; Raz et al., 1993; Wickett et al., 1994; Willerman et al., 1991).

Rassenunterschiede in der Intelligenz hat man seit der Zeit des Ersten Weltkriegs festgestellt, als das weitverbreitete Testen begann und Schwarze in den Vereinigten Staaten, dem Vereinten Königreich, der Karibik und im subsaharischen Afrika etwa 15 IQ-Punkte weniger erreichten als Weiße. Asiaten kommen bei exakt denselben Meßverfahren auf höhere Werte als Weiße, egal ob sie in Kanada und den Vereinigten Staaten oder in ihren Heimatländern getestet werden. Eine große Untersuchung der globalen Verteilung der Intelligenz durch R. Lynn (1991c) fand heraus, daß das rassische Schema aufscheint, egal ob durch Standardtests gemessen, durch Entscheidungszeiten, die eindeutig kulturunabhängig sind, oder durch die Beiträge zur Zivilisation. Lynn berichtete auch, daß in den Vereinigten Staaten und der Karibik die nicht-vermischten afrikanischen Schwarzen auf deutlich niedrigere Werte kamen als die vermischten Schwarzen.

Die Reifungsgeschwindigkeit

Bei zahlreichen Messungen der Zahn- und Körperreifung zeigt sich während der Lebensentwicklung das deutliche rassische Schema. Verglichen mit den Europiden sind die Schwarzen schneller, während die Asiaten langsamer sind. Schwarze Mütter haben z. B. eine kürzere Schwangerschaft als weiße – trotzdem werden die schwarzen Babys körperlich reifer mit einer stärkeren Muskelkraft und einer überlegenen Auge-Hand-Koordination geboren. Als Säuglinge können sie früher krabbeln, gehen und sich anziehen als Weiße und Asiaten. Schwarze Kleinkinder beginnen normalerweise mit 11 Monaten zu gehen, verglichen mit Europiden mit 12 Monaten und Mongoliden mit 13 Monaten.

Die Geschwindigkeit der Zahnreifung, gemessen am Durchbruch der bleibenden Backenzähne, zeigt, daß Afrikaner dabei auf einen Schnitt von 5,8 Jahre kommen und Europäer und Nordostasiaten auf 6,1 Jahre. Andere Eigenschaften des Lebenszyklus, inklusive dem Alter beim ersten Geschlechtsverkehr, dem Alter bei der ersten Schwangerschaft genauso wie die Langlebigkeit, zeigen ein ähnliches Muster der Unterschiede bei den drei Populationen.

Die Persönlichkeit

Bei der Persönlichkeit sind Schwarze weniger gehemmt als Weiße, die weniger gehemmt als Asiaten sind. Bei Säuglingen und kleinen Kindern sind Beobachter-Ratings die hauptsächlich angewandte Methode, während bei Erwachsenen die Verwendung von standardisierten Tests häufiger ist. Eine in Quebec durchgeführte Studie untersuchte 825 vier- bis sechsjährige Kinder aus französischsprachigen Klassen für Immigrantenkinder. Die Lehrer vermerkten regelmäßig eine bessere soziale Einfügung und weniger Feindlichkeit/Aggression bei asiatischen Kindern als bei europiden Kindern oder schwarzen Kindern. Bei Erwachsenen verwendete Rushton (1985b) den Eysenck-Persönlichkeitsfragebogen, aggregierte die Ergebnisse von 25 Ländern und stellte fest, daß 8 asiatische Stichproben (N = 4.044) weniger gesellig und dafür ängstlicher waren als 30 europide Stichproben (N = 19.807), welche weniger gesellig und ängstlicher waren als 4 afrikanische Stichproben (N = 1.906).

Die ehelichen Beziehungen

Die Ehestabilität kann durch die Scheidungsrate, die außerehelichen Geburten, den Kindesmißbrauch und die Delinquenz eingeschätzt werden. In jedem dieser Maße ist die Reihenfolge innerhalb der amerikanischen Populationen: asiatisch < weiß < schwarz. Das einzigartige afroamerikanische Muster findet man auch in Afrika südlich der Sahara, und es existierte bereits vor der Kolonialzeit (Draper, 1989). In Afrika erwarten die biologischen Eltern nicht, als Einheit zu agieren, um die Hauptversorger ihrer Kinder zu sein. Das afrikanische Schema beinhaltet normalerweise einige oder alle der folgenden Unterschiede:

- früher Beginn sexueller Aktivität,
- lockere emotionale Bande zwischen den Ehegatten,
- die Erwartung der sexuellen Vereinigung mit vielen Partnern und Kindern von diesen,
- eine verringerte mütterliche Erziehung mit längerem „In-Pflege-Geben" der Kinder an nichtverwandte Pflegeeltern, manchmal für mehrere Jahre – gelegentlich mit der Begründung, für zukünftige Geschlechtspartner sexuell attraktiv zu bleiben,

- ein erhöhtes männlich/männliches Konkurrenzdenken um Frauen, und ein verringertes väterliches Engagement in der Kindesaufzucht oder bei der Aufrechterhaltung von einzelnen Paarbindungen und
- eine höhere Fertilität trotz Bildung und Urbanisierung.

Die Kriminalität

Im Hinblick auf die Gesetzestreue sind die asiatischstämmigen Amerikaner bei der Kriminalität unter- und die Afroamerikaner überrepräsentiert. Weltweit gesehen vermelden afrikanische und karibische Staaten doppelt so viele Gewaltverbrechen (Mord, Vergewaltigung und schwere Körperverletzung) wie europäische oder Nahost-Staaten und dreimal so viele wie Staaten des Pazifischen Raums. Wenn man die Verbrechensquoten von Interpol addiert und über die Jahre hinweg den Durchschnitt bildet, ergibt das pro 100.000 der Bevölkerung jeweils folgende Daten: 142, 74 und 43. Ein ähnlich unverhältnismäßiges, rassisches Muster läßt sich innerhalb von industrialisierten Städten des Westens finden, wie etwa in London in England oder in Toronto in Kanada, genauso wie in Städten innerhalb der USA.

Das Fortpflanzungsverhalten

Es existieren Unterschiede in der Fortpflanzungsanatomie und -physiologie, einschließlich der Rate der Keimzellenproduktion, die teilweise durch unterschiedliche Ovulationsraten verursacht wird. Daten, die vom Kinsey Institute for Sex Research, der Weltgesundheitsorganisation (WHO), und aus der ganzen Welt gesammelt wurden, zeigen regelmäßig ein rassisches Schema bei den Häufigkeiten des Geschlechtsverkehrs (ob ehelich, vorehelich oder außerehelich), bei den sekundären Geschlechtsmerkmalen (markante Stimme, Muskularität, Gesäßbacken und Brüste), bei der biologischen Steuerung des Verhaltens (Periodizität des sexuellen Verlangens, Voraussagbarkeit des Lebenszyklus ab der Pubertät), sowie bei den Androgenniveaus und den sexuellen Einstellungen.

Die Differenzen im Sexualverhalten haben Konsequenzen. Die Fertilitätsraten der Teenager in der ganzen Welt belegen das rassische Gefälle. Das Muster der sexuell übertragbaren Krankheiten tut dies ebenso. Die Fachberichte der Weltgesundheitsorganisation und andere Studien, die die weltweite Verbreitung von AIDS, Syphilis, Gonorrhöe, Herpes und Chlamydien untersuchen, stellen normalerweise in China und Japan niedrige Raten fest und in Afrika hohe Raten; die europäischen Staaten liegen dazwischen.

Schlußfolgerung

Insgesamt zeigt sich das rassische Gefälle von asiatisch/weiß/schwarz bei vielfältig komplexen Dimensionen. Von der Gehirngröße, Intelligenz und Persönlichkeit bis zum gesetzeskonformen Verhalten, zur Sozialorganisation und der Reproduktionsmorphologie landen Afrikaner und Asiaten im

Durchschnitt an den entgegengesetzten Enden des Kontinuums, wobei europide Populationen dazwischen fallen. Diese rassische Anordnung spiegelt sich in globalen Rankings wider, die von Asiaten genauso wie von Weißen gemacht werden.

In einer Studie der sozialen Wahrnehmung meinten Asiaten über sich selber, daß sie mehr Intelligenz, Fleiß, Ängstlichkeit und regelbefolgendes Verhalten aufweisen als Weiße oder Schwarze, während sie im Aktivitätsniveau, der Geselligkeit, der Aggressivität, im Sexualverhalten und der Genitalgröße deutlich niedriger lägen (Tabelle 7.4).

Die Reproduktionsstrategien

Das Endziel der Wissenschaft besteht darin, die natürliche Welt kausal zu erklären und nicht nur sie zu beschreiben. Die gesamte Ansammlung der oben zusammengefaßten weltweiten Hinweise erfordert eine stärkere Theorie als eine, die notwendig wäre, um eine Einzeldimension aus dem Set zu erklären. Es erfordert auch, daß man über die Eigenheiten jedes einzelnen Landes hinausgeht.

Meine These ist, daß archaische Versionen von dem, was die modernen europiden und mongoliden Völker werden sollten, sich vor etwa 100.000 Jahren aus Afrika verbreiteten und sich an das Überlebensproblem in vorhersagbar kalten Umwelten anpaßten. Dieser evolutionäre Prozeß erforderte wechselseitige bioenergetische Einbußen, die die Gehirngröße und die Sozialorganisation (K) auf Kosten der Eiproduktion und des Sexualverhaltens (r) erhöhten.

Die r/K-Skala wird allgemein verwendet, um das zu vergleichen, was oft völlig unterschiedliche Spezies sind, aber ich (Rushton, 1992b: 817–18) benutzte sie, um die immens kleineren Variationen innerhalb der menschlichen Spezies zu beschreiben:

> „Wenn man von der Tierliteratur auf die menschlichen Differenzen schließt, sollten – je stärker K eine Familie ist – desto größer die Abstände zwischen den Geburten sein, desto geringer die Anzahl der Nachkommen, desto geringer die Säuglingssterblichkeit, desto stabiler das Familiensystem und desto besser die elterliche Fürsorge. Je mehr K eine Person ist, desto länger müßte die Schwangerschaftsdauer sein, desto höher das Geburtsgewicht, desto später der Beginn der sexuellen Aktivität, desto höher das Alter bei der ersten Fortpflanzung, desto länger das Leben, desto physiologisch effizienter der Energieverbrauch, desto höher die Intelligenz, desto sozial regelkonformer das Verhalten und desto größer der Altruismus. So geht man davon aus, daß unterschiedliche Organismus-Merkmale, die ansonsten nicht zusammenhängen, mit einer Einzeldimension kovariieren."

Weil sich die Rassen bei so vielen K-Merkmalen unterscheiden, stellte ich die Hypothese auf, daß die Asiaten K-selektierter als die Europiden sind, welche wiederum K-selektierter als die Negriden sind. Folglich gehören die postulierten Rassenunterschiede im Verhalten in einen breiteren evolutionären Kontext, als man bisher gedacht hatte.

Ein afrikanischer Ursprung

Die Vorfahren der modernen Menschen, nämlich die Australopithecinen, *Homo habilis* und *Homo erectus*, traten alle zuerst auf dem afrikanischen Kontinent auf. Also ist Afrika die Wiege der Menschheit. Es gibt jedoch zwei miteinander konkurrierende Theorien, um zu erklären, wie sich während den letzten Stufen der Hominidenevolution die rassische Differenzierung abspielte. Dies sind die Multiregionale und die Single-Origin-Theorie.

Beide Theorien stimmen darin überein, daß vor einer Million Jahren oder mehr der *Homo erectus* aus Afrika hervortrat, um Eurasien zu bevölkern. Sie unterscheiden sich dabei, ob die Nachkommen dieser *erectus*-Populationen (der Neandertaler in Europa, der Peking-Mensch in China und der Java-Mensch in Indonesien) die sapiens-Nachkommen entstehen ließen, oder ob diese erectus-Populationen evolutionäre Sackgassen waren und durch eine Welle von anatomisch modernen Menschen ersetzt wurden, die in Afrika erst vor 200.000 Jahren entstanden.

Die in diesem Buch eingenommene Position war, das Out-of-Africa-Modell eines einzigen Ursprungs zu bevorzugen. Das Kapitel 11 besprach die genetischen, paläontologischen, archäologischen, linguistischen und verhaltensbezogenen Daten, die diese Schlußfolgerung unterstützen. Wie dem auch sei – es ist für die allgemeine Position nicht entscheidend, ob die Rassen ihre Auseinanderentwicklung vor 1 Million Jahre oder vor nur 100.000 Jahren begonnen haben.

Wenn man einen afrikanischen Ursprung vor weniger als 200.000 Jahren annimmt, ein Verbreitungsmoment aus Afrika heraus vor etwa 100.000 Jahren und danach die Bevölkerung des Rests der Welt, taucht die Frage auf, wie diese Ereignisse zu den Verhaltensprofilen führten, die man bei den Rassen feststellte. Die Annahme ist, daß die Kolonisierung von gemäßigten und kalten Umwelten zu erhöhten kognitiven Anforderungen führte. Hierbei gab es folgende Probleme zu lösen: die Sammelung und Aufbewahrung von Nahrung, die Erlangung einer Behausung und die erfolgreiche Aufzucht von Kindern in kalten Wintern, inklusive den Eiszeiten, die erst vor etwa 10.000 Jahren endeten. Als sich die ursprünglichen afrikanischen Populationen in die Europiden und Mongoliden entwickelten, taten sie das in die Richtung von größeren Gehirnen, langsameren Reifungsgeschwindigkeiten und niedrigeren Niveaus von Sexualhormonen mit begleitenden Reduktionen in der Sexualpotenz, der Aggressivität und der Impulsivität und Zunahme in der Familienstabilität, der Zukunftsplanung, der Selbstkontrolle, dem Regelbefolgung und der Langlebigkeit.

Die Gene zusätzlich zur Umwelt

Von vielen der beobachteten rassischen Korrelationen sagt man, daß sie ausschließlich auf kulturelle Übertragungsarten zurückzuführen seien. Die Chinesen und Japaner sind dafür bekannt, daß sie intakte Familienumfelder haben, wo sie Konformität, Selbstbeherrschung und Tradition sozialisieren. Das entgegengesetzte Muster findet man bei afrikanischstämmigen Menschen, die aus weniger intakten Familien kommen, und die für hohe Bildungsleistungen weniger sozialisiert werden. Jedoch zeigen die physiologischen Daten über die Größe des Gehirns, die Reifungsgeschwindigkeit und die Keimzellenproduktion, genauso wie die kulturenübergreifende Beständigkeit dieses rassischen Schemas, daß die genetischen und evolutionären Einflüsse ebenfalls eine Rolle spielen.

Ausschließliche Umwelterklärungen für diese Unterschiede können das Gesamtmuster der Entwicklungsgeschichte nicht erklären. Auch ist es aus umwelttheoretischer Sicht unerklärlich, warum die Gruppendifferenzen bei denjenigen Items am größten sind, die die größte Erblichkeit haben. Zum Beispiel sagen die am stärksten erblichen Subtests des Wechsler-Intelligenztests für Kinder am besten die Ausmaße des Unterschiedes zwischen Schwarz und Weiß voraus (Rushton, 1989e). In ähnlicher Weise sagt ein Test die Unterschiede zwischen Schwarz und Weiß umso besser voraus, je höher seine g-Anteile sind (Jensen, 1985, 1987b). Dies sind *differentielle* Erwartungen. Das erbliche g [Glossar!] würde die Differenzwerte nur voraussagen, wenn diese Differenzwerte unter genetischem Einfluß wären.

Die Ergebnisse von einer Longitudinalstudie über schwarze Kinder, die von weißen Familien adoptiert wurden, unterstützen ebenfalls die genetische Sichtweise (R. A. Weinberg et al., 1992). Nachdem sie 17 Jahre lang in weißen Familien aufgewachsen waren, gleichen die schwarzen Kinder nicht ihren weißen Geschwistern. Im Alter von 7 Jahren war der IQ der schwarzen Kinder vergleichbar mit jenem der weißen Kinder, aber 10 Jahre später waren die schwarzen Kinder beim IQ und der Bildungsleistung auf ihren Populationsmittelwert zurückgefallen.

Eine andere Argumentationslinie für die Erblichkeit der rassischen Gruppenunterschiede ist, daß viele der Variablen, bei denen sich die Rassen unterscheiden, in beträchtlichem Umfang erblich sind. Das Kapitel 3 besprach die verhaltensgenetische Literatur über Intelligenz, Reifungsgeschwindigkeit, Stärke des Sexualverhaltens, Altruismus, Familienstruktur und Gesetzeskonformität. Gelegentlich hat man die Erblichkeiten auch für andere Rassen als die Europiden berechnet und stellte fest, daß sie vergleichbar seien. So wurde von Osborne (1978, 1980) eine mehr als 50prozentige Erblichkeit für die Intelligenz bei 123 schwarzen jugendlichen Zwillingspaaren berechnet und von R. Lynn & Hattori (1990) wurde bei Hunderten von japanischen 12jährigen Zwillingspaaren eine Erblichkeit von 58 Prozent mitgeteilt.

Die Verallgemeinerung der *r/K*-Formulierung

Wenn man die Information von den Makro-Skala-Merkmalen, die in Tabelle 10.1 und Abbildung 10.3 skizziert werden, auf die zwischenrassische Variation beim Menschen verallgemeinert, können zahlreiche falsifizierbare Vorhersagen daraus abgeleitet werden. Eine Zusammenfassung von den Variablen, von denen man erwartet, daß sie miteinander korrelieren, wird in Tabelle 13.1 gezeigt, gemeinsam mit den positiven oder negativen Hinweisen und einer Identifikation jener Variablen, die noch nicht untersucht wurden.

Tabelle 13.1: Die Richtung der Korrelationen bei den menschlichen Lebenszyklus-Variablen, die bisher gefunden worden sind

Variablen des Lebenszyklus	Erblichkeit	SÖS	Rasse	1	2	3	4	5	6	7	8	9	10	11	12	13	14	15	16
1. Dizygote Zwillinge	+	+	+																
2. Geburtsintervalle	0	+	0	+															
3. Familiengröße	+	+	+	+	+														
4. Ehestabilität	0	+	+	+	0	0													
5. Elternpflege	0	+	+	0	0	0	+												
6. Säuglingssterblichkeit	0	+	+	+	0	0	+	+											
7. Schwangerschaftsdauer	0	+	+	+	0	0	0	0	+										
8. Geburtsgewicht	+	+	+	+	0	0	0	0	+	+									
9. Pubertätsalter	+	-	+	+	0	0	+	+	0	0	0								
10. Alter beim ersten Koitus	+	+	+	+	0	0	+	+	0	0	0	+							
11. Alter bei Fortpflanzung	+	+	+	+	0	0	+	+	0	0	0	+	+						
12. Körpergröße	+	+	-	+	0	0	0	0	0	0	0	0	0	0					
13. Langlebigkeit	+	+	+	+	0	0	+	+	0	0	0	0	0	0	0				
14. Intelligenz	+	+	+	+	+	+	+	+	+	+	+	+	-	0	0	+	+		
15. Gesetzeskonformität	+	+	+	+	0	+	+	+	+	0	0	0	+	+	0	+	+		
16. Sexualtrieb	+	0	+	+	0	0	0	0	+	0	0	0	0	0	0	0	0	+	

Anmerkung: Vgl. Rushton, 1985, S. 450, Tabelle 2. Copyright 1985 bei Pergamon Press. Abgedruckt mit Erlaubnis von Pergamon Press. Positive Zeichen dokumentieren Korrelationen, die mit der Theorie übereinstimmen, negative Zeichen dokumentieren die im Widerspruch zu dieser Theorie stehenden Zahlen, und die Nullen repräsentieren diejenigen, die man noch nicht kennt. [Anm. d. Ü.: SÖS = Sozioökonomischer Status]

Obwohl viele Variablen noch zu untersuchen sind, kann Tabelle 13.1 entnommen werden, daß die meisten von jenen, die bereits untersucht wurden, in die erwartete Richtung tendieren. Es gibt einige Anomalien. Obwohl vorhergesagt wird, daß eine Person um so später in die Pubertät kommt, je höher sein oder ihr sozioökonomischer Status ist, scheint das Gegenteil zuzutreffen (Malina, 1979). Ein anderer gegenteiliger Befund zeigt sich bei der Körpergröße. Weil eine größere Körpergröße auf eine K-Strategie hindeutet, müßten die Mongoliden größer als die Europiden oder Negriden sein, und trotzdem trifft das Gegenteil zu. Eine große Körpergröße sollte zu Gesetzeskonformität neigen lassen, und trotzdem geht das Beweismaterial hier ebenfalls in die entgegengesetzte Richtung. Der vielleicht auffallendste Aspekt von Tabelle 13.1 ist jedoch die Seltenheit von solchen Unregelmäßigkeiten. Weitere Beziehungen zwischen den Variablen können in Betracht gezogen werden. Auch wenn manche Ideen spekulativ sind, könnten sie einer weiteren Untersuchung würdig sein.

Die Familienstruktur

Eine Doppelovulation und die Geburt von dizygoten Zwillingen ist mit zahlreichen *r/K*-Eigenschaften in einen Zusammenhang gebracht worden. Die Mütter von dizygoten Zwillingen können als Repräsentanten der *r*-Strategie angesehen werden. Ihre Merkmale sind denen von Müttern von Einzelgeburten gegenübergestellt worden, die die *K*-Strategie repräsentieren (Rushton, 1987b). Man stellte fest, daß die Mütter von dizygoten Zwillingen – wie zu erwarten war – im Durchschnitt ein niedrigeres Alter bei der ersten Menstruation, einen kürzeren Menstruationszyklus, eine größere Zahl von Ehen, eine höhere Koitushäufigkeit, mehr außereheliche Kinder, eine größere Familie, eine frühere Menopause und eine höhere Sterblichkeit hatten. Überdies haben Zwillinge normalerweise eine kürzere Schwangerschaftsdauer, ein niedrigeres Geburtsgewicht, eine höhere Säuglingssterblichkeit und einen verringerten IQ.

Andere Variablen der Familienstruktur, wie etwa das Auseinanderbrechen von Familien und das Alleinerziehen, hängen mit *r*-Merkmalen zusammen, wie etwa Kindesmißbrauch, niedrigere Intelligenz, vorzeitiges Ende des Besuchs formaler Bildungsinstitutionen, sexuelle Frühreife und Jugendkriminalität (Draper & Harpending, 1988; J. Q. Wilson & Herrnstein, 1985). Um noch einmal die Unterscheidung zu zitieren, die Draper und Harpending (1988: 349) getroffen hatten: „Gesellschaften mit anwesenden Vätern sind solche, in denen sich die meisten Männer wie Papas verhalten, und Gesellschaften mit abwesenden Vätern sind solche, in denen sich die meisten Männer wie Schurken verhalten."

Die Sexualität

Im Leben der meisten jungen Menschen findet der Übergang zur aktiven Sexualität innerhalb eines Netzwerks von individuellen, sozialen und Verhaltensfaktoren statt, die über eine bloße Kovariation hinausgehen. In zwei Longitudinalstudien stellten Jessor et al. (1991) fest, daß man einen frühen Beginn des Geschlechtsverkehrs voraussagen konnte vor dem Hintergrund des Wissens, ob die Jugendlichen niedrige Werte in den Bildungsleistungen und der Religiösität hatten und hohe Werte bei Maßen der Devianz und des „Problemverhaltens". Mehrere Korrelationen erreichten Vorhersageniveaus von mehr als 0,50, die annähernd 30 Prozent der Varianz über einen 9-Jahres-Zeitraum erklären.

Persönlichkeit und die Sexualität sind in einen Zusammenhang gebracht worden. Eysenck (1976) stellte fest, daß, verglichen mit Intravertierten, die Extrovertierten normalerweise früher Geschlechtsverkehr haben, und zwar häufiger und mit mehreren Partnern. Diese Befunde wurden von Barnes, Malamuth und Check (1984) repliziert. Mehr historisch betrachtet, erklärte Freud (1930) in *Das Unbehagen in der Kultur* die Existenz der positiven Korrelation zwischen zurückhaltender Sexualität und dem Schaffen von Kultur durch die Psychodynamik von Repression und Sublimierung. Die hier skizzierte Perspektive erklärt dies unter den Bedingungen genetisch korrelierter Eigenschaften. Energie kann an die Reproduktionsbemühung entweder direkt über das Sexualverhalten geleitet werden oder indirekt über die Fähigkeit, komplexe Sozialinstitutionen zu schaffen, und eröffnet dadurch die Möglichkeit, sich im Wettstreit zu behaupten, wenn die Ressourcen knapp sind.

Das Sexualverhalten variiert mit der sozialen Klasse. Weinrich (1977) untersuchte über 20 internationale Studien und zog den Schluß, daß je niedriger der sozioökonomische Status ist, desto jünger das Alter beim ersten Koitus, desto größer die Wahrscheinlichkeit eines vorehelichen Koitus und des Koitus mit Prostituierten, desto kürzer die Zeitspanne vor außerehelichen Affären, und desto instabiler die Ehebindung.

Weinrich (1977) stellte auch fest, daß je höher der sozioökonomische Status ist, desto wahrscheinlicher betrieb das Individuum sexuelle Aktivitäten jenseits derer, die direkt zur Empfängnis führen, was Fellatio, Cunnilingus, Petting, Zärtlichkeiten und Koitus während der Menstruation beinhalten kann. Außerdem ist festzuhalten: Obwohl Jugendliche aus einer niedrigeren sozialen Schicht anscheinend genauso viel über Geburtenkontrolle wie Jugendliche aus einer höheren sozialen Schicht wußten, wandten sie diese weniger an.

Von Interesse sind soziale Klassenunterschiede bei den Geburten von dizygoten Zwillingen. Monozygote Zwillinge sind fast konstant bei etwa 3 1/2 pro 1.000 in allen Gruppen. Dizygote Zwillinge jedoch sind häufiger bei Frauen einer niedrigeren sozialen Schicht, als bei einer höheren, und das sowohl bei europäischen als auch bei afrikanischen Stichproben (Golding, 1986; Nylander, 1981).

Altruismus und Gesetzeskonformität

Weil sie weniger altruistisch sind und die soziale Organisation eher stören als aufrechterhalten, meint man von Kriminellen, daß sie die *r*-Strategie darstellen. Ellis (1987) fand heraus, daß Kriminelle die folgenden Merkmale der *r*-Strategie aufweisen: große Anzahl an Geschwistern (oder Halbgeschwistern); Familien, in denen die Eltern nicht mehr zusammenleben; kürzere Schwangerschaftszyklen (mehr Frühgeburten); eine schnellere Geschlechtsreife; eine größere Kopulationshäufigkeit außerhalb von festen Beziehungen (oder zumindest eine Präferenz dafür); weniger stabile Bindungen; niedrigere Elterninvestitionen in den Nachwuchs (nachgewiesen durch höhere Raten der Kindesaussetzung, -vernachlässigung und -mißbrauchs) sowie eine niedrigere Lebenserwartung.

Antisoziales und anderes Problemverhalten wie Alkohol- und Drogenmißbrauch stehen in einem Zusammenhang mit einem frühen Beginn des Geschlechtsverkehrs (Jessor et al., 1991). Bei Jugendlichen können 36 bis 49 Prozent der Varianz bei nichtsexuellen Devianzformen bei Geschwistern beiderlei Geschlechts durch das Ausmaß des Sexualverhaltens des jeweils anderen erklärt werden (Rowe et al., 1989).

Die Gewissenhaftigkeit bei der Arbeit, genauso wie ein deutliches kriminelles Verhalten, wurden auch mit dem Temperament und der Intelligenz in Verbindung gebracht (Elander, West & French, 1993). Hinweise legen nahe, daß Intravertierte pünktlicher sind, weniger oft fehlen und länger an einem Arbeitsplatz bleiben, während Extravertierte mehr Zeit darauf verwenden, mit Arbeitskollegen zu plaudern, Kaffee zu trinken und ganz allgemein Zerstreuung von der Routine zu suchen. Es erwies sich auch, daß Unfälle von Busfahrern durch deren Intelligenz und Extravertiertheit prognostizierbar sind (Shaw & Sichel, 1970).

Gesundheit und Langlebigkeit

Wie man in Abbildung 10.3 sehen kann, sind die Menschen die einzigen Primaten mit einer postreproduktiven Phase. Eine Erklärung für die Menopause ist, daß die Frauen – da der menschliche Körper im Alter schwächer wird – schließlich einen Punkt erreichen, an dem die Geburt eines weiteren Kindes ihr Leben gefährden könnte. Auch wenn es auf die Männer keinen vergleichbaren Druck gibt, nimmt die Spermienproduktion mit dem Alter ab. Im Alter von 45 Jahren produziert ein Mann nur 50 Prozent der Spermien, die er mit 18 Jahren produzierte, und die meisten älteren Männer haben Schwierigkeiten, auf Frauen im geschlechtsreifen Alter anziehend zu wirken. In der evolutionären Vergangenheit beförderten daher ältere Menschen ihre eigenen Gen-Kopien effektiver, indem sie sich um die Enkelkinder und die erweiterte Familie kümmerten, als daß sie selber weitere Nachkommen produziert hätten. Um das erfolgreich machen zu können, mußten die Großeltern mit wachsendem K daher gesünder geblieben sein und länger leben, da sowohl ihre eigenen Nachkommen als auch die Nachkommen ihrer Kinder ihre Fortpflanzung auf ein höheres Alter aufschieben werden. In sowohl entwickelten als auch in sich entwickelnden Ländern wird ein früher Muttertod mit kurzen Geburtsintervallen und der Gesamtzahl der Kinder in Verbindung gebracht.

▶ Niedrigere sozioökonomische Schichten haben höhere Todesraten als höhere sozioökonomische Schichten und diese Unterschiede sind in den letzten Jahrzehnten größer geworden. The Black Report und andere Studien vermerken eine wachsende Disparität bei den Todesraten zwischen den Berufsschichten in England und Wales (Black et al., 1982; Whitehead, 1988; Marmot et al., 1991). Im Jahr 1930 hatten die Menschen der untersten Sozialschicht in jedem Alter z. B. ein um 23 Prozent höheres Sterberisiko als die Menschen in der höchsten Sozialschicht. Bis zum Jahr 1970 war dieses erhöhte Risiko auf 61 Prozent gestiegen. Ein Jahrzehnt später war es auf 150 Prozent gesprungen (Black et al., 1982). Diese wachsende Ungleichheit stellt ein Paradoxon dar, besonders weil in Großbritannien schon lange ein staatliches Gesundheitssystem existiert, um die Ungleichheiten in der Gesundheitsversorgung zu minimieren.

Ähnliche Differenzen sind in Frankreich und Ungarn während der letzten zwei Jahrzehnte beobachtet worden (Black et al., 1982). Die umgekehrte Beziehung zwischen der Sterblichkeit und der sozioökonomischen Stellung ist auch in den Vereinigten Staaten angestiegen. Eine große Untersuchung zeigte, daß über den Zeitraum von 26 Jahren zwischen 1960 und 1986 die Gesundheitsungleichheiten in bezug auf das Bildungsniveau für Weiße und Schwarze gestiegen sind – und zwar um 20 Prozent bei den Frauen und um über 100 Prozent bei den Männern (Pappas et al., 1993).

Die steigende Korrelation zwischen Gesundheit und sozialer Schicht ist aus einer *r/K*-Perspektive erklärbar, wenn man sich bewußt ist, daß das Entfernen von Umweltbarrieren zur Gesundheit jene Varianz erhöht, die auf genetische Faktoren zurückzuführen ist (Scriver, 1984). Parallel dazu führt eine steigende Gleichheit der Bildungsmöglichkeit zu einem Anstieg in der Erblichkeit der Bildungsleistungen (Heath et al., 1985). Im allgemeinen macht die Entfernung von Umwelthindernissen den individuellen Varianzunterschied stärker von angeborenen Merkmalen abhängig. Das impliziert, daß zumindest in den 1990er Jahren bei Personen der oberen Schichten mehr Gene existierten, die für gute Gesundheit und Langlebigkeit kodierten, als bei Personen der unteren Schichten (Rushton, 1987a).

Intelligenz

Viele Studien belegen eine negative Beziehung zwischen Intelligenz und Familiengröße (Vining, 1986). Andere stellten fest, daß wenn man die Familiengröße konstant hält, die Geburtsintervalle wichtig sind: Je größer der Abstand zwischen den Geburten, desto höher die Intelligenz der Kinder (Zajonc, Markus & Markus, 1979; Lancer & Rim, 1984). Die Intelligenz hängt auch zusammen mit der Reifungsgeschwindigkeit, dem Temperament, der Sozialorganisation, der Gesundheit und der Langlebigkeit (Jensen, 1980a).

Die zentrale Rolle der Intelligenz bei der Gesetzeskonformität zeigt sich beim Befund, daß der IQ eine Auswirkung auf die Delinquenz hat – unabhängig von der Familiengröße, der Rasse oder Klasse. Geschwister, die gemeinsam in derselben Familie aufwuchsen, weisen fast den gleichen Beziehungsgrad zwischen IQ und Delinquenz auf, wie er in der Allgemeinbevölkerung gefunden wird (Hirschi & Hindelang, 1977). Die Beziehung zwischen IQ und Delinquenz wurde durch Selbstberichte in vergleichbarem Ausmaß wie durch Inhaftierungen gemessen, daher ist das Ergebnis nicht einfach darauf zurückzuführen, daß sich intelligente Menschen der Verhaftung entziehen. Weniger intelligenten Menschen mangelt es oft an Verhaltensbeherrschung, Techniken, Ehen aufrechtzuerhalten, angemessenen Erziehungsstilen und moralischen Regeln, und sie sind weniger fähig, stabile persönliche Umfelder zu schaffen oder ihre Umwelt richtig einzuschätzen.

Persönlichkeit

Extravertierte sind vielleicht weniger *K* als Introvertierte, weil sie als „aktiv", „impulsiv" und „wechselhaft" beschrieben werden, während Introvertierte „sorgfältig", „rücksichtsvoll" und „verläßlich" sind (Eysenck & Eysenck,

1975). Mit Hinblick auf den Bildungserfolg legen einige Hinweise nahe, daß extravertierte Kinder bis ins Pubertätsalter besser in der Schule sind, danach aber die Introvertierten einen zunehmenden Vorteil erlangen (Anthony, 1977; Eysenck & Cookson, 1969). Jensen (1980a) berichtete von einer Tendenz der Introvertierten, bei Intelligenzmessungen der Reaktionszeit schneller zu sein als Extravertierte. Schließlich gibt es den Hinweis, daß Extravertierte weniger leicht konditionierbar und krimineller sind als Introvertierte (Eysenck & Gudjonsson, 1989). Hierbei ist vielleicht eine zugrundeliegende Dimension der „Verhaltensbeherrschung" involviert (Gray, 1987).

Masters (1989) schlug eine r/K-Integration von Cloningers (1986) dreidimensionalem Persönlichkeitssystem vor, basierend auf den Neurotransmitter-Funktionen. Nach Cloninger hängt das Schadenvermeiden versus die Risikobereitschaft mit dem Serotonin-Stoffwechsel zusammen, und das Suchen von Neuartigem versus das Stereotypisieren beruhe auf dem Dopamin-Stoffwechsel, und die Abhängigkeit von Anerkennung versus die soziale Unabhängigkeit beruhe auf dem Noradrenalin-Stoffwechsel. Masters stellte die Hypothese auf, daß r-Strategen Persönlichkeiten sind, die Risiken eingehen, das Neue suchen und von Anerkennung abhängig sind, während K-Strategen Persönlichkeiten sind, die Schaden meiden sowie konventionell und sozial unabhängig sind.

Masters fuhr fort und verband die r/K-Strategien mit Präferenzen bei der selektiven Partnerwahl [Glossar!] (Kapitel 4). Von den K-Strategen sagte man, daß sie diejenigen anderen bevorzugen, die ihnen ähnlich sind; zum Teil, weil sie kein Risiko eingehen wollen, während r-Strategen nicht notwendigerweise eine Ähnlichkeit bevorzugen; dies deshalb, weil sie eben das Neue suchen. Folglich wird die Gattenähnlichkeit bei r-Strategen geringer sein. Masters verwendete die r/K-Theorie, um zu erklären, warum unter ärmeren r-Gruppen (z. B. in Hawaii) zwischenethnische Beziehungen häufiger sind, als unter reicheren K-Gruppen.

Die sozialen Klassenunterschiede

Die soziobiologischen Theorien lassen erwarten, daß terrestrische Primaten, wie etwa der *Homo sapiens,* sich in Dominanzhierarchien organisieren werden, wobei diejenigen an der Spitze höhere Niveaus an all jenen Merkmalen aufweisen, die in dieser Kultur zu Erfolg führen und gleichzeitig einen unverhältnismäßig größeren Anteil an sämtlichen knappen Ressourcen bekommen. In Jagdgesellschaften werden jene, die an der Spitze sind, die besten Jäger sein; in Kriegergesellschaften werden jene, die an der Spitze sind, die besten Krieger sein und so weiter. Wie die letzten paar Seiten und Tabelle 13.1 zeigen, korreliert der sozioökonomische Status beträchtlich mit den meisten Variablen, die Psychologen interessieren, inklusive der Intelligenz, der Gesundheit, Sexualität, Verbrechen, Aggression, Familienstruktur und sozialen Einstellungen. Man kann mit Recht annehmen, daß innerhalb von Rassen die sozioökonomisch höheren Gruppen mehr K-Strategen sind als die sozioökonomisch niedrigeren Gruppen (Rushton, 1985a).

Mit Blick auf die Intelligenz bauen die sozioökonomischen Hierarchien von technologischen Gesellschaften auf jene Intelligenz auf, die durch standardmäßige IQ-Tests gemessen wird. Einige Überblicksarbeiten über die vorhandene Literatur sind bereits erschienen (Herrnstein, 1973; Jensen, 1980a). Das Hauptergebnis ist, daß es einen Unterschied von fast 3 Standardabweichungen (45 IQ-Punkte) zwischen Durchschnittsmitgliedern der gehobenen und der ungelernten Schichten gibt. Das sind mittlere Gruppenunterschiede mit einer erheblichen Überlappung der Verteilungen. Nichtsdestoweniger beträgt die Gesamtkorrelation zwischen IQ und sozialer Schicht etwa 0,50.

Die innerfamiliäre Variation ist in der Literatur über Intelligenz schon seit längerer Zeit bekannt. In Untersuchungen über die zwischengenerationelle soziale Mobilität betrachteten Mascie-Taylor und Gibson (1978) und Waller (1971) die IQ-Werte sowohl von Vätern als auch von ihren erwachsenen Söhnen. Sie stellten fest, daß Kinder mit niedrigeren Testwerten als ihre Väter in der sozialen Schicht als Erwachsene gesunken waren, während diejenigen mit höheren Testwerten aufgestiegen waren. Innerfamiliäre Differenzen zeigen sich auch bei der Sexualität, wo manche Geschwister das „Frühstart-Syndrom" aufweisen (Rowe et al., 1989). Nach Weinrich (1977) verhielten sich Jugendliche, die von einer sozialen Klasse in eine andere wechselten, wie ihre angenommene Klasse, statt wie die Klasse, in der sie bei ihren Eltern aufgewachsen waren.

In der Untersuchung mit äußeren Kopfvermessungen aus einer geschichteten Stichprobe von 6.325 US-Militärpersonen stellte Rushton (1992a) fest, daß, nach der Korrektur für die Einflüsse von Größe, Gewicht, Geschlecht und Rasse, das Schädelvolumen von Offizieren im Durchschnitt 1.393 cm^3 betrug und das von einfachen Soldaten 1.375 cm^3.

Biologische Vermittler

Einer der Vorteile einer evolutionären Perspektive ist der Fokus, den sie auf die zugrundeliegende Physiologie, inklusive dem endokrinen System, legt. Wie in Kapitel 8 angesprochen, gibt es zwischen den Rassen verläßliche Unterschiede in bezug auf das Testosteron. Relativ zu den Weißen haben Schwarze mehr und Asiaten weniger.

Das Testosteron könnte viele der Rassenunterschiede ordnen, da es in einen Zusammenhang gebracht wurde mit dem Selbstkonzept, dem Temperament, Sexualität, Aggression und Altruismus – bei Frauen genauso wie bei Männern (Baucom, Besch & Callahan, 1985; Dabbs, Ruback, Frady, Hopper & Sgoutas, 1988). In einer Untersuchung an 4.462 männlichen US-Veteranen, für die es umfangreiches Archivmaterial gab, stellten Dabbs und Morris (1990) fest, daß das Testosteron mit Berichten über Kinderkriminalität, Erwachsenenkriminalität, Drogenkonsum, Alkoholmißbrauch, militärischem Fehlverhalten und „vielen Sexpartnern" korrelierte. Das Testosteron ist auch bei der Entwicklung der sekundären Geschlechtsmerkmale, wie Muskularität, Tiefe der Stimme (Haeberle, 1978; Hudson & Holbrook, 1982) sowie Organisation und Struktur des Gehirns, beteiligt.

Die Position einer Person auf der r/K-Dimension könnte durch einen hormonalen Schaltmechanismus festgelegt werden. Reproduktionsstrategien müssen kohärent sein und harmonisch, und es dürfen nicht manche Eigenschaften zu dem einen Pol und andere zum entgegengesetzten Pol neigen. Insofern als der Schaltregulator genetisch basiert ist, deutet er auf einen funktionalen Polymorphismus innerhalb der Populationen mit extremen r-Strategen auf dem einen Ende und extremen K-Strategen auf der anderen, wobei die meisten Menschen zwischen diesen beiden normal verteilt sind, und die Umweltfaktoren das System modifizieren und fein abstimmen.

Nyborg (1987) hat ein Sexualhormon-Modell vorgelegt, um die r/K-Strategien zu erklären. Er berechnete für die Lebenszyklus-Merkmale das optimale Niveau an Estradiol, das er zuvor vorgeschlagen hatte, um die Raumvorstellung zu erklären. Weil Hormone überall im Körper vorkommen, können sie auf eine einzigartige Weise mehr oder weniger simultane Auswirkungen hervorrufen und die Entwicklung und das Funktionieren umfassend koordinieren. Nyborgs Modell lieferte eine Erklärung für die kovariierende Entwicklung von Eigenschaften, die auf einem „Hormontypisieren" beruht.

Das Hormontypisieren klassifiziert die Menschen gemäß der Balance in ihrer Plasmakonzentration zwischen Androgenen wie dem Testosteron und Estradiol. Wie in Abbildung 13.1 gezeigt, wird eine umgekehrte Beziehung zwischen Testosteron und Estradiol angenommen. Männer kann man hierarchisch nach 5 Androgenniveaus von A5 (am meisten) bis A1 (am wenigsten) ordnen, und Frauen können nach den Estradiolniveaus klassifiziert werden von E1 (am wenigsten) bis E5 (am meisten). Die Hormontypen A3 und E3 repräsentieren Individuen nahe am Durchschnitt der männlichen Testosteronwerte bzw. nahe am Durchschnitt der weiblichen Estradiolwerte. Die Hormontypen A1 und E1 repräsentieren sogenannte androgyne Männer und Frauen, d. h. Männer, die zusätzlich zu den gewöhnlichen männlichen Eigenschaften auch einige deutlich feminine Eigenschaften aufweisen, oder Frauen, die zusätzlich zu den üblichen femininen Eigenschaften ebenfalls einige deutlich maskuline Merkmale aufweisen.

Die Abbildung 13.1 zeigt, daß am Beginn der umgekehrten U-förmigen Kurve die am stärksten androgenisierten Männer (A5) am weitesten vom Zenit an K entfernt wären, die durchschnittlich androgenisierten Männer (A3) näher und die am wenigsten androgenisierten Männer (A1) am nächsten. Mit steigenden Estradiolspiegeln (E1 bis E5) entfernen sich Frauen vom Zenit. Nyborg (1987, 1994) nahm an, daß Asiaten typischerweise die Hormontypen A2/E2 sind und Afrikaner die Hormontypen A4/E4. Die Graphik rechts der Kurve zeigt die Wirkungsrichtungen eines steigenden Testosteronspiegels auf verschiedene Merkmale.

Nyborg (1994) prognostiziert, daß Schwarze stärker sexuell dimorph sein müßten als Weiße, die stärker sexuell dimorph sein müßten als Asiaten. Aus diesem heuristischen Modell kann man zahlreiche andere falsifizierbare Vorhersagen ableiten. Wenn diese oder eine ähnliche Hypothese letzten Endes

Abb. 13.1: Ein Modell der Sexualhormone für die Entwicklungskoordination von Körper, Gehirn und Verhaltensmerkmalen

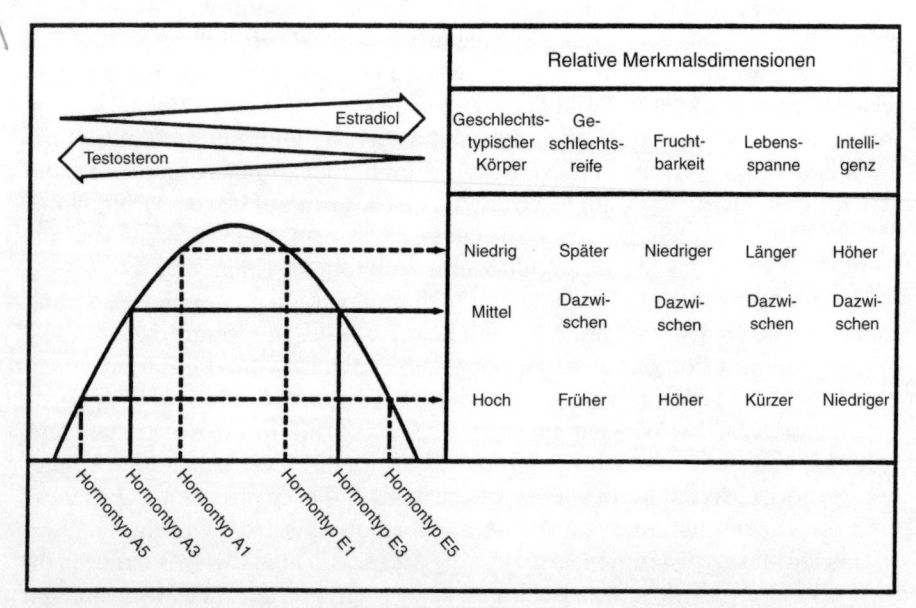

		Relative Merkmalsdimensionen				
Testosteron — Estradiol		Geschlechtstypischer Körper	Geschlechtsreife	Fruchtbarkeit	Lebensspanne	Intelligenz
	Niedrig	Später	Niedriger	Länger	Höher
	Mittel	Dazwischen	Dazwischen	Dazwischen	Dazwischen
	Hoch	Früher	Höher	Kürzer	Niedriger
Hormontyp A5, A3, A1, E1, E3, E5						

Die Männer werden gemäß ihrer Testosteron-Konzentration in die Hormontypen A5 (hoher Testosteronspiegel) bis A1 (niedriger Testosteronspiegel) klassifiziert, und die Frauen in die Hormontypen, die von E1 (niedriger Estradiolspiegel) bis E5 (hoher Estradiolspiegel) reichen. Männer mit viel Testosteron und Frauen mit viel Estradiol sind die geschlechtstypischsten. Männer mit niedrigen Testosteronspiegeln und Frauen mit niedrigen Estradiolspiegeln sind sich am meisten ähnlich (androgyn). In diesem Modell sind die Mongoliden A2/E2, die Europiden A3/E3 und die Negriden A4/E4. Vgl. hierzu Nyborg (1987).

bestätigt wird, würde sie eine beherrschende proximale Erklärung[1] dafür liefern, warum die verschiedenen Merkmale sich gerade so verteilen, wie sie es tun.

Ein Modell wie das in Abbildung 13.1 gezeigte kann leicht eine Kausalität in beide Richtungen enthalten. Soweit war impliziert worden, daß optimale neurohormonale Balancen inhärent wären. Kemper (1990) wies unter anderem darauf hin, daß hormonale Prozesse selber einem sozialen Einfluß zugänglich seien. Zum Beispiel wird das Testosteron bei Männern genauso wie bei Frauen durch Dominanz beeinflußt, die durch gesellschaftlich anerkannte soziale Leistungen erworben wird. Kemper faßte zahlreiche Studien zusammen, die zeigten, daß die Testosteronspiegel sich bei jungen Männern, die Tennisspiele oder Wrestling-Partien gewannen oder den Zugang zum Medizinstudium schafften, erhöhten. Aber bei den Verlierern wiesen sie ein Abfallen auf. In ähnlicher Weise zitierte Masters (1989) Arbeiten über die Auswirkungen vieler Umweltfaktoren, inklusive der Einnahme von Kohlenhydra-

---

1 Anm. d. Ü.: Ausgehend von den durchschnittlichen Hormonniveaus der Menschenrassen könnte z. B. auf deren durchschnittliches Verhalten geschlußfolgert werden.

ten, der Aussetzung gegenüber Licht und der sozialen Interaktion auf der Ebene der Neurotransmitter, wie etwa Serotonin. In Kapitel 12 wurden die Hypothesen von Eysenck und R. Lynn über die Bedeutung der Ernährung diskutiert.

Ein wichtiger Punkt für die Forschungsaufmerksamkeit ist die Gehirnfunktion. Die Gehirngröße ist ein Schlüsselfaktor in der Theorie der Entwicklungsgeschichte geworden und agiert als jene biologische Konstante, die viele Variablen festlegt, inklusive der Obergrenze der Gruppengröße, die über die Zeit zusammengehalten wird (Dunbar, 1992), genauso wie Variablen des Lebenszyklus, wie die körperliche Reifungsgeschwindigkeit, das Ausmaß der Säuglingsabhängigkeit und die maximal beobachtete Lebensspanne (Harvey & Krebs, 1990; Hofman, 1993).

Es ist interessant, sich zu überlegen, wo der 90 cm³ Unterschied zwischen Mongoliden und Negriden lokalisiert ist (vielleicht 500 Millionen Neuronen). In Kapitel 2 wurde die Beziehung zwischen der Gehirngröße und der Intelligenz diskutiert.

Das Gehirn beeinflußt offenbar auch andere Variablen. Gray (1987) hat die Zellarchitektur und das Funktionieren der Verhaltenshemmung und anderer Systeme beschrieben, von denen er annimmt, daß sie so wichtigen Komponenten des Temperaments wie der Vorsicht und der Geselligkeit zugrundeliegen, die ebenfalls die Rassen unterscheiden. Jüngst begonnene Untersuchungen mit der Magnetresonanztomographie und anderen bildgebenden Verfahren in Verbindung mit Tests der verschiedenen mentalen Fähigkeiten werden sicherlich diese faszinierenden Aspekte der menschlichen Biologie weiter ausleuchten.

Das Fruchtbarkeitsparadoxon

Das Hauptthema des vorliegenden Buches ist, daß das menschliche Verhalten durch den biologischen Imperativ, die DNA zu bewahren und zu reproduzieren, bestimmt wird. Die Mittel, durch die das zustande gebracht wird, werden sich als eine Funktion sowohl der genetischen als auch der ökologischen Umstände unterscheiden. Erst in jüngster Zeit hat man begonnen, die Bedeutung der individuellen Variation bei der Steuerung des Reproduktionsverhaltens zu untersuchen. Zuvor nahm man an, daß Schwankungen in der Bevölkerungsgröße im Prinzip ein ökologisches Problem wären, kein genetisches. Die Anwendung solcher Analysen auf das menschliche Verhalten könnte besonders neuartig sein.

Eine Anwendung der r/K-Theorie bezieht sich auf das „Fruchtbarkeitsparadoxon". Wenn die Reproduktion von genetisch ähnlichen Genen ein so starker biologischer Imperativ ist, wie das soziobiologische Theorien nahelegen, warum erfahren dann, so fragte Vining (1986), so viele europäische Bevölkerungen ein negatives Wachstum? Er überprüfte die Daten und zeigte, daß – abgesehen von einigen Kohorten, die ihre Kinder während der einzigen Zeitspanne einer steigenden Fruchtbarkeit von 1936 bis 1960 gebaren – es eine charakteristische umgekehrte Beziehung zwischen der Fruchtbarkeit einerseits und der „Ausstattung" andererseits (Wohlstand, Erfolg und gemessene Begabungen) gibt.

Das Fruchtbarkeitsparadoxon ist über Jahrhunderte hinweg analysiert worden. Gobineau (1853–1855) fragte, warum scheinbar große Kulturen zum Niedergang bestimmt seien. Er dachte an die Gründe, die von anderen bereits dargelegt wurden – Niedergang der Religion, Fanatismus, Korruption der Moral, Luxus und schlechte Verwaltung – und verwarf sie alle auf Grund der Geschichte. Stattdessen lieferte er eine Antwort in den Begriffen von Ethnizität und Rasse. Der Charakter einer Kultur wäre durch die Eigenschaften der dominierenden Rasse festgelegt, die oft durch die Vereinigung zahlreicher verwandter Stämme geschaffen wäre. Wenn der Wohlstand zunimmt, entwickeln sich Städte und es bildet sich eine internationale Gesellschaft. Unter den Neuankömmlingen wären Personen, die zu einem ethnischen Taxon gehören, das nie eine Zivilisation initiiert hätte. Es würde die Degeneration einsetzen und der immanente Wert, den die Menschen ursprünglich besaßen, ginge verloren, da die Bevölkerung nun in ihren Venen nicht mehr die gleiche Blutqualität hätte, mit der sie begonnen hatte.

R. A. Fisher, der die Mendelsche Genetik mit der Darwinschen Evolution in eine Synthese brachte, diskutierte ebenfalls die Frage, warum Kulturen untergehen. In seinem Buch *The Genetical Theory of Natural Selection* (2. Auflage, 1958) zeigte er, daß die führenden Gruppen aufgrund einer niedrigen Fruchtbarkeit dabei scheitern, sich fortzupflanzen. Fisher (1958) ging von der Hypothese eines Tauschgeschäfts zwischen der Fähigkeit zum wirtschaftlichen Erfolg und der Fruchtbarkeit aus. Wie bereits angesprochen, ist dieses Tauschgeschäft tiefgehender, als Fisher glaubte und steht mit einem ganzen Merkmalskomplex in einem Zusammenhang, der zum Teil genetische Ursachen hat. Wenn es genügend Ressourcen gibt, sind die Selektionszwänge nicht aktiv und die natürliche Selektion favorisiert die r-Genotypen, wodurch dieser Teil der Bevölkerung expandiert. Schließlich wird der Sättigungspunkt erreicht und die Bevölkerung bricht zusammen (Malthus, 1798). Wenn die Selektionszwänge wieder aktiv sind, favorisiert die Selektion wieder die K-Genotypen. Das passiert bei Nagetieren (C. J. Krebs et al., 1973) und bei Menschen wird eine direkte Parallele angenommen. Die Situation wird beim Menschen durch die Kultur komplizierter, die man ebenfalls in Betracht ziehen muß.

Wenn ein Gene/Kultur-Koevolutionssystem korrekt ist (Lumsden & Wilson, 1983), dann kann man viele interessante Fragen über die Beziehung zwischen Genen, Kultur und dem Bevölkerungswachstum aufwerfen. Wie in den Kapiteln 3 und 4 besprochen, lenken die epigenetischen Regeln die Entwicklung das ganze Leben hindurch. Dabei beeinflussen sie die Individuen dahingehend, daß diese aus dem verfügbaren Angebot diejenigen Kulturmuster erlernen oder erzeugen, die mit ihren Genotypen am meisten übereinstimmen. Die Konsequenzen daraus haben natürlich wiederum einen Einfluß auf die Genfrequenzen der nachkommenden Generationen.

Angenommen, daß eine effiziente Energieverwertung eine K-Strategie ist (Tabelle 10.1): Kovariiert dann die Stoffwechselrate mit der Körpersubstanzbildung und einer Neigung zu einem zurückhaltenden Sozialverhalten? Angenommen, daß die Kolonisierung eine r-Strategie ist (Tabelle 10.1): Sind dann Menschen, die häufig ihr Lebensumfeld wechseln, weniger K als die anderen? Angenommen, daß der Grad der Gesellschaftsorganisation mit K variiert (Tabelle 10.1): Sind dann Menschen, die weniger strukturierte zwischenmenschliche Sozialsysteme bevorzugen, weniger K als diejenigen, die sich in strukturierteren organisieren? Wenn man annimmt, daß sich ähnliche Genotypen gegenseitig für Freundschaft und Ehe entdecken und aussuchen (Kap. 4): Gibt es dann auf der K-Ebene ein soziales Auswählen? Und wenn die Menschen Kulturen ausbilden, die mit ihren Genotypen kompatibel sind: Hängen dann all diese Tendenzen nicht nur untereinander zusammen, sondern auch mit soziopolitischen Einstellungen (z. B. Ordnung versus Freiheit) und letztlich mit demographischen Trends und dem Verlauf der Geschichte?

NACHWORT ZUR DRITTEN AUFLAGE:
MUSS EINE RASSENTHEORIE RASSISTISCH SEIN?[1]

Diese dritte Auflage von *Rasse, Evolution und Verhalten* wird vom Charles Darwin Research Institute herausgegeben (www.charlesdarwinresearch.org). In diesem Vorwort möchte ich die wichtigsten wissenschaftlichen Erkenntnisse, die sich seit der 2. Auflage (1997) ergeben haben, aktualisieren. Letztere beinhaltete ein neues Nachwort von mir, das der wissenschaftlichen Entwicklung seit der 1. Auflage (1995) Rechnung trägt. Dem Vorwort folgt der exakte Text, wie er in der 1. Auflage erschien, und dann das Nachwort, wie es in der 2. Auflage erschien, damit die frühere Seitennumerierung und die Zitate für die Literaturverwendung exakt beibehalten werden können.

Die 1. und die 2. Auflage von *Rasse, Evolution und Verhalten* hat Transaction Publishers herausgebracht. Die 1. Auflage hielt man für dementsprechend wichtig, daß Takuya Kura, ein Ethologe der Universität von Kyoto und sein Bruder Kenya Kura, ein Ökonom der Universität von San Diego, sie ins Japanische übersetzten. Sie wurde von Hakuhin-sha in Tokio im Jahr 1996 herausgegeben.

Nachdem es im Jahre 1999 einen Sturm der Entrüstung im Zusammenhang mit der Veröffentlichung einer speziell gekürzten Ausgabe dieses Buches gegeben hatte, verzichtete Transaction auf das Copyright. Die speziell gekürzte Ausgabe präsentierte die gleichen Forschungsergebnisse in konzentrierter und populärwissenschaftlicher Form, ähnlich derer, die für Artikel in *Discover Magazine, Reader's Digest* und *Scientific American* verwendet werden. Nachdem diese Ausgabe aber an Tausende von Akademikern per Post verschickt worden war, protestierten die „Progressiven Soziologen", eine selbsternannte radikale Gruppe innerhalb der Amerikanischen Soziologenvereinigung, und einige andere selbsternannte „antirassistische" Gruppen gegen deren Vertrieb und bedrohten Transaction mit dem Verlust des Buchstandes bei jährlichen Kongressen, Werbeplatz in Zeitschriften und dem Zugang zu Mailing-Listen, falls sie sie weiter versenden sollten.

Transaction gab diesem Druck nach, zog sich von der Herausgabe des Buches zurück und entschuldigte sich sogar dafür, es vertrieben zu haben. Trans-

---

1 Anm. d. Ü.: Im englischen Original handelt es sich bei diesem *Nachwort* tatsächlich um ein *Vorwort* zur dritten Auflage [2000]. Da die deutsche Erstausgabe aber ohnehin ein neues Vorwort enthält, wurde dieses Vorwort der Übersichtlichkeit halber aber an das Ende des Buches gestellt.

action behauptete, daß auf der speziell gekürzten Ausgabe ihr Copyright niemals erscheinen hätte sollen und daß „alles ein Fehler war". Der Brief des Bedauerns von Transaction erschien auf der inneren Titelseite ihres Flagschiffs *Society* (Januar/Februar, 2000). Berichte über die Affäre erschienen im *Chronicle of Higher Education* (14. Jänner 2000), in Kanadas *National Post* (31. Januar 2000), dem *National Report* (28. Februar 2000) und anderswo.

Warum kam es zu dem Versuch, dieses Buch abzuqualifizieren oder es zu unterdrücken? Weil es heutzutage kein größeres Tabu gibt, als über Rasse zu sprechen. In vielen Fällen kann man schon entlassen werden, wenn man nur des „Rassismus" beschuldigt wird. Einige lautstarke Gruppen an den Hochschulen und in den Medien verbieten einfach eine offene Diskussion über Rasse. Es ist schwierig, Charles Murrays (1996, S. 575) Schlußfolgerung in seiner Analyse der Nachwirkungen der *Bell Curve*-Kontroverse zu widersprechen, nämlich daß die Wissenschaft in Hinblick auf erbliche Variation und Rasse „selbstzensiert ist und von Tabus durchlöchert wurde – mit einem Wort: korrupt" sei.

Das Ziel aller Ausgaben von *Rasse, Evolution und Verhalten* war rein wissenschaftlicher Natur, nämlich die Welt um uns herum zu beschreiben und zu erklären, wie sie tatsächlich ist. „Die Wissenschaft besteht darin", so sagte Charles Darwin, der Vater der Evolution, „die Fakten zu gruppieren, so daß man allgemeine Gesetze oder Schlußfolgerungen aus ihnen ziehen kann". Ich biete keine Vorschläge oder Programme an, aber ich glaube, daß die Entscheidungsträger davon profitieren würden, wenn sie die Fakten über Rasse kennen. Sowohl die Wissenschaft als auch die Gerechtigkeit hängen von der Wahrheit ab. Beide sollten den Irrtum und die Unwahrheit ablehnen, wie gut sie auch gemeint sind.

Ist Rasse wirklich nur eine Frage der Hautfarbe?

In den letzten zwanzig Jahren untersuchte ich die drei großen Rassen der *Asiaten* (Ostasiaten, Mongolide), *Weißen* (Europäer, Europide) und *Schwarzen* (Afrikaner, Negride). Ein „Asiate" ist jeder, dessen meiste Vorfahren in Ostasien geboren wurden. Ein „Weißer" ist jeder, dessen meiste Vorfahren in Europa geboren wurden. Und ein „Schwarzer" ist jeder, dessen meiste Vorfahren im subsaharischen Afrika geboren wurden. Andere Gruppen und Untergruppen habe ich im großen und ganzen nicht angesprochen.

Was ich herausgefunden habe ist, daß die Asiaten bei der Gehirngröße, Intelligenz, Sexualverhalten, Fruchtbarkeit, Persönlichkeit, Reifungsprozeß, Lebenserwartung, Verbrechen und Familienstabilität am einen Ende des Spektrums stehen, Schwarze am anderen und Weiße dazwischen. Im Durchschnitt reifen Asiaten langsamer heran, sind weniger fruchtbar und sexuell aktiv, haben größere Hirne und höhere IQ-Werte. Schwarze stehen auf dem gegensätzlichen Ende auf jedem dieser Gebiete. Weiße fallen in die Mitte, oft nahe den Asiaten. Ich habe gezeigt, daß dieses dreigliedrige Muster über die Zeit und die Staaten hinweg zutrifft, was bedeutet, daß wir es nicht ignorieren können. Nur eine Theorie, die innerhalb der Rahmenbedingungen von Darwins Evolutionstheorie sowohl auf die Gene als auch auf die Umwelt achtet, kann erklären, warum sich die Rassen in der ganzen Welt und über den Lauf der Zeit hinweg so konsequent unterscheiden.

Die Muster bilden etwas, das man eine „Entwicklungsgeschichte" [„life-history"] nennt, nämlich eine genetisch organisierte Ansammlung von Eigenschaften, die sich gemeinsam entwickelt haben, um den Problemen des Lebens, wie Überleben, Wachstum oder Reproduktion, zu begegnen (siehe Kapitel 10). Der *Sociobiology* von E. O. Wilson (1975) folgend, skalieren die Evolutionsbiologen diese Entwicklungsgeschichten entlang eines *r/K*-Kontinuums. An einem Ende stehen die *r*-Strategien, die auf hohe Reproduktionsraten vertrauen. Am anderen Ende stehen die *K*-Strategien, die auf hohe Niveaus der Elternfürsorge vertrauen. Diese Skala wird im allgemeinen dazu verwendet, die Entwicklungsgeschichten von verschiedenen Tierarten zu vergleichen. Ich habe sie dazu verwendet, die kleineren, aber realen Unterschiede zwischen den menschlichen Rassen zu erklären.

Auf dieser Skala sind Asiaten mehr *K*-selektiert als Weiße, während Weiße mehr *K*-selektiert sind als Schwarze. Stark *K*-selektierte Frauen produzieren weniger Eier (und haben größere Gehirne) als *r*-selektierte Frauen. Stark *K*-selektierte Männer investieren die Zeit und Energie eher in ihre Kinder als in die Verfolgung von sexuellen Erlebnissen. Sie sind eher „Papas" als „Paschas".

Unter den Bedingungen der menschlichen Evolution ergeben die Rassenunterschiede in den Reproduktionsstrategien einen Sinn. Die modernen Menschen entstanden in Afrika vor ca. 200.000 Jahren. Afrikaner und Nicht-Afrikaner trennten sich vor etwa 100.000 Jahren. Asiaten und Weiße trennten sich vor etwa 40.000 Jahren (Kapitel 11). Je höher die Menschen „Out of Africa" in den Norden wanderten, desto schwerer wurde es, Nahrung zu bekommen, einen Unterschlupf zu finden, Kleider herzustellen und die Kinder aufzuziehen. Daher brauchten diejenigen Gruppen, die sich zu den heutigen Weißen und Asiaten entwickelten, größere Hirne, mehr Familienstabilität und ein längeres Leben. Aber die Herausbildung eines größeren Gehirns in der Entwicklung eines Menschen braucht Zeit und Energie. Daher wurden diese Veränderungen durch langsamere Wachstumsraten, niedrigere Niveaus an Sexualhormonen, weniger Aggression und weniger sexueller Aktivität ausbalanciert.

Warum? Weil Afrika, Europa und Asien sehr verschiedene klimatische Bedingungen hatten und eine Geographie, die verschiedene Fertigkeiten, eine unterschiedliche Ressourcenverwendung und Lebensstile verlangten. Schwarze entwickelten sich in einem tropischen Klima, das zu dem kühleren in Europa in Kontrast stand, in dem sich Weiße entwickelten, und noch mehr zu den kalten arktischen Ländern, in denen sich die Asiaten entwickelten.

Da die Intelligenz die Chancen erhöhte, in rauhen Winterumwelten zu überleben, mußten die Gruppen, die Afrika verließen, eine höhere Intelligenz und Familienstabilität entwickeln. Das erforderte größere Gehirne, langsamere Wachstumsraten, niedrigere Hormonniveaus, eine geringere sexuelle Potenz, weniger Aggression und weniger Impulsivität. Bei den Nicht-Afrikanern nahm die vorausschauende Planung, die Selbstbeherrschung, die Regelbefolgung und die Langlebigkeit zu.

Natürlich sind diese dreigliedrigen Rassenunterschiede *Mittelwerte*. Die gesamte Bandbreite an Verhaltensweisen, gute und schlechte, findet sich bei jeder Rasse. Keine Gruppe hat ein Monopol auf Tugend oder Untugend, Weisheit oder Torheit. Außerdem fragen sich viele Leser möglicherweise „Ist Rasse nicht einfach nur ein soziales Konstrukt und keine biologische Realität?" oder sie wiederholen „Auch wenn Rasse eine gewisse biologische Basis hat, gibt es keine wesentlichen Unterschiede zwischen den Rassen".

Nehmen wir beispielsweise die sportliche Leistung. Das neue Buch von Jon Entine: *Taboo: Why Black Athletes Dominate Sports and Why We Are Afraid to Talk About It* liefert neue Hinweise auf die Realität der Rasse. Unter Bezugnahme auf das alte Klischee, daß „weiße Männer nicht springen können" (und das neue, daß asiatische Männer noch schlechter springen), zeigt Entine, daß schwarze Männer – und Frauen – einen genetischen Vorteil haben.

Die körperlichen Fakten, die Entine anspricht, sind relativ gut bekannt. Verglichen mit Weißen haben Schwarze schmalere Hüften, was ihnen ein effizienteres Ausschreiten ermöglicht. Sie haben längere Beine, was zu einem größeren Schritt führt. Sie haben eine kürzere Sitzhöhe, was einen höher gelegenen Schwerpunkt bewirkt, und eine bessere Balance. Sie haben breitere Schultern, weniger Körperfett und mehr Muskeln. Ihre Muskeln enthalten mehr schnellzuckende Muskelfasern, die Kraft liefern.

Schwarze haben 3 bis 19 % mehr vom Sexualhormon Testosteron als Weiße oder Ostasiaten (siehe Kapitel 8 in diesem Buch). Diese Testosteronunterschiede bedeuten mehr Explosivkraft, was Schwarzen bei Sportarten wie Boxen, Basketball, Football und Sprinten einen Vorteil verschafft. Manche dieser Rassenunterschiede jedoch, wie eine schwerere Knochenmasse und kleinere Brusthöhlen, stellen für schwarze Schwimmer ein Problem dar.

Die Rassenunterschiede zeigen sich früh im Leben. Schwarze Babys werden eine Woche früher als weiße Babys geboren, trotzdem sind sie gemessen an der Knochenentwicklung weiterentwickelt (siehe Kapitel 7). Im Alter von fünf oder sechs Jahren glänzen schwarze Kinder im Sprint, beim Weitsprung und beim Hochsprung – alles Dinge, die eine kurze Kraftanstrengung brauchen. In den Teenager-Jahren haben Schwarze schnellere Reflexe, wie etwa beim bekannten Kniesehnenreflex.

Ostasiaten laufen sogar noch schlechter als Weiße. Die gleichen engen Hüften, längere Beine, mehr Muskeln und mehr Testosteron, die Schwarzen einen Vorteil gegenüber Weißen verschaffen, verschaffen Weißen einen Vorteil gegenüber Ostasiaten. Aber die Anerkennung der Existenz von genetisch bedingten Rassenunterschieden beim Sport führt zu einem noch größeren Tabuthema, nämlich an die Möglichkeit von Rassenunterschieden bei der Gehirngröße und der Kriminalität zu denken.

Der Grund, warum Weiße und Ostasiaten breitere Hüften als Schwarze haben und daher schlechtere Läufer sind, liegt darin, daß sie Babys mit größeren Hirnen gebären (siehe Kapitel 6). Während der Evolution führte eine steigende Schädelgröße zu Frauen, die ein breiteres Becken hatten (siehe Kapitel 10 & 11). Überdies machen die Hormone, die Schwarzen einen Vorteil beim Sport verschaffen, sie im allgemeinen maskuliner – körperlich aktiv in der Schule mit der Neigung, in Probleme zu geraten (siehe Kapitel 7). Das ist auch der Grund, weshalb es sogar tabu ist zu sagen, daß Schwarze bei vielen Sportarten besser sind.

Die Gehirngröße

Um die Gehirngröße zu messen, hat man vier verschiedene Methoden angewandt: Magnetresonanztomographie (MRI) [engl.: Magnetic Resonance Imaging, dt.: MRT], das Gehirn bei der Autopsie wiegen, das Volumen eines leeren Schädels zu messen und das Äußere des Kopfes zu messen. Alle vier Methoden liefern grob gesagt die gleichen Ergebnisse. Die Rassenunterschiede bei der durchschnittlichen Gehirngröße bleiben bestehen, auch nachdem man Anpassungen für die Körpergröße vornimmt (siehe Kapitel 6).

Die Rassenunterschiede bei der Gehirngröße zeigen sich früh im Leben. Eine der Studien, das „Collaborative Perinatal Project", begleitete 17.000 euro-amerikanische und 19.000 afroamerikanische Kinder von der Geburt bis ins Alter von 7 Jahren. Mit Hilfe eines Meßbandes wurde der Kopfumfang gemessen. Die weißen Kinder kamen regelmäßig auf größere durchschnittliche Kopfumfänge als die schwarzen Kinder.

Ich fragte mich, was die Daten zeigen würden, wenn man asiatisch-amerikanische Kinder miteinbeziehen würde. Daher besuchte ich im Oktober 1996 das National Institute of Neurological and Communicative Disorders and Stroke (NINCDS) in Bethesda in Maryland. Ich identifizierte aus dem auf Mikrodaten gespeicherten Dataset des „Collaborative Perinatal Project" 100 asiatisch-amerikanische Kinder, für die auch die IQ-Werte im Alter von 7 Jahren zur Verfügung standen. Für jedes Subjekt vermerkte ich die Daten getrennt nach der Rasse/Nationalität der Mutter und des Vaters, dem Geschlecht des Kindes, dem IQ des Kindes im Alter von 7 Jahren und der Größe des Kindes, seinem Gewicht und dem Kopfumfang bei der Geburt, mit 4 Monaten, 1 Jahr und 7 Jahren. Die Stichprobe in dieser Untersuchung bestand aus 53 Mädchen und 47 Buben. Die meisten der Asiaten waren Chinesen, Koreaner und Japaner.

Meine Ergebnisse wurden in der 1997er Ausgabe von *Intelligence* veröffentlicht (Rushton, 1997a). Die Kopfumfänge der Kinder wurden in Schädelvolumina umgewandelt, damit man die Ergebnisse mit denen von Erwachsenen vergleichen kann. Das Schädelvolumen bei der Geburt korrelierte mit 0,46 mit dem Schädelvolumen im Alter von 7 Jahren und – wie in Abbildung N.1 gezeigt – hatten die asiatischstämmigen Amerikaner bei der Geburt, im Alter von 4 Monaten, 1 Jahr und 7 Jahren ein größeres Schädelvolumen als die Euro- oder Afroamerikaner (obwohl sie von der Körpergröße her kleiner sind und weniger Gewicht haben). Die Daten über Erwachsene in der Abbildung N.1 stammen aus einer Stichprobe von 6.325 US-Militärpersonen (Rushton, 1992).

Abb. N.1: Die durchschnittliche Kopfgröße für Schwarze, Weiße und Asiaten in den USA bei fünf Altersgruppen (nach Rushton, 1997a)

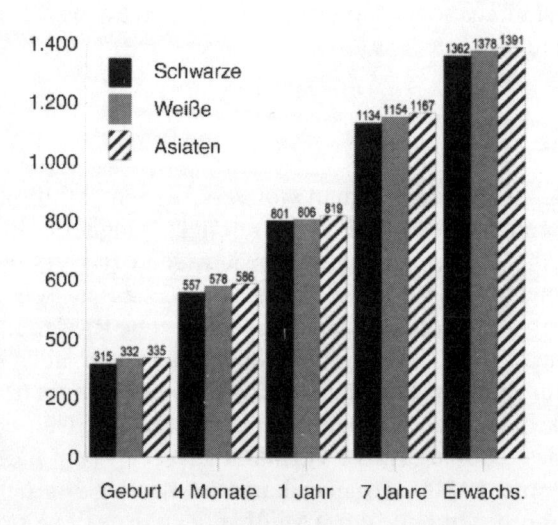

Intelligenz und Gehirngröße

In der oben angeführten Untersuchung erreichte die asiatische Substichprobe einen höheren durchschnittlichen IQ (110) im Alter von 7, als es die weiße (102) oder die schwarze (90) Substichprobe taten. Außerdem korrelierte ihr Kopfumfang im Alter von 7 Jahren mit 0,21 mit ihren IQ-Testwerten im Alter von 7. Solche Daten bestätigten die Ergebnisse meines Überblicksartikel mit C. D. Ankney „Brain Size and Cognitive Ability" in der 1996 erschienenen Ausgabe von *Psychonomic Bulletin and Review*, in dem wir die gesamte veröffentlichte Forschung über dieses Thema untersuchten. Sie umfaßt Untersuchungen, die die neueste Technik verwendeten, die als Magnetresonanztomographie (MRT) [auch: Kernspintomographie] bekannt ist, welche ein sehr gutes Abbild des menschlichen Gehirns bei einer lebenden Person liefert. Wir überprüften acht solcher Studien mit einer Gesamtstichprobengröße von 381 Erwachsenen. Die Gesamtkorrelation zwischen dem IQ und der Gehirngröße, gemessen durch MRT, betrug 0,44. Diese genauere Messung der Gehirngröße ist viel höher als die Korrelation von 0,20, die in der früheren Forschung festgestellt wurde, die simple Messungen der Kopfgröße verwendete (obwohl 0,20 immer noch signifikant ist) und deutet darauf hin, daß die Gehirngröße eine Basis für die Intelligenz darstellt.

Die Korrelationen von etwa 0,30 zwischen der Intelligenz und der Kopfgröße/Gehirngröße sind ein derart replizierbares Ergebnispaar, wie man es nur in den Verhaltenswissenschaften finden wird. Ich faßte zahlreiche weitere bestätigende Studien bei der jährlichen Konferenz der Amerikanischen Gesellschaft der Physischen Anthropologen in Columbus, Ohio (Rushton, 1999a) zusammen. Zwei der Studien überprüften die Beziehung mittels Messungen des Kopfumfangs (Furlow, Armijo-Prewitt, Gangestad & Thornhill, 1997; Rushton, 1997a) und sechs überprüften die Beziehung mittels Magnetresonanztomographie. Bei diesen sechs Studien gab es eine Gesamtstichprobe von 422 Personen mit einer durchschnittlichen Korrelation von $r = 0{,}31$ (wenn nach der Stichprobengröße gewichtet ist $r = 0{,}36$; Flashman et al., 1998; Reiss et al., 1996; Schoeneman, 1997; Tan et al., 1999; Tramo et al., 1998; Wikkett et al., 2000). Später stellten Gur et al. (1999) eine Gesamtkorrelation zwischen dem MRT-gemessenem Gehirnvolumen und dem IQ von 0,41 fest.

In *The g Factor*, seinem enzyklopädischen Buch über Intelligenz, zitierte Arthur Jensen (1998) meine Überblicksbeiträge der Literatur über Rassenunterschiede bei der Gehirngröße (siehe Kapitel 6 dieses Buches), in denen ich feststellte, daß Ostasiaten und ihre Nachkommen im Durchschnitt auf etwa 17 cm^3 (1 in^3) größere Gehirne kommen als Europäer und ihre Nachkommen, deren Hirne wiederum im Durchschnitt um etwa 80 cm^3 (5 in^3) größer sind, als die von Afrikanern und deren Nachkommen. Jensen (S. 442–443) erweiterte dann meine Ergebnisse, indem er eine „ökologische" Korrelation berechnete (in epidemiologischen Studien gebräuchlich) von +0,998 zwischen dem Median des IQ und dem durchschnittlichen Schädelvolumen quer über die drei typologischen Kategorien der „Mongoliden", „Europiden" und „Negriden".

Beträgt der mittlere afrikanische IQ = 70?

Das Kapitel 6 dieses Buches liefert einen Überblick über die Daten zu Rasse und Intelligenz. Hunderte von Studien an Millionen von Menschen zeigen ein dreigliedriges Muster. IQ-Tests werden meistens so gemacht, daß sie bei einer „normalen" Bandbreite von 85 bis 115 einen Durchschnittswert von 100 aufweisen. Weiße kommen auf einen Schnitt von 100 bis 103. Die Mongoliden in Asien und in den USA neigen dazu, etwas höhere Werte zu haben, etwa 106, obwohl die IQ-Tests für die Anwendung in einer europäisch-amerikanischen Kultur gemacht wurden. Die Schwarzen in den USA, der Karibik, Großbritannien, Kanada und in Afrika erreichen im Durchschnitt niedrigere IQs, etwa 85. Die niedrigsten Durchschnitts-IQs finden sich für das subsaharische Afrika, nämlich von 70 bis 75.

Der IQ von 70 für Schwarze, die in Afrika leben, ist der niedrigste jemals gemessene Gruppendurchschnitt und erzeugte eine Bestürzung, als er in den Debatten über *The Bell Curve* und *Rasse, Evolution und Verhalten* der Öffentlichkeit bekannt wurde. Es gab jedoch zahlreiche Bestätigungen dafür, daß der durchschnittliche afrikanische IQ in den 70ern liegt. Mervyn Skuy und seine Kollegen (2000) stellten z. B. fest, daß südafrikanische Mittelschüler (in der Republik Südafrika) bei zahlreichen Tests IQ-Entsprechungen in der 70er Bandbreite hatten, einschließlich dem revidierten Wechsler-Intelligenztest für Kinder (WISC-R), dem „Rey Auditory Verbal Learning Test", dem „Stroop Color Word Test", dem „Wisconsin Card Sorting Test", dem „Bender Gestalt Visual Motor Integration Test", dem „Rey Osterreith Complex Figure Test", dem „Trail Making Test", dem „Spatial Memory Task" und bei verschiedenen Zeichenaufgaben.

Die implizierte Schlußfolgerung, daß bei der Fähigkeit des abstrakt-logischen Denkens 50 Prozent Schwarzafrikas, gemessen an europäischen Standards „geistig zurückgeblieben" sei, wurde von vielen Kommentatoren nicht nur als Ungerechtigkeit eingestuft, sondern als Absurdität. Manche verwarfen daher *The Bell Curve* und *Rasse, Evolution und Verhalten* alleine deshalb als unsinnig, weil sie solche Daten in eine ernsthafte Auseinandersetzung eingebracht haben. Aber die Fakten bleiben natürlich Fakten und müssen vorgetragen werden. Dann können für sie alternative Erklärungen in Frage kommen.

Ein Argument lief darauf hinaus, daß sich ein IQ von 70 im Hinblick auf die Fähigkeit, abstrakt zu denken, bei Schwarzen anders als bei Weißen manifestiert. Jensen (1972, S. 5–6) wies darauf hin, daß schwarze Kinder mit einem IQ von 70 sozial wesentlich intelligenter erscheinen, als das weiße Kinder mit einem IQ von 70 tun, welche nicht normal spielen und in jeder Hinsicht geistig zurückgeblieben erscheinen, und zwar nicht nur bei ihrer Leistung in schulischen Belangen und bei IQ-Tests. Schwarze Kinder mit einem IQ von 70 lernen routinemäßig zu sprechen, Spiele zu spielen, Namen zu lernen und mit Spielkameraden und Lehrern freundlich umzugehen. Sie erscheinen ganz normal, während weiße Kinder mit ähnlichen IQs schon abnormal „aussehen". Dieser Rassenunterschied könnte vielleicht mit einer solchen genetischen Interpretation des afrikanischen Durchschnitts-IQs von 70 übereinstimmen, die impliziert, daß ein sehr niedriger IQ in der afrikanischen Bevölkerung „normal" wäre.

Im Oktober 1998 reiste ich nach Johannesburg in Südafrika, um Daten zu sammeln, die diesen Streit vielleicht beilegen könnten. Ich beschloß, eine hohe IQ-Population von Afrikanern wie etwa Universitätsstudenten auszuwählen, die wahrscheinlich mindestens eine Standardabweichung über dem afrikanischen Durchschnitt liegen und mit schriftlichen Tests vertraut sein würden. Ich tat mich mit Mervyn Skuy, dem Vorsitzenden der „Division of Specialized Education" an der „University of the Witwatersrand" zusammen.

Um sicherzustellen, daß sie motiviert waren, zahlten wir jedem von mehr als 300 Psychologiestudenten des ersten Jahres 10 $, damit sie einen „Raven's Progressive Matrices Test" ohne Zeitbeschränkung machten. Wir gaben den Studenten, obwohl die große Mehrheit ihn in 30 Minuten schaffte, eineinhalb Stunden, um den Test auszufüllen. Unsere endgültige Stichprobe bestand aus 173 afrikanischen und 136 weißen 17- bis 23jährigen. Die Schwarzen lösten im Durchschnitt 44 der 60 Problemstellungen und die Weißen lösten im Durchschnitt 54. Gemessen an US-Standards bedeutete das, daß die afrikanischen Universitätsstudenten auf dem 14. Perzentil [Glossar!] stehen, was 14jährigen amerikanischen Mittelschülern entspricht. Die afrikanischen Studenten hatten einen IQ, der 84 entspricht (Rushton & Skuy, 2000).

Wenn man annimmt, daß schwarze Universitätsstudenten in Südafrika 1 Standardabweichung über dem Durchschnitt der Allgemeinbevölkerung dieses Landes liegen (wie das Universitätsstudenten typischerweise tun), dann impliziert mein Befund eines IQs von 84 in dieser selektierten Stichprobe, daß die Allgemeinbevölkerung dieses Landes einen durchschnittlichen IQ von 70 hat. Als solche bestätigt diese Studie die früheren Literaturüberblicke (siehe Lynn, 1997, mit einem aktualisierten Überblick).

In einer zweiten Studie, durchgeführt mit Universitätsstudenten in Südafrika, fanden wir (Skuy, Gewer & Rushton, 2000) wieder einen IQ, der 84 entspricht. Dies war eine Interventionsstudie, die nach Wegen suchte, die IQ-Werte anzuheben. Daher gaben wir den Studienteilnehmern zahlreiche, stundenlang andauernde Trainingseinheiten für den Typ von abstrakten Denkmethoden, der für das Lösen von „Raven's Matrices" erforderlich ist. Bei den Vortests stellten wir einmal mehr fest, daß schwarze Afrikaner auf einen IQ-Durchschnitt kamen, der 84 entspricht. Die Trainingseinheiten ermöglichten es, den Durchschnitt der Testgruppen auf einen IQ zu heben, der 91 entspricht.

Die endgültige Erklärung für den niedrigen afrikanischen IQ muß noch gefunden werden. Vielleicht ist der Beitrag der Kultur zu den IQ-Werten in Afrika größer als in Nordamerika und hat daher eine stärker unterdrückende Wirkung. Die südafrikanischen Schwarzen haben wesentlich höhere Arbeitslosenraten und ärmere Schulen, Bibliotheken und Studieneinrichtungen als Weiße. So haben Afrikaner vielleicht weniger Zugang zu oder Anregung bei jenen Konstrukten gehabt, die durch IQ-Tests gemessen werden. Sie leben überdies in überfüllten Wohnungen, oft ohne fließendes Wasser oder Strom und sind schlechter ernährt. Daher ist ihre schwache Leistung teilweise das Resultat dieser kulturell bedingten Nachteile.

Der g-Faktor

Wie in diesem Buch wiederholt angesprochen wurde (S. 76–79, 100 f., 193 f., 244–246) ist ein Test um so erblicher, je mehr er den allgemeinen Faktor der Denkfähigkeit mißt (technisch gesprochen: je höher seine Ladung auf g ist), und um so besser sagt er intelligentes Verhalten voraus, und um so mehr unterscheidet er zwischen den Rassen. In seinem neuen Buch *The g Factor* beschreibt Jensen die Ergebnisse von 17 unabhängigen Datensätzen mit einer Gesamtheit von annähernd 45.000 Schwarzen und 245.000 Weißen, die aus 171 psychometrischen Tests gewonnen wurden. Die g-Ladungen der verschiedenen Tests sagten konsequent das Ausmaß des Unterschiedes zwischen Schwarz und Weiß ($r = 0{,}63$) bei dem gleichen Test voraus. Das hat sich sogar bei Dreijährigen bestätigt, denen acht Subtests des Stanford/Binet[-Tests] vorgelegt wurden. Die Rangkorrelation zwischen den g-Anteilen und den Unterschieden zwischen Schwarz und Weiß betrug 0,71 ($p < 0{,}05$).

In der oben zitierten südafrikanischen Studie von Rushton und Skuy (2000) führten wir zahlreiche psychometrische Analysen durch, die zeigten, daß sich die Items in allen Gruppen gleich „verhielten". Diejenigen Items z. B., die die weißen Studenten als schwierig empfanden, empfanden die schwarzen Studenten auch als schwierig. Nur die Schwellen zum Bewältigen der Items waren unterschiedlich. Es wurde auch festgestellt, daß die Unterschiede zwischen Schwarz und Weiß bei jenen Items des Ravens-Tests mit den höchsten Trennschärfen größer waren, was eine höhere g-Ladung nahelegt.

Das Glanzstück in Jensens Vermächtnis ist seine Entwicklung der Methode von korrelierten Vektoren. Ein „Vektor" von Werten ist eine Form, die sowohl eine Richtung als auch eine Größe besitzt. Jensen hat seine Methode der korrelierten Vektoren auf viele Variablen zusätzlich zu den Differenzwerten zwischen Schwarz und Weiß angewandt. Er hat gezeigt, daß der Vektor der g-Anteile/Sättigung eines Tests die beste Vorhersage ist, nicht nur für die Korrelation dieses Tests mit den schulischen und beruflichen Leistungen, sondern auch für die Korrelation dieses Tests mit der Gehirngröße, dem Gehirn pH-Wert, dem Glukoseumsatz des Gehirns, dem durchschnittlichen evozierten Potential, der Reaktionszeit und anderen physiologischen Faktoren, womit Jensen die biologische (im Gegensatz zur lediglich statistischen) Realität von g nachgewiesen hatte.

Denken wir z. B. an die Beziehung zwischen IQ und der Gehirngröße. Zahlreiche moderne Studien bestätigen, daß die Korrelation zwischen dem IQ und dem mit Maßband gemessenem Kopfumfang etwa 0,20 ist, und daß die Korrelation zwischen dem IQ und dem Gehirnvolumen, das durch Magnetresonanztomographie gemessen wurde, etwa 0,40 beträgt. Wenn man die Methode der korrelierten Vektoren anwendet, zeigt das, daß die Korrelation dieser zwei Messungen mit g zwischen 0,60 und 0,70 ist! Jensens Methode hat die Essenz der Intelligenz herauskristallisiert.

In einer neueren Spezialausgabe der Fachzeitschrift *Intelligence* zu Ehren der Leistungen Jensens machte ich den Vorschlag, daß, wenn eine signifikante Korrelation zwischen den zwei Vektoren vorliegt, dieses Ergebnis „Jensen Effect" heißen soll, da es sonst dafür keinen Namen gibt, nur eine lange Erklärung darüber, wie der Effekt erreicht wurde (Rushton, 1998). Der Jensen Effekt kann immer dann beobachtet werden, wenn es eine signifikante Korrelation einerseits zwischen dem Vektor der g-Sättigung des Subtests und andererseits dem Vektor der Anteile des selben Subtests an einer Variablen X gibt (wobei X eine andere, normalerweise nicht-psychometrische Variable ist).

Der Flynn-Effekt ist kein Jensen-Effekt

Die Jensen-Effekte sind nicht allgegenwärtig und ihre Abwesenheit kann genauso informativ sein wie das Gegenteil.

Ein wichtiges Fehlen des Jensen-Effekts ist das, welches für den langfristigen Anstieg der Testwerte gezeigt wurde bzw. was als der „Flynn Effect" bekannt wurde, nach Flynns umfassender Dokumentation dieses Phänomens.

Einfach ausgedrückt, zeigt die eine bis dato durchgeführte Studie, daß der „Flynn Effect" kein „Jensen Effect" ist.

Flynn (1999a, 1999c) hat lange die Sichtweise vertreten, daß die „massiven IQ-Zugewinne über die Jahre hinweg" in den Industrieländern zeigten, daß der durchschnittliche IQ-Unterschied zwischen Schwarzen und Weißen umweltbedingt sei. Da der durchschnittliche IQ in den Bevölkerungen vieler Länder über 5 Dekaden hinweg pro Dekade um etwa 3 Punkte angestiegen ist, stellte Flynn die Hypothese auf, daß die Unterschiede zwischen Schwarz und Weiß durch dieselben Prozesse verursacht werden, die diese langfristigen Zugewinne erzeugen (wie etwa Verbesserungen bei der Ausbildung und bei den Strategien für Testlösungen).

Abb. N.2: Hauptkomponentenanalyse und Varimax-Rotation für die Pearson-Korrelationen von Inzuchtdepressionswerten, Unterschieden zwischen Schwarz und Weiß, g-Ladungen und Zugewinnen über die Zeit hinweg bei dem Wechsler-Intelligenztest für Kinder, nachdem für die Reliabilität statistisch kontrolliert wurde (nach Rushton, 1999d)

Variable	Hauptkomponenten			
	Nicht-rotierte Ladungen		Rotierte Varimax	
	I	II	1	2
Inzuchtdepressionswerte	0,31	0,61	0,26	0,63
Unterschiede von Schwarzen/ Weißen in den USA	0,29	0,70	0,23	0,72
WISC-R g-Ladungen aus den USA	–0,33	0,90	–0,40	0,87
WISC-III g-Ladungen aus den USA	–0,61	0,64	–0,66	0,59
US-Zugewinne 1	0,73	–0,20	0,75	–0,13
US-Zugewinne 2	0,81	0,40	0,77	0,47
Zugewinne in Deutschland	0,91	0,03	0,91	0,11
Zugewinne in Österreich	0,87	0,00	0,86	0,07
Zugewinne in Schottland	0,97	0,08	0,96	0,17
Prozent der Gesamtvarianz	48,60	25,49	48,44	25,65

Oberflächlich gesehen scheint Flynns Hypothese sehr einleuchtend. Die Daten bestätigen sie aber bis jetzt nicht. In einer Hauptkomponentenanalyse stellte ich fest (Rushton, 1999d), daß dieses langfristige Ansteigen *nicht* mit g und anderen erblichen Maßen *zusammenhängt*, während das Ausmaß des Unterschieds zwischen Schwarz und Weiß mit dem erblichen g und der Inzuchtdepression *sehr wohl* zusammenhängt (siehe Abbildung N.2).

Die Abbildung N.2 zeigt die Art und Weise, wie zahlreiche Variablen sich zueinander verhalten, inklusive den Werten des schwarz-weißen IQ-Unterschieds in den USA, den langfristigen Zuwächsen beim IQ in den USA, Deutschland, Österreich und Schottland, den Inzuchtdepressionswerten von

Cousinehen aus Japan und den g-Anteilen der WISC-R- sowie der WISC-III-Normstichprobe. Während die IQ-Zugewinne beim WISC-R und WISC-III ein Cluster bilden, was beweist, daß der langfristige Trend ein verläßliches Phänomen ist, ist dieses Cluster von jenem Cluster *unabhängig*, das durch die Unterschiede zwischen Schwarz und Weiß, die Inzuchtdepressionswerte (eine rein genetische Wirkung) und die g-Faktor-Haltigkeiten (eine zum größten Teil genetische Wirkung) gebildet wird. Diese Analyse zeigt, daß sich der langfristige IQ-Anstieg und der durchschnittliche IQ-Unterschied zwischen Schwarzen und Weißen völlig unterschiedlich verhalten (siehe Flynn, 1999a, 1999b, 2000; Rushton, 1999d, 2000).

Die Kopfform und die fortschreitende Evolution

In einer Kritik meiner Arbeit über Rassenunterschiede in der Gehirngröße und im IQ behaupteten Kamin und Omari (1998), daß weil die Rassen sich in der Kopfform unterschieden, es irreführend wäre, die gleichen Meßverfahren zu benutzen, wenn man das Gesamtschädelvolumen vergleicht. Als Reaktion darauf führten Rushton und Ankney (2000) zahlreiche weitere Analysen durch und bestätigten, daß Schwarze im Durchschnitt verhältnismäßig längere, schmalere (speziell vorne) und flachere Köpfe haben als Weiße und Asiaten, und daß Asiaten wiederum kugelförmigere Köpfe haben als Weiße. Was wichtig ist: Wir fanden auch heraus, daß über die Evolutionszeit hinweg der zunehmend kugelförmigere Kopf, der von den Afrikanern zu Europäern bis zu Ostasiaten geht, eine natürliche Folge der steigenden Hirnentwicklung war, was direkt zu einer erhöhten Kopfbreite und Kopfhöhe führte.

Die Rassenunterschiede in der Gehirngröße und in der Kopfform paßten alle zusammen. Im Nachwort zur zweiten Auflage hatte ich die Frage gestellt, ob es einen „Fortschritt in der Evolution" gebe, wovon die Richtungstrends bei der zunehmenden Gehirnentwicklung zeugen. Infolgedessen brachten Rushton und Ankney (2000) in Abbildung N.3 diese Hinweise mit dem Out-of-Africa-Modell der menschlichen Ursprünge in eine Linie und fanden eine Bestätigung für derartige Trends (siehe Abbildung N.3, S. 357).

Vor drei Millionen Jahren hatten die Australopithecinen ein Schädelvolumen von durchschnittlich weniger als 500 cm^3 (etwa die Größe eines Schimpansenhirns), vor zwei Millionen Jahren kam *Homo erectus* im Durchschnitt auf ein Volumen von etwa 1.000 cm^3, und vor 0,25 Millionen Jahren kam *Homo sapiens* auf ein durchschnittliches Volumen von etwa 1.200 cm^3. Die modernen Menschen tauchten etwa vor 200.000 Jahren in Afrika auf, wobei es eine afrikanisch/nicht-afrikanische Spaltung vor etwa 100.000 Jahren gab und eine europäisch/ostasiatische Spaltung vor etwa 40.000 Jahren (Stringer & McKie, 1996). Je weiter die Populationen in den Norden wanderten – aus Afrika heraus –, desto mehr stießen sie auf die geistig anspruchsvollen Probleme des Sammelns und Aufbewahrens von Nahrung, des Findens von Behausung, des Kleidung Erzeugens und des erfolgreichen Aufziehens von Kindern während verlängerter Winter. Als die Populationen, die aus Afrika aus-

Abb. N.3: Die in der Evolution ansteigende Gehirngröße
(nach Rushton & Ankney, 2000)

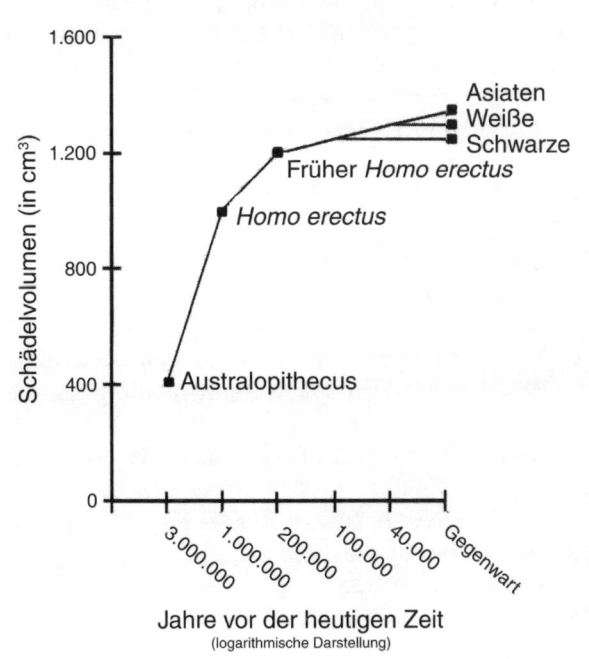

[Diagramm: Schädelvolumen (in cm³) gegen Jahre vor der heutigen Zeit (logarithmische Darstellung). Datenpunkte: Australopithecus (~400), Homo erectus (~1000), Früher Homo erectus (1.200), Asiaten, Weiße, Schwarze (~1.300-1.400).]

wanderten, sich in die heutigen Europiden (gegenwärtiges durchschnittliches Schädelvolumen 1.347 cm³) und Mongoliden (1364 cm³) entwickelten, taten sie das in die Richtung von größeren und kugelförmigeren Gehirnen, während sich das Schädelvolumen und die Kopfform der Populationen, die in Afrika blieben, sehr wenig veränderten (1.276 cm³).

Die evolutionären Trends in der Gehirngröße führten zu Begleitveränderungen in der Schädelform und im Muskel/Skelett-System. Zum Beispiel hatten die Australopithecinen eine breitere postorbitale Einengung (die Vertiefung des Schädels hinter der Augenhöhle) und größere Schläfengruben (die Öffnung durch die die Muskeln vom Kopf zum Kiefer reichen) als der *Homo erectus*, der eine breitere postorbitale Einengung und größere Schläfengruben als der *H. sapiens* hatte (Fleagle, 1999).

Innerhalb des *H. sapiens* haben Schwarze eine breitere postorbitale Einengung und größere Schläfengruben als Weiße, die eine breitere postorbitale Einengung und größere Schläfengruben als Asiaten haben (Brues, 1990). Dies ist, weil das Gehirngewebe, als es sich in die Schläfen- und Scheitellappen ausdehnte, dies auf Kosten der Schläfenmuskeln tat, die durch die Schläfengruben in beiden Jochbögen verlaufen und dazu dienen, den Kiefer zu schließen. Da kleinere Schläfenmuskeln nicht so große Kiefer schließen können, wurde die Kiefergröße reduziert. Folglich gibt es weniger Platz für die Zähne, was zu kleineren Zähnen, kürzeren Zahnwurzeln und weniger Zähnen führte (Asiaten und Europäer haben kleinere Kiefer, weniger und kleinere Zähne und kürzere Zahnwurzeln als Afrikaner; Brues, 1990; Stringer & McKie, 1996).

Die Reduzierung der Kiefergröße (wobei die Orthognathie die Prognathie ersetzte [d. h. die gerade Kieferstellung heutiger Menschen ersetzte die vorspringende Kieferstellung der Frühmenschen; Anm. d. Ü.] führte wiederum zu einer reduzierten Größe der Nackenmuskeln und der Knochenvorsprünge, an denen sie befestigt sind (Nackenleisten, Halswirbel-Dornfortsätze), welche zur Stützung von schweren, kieferlastigen Schädeln nicht länger gebraucht werden. (Asiaten und Europäer haben verringerte Nackenmuskeln, kleinere Dornfortsätze und weniger kieferlastige Gesichter als Afrikaner; Binkley, 1989). Als sich das Gehirngewebe in den Frontallappen ausdehnte, nahm es den Platz ein, der vorher von überorbitalen Knochenrippen beansprucht wurde und verursachte dabei einen Rückgang der Glabellas. (Asiaten und Europäer haben weniger stark betonte Glabellas als Afrikaner; Krogman & Ýzcan, 1986.) Eine erhöhte Gehirnentwicklung erforderte weiter unten am Skelett eine breitere Beckenöffnung, gebildet eher von den Scham- und Hüftknochen als nur von dem Darmbein, um die Geburt von Säuglingen mit größeren Hirnen zu ermöglichen (Asiaten und Europäer haben breitere Becken als Afrikaner; Krogman & Ýzcan, 1986). Es gibt, außer der Unterbringung einer erhöhten Gehirngröße, keine andere Erklärung für diese Veränderungen im Muskel/Skelett-System.

Weil größere Gehirne mehr Zeit für ihre Entwicklung brauchen, kann man schließlich auch Trends in der Reifungsgeschwindigkeit beobachten. Die Schwangerschaftsdauer entspricht bei Schimpansen 33 Wochen und beim modernen Menschen 38 Wochen. Die Pubertät wird bei Schimpansen mit etwa acht Jahren erreicht und beim Menschen mit etwa 13 Jahren. Die Lebenserwartung beträgt bei Schimpansen durchschnittlich 30 Jahre und beim modernen Menschen 45 bis 75 Jahre (siehe Kap. 10). Diese Trends lassen sich auch bei den Menschengruppen feststellen. Die Asiaten und Europäer gebären nach einer längeren Schwangerschaft als Afrikaner, und ihre Kinder erreichen die Pubertät später und leben länger (Kapitel 7). So zeitigen Veränderungen in der Gehirngröße Effekte auf andere Eigenschaften; das erfordert eine allgemeine (sowohl binnen- als auch zwischenartliche) Theorie der „Entwicklungsgeschichte", um deren Koevolution zu erklären – wie bei derjenigen Theorie, die in diesem Buch vorgeschlagen wird.

Das Sexualverhalten

Eines der stärker umstrittenen Themen, die in *Rasse, Evolution und Verhalten* angesprochen wurden, ist das Fortpflanzungsverhalten (siehe Kapitel 8). Die Rassenunterschiede im Sexualverhalten haben im realen Leben tragische Folgen. Zum Beispiel betreffen sie die Häufigkeit von sexuell übertragbaren Krankheiten (z. B. Syphilis, Tripper, Herpes und Chlamydien). So unerfreulich es ist, diese sexuell übertragbaren Krankheiten zu untersuchen, liefern deren Häufigkeitsraten doch einen weiteren Test für die Evolutionstheorie der Rassenunterschiede. Diese Unterschiede kann man nur schwer durch eine ausschließliche Kulturtheorie erklären.

Die Berichte des U.S. Centers for Disease Control and Prevention, der UNAIDS und der Weltgesundheitsorganisation bestätigen sowohl für die Länder selbst als auch zwischen ihnen wieder und wieder das dreigliedrige Rassenmuster. Niedrige Niveaus an sexuell übertragbaren Krankheiten werden in China und Japan berichtet und hohe Niveaus in Afrika. Europäische Staaten liegen dazwischen. Das rassische Muster dieser Krankheiten trifft auch auf die USA zu. Die Syphilisrate der Schwarzen im Jahre 1997 war 24mal so hoch wie die der Weißen. Ein Bericht stellte vor kurzem fest, daß bis zu 25 Prozent der Mädchen der Innenstädte (hauptsächlich Schwarze) Chlamydien haben.

Die Rassenunterschiede zeigen sich deutlich in der gegenwärtigen AIDS-Krise. Weltweit leben über 30 Millionen Menschen mit HIV oder AIDS. Viele Schwarze in den USA bekommen AIDS in der Tat über den Drogenkonsum, aber noch mehr bekommen es durch Sex. Auf der anderen Seite sind die AIDS-Patienten in China und Japan in einem größerem Ausmaß Bluter. Die europäischen Staaten haben HIV-Infektionsraten (größtenteils unter homosexuellen Männern), die dazwischenliegen.

Die Abbildung N.4 zeigt die Schätzungen der HIV-Infektionsraten für verschiedene Erdteile für das Jahr 1999 von den Vereinten Nationen. Die Epidemie brach in Schwarzafrika in den späten 1970er Jahren aus. Heute leben dort 23 Millionen Erwachsene mit HIV/AIDS. Von diesen sind über 50 Prozent weiblich, was zeigt, daß die Übertragung größtenteils heterosexuell erfolgt. Gegenwärtig sind 8 von 100 Afrikanern mit dem AIDS-Virus infiziert, und die Krankheit wird als „außer Kontrolle" eingeschätzt. In manchen Gebieten

Abb. N.4: HIV/AIDS-Raten (in %) der 15- bis 49jährigen nach Region im Jahr 1999 (nach UNAIDS, 1999)

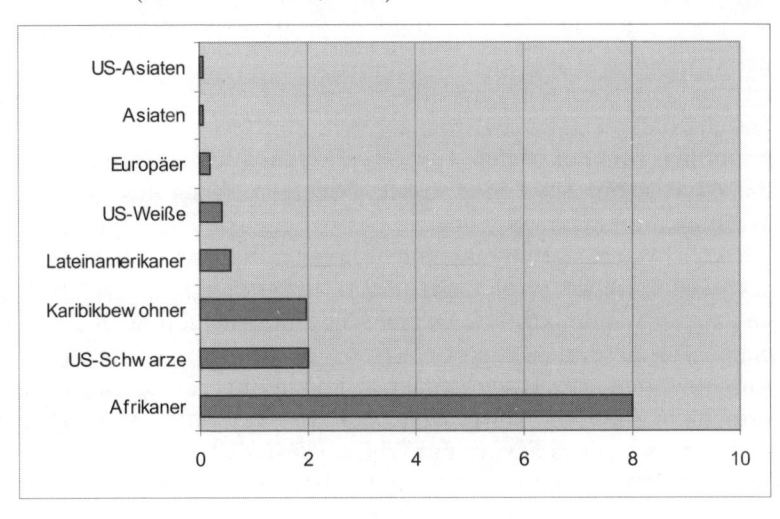

erreicht die AIDS-Rate 70 Prozent. In Südafrika lebt einer von 10 Erwachsenen mit HIV.

Die HIV-Rate ist auch in der schwarzen Karibik hoch, nämlich bei etwa 2 %. 33 % der AIDS-Erkrankten sind Frauen. Diese hohe Anzahl unter Frauen zeigt, daß die Verbreitung tendenziell durch heterosexuellen Geschlechtsverkehr erfolgt. Die hohe HIV-Rate in dem 2.000-Meilen-Band der karibischen Staaten reicht von den Bermudas bis Guyana und ist in Haiti am höchsten mit einer Rate nahe von 6 %. Die Karibik hat die höchsten Raten außerhalb von Schwarzafrika. Daten, die von dem U.S. Centers for Disease Control and Prevention veröffentlicht wurden, zeigen, daß Afroamerikaner HIV-Raten haben, die ähnlich denen sind, die in der schwarzen Karibik und in Teilen Schwarzafrikas gefunden werden. In den USA leben drei Prozent der schwarzen Männer und ein Prozent der schwarzen Frauen mit HIV (Abbildung P-4). Die Rate für die weißen Amerikaner beträgt weniger als 1 % [K!], und die Rate für asiatischstämmige Amerikaner liegt bei weniger als 0,05 %. Die Raten für Europa und für den pazifischen Raum sind ebenfalls niedrig. Natürlich ist AIDS ein ernstes Problem der allgemeinen Gesundheit für alle Rassen, aber im besonderen ist es eines für Afrikaner und für Menschen afrikanischer Abstammung.

Die Kriminalität

Das Kapitel 7 in diesem Buch untersucht die Verbrechensstatistiken. Diejenigen aus den USA zeigen, daß die Asiaten eine „Modellminorität" sind. Sie haben weniger Scheidungen, weniger außereheliche Geburten und weniger Meldungen von Kindesmißbrauch als Weiße. Mehr Asiaten machen einen College-Abschluß und weniger kommen ins Gefängnis. Auf der anderen Seite stellen Schwarze 12 % der amerikanischen Bevölkerung, machen aber 50 % der Gefängnisinsassen aus. Einer von drei schwarzen Männern in den USA ist entweder im Gefängnis, auf Bewährung oder wartet auf sein Gerichtsverfahren. Das ist wesentlich mehr als die Zahl derer, die einen College-Abschluß machen.

Neue Analysen von Jared Taylor und Glayde Whitney (1999) haben festgestellt, daß die ganzen 1990er Jahre hindurch Schwarze in den USA durchschnittlich fünfmal soviele Gewaltverbrechen begingen als Weiße, und daß die Asiaten nur etwa halb soviele begingen. Auch bestätigten Taylor und Whitney die krasse Asymmetrie bei zwischenrassischen Verbrechen in den USA. Schwarze hatten eine 50mal höhere Wahrscheinlichkeit, ein Gewaltverbrechen (Körperverletzung, Raub, Vergewaltigung) gegen Weiße zu begehen, als Weiße gegen Schwarze. Sie untersuchten auch die „Haßverbrechen", für die das FBI seit dem Beschluß des Hate Crime Statistics Act im Jahr 1990 bundesweit Statistiken gesammelt hat. Diese werden definiert als kriminelle Akte, die „insgesamt oder zum Teil durch Vorurteile motiviert" sind. Dabei stellten Taylor und Whitney fest, daß Schwarze mit einer doppelt so hohen Wahrscheinlichkeit „Haßverbrechen" begingen als Weiße.

Abb. N.5: Internationale Verbrechensraten für die drei Rassen (Mord, Vergewaltigung und schwere Körperverletzung) pro 100.000 der Bevölkerung (nach Whitney & Rushton, 2000)

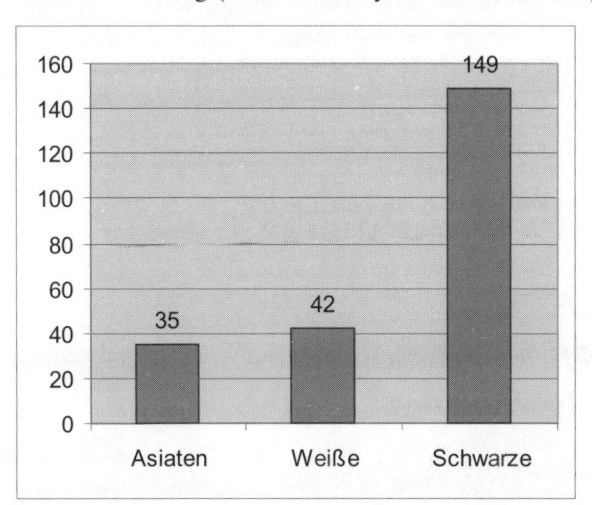

	Asiaten	Weiße	Schwarze
	35	42	149

Die Analyse von Taylor und Whitney (1999) verglich auch die Rassenunterschiede bei der Kriminalität mit den Geschlechtsunterschieden bei der Kriminalität. Sie stellten fest, daß Schwarze mit der gleichen größeren Wahrscheinlichkeit ein Gewaltverbrechen begingen als Weiße, so wie Männer eine größere Wahrscheinlichkeit aufweisen als Frauen. Daten aus der ganzen Welt und durch den Verlauf der Geschichte zeigen, daß Männer mehr Verbrechen – speziell Gewaltverbrechen – begehen als Frauen. Und so gut wie alle Wissenschafter stimmen darin überein, daß dieser Unterschied eine gewisse biologische Basis hat. Taylor und Whitney zogen den Schluß, daß Schwarze in einem ähnlichen Maß zur Gewalt gegen Weiße neigen, wie es bei Männern im Hinblick auf Frauen der Fall ist.

Das gleiche rassische Muster für Gewaltverbrechen in den USA findet sich auch weltweit. Wie in diesem Buch besprochen (S. 216–218, 306 f.) zeigen die Interpol-Jahrbücher die ganzen 1980er Jahre hindurch, daß die Rate für Gewaltverbrechen (Mord, Vergewaltigung und schwere Körperverletzung) in afrikanischen und karibischen Staaten wesentlich höher war als in ostasiatischen Staaten. Europäische Staaten lagen dazwischen. Das Interpol-Jahrbuch für das Jahr 1990 zeigte, daß die Rate der Gewaltverbrechen pro 100.000 der Bevölkerung für Asiaten bei 32 lag, für Europäer bei 75 und für Afrikaner bei 240.

In einem Artikel in *Criminology* behauptete Neapolitan (1998) hingegen, daß meine Interpol-Verbrechensdaten unzuverlässig seien (d. h. ein „Zufallstreffer") und daher nicht verallgemeinerbar seien. Whitney und Rushton (2000) jedoch haben die Vermutung von Neapolitan durch eine Replikation und Ausdehnung der Interpol-Resultate widerlegt, indem sie die jüngsten

Ausgaben der Jahrbücher verwendeten (1993–1996). Wir kategorisierten die rassische Zusammensetzung jedes Staates als in erster Linie ostasiatisch (n = 7), weiß (n = 47) oder schwarz (n = 22), tabellarisierten die Rate von Mord, Vergewaltigung und schwerer Körperverletzung pro 100.000 der Bevölkerung für jedes Land und berechneten anschließend über die Länder hinweg den Durchschnitt für jede Rasse. Die Medianrate pro 100.000 der Bevölkerung betrug für ostasiatische, weiße und schwarze Staaten jeweils: bei Mord 1,6, 4,2 und 7,9; bei Vergewaltigung 2,8, 4,5 und 5,5; und bei schwerer Körperverletzung 31,0, 33,7 und 135,6. So grob diese Messungen seien mögen: die Mediananzahl von Gewaltverbrechen pro 100.000 der Bevölkerung betrug für Asiaten 35, für Weiße 42 und für Schwarze 149 (siehe Abbildung N.5, S. 361).

Darwins *wirklich* gefährliche Idee – der Vorrang der Variation

> ▶ Darwins *wirklich* gefährliche Idee war es, zu betonen, wie groß die genetische Variation zwischen Individuen und zwischen Gruppen ist, und wie die natürliche Selektion nicht ohne diese Variation funktionieren kann. Wenn es zum Studium der Rasse kommt, ist Darwins Idee das letzte Tabu.
>
> Darwin erklärte wissenschaftlich die Lebensvielfalt unter den Bedingungen der Variation und der Selektion. Die Rolle der erblichen Variation zu ignorieren oder zu minimieren, verstößt gegen die zwei Eckpunkte der Darwinschen Theorie: 1. innerhalb der Arten existiert eine genetische Variation, und 2. der unterschiedliche Fortpflanzungserfolg bevorzugt einige Varianten gegenüber anderen. Weder in *Die Entstehung der Arten* (1859) noch in *Die Abstammung des Menschen* (1871) zweifelte Darwin an der Wichtigkeit, die er sowohl der individuellen als auch der rassischen Variation zuschrieb. Hierfür ein Beispiel:

„Daher betrachte ich die individuellen Unterschiede, die den Systematiker wenig interessieren, aber die für uns wichtig sind, da sie der erste Schritt zu kleinen Varianten sind, die in Arbeiten zur Naturgeschichte zu erwähnen nicht wert empfunden werden. Und ich betrachte die Varianten, die irgendwie deutlicher und langfristiger sind, als ein Schritt hin zu deutlicheren und permanenteren Varianten; und die letztgenannten führen zu Unterarten und zu Arten ... Daher glaube ich, daß man eine deutliche Varietät zu Recht eine beginnende Art nennen kann." (1859: 107)

Sir Francis Galton (1865, 1869) begriff sofort, welche Bedeutung die Theorie seines Cousins Darwin für die Variation beim Menschen hatte. Er sammelte Beweismaterial für die Existenz und erbliche Natur der Variation und nahm so das Konzept der Erblichkeit und andere spätere Arbeiten in der Verhaltensgenetik vorweg. Galton führte Umfragen durch und fand beispielsweise heraus, daß Temperamente und kognitive Fähigkeiten in der Familie vererbt würden. Er entdeckte das Gesetz der Regression zur Mitte und meinte, daß es zeige, daß Familienmerkmale erblich seien.

Galton verglich auch die schweigsamen amerikanischen Indianer mit der gesprächigen Spontaneität der Afrikaner (Kapitel 7). Er vermerkte, daß diese Temperamente beständig wären – ungeachtet des Klimas (vom eisigen Norden bis zum Äquator), der Religion, der Sprache oder des politischen Systems (ob selbstbestimmt oder von den Spaniern, Portugiesen, Engländern oder Franzosen regiert). Spätere Arbeiten über transrassische Adoptionen vorwegnehmend (Kapitel 9), wies Galton darauf hin, daß die Mehrheit der Individuen sich gemäß ihres rassischen Typus verhielten, auch wenn sie von weißen Siedlern aufgezogen wurden. Er schrieb auch, daß die durchschnittliche Denkfähigkeit der Afrikaner niedrig sei, ob in Afrika oder in den beiden Amerikas. In seinem Buch *Die Abstammung des Menschen* erkannte Darwin die Arbeit von Galton an und bejahte auch die Größenunterschiede im Gehirn zwischen Afrikanern und Europäern, die von Paul Broca und anderen Wissenschaftern des 19. Jahrhunderts gefunden wurden.

Obwohl die Darwinianer aus ihren Kämpfen des 19. Jahrhunderts gegen die biblische Theologie siegreich hervorgingen, verloren sie später diesen Boden an liberale Gleichheitstheoretiker, Marxisten, Kulturrelativisten und literarische Dekonstruktivisten. Zwischen der Zeit Herbert Spencers (1851) bis hin zu den weltweiten Wirtschaftskrisen der späten 1920er und 1930er Jahre gewann die politische Rechte die Vorherrschaft bei der Verwendung der Evolutionstheorie zum Unterstützen ihrer Argumente. Die politische Linke kam währenddessen zu der Überzeugung, daß „das Überleben der Stärkeren" mit sozialer Gleichheit inkompatibel sei. Seit Mitte der 1920er Jahre ist der Darwinismus marginalisiert worden, als die Anthropologenschule um [Franz] Boas mit Erfolg die biologischen von den Sozialwissenschaften trennte (Degler, 1991).

Die Daten über Rassenunterschiede, die in diesem Buch angesprochen werden, und die präsentierten evolutionären Modelle für deren Erklärung, stehen in Widerspruch zu dem, was man als „politische Korrektheit" kennt; ein Gedankengebäude, das Wissen und Forschung dem unbedingten ideologischen Glauben an die soziale Gleichheit unterordnet. Die Präsentation von Fehlinformationen und die bewußte Vorenthaltung von Beweisen sind allzu typisch geworden – sogar für Evolutionsbiologen, wenn sie über Rasse schreiben. Drei gut bekannte Wissenschafter veranschaulichen diesen Trend:

- Stephen J. Gould, Autor der revidierten und erweiterten Fassung von *Der falsch vermessene Mensch* (1996) [erstmals 1981; dt.: 1983],
- Jared Diamond, Autor von *Arm und Reich; Die Schicksale menschlicher Gesellschaften* (1997) [dt.: 1998],
- sowie Christopher Stringer, gemeinsam mit Robin McKie Co-Autor von *Afrika – Wege der Menschheit* (1996) [dt.: 1996].

Die ersten beiden Bücher habe ich im Detail rezensiert (siehe Rushton, 1997b, 1999c).

In seiner Ausgabe des Jahres 1981 von *Der falsch vermessene Mensch* beschuldigte Stephen J. Gould die Wissenschafter des 19. Jahrhunderts des „Verdrehens" und „Mogelns" im Hinblick auf Gehirngrößedaten, um die Nordeuropäer an die Spitze der Zivilisation zu stellen. Er behauptete – was unwahrscheinlich ist – daß Paul Broca, Francis Galton und Samuel George Morton alle in die *gleiche* Richtung „gemogelt" hätten – mit *ähnlichen* Größenordnungen und mittels *verschiedener* Methoden. Gould verlangt von seinen Lesern, daß sie glauben sollten, daß Broca auf seinen Autopsiewaagen „gelehnt" hätte, als er nasse Hirne wog, und zwar in einem solchen Ausmaß, daß die gleichen Differenzen produziert werden, die Morton verursacht hätte, als er leere Schädel „übervoll gestopft" hätte, und die Galton durch einen „extra lockeren" Griff auf die Meßschieber[2], als er Köpfe maß, verursacht hätte!

Aber sogar schon vor der ersten Ausgabe (1981) von *Der falsch vermessene Mensch* hatten neuere Forschungen die Arbeit dieser Pioniere des 19. Jahrhunderts bestätigt. Gould unterließ es, die Besprechung von Van Valen (1974) zu erwähnen, die eine positive Korrelation zwischen der Gehirngröße und der Intelligenz feststellte. Wie weiter oben in diesem Vorwort analysiert (und besonders in Kapitel 6), ist die niederschmetterndste Entwicklung für Gould die neueste Forschung über die Gehirngröße. Wie konnte seiner revidierten und erweiterten Ausgabe all diese Forschung in den 1990er Jahren entgangen sein – einer Zeit, die aus gutem Grund „Das Jahrzehnt des Gehirns" genannt wird?

Jared Diamond, ein weiterer bekannter Evolutionsbiologe, beteiligte sich ebenfalls an der Debatte über die Rassenunterschiede im IQ. In einigen *ex cathedra*-Erklärungen brandmarkte Diamond das genetische Argument als „rassistisch" (S. 19–22), deklariert *The Bell Curve* von Herrnstein und Murray als „verrufen" (S. 431), und behauptete: „Der Einwand gegen solche rassistische Erklärungen ist nicht nur, daß sie widerlich sind, sondern auch, daß sie falsch sind" (S. 19). Er faßte seine Ansichten in einem Glaubenssatz zusammen: „Daß die Geschichte verschiedener Völker unterschiedlich verlief, beruht auf Verschiedenheiten der Umwelt und nicht auf biologischen Unterschieden zwischen den Völkern." (S. 2 [zit. nach dt. Übersetzung, 2. Aufl.; S. 32])

Diamonds These ist, daß die Völker des eurasischen Kontinents nicht biologisch, sondern durch die Umwelt bevorzugt waren. Sie hatten das Glück gehabt, in zentralgelegenen Ländern zu leben, die entlang einer Ost-West-Achse angeordnet waren, was eine rasche Verbreitung ihrer reichen Vorräte an domestizierbaren Tieren, Pflanzen und kulturellen Innovationen gestattete. Die Nord-Süd-Achse Afrikas und der beiden Amerikas hemmte die Verbreitung wegen der rauhen Klimaveränderungen. Folglich hätten die landwirtschaftlich wohlhabenden Eurasier beim Entwickeln einer Überschußbevölkerung einen Vorsprung gehabt. Diese Überschußbevölkerung wies eine Arbeitsteilung auf und ermöglichte dadurch eine Zivilisation. Trotzdem hätte Diamond als Evolutionsbiologe seinen Lesern sagen sollen, daß verschiedene

---

2 Anm. d. Ü.: Meßschieber sind Instrumente für die Längenmessung, bei dem ein Meßschieber auf einer Meßschiene beweglich montiert ist und man die Ausmaße eines Objekts durch Verschieben dieses Meßschiebers und gleichzeitigen Ablesens von der Meßschiene feststellen kann.

Umwelten via der natürlichen Selektion biologische Unterschiede zwischen Völkern in der Gehirngröße verursachen – genauso wie sie das bei der Hautfarbe und dem Körperbau tun.

Der Paläontologe Christopher Stringer vom British Museum of Natural History und Autor (mit Journalist Robin McKie) von *African Exodus [dt.: Afrika – Wege der Menschheit]* liefert ein letztes Beispiel für einen wichtigen Wissenschafter, der es wahrscheinlich besser wußte. Diejenigen Teile des Buches, die den Ursprung des Menschen behandeln, sind ausgezeichnet. Unglücklicherweise tauchen grobe Fehler an der Stelle des Buches auf, wo es beginnt, sich am obligatorischen Prügeln sowohl der *Bell Curve* als auch meiner eigenen Arbeit zu beteiligen. Vielleicht zwang das Bestreben, politisch korrekt zu sein, die Autoren dazu, zu schreiben: „In jedem Fall läßt es die Geschichte unserer Auswanderung aus Afrika als unwahrscheinlich erscheinen, daß es signifikante strukturelle oder funktionale Unterschiede zwischen den Gehirnen der verschiedenen Völker der Welt gibt" (S. 181).

Die Logik ist hier besonders merkwürdig, wenn man bedenkt, daß andere Teile des Buches eine faszinierende Diskussion darüber liefern, wie die Populationen sich in der Kiefergröße und in der Zahnanzahl unterscheiden. Auf Seite 215 wird z. B. vermerkt, daß bis zu 15 % der Europäer, verglichen mit Afrikanern, „zumindest zwei Weisheitszähne fehlen ... und in Ostasien diese Zahl in manchen Gebieten bis zu 30 Prozent sein kann". Während Stringer und McKie beschreiben, wie die Nasen und Hautfarben in verschiedenen Regionen geformt wurden, und daß die Europäer und Asiaten weniger Zähne haben als die Afrikaner, leugnen sie gleichzeitig alle Größenunterschiede im Gehirn und verschweigen den Lesern die moderne Literatur über die Gehirngröße und den IQ.

Tatsächlich zitierten Stringer, Dean und Humphreys in einem späteren wissenschaftlichen Aufsatz Rassenunterschiede in verschiedenen Unterkiefermerkmalen (Kiefer und Zähne), inklusive der bikondylären Breite des Unterkiefers (d. h. der Entfernung zwischen den zwei Rändern am Ende des Kiefers, die an die Basis des Schädels ankoppeln) als Beweise für die Out-of-Africa-Theorie. Bei Asiaten ist die bikondyläre Breite weit, bei Afrikanern schmal, und die Europäer liegen dazwischen. Die Ausweitung der bikondylären Breiten war aber gerade eben eine Folge der Ausweitung der Gehirnschalen!

Diese Versuche, die Rassenunterschiede zu leugnen, münden in eine neue Form des Kreationismus (Levin, 1997; Rushton, 1999b; Sarich, 1995). Die wissenschaftlichen Daten passen zur Darwinschen/Galtonschen Sichtweise, nicht zur egalitaristischen. Die Darwinsche/Galtonsche Sichtweise ist aus politischen Gründen aufgegeben worden, und nicht weil sie die wissenschaftliche Forschung widerlegt hätte. In einer Suche in der „Medline"-Datenbank nach Artikeln, die in den letzten zehn Jahren veröffentlicht wurden, und die Suchbegriffe wie *Evolution, Genetik, Verhalten* und *Mensch* enthielten und die Kombination dieser Wörter, stellte Bailey (1997, S. 82) fest, daß jeder Einzelbegriff in Tausenden von Artikeln erwähnt wurde, aber nur ein einziger Artikel alle vier erwähnte. Die Ausklammerung der Evolution und der Genetik bei der Erklärung des menschlichen Verhaltens verletzt jenen ganzheitlichen Zugang, durch den das gesamte Wissen in einer großen Synthese vereint werden kann – wie es E. O. Wilson prophezeit (Wilson, 1998). Es beläßt die Sozialwissenschaften näher an der mittelalterlichen Theologie oder dem Humanismus der Renaissance, als an der modernen Wissenschaft.

Die Theorie der Entwicklungsgeschichte, die im vorliegenden Buch dargelegt wird, vereint die von Darwin begonnene Evolutionstradition mit der von Galton begonnenen verhaltensgenetischen Tradition. Nur wenn wir Rasse, Evolution und Verhalten untersuchen und nicht krampfhaft vermeiden, können wir wirklich auf den Schultern dieser Riesen stehen, die uns vorausgegangen sind.

Literatur[3]

Bailey, J. M. (1997): Are genetically based individual differences compatible with species-wide adaptations? In: N. L. Segal, G. Weisfeld & C. Weisfeld (Hrsg.): *Uniting Psychology and Biology: Integrative Perspectives on Human Development* (S. 81–100). Washington, DC: American Psychological Association.

Binkley, K. M. (1989): *Racial Traits of American Blacks.* Springfield, IL: Charles C. Thomas.

Brues, A. M. (1990): *People and Races.* Prospect Heights, IL: Waveland Press.

Darwin, C. (1859): *The Origin of Species.* London: Murray [deutsch: *Die Entstehung der Arten durch natürliche Zuchtwahl,* Stuttgart 1859].

Darwin, C. (1871): *The Descent of Man.* London: Murray [deutsch: *Die Abstammung des Menschen,* Stuttgart 1871].

Degler, C. N. (1991): *In Search of Human Nature.* New York. Oxford University Press.

Diamond, J. (1997): *Guns, Germs, and Steel: The Fates of Human Societies.* New York: Norton. [deutsch: *Arm und Reich. Die Schicksale menschlicher Gesellschaften,* Frankfurt a. M. 1998].

Entine, J. (2000): *Taboo: Why Black Athletes Dominate Sports and Why We Are Afraid To Talk About It.* New York: Public Affairs Press.

Fleagle, J. (1999): *Primate Adaptation and Evolution* (2. Ausgabe). New York: Academic Press.

Flashman, L. A., Andreasen, N. C., Flaum, M., & Swayze, V. W. II. (1998). Intelligence and regional brain volumes in normal controls. *Intelligence, 25,* 149–160.

Flynn, J. R. (1999a): Evidence against Rushton: The genetic loading of WISC-R subtests and the causes of between-group IQ differences. *Personality and Individual Differences, 26,* 373–379.

Flynn, J. R. (1999b): Reply to Rushton: A gang of gs overpowers factor analysis. *Personality and Individual Differences, 26,* 391–393.

---

3 Anm. d. Ü.: Die mit einem Sternchen (*) versehenen Aufsätze können auch im Internet auf der Universitäts-Homepage von Prof. Rushton gelesen werden (in Englisch), siehe: www.ssc.uwo.ca/psychology/faculty/rushton_pubs.htm.
Mit zwei Sternchen gekennzeichnete Artikel (**) kann unter der Adresse: www.lrainc.com/swtaboo/stalkers/rushton.html nachgelesen werden (gemeinsam mit weiteren Beiträgen in englischer Sprache).
Indirekt gelangt man zu all diesen Artikeln über die Homepage: www.charlesdarwinresearch.org.

Flynn, J. R. (1999c): Searching for justice: The discovery of IQ gains over time. *American Psychologist, 54*, 5–20.

Flynn, J. R. (2000): IQ gains and fluid g. *American Psychologist , 55, 543*.

Galton, F. (1865): Hereditary talents and character. *Macmillan's Magazine, 12*, 157–166, 318-327.

Galton, F. (1869): *Hereditary Genius.* London: Macmillan. [deutsch: *Genie und Vererbung,* 1869].

Gould, S. J. (1981): *The Mismeasure of Man.* New York: Norton. [deutsch: *Der falsch vermessene Mensch,* Basel 1983].

Gould, S. J. (1996): *The Mismeasure of Man* (Durchgesehene und erweiterte Ausgabe). New York: Norton.

Gur, R. C., Turetsky, B. I., Matsui, M., Yan, M., Bilkur, W., Hughett, P., & Gur, R. E. (1999): Sex differences in brain gray and white matter in healthy young adults: Correlations with cognitive performance. *Journal of Neuroscience, 19*, 4065–4072.

Herrnstein, R. J., & Murray, C. (1994): *The Bell Curve: Intelligence and Class Structure in American Life.* New York: Free Press.

Interpol. (1993–1996): *International Crime Statistics, 1963–1996.* Lyons, France: Interpol General Secretariat.

Jensen, A. R. (1972): *Genetics and Education.* London: Methuen.

Jensen, A. R. (1998): *The g Factor.* Westport, CT: Praeger.

Johanson, D. C., & Edey, M. A. (1981): *Lucy: The Beginnings of Humankind.* New York: Simon & Schuster [deutsch: *Lucy. Die Anfänge der Menschheit,* München 1982].

Kamin, L., & Omari, S. (1998): Race, head size, and intelligence. *South African Journal of Psychology, 28*, 119–128.

Krogman, W. M., & Ýzcan, M. Y. (1986): *The Human Skeleton in Forensic Medicine* (2. Auflage). Springfield, IL: Charles C. Thomas.

Levin, M. (1997): *Why Race Matters.* Westport, CT: Praeger.

Lynn, R. (1997): Geographical variation in intelligence. In: H. Nyborg (Hrsg.), *The Scientific Study of Human Nature.* Oxford: Elsevier.

Neapolitan, J. L. (1998): Cross-national variation in homicides: Is race a factor? *Criminology, 36*, 139–155.

Murray, C. (1996): Afterword. In: R. J. Herrnstein & C. Murray *The Bell Curve* (Taschenbuch Ausgabe). New York: Free Press.

Reiss, A. R., Abrams, M. T., Singer, H. S., Ross, J. R., & Denckla, M. B. (1996): Brain development, gender and IQ in children: A volumetric study. *Brain, 119*, 1763–1774.

Rushton, J. P. (1992): Cranial capacity related to sex, rank, and race in a stratified random sample of 6.325 U.S. military personnel. *Intelligence, 16*, 401–413.

Rushton, J. P. (1995): *Race, Evolution, and Behavior: A Life-History Perspective.* New Brunswick, NJ: Transaction.

Rushton, J. P. (1997a)*: Cranial size and IQ in Asian Americans from birth to age seven. *Intelligence, 25*, 7–20.

Rushton, J. P. (1997b)*: Race, intelligence, and the brain: The errors and omissions of the „revised" edition of S. J. Gould's *The Mismeasure of Man* (1996). *Personality and Individual Differences, 23*, 169–180.

Rushton, J. P. (1998)*: The „Jensen Effect" and the „Spearman-Jensen Hypothesis" of Black-White IQ differences. *Intelligence, 26*, 217–225.

Rushton, J. P. (1999a, 29. April): *Brain Size and Cognitive Ability: A Review With New Evidence*. Presented at the Annual Meeting of the American Association of Physical Anthropologists, Columbus, OH.

Rushton, J. P. (1999b)*: Darwin's *really* dangerous idea – the primacy of variation. In: J. M. G. van der Dennen, D. Smillie, and D. R. Wilson (Hrsg.): *The Darwinian Heritage and Sociobiology* (S. 210–229). Westport, CT: Praeger.

Rushton, J. P. (1999c)**: [Review of Jared Diamond's *Guns, Germs, and Steel: The Fates of Human Societies*. New York: Norton] *Population and Environment, 21,* 99–107.

Rushton, J. P. (1999d)*: Secular gains in IQ not related to the *g* factor and inbreeding depression – unlike Black-White differences: A reply to Flynn. *Personality and Individual Differences, 26,* 381–389.

Rushton, J. P. (2000): Flynn effects not genetic and unrelated to race differences. *American Psychologist, 55,* 542–543.

Rushton, J. P., & Ankney, C. D. (1996): Brain size and cognitive ability: Correlations with age, sex, social class and race. *Psychonomic Bulletin and Review, 3,* 21–36.

Rushton, J. P., & Ankney, C. D. (2000): Size matters: A review of racial differences in cranial capacity and intelligence that refute Kamin and Omari. *Personality and Individual Differences, 29,* 591–620.

Rushton, J. P., & Skuy, M. (2000)*: Performance on Raven's Matrices by African and White university students in South Africa. *Intelligence, 28,* 251–265.

Sarich, V. M. (1995): In defense of *The Bell Curve*. *Skeptic, 3*(3), 84–93.

Schoenemann, P. T. (1997): *An MRI Study of The Relationship Between Human Neuroanatomy and Behavioral Ability*. Unveröffentlichte Dissertation, Department of Anthropology, University of California, Berkeley.

Skuy, M., Gewer, A., & Rushton, J. P. (2000): *An Intervention Study of University Student's Performance on Raven's Progressive Matrices in South Africa*. Unveröffentlichtes Manuskript, Division of Specialized Education, University of the Witwatersrand, Johannesburg 2050, South Africa.

Skuy, M., Schutte, E., Fridjhon, P., & O'Carroll, S. (2000): *Suitability of Published Neuropsychological Test Norms for Urban African Secondary School Students in South Africa*. Unveröffentlichtes Manuskript, Division of Specialized Education, University of the Witwatersrand, Johannesburg 2050, South Africa.

Spencer, H. (1851): *Social Statistics*. London: Chapman.

Stringer, C. & McKie, R. (1996): *African Exodus*. London: Cape [deutsch: *Afrika – Wege der Menschheit*, 1996].

Stringer, C. B., Dean, M. C., & Humphrey, L. T. (1999): Regional variation in human mandibular morphology. *American Journal of Physical Anthropology*, Supplement 28, (Abstract).

Tan, U., Tan, M., Polat, P., Ceylan, Y., Suma, S., & Okur, A. (1999): Magnetic resonance imaging brain size/IQ relations in Turkish university students. *Intelligence, 27,* 83–92.

Taylor, J., & Whitney, G. (1999): Crime and racial profiling by U.S. police: Is there an empirical basis? *Journal of Social, Political, and Economic Studies, 24,* 485–510.

Tramo, M. J., Loftus, W. C., Stukel, T. A., Green, R. L., Weaver, J. B., & Gazzaniga, M. S. (1998): Brain size, head size, and intelligence quotient in monozygotic twins. *Neurology, 50,* 1246–1252.

UNAIDS. (1999): *AIDS Epidemic Update: December 1999*. New York: United Nations.

Van Valen, L. (1974): Brain size and intelligence in man. *American Journal of Physical Anthropology, 40,* 417–424.

Whitney, G., & Rushton, J. P. (2000): *Race and crime: A Reply to Neapolitan with New Evidence*. Unveröffentlichtes Manuskript, Department of Psychology, Florida State University, Tallahassee, Florida 32306-1270.

Wickett, J. C., Vernon, P. A., & Lee, D. H. (2000): Relationships between factors of intelligence and brain volume. *Personality and Individual Differences, 29,* 1095–1122.

Wilson, E. O. (1975): *Sociobiology: The new synthesis*. Cambridge, MA: Harvard University Press.

Wilson, E. O. (1998): *Consilience: The unity of knowledge*. New York: Knopf. [deutsch: *Die Einheit des Wissens*, Berlin, 1998]

GLOSSAR

Keine Definition ist absolut, und die wissenschaftlichen Konstruktionen sind stets Gegenstand der Auseinandersetzung und der Diskussion. Sie werden aufgestellt, um eine Vielzahl an Fakten zu klassifizieren und zu koordinieren. Ich hoffe, daß die folgenden Definitionen Hilfestellung beim Verständnis dieses Buches bieten können.

AGGREGATION: Wird gebildet durch die Anhäufung von Einzeleinträgen in eine Gesamtsumme.

AGGRESSION: Ein körperlicher Akt oder die Androhung einer Aktion durch ein Individuum mit dem Bestreben, die Freiheit oder die genetische Fitneß eines anderen Individuums zu verringern.

ALLELE: Eine spezielle Ausprägung eines Gens, bei dem mehrere dieser Ausprägungen vorkommen. Die Sichelzellenanämie wird von einer solchen Variante eines Gens verursacht; die andere Variante desselben Gens trägt zur Bildung des normalen Hämoglobins bei.

ALTRUISMUS: Selbstverleugnendes Verhalten, das nur das Wohl anderer im Blick hat.

ANPASSUNG: In der Biologie eine bestimmte anatomische Struktur, ein körperlicher Prozeß oder ein Verhalten, das die Fitneß eines Organismus, zu überleben und sich fortzupflanzen, verbessert. Unter A. wird auch der evolutionäre Prozeß, der zur Aneignung eines solchen Merkmals führt, verstanden.

[ART: *siehe* SPEZIES].

AUGENBRAUENWÜLSTE: Diese bilden einen Knochenbalken über den Augen bei Affen und frühen Hominiden; sie variieren in ihrer Entwicklung bei späteren Hominiden und schrumpften bei den modernen Menschen zu leichten bis moderaten Knochenverdickungen über jedem Auge.

AUSTRALOPITHECUS: Die Gattung der frühen Hominiden, die man für die Zeit vor 4 Millionen bis 2 Millionen Jahre vor dem Auftreten der Gattung *Homo* kennt. Diese „Mensch-Affen" lebten während des Pleistozäns und besaßen eine Körperhaltung, die der des modernen Menschen ähnelte. Sie hatten aber Gehirne, die nicht viel größer als die der modernen Affen waren.

BASENPAAR: Ein Paar organischer Basen, das einen Buchstaben des genetischen Codes bildet: normalerweise Adenin (A) gepaart mit Thymin (T), oder Cytosin (C), gepaart mit Guanin (G). Jede Base befindet sich auf einem Strang der DNA-Doppelhelix und ist der anderen Base auf dem zweiten Strang auf der gleichen Position gegenübergestellt. Der Code wird dann als eine Aufeinanderfolge von vier möglichen Buchstaben auf der Doppelhelix abgelesen: AT, TA, CG und GC. Varianten des gleichen Gens unterscheiden sich durch die Aufeinanderfolge dieser vier Buchstaben.

BEHAVIORISMUS: Eine Schule der Psychologie, begründet von John B. Watson, in der die Psychologie nur als das Studium des Verhaltens definiert wird. Daher müssen alle Daten von objektiv beobachtbarem Verhalten kommen.

CHROMOSOMEN: Paarweise Abteilungen der DNA im Zellkern, die die Gene in einer linearen Reihenfolge in sich tragen. Die Anzahl der Chromosomenpaare variiert bei verschiedenen Spezies: Bei *Homo* ist die Anzahl der Paare 23.

CRANIUM [SCHÄDEL]: Der Schädel eines Wirbeltiers. Jener Teil des Schädels, der das Gehirn umfaßt.

DARWINISMUS: Evolution durch natürliche Selektion, ursprünglich von Charles Darwin vertreten. Die moderne Interpretation des Prozesses heißt Neo-Darwinismus; sie integriert alles, was wir über die Evolution aus der Genetik, der Ökologie und anderen Disziplinen wissen.

DEMOGRAPHIE: Das Studium der Geburtsraten, Todesraten, Altersverteilungen, Geschlechtsverhältnisse und Bevölkerungsgrößen – eine grundlegende Disziplin im weiteren Feld der Ökologie.

DNA (DEOXYRIBONUCLEIC ACID) [dt. auch: DNS (DESOXYRIBONUCLEINSÄURE)]: Das grundlegende Erbmaterial aller lebenden Organismen. Die Trägersubstanz der Gene. Sie besteht aus extrem langen, gepaarten Zucker-Phosphat-Ketten (die „Doppelhelix"), an denen vier verschiedene Arten von organischen Basenpaaren hängen. Deren Anordnung gibt die Codes an, durch die die Gene (die Abschnitte der DNA-Ketten) die Bildung von Proteinen regeln.

DETERMINISMUS: Ein feststehendes Ursache-Wirkungs-Modell, das für gewöhnlich impliziert, daß ein Ergebnis ausschließlich durch sehr wenige Variablen erzwungen wird. Folglich bedeutet „genetischer Determinismus" für viele, daß das Verhalten strikt durch die Gene erzwungen wird, während „kultureller Determinismus" bedeutet, daß das Verhalten fast vollständig von den Besonderheiten der umgebenden Kultur abhängt.

DICHTEABHÄNGIGKEIT (DICHTESTRESS): Eine zunehmende Schwierigkeit, durch die Umweltfaktoren das Wachstum einer Population verlangsamen, wenn die Organismen zahlreicher und damit dichter konzentriert werden. Dichteabhängige Faktoren umfassen Wettbewerb, Nahrungsknappheit, Krankheit, Raub und Auswanderung.

DIZYGOTE (DZ) ZWILLINGE: Zweieiige Zwillinge, die aus der Befruchtung von zwei Eiern durch zwei Spermien entstehen.

DOMINANZ: In der Genetik die Genexpression einer Form eines Gens (Allels) gegenüber der anderen Form des gleichen Gens, wenn beide auf demselben Chromosom vorkommen; das Gen ist z. B. für die normale Blutgerinnung gegenüber dem für die Bluterkrankheit dominant (dem Unvermögen zur Blutgerinnung). In der Ökologie die Fülle und der ökologische Einfluß von einer Spezies oder Speziesgruppe gegenüber anderen; Kiefern sind dominante Pflanzen und Käfer sind dominante Tiere. Beim tierischen Verhalten die Kontrolle von einem Individuum über ein anderes in sozialen Gruppierungen.

EIGENSCHAFT: Ein angeborenes oder erworbenes Merkmal, das als beständig, beharrlich und stabil angesehen wird.

EMERGENTE EIGENSCHAFTEN: Entsteht als eine neuartige Eigenschaft, resultierend aus der Wechselwirkung von Eigenschaften. Das unverwechselbare Merkmal von emergenten Eigenschaften ist die Idee der Strukturalität, was bedeutet, daß die Veränderung einer einzigen Komponente in eine qualitative oder große quantitative Veränderung bei der emergenten Eigenschaft führt.

ENTWICKLUNG: Der Prozeß des Entstehens, Entfaltens, Reifens und Aufgebautwerdens.

ENTWICKLUNGSGESCHICHTE [engl.: „LIFE HISTORY"]· Ein genetisch organisierter Prozeß von Wesensmerkmalen, die sich entwickelt haben, um Energie auf das Überleben, das Wachstum und die Fortpflanzung zu verteilen. [Anm. d. Ü.: Der englische Begriff „life history" kann im Deutschen je nach Textzusammenhang etwas Unterschiedliches bedeuten und wird daher auch verschieden übersetzt: entweder mit „Entwicklungsgeschichte", „Überlebensstrategie" oder mit „Lebenszyklus". „Entwicklungsgeschichte" spricht den langen, evolutionären Prozeß des Entstehens von Merkmalen und Gruppenunterschieden an; „Überlebensstrategie" meint das von den Genen mitbeeinflußte Verhalten von Individuen und Gruppen in bezug auf ihre Fortpflanzung. Der Begriff „Lebenszyklus" legt innerhalb dieses Gesamtzusammenhangs die Betonung auf die Lebensentwicklung einzelner Individuen.]

EPIGENESE: Der Prozeß der Wechselwirkung zwischen Genen und Umwelt, der schließlich in die unverkennbaren Verhaltens-, kognitiven und morphologischen Eigenschaften des Organismus mündet.

EPIGENETISCHE REGEL: Jede Regelmäßigkeit während der Epigenese, die die Entwicklung einer Eigenschaft in eine spezielle Richtung lenkt. Epigenetische Regeln sind letzten Endes in der Grundlage genetisch und hängen vom DNA-Entwicklungsplan ab.

ERBLICHKEIT: Innerhalb einer Population bezeichnet E. jenen Anteil der Varianz an einer Eigenschaft, den man auf die genetische Varianz zwischen den Individuen der Population zurückführen kann. [Anm. d. Ü.: Die Erblichkeit wird mittels einer Zahl zwischen 0 und 1 angegeben. Eine Erblichkeit von 0 bedeutet, daß die Gene keine Rolle spielen, eine Erblichkeit von 0,5 bedeutet, daß 50 Prozent der Unterschiede auf die Gene zurückzuführen sind, und eine Erblichkeit von 1 bedeutet, daß 100 Prozent der Unterschiede auf die Gene bzw. exakter auf die genetischen Unterschiede zurückzuführen sind.]

ETHNOZENTRISMUS: Ein Komplex von Einstellungen, die dadurch gekennzeichnet sind, daß sich die Mitglieder einer ethnischen Gruppe – auf Basis ihrer eigenen Vorstellung von dem, was sozial, kulturell und biologisch gut oder richtig ist – gegenüber einer anderen ethnischen Gruppe als überlegen oder zumindest vorziehenswert betrachten. *Siehe auch* RASSISMUS.

EUROPIDE RASSE: Eine rassische Hauptkategorie der Menschheit, die ursprünglich Europa, Nordafrika, Westasien und Indien bewohnte. Die Individuen sind in einem mehr oder weniger starken Ausmaß depigmentiert. Beim Mann sind die Haare im allgemeinen im Gesicht und am Körper gut entwickelt und zumeist fein und wellig oder glatt. Typisch sind ein schmales Gesicht und eine hervorstehende, schmale Nase und schmale Lippen.

EVOLUTION: Jede Veränderung in der genetischen Zusammensetzung einer Population von Organismen. Die Evolution kann in ihrem Ausmaß schwanken – von kleinen Veränderungen in den Häufigkeiten von unbedeutenden Genen bis hin zur Entstehung von ganzen Komplexen von neuen Arten. Veränderungen von geringerem Ausmaß werden als Mikroevolution und Veränderungen am oder nahe am oberen Extrem als Makroevolution bezeichnet.

EVOLUTIONSBIOLOGIE: Ein Überbegriff für eine breite Ansammlung von Disziplinen, denen ihr Fokus auf den Evolutionsprozeß gemeinsam ist.

FITNESS: *siehe* GENETISCHE FITNESS.

FORTSCHRITT: Eine kumulative Verbesserung; ist mit zunehmender Differenzierung verbunden und bedeutet auf dem Entwicklungskurs eine Bewegung vorwärts.

FRUCHTBARKEIT: Das Austragen von Nachkommen oder die Fähigkeit, Nachwuchs zu bekommen.

g: Die erste Hauptkomponente oder der generelle Faktor der Intelligenz, der sich zeigt, wenn man Faktoranalysen mit verschiedensten Zusammenstellungen von Intelligenztests Faktorenanalysen durchführt. Je höher die Ladung eines Subtests auf g (oder g-Anteile/g-Sättigung) ist, desto besser gibt er die Intelligenz wieder. Die Unterschiede zwischen Schwarzen und Weißen bei der Intelligenz sind im g-Faktor am größten.

GEHIRN: Der Teil des Zentralnervensystems, der im Schädel des Menschen und anderer Wirbeltiere eingeschlossen ist, und aus einer weichen, gewundenen Masse aus grauer und weißer Substanz besteht. Er dient dazu, die geistigen und körperlichen Aktionen zu kontrollieren und zu koordinieren.

GEN: Die Basiseinheit der Vererbung; ein Abschnitt des gigantischen DNA-Moleküls, das lang genug ist, um für ein Protein zu kodieren.

GENE/KULTUR-KOEVOLUTION: Die gekoppelte Evolution von Genen und Kultur.

GENETISCHE FITNESS: Der Beitrag von einem Genotyp in einer Population zur nächsten Generation, relativ zu den Beiträgen von anderen Genotypen zur nächsten Generation.

GENETISCHER CODE: *Siehe* BASENPAAR.

GENFREQUENZ: Für die Population als Ganzes der Prozentsatz der Gene, die an einem bestimmten locus [Genort] von einer bestimmten Form (Allel) sind; im Gegensatz zu einer anderen, wie etwa das Allel für Sichelzellenhämoglobin, das von dem Allel für normales Hämoglobin unterschieden werden kann.

GENOTYP: Die genetische Beschaffenheit eines Organismus.

GESCHLECHTSVERHÄLTNIS: Das Verhältnis von Männern zu Frauen (zum Beispiel: 3:1 entspricht 3 Männern zu 1 Frau).

GRUPPENSELEKTION: Jeder Prozeß, wie etwa der Wettbewerb, die Auswirkungen von Krankheiten oder die Reproduktionsfähigkeit, der dazu führt, daß eine Individuengruppe mehr Nachkommen als eine andere Individuengruppe hinterläßt. In der Größe können die selektierten Gruppen von einer Verwandtschaft zu einem Stamm, einer Bevölkerung oder einer Spezies reichen.

HOMINID: Jedes Mitglied der menschlichen Familie Hominiden (alle Arten von *Australopithecus* und *Homo*).

HOMO: Die Gattung des wahren Menschen, inklusive zahlreicher ausgestorbener Formen (*H. habilis, H. erectus, H. neandertalis*) sowie dem modernen Menschen (*H. sapiens*). Sie sind oder waren Primaten, die durch eine vollständig aufrechte Statur, eine zweibeinige Fortbewegung, reduzierte Gebißform und vor allem durch ein vergrößertes Hirnvolumen charakterisiert sind.

HOMO ERECTUS: Die Art, von der bekannt ist, das sie Fossilien aus Afrika, dem Nahen Osten, Java und China umfaßt, die auf etwa 2 Millionen bis 400.000 Jahre v. h. datieren; mit Gehirnen, die um 1.000 cm^3 schwanken und mit robusten Schädeln, aber mit Skeletten, die allgemein in Größe und Form modern sind.

HOMO HABILIS: Die früheste bekannte Spezies von *Homo*, die vor 2,4 Millionen Jahren in Ostafrika erscheint und mit den ersten erkennbaren Steinwerkzeugen in Verbindung gebracht wird. Sie unterschied sich von den Australopithecinen durch ein vergrößertes Hirn und ein reduziertes Gesicht; Das Skelett jedoch bewahrte primitive Merkmale, die man bei späteren *Homo*[spezies] nicht mehr sieht.

HOMO SAPIENS: Der offizielle Speziesname für die lebende Menschheit. Er wird auch ausgedehnt, um jene Populationen einzubeziehen, die man von Fossilien kennt, die sich unterscheiden, indem sie über dem evolutionären Niveau von *Homo erectus* stehen. Es wird diskutiert, ob die Neandertaler als eine Unterart des *Homo sapiens* anzusehen sind oder ob sie als eine eigene Art aufzufassen sind.

HORMON: Jede der verschiedenen im Körperinneren abgesonderten Verbindungen wie etwa Insulin oder Testosteron, die in den endokrinen Drüsen gebildet wird und die Funktion von speziellen Rezeptionsorganen oder -geweben berührt, wenn es durch die Körperflüssigkeiten zu ihnen gebracht wird.

INNENSCHÄDEL [ENDOCRANIAL]: Innerhalb des Craniums oder der Gehirnhülle. Das Innenschädelvolumen eines Schimpansen ist etwa 500 cm^3 und das eines modernen Menschen etwa 1.300 cm^3 groß.

INTELLIGENZ: Die allgemeine Denkfähigkeit. *Siehe: g*. Die Fähigkeit zu Argumentieren, zu Verstehen und für ähnliche Formen der geistigen Aktivität. Schnelle Auffassungsgabe.

[INZUCHT: Unter Inzucht wird die Paarung von Individuen verstanden, die miteinander näher verwandt sind, als der Durchschnitt der Population, aus der sie hervorgehen. Die leistungs- und vitalitätsmindernden Folgen der Inzucht werden als INZUCHTDEPRESSION bezeichnet.]

IQ *oder* INTELLIGENZQUOTIENT: IQ oder Intelligenzquotient: Der Intelligenzquotient (IQ) als Maßeinheit kann auf verschiedene Art und Weise errechnet werden. Heute basiert die Errechnung des IQs im allgemeinen auf dem Ansatz des US-amerikanischen Psychologen David Wechsler (1939), der den IQ als Ausdruck der Streuung der Normalverteilung einführte (sog. Abweichungs-IQ). Er ordnete dem Mittel den häufigsten IQ zu, nämlich 100, und dem Bereich der Kurve, in dem sich 50 Prozent der Messungen befinden, die Werte 90–110. Hier ist der Bereich der durchschnittlichen Intelligenz zu verorten. Über diesem Bereich liegt die überdurchschnittliche, darunter die unterdurchschnittliche Intelligenz.

K: Symbol für die Tragekapazität der Umwelt.

KEIMDRÜSE: Ein Organ, das Geschlechtszellen produziert; normalerweise entweder Eierstock (weibliche Keimdrüse) oder Hoden (männliche Keimdrüse).

KEIMZELLEN: Die reife geschlechtliche Fortpflanzungszelle: das Ei oder das Spermium.

KLASSIFIKATION: Die Kategorien des Lebens bilden ein hierarchisches System, das von höher zu niedriger reicht: Reich, Stamm, Klasse, Ordnung, Familie, Gattung, Art/[Spezies], wobei weitere Unterteilungen möglich sind, wie etwa Überfamilien und Unterarten. Die lebende Menschheit ordnet sich in den vorangegangenen Kategorien wie folgt ein: Tiere, Wirbeltiere, Säugetiere, Primaten, Hominiden, *Homo sapiens*.

KOEVOLUTION: Die Evolution von zwei oder mehr Spezies, die auf einen beiderseitigen Einfluß zurückzuführen ist. Zum Beispiel haben sich viele Arten von blühenden Pflanzen und ihre Bestäubungsinsekten auf eine Art und Weise koevoliert, die die Beziehung effektiver macht. *Siehe auch:* GENE/KULTUR – KOEVOLUTION.

KORRELATION: Ein Index für den Grad der Beziehung zwischen zwei Variablen, ausgedrückt als ein Korrelationskoeffizient, der von 0 bis ±1 reicht. [Anm. d. Ü.: Wenn in diesem Buch Korrelationswerte angegeben werden, dann handelt es sich oft um den Produktmomentkorrelationskoeffizienten nach Pearson, der als r bezeichnet wird. Dieses r ist ein Kennwert für die Stärke der Beziehung zwischen zwei Variablen. Er reicht von 0 bis +1 und von 0 bis –1. Wenn r gleich 0 ist, heißt das, daß zwischen zwei Variablen kein Zusammenhang besteht. Wenn sich eine Variable ändert, hat das keinen Einfluß auf die andere Variable. Wenn r gleich +1 ist, heißt das, daß ein perfekter Zusammenhang besteht: Wenn die eine Variable ansteigt, steigt die andere Variable im gleichen Ausmaß an. Wenn umgekehrt r gleich -1 ist, heißt das, daß ein perfekter negativer Zusammenhang besteht: In dem Ausmaß, in dem sich die eine Variable erhöht, verringert sich gleichzeitig die andere Variable. Solche Extremwerte kommen in der Realität aber praktisch nicht vor; die gemessenen Werte liegen zumeist dazwischen. Mit Vorsicht kann an dieser Stelle gesagt werden, daß ein r bis 0,3 als ein kleiner Zusammenhang gelten kann, ein r zwischen 0,3 und 0,6 als ein mittlerer Zusammenhang und ein r von größer als 0,6 als ein starker Zusammenhang (betrifft natürlich auch die negativen Werte, wie etwa –0,3 oder –0,6).

Die Werte sagen aber noch nichts über die Kausalität des Zusammenhangs aus. Eine steigende Variable A kann die Steigung der Variable B verursachen; umgekehrt kann A deshalb steigen, weil B steigt. Das Ansteigen der Variablen A und B kann aber auch vom Steigen einer noch nicht beachteten Variable C abhängen. Auch können sich gelegentlich Zufalls- oder Unsinnskorrelationen ergeben. Hierunter werden statistische Zusammenhänge zwischen Variablen verstanden, die auf Zufälle zurückzuführen sind und keine inhaltliche Erklärung haben – so z. B. die Steigerung des Jahresumsatzes eines europäischen Kfz-Unternehmens und die jährliche Anzahl der Sonnentage in der Mongolei.]

KRANIOMETRIE: Die Wissenschaft des Messens von Schädeln.

K-SELEKTION: Die Selektion, die diejenigen Qualitäten bevorzugt, die notwendig sind, um in stabilen, vorhersagbaren Umwelten erfolgreich zu sein; wo es wahrscheinlich ist, daß es einen harten Wettbewerb zwischen für den Konkurrenzkampf gut ausgerüsteten Individuen um begrenzte Ressourcen gibt. Dies alles bei Bevölkerungsgrößen nahe am Maximum, das der Lebensraum tragen kann. Man meint, daß die K-Selektion eine Vielzahl an Eigenschaften favorisiert, was bei Säugetieren ein langes Leben, große Gehirne und eine kleine Zahl an intensiv gepflegten Nachkommen einschließt. Steht in einem Gegensatz zur r-Selektion. K und r sind Symbole in der herkömmlichen Algebra von Populationsbiologen.

K-STRATEGIE: Ein Set bzw. eine Gruppe von Fortpflanzungscharakteristika, das dazu neigt, den Nutzen von Ressourcen zu maximieren, indem es die Betonung auf eine intensive Pflege und eine langsame Reproduktionsrate legt – mit einem damit einhergehenden Anstieg in der Komplexität des Nervensystems und größeren Gehirnen (vgl.: r-Strategie).

LEBENSZYKLUS: Die gesamte Lebensspanne von einem Organismus von dem Moment, in dem er empfangen wird, bis hin zum Zeitpunkt, in dem er sich fortpflanzt und weiter bis hin zum Zeitpunkt seines Absterbens. [Anm. d. Ü.: siehe auch: ENTWICKLUNGSGESCHICHTE]

MENSCHLICHE NATUR: Im weiteren Sinne die Gesamtsammlung der genetisch basierten Verhaltensdispositionen oder Eigenschaften, die durch die natürliche Selektion entstanden sind und die Spezies Mensch charakterisieren; im engeren Sinne diejenigen Prädispositionen, die das soziale Verhalten betreffen.

MITTELWERT: Der numerische Durchschnitt.

MONGOLIDE RASSE: Eine rassische Hauptkategorie der Menschheit, die sich im gesamten Asien, abgesehen vom Westen und Süden (Indien) finden läßt, im nördlichen und östlichen Pazifik und in den beiden Amerikas. Die Haut ist braun bis hell und weist oft einen Gelbstich auf. Das Haar ist grob, glatt bis wellig und im Gesicht und am Körper spärlich. Das Gesicht ist breit und neigt zur Flachheit. Das Augenlid wird durch eine interne Hautfalte bedeckt. Die Zähne haben oft Kronen, die komplexer als bei anderen Menschen sind, und die Innenflächen der oberen Schneidezähne haben häufig ein schaufelförmiges Erscheinungsbild.

MONOZYGOTE (MZ-) ZWILLINGE: Eineiige Zwillinge, die aus der Befruchtung von einem Ei durch ein Spermium entstehen.

NATÜRLICHE SELEKTION: Der unterschiedliche Beitrag verschiedener genetischer Typen derselben Population zu den Nachkommen der nächsten Generation. Dieser Mechanismus der Evolution wurde von Charles Darwin vorgebracht und wird daher auch Darwinismus genannt. Er von der künstlichen Selektion unterschieden; dies ist der gleiche Prozeß unter menschlicher Anleitung.

NEANDERTALER: Ein Typ eines kräftig geformten, kälteadaptierten, altsteinzeitlichen Menschen, der vor etwa 125.000 bis etwa 30.000 Jahren Europa und Zentralasien bewohnte. Manche bezeichnen die Neandertaler als eine Unterart des modernen Menschen. Andere, die glauben, daß sie nicht direkte Vorfahren der modernen Menschen sind, sehen in ihnen eine unterschiedliche Spezies.

NEGRIDE RASSE: Eine rassische Hauptkategorie der Menschheit, die im subsaharischen Afrika entstand und vorherrscht. Die Hautpigmentierung ist dicht, das Haar wollig, die Nase breit, das Gesicht allgemein kurz, die Lippen dick und die Ohren quadratisch und ohne Ohrläppchen. Die Statur variiert stark, von pygmäenhaft bis sehr hochgewachsen. Die am meisten divergierenden Gruppen sind die Khoisanide (Buschmänner und Hottentotten) aus dem südlichen Afrika.

ÖKOLOGIE: Das wissenschaftliche Studium von der Wechselwirkung der Organismen mit ihrer Umwelt, das sowohl die physische Umwelt als auch die anderen Organismen, die in ihr leben, umfaßt.

PALÄOLITHIKUM: Die Altsteinzeit, eine Kulturphase, während der die Hominiden vollständig vom Jagen und Sammeln abhängig waren und Subsistenztechniken verwendeten. Oft macht man eine Unterteilung in das Alt- Mittel- und Jungpaläolithikum, basierend auf Verbesserungen bei den Techniken der Steinbearbeitung.

PALÄONTOLOGIE: Das wissenschaftliche Studium der Fossilien und allen ausgestorbenen Lebens.

PARTNERWAHL, SELEKTIVE [auch: Übereinstimmende PAARUNG; assortative od. gezielte Partnerwahl (engl.: ASSORTATIVE MATING)]: Eine Paarung von Individuen, die phänotypisch ähnlicher sind, als wenn sie sich zufällig paaren würden.

PERSÖNLICHKEIT: Die mehr oder weniger stabile und dauerhafte Struktur des Charakters, Temperaments, Intellekts und Konstitution einer Person, welche ihre einzigartige Anpassung an die Umwelt bestimmt. Charakter deutet auch Willenskraft und die Fähigkeit, bewußt Entscheidungen zu treffen; Temperament deutet auf Emotionalität; Intellekt impliziert Intelligenz. Die Konstitution umfaßt den Körperaufbau und die neuroendokrine Ausstattung.

[PERZENTIL: teilt eine Häufigkeitsverteilung in hundert gleich große Teile. Steht eine Person z.B. in bezug auf ihre Intelligenz auf dem 15. Perzentil, heißt das, daß 15 Prozent der untersuchten Stichprobe eine niedrigere Intelligenz und 85 Prozent eine höhere Intelligenz haben. Anm. d. Ü.]

PHÄNOTYP: Die beobachtbaren Merkmale eines Organismus, die sich bilden durch die Wechselwirkung des Genotyps (Erbmaterials) des Organismus mit seiner Umwelt, in der er sich entwickelte.

PLEISTOZÄN: „Fast kürzlich". Die Periode, die vor 1,7 Millionen Jahren begann und vor etwa 10.000 Jahren mit dem letzten Rückzug des Eises, salopp „Eiszeit" genannt, endete. Sie besteht aus einer Reihe von Eis- und Zwischeneiszeiten. Das Pleistozän wird mit einer schnellen Hominidenevolution im Zusammenhang gebracht.

POPULATION: In der Biologie jede Gruppe von Organismen, die zur selben Spezies zur selben Zeit und am gleichen Ort gehört.

PRIMAT: Jedes Säugetier der Ordnung; Primaten, wie etwa ein Lemur, Affe, Menschenaffe oder der Mensch.

PRIMITIV: Bezieht sich auf eine Eigenschaft, die in der Evolution zuerst auftauchte und später andere, „fortgeschrittene" Eigenschaften hervorbrachte. Primitive Eigenschaften sind oft aber nicht immer weniger komplex als die fortgeschrittenen.

PROTO-: Wird als eine Vorsilbe verwendet. Der Ausdruck impliziert eine Frühform eines biologischen oder kulturellen Organismus, von dem man zeigen kann, daß sich aus ihm spätere (normalerweise komplexere) Varianten entwickelt haben.

r: Das Symbol das zur Bezeichnung der spezifischen Wachstumsrate einer Bevölkerung verwendet wird.

RASSE: Eine Gruppe, die durch eine gemeinsame Abstammung, Blut oder Vererbung zusammenhängt. Eine Varietät, eine Unterart, eine Unterteilung einer Art, die durch eine mehr oder weniger auffällige Kombination von körperlichen Eigenschaften charakterisiert wird, die auf die Nachkommen übertragen werden. Eine genetisch deutliche, sich intern paarende Unterteilung innerhalb einer Spezies. Oft abwechselnd mit dem Begriff Unterart verwendet. Beim Menschen können die drei Großrassen der Europiden, Mongoliden und Negriden auf der Basis der Skelettmorphologie, der Haare und Gesichtszüge und der molekularen genetischen Information unterschieden werden.
[Anm. d. Ü.: Aus dem englischen Original wurden die Bezeichnungen für die drei Rassen jeweils wie folgt übersetzt, wobei der englische Begriff in Klammern angeführt ist:
– bei den Mongoliden: Asiaten (= Asians od.: Orientals); Ostasiaten (= East Asians); Mongoliden (= Mongoloids);
– bei den Europiden: Weiße (= Whites); Europide (= Caucasians); Europäer (= Europeans);
– bei den Negriden: Schwarze (= Blacks); Negride (= Negroids); Afrikaner (= Africans).
Diese Begriffe werden jeweils synonym verwendet. Ebenso werden die entsprechenden Adjektive synonym verwendet.]

RASSISMUS: Alle rassisch motivierten Formen von Haß, Intoleranz und Diskriminierungen gegenüber den Mitgliedern einer anderen Rasse.

REIFUNG: Die automatische Entwicklung eines Verhaltensmusters, das zunehmend komplexer oder präziser wird, wenn das Tier heranreift.

REPRODUKIONSSTRATEGIE: *Siehe: r-* und *K*-Strategie.

377

r-SELEKTION: Die Selektion in Richtung jener Qualitäten, die notwendig sind, um in instabilen, nicht vorhersagbaren Umwelten erfolgreich zu sein. Wo die Fähigkeit, sich rasch und opportunistisch fortzupflanzen, hoch bewertet wird und wo wenig Wertschätzung existiert für Anpassungen, um im Wettbewerb erfolgreich zu sein. Steht in einem Gegensatz zur *K*-Selektion. Üblicherweise betont man, daß die *r*-Selektion und die *K*-Selektion die Enden eines Kontinuums darstellen und daß die meisten realen Fälle irgendwo dazwischen liegen.

r-STRATEGIE: Ein Set von Reproduktionsmerkmalen, das dazu neigt, die potentielle Rate des Bevölkerungswachstums auf Kosten einer intensiven Pflege der Jungen und einer effizienten Ressourcenverwendung zu maximieren (vgl. *K*-Strategie).

SCHWELLE: Der Punkt an dem ein Stimulus von einer ausreichenden Intensität ist, damit er beginnt, eine Auswirkung zu erzeugen.

SELEKTION: *Siehe* NATÜRLICHE SELEKTION.

SELEKTIONSDRUCK: Jede Eigenschaft der Umwelt, die in die natürliche Selektion mündet. Beispiele: Nahrungsknappheit, die Aktivität eines Raubtiers oder die Konkurrenz durch Geschlechtsgenossen um einen Sexualpartner.

SOZIOBIOLOGIE: Das systematische Studium der biologischen Basis allen sozialen Verhaltens.

SPEZIES [= ART]: Die Basiseinheit der biologischen Klassifizierung, die aus einer Population oder mehreren Populationen nah verwandter Organismen besteht, die sich unter natürlichen Bedingungen ungehindert miteinander, aber nicht mit Mitgliedern anderer Spezies kreuzen.

STANDARDABWEICHUNG: Eine Messung für die Streuung einer Häufigkeitsverteilung. Sie entspricht der Quadratwurzel der Varianz.

TESTOSTERON: Das Geschlechtshormon $C_{19}H_{28}O_2$, das hauptsächlich von den Hoden sekretiert wird und die Entwicklung von männlichen Eigenschaften stimuliert.

TRAGEKAPAZITÄT: Normalerweise symbolisiert durch K; die größte Zahl von Organismen einer speziellen Spezies, die in einem gegebenen Teil der Umwelt unbegrenzt lange aufrecht erhalten werden kann.

[ÜBERLEBENSSTRATEGIE: *siehe*: ENTWICKLUNGSGESCHICHTE; Anm. d. Ü.]

UMWELT: Die Umgebungen von einem Organismus oder einer Spezies: Das Ökosystem, in dem er [der Organismus] lebt, was sowohl die physische Umwelt als auch die anderen Organismen umfaßt, mit denen er in Kontakt kommt.

UMWELTTHEORIE: Eine Analysemethode, die die Rolle der Umwelteinflüsse bei der Entwicklung von Verhaltens- oder anderen biologischen Eigenschaften betont. Auch die Ansicht, daß solche Einflüsse für die Verhaltensentwicklung tendenziell vorrangig seien.

VARIANZ: Die am häufigsten verwendete statistische Messung der Variation (Streuung) einer Eigenschaft innerhalb einer Population. Sie ist die durchschnittliche Quadratabweichung von allen Individuen vom Mittelwert der Stichprobe.

VERHALTENSGENETIK: Das wissenschaftliche Studium der genetischen und Umweltbeiträge zum Verhalten.

VERWANDTENSELEKTION: Jene Selektion der Gene, die Individuen dazu veranlaßt, das Überleben und die Fortpflanzung ihrer Verwandten zu unterstützen (zusätzlich zum Nachwuchs). Die Verwandten besitzen aufgrund einer gemeinsamen Abstammung [zum Teil] die gleichen Gene [engl.: „kin selection"].

ZOOLOGIE: Das wissenschaftliche Studium der Tiere.

ZYGOTE: Die Zelle, die durch die Vereinigung von zwei Keimzellen (Geschlechtszellen) entsteht, in der die Keimzellenkerne ebenfalls verschmelzen.

LITERATUR

Aboud, F. (1988): *Children and Prejudice*. Oxford: Blackwell.

Abramson, P. R., & Imari-Marquez, J. (1982): The Japanese-American: A cross-cultural, cross-sectional study of sex guilt. *Journal of Research in Personality, 16*, 227–37.

Ahern, F. M., Cole, R. E., Johnson, R. C., & Wong, B. (1981): Personality attributes of males and females marrying within vs. across racial/ethnic groups. *Behavior Genetics, 11*, 181–94.

Aiello, L. C. (1993): The fossil evidence for modern human origins in Afrika: A revised view. *American Anthropologist, 95*, 73–96.

Ajmani, M. L., Jain, S. P., & Saxena, S. K. (1985): Anthropometric study of male extended genitalia of 320 healthy Nigerian adults. *Anthropologischer Anzeiger, 43*, 179–86.

Alexander, R. D. (1987): *The Biology of Moral Systems*. New York: Aldine de Gruyter.

Allen, G. (1987): The nondecline in U.S. twin birth rates, 1964–1983. *Acta Geneticae Medicae et Gemellologiae, 36*, 313–23.

Allen, G. (1988): Frequency of triplets and triplet zygosity types among U. S. births, 1964. *Acta Geneticae Medicae et Gemellologiae, 37*, 299–306.

Ammerman, A. J., & Cavalli-Sforza, L. L. (1984): *The Neolithic Transition and the Genetics of Populations in Europe*. Princeton, NJ: Princeton University Press.

Anderson, J. L. (1991): Rushton's racial comparisons: An ecological critique of theory and method. *Canadian Psychology, 32*, 51–60.

Andreasen, N. C., Flaum, M., Swayze, V., O'Leary, D. S., Alliger, R., Cohen, G., Ehrhardt, J. & Yuh, W. T. C. (1993): Intelligence and brain structure in normal individuals. *American Journal of Psychiatry, 150*, 130–34.

Angel, M. (1993): Privilege and health – what is the connection? *New England Journal of Medicine, 329*, 126–27.

Ankney, C. D. (1992): Sex differences in relative brain size: The mismeasure of woman, too? *Intelligence, 16*, 329–36.

Anthony, W. S. (1977): The development of extraversion and ability. *British Journal of Educational Psychology, 47*, 193–96.

Appel, F. W. & Appel, E. M. (1942): Intracranial variation in the weight of the human brain. *Human Biology, 14*, 235–50.

Ardrey, R. (1961): *African Genesis*. New York: Bantam [deutsch: *Adam kam aus Afrika. Auf der Suche nach unseren Vorfahren*, München 1969].

Arvey, R. D., Bouchard, T. J., Jr., Segal, N. L. & Abraham, L. M. (1989): Job satisfaction: Environmental and genetic components. *Journal of Applied Psychology, 74*, 187–92.

Asayama, S. (1975): Adolescent sex development and adult sex behavior in Japan. *Journal of Sex Research, 11*, 91–122.

Asimov, I. (1989): *Chronogy of Science and Discovery*. London. Grafton Books.

Bailey, J. M. & Pillard, R. C. (1991): A genetic study of male sexual orientation. *Archives of General Psychiatry, 48*, 1089–96.

Bailey, J. M., Pillard, R. C., Neale, M. C. & Agyei. Y. (1993): Heritable factors influence sexual orientation in woman. *Archives of General Psychiatry*, 50, 217–23.

Baker, J. R. (1974): *Race*. Oxford: Oxford University Press [deutsch: *Die Rassen der Menschheit*, stark gekürzte Ausgabe, Stuttgart 1976].

Baker, L. A., Vernon, P. A. & Ho., H–Z. (1991): The genetic correlation between intelligence and speed of information processing. *Behavior Genetics*, 21, 351–67.

Baker, S. W. (1866): *The Albert N'Yanza, Great Basin of the Nile, and Explorations of the Nile Sources*. London: Macmillan.

Bandura, A. (1969): *Principles of Behavior Modification*. New York: Holt, Rinehart T Winston.

Bandura, A. (1986): *Social Foundations of Thought and Action*. Englewood Cliffs, NJ: Prentice-Hall

Barash, D. P. (1982): *Sociobiology and Behavior* (2. Auflage). New York: Elsevier [deutsch: *Soziobiologie und Verhalten*, Berlin/Hamburg 1980].

Barnes, G. E., Malamuth, N. M. & Check, J. V. P. (1984): Personality and sexuality. *Personality and Individual Differences*, 5, 159–72.

Barrett, P. & Eysenck, S. B. G. (1984): The assessment of personality factors across 25 countries. *Personality and Indivual Differences*, 5, 615–32.

Bateson, P. P. G. (1983): *Mate Choice*. Cambridge University Press.

Baucom, D. H., Besch, P. K. & Callahan, S. (1985): Relation between testosterone concentration, sex role identity, and personality among females. *Journal of Personality and Social Psychology*, 48, 1218–26.

Baughman, E. E. & Dahlstrom, W. G. (1968): *Negro and White Children*. New York: Acadmic Press.

Bayley, N. (1965): Comparisons of mental and motor test scores for ages 1–15 months by sex, birth order, race, geographic location, and education of parents. *Child Developmen*, 36, 379–411.

Beals, K. L., Smith, C. L. & Dodd, S. M. (1984): Brain size, cranial morphology, climate and time machines (with commentaries and authors' response). *Current Anthropology*, 25, 301–30.

Bean, R. B. (1906): Some racial peculiarities of the Negro brain. *American Journal of Anatomy*, 5, 353–432.

Bell, A. P. (1978): Black sexuality: Fact and fancy. In: R. Staples (Hrsg.): *The Black Family: Essays and Studies* (2.Auflage). Belmont, CA: Wadsworth.

Belsky, J., Steinberg, L. & Draper, P. (1991): Childhood experience, interpersonal development, and reproductive stratgy: An evolutionary theory of socialization. *Child Development*, 62, 647–70.

Bentler, P. M. & Newcombe, M. D. (1978): Longitudinal study of marital success and failure. *Journal of Consulting and Clinical Psychology*, 46, 1053–70.

Black, D., Morris, J. N., Smith, C., Townsend, P. (1982): *The Black Report*. London: Pelican.

Blaustein, A. R., & O'Hara, R. K. (1982): Kin recognition in Rana cascadae tadpoles: Maternal and paternal effects. *Animal Behaviour*, 30, 1151–57.

Block, J. (1971): *Lives Through Time*. Berkeley, CA: Bancroft Books.

Block, J. (1981): Some enduring and consequential structures of personality. In: A. I. Rabin, J. Aronoff, A. M. Barclay & R. A. Zucker (Hrsg.): *Further Exploraations in Personality*. New York: Wiley

Bo, Z. & Wenxiu, G. (1992): Sexuality in urban China. *Australian Journal of Chinese Affairs*, 28, 1–20.

Boas, F. (1912): *Changes in Bodily Form of Descendents of Immigrants.* New York: Columbia University Press.

Boas, F. (1940): *Race, Language and Culture.* New York: Macmillan [deutsch: *Rasse und Kultur,* Berlin 1922].

Bodmer, W. F. & Cavalli-Sforza, L. L. (1970): Intelligence and race. *Scientific American, 223* (4), 19–29.

Bogaert, A. F. & Rushton, J. P. (1989): Sexuality, delinquency and r/K reproductive strategies: Data from a Canadian university sample. *Personality and Indivual Differences, 10,* 1071–77.

Bonner, J. T. (1965): *Size and Cycle.* Princeton, NJ: Princeton University Press.

Bonner, J. T. (1980): *The Evolution of Culture in Animals.* Princeton, NJ: Princeton University Press.

Bonner, J. T. (1988): *The Evolution of Complexity.* Princeton, NJ: Princeton University Press.

Bouchard, T. J., Jr. (1984): Twins reared together and apart: What they tell us about human diversity. In: S. W. Fox (Hrsg.): *Individuality and Determinism.* New York: Plenum.

Bouchard, T. J., Jr., Lykken, D. T., McGue, M., Segal, N. L. & Tellegen, A. (1990): Sources of human psychological differences: The Minnesota study of twins reared apart. *Science, 250,* 223–28.

Bouchard, T. J., Jr. & McGue, M. (1981): Familial studies of intelligence: A review. *Science, 212,* 1055–59.

Bowman, M. L. (1989): Testing individual differences in ancient China: *American Psychologist, 44,* 576–78.

Boyce, M. S. (1984): Restitution of *r*- and *K*-selection as a model of density-dependent natural selection. *Annual Review of Ecology and Systematics, 15,* 427–47.

Bradley, M. (1978): *The Iceman Inheritance: Prehistoric Sources of Western Man's Racism, Sexism and Aggression.* Toronto: Dorset.

Brandt, I. (1978): Growth dynamics of low-birth weight infants with emphasis on the perinatal period. In: F. Falkner & J. M. Tanner (Hrsg.): *Human Growth, Vol. 2* (S. 557–617). New York: Plenum Press.

Bray, P. F., Shields, W. D., Wolcott, G. J. & Madsen, J. A. (1969): Occipitofrontal head circumference – an accurate measure of intracranial volume. *Journal of Pediatrics, 75,* 303–305.

Brazelton, T. B. & Freedman, D. G. (1971): The Cambridge neonatal scales. In: J. J. van der Werf ten Bosch (Hrsg.): *Normal and Abnormal Development of Brain and Behavior.* Leiden. Leiden University Press.

Brazelton, T. B., Robey, J. S. & Collier, G. A. (1969): Infant development in the Zinacanteco Indians of Southern Mexico. *Paediatrics, 44,* 274–90.

Bressler, M. (1968): Sociobiology, biology and ideology. In: D. Glass (Hrsg.): *Genetics* (S. 178–210). New York: Rockefeller University Press.

Brigham, C. C. (1923): *A Study of American Intelligence.* Princeton, NJ: Princeton University Press.

Broca, P. (1858): Memoire sur l'hybridite en general, sur la distinction des especes animales et sur les metis obtenus par le croisement du lievre et du lapin. *Journal de la Physiologie, 7,* 433–71, 684–729.

Brody, N. (1992): *Intelligence* (2. Auflage). New York: Academic.

Broman, S. H., Nichols, P. L., Shaughnessy, P. & Kennedy, W. (1987). *Retardation in Young Children.* Hillsdale, NJ: Erlbaum.

Brooks, L. (1989): *Adopted Korean Children Compared with Korean and Caucasian Non-Adopted Children.* Unpublished doctoral dissertation, University of Chicago.

Brown, M. H. (1990): *The Search for Eve.* New York: Harper & Row.

Bryant, N. J. (1980): *Disputed Paternity.* New York: Thieme-Stratton.

Buj, V. (1981): Average IQ values in various European countries. *Personality and Individual Differences, 2,* 168–69.

Bulmer, M. G. (1970): *The Biology of Twinning in Man.* Oxford: Clarendon Press.

Burfoot, A. (1992): White man can't run. *Runner's World,* August, S. 89–95.

Burley, N. (1983): The meaning of assortative mating. *Ethology and Sociobiology, 4,* 191–203.

Burton, R. V. (1963): Generality of honesty reconsidered. *Psychological Review, 70,* 481–99.

Buss, D. M. (1984): Evolutionary biology and personality psychology: Toward a conception of human nature and indivdual difference. *American Psychologist, 39,* 1135–47.

Byrne, D. (1971): *The Attraction Paradigm.* New York: Acadmic Press.

Cain, D. P. & Vanderwolf, C. H. (1990): A critique of Rushton on race, brain size and intelligence. *Personality and Individual Differences, 11,* 777–84.

Caldwell, J. C. & Caldwell, P. (1990): High fertility in sub-Saharan Africa. *Scientific American, 267* (No. 3), 119–25.

Calvin, W. H. (1990): *The Ascent of Mind.* New York: Bantam Books [deutsch: *Der Strom, der bergauf fließt. Eine Reise durch die Evolution,* München/Wien 1994].

Cameron, N. (1989): *Barbarians and Mandarins.* Hongkong: Oxford University Press (Originalausgabe veröff. 1970).

Cann, R. L., Stoneking, M. & Wilson, A. C. (1987): Mitochondrial DNA and human evolution. *Nature, 325,* 31–36.

Caplan, N., Choy, M. H. & Whitmore, J. K. (1992): Indochinese refugee families and academic achievement. *Scientific American, 266*(2), 18–24.

Caporael, L. R. & Brewer, M. B. (1991): The quest for human nature: Social and scientific issues in evolutionary psychology. *Journal of Social Issues, 47,* 1–9.

Carey, G., Goldsmith, H. H., Tellegen, A. & Gottesman, I. I. (1978): Genetics and personality inventories: The limits of replication with twin data. *Behavior Genetics, 8,* 299–313.

Cates, W., Farley, T. M. M. & Rowe, P. J. (1985): Worldwide patterns of infertility: Is Africa different? *Lancet,* 1985-II, 596–98.

Caton, H. (Hrsg.) (1990): *The Samoa Reader.* London: University Press of America.

Cattell, R. B. (1982): *The Inheritance of Personality and Ability.* New York: Academic Press.

Cattell, R. B. & Nesselroade, J. R. (1967): Likeness and completeness theories examined by Sixteen Personality Factor measures on stably and unstably married couples. *Journal of Personality and Social Psychology, 7,* 351–61.

Cavalli-Sforza, L. L. & Edwards, A. W. F. (1964): Analysis of human evolution. In: *Proceedings of the 11th International Congress of Genetics* (S. 923–33). Oxford: Pergamon Press.

Cavalli-Sforza, L. L., Menozzi, P. & Piazza, A. (1993): Demic expansions and human evolution. Science, 259, 639–46.

Cavalli-Sforza, L. L., Piazza, A., Menozzi, P. & Mountain, J. (1988): Reconstruction of human evolution: Bringing together genetic, archaeological, and linguistic data. *Proceedings of the National Academy of Sciences of the U.S.A., 85,* 6002–6.

Centers for Disease Control and Prevention. (1992a): Sexual behavior among high school students – United States, 1990. *Morbidity and Morality Weekly Report, 40* (Nr. 51 & 52), 885–88.

Centers for Disease Control and Prevention. (1992b): Selected behaviors that increase risk for HIV infection among high school students – United States, 1990. *Morbidity and Morality Weekly Report, 41* (No. 14), 231–40.

Centers for Disease Control and Prevention. (1993): *HIV/AIDS Surveillance Report, 5*, (No. 3), 1–20.

Chafets, Z. (1990): *Devil's Night, and Other True Tales of Detroit.* New York: Random House.

Chagnon, N. A. (1988): Life histories, blood revenge, and warfare in a tribal population. *Science, 239*, 985–92.

Chaillu, P. B. Du (1861): *Explorations and Adventures in Equatorial Africa.* London. Murray

Chakraborty, R., Kamboh, M. I., Nwankwo, M. & Ferrell, R. E. (1992): Caucasian genes in American blacks: New data. *American Journal of Human Genetics, 50*, 145–55.

Chan, J. & Lynn, R. (1989): The intelligence of 6-year-olds in Hong Kong. *Journal of Biosocial Science, 21*, 461–64.

Chisholm, J. S. (1993): Death, hope, and sex: Life history theory and the development of reproductive strategies. *Current Anthropology, 34*, 1–24.

Christiansen, K. O. (1977): A preliminary study of criminality among twins. In: S. A. Mednick & K. O. Christiansen (Hrsg.): *Biosocial Bases of Criminal Behavior.* New York: Gardner.

Clark, E. A. & Hanisee, J. (1982): Intellectual and adaptive performance of Asian children in adoptive American settings. *Developmental Psychology, 18*, 595–599.

Clark, R. W. (1984): *The Survial of Charles Darwin.* New York: Random House.

Cloninger, C. R. (1986): A unified biosocial theory of personality and its role in the development of anxiety states. *Psychiatric Developments, 3*, 167–226.

Cloninger, C. R., Bohman, M. & Sigvardsson, S. (1981): Inheritance of alcohol abuse: Cross-fostering analysis of adopted men. *Archives of General Psychiatry, 38*, 861–69.

Cohen, D. J., Dibble, E. & Grawe, J. M. (1977): Fathers' and mothers' perceptions of children's personality. *Archives of General Psychiatry, 34*, 480–87.

Cole, L. C. (1954): The population consequences of life history phenomena. *Quarterly Review of Biology, 29*, 103–37.

Coleman, J. S., Campbell, E. Q., Hobson, C. J., McPortland, J., Mood, A. M., Weinfeld, F. D. & York, R. L. (1966): *Equality of Educational Opportunity, 2* vols. Washington, DC: U. S. Office of Education.

Conley, J. J. (1984): The herachy of consistency: A review and model of longitudinal findings on adult individual differences in intelligence, personality and self opinion. *Personality and Individual Differnces, 5*, 11–25.

Conley, J. J. (1985): Longitudinal stability of personality traits: A multitrait-multimethod-multioccasion analysis. *Journal of Personality and Social Psychology, 49*, 1266–82.

Connor, J. W. (1975): Value changes in third generation Japanese Americans. *Journal of Personality Assessment, 39*, 597–600.

Connor, J. W. (1976): Family bonds, maternal closeness and suppression of sexuality in three generations of Japanese Americans. *Ethos, 4*, 189–221.

Cooke, R. W. I., Lucas, A., Yudkin, P. L. N. & Pryse-Davies, J. (1977): Head circumference as an index of brain weight in the feus and newborn. *Early Human Development, 1/2*, 145–49.

Coon, C. S. (1962): *The Origin of Races.* New York: Knopf.

Coon, C. S. (1982): *Racial Adaptations.* Chicago: Nelson-Hall.

Costa, P. T. Jr. & McCrae, R. R. (1992): Trait psychology comes of age. In: T. B. Sonderegger (Hrsg.): *Nebraska Symposium on Motivation: Psycholgy and Aging.* Lincoln, NE: University of Nebraska Press.

Costa, P. T., Jr. & McCrae, R. R. (1994): Set like plaster? Evidence for the stability of adult personality. In: T. F. Heatherton & J. L. Weinberger (Hrsg.): *Can Personality Change?* Washington, DC: American Psychological Association.

Crawford Nutt (1976): African IQ in Zambia. Zitiert in: R. Lynn (1991c).

Cunningham, M. R. (1981): Sociobiology as a supplementary paradigm for social psychological research. In: L. Wheeler (Hrsg.): *Review of Personality and Social Psychology, Vol. 2.* Beverly Hills, CA: Sage.

Cunningham, M. R. & Barbee, A. P. (1991): Differential K-selection versus ecological determinants of race differences in sexual behavior. *Journal of Research in Personality, 25,* 205–17.

Curti, M., Marshall, F. B., Steggerda, M. & Henderson, E. M. (1935): The Gesell schedules applied to one-, two-, and three-year old Negro children of Jamaica, B. W. I. *Journal of Comparative and Physiological Psychology, 20,* 152–56.

Dabbs, J. M., Jr. & Morris, R. (1990): Testosterone, social class, and antisocial behavior in a sample of 4 462 men. *Psychological Sciene, 1,* 209–11.

Dabbs, J. M., Jr., Ruback, R. B., Frady, R. L., Hopper, C. H. & Sgoutas, D. S. (1988): Saliva testosterone and criminal violence among women. *Personality and Individual Differences, 9,* 269–75.

Daly, M. & Wilson, M. (1982): Whom are newborn babies said to resemble? *Ethology and Sociobiology, 3,* 69–78.

Daly, M. & Wilson, M. (1983): *Sex, Evolution, and Behavior* (2. Auflage). Boston, MA: Willard Grant.

Daly, M. & Wilson, M. (1988): *Homicide.* New York: Aldine de Gruyter.

Daniels, D. & Plomin, R. (1985): Differential experience of siblings in the same familiy. *Developmental Psychology, 21,* 747–60.

Darwin, C. (1859): *The Origin of Species.* London: Murray [deutsch: *Die Entstehung der Arten durch natürliche Zuchtwahl*, Stuttgart 1860].

Darwin, C. (1871): *The Descent of Man.* London: Murray [deutsch: *Die Abstammung des Menschen*, Stuttgart 1871].

Dawkins, R. (1976): *The Selfish Gene.* Oxford: Oxford University Press [deutsch: *Das egoistische Gen*, Berlin 1978; erweiterte Neuausgabe, Heidelberg 1994].

Dawkins, R. (1982): *The Extended Phenotype.* San Francisco, CA: Freeman.

DeFries, J. C. (1972): Quantitative aspects of genetics and environment in the determination of behavior. In: L. Ehrman, G. S. Omenn & E. Caspari (Hrsg.): *Genetics, Environment, and Behavior.* New York: Academic.

De Fries, J. C., Ashton, G. C., Johnson, R. C., Kuse, A. R., McClearn, G. E., Mi, M. P., Rashad, M. N., Vandenberg, S. G. & Wilson, J. R. (1978): The Hawaii Family Study of Cognition: A reply. *Behavior Genetics, 8,* 281–88.

Degler, C. N. (1991): *In Search of Human Nature.* New York: Oxford University Press.

Dekaban, A. S. & Sadowsky, D. (1978): Changes in brain weights during the span of human life: Relation of brain weights to body heigths and body weights. *Annals of Neurology, 4,* 345–56.

Diamond, J. (1991): *The Rise and Fall of the Third Chimpanzee.* London: Radius. [*Der dritte Schimpanse. Evolution und Zukunft des Menschen*, Frankfurt a. M., 1994]

Dobzhansky, T. (1970): Genetics of the Evolutionary Process. New York: Columbia University Press.

Draper, P. (1989): African marriage systems: Perspectives from evolutionary ecology. *Ethology and Sociobiology, 10,* 145–69.

Draper, P. & Harpending, H. (1982): Father absence and reproductive strategy: An evolutionary perspective. *Journal of Anthropological Research, 38,* 255–73.

Draper, P. & Harpending, H. (1988): A sociobiological perspective on the development of human reproductive strategies. In: K. B. MacDonald (Hrsg.): *Sociobiological Perspectives on Human Development.* New York: Springer-Verlag.

Dreger, R. M. & Miller, K. S. (1960): Comparative psychological studies of Negroes and whites in the United States. *Psychological Bulletin, 57,* 361–402.

DuBois, W. E. B. (1908): *The North American Family.* Atlanta, GA: Atlanta University Publication Nr. 13. Atlanta University Press.

Dunbar, R. I. M. (1992): Neocortex size as a constraint on group size in primates. *Journal of Human Evolution, 20,* 469–93.

Duncan, D. E. (1990): The long goodbye. *The Atlantic Monthly,* Juli, S. 20–24.

Dworkin, R. H., Burke, B. W., Maher, B. A. & Gottesman, I. I. (1976): A longitudinal study of the genetics of personality. *Journal of Personality and Social Psychology, 34,* 510–18.

Eaton, W. O. (1983): Measuring activity level with actometers: Reliability, validity, and arm lenght. *Child Development, 54,* 720–26.

Eaves, L. J. & Eysenck, H. J. (1974): Genctics and the development of social attitudes. *Nature, 249,* 288–89.

Eaves, L. J., Eysenck, H. J. & Martin, N. G. (1989): *Genes, Culture and Personality.* London: Academic.

Eaves, L. J. & Young, P. A. (1981): Genetical theory and personality differences. In: R. Lynn (Hrsg.): *Dimensions of Personality.* Oxford: Pergamon.

Eibl-Eibesfeldt, I. (1989). Familiality, xenophobia, and group selection. *Behavioral and Brain Sciences, 12,* 523.

Eisenberg, J. F. (1981): *The Mammalian Radiations.* Chicago: University of Chicago Press.

Ekblad, S. & Olweus, D. (1986): Applicability of Olweus' Aggression Inventory in a sample of Chinese primary school children. *Aggressive Behavior, 12,* 315–25.

Elander, J., West, R. & French, D. (1993): Behavioral correlates of individual differences in road-traffic crash risk: An examination of methods and findings. *Psychological Bulletin, 113,* 279–94.

Elliott, D. S. & Ageton, S. S. (1980): Reconciling race and class differences in self-reported and official estimates of delinquency. *American Sociological Review, 45,* 95–110.

Ellis, L. (1987): Criminal behavior and *r*- vs. *K*-selection: An extension of gene-based evolutionary theory. *Deviant Behavior, 8,* 149–76.

Ellis, L. (1989): *Theories of Rape.* New York: Hemisphere.

Ellis, L. & Nyborg, H. (1992): Racial/ethnic variations in male testosterone levels: A probable contributor to group differences in health. *Steroids, 57,* 72–75.

Emde, R. N., Plomin, R., Robinson, J., Corley, R. DeFries, J., Fulker, D. W., Reznik, J. S., Campos, J., Kagan, J. & Zahn-Waxler, C. (1992): Temperament, emotion, and cognition at fourteen months: The MacArthur Longitudinal Twin Study. *Child Development, 63,* 1437–55.

Epstein, S. (1977): Traits are alive and well. In: D. Magnusson & N. S. Endler (Hrsg.): *Personality at the Crossroads: Current Issues in Interactional Psychology.* Hillsdale, NJ: Erlbaum.

Epstein, S. (1979): The stability of behavior: I. On predicting most of the people much of the time. *Journal of Personality and Social Psychology, 37,* 1097–1126.

Epstein, S. (1980): The stability of behavior: II. Implications for psychological research. *American Psychologist, 35,* 790–806.

Epstein, S. & O'Brien, E. J. (1985): The person-situation debate in historical and current perspective. *Psychological Bulletin, 98,* 513–37.

Erlenmeyer-Kimling, L. & Jarvik, L. R. (1963): Genetics and intelligence: A review. *Science, 142,* 1477–79.

Eron, L. D. (1987): The development of aggressive behavior from the perspective of a developing behaviorism. *American Psychologist, 42,* 435–42.

Estabrooks, G. H. (1928): The relation between cranial capacity, relative cranial capacity and intelligence in school children. *Journal of Applied Psychology, 12,* 524–29.

Eveleth, P. B. & Tanner, J. M. (1990): *Worldwide Variation in Human Growth* (2. Auflage). London: Cambridge University Press.

Eysenck, H. J. (1970): *Crime and Personality* (2. Auflage). London: Granada [deutsch: *Kriminalität und Persönlichkeit,* Wien 1977].

Eysenck, H. J. (1971): *Race, Intelligence and Education.* London: Temple Smith.

Eysenck, H. J. (1976): *Sex and Personality.* London: Open Books [deutsch: *Sexualität und Persönlichkeit,* Frankfurt a. M. 1979].

Eysenck, H. J. (Hrsg.) (1981): *A Model for Personality.* New York: Springer.

Eysenck, H. J. (1991a): Race and intelligence: An alternative hypothesis. *Mankind Quarterly, 32,* 133–36.

Eysenck, H. J. (1991b): Raising I.Q. through vitamin and mineral supplementation: An introduction. *Personality and Individual Differences, 12,* 329–33.

Eysenck, H. J. & Cookson, D. (1969): Personality in primary school. *British Journal of Educational Psychological, 39,* 109–22.

Eysenck, H. J. & Eysenck, S. B. G. (1975): *Manual of the Eysenck Personality Questionnaire.* San Diego, CA: Educational and Industrial Testing Service.

Eysenck, H. J. & Eysenck, S. B. G. (Hrsg.) (1991): Improvement of I.Q. and behavior as a function of dietary supplementation: A symposium. *Personality and Individual Differences, 12,* 329–65.

Eysenck, H. J. & Gudjonsson, G. H. (1989): *The Causes and Cures of Criminality.* New York: Plenum.

Eysenck, H. J. & Kamin, L. (1981): *The Intelligence Controversy.* New York: Wiley.

Eysenck, H. J. & Wakefield, J. A. (1981): Psychological factors as predictors of marital satisfaction. *Advances in Behaviour Research and Therapy, 3,* 151–92.

Fagan, B. M. (1990): *The Journey from Eden.* New York: Thames and Hudson.

Fahrmeier, E. D. (1975): The effect of school attendance on intellectual development in Northern Nigeria. *Child Development, 46,* 281–85.

Fairchild, H. H. (1991): Scientific racism: The cloak of objectivity. *Journal of Social Issues, 47,* 101–15.

Falconer, D. S. (1989): *Introduction to Quantitative Genetics* (3. Auflage). London: Longman.

Falk, D. (1992): *Braindance.* New York: Holt [deutsch: *Braindance oder warum Schimpansen nicht steppen können. Die Entwicklung des menschlichen Gehirns,* Basel 1994].

Fick, M. L. (1929): Intelligence test results of poor white, native (Zulu), coloured and Indian school children and the educational and social implications. *South African Journal of Science, 26,* 904–20.

Fisch, R. O., Bilek, M. K., Horrobin, J. M. & Chang, P. N. (1976): Children with superior intelligence at 7 years of age. *American Journal of Diseases in Children, 130,* 481–87.

Fishbein, M. & Ajzen, I. (1974): Attitudes towards objects as predictors of single and multiple behavioral criteria. *Psychological Review, 81,* 59–74.

Fisher, R A. (1958): *The Genetical Theory of Natural Selection* (2. Auflage). New York: Dover.

Fisher, S. (1980): Personality correlates of sexual behavior in black women. *Archives of Sexual Behavior, 9,* 27–35.

Fletcher, D. J. C. & Michener, C. D. (Hrsg.). (1987): *Kin Recognition in Animals.* New York: Wiley.

Floderus-Myrhed, B., Pedersen, N. & Rasmuson, I. (1980): Assessment of heritability for personality based on a short form of the Eysenck Personality Inventory: A study of 12 898 twin pairs. *Behavior Genetics, 10,* 153–62.

Flynn, J. R. (1984): The mean IQ of Americans: Massive gains 1932 to 1978. *Psychological Bulletin, 95,* 29–51.

Flynn, J. R. (1987): Massive IQ gains in 14 nations: What IQ tests really measure. *Psychological Bulletin, 101,* 171–91.

Flynn, J. R. (1989): Rushton, evolution, and race: An essay on intelligence and virtue. *The Psychologist: Bulletin of the British Psychological Society, 2,* 363–66.

Flynn, J. R. (1991): *Asian Americans: Achievement Beyond IQ.* Hillsdale, NJ: Erlbaum.

Ford, C. S. & Beach, F. A. (1951): *Patterns of Sexual Behavior.* New York: Harper & Row.

Forrest, D. W. (1974): *Francis Galton: The Life and Work of a Victorian Genius.* New York: Halsted.

Frayer, D. W., Wolpoff, M. H., Thorne, A. G., Smith, F. H. & Pope, G. G. (1993): Theories of modern human origins: The paleontological test. *American Anthropologist, 95,* 14–50.

Frazier, E. F. (1948): *The Negro Familiy in the United States.* New York: Dryden.

Freedman, D. G. (1974): *Human Infancy.* New York: Halsted.

Freedman, D. G. (1979): *Human Sociobiology.* New York: Free Press.

Freedman, D. G. & Freedman, N. C. (1969): Behavioral differences between Chinese-American and European-american newborns. *Nature, 224,* 1227.

Freedman, D. (1984): *Margaret Mead and Samoa.* New York: Penguin.

Freedman, W. (1934): The weight of the endocrine glands: Biometrical studies in psychiatry, Nr. 8. *Human Biology, 6,* 489–523.

French Army Surgeon. (1898/1972): *Untrodden Fields of Anthropology* (2 Bände). Paris, Frankreich: Carington (nachgedruckt in Huntington, New York: Krieger).

Freud, S. (1930/1962): *Civilization and its Discontents.* (Hrsg. und Übersetzer J. Strachey) New York: Norton [deutsch: *Das Unbehagen in der Kultur,* 1929].

Frydman, M. & Lynn, R. (1989): The intelligence of Korean children adopted in Belgium. *Personality and Individual Differences, 10,* 1323–26.

Fulker, D. W. & Eysenck, H. J. (1979): Nature and nurture: Heredity. In: H. J. Eysenck (Hrsg.), *The Structure and Measurement of Intelligence,* Berlin: Springer-Verlag.

Fynn, H. F. (1950): *The Diary of Henry Francis Fynn.* (Hrsg. J. Stuart) Pietermaritzburg: Shooter & Shooter.

Gabor, T. & Roberts, J. V. (1990): Rushton on race and crime: The evidence remains unconvincing. *Canadian Journal of Criminology, 32,* 335–43.

Gadgil, M. & Solbrig, O. T. (1972): The concept of r- and K- selection: Evidence from wild flowers and some theoretical considerations. *American Naturalist, 106,* 14–31.

Galler, J. R., Ramsey, F. & Forde, V. (1986): A follow up study in the influence of early malnutrition on subsequent development. *Nutrition and Behavior, 3,* 211–22.

Galton, F. (1853): *The Narrative of an Explorer in Tropical South Africa.* London: Murray.

Galton, F. (1865): Hereditary talents and character. *Macmillan's Magazine, 12,* 157–66, 318–27.

Galton, F. (1869): *Hereditary Genius.* London: Macmillan [deutsch: *Genie und Vererbung,* 1869].

Galton, F. (1874): *English Men of Science.* London: Macmillan.

Galton, F. (1879): Psychometric experiments. *Brain, 2,* 149–62.

Galton, F. (1883): *Inquiries into Human Faculty and Its Development.* London. Macmillan.

Galton, F. (1888a): Co-relations and their measurement, chiefly from anthropometric data. *Proceedings of the Royal Society, 45*, 135–45.

Galton, F. (1888b): Head growth in students at the University of Cambridge. *Nature, 38*, 14–15.

Galton, F. (1889): *Natural Inheritance*. London: Macmillan.

Galton, F. (1908): *Memories of My Life*. London: Methuen.

Garbarino, J. & Ebata, A. (1983): The significance of ethnic and culturals differences in child maltreatment. *Journal of Marriage and the Familily, 45*, 773–83.

Geber, M. (1958): The psycho-motor development of African children in the first year, and the influence of maternal behavior. *Journal of Social Psychology, 47*, 185–95.

Gebhard, P. H. & Johnson, A. B. (1979): *The Kinsey data: Marginal Tabulations of the 1938–1963 Interviews Conducted by the Institute for Sex Research*. Philadelphia, PA: Saunders.

Gebhard, P. H., Pomeroy, W. B., Martin, C. E. & Christenson, C. V. (1958): *Pregnancy, Birth, and Abortion*. New York: Harper-Hoeber.

Gibbons, A. (1991): Looking for the father of us all. *Science, 251*, 378–80.

Gibbons, A. (1992): Following a trail of old ostrich eggshells. *Science, 256*, 1281–82.

Gobineau, A. de (1853–1855): *Essai sur L'inegalite des Races Humaines*. Paris: Didot [deutsch: *Versuch über die Ungleichheit der Menschenrassen*, 1899].

Golding, J. (1986): Social class and twinning. *Acta Geneticae Medicae et Gemellologiae, 35*, 207 (Abstracts, S. 29).

Goodman, M. J., Grove, J. S. & Gilbert, F. (1980): Age at first pregnancy in relation to age at menarche and year of birth in Caucasian, Japanese, Chinese, and part-Hawaiian women living in Hawaii. *Annals of Human Biology, 7*, 29–33.

Gordon, K. (1924): Group judgments in the field of lifted weights. *Journal of Experimental Psychology, 7*, 398–400.

Gordon, R. A. (1987a): Jensen's contributions concerning test bias: A contextual view. In: S. Modgil & C. Modgil (Hrsg.): *Arthur Jensen: Consensus and Controversy*. New York: The Falmer Press.

Gordon, R. A. (1987b): SES versus IQ in the race-IQ-delinquency model. *International Journal of Sociology and Social Policy, 7*, 30–96.

Gottesman, I. I. (1963): Heritability of personality: A demonstration. *Psychological Monographs, 77* (Nr. 9) (ganze Nr. 572).

Gottesman, I. I. (1966): Genetic variance in adaptive personality traits. *Journal of Child Psychology and Psychiatry and Allied Disciplines, 7*, 199–208.

Gottesman, I. I. (1991): *Schizophrenia Genesis: The Origins of Madness*. San Francisco, CA: Freeman.

Gottfredson, L. S. (1986): Societal consequences of the g factor in employment. *Journal of Vocational Behavior, 29*, 379–410.

Gottfredson, L. S. (1987): The practical significance of black-white differences in intelligence. *Behavioral and Brain Sciences, 10*, 510–12.

Gould, S. J. (1978): Morton's ranking of races by cranial capacity. *Science, 200*, 503–9.

Gould, S. J. (1981): *The Mismeasure of Man*. New York: Norton [deutsch: *Der falsch vermessene Mensch*, Basel 1983].

Grant, M. (1916): *The Passing of the Great Race*. New York: Scribner.

Gray, J. A. (1987): *The Psychology of Fear and Stress* (2. Auflage). Cambridge: Cambridge University Press.

Greenberg, L. (1979): Genetic component of bee odor in kin recognition. *Science, 206,* 1095–97.

Groves, C. P. (1991): Genes, genitals and genius: The evolutionary ecology of race. In: P. O'Higgins & R. N. Pervan (Hrsg.): *Human Biology: An Integrative Science.* Nedlands, Australia: University of Western Australia, Centre for Human Biology.

Gruter, M. & Masters, R. D. (Hrsg.). (1986): Ostracism: A social and biological phenomenon. *Ethology and Sociobiology, 7,* 149–256.

Haeberle, E. W. (1978): *The Sex Atlas.* New York: Seabury.

Hames, R. B. (1979): Relatedness and interaction among Ye'Kwana: A preliminary analysis. In: N. A. Chagnon & W. Irons (Hrsg.): *Evolutionary Biology and Human Social Behavior.* North Scituate, MA: Duxbury.

Hamilton, W. D. (1964): The genetical evolution of social behaviour: I and II. *Journal of Theoretical Biology, 7,* 1–52.

Hare, B. R. (1985): Stability and change in self-perception and achievement among black adolescents: A longitudinal study. *Journal of Black Psychology, 11,* 29–42.

Harlan, W. R., Grillo, G. P., Coroni-Huntley, J. & Leaverton, P. E. (1979): Seconary sex characteristics of boys 12 to 17 years of age: The U.S. Health Examination Survey. *Adolescent Medicine, 95,* 293–97.

Harlan, W. R., Harlan, E. A. & Grillo, G. P. (1980): Seconary sex characteristics of girls 12 to 17 years of age: The U.S. Health Examination Survey. *Adolescent Medicine, 96,* 1074–78.

Hartshorne, H. & May, M. A. (1928): *Studies in the Nature of Character: Vol. 1. Studies in Deceit.* New York: Macmillan.

Hartshorne, H. & May, M. A. & Maller, J. B. (1929): *Studies in the Nature of Character: Vol. 2. Studies in Self-Control.* New York: Macmillan.

Hartshorne, H. & May, M. A. & Shuttleworth, F. K. (1930): *Studies in the Nature of Character: Vol.3. Studies in the Organization of Character.* New York. Macmillan.

Harvey, P. H. & Clutton-Brock, T. H. (1985): Life history variation in primates. *Evolution, 39,* 559–81.

Harvey, P. H. & Krebs, J. R. (1990): Comparing brains. *Science, 249,* 140–45.

Harvey, P. H. & May, R. M. (1989): Out for the sperm count. *Nature, 337,* 508–9.

Haug, H. (1987): Brain sizes, surfaces, and neuronal sizes of the cortex cerebri: A stereological investigation of man and his variability and a comparison with some species of mammals (primates, whales, marsupials, insectivores, and one elephant). *American Journal of Anatomy, 180,* 126–42.

Heath, A. C., Berg, K., Eaves, L. J., Solaas, M. H., Corey, L. A., Sundet, J., Magnus, P. & Nance, W. E. (1985): Education policy and the heritability of educational attainment. *Nature, 314,* 734–36.

Hebb, D. O. & Thompson, W. R. (1968): The social significance of animal studies. In: G. Lindzey & W. R. Thompson (Hrsg.): *The Handbook of Social Psychology, Vol. 2,* New York: Addison-Wesley.

Hegman, J. P. & Dingle, H. (1982): Phenotypic and genetic covariance structure in milkweed bug life history traits. In: J. P. Hegman & H. Dingle (Hrsg.): *Evolution and Genetics of Life Histories.* New York: Springer.

Heltsley, M. E. & Broderick, C. B. (1969): Religiosity and premarital sexual permissiveness. *Journal of Marriage and the Family, 21,* 441–43.

Henderson, N. D. (1982): Human behavior genetics. *Annual Review of Psychology, 33,* 403–40.

Henneberg, M., Budnik, A., Pezacka, M. & Puch, A. E. (1985): Head size, body size and intelligence: Intraspecific correlations in *Homo sapiens sapiens. Homo, 36,* 207–18.

Herrnstein, R. J. (1973): *IQ in the Meritocracy.* Boston, MA: Little, Brown [deutsch: *Chancengleichheit - eine Utopie?* Gekürzte Ausgabe, Stuttgart 1974].

Herskovits, M. J. (1930): *The Anthropometry of the American Negro.* New York: Columbia University Press.

Hertzig, M. E., Birch, H. G., Richardson, S. A. & Tizard, J. (1972): Intellectual levels of school children severely malnourished during the first two years of life. *Pediatrics, 49,* 814-24.

Heston, L. L. (1966): Psychiatric disorders in foster home reared children of schizophrenic mothers. *British Journal of Psychiatry, 112,* 819-25.

Heyward, W. L. & Curran, J. W. (1988): The epidemiology of AIDS in the U. S. *Scientific American, 258,* 272-81.

Hill, C. T. Rubin, Z. & Peplau, L. A. (1976): Breakups before marriage: The end of 103 affairs. *Journal of Social Issues, 32,* 147-68.

Hirsch, J. (1991): Obfuscation of interaction. *Behavioral and Brain Sciences, 14,* 397-98.

Hirschi, T. & Hindelang, M. J. (1977): Intelligence and delinquency: A revisionist review. *American Sociological Review, 42,* 571-87.

Hixson, J. R. (1992, 20.Oktober): Benign prostatic hypertrophy drug to be tested in prostate CA prevention. *The Medical Post.*

Ho, K.-C., Roessmann, U., Straumfjord, J. V. & Monroe, G. (1980a): Analysis of brain weight: I. Adult brain weight in relation to sex, race, and age. *Archives of Pathology and Laboratory Medicine, 104,* 635-39.

Ho, K.-C., Roessmann, U., Straumfjord, J. V. & Monroe, G. (1980b): Analysis of brain weight: II. Adult brain weight in relation to body height, weight, and surface area. *Archives of Pathology and Laboratory Medicine, 104,* 640-45.

Ho, K.-C., Roessmann, U., Straumfjord, J. V. & Monroe, G. (1981): Newborn brain weight in relation to maturity, sex, and race. *Annals of Neurology, 10,* 243-46.

Hofman, M. A. (1991): The fractal geometry of convoluted brains. *Journal für Hirnforschung, 32,* 103-11.

Hofman, M. A. (1993): Encephalization and the evolution of longevity in mammals. *Journal of Evolutionary Biology, 6,* 209-27.

Hofmann, A. D. (1984): Contraception in adolescence: A review. 1. Psychosocial aspects. *Bulletin of the World Health Organization, 63,* 151-62.

Horowitz, D. L. (1985): *Ethnic Groups in Conflict.* University of California Press.

Howells, W. W. (1973): *Cranial Variation in Man.* (Papers of the Peabody Museum of Archaeology and Ethnology. Volume 67) Cambridge, MA: Harvard University Press.

Howells, W. W. (1989): *Skull Shapes and the Map.* (Papers of the Peabody Museum of Archaeology and Ethnology. Volume 79) Cambridge, MA: Harvard University Press.

Howells, W. (1993): *Getting Here: The Story of Human Evolution.* Washington, DC: The Compass Press.

Hudson, A. I. & Holbrook, A. (1982): Fundamental frequency characteristics of young black adults: Spontaneous speaking and oral reading. *Journal of Speech and Hearing Research, 25,* 25-28.

Huesmann, L. R., Eron, L. D., Lefkowitz, M. M. & Walder, L. O. (1984): Stability of aggression over time and generations. *Developmental Psychology, 20,* 1120-34.

Hunter, J. E. (1986): Cognitive ability, cognitive aptitudes, job knowledge, and job performance. *Journal of Vocational Behavior, 29,* 340-62.

Hunter, J. E. & Hunter, R. F. (1984): Validity and utility of alternate predictors of job performance. *Psychological Bulletin, 96,* 72-98.

Imaizumi, Y. (1992): Twinning rates in Japan, 1951–1990. *Acta Geneticae Medicae et Gemellologiae, 41,* 165–75.

Iwawaki, S. & Wilson, G. D. (1983): Sex fantasies in Japan. *Personality and Individual Differences, 4,* 543–45.

Jaccard, J. J. (1974): Predicting social behavior from personality traits. *Journal of Research in Personality, 7,* 358–67.

Jackson, D. N. (1984): *Multidimensional Aptitude Battery Manual.* Port Huron, MI: Research Psychologists Press.

Jaffee, B. & Fanshel, D. (1970): *How They Fared in Adoption: A Follow-up Study.* New York: Columbia.

James, G. G. M. (1992): *Stolen Legacy.* Trenton, NJ: Africa World Press (Originalausgabe veröff. 1954).

James, W. (1981): *The Principles of Psychology, Vol. 1.* Cambridge, MA: Harvard University Press (Originalausgabe veröff. 1890) [deutsch: *Prinzipien der Psychologie,* 1890].

James, W. H. (1986): Hormonal control of sex ratio. *Journal of Theoretical Biology, 118,* 427–41.

Janiger, O., Riffenburgh, R. & Kersh, R. (1972): Cross-cultural study of premenstrual symptoms. *Psychosomatics, 13,* 226–35.

Jardine, R. (1985): *A Twin Study of Personality, Social Attitudes and Drinking Behaviour.* Unveröffentlichte Doktorarbeit, Australian National University, Canberra, Australia.

Jaynes, G. D. & Williams, Jr., R. M. (Hrsg.) (1989): *A Common Destiny: Blacks and American Society.* Washington, DC: National Academy Press.

Jensen, A. R. (1969): How much can we boost IQ and scholastic achievement? *Harvard Educational Review, 39,* 1–123.

Jensen, A. R. (1973): *Educability and Group Differences.* London: Methuen.

Jensen, A. R. (1974): Ineraction of level I and level II abilities with race and socioeconomic status. *Journal of Educational Psychology, 66,* 99–111.

Jensen, A. R. (1980a): *Bias in Mental Testing.* New York: Free Press.

Jensen, A. R. (1980b): Uses of sibling data in educational and psychological research. *American Educational Research Journal, 17,* 153–70.

Jensen, A. R. (1981): Obstacles, problems, and pitfalls in differential psychology. In: S. Scarr (Hrsg.): *Race, Social Class and Individual Differences in IQ.* Hillsdale, NJ: Erlbaum.

Jensen, A. R. (1983): The effects of inbreeding on mental ability factors. *Personality and Individual Differences, 4,* 71–87.

Jensen, A. R. (1985): The nature of the black-white difference on various psychometric tests: Spearman's hypothesis. *Behavioral and Brain Sciences, 8,* 193–263.

Jensen, A. R. (1987a): The g beyond factor analysis. In: R. R. Ronning, J. A. Gover, J. C. Conoley & J. C. Witt (Hrsg.): *The influence of Cognitive Psychology on Testing.* Hillsdale, NJ: Erlbaum.

Jensen, A. R. (1987b): The nature of the black-white difference on various psychometric tests: Spearman's hypothesis. *Behavioral and Brain Sciences, 10,* 507–37.

Jensen, A. R. (1989): Raising IQ without increasing g? *Developmental Review, 9,* 234–58.

Jensen, A. R. (1993): Spearman's hypothesis tested with chronometric information-processing tasks. *Intelligence, 17,* 47–77.

Jensen, A. R. & Inouye, A. R. (1980): Level I and Level II abilities in Asian, white and black children. *Intelligence, 4,* 41–49.

Jensen, A. R. & Johnson, F. W. (1994): Race and sex differences in head size and IQ. *Intelligence, 18,* 309–33.

Jensen, A. R. & Reynolds, C. R. (1982): Race, social class and ability patterns on the WISC-R. *Personality and Individual Differences, 3*, 423–38.

Jensen, A. R. & Sinha, S. N. (1993): Physical correlates of human intelligence. In: P. A. Vernon (Hrsg.): *Biological Approaches to the Study of Human Intelligence.* Norwood, NJ: Ablex.

Jensen, A. R. & Whang, P. A. (1993): Reaction times and intelligence: A comparison of Chinese-American and Anglo-American children. *Journal of Biosocial Science, 25*, 397–410.

Jerison, H. J. (1963): Interpreting the evolution of the brain. *Human Biology, 35*, 263–91.

Jerison, H. J. (1973): *Evolution of the Brain and Intelligence.* New York: Academic.

Jessor, R., Donovan, J. E. & Costa, F. M. (1991): *Beyond Adolescence: Problem Behavior and Young Adult Development.* Cambridge: Cambridge University Press.

Johanson, D. C. & Edey, M. A. (1981): *Lucy: The Beginnings of Humankind.* New York: Simon & Schuster [deutsch: *Lucy. Die Anfänge der Menschheit*, München 1982].

Johanson, D. C. & O'Farrell, K. (1990): *Journey from the Dawn.* New York: Villard.

Johnson, G. R. (1986): Kin selection, socialization, and patriotism: An integrating theory (mit Kommentaren und Entgegnungen). *Politics and the Life Sciences, 4*, 127–54.

Johnson, L. B. (1978): Sexual behavior of southern blacks. In: R. Staples (Hrsg.): *The Black Family: Essays and Studies* (2. Auflage). Belmont, CA: Wadsworth.

Johnson, R. C., McClearn, G. E., Yuen, S., Nagoshi, C. T., Ahern, F. M. & Cole, R. E. (1985): Galton's data a century later. *American Psychologist, 40*, 875–92.

Jurgens, H. W., Aune, I. A. & Pieper, U. (1990): *International Data on Anthropometry.* Geneva, Switzerland: International Labour Office.

Kallman, F. J. (1952): Comparative twin study on the genetic aspects of male homosexuality. *Journal of Nervous and Mental Diseases, 115*, 283–98.

Kallman, F. J. & Sander, G. (1948): Twin studies on aging and longevity. *Journal of Heredity, 39*, 349–57.

Kallman, F. J. & Sander, G. (1949): Twin studies on senescence. *American Journal of Psychiatry, 106*, 29–36.

Kamin, L. J. (1974): *The Science and Politics of IQ.* Hillsdale, NJ: Erlbaum [deutsch: *Der Intelligenz-Quotient in Wissenschaft und Politik*, Münster 1979].

Kamin, L. J. (1978): The Hawaii Family Study of Cognitive Abilities: A comment. *Behavior Genetics, 8*, 275–79.

Kandel, E. R. (1991): Nerve cells and behavior. In: E. R. Kandel, J. H. Schwartz & T. M. Jessell (Hrsg.): *Principles of Neural Science* (3. Auflage). New York: Elsevier [deutsch: *Neurowissenschaften*, Berlin 1996].

Katz, S. H., Hodiger, M. L. & Valleroy, L. A. (1974): Traditional maize processing techniques in the new world. *Science, 223*, 1049–51.

Keller, L. M., Bouchard, T. J. Jr., Arvey, R. D., Segal, N. L. & Dawis, R. V. (1992): Work values: Genetic and environmental influences. *Journal of Applied Psychology, 77*, 79–88.

Kemper, T. D. (1990): *Social Structure and Testosterone.* New Brunswick, NJ: Rutgers University Press.

Kessler, R. C. & Neighors, H. W. (1986): A new perspective on the relationships among race, social class, and psychological distress. *Journal of Health and Social Behavior, 27*, 107–55.

Kety, S. S., Rosenthal, D., Wender, P. H. & Schulsinger, F. (1976): Studies based on a total sample of adopted individuals and their relatives: Why they were necessary, what they demonstrated and failed to demonstrate. *Schizophrenia Bulletin, 2*, 413–38.

Kevles, D. J. (1985): *In the Name of Eugenics.* New York: Knopf.

Kimble, G. A. (1990): Mother nature's bag of tricks is small. *Psychological Science, 1*, 36–41.

Kinsey, A. C., Pomeroy, W. B. & Martin, C. E. (1948): *Sexual Behavior in the Human Male.* Philadelphia, PA: Saunders [deutsch: *Das sexuelle Verhalten des Mannes, Kinsey Report,* Berlin 1955].

Kinsey, A. C., Pomeroy, W. B. & Martin, C. E. (1953): *Sexual Behavior in the Human Female.* Philadelphia, PA: Saunders [deutsch: *Das sexuelle Verhalten der Frau, Kinsey Report,* Berlin 1954].

Klein, R. E., Freeman, H. E., Kagan, J., Yarborough, C. & Habicht, J. P. (1972): Is big smart? The relation of growth to cognition. *Journal of Health and Social Behavior, 13,* 219–50.

Klein, S., Petersilia, J. & Turner, S. (1990): Race and imprisonment decisions in California. *Science, 247,* 812–16.

Kline, C. L. & Lee, N. (1972): A transcultural study of dyslexia: Analysis of language disabilities in 277 Chinese children simultaneously learning to read and write in English and Chinese. *Journal of Special Education, 6,* 9–26.

Klitgaard, R. (1986): *Elitism and Meritocracy in Developing Countries.* Baltimore, MD: The Johns Hopkins University Press.

Knoblauch, H. & Pasamanik, B. (1953): Further observations on the behavioral development of Negro children. *Journal of Genetic Psychology, 83,* 137–57.

Kranzler, J. H. & Jensen, A. R. (1989): Inspection time and intelligence: A metaanalysis. *Intelligence, 13,* 329–47.

Krebs, C. J., Gaines, M. S., Keller, B. L., Myers, J. H. & Tamarin, R. H. (1973): Population cycles in small rodents. *Science, 179,* 35–41.

Krebs, D. L. (1975): Empathy and altruism. *Journal of Personality and Social Psychology, 32,* 1134–46.

Krogman, W. M. (1970): Growth of head, face, trunk and limbs in Philadelphia white and Negro children of elementary and high school age. *Monographs of the Society for Research in Child Development, 35,* Nr. 136.

Kurland, J. A. (1979): Paternity, mother's brother, and human sociality. In: N. A. Chagnon & W. Irons (Hrsg.): *Evolutionary Biology and Human Social Behavior.* North Scituate, MA: Duxbury.

Lamb, D. (1987): *The Africans.* New York: Vintage.

Lancer, I. & Rim, Y. (1984): Intelligence, family size and sibling age spacing. *Personality and Individual Differences, 5,* 151–57.

Lange, J. (1931): *Crime as Destiny.* London: Unwin [deutsch: *Verbrechen als Schicksal,* Leipzig 1929].

Langinvainio, H., Koskenvuo, M., Kaprio, J. & Sistonen, P. (1984): Finnish twins reared apart II. *Acta Geneticae Medicae et Gemellologiae, 33,* 251–58.

Leakey, R. & Lewin, R. (1992): *Origins Reconsidered.* New York: Doubleday. [deutsch: *Der Ursprung des Menschen. Auf der Suche nach den Spuren des Humanen,* Frankfurt a. M. 1993].

Lee, A. & Pearson, K. (1901): Data for the problem of evolution in man. VI. A first study of the correlation of the human skull. *Philosophical Transactions of the Royal Society of London, 196A,* 225–64.

Leggett, W. C. & Carscadden, J. E. (1978): Latitudinal variation in reproductive characteristics of American shad (Alosa sapidissima): Evidence for population specific life history strategies in fish. *Journal of Fish Research Board of Canada, 35,* 1469–78.

Lerner, R. M. (1992): *Final Solutions: Biology, Prejudice, and Genocide.* University Park, PA: Pennsylvania State University Press.

Leslie, C. (1990): Scientific racism: Reflections on peer review, science and ideology. *Social Science and Medicine, 31,* 891–912.

Lessells, C. M., Cooke, F. & Rockwell, R. F. (1989): Is there a trade-off between egg weight and clutch size in wild Lesser Snow Geese (*Anser C. caerulescens*)? *Journal of Evolutionary Biology, 2*, 457–72.

Lesser, G. S., Fifer, F. & Clark, H. (1965): Mental abilities of children from different social class and cultural groups. *Monographs of the Society for Research in Child Development, 30*, serial no. 102.

Levin, M. (1987): *Feminism and Freedom*. New Brunswick, NJ: Transaction Publishers.

Levin, M. (1992): Responses to race differences in crime. *Journal of Social Philosophy, 23*, 6–29.

LeVine, R. A. (1975): *Culture, Behavior, and Personality*. Chicago: Aldine.

Levy, R. A. (1993): Ethnic and racial differences in response to medicines: Preserving individualized therapy in managed pharmaceutical programmes. *Pharmaceutical Medicine, 7*, 139–65.

Lewis, B. (1990): *Race and Slavery in the Middle East*. New York: Oxford University Press.

Lewontin, R. C. (1991): *Biology as Ideology: The Doctrine of DNA*. Concord, Ontario. Anansi Press.

Lewontin, R. C. (1992): Foreword. In: R. M. Lerner (1992): *Final Solutions: Biology, Prejudice, and Genocide*. University Park, PA: Pennsylvania State University Press.

Lewontin, R. C., Rose, S. & Kamin, L. J. (1984): *Not in Our Genes*. New York: Pantheon. [deutsch: *Die Gene sind es nicht*, Weinheim 1988].

Lieberman, P. (1991): *Uniquely Human*. Cambridge, MA: Harvard University Press.

Lightcap, J. L., Kurland, J. A. & Burgess, R. L. (1982): Child abuse: A test of some predictions from evolutionary theory. *Ethology and Sociobiology, 3*, 797–802.

Littlefield, A., Lieberman, L. & Reynolds, L. T. (1982): Redefining race: The potential demise of a concept in physical anthropology. *Current Anthropology, 23*, 641–55.

Littlefield, C. H. & Rushton, J. P. (1986): When a child dies: The sociobiology of bereavement. *Journal of Personality and Social Psychology, 51*, 797–802.

Livingstone, D. (1857): *Missionary Travels and Researches in South Africa*. London: Murray.

Locurto, C. (1991): Beyond IQ in preschool programs? *Intelligence, 15*, 295–312.

Loehlin, J. C., Lindzey, G. & Spuhler, J. N. (1975): *Race Differences in Intelligence*. San Francisco, CA: Freeman.

Loehlin, J. C. & Nichols, R. C. (1976): *Heredity, Environment, and Personality*. Austin, TX: University of Texas.

Lovejoy, C. O. (1981): The origin of man. *Science, 211*, 341–50.

Lovejoy, C. O. (1990): Comment on „scientific racism". *Social Science and Medicine, 31*, 909–10.

Lumsden, C. J. & Wilson, E. O. (1981): *Genes, Mind and Culture: The Coevolutionary Process*. Cambridge, MA: Harvard University Press.

Lumsden, C. J. & Wilson, E. O. (1983): *Promethean Fire*. Cambridge, MA: Harvard University Press [deutsch: *Das Feuer des Prometheus. Wie das menschliche Denken entstand*, München 1984].

Lykken, D. T., McGue, M., Tellegen, A. & Bouchard, T. J. Jr. (1992): Emergenesis: Genetic traits that my not run in families: *American Psychologist, 47*, 1565–77.

Lynn, M. (1989a): Criticism of an evolutionary hypothesis about race differences: A rebuttal to Rushton's reply. *Journal of Research in Personality, 23*, 21–34.

Lynn, M. (1989b): Race differences in sexual behavior: A critique of Rushton and Bogaert's evolutionary hypothesis. *Journal of Research in Personality, 23*, 1–6.

Lynn, R. (1977a): The intelligence of the Chinese and Malays in Singapore. *Mankind Quarterly, 18,* 125–28.

Lynn, R. (1977b): The intelligence of the Japanese. *Bulletin of the British Psychological Society, 30,* 69–72.

Lynn, R. (1982): IQ in Japan and the United States shows a growing disparity. *Nature, 297,* 222–23.

Lynn, R. (1987): The intelligence of the Mongoloids: A psychometric, evolutionary and neurological theory. *Personality and Individual Differences,* 8, 813–44.

Lynn, R. (1989): Balanced polymorphism for ethnocentric and nonethnocentric alleles. *Behavioral and Brain Sciences, 12,* 535.

Lynn, R. (1990a): New evidence on brain size and intelligence: A comment on Rushton and Cain and Vanderwolf. *Personality and Individual Differences, 11,* 795–97.

Lynn, R. (1990b): The role of nutrition in secular increases in intelligence. *Personality and Individual Differences, 11,* 273–85.

Lynn, R. (1990c): Testosterone and gonadotropin levels and r/K reproductive strategies. *Psychological Reports, 67,* 1203–6.

Lynn, R. (1991a): The evolution of racial differences in intelligence (mit Kommentaren und einer Erwiderung des Autors). *Mankind Quarterly, 32,* 99–173.

Lynn, R. (1991b): Intelligence in China. *Social Behavior and Personality, 19,* 1–4.

Lynn, R. (1991c): Race differences in intelligence: A global perspective. *Mankind Quarterly, 31,* 255–96.

Lynn, R. (1993): Further evidence for the existence of race and sex differences in cranial capacity. *Social Behavior and Personality, 21,* 89–92.

Lynn, R., Chan, J. W. C. & Eysenck, H. J. (1991): Reaction times and intelligence in Chinese and British children. *Perceptual and Motor Skills, 72,* 443–52.

Lynn, R. & Hampson, S. (1986a): Further evidence on the cognitive abilities of the Japanese: Data from the WPPSI. *International Journal of Behavioral Development, 10,* 23–36.

Lynn, R. & Hampson, S. (1986b): Intellectual abilities of Japanese children: An assessment of 2 1/2–8 1/2 year olds derived from the McCarhy Scales of Children's Abilities. *Intelligence, 10,* 41–58.

Lynn, R. & Hampson, S. (1986c): The structure of Japanese abilities: An analysis in terms of the hierarchical model of intelligence. *Current Psychological Research and Reviews, 4,* 309–22.

Lynn, R. & Hampson, S. & Bingham, R. (1987): Japanese, British and American adolescents compared for Spearman's g and for the verbal, numerical and visuo-spatial abilities. *Psychologia, 30,* 137–44.

Lynn, R., Hampson, S. L. & Iwawaki, S. (1987): Abstract reasoning and spatial abilities among American, British and Japansese adolescents. *Mankind Quarterly, 27,* 397–434.

Lynn, R. & Hampson, S. & Lee, M. (1988): The intelligence of Chinese children in Hong Kong. *Social Psychology International, 9,* 29–32.

Lynn, R. & Hattori, K. (1990): The heritability of intelligence in Japan. *Behavior Genetics, 20,* 545–46.

Lynn, R. & Holmshaw, M. (1990): Black-white differences in reaction times and intelligence. *Social Behavior and Personality, 18,* 299–308.

Lynn, R., Pagliari, C. & Chan, J. (1988): Intelligence in Hong Kong measured for Spearman's g and the visuospatial and verbal primaries. *Intelligence, 12,* 423–33.

Lynn, R. & Shigehisa, T. (1991): Reaction times and intelligence: A comparison of Japanese and British children. *Journal of Biosocial Science, 23,* 409–16.

Lyons, M. J., Goldberg, J., Eisen, S. A., True, W., Tsuang, M. T. Meyer, J. M. & Henderson, W. G. (1993): Do genes influence exposure to trauma? A twin study of combat. *American Journal of Medical Genetics (Neuropsychiatric Genetics), 48*, 22–27.

MacArthur, R. H. & Wilson, E. O. (1967): *The Theory of Island Biogeography*. Princeton, NJ: Princeton University Press.

Mackintosh, N. J. & Mascie-Taylor, C. G. N. (1985): The IQ question. In: *Education For All* (The Swann Report). Cmnd paper 4453. London: HMSO.

Magnusson, D. (1992): Individual development: A longitudinal perspective. *European Journal of Personality, 6*, 119–38.

Malina, R. M. (1979): Secular changes in size and maturity: Causes and effects. *Monographs of the Society for Research in Child Development, 44*, Serial No. 179, Nos. 3–4.

Mall, F. P. (1909): On several anatomical characters of the human brain, said to vary according to race and sex, with especial reference to the weight of the frontal lobe. *American Journal of Anatomy, 9*, 1–32.

Maller, J. B. (1934): General and specific factors in character. *Journal of Social Psychology, 5*, 97–102.

Malthus, T. R. (1798/1817): *An Essay on the Principle of Population*. London: Murray [deutsch: *Versuch über die Bedingung und die Folgen der Volksvermehrung*, Altona 1807].

Manley, D. R. (1963): Mental ability in Jamaica. *Social and Economic Studies, 12*, 51–77.

Marmot, M. G., Smith, G. D., Stansfeld, S., Patel, C., North, F., Head, J., White, I., Brunner, E. & Feeney, A. (1991): Health inequalities among British civil servants: The Whitehall II study. *Lancet, 337*, 1387–93.

Marshall, J. (1892): On the relations between the weight of the brain and its parts, and the stature and mass of the body, in man. *Journal of Anatomy and Physiology, 26*, 445–500.

Martin, N. G., Eaves, L. J. & Eysenck, H. J. (1977): Genetical, environmental and personality factors influencing the age of first sexual intercourse in twins. *Journal of Biosocial Science, 9*, 91–97.

Martin, N. G., Eaves, L. J., Heath, A. C., Jardine, R., Feingold, L. M. & Eysenck, H. J. (1986): The transmission of social attitudes. *Proceedings of the National Academy of Sciences of the U.S.A., 83*, 4365–68.

Martin, N. G. & Jardine, R. (1986): Eysenck's contributions to behavior genetics. In: S. Modgil and C. Modgil (Hrsg.): *Hans Eysenck: Consensus and Controversy*. Philadelphia, PA: Falmer.

Martin, N. G., Olsen, M. E., Thiele, H., Beaini, J. L. E., Handelsman, D. & Bhatnager, A. S. (1984): Pituitary-ovarian function in mothers who have had two sets of dizygotic twins. *Feritility and Sterility, 41*, 878–80.

Mascie-Taylor, C. G. N. & Gibson, J. B. (1978): Social mobility and IQ components. *Journal of Biosocial Science, 10*, 263–76.

Masters, R. D. (1984): Explaining „male chauvinism" and „feminism": Cultural differences in male and female reproductive strategies. In: M. Watts (Hrsg.): *Biopolitics and Gender*. Haworth.

Masters, R. D. (1989): If „birds of a feather …," why do „opposites attract"? *Behavioral and Brain Scienes, 12*, 535–37.

Matheny, A. P., Jr. (1983): A longitudinal twin study of stability of components from Bayley's Infant Behavior Record. *Child Development, 54*, 356–60.

Matthews, K. A., Batson, C. D., Horn, J. & Rosenman, R. H. (1981): „Principles in his nature which interest him in the fortune of others …" The heritability of empathic concern for others. *Journal of Personality, 49*, 237–47.

Maynard-Smith, J. (1978): *The Evolution of Sex*. Cambridge: Cambridge University Press.

Mayr, E. (1970): *Populations, Species, and Evolution.* Cambridge, MA: Harvard University Press.

McCall, R. B. & Carriger, M. S. (1993): A meta-analysis of infant habituation and recognition memory performance as predictors of later IQ. *Child Development, 64,* 57–79.

McCord, W. (1991): *The Dawn of the Pacific Century.* New Brunswick, NJ: Transaction Publishers.

McCrae, R. R. & Costa, P. T., Jr. (1990): *Personality in Adulthood.* New York: Guilford Press.

McGue, M. & Lykken, D. T. (1992): Genetic influence on risk of divorce. *Psychological Science, 3,* 368–73.

McGuire, W. J. (1969): The nature of attitudes and attitude change. In: G. Lindzey & E. Aronson (Hrsg.): *The Handbook of Social Psychology.* Addison-Wesley.

McHenry, H. M. (1992): How big were the early hominids? *Evolutionary Anthropology, 1,* 15–20.

Mead, M. (1928): *Coming of Age in Samoa.* New York: Morrow [deutsch: *Jugend und Sexualität in primitiven Gesellschaften, Bd. 1: Kindheit und Jugend in Samoa,* München 1970].

Mealey, L. (1990): Differential use of reproductive strategies by human groups? *Psychological Science, 1,* 385–87.

Mednick, S. A., Gabrielli, W. F. & Hutchings, B. (1984): Genetic influences in criminal convictions: Evidence from an adoption cohort. *Science, 224,* 891–94.

Meikle, A. W., Bishop, D. T., Stringham, J. D. & West, D. W. (1987): Quantitating genetic and nongenetic factors that determine plasma sex steriod variation in normal male twins. *Metabolism, 35,* 1090–95.

Messner, S. F. & Sampson, R. J. (1991): The sex ratio, family disruption, and rate of violent crime: The paradox of demographic structure. *Social Forces, 69,* 693–713.

Meyer, J. P. & Pepper, S. (1977): Need compatibility and marital adjustment in young married couples. *Journal of Personality and Social Psychology, 35,* 331–42.

Michael, J. S. (1988): A new look at Morton's craniological research. *Current Anthropology, 29,* 349–54.

Michener, J. A. (1980): *The Covenant.* New York: Ballantine.

Miele, F. (1979): Cultural bias in the WISC. *Intelligence, 3,* 149–64.

Miller, E. M. (1991): Climate and intelligence. *Mankind Quarterly, 32,* 127–32.

Miller, E. M. (1993): Could r-selection account for the African personality and life cycle? *Personality and Individual Differences, 15,* 665–75.

Miller, E. M. (1994): Paternal provisioning versus mate seeking in human populations. *Personality and Individual Differences, 17,* 691–719.

Miller, J. Z. & Rose, R. J. (1982): Familial resemblance in locus of control: A twin-family study of the Internal-External Scale. *Journal of Personality and Social Psychology, 42,* 535–40.

Milo, R. G. & Quiatt, D. (1993): Glottogenesis and anatomically modern *Homo sapiens*: The evidence for and implications of a late origin of vocal language. *Current Anthropology, 34,* 569–598.

Misawa, G., Motegi, M., Fujita, K. & Hattori, K. (1984): A comparative study of intellectual abilities of Japanese and American children on the Columbia Mental Maturity Scale (CMMS). *Personality and Individual Differences, 5,* 173–81.

Mischel, W. (1968): *Personality and Assessment.* New York: Wiley.

Moffitt, T. E., Caspi, A., Belsky, J. & Silva, P. A. (1992): Childhood experience and the onset of menarche: A test of a sociobiological model. *Child Development, 63,* 47–58.

Molnar, S. (1983): *Human Variation: Races, Types, and Ethnic Groups* (2. Auflage), Englewood Cliffs, NJ: Prentice-Hall.

Montagu, M. F. A. (1960): *An Introduction to Physical Anthropology* (3. Auflage). Springfield, IL: Charles C. Thomas.

Montie, J. E. & Fagan, J. F. (1988): Racial differences in IQ: Item analysis of the Stanford-Binet at 3 years. *Intelligence, 12,* 315–32.

Moore, D. S. & Erickson, P. I. (1985): Age, gender, and ethnic differences in sexual and contraceptive knowledge, attitudes, and behaviors. *Family and Community Health, 8,* 38–51.

Moore, E. G. J. (1986): Family socialization and the IQ test performance of traditionally and trans-racially adopted black children. *Developmental Psychology, 22,* 317–26.

Morton, S. G. (1849): Observations on the size of the brain in various races and families of man. *Proceedings of the Academy of Natural Sciences Philadelphia, 4,* 221–24.

Mosse, G. L. (1978): *Toward the Final Solution: A History of European Racism.* New York: Harper & Row [deutsch: *Die Geschichte des Rassismus in Europa,* Frankfurt a. M., 1990].

Mousseau, T. A. & Roff, D. A. (1987): Natural selection and the heritability of fitness components. *Heredity, 59,* 181–97.

Moynihan, D. (1965): *The Negro Family: The Case for National Action.* Washington, DC: United States.

Muller-Hill, B. (1988): *Murderous Science.* (Trans. G. R. Fraser.) Oxford: Oxford University Press.

Muller-Hill, B. (1992): Foreword. In: R. M. Lerner (1992): *Final Solutions: Biology, Prejudice, and Genocide.* University Park, PA: Pennsylvania State University Press.

Murdock, J. & Sullivan, L. R. (1923): A contribution to the study of mental and physical measurements in normal school children. *American Physical Education Review, 28,* 209–330.

Naglieri, J. A. & Jensen, A. R. (1987): Comparison of black-white differences on the WISC-R and the K-ABC: Spearman's hypothesis. *Intelligence, 11,* 21–43.

Nagoshi, C. T. & Johnson, R. C. (1986): The ubiquity of *g. Personality and Individual Differences, 7,* 201–7.

Nagoshi, C. T., Phillips, K. & Johnson, R. C. (1987): Between-versus within-family factor analyses of cognitive abilities. *Intelligence, 11,* 305–16.

National Center for Health Statistics (1991): *Health, United States, 1990.* Hyattsville, MD. U.S. Public Health Service: Author.

Neale, M. C., Rushton, J. P. & Fulker, D. W. (1986): Heritability of item responses on the Eysenck Personality Questionaire. *Personality and Individual Differences, 7,* 771–79.

Nei, M. & Livshits, G. (1989): Genetic relationships of Europeans, Asians and Africans and the origin of modern *Homo sapiens. Human Heredity, 39,* 276–81.

Nei, M. & Roychoudhury, A. K. (1993): Evolutionary relationships of human populations on a global scale. *Molecular Biology and Evolution, 10,* 927–43.

Ness, M. & Laskarzewski, P. & Price, R. A. (1991): Inheritance of extreme overweight in black families. *Human Biology, 63,* 39–52.

Nichols, P. L. (1972): *The Effects of Heredity and Environment on Intelligence Test Performance in 4- and 7-year-old White and Negro Sibling Pairs.* Unveröffentlichte Doktorarbeit, University of Minnesota.

Niswander, K. R. & Gordon, M. (1972): T*he Women and Their Pregnancies.* Philadelphia, PA: Saunders.

Nobile, P. (1982): Penis size: The difference between blacks and whites. *Forum: International Journal of Human Relations, 11,* 21–28.

Norman, C. (1985): Politics and science clash on African AIDS. *Science, 230,* 1140–42.

Notcutt, B. (1950): The measurement of Zulu intelligence. *Journal of Social Research, 1,* 195–206.

Nyborg, H. (1987): *Covariant Trait Development Across Species. Races, and Within Individuals: Differential* K *Theory, Genes, and Hormones.* Paper presented at the 3rd Meeting of the International Society for the Study of Individual Differences, Toronto, Ontario, Canada, June 18–22, 1987.

Nyborg, H. (1994): *Hormones, Sex, and Society.* Westport, CT: Praeger.

Nylander, P. P. S. (1975): Frequency of multiple births. In: I. MacGillivray, P. P. S. Nylander & G. Corney (Hrsg.): *Human Multiple Reproduction.* Philadelphia: Saunders.

Nylander, P. P. S. (1981): The factors that influence twinning rates. *Acta Geneticae Medicae et Gemellologiae, 30,* 189–202.

Olweus, D. (1979): The stability of aggressive reaction pattern in human males: A review. *Psychological Bulletin, 86,* 852–75.

Ombredane, A., Robaye, F. & Robaye, E. (1952): Analyse des résultats d'une application experimentale du matrix 38 B 485 noirs Baluba. *Bulletin contre d'études et reserches psychotechniques, 7,* 235–55.

Orlick, T., Zhou, Q.-Y. & Partington, J. (1990): Co-operation and conflict within Chinese and Canadian kindergarten settings. *Canadian Journal of Behavioural Sciences, 22,* 20–25.

Osborne, R. T. (1978): Race and sex differences in heritability of mental test performance: A study of Negroid and Caucasoid twins. In: R. T. Osborne, C. E. Noble & N. Weyl (Hrsg.): *Human Variation: The Biopsychology of Age, Race, and Sex.* New York: Academic.

Osborne, R. T. (1980): *Twins: Black and White.* Athens, Georgia: Foundation for Human Understanding.

Osborne, R. T. (1992): Cranial capacity and IQ. *Mankind Quarterly, 32,* 275–80.

Owen, K. (1989): *Test and Item Bias: The Suitability of the Junior Aptitude Tests as a Common Test Battery for White, Indian and Black Pubils in Standard 7.* Pretoria, South Africa: Human Science Research Council.

Owen, K. (1992): The suitability of Raven's Standard Progressive Matrices for various groups in South Africa. *Personality and Individual Differences, 13,* 149–59.

Pagel, M. D. & Harvey, P. H. (1988): How mammals produce large-brained offspring. *Evolution, 42,* 948–57.

Pakkenberg, H. & Voigt, J. (1964): Brain weight of the Danes: Forensic material. *Acta Anatomica, 56,* 297–307.

Pakstis, A., Scarr-Salapatek, S., Elston, R. C. & Siervogel, R. (1972): Genetic contributions to morphological and behavioural similarities among sibs and dizygotic twins: Linkages and allelic differences. *Social Biology, 19,* 185–92.

Palca, J. (1991): The sobering geography of AIDS, *Science, 18,* 371–73.

Palinkas, L. A. (1984): Racial differences in accidental and violent deaths among U.S. Navy personnel. *U.S. Naval Health Research Center Report,* Rep. No. 84–85.

Papiernik, E., Cohen, H., Richard, A., de Oca, M. M. & Feingold, J. (1986): Ethnic differences in duration of pregnancy. *Annals of Human Biology, 13,* 259–65.

Pappas, G., Queen, S., Hadden, W. & Fisher, G. (1993): The increasing disparity in mortality between socioeconomic groups in the United States, 1960 and 1986. *New England Journal of Medicine, 329,* 103–9.

Passingham, R. E. (1979): Brain size and intelligence in man. *Brain, Behavior and Evolution, 16,* 253–70.

Passingham, R. E. (1982): *The Human Primate.* San Fracisco, CA: Freeman.

Pearl, R. (1906): On the correlation between intelligence and the size of the head. *Journal of Comparative Neurology and Psychology, 16,* 189–99.

Pearl, R. (1934): The weight of the Negro brain. *Science, 80,* 431–34.

Pearson, K. (1906): On the relationship of intelligence to size and shape of head, and to other physical and mental characters. *Biometrika, 5*, 105–46.

Pearson, K. (1914–30): *The Life, Letters and Labours of Francis Galton, Vols. 1–3*. London: Cambridge University Press.

Pedersen, N. L., Friberg, B., Floderus-Myrhed, B., McClearn, G. E. & Plomin, R. (1984): Swedish early separated twins: Identification and characterization. *Acta Geneticae Medicae et Gemellologiae, 33*, 243–50.

Pedersen, N. L., McClearn, G. E., Plomin, R., Nesselroade, J. R., Berg, S. & DeFaire, U. (1991): The Swedish Adoption Study of Aging: An update. *Acta Geneticae Medicae et Gemellologiae, 40*, 7–20.

Pedersen, N. L., Plomin, R., Nesselroade, J. R. & McClearn, G. E. (1992): A quantitative genetic analysis of cognitive abilities during the second half of the life span. *Psychological Science, 3*, 346–53.

Penrose, L. S. & Raven, J. C. (1936): A new series of perceptual tests: Preliminary communication. *British Journal of Medical Psychology, 16*, 97–104.

Pianka, E. R. (1970): On „r" and „K" selection. *American Naturalist, 104*, 592–97.

Pinneau, S. R. (1961): *Changes in Intelligence Quotient: Infancy to Maturity*. Boston: Houghton-Mifflin.

Piot, P., Plummer, F. A., Mhalu, F. S., Lamboray, J. L., Chin, J. & Mann, J. M. (1988): AIDS: An international perspective. *Science, 239*, 573–79.

Playboy Magazine. (1983): The *Playboy* Readers' Sex Survey, Part 2. März-Ausgabe, S. 90–92. Author.

Plomin, R. & Bergeman, C. S. (1991): The nature of nurture: Genetic influence on „environmental" measures. *Behavioral and Brain Sciences, 14*, 373–427.

Plomin, R. & Daniels, D. (1987): Why are children in the same family so different from one another? (mit Kommentaren und einer Antwort der Autoren). *Behavioral and Brain Sciences, 10*, 1–60.

Plomin, R., DeFries, J. C. & Loehlin, J. C. (1977): Genotype-environment interaction and correlation in the analysis of human behavior. *Psychological Bulletin, 84*, 309–22.

Plomin, R., DeFries, J. C. & McClearn, G. E. (1990): *Behavioral Genetics: A Primer* (2. Auflage). San Francisco: Freeman.

Plomin, R., Lichtenstein, P., Pedersen, N. L., McClearn, G. E. & Nesselroade, J. R. (1990): Genetic influence on life events during the last half of the life span. *Psychology and Aging, 5*, 25–30.

Plomin, R., Pedersen, N. L., McClearn, G. E., Nesselroade, J. R. & Bergeman, C. S. (1988): EAS temperaments during the last half of the life span: Twins reared apart and twins reared together. *Psychology and Aging, 3*, 43–50.

Polednak, A. P. (1989): *Racial and Ethnic Differences in Disease*. Oxford: Oxford University Press.

Pollitzer, W. S. & Anderson, J. J. B. (1989): Ethnic and genetic differences in bone mass: A review with a hereditary vs environmental perspective. *American Journal of Clinical Nutrition, 50*, 1244–59.

Pons, A. L. (1974): Administration of tests outside the cultures of their origin. 26th Congress South African Psychological Association.

Porteus, S. D. (1937): *Primitive Intelligence and Environment*. New York: Macmillian.

Presser, H. B. (1978): Age at menarche, socio-sexual behavior, and fertility. *Social Biology, 25*, 94–101.

Program for Appropriate Technology in Health (PATH) (1991): *Adapting Condoms for the Developing World*. Seattle, Washington: Author.

Program for Appropriate Technology in Health (PATH) (1992): *The Correlation of Penis Size to Condom Satisfaction*. Discussion paper. Seattle, Washington: Author.

Raboch, J., & Bartak, V. (1981): Menarche and orgastic capacity. *Archives of Sexual Behavior, 10,* 379–82.

Raboch, J. & Mellan, J. (1979): Sexual development and activity of men with disturbances of somatic development. *Andrologia, 11,* 263–71.

Raven, J. & Court, J. H. (1989): *Manual for Raven's Progressive Matrices and Vocabulary Scales*. Research Supplement 4. London: Lewis.

Raz, N., Torres, I. J., Spencer, W. D., Millman, D., Baertschi, J. C. & Sarpel, G. (1993): Neuroanatomical correlates of age-sensitive and age-invariant cognitive abilities: An *in vivo* MRI investigation. *Intelligence, 17,* 407–22.

Reed, T. E. & Jensen, A. R. (1993): Cranial capacity: New Caucasian data and comments on Rushton's claimed Mongoloid-Caucasoid brain-size differences. *Intelligence, 17,* 423–31.

Reid, R. W. & Mulligan, J. H. (1923): Relation of cranial capacity to intelligence. *Journal of the Royal Anthropological Institute, 53,* 322–31.

Reiss, I. L. (1967): *The Social Context of Premarital Sexual Permissiveness*. New York: Holt, Rinehart & Winston.

Reynolds, V., Falger, V. S. E. & Vine, I. (Hrsg.). (1987): *The Sociobiology of Ethnocentrism*. London: Croom Helm.

Reynolds, V. & Tanner, R. E. S. (1983): *The Biology of Religion*. New York: Longman.

Reznick, D. A., Bryga, H. & Endler, J. A. (1990): Experimentally induced life-history evolution in a natural population. *Nature, 346,* 357–59.

Ricklan, D. E. & Tobias, P. V. (1986): Unusually low sexual dimorphism of endocranial capacity in Zulu cranial series. *American Journal of Physical Anthropology, 71,* 285–93.

Roberts, J. V. & Gabor, T. (1990): Lombrosian wine in a new bottle: Research on crime and race. *Canadian Journal of Criminology, 32,* 291–313.

Rodd, W. G. (1959): A cross cultural study of Taiwan's Schools. *Journal of Social Psychology, 50,* 3–36.

Rolff, D. A. & Mousseau, T. A. (1987): Quantitative genetics and fitness: Lessons from Drosophila. *Heredity, 58,* 103–18.

Rosenthal, D. (1972): Three adoption studies of heredity in the schizophrenic disorders. *International Journal of Mental Health, 1,* 63–75.

Ross, R., Bernstein, L., Judd, H., Hanisch, R., Pike, M. & Henderson, B. (1986): Serum testosterone levels in healthy young black and white men. *Journal of the National Cancer Institute, 76,* 45–48.

Rowe, D. C. (1986): Genetic and environmental components of antisocial behaviour: A study of 265 twin pairs. *Criminology, 24,* 513–32.

Rowe, D. C. & Osgood, D. W. (1984): Heredity and sociological theories of delinquency: A reconsideration. *American Sociological Review, 49,* 526–40.

Rowe, D. C., Rodgers, J. L., Meseck-Bushey, S. & St. John, C. (1989). Sexual behavior and nonsexual deviance: A sibling study of their relationship. *Developmental Psychology, 25,* 61–69.

Rushton, J. P. (1976): Socialization and the altruistic behavior of children. *Psychological Bulletin, 83,* 898–913.

Rushton, J. P. (1980): *Altruism, Socialization, and Society*. Englewood Cliffs, NJ: Prentice-Hall.

Rushton, J. P. (1984): Sociobiology: Toward a theory of individual and group differences in personality and social behavior (mit Kommentaren und einer Antwort des Autors). In: J.

R. Royce & L. P. Mos (Hrsg.): *Annals of Theoretical Psychology, Vol. 2* (S. 1–81). New York: Plenum.

Rushton, J. P. (1985a): Differential *K* theory: The sociobiology of individual and group differenes. *Personality and Individual Differences, 6,* 441–52.

Rushton, J. P. (1985b): Differential *K* theory and race differences in E and N. *Personality and Individual Differences, 6,* 769–70.

Rushton, J. P. (1987a): An evolutionary theory of health, longevity, and personality: Sociobiology and r/K reproductive strategies. *Psychological Reports, 60,* 539–49.

Rushton, J. P. (1987b): An evolutionary theory of human multiple birthing: Sociobiology and r/K reproductive strategies. *Acta Geneticae Medicae et Gemellologiae, 36,* 289–96.

Rushton, J. P. (1988a): Genetic similarity, mate choice, and fecundity in humans. *Ethology and Sociobiology, 9,* 329–33.

Rushton, J. P. (1988b): Race differences in behaviour: A review and evolutionary analysis. *Personality and Individual Differences, 9,* 1009–24.

Rushton, J. P. (1988c): The reality of racial differences: A rejoinder with new evidence. *Personality and Individual Differences, 9,* 1035–40.

Rushton, J. P. (1989a): The evolution of racial differences: A response to M. Lynn. *Journal of Research in Personality, 23,* 7–20.

Rushton, J. P. (1989b): The generalizability of genetic estimates. *Personality and Individual Differences, 10,* 985–89.

Rushton, J. P. (1989c): Genetic similarity, human altruism, and group selection (mit Kommentaren und einer Antwort des Autors). *Behavioral and Brain Sciences, 12,* 503–59.

Rushton, J. P. (1989d): Genetic similarity in male friendships. *Ethology and Sociobiology, 10,* 361–73.

Rushton, J. P. (1989e): Japanese inbreeding depression scores: Predictors of cognitive differences between blacks and whites. *Intelligence, 13,* 43–51.

Rushton, J. P. (1989f): Race differences in sexuality and their correlates: Another look and physiological models. *Journal of Research in Personality, 23,* 35–54.

Rushton, J. P. (1990a): Comment on „scientific racism." *Social Science and Medicine, 31,* 905–9.

Rushton, J. P. (1990b): Race and crime: A reply to Roberts and Gabor. *Canadian Journal of Criminology, 32,* 315–34.

Rushton, J. P. (1990c): Race, brain size and intelligence: A rejoinder to Cain and Vanderwolf. *Personality and Individual Differences, 11,* 785–94.

Rushton, J. P. (1991a): Do r-K strategies underlie human race differences? *Canadian Psychology, 32,* 29–42.

Rushton, J. P. (1991b): Mongoloid-Caucasoid differences in brain size from military samples. *Intelligence, 15,* 351–59.

Rushton, J. P. (1992a): Cranial capacity related to sex, rank and race in a stratified random sample of 6,325 U.S. military personnel. *Intelligence, 16,* 401–13.

Rushton, J. P. (1992b): Contributions to the history of psychology: XC. Evolutionary biology and heritable traits (with reference to Oriental-white-black differences): The 1989 AAAS paper. *Psychological Reports, 71,* 811 21.

Rushton, J. P. (1992c): Life history comparisons between Orientals and whites at a Canadian university. *Personality and Individual Differences, 13,* 439–42.

Rushton, J. P. (1993): Corrections to a paper on race and sex differences in brain size and intelligence. *Personality and Individual Differences, 15,* 229–31.

Rushton, J. P. (1994): Sex and race differences in cranial capacity from International Labour Office data. *Intelligence, 19,* 281–294.

Rushton, J. P. & Ankney, C. D. (1993): The evolutionary selection of human races: A response to Miller. *Personality and Individual Differences, 15,* 677–80.

Rushton, J. P. & Bogaert, A. F. (1987): Race differences in sexual behavior: Testing an evolutionary hypothesis. *Journal of Research in Personality, 21,* 529–51.

Rushton, J. P. Bogaert, A. F. (1988): Race versus social class differences in sexual behavior: A follow-up of the r/K dimension. *Journal of Research in Personality, 22,* 259–72.

Rushton, J. P. & Bogaert, A. F. (1989): Population differences in susceptibility to AIDS: An evolutionary analysis. *Social Science and Medicine, 28,* 1211–20.

Rushton, J. P. & Brainerd, C. J. & Pressley, M. (1983): Behavioral development and construct validity: The principle of aggregation. *Psychological Bulletin, 94,* 18–38.

Rushton, J. P. & Erdle, S. (1987): Evidence for an aggressive (and delinquent) personality. *British Journal of Social Psychology, 26,* 87–89.

Rushton, J. P., Fulker, D. W., Neale, M. C., Nias, D. K. B. & Eysenck, H. J. (1986): Altruism and aggression: The heritability of individual differences. *Journal of Personality and Social Psychology, 50,* 1192–98.

Rushton, J. P., Littlefield, C. H. & Lumsden, C. J. (1986): Gene-culture coevolution of complex social behavior: Human altruism and mate choice. *Proceedings of the National Academy of Sciences in the U.S.A., 83,* 7340–43.

Rushton, J. P. & Nicholson, I. R. (1988): Genetic similarity theory, intelligence, and human mate choice. *Ethology and Sociobiology, 9,* 45–57.

Rushton, J. P. & Russell, R. J. H. (1985): Genetic similarity theory: A reply to Mealey and new evidence. *Behavior Genetics, 15,* 575–82.

Rushton, J. P., Russell, R. J. H. & Wells, P. A. (1984): Genetic similarity theory: Beyond kin selection. *Behavior Genetics, 14,* 179–93.

Rushton, J. P., Russell, R. J. H. & Wells, P. A. (1985): Personality and genetic similarity theory. *Journal of Social and Biological Structures, 8,* 174–97.

Russell, R. J. H. & Wells, P. A. (1987): Estimating paternity confidence. *Ethology and Sociobiology, 8,* 215–20.

Russell, R. J. H. & Wells, P. A. (1991): Personality similarity and quality of marriage. *Personality and Individual Differences, 12,* 407–12.

Russell, R. J. H. & Wells, P. A. & Rushton, J. P. (1985): Evidence for genetic similarity detection in human marriage. *Ethology and Sociobiology, 6,* 183–87.

Sarich, V. & Wilson, A. C. (1967): Immunological time scale for human evolution. *Science, 158,* 1200–4.

Scarr, S. (Hrsg.) (1981): *Race, Social Class and Individual Differences in IQ.* Hillsdale, NJ: Erlbaum.

Scarr, S. (1987): Three cheers for behavior genetics: Winning the war and losing our identity. *Behavior Genetics, 17,* 219–28.

Scarr, S. (1992): Developmental theories for the 1990s: Development and individual differences. *Child Development, 63,* 1–19.

Scarr, S., Caparulo, B. K., Ferdman, B. M., Tower, R. B. & Caplan, J. (1983): Developmental status and school achievements of minority and non-minority children from birth to 18 years in a British Midlands town. *British Journal of Developmental Psychology, 1,* 31–48.

Scarr, S. & McCartney, (1983): How people make their own environments: A theory of genotype–environment effects. *Child Development, 54,* 424–35.

Scarr, S. & Weinberg, R. A. (1976): IQ test performance of black children adopted by white families. *American Psychologist, 31,* 726–39.

Scarr, S. Weinberg, R. A. & Gargiulo, J. (1987): Transracial adoption: A ten year follow-up. Abstract in Program of the 17th Annual Meeting of the Behavior Genetics Association, Minneapolis, Minnesota, U.S.A.

Scarr-Salapatek, S. (1971): Race, social class and IQ. *Science, 174*, 1285–95.

Schoendorf, K. C., Carol, M. P. H., Hogue, C. J. R., Kleinman, J. C. & Rowley, D. (1992): Mortality among infants of black as compared with white college-educated parents. *New England Journal of Medicine, 326*, 1522–26.

Schreider, E. (1968): Quelques corrélations somatiques des tests mentaux. *Homo, 19*, 38–43.

Schull, W. J. & Neel, J. V. (1965): *The Effects of Inbreeding on Japanese Children*. New York: Harper & Row.

Schultz, A. H. (1960): Age changes in primates and their modification in man. In: J. M. Tanneer (Hrsg.): *Human Growth* (S. 1–20). Oxford: Pergamon.

Schweinfurth, G. (1873): *The Heart of Africa: From 1868 to 1871* (2 vols.). London: Sampson Low, Marston, Low & Searle [: *Im Herzen von Afrika, Reisen und Entdeckungen im zentralen Äquatorial-Afrika 1868–1871*, Leipzig 1878].

Scriver, C. R. (1984): An evolutionary view of disease in man. *Proceedings of the Royal Society of London, B, 220*, 273–98.

Segal, N. L. (1993): Twin, sibling, and adoption methods: Test of evolutionary hypotheses. *American Psychologist, 48*, 943–56.

Shaw, L. & Sichel, H. (1970): *Accident Proneness*. Oxford: Pergamon.

Shaw, R. P. & Wong, Y. (1989): *Genetic Seeds of Warfare*. Boston: Unwin Hyman.

Shibata, I. (1936): Brain weight of the Korean. *American Journal of Physical Anthropology, 22*, 27–35.

Shigehisa, T. & Lynn, R. (1991): Reaction times and intelligence in Japanese children. *International Journal of Psychology, 26*, 195–202.

Shockley, W. (1973): Variance of Caucasian admixture in Negro populations, pigmentation variability, and IQ. *Proceedings of the National Academy of Sciences, U.S.A., 70*, 2180a.

Short, R. V. (1979): Sexual selection and its component parts, somatic and genital selection, as illustrated by man and the great apes. In: J. S. Rosenblatt, R. A. Hinde, C. Beer & M-C Busnel (Hrsg.): *Advances in the Study of Behavior, Vol. 9*. New York: Academic.

Short, R. V. (1984): Testis size, ovulation rate, and breast cancer. In: O. A. Ryder & M. L. Byrd (Hrsg.): *One Medicine*. Berlin: Springer-Verlag.

Shuey, A. M. (1966): *The Testing of Negro Intelligence*. New York: Social Science Press.

Silverman, I. (1990): The r/K theory of human individual differences: Scientific and social issues. *Ethology and Sociobiology, 11*, 1–10.

Simmons, K. (1942): Cranial capacities by both plastic and water techniques with cranial linear measurements of the Reserve Collection; white and Negro. *Human Biology, 14*, 473–98.

Simons, E. L. (1989): Human origins. *Science, 245*, 1343–50.

Sinha, U. (1968): The use of Raven's Progressive Matrices in India. *Indian Educational Review, 3*, 75–88.

Smith, B. H. (1989): Dental development as a measure of life-history in primates. *Evolution, 43*, 683–88.

Smith, M. (1981): *Kin Investment in Grandchildren*. Unveröffentlichte Doktorarbeit, York University, Toronto, Ontario, Canada.

Smith, M. S., Kish, B. J. & Crawford, C. B. (1987): Inheritance of wealth as human kin investment. *Ethology and Sociobiology, 8*, 171–82.

Smith, R. L. (1984): Human sperm competition. In: R. L. Smith (Hrsg.): *Sperm Competition and the Evolution of Animal Mating Systems*. New York: Academic.

Snyderman, M. & Rothman, S. (1987): Survey of expert opinion on intelligence and aptitude testing. *American Psychologist, 42*, 137–44.

Snyderman, M. & Rothman, S. (1988): *The IQ Controversy, the Media and Public Policy*. New Brunswick, NJ: Transaction Publishers.

Soma, H., Takayama, M., Kiyokawa, T., Akaeda, T. & Tokoro, K. (1975): Serum gonadotropin levels in Japanese women. *Obstetrics and Gynecology, 46*, 311–12.

Sommerville, R. C. (1924): Physical, motor and sensory traits. *Archives of Psychology, 12*, 1–108.

Sorensen, T. I. A., Nielsen, G. G., Andersen, P. K. & Teasdale, T. W. (1988). Genetic and environmental influences on premature death in adult adoptes. *New England Journal of Medicine, 318*, 727–32.

Spearman, C. (1910): Correlation calculated from faulty data. *British Journal of Psychology, 3*, 271–95.

Spearman, C. (1927): *The Abilities of Man*. New York: Macmillan.

Speke, J. H. (1863): *Journal of the Discovery of the Source of the Nile*. Edinburgh: Blackwood.

Spitzka, E. A. (1903): The brain-weight of the Japanese. *Science, 18*, 371–73.

Staples, R. (1985): Changes in black family structure: The conflict between family ideology and structural conditions. *Journal of Marriage and the Family, 47*, 1005–13.

Stearns, S. C. (1977): The evolution of the life history traits: A critique of the theory and a review of the data. *Annual Review of Ecology and Systematics, 8*, 145–71.

Stearns, S. C. (1984): The effects of size and phylogeny on patterns of covariation in the life history traits of lizards and snakes. *American Naturalist, 123*, 56–72.

Steen, L. A. (1987): Mathematics education: A predictor of scientific competitiveness. *Science, 237*, 251–53.

Stevenson, H. W., Stigler, J. W., Lee, S., Lucker, G. W., Kitanawa, S. & Hsu, C. (1985): Cognitive performance and academic achievement of Japanese, Chinese and American children. *Child Development, 56*, 718–34.

Stoddard, T. L. (1920): *The Rising Tide of Color*. New York: Scribner.

Stoneking, M. (1993): DNA and recent human evolution. *Evolutionary Anthropology, 2*, 60–73.

Stotland, E. (1969): Exploratory investigations of empathy. In: L. Berkowitz (Hrsg.): *Advances in Experimental Social Psychology, Vol. 4*. New York: Academic.

Strayer, F. F., Wareing, S. & Rushton, J. P. (1979): Social constraints on naturally occurring preschool altruism. *Ethology and Sociobiology, 1*, 3–11.

Stringer, C. B. & Andrews, P. (1988): Genetic and fossil evidence for the origin of modern humans. *Science, 239*, 1263–68.

Stunkard, A. J., Sorensen, T. I. A., Hanis, C., Teasdale, T. W., Chakraborty, R., Schull, W. J. & Schulsinger, F. (1986): An adoption study of human obesity. *New England Journal of Medicine, 314*, 193–98.

Suomi, S. J. (1982): Sibling relationships in nonhuman primates. In: M. E. Lamb & B. Sutton-Smith (Hrsg.): *Sibling Relationships*. Hillsdale, NJ: Erlbaum.

Surbey, M. K. (1990): Family composition, stress, and human menarche. In: F. B. Bercovitch & T. E. Zeigler (Hrsg.): *The Socioendocrinology of Primate Reproduction*. New York: Alan R. Liss.

Susanne, C. (1977): Heritability of anthropological characters. *Human Biology, 49*, 573–80.

Susanne, C. (1979): On the relationship between psychometric and anthropometric traits. *American Journal of Physical Anthropology, 51*, 421–23.

Sussman, R. W. (1993): A current controversy in human evolution. *American Anthropologist, 95*, 9–13.

Sutter, P. B. & Gillard, R. S. (1970): Personal sexual attitudes and behavior in blacks and whites. *Psychological Reports, 27*, 753–54.

Symons, D. (1979): *The Evolution of Human Sexuality.* New York: Oxford University Press.

Takahashi, K. & Suzuki, I. (1961): On the brain weight of recent Japanese. *Sapporo Medical Journal, 20*, 179–84.

Tanfer, K. & Cubbins, L. A. (1992): Coital frequency among single women: Normative constraints and situational opportunities. *Journal of Sex Research, 29*, 221–50.

Tanner, J. M. (1978): *Fetus into Man: Physical Growth from Conception to Maturity.* Cambridge, MA: Harvard University Press.

Tashakkori, A. (1993): Race, gender and pre-adolescent self-structure: A test of construct-specificity hypothesis. *Personality and Individual Differences, 14*, 591–98.

Tashakkori, A. & Thompson, V. D. (1991): Race differences in self-perception and locus of control during adolescence and early adulthood. *Genetic, Social, and General Psychology Monographs, 117*, 135–52.

Taubman, P. (1976): The determinants of earnings: Genetics, family and other environments: A study of white male twins. *American Economic Review, 66*, 858–70.

Taylor, C. E. & Condra, C. (1980): *r*- and *K*-selection in *Drosophila pseudoobscura. Evolution, 34*, 1183–93.

Teasdale, T. W. (1979): Social class correlations among adoptees and their biological and adoptive parents. *Behavior Genetics, 9*, 103–14.

Teasdale, T. W. & Owen, D. R. (1981): Social class correlations among separately adopted siblings and unrelated individuals adopted together. *Behavior Genetics, 11*, 577–88.

Tellegen, A., Lykken, D. T., Bouchard, T. J. Jr., Wilcox, K. J., Segal, N. L. & Rich, S. (1988): Pesonality similarity in twins reared apart and together. *Journal of Personality and Social Psychology, 54*, 1031–39.

Templeton, A. R. (1993): The „Eve" hypotheses: A genetic critique and reanalysis. *American Anthropologist, 95*, 51–72.

Terman, L. M. (1926/1959): *Genetic Studies of Genius: Vol 1. Mental and Physical Traits of a Thousand Gifted Children,* 2. Auflage Standford, CA: Stanford University Press.

Terman, L. M. & Buttenwieser, P. (1935a): Personality factors in marital compatibility. Part I. *Journal of Socical Psychology, 6*, 143–71.

Terman, L. M. & Buttenwieser, P. (1935b): Personality factors in marital compatibility. Part II. *Journal of Socical Psychology, 6*, 267–89.

Tesser, A. (1993): The importance of heritability in psychological research: The case of attitudes. *Psychological Review, 93*, 129–42.

Thiessen, D. & Gregg, B. (1980): Human assortative mating and genetic equilibrium: An evolutionary perspective. *Ethology and Sociobiology, 1*, 111–40.

Thorne, A. G. & Wolpoff, M. H. (1992): The multiregional evolution of humans. *Scientific American, 266* (4), 76–83.

Toates, F. (1986): *Motivational Systems.* Cambridge: Cambridge University Press.

Tobias, P. V. (1970): Brain-size, grey matter and race – fact or fiction? *American Journal of Physical Anthropology, 32*, 3–26.

Todd, T. W. (1923): Cranial capacity and linear dimensions in white and Negro. *American Journal of Physcial Anthropology, 6*, 97–194.

Topinard, P. (1878): *Anthropology.* London: Chapman and Hall [deutsch: *Anthropologie,* Leipzig, 1888].

Torrence, R. (1983): Time budgeting and hunter-gatherer technology. In: G. Bailey (Hrsg.): *Hunter-Gatherer Economy in Prehistory.* Cambridge: Cambridge University Press.

Tremblay, R. E. & Baillargeon, L. (1984): Les difficultés de comportement d' enfants immigrants dans les classes d' accueil, au préscolaire. *Canadian Journal of Education, 9,* 154–70.

Trivers, R. L. (1985): *Social Evolution.* Menlo Park, CA: Benjamin/Cummings.

True, W. R., Rice, J., Eisen, S. A., Health, A. C., Goldberg, J., Lyons, M. J. & Nowak, J. (1993): A twin study of genetic and environmental contributions to liability for posttraumatic stress symptoms. *Archives of General Psychiatry, 50,* 257–264.

Turkheimer, E. & Gottesman, I. I. (1991): Is $H^2 = 0$ a null hypothesis anymore? *Behavioral and Brain Sciences, 14,* 410–11.

Turner, C. G. (1989): Teeth and prehistory in Asia. *Scientific American, 260*(2), 88–96.

Ubelaker, D. & Scammell, H. (1992): *Bones: A Forensic Detective's Casebook.* New York: Harper Collins.

Udry, J. R. & Morris, N. M. (1968): Distribution of coitus in the menstrual cycle. *Nature, 220,* 593–96.

Ueda, R. (1978): Standardization of the Denver Development Screening Test on Tokyo children. *Developmental Medicine and Child Neurology, 20,* 647–56.

United Nations. Department of Economic and Social Development, Statistical Division. (1992): *Population and Vital Statistics Report. Data Available as of 1 October 1992.* Series A. Vol. 44, no. 4. New York, United Nations.

United States. National Aeronautics and Space Administration. (1978): *Anthropometric Source Book: Vol. 2. A Handbook of Anthropometric Data* (NASA Reference Publication No. 1024). Washington, D.C.: Author.

van den Berghe, P. L. (1981): *The Ethnic Phenomenon.* New York: Elsevier.

van den Berghe, P. L. (1983): Human inbreeding avoidance: Culture in nature (mit Kommentaren und einer Antwort des Autors). *Behavioral and Brain Sciences, 6,* 91–123.

van den Berghe, P. L. (1989): Heritable phenotypes and ethnicity. *Behavioral and Brain Sciences, 12,* 544–45.

van der Dennen, J. M. G. (1987): Ethnocentrism and in-group/out-group differentiation. In: V. Reynolds, V. S. E. Falger & I. Vine (Hrsg.): *The Sociobiology of Ethnocentrism.* London: Croom Helm.

Vanderwolf, C. H. & Cain, D. P. (1991): The neurobiology of race and Kipling's cat. *Personality and Individual Differences, 12,* 97–98.

Van Valen, L. (1974): Brain size and intelligence in man. *American Journal of Physical Anthropology, 40,* 417–24.

Vernon, P. A. (1989): The heritability of measures of speed of information-processing. *Personality and Individual Differences, 10,* 573–76.

Vernon, P. A. & Jensen, A. R. (1984): Individual and group differences in intelligence and speed of information processing. *Personality and Individual Differences, 5,* 411–23.

Vernon, P. E. (1964): *Personality Assessment: A Critical Survey.* New York: Wiley.

Vernon, P. E. (1969): *Intelligence and Cultural Environment.* London: Methuen.

Vernon, P. E. (1982): *The Abilities and Achievements of Orientals in North America.* New York: Academic.

Vigilant, L., Pennington, R., Harpending, H., Kocher, T. D. & Wilson, A. C. (1989): Mitochondrial DNA sequences in single hairs from a southern African population. *Proceedings of the National Academy of Scienes of the U.S.A., 86,* 9350–54.

Vigilant, L., Stoneking, M., Harpending, H., Hawkes, K. & Wilson, A. C. (1991): African populations and the evolution of human mitochondrial DNA. *Science, 253,* 1503–7.

Vining, D. R. (1986): Social versus reproductive success: The central theoretical problem of human sociobiology (mit Kommentaren). *Behavioral and Brain Sciences, 9*, 167–216.

Vint, F. W. (1934): The brain of the Kenya native. *Journal of Anatomy, 48*, 216–23.

Waddington, C. H. (1957): *The Strategy of the Genes*. London: Allen and Unwin.

Wahlsten, D. (1990): Insensitivity of the analysis of variance to heredity-environment interaction. *Behavioral and Brain Sciences, 13*, 109–61.

Wainer, H. (1988): How accurately can we assess changes in minority performance on the SAT? *American Psychologist, 43*, 774–78.

Waller, J. H. (1971): Achievement and social mobility: Relationships among IQ score, education, and occupation in two generations, *Social Biology, 18*, 252–59.

Waller, N. G., Kojetin, B. A., Bouchard, T. J., Jr., Lykken, D. T. & Tellegen, A. (1990): Genetic and environmental influences on religious interests, attitudes, and values: A study of twins reared apart and together. *Psychological Science, 1*, 138–42.

Walters, C. E. (1967): Comparative development of Negro and white infants. *Journal of Genetic Psychology, 110*, 243–51.

Walters, J. R. (1987): Kin recognition in non-human primates. In: D. J. C. Fletcher and C. D. Michener (Hrsg.): *Kin Recognition in Animals*. Wiley.

Warren, N. (1972): African infant precocity. *Psychological Bulletin, 78*, 353–67.

Watson, J. B. (1924): *Behaviorism*. Chicago: The People's Institute [deutsch: *Der Behaviorismus*, Stuttgart, 1930].

Watson, J. S. (1992): On artificially selecting for the sex ratio. *Ethology and Sociobiology, 13*, 1–2.

Weigel, R. W. & Blurton Jones, N. G. (1983): Workshop report: Evolutionary life-history analysis of human behavior. *Ethology and Sociobiology, 4*, 233–35.

Weinberg, M. S. & Williams, C. J. (1988): Black sexuality: A test of two theories. *Journal of Sex Research, 25*, 197–218.

Weinberg, R. A., Scarr, S. & Waldman, I. D. (1992): The Minnesota Transracial Adoption Study: A follow-up of IQ test performance at adolescence. *Intelligence, 16*, 117–35.

Weinberg, W. A., Dietz, S. G., Penick, E. C. & McAlister, W. H. (1974): Intelligence, reading achievement, physical size and social class. *Journal of Pediatrics, 85*, 482–89.

Weinrich, J. D. (1977): Human sociobiology: Pair bonding and resource predictability (effects of social class and race). *Behavioral Ecology and Sociobiology, 2*, 91–118.

Weizmann, F., Wiener, N. I., Wiesenthal, D. L. & Ziegler, M. (1991): Eggs, eggplants and eggheads: A rejoinder to Rushton. *Canadian Psychology, 32*, 43–50.

Wells, P. A. (1987): Kin recognition in humans. In: D. J. C. Fletcher and C. D. Michener (Hrsg.): *Kin recognition in Animals*. Wiley.

Westney, O. E., Jenkins, R. R., Butts, J. D. & Williams, I. (1984): Sexual development and behavior in black preadolescents. *Adolescene, 19*, 557–68.

Weyl, N. (1977): *Karl Marx: Racist*. New Rochelle, NY: Arlington House.

Weyl, N. (1989): *The Geography of American Achievement*. Washington, DC: Scott-Townsend.

Whitehead, M. (1988): *The Health Divide*. London: Penguin.

„White Professor Wins Court Ruling." (1991, 5. September). *New York Times*, A20.

Wickett, J. C., Vernon, P. A. & Lee, D. H. (1994): *In vivo* brain size, head perimeter, and intelligence in a sample of healthy adult females. *Personality and Individual Differences, 16*, 831–38.

Willerman, L. (1973): Activity level and hyperactivity in twins. *Child Development, 44*, 288–93.

Willerman, L. (1979): *The Psychology of Individual and Group Differences*. San Francisco, CA: Freeman.

Willerman, L., Schultz, R., Rutledge, J. N. & Bigler, E. D. (1991): *In vivo* brain size and intelligence. *Intelligence, 15*, 223–28.

Williams, G. C. (1966): *Adaptation and Natural Selection*. Princeton, NJ: Princeton University Press.

Williams, J. R. & Scott, R. B. (1953): Growth and development of Negro infants. *Child Development, 24*, 103–21.

Willson, M. F. & Burley, N. (1983): *Mate Choice in Plants*. Princeton, NJ: Princeton University Press.

Wilson, A. C. & Cann, R. L. (1992): The recent African genesis of humans. *Scientific American, 266* (4), 68–73.

Wilson, D. S. (1983): The group selection controversy: History and current status. *Annual Review of Ecology and Systematics, 14*, 159–87.

Wilson, E. O. (1975): *Sociobiology: The New Synthesis*. Cambridge, MA: Harvard University Press.

Wilson, E. O. (1978): *On human Nature*. Cambridge, MA: Harvard University Press [deutsch: *Biologie als Schicksal. Die soziobiologischen Grundlagen menschlichen Verhaltens*, Frankfurt a. M. 1980].

Wilson, E. O. (1992): *The Diversity of Life*. Cambridge, MA: Harvard University Press.

Wilson, J. Q. & Herrnstein, R. J. (1985): *Crime and Human Nature*. New York: Simon & Schuster.

Wilson, R. S. (1978): Synchronies in mental development: An epigenetic perspective. *Science, 202*, 939–48.

Wilson, R. S. (1983): The Loisville Twin Study: Developmental synchronies in behavior. *Child Development, 54*, 298–316.

Wilson, R. S. (1984): Twins and chronogenetics: Correlated pathways of development. *Acta Geneticae Medicae et Gemellologiae, 33*, 149–57.

Winick, M., Meyer, K. K. & Harris, R. C. (1975): Malnutrition and environment enrichment by early adoption. *Science, 190*, 1173–75.

Wise, P. H. & Pursley, D. M. (1992): Infant mortality as a social mirror. *New England Journal of Medicine, 326*, 1558–60.

Wissler, C. (1901): The correlation of mental and physical tests. *Psychological Review, Monograph Supplement, 3* (6).

Wober, M. (1969): The meaning and stability of Raven's Matrices Test among Africans. *International Journal of Psychology, 4*, 229–35.

Wolpoff, M. H. (1989): Multiregional evolution: The fossil alternative to Eden. In: P. Mellars and C. Stringer (Hrsg.): *The Human Revolution* (S. 62–108). Edinburgh: Edinburgh University Press.

World Health Organization. Global Programme on AIDS. (1991): *WHO Specifications and Guidelines for Condom Procurement*. Genf, Schweiz: Weltgesundheitsorganisation.

World Health Organization. Global Programme on AIDS. (1994): *The Current Global Situation of the HIV/AIDS Pandemic*. Genf, Schweiz: Weltgesundheitsorganisation.

Wynne-Edwards, V. C. (1962): *Animal Dispersion in Relation to Social Behaviour*. Edinburgh: Oliver and Boyd.

Yee, A. H., Fairchild, H. H., Weizmann, F. & Wyatt, G. E. (1993): Addressing psychology's problems with race. *American Psychologist, 48*, 1132–40.

Yerkes, R. M. (Hrsg.). (1921): Psychological eamining in the United States Army. *Mem. National Academy of Sciences, 15*, 1–890.

Yoakum, C. S. & Yerkes, R. M. (1920): *Mental Tests in the American Army.* London: Sidgwick & Jackson.

Yu, E. S. H. (1986): Health of the Chinese elderly in America. *Research in Aging, 8*, 84–109.

Zajonc, R. B. (1980): Feeling and thinking: Preferences need no inferences. *American Psychologist, 35*, 151–75.

Zajonc, R. B., Markus, H. & Markus, G. B. (1979): The birth order puzzle. *Journal of Personality and Social Psychology, 37*, 1325–41.

Zammuto, R. M. & Millar, J. S. (1985): Environmental predictability, variability, and *Spermophilus Columbianus* life history over an elevational gradient. *Ecology, 66*, 1784–94.

Zuckerman, M. (1990): Some dubious premises in research and theory on racial differences. *American Psychologist, 45*, 1297–1303.

Zuckerman, M. (1991): Truth and consequences: Responses to Rushton and Kendler. *American Psychologist, 46*, 984–86.

Zuckerman, M. & Brody, N. (1988): Oysters, rabbits and people. A critique of „Race Differences in Behaviour" by J. P. Rushton. *Personality and Individual Differences, 9*, 1025–33.

VERZEICHNISSE

Verzeichnis der Abbildungen

1.1.	Galtons (1869) Klassifizierung der englischen und afrikanischen Intelligenz	51
1.2.	Die Distal/Proximal-Dimension und die Erklärungsebenen im Sozialverhalten	55
2.1.	Die Beziehung zwischen der Anzahl der Aggressionsabfragen und der Vorhersagbarkeit von weiteren aggressiven Ereignissen	63
2.2.	Die Stabilität der Individuenunterschiede als eine Funktion der Meßtageanzahl	64
2.3.	Durchschnittliche Anzahl strafrechtlicher Verurteilungen mit 30 Jahren als eine Funktion von aggressivem und altruistischem Verhalten mit 8 Jahren	68
2.4.	Typische Items eines Intelligenztestes	74
2.5.	Die Normalverteilung	75
2.6.	Eine Personen-Antwortkonsole für Untersuchungen zur Entscheidungsfindung bei Einfach-Wahl-Aufgaben	78
3.1.	Das Schwellenmodell der Wechselwirkung von Initiierung und Veranlagung	106
3.2.	Die korrelierten Entwicklungspfade	109
3.3.	Die Korrelationen für die kognitive Entwicklung, proportional zu den geteilten Genen	110
3.4.	Das allmähliche Anwachsen der Intrapaarkorrelation	111
4.1.	Die Ähnlichkeit zwischen den Ehepartnern	115
5.1.	Die Schädelzeichnungen von Camper (1791) zur Illustration des Gesichtswinkels	153
6.1.	Das Schädelvolumen mittels äußerer Kopfmessungen geschätzt	170
6.2.	Schädelvolumen für eine geschichtete Stichprobe von 6.325 US-Armeeangehörigen	175
6.3.	Der Prozentsatz der Schwarzen und Weißen in den Vereinigten Staaten über dem Minimum-IQ, der für verschiedene Berufe erforderlich ist	200
8.1.	Weltweit zeigen sich drei Ansteckungsmuster des AIDS-Virus	238

8.2.	Die rassische und ethnische Klassifizierung der AIDS-Fälle unter erwachsenen US-Amerikanern im Jahre 1988	239
9.1.	Die Regression der Unterschiede zwischen Schwarz und Weiß gegenüber den *g*-Anteilen und gegenüber den Inzuchtdepressionswerten, berechnet aus einer japanischen Stichprobe	246
10.1.	Die Länge eines Organismus, logarithmisch gegenübergestellt dem Alter bei der ersten Fortpflanzung	261
10.2.	Das *r/K*-Kontinuum der Reproduktionsstrategien, das die Eiproduktion und die Elternpflege gegenüberstellt	262
10.3.	Die fortschreitende Verlängerung der Lebensphasen und der Schwangerschaft bei den Primaten	264
11.1.	Die alternativen Modelle für die Evolution der Menschenrassen	280
12.1.	Schädelvolumina von Erwachsenen, die aus Daten, die von Groves (1991) gesammelt wurden, aufgezeichnet wurden	305
12.2.	Die Entwicklungspfade von unterschiedlichen Reproduktionsstrategien	319
13.1.	Ein Modell der Sexualhormone für die Entwicklungskoordination von Körper, Gehirn und Verhaltensmerkmalen ...	340
N.1	Die durchschnittliche Kopfgröße für Schwarze, Weiße und Asiaten in den USA bei fünf Altersgruppen	350
N.2	Hauptkomponentenanalyse und Varimax-Rotation für die Pearson-Korrelationen	355
N.3	Die über die Zeiten ansteigende Gehirngröße	357
N.4	HIV/AIDS-Raten (%) der 15- bis 49jährigen nach Region im Jahr 1999	359
N.5	Internationale Verbrechensraten für die drei Rassen pro 100.000 der Bevölkerung	361

Verzeichnis der Tabellen

1.1.	Die relative Rangfolge der Rassen in bezug auf verschiedene Variablen	43
2.1.	Einige der Maße, die in der Untersuchung „Die Studien über das Wesen des Charakters" verwendet wurden	58
2.2.	Intelligenz und Hirngröße	80
2.3.	Die Korrelationen zwischen dem Kopfumfang in verschiedenen Altern und dem IQ mit 7 Jahren	84
3.1.	Ähnlichkeitskorrelationen für getrennt und gemeinsam aufgewachsene, monozygote Zwillinge	90
3.2.	Die Beiträge der Genetik und der Umwelt zu Altruismus- und Aggressionsbefragungen bei 573 erwachsenen Zwillingspaaren .	94
3.3.	Die intrafamiliären Korrelationen mit dem IQ	98
4.1.	Der Prozentsatz der genetischen Ähnlichkeit bei 4 Typen menschlicher Beziehungen, basierend auf 10 Blut-Loci	124

4.2.	Eine Zusammenfassung der Untersuchungen über die Beziehung zwischen der Erblichkeit von Eigenschaften und der selektiven Partnerwahl	126
4.3.	Die Erblichkeitsschätzungen und die Ähnlichkeit zwischen Freunden bei Konservatismus-Items (N = 76)	132
5.1.	Eine partielle, taxonomische Klassifikation des Menschen	146
6.1.	S. J. Goulds „korrigierte", endgültige Tabellierung von Mortons Einschätzung der Rassenunterschiede bei der Schädelkapazität	167
6.2.	Schädelvolumina, berechnet aus der Kopflänge und -breite; von Herskovits (1930) für verschiedene männliche Stichproben erstellt und klassifiziert nach Rasse und geographischer Region	171
6.3.	Anthropometrische Variablen für männliche Militärstichproben von der NASA (1978)	173
6.4.	Schädelvolumen, Größe und Gewicht von 6.325 US-Militärpersonen nach Geschlecht, Rang und Rasse	174
6.5.	Schädelvolumina von Welt-Populationen von 25- bis 45jährigen	176
6.6.	Zusammenfassung der Rassenunterschiede bei der Gehirngröße: multimethodische Vergleiche	180
6.7.	Durchschnittliche IQ-Werte für verschiedene mongolide Stichproben	188
6.8.	Durchschnittliche IQ-Werte für verschiedene gemischt-rassige, negrid-europide Stichproben	190
6.9.	Durchschnittliche IQ-Werte für verschiedene negride Stichproben	192
6.10.	IQ-Werte und Entscheidungszeiten für 9 Jahre alte Kinder aus fünf Staaten	195
6.11.	Kriterien für eine Zivilisation	197
7.1.	Die relative Rangfolge der Rassen bei der Reifungsgeschwindigkeit	204
7.2.	Die relative Rangfolge der Rassen bei Temperaments- und Persönlichkeitseigenschaften	208
7.3.	Die internationalen Verbrechensraten pro 100.000 der Bevölkerung für Staaten, die nach dem dominierenden Rassetyp kategorisiert wurden	216
7.4.	Das Rassen-Ranking, das von Asiaten und Weißen für verschiedene Dimensionen angegeben wurde	220
8.1.	Die relative Rangfolge der Rassen bei der Reproduktionspotenz	224
8.2.	Die Rassenunterschiede bei der Größe des erigierten Penis'	226
8.3.	Weltgesundheitsumfragen, die den Bevölkerungsanteil im Alter von 11–21 Jahren angeben, die einen vorehelichen Koitus praktizieren	229
8.4.	Analysen der Kinsey-Daten über Rassen- und sozioökonomische Status-Differenzen beim Sexualverhalten	234

8.5.	Die 33 am meisten von AIDS betroffenen Staaten, basierend auf den pro Kopf berechneten Fällen, die der Weltgesundheitsorganisation bis Januar 1994 gemeldet worden waren	240
9.1.	Die Subtests des revidierten Wechsler-Intelligenztests für Kinder (WISC-R), angeordnet in aufsteigender Reihenfolge der Schwarz/Weiß-Unterschiede in den Vereinigten Staaten; mit der g-Haltigkeit, dem Inzuchtdepressionswert und der Reliabilität	245
9.2.	Ein Vergleich von schwarzen, gemischtrassigen und weißen adoptierten und biologischen Kindern, die in weißen Familien der Mittelklasse aufwuchsen	247
10.1.	Einige Unterschiede in der Überlebensstrategie zwischen r- und K-Strategen	263
12.1.	Gehirngrößedaten von Erwachsenen, die von Cain und Vanderwolf (1990) zusammengestellt wurden	304
13.1.	Die Richtung der Korrelationen bei den menschlichen Lebenszyklus-Variablen, die bisher gefunden worden sind	332

SACHREGISTER

AUFGEFÜHRT SIND DIE JEWEILS WICHTIGSTEN PASSAGEN

Adoptionsstudien 87, 89, 96, 98, 136, 246 ff., 313
Ähnlichkeit, genetische (siehe: Genetische Ähnlichkeit)
Afrikaner (siehe: Negride)
Afroamerikaner 27, 189 ff., 205, 211 ff., 239, 241, 306 ff., 328, 349, 360
Aggregation (siehe auch: Grundsatz der Aggregation) 61 ff., 78, 172, 301 ff., 308 ff., 371
Aggression 62, 67 f., 94 f., 107, 113, 139, 337, 347 f., 371
AIDS und sexuell übertragbare Krankheiten 46 ff., 223 ff., 237 ff., 309, 328, 359
Aktivitätsniveau 44, 69 f., 93 f., 208 f., 250, 329
Allele 118, 284, 293, 371
Alter
– Aggression 63 f., 306
– Gehirngröße 79, 84, 156, 158, 177 f.
– Intelligenz 63, 71 f.
Altruismus 54 ff., 57 ff., 60 f., 94, 116 ff., 121 ff., 128 ff., 263, 272, 334, 338
Amerindianer 82, 136
Anpassung 28, 87, 102, 107, 116, 159, 166, 174 f., 183 f., 185, 210, 272 f., 286 f., 293, 323, 371, 376, 377
Araber (siehe: Islam)
Arier 142 f.
Asiaten (siehe: Mongolide)
Augenbrauenwülste 159, 270, 281, 286, 371

Basenpaar(e) 282 f., 371, 372, 374
Behaviorismus 40, 56, 371
Bias 27
Blutproben 124, 129 ff.

Charaktereigenschaften 57 ff., 311
China und Chinesen 23 ff., 143 ff., 160 f., 197 ff., 210, 215 ff., 225 ff., 237 ff., 243, 256, 279 ff., 286 ff., 299, 310, 325 ff., 349, 374
Coping-Strategien 69
Cross-fostering-Design 89, 247

Definitionen (siehe: Glossar) 371 ff.
Determinismus 41, 54, 105, 322, 372
Distal-Proximal-Zusammenhang 54 ff.

Dominanz 17, 44, 69, 97, 100, 208, 210, 244, 295, 316, 321, 337, 340, 372

Eigenschaften 14, 31, 44, 49, 55, 61, 65, 69, 88, 90 ff., 97, 103, 116, 128 f., 208 f., 251, 262, 267, 276, 315, 327, 334, 339, 342, 358, 372, 373, 375, 376, 377, 378
Eigenschaftskonzept 64
Eigenschaftstheorie 57
Einzelursprungstheorie (siehe: Single-Origin-Theorie)
Emergente Eigenschaften 90 f., 372
Entwicklungsgeschichte (siehe auch: Lebenszyklus, Life History, Überlebensstrategie): 11, 28, 114, 347, 366, 372, 376, 378
– Entwicklungsprozesse 112, 135
– Epigenese/epigenetische Regeln 107, 135 f., 369, 373
– r/k-Theorie der Entwicklungsgeschichte 28
– Theorie der E.: 45, 259 ff., 341, 357
Erblichkeiten 17, 87 ff., 92 ff., 103 f., 113 ff., 125 ff., 129, 131, 134, 136 f., 243 f., 250 f., 311 f., 331 f., 336, 362, 373
Ethnozentrismus 32, 116, 134 ff., 148, 373
Europäer 23, 31, 50, 142, 144, 148, 150, 153, 156 ff., 171, 199, 206, 227 ff., 243, 280, 284, 299, 327, 346, 351, 358 ff., 363
– Europide 31 ff., 45 ff., 141, 143 ff., 155, 157, 162, 165 ff., 169 ff., 177, 179, 184 ff., 198 ff., 205 ff., 209 ff., 215 ff., 223 ff., 254, 259 ff., 275 ff., 285, 290 ff., 299 ff., 320 ff., 325 ff., 351, 373
Evolution 31 f., 45, 48 f., 52, 56, 117, 138 ff., 154 f., 158 f., 269 f., 277, 279 ff., 286, 290, 296, 321, 325, 342, 346 ff., 356 f., 363 f., 371, 372, 373

(Gesamt-)Fitneß 17, 54, 100, 117, 123, 135 f., 138, 140, 147, 244, 262, 266, 294, 37
Fruchtbarkeit 123, 144, 223, 237, 268, 309, 317, 341 f., 346
– Fruchtbarkeitsparadoxon 341 f.

Gehirngröße 28 ff., 43, 79 ff., 156 ff., 165 ff., 220, 223, 254, 259 ff., 266, 273 ff., 294 ff., 302 ff., 325 ff., 349 ff., 363 ff.
Gene 10, 18 ff., 39 ff., 47, 54 ff., 87, 92, 105, 107, 109, 111 f., 113 ff., 117, 121, 129 ff., 138 f., 144, 260, 266, 281 f., 311, 315, 330, 336, 342, 365, 372, 373, 374, 378
Gene/Kultur-Koevolution 256 ff., 342, 369, 371
Gene/Kultur-Zusammenhang 112 ff.
Genetik 14, 33, 37, 42, 56, 101 ff., 108, 253, 342, 365, 372
– Medizinisch 42
– Verhaltensgenetik 41 ff., 50, 55, 87 ff., 111, 253, 291, 312 ff., 366, 374
Genetische Ähnlichkeit 15 ff., 115 ff., 123 ff., 128 ff., 134 ff., 145
Geschlechtsunterschiede 62, 179, 287, 361
Gesundheit und Langlebigkeit (Lebensalter) 28, 43, 101 ff., 254, 275, 335 ff., 348
g-Faktor 53 f., 76 f., 90, 100, 128, 195, 245 f., 353, 373
g-Ladungen (g-Anteile) 100, 193 f., 196, 244 f., 245 f., 331, 353 ff., 373
Glockenkurven 75
Grundsatz der Aggregation (siehe auch: Aggregation) 62, 67 f., 94 f., 107, 113, 139
Gruppenselektion 116, 138 ff., 374

Häufigkeitsverteilung 373 f.
Homo
– Australopitecus 41, 160, 265, 269 f., 272 f., 275, 330, 355 f., 371, 374
– Cromagnon 288 f.
– erectus 42, 159 ff., 265, 270 ff., 279 ff., 286 ff., 330, 356 f., 374
– habilis 42, 265, 270, 273, 279, 330, 370
– Neandertaler 159 ff., 270 ff., 279 ff., 286, 288 ff., 330, 374, 376
– Pekingmensch 159
– sapiens 40, 42, 55, 141, 145 f., 153, 160 f., 263, 265, 286, 337, 356, 374 f.

415

Hormone 31, 223 ff., 275, 318, 330, 339 ff.
Hybride 100, 148, 152
– DNA-Hybridisierung 282 f.
– „Hybridenergie" 100

Intelligenz 21 ff., 43, 49 ff., 66 ff., 71 f., 79 ff., 98, 112, 115, 139, 149 ff., 161 ff., 165 ff., 189 ff., 196 ff., 257, 275, 291 ff., 326 ff., 329, 336 ff., 350 f., 373 ff., 377
– Entscheidungsgeschwindigkeit 77, 100, 165
– (Hamburg-)Wechsler-Intelligenztest 73, 91, 100, 125 ff., 189 ff., 244 ff., 331, 351
– IQ-Werte 20 ff., 24 ff., 27 ff., 45, 188 ff., 254, 338, 346, 353, 370
– Intelligenz-Ratings 60
– Intelligenztests 53, 72 ff., 76 ff., 83 f., 100, 165, 186 ff., 249 f., 255, 294, 326, 369
Inzucht 100, 123 f., 370
– Inzuchtdepression 100, 123, 244 f., 354
– Inzuchtdepressionswerte 244 f., 291, 312, 356
Islam 16, 147

Japan und Japaner 23, 96, 100 f., 163, 181, 187 f., 195 f., 199, 205 f., 210, 220, 230 f., 243, 287, 299, 325, 330, 349
Juden 47, 142, 144, 148, 322

Klassifikation 371
– Tiere und Rassen 141, 145 ff., 299
Korrelation 51 ff., 59 ff., 64 ff., 78 ff., 82 ff., 87 ff., 90 ff., 95 ff., 101 ff., 108 ff., 126 ff., 244, 256, 265 ff., 315 ff., 332 ff., 350 ff., 375
– Korrelationskoeffizient 18, 52, 62, 79, 375
Krankheiten (Infektionen, Geschlechtskrankheiten etc.) 24, 40, 44, 47, 102, 112, 178, 200 f., 230, 241, 256, 295, 308 f., 314 f., 322, 358 f., 372, 374
Kriminalität 21, 96, 122, 130, 161, 214, 256, 306 ff., 317 f., 323, 328, 333, 338, 348, 360 ff.

Langlebigkeit (siehe: Gesundheit und Langlebigkeit)
Lebenszyklus (siehe auch: Entwicklungsgeschichte, Life History, Überlebensstrategie) 14, 39, 113, 146, 224, 260, 262, 265, 267 ff., 275, 294, 317, 327 f., 332, 339, 341, 368 f., 372
Lernen 55 f., 70 ff., 107, 121, 139, 271
Life History (siehe auch: Entwicklungsgeschichte, Lebenszyklus, Überlebensstrategie) 347, 368
Locus of Control 101

Magnetresonanztomographie (MRT) 52, 82 ff., 198, 326, 341, 349 ff., 354
Menschliche Ursprünge 42, 154, 267, 279 ff., 285, 355
Mongolide 45 ff., 165, 166 ff., 171 ff., 187 ff., 195 ff., 209 ff., 223, 259 ff., 275, 290 ff., 299 ff., 309 ff., 320 ff., 325 ff., 341 ff., 351, 372 f., 376, 377
Multiregionale Kontinuität versus Einzelursprungstheorie (siehe auch: Single-Origin-Theorie) 160, 279 f., 285, 290, 330
Multiregionale(s) Modell/Theorie 160 f., 279 f., 285, 290

Nationalsozialisten 53 f., 144, 322
Negride 43 ff., 141 ff., 156 ff., 165 ff., 179, 184 ff., 188 ff., 192, 195 ff., 203, 209 ff., 223 ff., 237 ff., 255 ff., 275 ff., 279 ff., 293, 299 f., 320 ff., 340, 351, 372, 373, 376, 377
Nordisch (siehe: Arier)

Organisation, soziale 31, 39, 45, 136, 146, 186, 198, 203, 217 ff., 260, 263, 270 ff., 295 f., 301, 311, 322, 328 f., 334, 336, 343
Orientale (siehe: Mongolide)
Orthodoxie
– antibiologische 53
– sozialwissenschaftliche 47

Partnerwahl (siehe: Selektive Partnerwahl)
Persönlichkeit 18, 31, 43, 52, 57 ff., 64 ff., 90, 103, 115, 209 ff., 310, 316, 327 ff., 336
– Persönlichkeitseigenschaften 60 f., 67, 116, 126, 208 f.
Perzentil 177, 225 f., 233, 247 f., 352, 373
Phänotyp/phänotypisches Verhalten 41, 87 ff., 105, 114, 118 f., 376, 377
Primaten 45, 123, 139, 146, 259, 263 ff., 269 f., 273, 335, 337, 374, 375, 377
Psychometrie 37, 53, 56

Rasse 9 ff., 19 ff., 143 f., 154 f., 184 f., 219 f., 279 f., 290 f., 299 ff., 329 f., 337 ff., 347 ff., 360 f.
Rassenunterschiede 19, 31 ff., 39, 42, 46, 48 ff., 156, 162 ff., 167, 172, 177 ff., 203 ff., 226, 231 ff., 243, 251 ff., 274 ff., 300 ff., 321, 326, 348 ff., 356 ff., 365 f.
– r/k-Theorie der Rassenunterschiede 274 ff.
Rassismus 20, 137, 141, 300, 315, 346
Reifungsgeschwindigkeit 45, 203 ff., 250, 262, 274, 326, 331, 336, 341, 356

Reprodukionsstrategien 45, 260 ff., 268, 276, 279, 319 f., 329, 339, 347
– k-Strategien 31, 259, 266 ff., 274, 337
– r-Strategien 31, 254, 259, 347
– r/k-Strategien 31, 45, 260 ff., 267 ff., 274, 329, 337, 339, 347
– r/k-Theorie 314 ff., 337, 341
– umweltbasiert 318, 320

Schwarze (siehe: Negride)
Selektionsdruck 147, 293, 378
Selektive Partnerwahl 18, 95, 99, 115, 122 ff., 137, 337, 376
Sexualität 46, 103, 237, 254 ff., 309 ff., 315 ff., 319, 333, 337 ff.
Single-Origin-Theorie (Einzelursprungstheorie) 279 ff., 284 ff., 290 ff., 330
Soziales Lernen 139, 269
Soziobiologie 40, 49, 53 ff., 117, 260, 322
Sozioökonomischer Status 48, 62, 100 ff., 115, 123, 194 ff., 206, 232 ff., 252 ff., 332 ff.
Sprache 17, 105, 137 ff., 143 ff., 193, 271
Standardabweichung 24 f., 75, 84, 124, 169, 178, 187, 192, 196, 201, 211, 216 f., 233, 338, 352 f., 375, 378

Theorie der genetischen Ähnlichkeit (siehe: Genetische Ähnlichkeit)

Überlebensstrategie(n) (siehe auch: Entwicklungsgeschichte, Lebenszyklus, Life History) 259 ff., 269, 274, 368, 378
Ursprünge der Evolution 154, 267, 279 ff., 285, 355

Verhalten 33, 40 ff., 54 ff., 67 ff., 101, 107, 116 ff., 209 f., 232, 253 f., 275 f., 310 ff., 340 f., 371, 372, 376, 378
Voortrekker 142

Weiße (siehe: Europäer, Europide)
Weltgesundheitsorganisation (WHO) 209, 225, 237, 240, 309, 328, 359
Werte (kulturelle) 21, 113

Zahnreife (Backenzähne, Zahnentwicklung) 42 ff., 156, 160 f., 204 ff., 243 f., 259, 265 ff., 273, 286 f., 289, 325 ff., 358, 365, 376
Zwillinge, monozygote und dizygote (MZ und DZ) 18 f., 42, 44 f., 49, 87 ff., 90 ff., 98 ff., 103 ff., 109 ff., 113 ff., 129 ff., 223, 250, 275, 311 ff., 332 ff., 372, 376